普通高等教育能源动力类专业“十四五”系列教材

超临界热流体科学及应用

王树众 李艳辉 杨健乔 著

西安交通大学出版社
XI'AN JIAOTONG UNIVERSITY PRESS

图书在版编目(CIP)数据

超临界热流体科学及应用 / 王树众,李艳辉,杨健乔著. —西安:西安交通大学出版社,2023.3
ISBN 978-7-5693-3158-5

Ⅰ.①超… Ⅱ.①王… ②李… ③杨…
Ⅲ.①超临界流动—热传导—研究 Ⅳ.①O551.3

中国国家版本馆 CIP 数据核字(2023)第 054299 号

CHAOLINJIE RELIUTI KEXUE JI YINGYONG

书　　名 超临界热流体科学及应用
著　　者 王树众　李艳辉　杨健乔
策划编辑 田　华
责任编辑 邓　瑞
责任校对 魏　萍
装帧设计 伍　胜

出版发行 西安交通大学出版社
(西安市兴庆南路1号　邮政编码 710048)
网　　址 http://www.xjtupress.com
电　　话 (029)82668357　82667874(市场营销中心)
(029)82668315(总编办)
传　　真 (029)82668280
印　　刷 西安日报社印务中心

开　　本 787 mm×1092 mm　1/16　**印张** 30.375　**字数** 701 千字
版次印次 2023 年 3 月第 1 版　2023 年 3 月第 1 次印刷
书　　号 ISBN 978-7-5693-3158-5
定　　价 85.00 元

如发现印装质量问题,请与本社市场营销中心联系。
订购热线:(029)82665248　(029)85667874
投稿热线:(029)82668818
读者信箱:457634950@qq.com

前　言

超临界流体兼具液体的稠密性、气体的高扩散性，具有较好的流动和传递性能、与弱/非极性分子的强互溶性以及对无机盐的不溶解性等特性。因而，超临界二氧化碳、超临界水等超临界流体作为溶剂、传热工质、反应介质在能源、环境、化工、材料、医药等领域有着诸多应用。

超临界二氧化碳萃取、超临界水循环发电等超临界热流体技术已广泛服务于工业生产与社会发展，超临界水氧化、超临界水气化、超临界水热燃烧、超临界水热合成、超临界二氧化碳循环发电等技术是当前国际前沿科技、未来产业升级的重要引擎。以往相关教材主要围绕超临界二氧化碳萃取等技术展开，无法满足学生及工程技术人员对新时代新型超临界流体技术科学理论及应用案例有关知识的学习需求。本书编著团队基于自身在超临界水氧化、超临界水热燃烧、超临界水热合成等新型超临界热流体技术的基础研究、关键技术攻关、工业化推广等方面 20 余年的丰富科研成果，面向国家对相关技术的新时代战略需求，以向读者介绍相关新知识、新方法及新成就为目标，进行了本书的编著。

全书共分 11 章，第 1、2 章分别开展了超临界热流体技术的概述、超临界热流体基本概念与理化性质的介绍；第 3 章至第 8 章依次面向超临界水氧化技术、超临界水热燃烧技术、超临界水气化技术、超临界水（溶剂）热合成技术、超临界流体分离技术、亚/超临界流体循环技术，阐述了有关基本原理与特点、工艺流程、关键参数及影响规律、核心技术装备、应用现状及前景；在第 9 章介绍超临界流体技术其他应用（超临界水热提质、超临界流体干燥、超临界流体喷涂）基本信息及最新进展的基础上，第 10、11 章针对超临界热流体技术实施过程中两大关键工艺问题——装备腐蚀、盐沉积引发堵塞，以及相关解决途径进行了详细论述。本书从超临界热流体技术的主要基础知识到应用技术和工艺，系统地阐述了超临界热流体（水、二氧化碳等）技术在能源、环境、纳米材料制备、绿色化工等领域的科学理论基础，技术工艺开发过程，以及中国贡献，有助于培养学生的创新能力及系统思维，帮助读者开阔视野，提升民族自豪感。

本书可作为高等学校能源动力、环境、化工、材料、食品、制药等相关专业本科生与研究生的教材，也可供相关专业的科学研究人员和工程技术人员参考。

本书由王树众、李艳辉、杨健乔、李建娜、张熠姝联合编著，博士研究生杨闯、张宝权、张凡以及硕士研究生赫文强、李紫成、孙圣瀚、丁邵明、贺超、刘伟、王进龙、刘凯、丁璐、耿一然等人在资料整理、章节校对等方面作了较多的贡献，著者谨在此表示衷心的感谢。

受学识所限，书中疏漏之处在所难免，敬请读者指出。

著　者

2023 年 3 月

目 录

第1章

超临界流体技术概论

纯净物质根据温度和压力的不同，会呈现出液体、气体、固体等状态变化。当提高温度和压力来观察物质的状态变化时会发现，如果达到特定的温度、压力，会出现液体与气体界面消失的现象，该点被称为临界点。在临界点附近，会出现流体的密度、黏度、溶解度、热容量、介电常数等物性发生急剧变化的现象，温度及压力均处于临界点以上的液体叫超临界流体。例如，当水的温度和压强升高到临界点（$T=374.15$ ℃、$p=22.12$ MPa）以上时，将处于一种既不同于气态，也不同于液态和固态的新的流体态——超临界态，该状态的水即称为超临界水。

超临界流体由于液体与气体分界消失，是一种即使提高压力也不液化的非凝聚性气体。超临界流体的物性兼具液体性质与气体性质，它基本上仍是一种气态，但又不同于一般气体，是一种稠密的气态。其密度比一般气体要大两个数量级，黏度比液体小，但扩散速度比液体大（约两个数量级），所以有较好的流动性和传递性能。它的介电常数随压力而急剧变化（如介电常数增大有利于溶解一些极性大的物质）。

19世纪20年代早期，法国医生Cagniard首次发现了物质的临界现象。但由于技术、装备等原因，时至20世纪30年代，Pilat和Gadlewicz两位科学家才有了用液化气体提取“大分子化合物”的构想。1950年，美国与苏联等国进行了以超临界丙烷去除重油中的柏油精及金属（如镍、钒等）的研究，降低后段炼解过程中触媒中毒的失活程度，但因成本考量，并未全面推广使用。1954年Zosel用实验的方法证实了二氧化碳超临界萃取可以萃取油料中的油脂[1]。

20世纪70年代后期，德国科学家Stahl等首先在高压实验装置的研究上取得了突破性进展，之后“超临界二氧化碳萃取”这一新的提取分离技术的研究及应用才有了实质性进展[2]；1973年及1978年两次能源危机后，超临界二氧化碳的特殊溶解能力才又重新受到了工业界的重视。1978年后，欧洲陆续建立了以超临界二氧化碳作为萃取剂的萃取提纯技术，以处理食品工厂中数以千万吨计的产品，例如，用超临界二氧化碳去除咖啡豆中的咖啡因，以及自苦味花中萃取出可放在啤酒内的啤酒香气成分。

20世纪80年代中期，超临界水对有机物和气体的特殊溶解性能被应用于有机污染物处理领域，美国麻省理工学院Modell教授提出了超临界水氧化技术[3]。20世纪70年代中期，超临界水对无机盐的特殊溶解性被开发，日本东北大学科学家Adshiri提出了采用超临界水热合成技术制备纳米金属及纳米金属氧化物的设想[4]。至此，超临界水、超临界二氧化碳等超临界流体技术的研究逐渐受到重视，多项新技术逐渐被提出并加以应用。

1.1 超临界流体的基本概念及种类

1.1.1 超临界流体的定义及相图

超临界流体是一种物质状态，当物质在超过临界温度及临界压力以上的条件下，气体与液体的性质会趋近于类似，最后形成一个均匀相的流体状态。超临界流体类似气体具有可压缩性，可以像气体一样发生泻流，又兼具类似液体的流动性，密度一般都为 0.1～1.0 g/mL。常见的超临界流体包括超临界二氧化碳、超临界水、超临界甲醇、超临界乙醇等。二氧化碳和水的相图分别如图 1－1、图 1－2 所示。

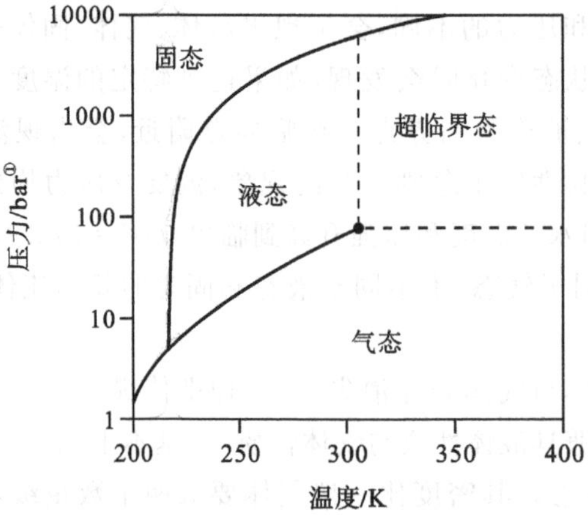

图 1－1 二氧化碳的相图

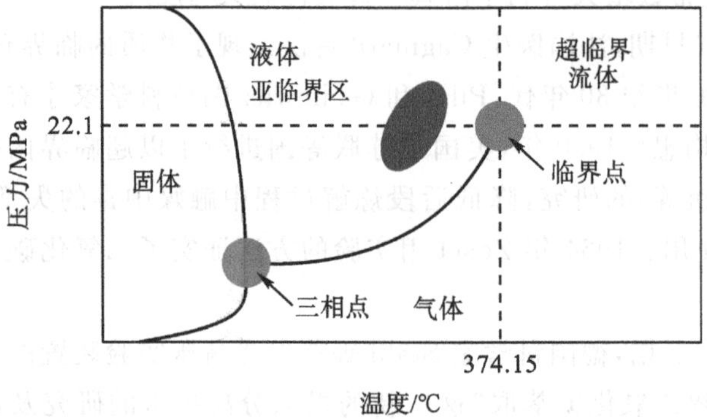

图 1－2 水的相图

1.1.2 超临界流体的分类

1. *超临界水*

超临界水是指当温度达到 374.15 ℃、压力达到 22.12 MPa 时，因高温而膨胀的水的密

①bar＝100 kPa。

度和因高压而被压缩的水蒸气的密度正好相同时的水。此时，水的液体和气体便没有区别，完全交融在一起，成为一种新的、呈现高压高温状态的流体，临界密度为 0.32 g/cm³。图 1-3 展示了环己烷与水的混合液随温度升高的相界面变化，可以看出当温度达到超临界温度时，气体、液体的相界面完全消失，环己烷完全溶解在超临界水中[5]。

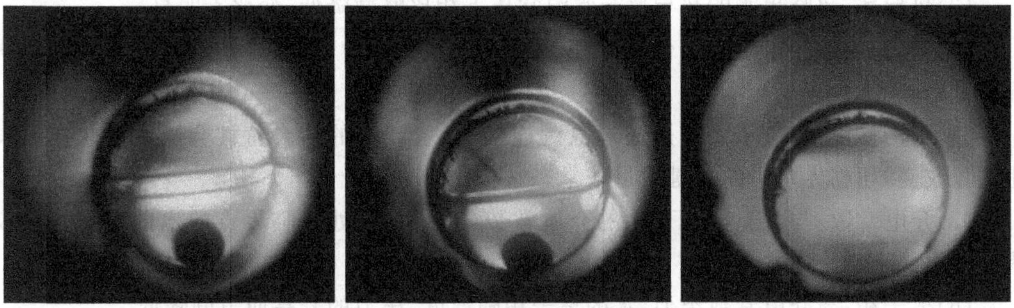

(a) 25 ℃　　(b) 250 ℃　　(c) 374 ℃

图 1-3　20%环己烷与 80%水的混合液随温度升高的相界面消失过程[5]

2. 超临界二氧化碳

超临界二氧化碳是维持在临界点(31.4 ℃、7.38 MPa)以上的二氧化碳流体。与超临界水一样，超临界二氧化碳像气体一样充满整个空间，但其密度又类似液体。

超临界二氧化碳是使用最广泛的超临界流体之一，由于其独特的性能和受环境影响相对较低，超临界二氧化碳作为反应介质被广泛用于有机化合物的提取、分离以及物质生产，如从咖啡豆中提取咖啡因和用抗真菌剂浸渍木材。超临界二氧化碳技术的一个显著优点是在特定的工艺之后，二氧化碳完全蒸发，使材料没有残留的溶剂，而传统的有机溶剂则需要额外的工艺步骤来去除残留的溶剂。

3. 超临界溶剂

除了水之外还有一些其他的超临界溶剂，其临界温度、压力及密度如表 1-1 所示。

表 1-1　各类超临界溶剂的临界温度、压力及密度

物质	临界温度/K	临界压力/MPa	临界密度/(g·cm^{-3})
甲烷	190.4	4.60	0.162
乙烷	305.3	4.87	0.203
丙烷	369.8	4.25	0.217
乙烯	282.4	5.04	0.215
丙烯	364.9	4.60	0.232
甲醇	512.6	8.09	0.272
乙醇	513.9	6.14	0.276
丙酮	508.1	4.70	0.278

1.1.3　超临界流体的物理、化学特性

与常温常压状态下的流体相比，超临界流体的热物理性质、结构性质、离子积、扩散特

性以及恒压热容等物理化学性质明显不同。下面以超临界水为例简要介绍其物理化学性质的变化。

(1)密度:随着压力的升高,超临界水的密度值急剧变化,从较低的类似蒸汽的密度连续升高到较高的类似液体的密度,在临界点附近密度随温度、压力的波动尤为明显。

(2)热导率:超临界水的热导率与常温常压下相比略微降低,变化不明显。

(3)黏度:超临界水呈现类似非极性可压缩气体的行为,因此其黏度与常态水相比明显降低。

(4)结构性质:水分子之间是通过氢键连接的,氢键间的结合特性会随水的状态而发生明显改变,超临界水中的氢键数量较常态水相比明显降低。

(5)介电常数:与常温常压下水的介电常数(80)相比,处于临界点的水的介电常数仅为 5,明显降低。

(6)离子积:与介电常数类似,水的离子积随温度、压力的升高而急剧降低。

(7)溶解度:由于超临界水的氢键的减少,水的行为与非极性可压缩气体相近,而水的溶剂性质与低极性有机物近似,因此其对有机物具有极高的溶解度,对无机盐的溶解度极低。

(8)扩散特性:超临界水的扩散系数明显增大,例如,常态水(25 ℃、0.1 MPa)和超临界水(450 ℃、27 MPa)的扩散系数分别为 $7.74\times10^{-6}\ cm^2/s$ 和 $7.67\times10^{-4}\ cm^2/s$。

本书所介绍的各种超临界流体技术就是应用了超临界流体的上述物理、化学特性逐渐发展而来的,超临界流体技术的发展也随着人们对超临界流体的特殊性质的认识深度而逐渐深化。表 1-2 简要介绍了各类超临界流体技术主要利用的超临界流体的物理化学特性。

表 1-2 各类超临界流体技术主要利用的超临界流体的物理化学特性

技术名称	超临界流体的作用	所利用的超临界流体的特性
超临界流体萃取技术	萃取剂	溶解度、扩散特性
超临界流体色谱技术	溶剂	溶解度
超临界流体微粒化技术	反应介质	膨胀系数、溶解度、热容
超临界水氧化技术	反应介质	极性、离子积、溶解度
超临界水气化技术	反应介质	极性、离子积、溶解度
超临界水热燃烧技术	反应介质	极性、离子积、热容、溶解度
超临界水反应堆	换热介质	密度、热容、黏度、扩散特性
超临界电站锅炉	换热介质	密度、热容、黏度、扩散特性
超临界水处理煤/稠油	溶剂	溶解度
超临界二氧化碳发电	换热介质	密度、热容、黏度、扩散特性
超临界二氧化碳清洗	溶剂	溶解度、扩散特性
跨临界二氧化碳制冷	换热介质	密度、热容、黏度、扩散特性

1.2　早期超临界流体技术发展概述

1.2.1　超临界流体萃取技术

最早应用的超临界流体技术是超临界流体萃取技术。

超临界流体萃取技术是一种将超临界流体作为萃取剂，把萃取物从另一种成分基质中分离出来的技术。自 20 世纪 60 年代，Zosel 博士提出超临界萃取工艺并被成功地应用于咖啡豆脱咖啡因的工业化生产以来，该技术就被视为环境友好且高效节能的新的化工分离技术，这种分离技术在很多领域得到了广泛的重视和开发。超临界流体萃取技术是超临界流体技术应用较成熟的方面之一，可以应用在中药和天然产物有效成分的提取上，从产品剥离不需要的物质（如脱咖啡因）或收集所需产物（如精油），也可以作为分析中样品前处理的手段。

可作为超临界流体萃取中萃取剂的物质有很多，如二氧化碳、氧化亚氮、六氟化硫、乙烷、甲醇、氨和水等。具有较低临界点的二氧化碳是应用最广泛的天然产物萃取剂，因为后期分离方便，且其临界温度接近室温，对被提取物质的破坏相对较少。

超临界流体萃取技术的优势：可在接近常温下完成萃取工艺，适合将一些对热敏感、容易氧化分解破坏的成分进行提取和分离；在最佳工艺条件下，能将被提取成分几乎完全提出，从而提高产品的收率和资源的利用率；萃取工艺简单，无污染，分离后的超临界流体经过精制可循环使用。

超临界流体萃取技术的应用领域较为广泛，其中最广泛的是从植物中提取功能性成分。植物如小麦胚芽中含有大量亚油酸、天然复合维生素 E、蛋白质及 8 种人体必需氨基酸等均可以通过超临界流体萃取出来。超临界流体萃取技术也可用于动物油脂的提取，肉类风味研究，海产品如藻类、微藻类、甲壳类动物、鱼类及它们的副产品中高价值化合物的提取。另外，利用超临界流体萃取技术可以将副产物和残次品高效利用。例如，从食品及其副产品中提取的多酚类物质、类胡萝卜素、植物甾醇和精油均具有抗氧化活性，多酚类物质的萃取一般选择 10%～20%乙醇作为夹带剂[6]。超临界流体萃取技术的基本流程如图 1－4 所示。

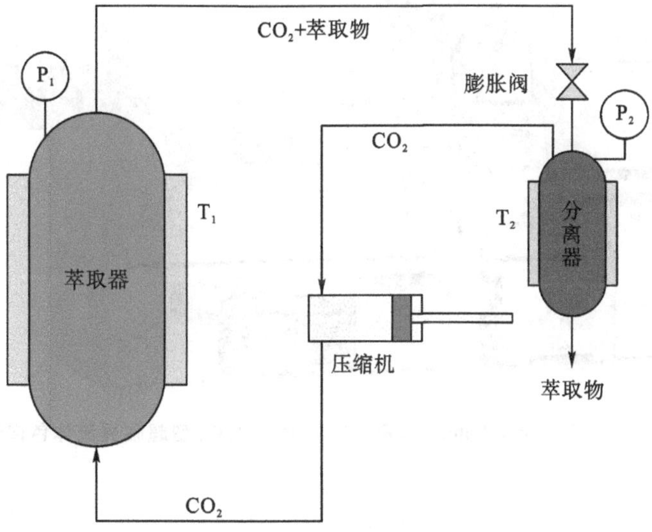

图 1－4　超临界流体萃取技术的基本流程

1.2.2 超临界流体色谱技术

超临界流体色谱技术是以超临界流体作流动相依靠流动相的溶剂化能力来进行分离、分析的色谱过程，是20世纪80年代发展和完善起来的一种新技术。

超临界流体色谱是一种分离技术，此技术可分离复杂的混合物，并可测定混合物中各组分的含量，有时还可以鉴定组分。样品溶液注入高压液流之后，液流会将样品带入填充有细颗粒的管或色谱柱中。样品中的各个组分会与颗粒表面发生不同的相互作用，当其穿过色谱柱时即可在时间和空间上实现分离。各组分将以不同的时间从色谱柱中流出，得到高斯峰或伪高斯峰，然后流过检测器。与高效液相色谱泵的明显差异在于此技术用高密度压缩气体替代了大多数液体流动相，该高密度压缩气体几乎均采用二氧化碳。在高压条件(如压力高于8 MPa)下，二氧化碳可充当溶剂。

超临界流体色谱技术是气相色谱和液相色谱的补充，可以解决气液色谱分析的难题，它可以分析气相色谱难以汽化的不挥发性样品，同时具有比高效液相色谱更高的效率，分析时间更短。该技术具有广泛的应用领域[7]。

(1)在制备分离领域的应用：超临界流体色谱仪可以作为分析型仪器(见图1-5)，进行化合物的制备与分离。

(2)在石油化工领域的应用：超临界流体色谱技术作为一种高效的分离分析手段，以超临界二氧化碳代替传统工业溶剂，能有效减小挥发性有机溶剂的排放。

(3)在医药分析领域的应用：超临界流体色谱技术可有效分析成分复杂、结构类似、分离纯化难度大的中草药成分，同样也可以用于复方西药的成分分离、分析。

(4)在食品分析领域的应用：超临界流体色谱技术对氨基酸、糖类、蛋白质及具有生物活性的物质有良好的分离效果。对于超临界流体色谱技术来讲，食品可以看作是一种极为复杂的中草药成分。

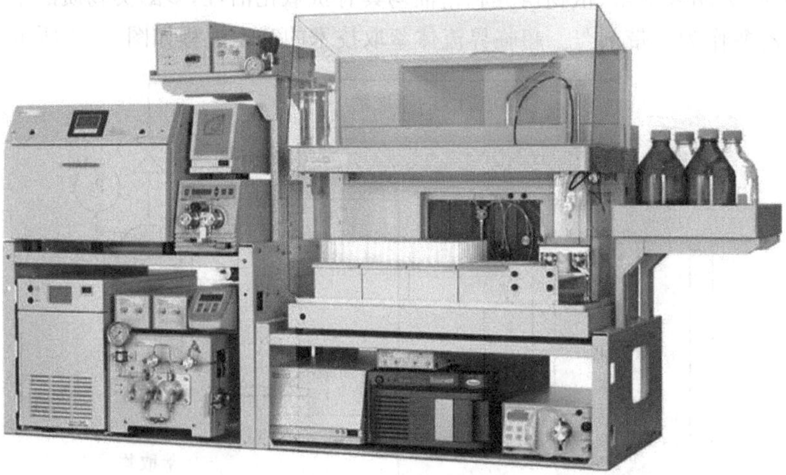

图1-5 沃特世(Waters)公司生产的Prep 100q型超临界流体色谱仪

1.2.3　超临界流体微粒化技术

超临界流体微粒化技术是利用超临界水对一些物质的超低溶解度，对固体溶质进行结晶沉淀的技术。在临界点附近，压力的微小变化都会引起密度的大幅度改变。溶解度、导热系数、热容、膨胀系数等在流体临界点附近受温度、压力的影响也很大，因此仅改变流体的温度或压力就可改变流体的性质，这在许多化工过程中都可以得到广泛的应用。典型的超临界流体微粒化技术包括超临界流体快速膨胀技术和超临界流体抗溶剂技术。

超临界流体快速膨胀技术是超临界流体经过微细喷嘴的快速膨胀制备药物/聚合物微粒的过程。这种方法先把溶质溶于超临界水形成超临界体系，在逐渐膨胀的过程中，压力与温度骤然降低，使得溶质溶解度降低，形成过饱和溶液，之后便析出微粒。该过程最大的特点就是可快速传递扰动和具有较高的过饱和度，前者使形成的微粒尺寸均一，后者可形成纳米级超细微粒[8]。

超临界流体抗溶剂技术的原理是先将一种超细固体溶质溶于某一有机溶剂以此形成溶液，然后选择一种超临界流体作为反溶剂，反溶剂一般能与溶液中的溶剂互溶，而不能溶解溶质。当反溶剂与溶液一接触，便迅速扩散到溶液中，接着体积膨胀，溶质的溶解度也逐渐下降，形成过饱和溶液，最后析出固体溶质。该方法的优势是当选择的超临界流体和操作条件合适时，溶液中的溶剂会被超临界流体完全溶解，析出的溶质可以是无污染的干燥粉体。并且颗粒可按设计要求而具有不同的大小和形状[9]。

1.2.4　超临界流体化学反应技术

超临界条件下的化学反应是指以超临界流体作为反应介质或作为反应物进行的化学反应。近年来研究较多的流体有二氧化碳、水、氨、甲醇、乙醇、乙烷、乙烯等。在超临界条件下的化学反应有许多不同于气相反应和液相反应的特点，表述如下。

(1)由于在超临界状态下流体具有优于液体的扩散性质和较低的黏度，对于由传递过程控制的气液两相反应来说，在超临界流体中进行反应可以有效地提高反应速率。

(2)可以通过调节体系的温度和压力改变产物在反应体系中的溶解度，使产物及时析出，促使反应向着正方向继续进行，有效地提高转化率和反应选择性。

(3)较低的温度可以有效地防止催化反应中催化剂的失活，并可使失活的催化剂再生。由于超临界条件下的化学反应能够调控反应选择性，强化反应过程，故超临界条件下的化学反应又被称为“强化反应过程”。

超临界流体化学反应主要包括超临界流体在酶催化反应、多相催化反应、金属有机反应、均相催化反应、高分子聚合反应及超临界水化学反应上的应用。

1.3　超临界流体技术的应用

1.3.1　超临界水技术的应用

1. 超临界水氧化技术

超临界水氧化(supercritical water oxidation，SCWO)技术是一种可实现对多种有机废物进行深度氧化处理的技术。超临界水氧化是通过氧化作用将有机物完全氧化为清洁的 H_2O、CO_2和 N_2等物质，将 S、P 等转化为最高价盐类稳定化，将重金属氧化为稳定固相存在于灰分中的过程。

国内外大量实验研究及工程化实践表明，超临界水氧化技术是一项高效、彻底、清洁、无污染的有机污染物终端处理技术。其适用范围广泛，可以彻底无害化处理各种工业有机废水与废弃物、城市污水与污泥、工业污泥与油泥，以及消除化学武器的毒物等，具有良好的环保效益、社会效益和经济效益。

超临界水氧化技术在处理各种废水和剩余污泥方面已取得了较大的成功，其缺点是反应条件苛刻、对金属有很强的腐蚀性及对某些化学性质稳定的化合物进行氧化所需时间较长。为了加快反应速度、减少反应时间、降低反应温度等，使超临界水氧化技术的优势更加明显，许多研究者正在尝试将催化剂引入超临界水氧化工艺过程中。目前，超临界水氧化技术已经实现了工业化，国内外研究机构及商业化运营公司开发了一系列小试、中试及工业化装置，如图 1-6 所示。

图 1-6　城市污泥超临界水氧化处理装置 3(t/d)

2. 超临界水热燃烧技术

超临界水热燃烧(supercritical hydrothermal combustion，SCHC)技术是指燃料或者一定浓度的有机废物与氧化剂在超临界水环境中发生剧烈氧化反应，产生水热火焰的一种新型燃烧方式。O_2、N_2、H_2及非极性有机物可与超临界水完全互溶形成均相体系，该体系一旦着火，将发生水热燃烧，产生明亮的水热火焰(见图 1-7)，即产生“水-火相容”现象。相对于传统的超临界水氧化，超临界水热燃烧又被称作“有火焰超临界水氧化”。

超临界水氧化技术是利用超临界水独特的理化性质来实现有毒有害有机污染物的高效氧化降解的。在超临界水体系中，氧气、空气、过氧化氢、水及绝大多数有机物可以任意比例互溶，气液相界面消失，超临界水氧化体系成为均相反应体系，消除了相间的传质传热阻力，从而加快了反应速度，可在几秒至几分钟内将有机物彻底氧化降解为 CO_2、H_2O、

N_2及其他一些有机小分子化合物，对大多数有机废物的去除率高达 99.9%。超临界水氧化技术在处理难降解、有毒有害有机污染物方面表现出了极大的技术优势。然而，高温高压、高浓度氧化剂及高浓度自由基与酸/碱/盐等苛刻的反应条件，极易引发反应器及其进出输送管道的腐蚀。1996 年，Von Rohr 等提出了在超临界氧化装置中设计水热火焰来解决超临界氧化工艺中腐蚀问题，即超临界水热燃烧技术。与此同时，超临界水热燃烧技术在环保领域有机废物处理方面的大量研究成果，也极大地推动了超临界水热燃烧技术在煤基等固体燃料的高效清洁利用、油气资源开采、劣质燃料品质提升、热裂钻井技术等领域的研究与应用。

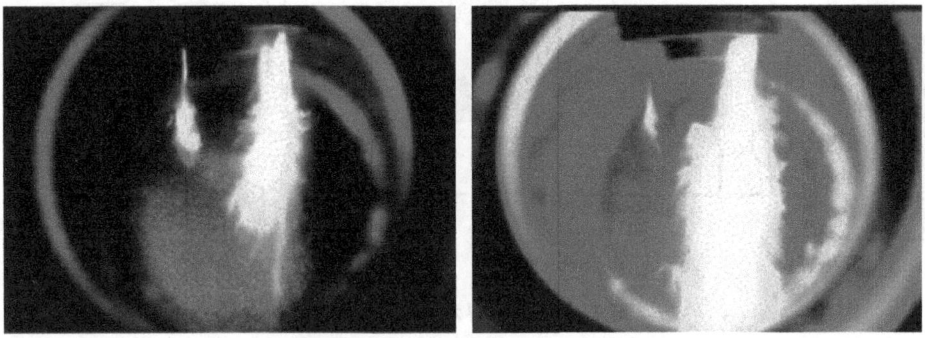

图 1-7　通过视窗观察到的超临界水中的火焰

3. 超临界水气化技术

超临界水气化(supercritical water gasification, SCWG)技术是 20 世纪 70 年代中期由美国麻省理工学院的 Modell 提出的新型制氢技术。超临界水是指温度和压力均高于其临界点的具有特殊性质的水。超临界水气化技术是利用超临界水强大的溶解能力，将生物质中的各种有机物溶解，生成高密度、低黏度的液体，然后在高温、高压反应条件下快速气化，生成富含氢气的混合气体的过程(见图 1-8)。超临界水气化技术较其他的生物质热化学制氢技术有着独特的优势：其可以使含水量高的湿生物直接气化，不需要高能耗的干燥过程，不会造成二次污染；其制得的高温高压氢气可直接用于发动机或者涡轮机中燃烧获取电能。

虽然超临界水气化是一种很有前途的生物质燃料转化技术，德国 Verena 试验工厂和日本广岛大学等研究机构已经取得了一定研究进展，然而这种工艺在工业规模上的应用仍有一些局限性。一方面，目前只有少数研究人员有机会使用短停留时间的连续式反应器或连续搅拌槽式反应器进行超临界水气化实验，已完成的超临界水气化的大部分实验研究都使用了小型实验室反应器，即间歇式反应器，实验条件与工业化生产具有较大差距，实验过程中产生了一系列与间歇式反应器相关的问题或限制；另一方面，关于超临界水气化制氢技术，目前研究热点主要为不同生物质化合物模型对制氢产率的影响，然而，超临界水气化制氢体系是一个复杂的过程，根据反应的具体条件，在一定程度上存在一系列竞争反应，如水解、水煤气变换、氧化和甲烷化等，当不同反应占据主导地位时对应的制氢效率将会产生巨大差异，因此制氢工艺过程的调控是高效制氢的关键。

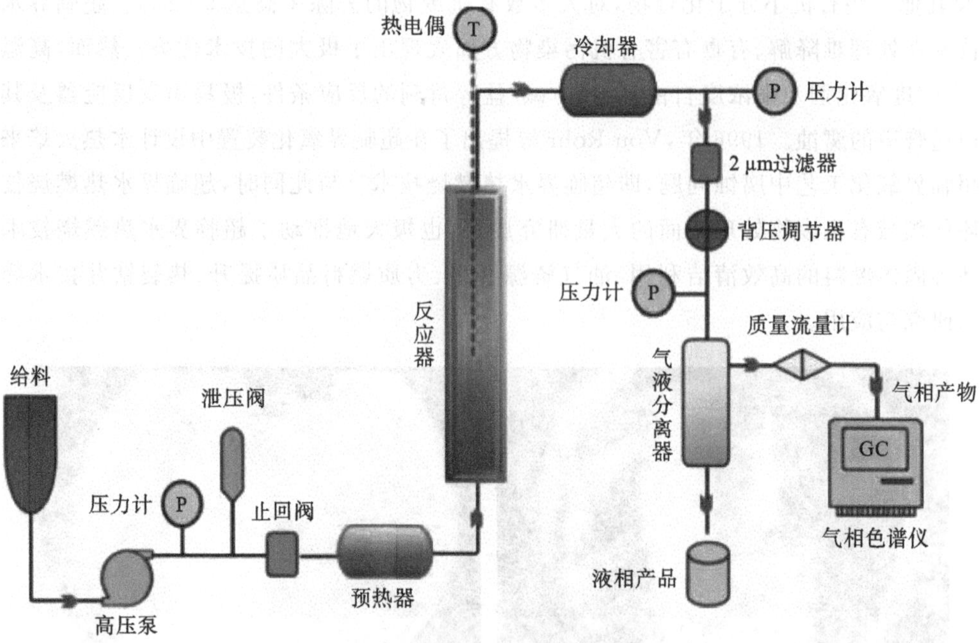

图 1-8　超临界水气化典型流程

4. 超临界水热合成技术

超临界水热合成(supercritical hydrothermal synthesis, SCHS)技术是以超临界水为反应环境制备纳米微粒的过程。在超临界水中,金属的盐溶液在达到水的临界温度和压力后,其介电常数减小,金属盐的水解速度非常快,所产生的母体的溶解度又比较低,这就会在极短的时间内达到很高的过饱和度,从而成核率高,有利于纳米微粒的形成。超临界水热合成过程示意简图如图 1-9 所示。

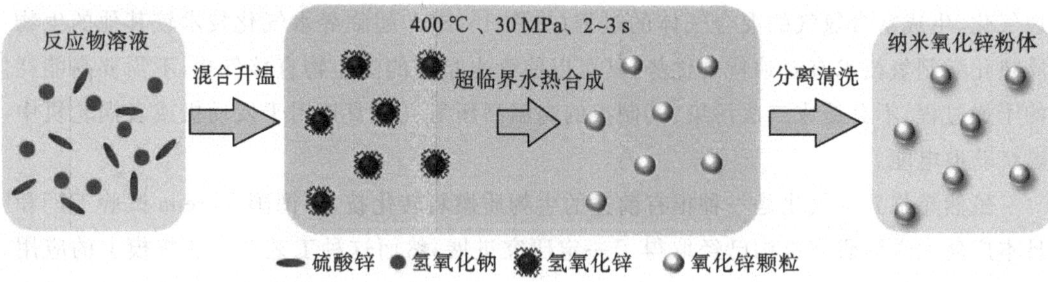

图 1-9　超临界水热合成过程示意简图(以氧化锌为例)

超临界水热合成技术的优势:微粒尺寸小、纯度高,可以得到高晶状产品而无须后续处理;操作过程反应温度相对较低,反应时间短,设备操作连续性好;超临界水热合成技术的装置可分为间歇式和连续式两种,间歇式试验装置适合反应时间长、所要获得的微粒是高度结晶或单个晶体较大的产物,而连续式试验装置可以实现反应时间短、反应速率快的目的,相较之下后者更有发展前途。

5. 超临界水处理煤/稠油

在稠油热采领域，超临界水技术主要用于产生稠油开采过程所需的多元热流体（复合热载体）。燃料与氧化剂进入超临界水热燃烧蒸汽-气体发生器，在超临界水相环境中进行水热燃烧，燃烧后所得的多元热流体（蒸汽、CO_2、N_2等）调节至热采工艺所需参数，注入地层。CO_2、N_2等气体溶于原油，降低界面张力，增加原油流动性。另外，气体使原油膨胀，进一步驱动了原油流动。CO_2、N_2还有抽提和汽化原油中轻质组分的作用。复合热载体，尤其是高温蒸汽，携带的热量对原油进行加热，它的黏性会随温度的升高而急剧下降，流动性增强。这样，多元热流体技术在气体混相驱和热力驱的综合作用下，可使稠油油藏采收率提高 10%以上。

此外，超临界水热燃烧技术还能将稠油热采与油田污水处理有效地结合起来，实现了油田污水的资源化利用。利用水热火焰将亚临界注入的油田污水加热到超临界温度，使其发生快速氧化，从而实现有机废物的无害化处理，并产生稠油开采所需多元热流体，变废为宝。相比于现有的多元热流体技术，超临界水热燃烧技术的优势还在于：①多元热流体发生装置的燃烧更加稳定、高效、洁净，发生器结构更加紧凑、造价更低；②超临界水热燃烧蒸汽-气体发生器能够产生更高压力、温度参数的多元热流体，更适于超稠油和深层稠油的开采，且超临界水还是一种很好的重油调质介质，重油在超临界水中更易于发生裂解、加氢气化等反应，在热力降黏的同时能够实现重油井下提质（见图 1-10）。

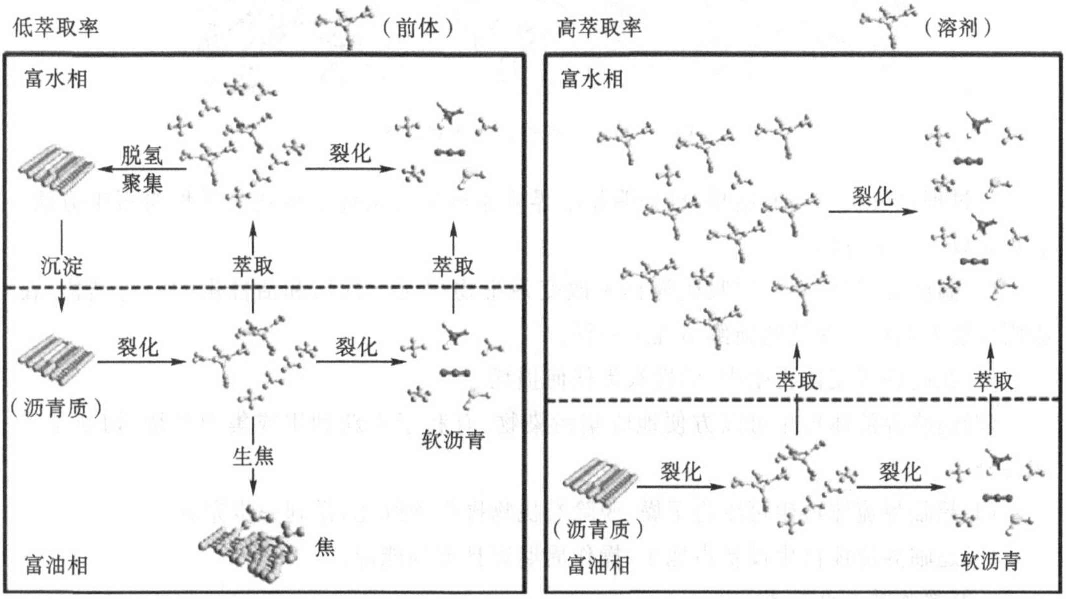

图 1-10　超临界水处理重油过程抑制结焦的机理示意图[10]

6. 活性炭再生

超临界流体的特殊性质和其技术原理证实了它用于再生活性炭的可能性。例如，超临界二氧化碳流体对非极性物质烷烃、中等极性物质包括多环芳烃和多氯联苯、醛类、酯类、醇类、有机杀虫剂和脂肪等均为良好的溶剂。超临界流体对吸附态的液相有机物分子的可溶解性与超临界流体对活性炭固体的不溶解性构成了该技术方法的基础。同时，有机物分子在超临界流体中可以快速扩散，易于分离与富集。依据超临界流体萃取原理，在工艺上可以建立超临界流体再生活性炭的基本过程，即利用超临界流体作为溶剂，将吸附在活性炭上的有机物扩散与溶解于超临界流体之中(见图 1－11)。根据流体性质依赖于温度和压力的关系，可以将有机物与超临界流体有效地分离，从而达到饱和活性炭再生的目的。根据具体情况，在工艺安排上可以实现间歇操作或连续操作。超临界流体可以一次性利用，也可以循环使用。显然，在实际应用中，循环式连续操作更为合理。

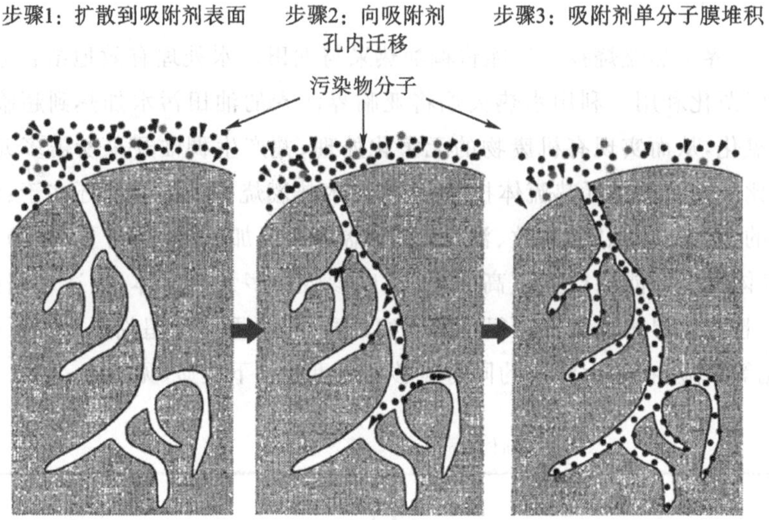

图 1－11　活性炭的吸附过程图

通过理论分析与实验结果，已证明超临界流体再生方法优于传统的活性炭再生方法，表现在以下几个方面。

(1)温度低，超临界流体吸附操作不改变污染物的化学性质和活性炭的原有结构，在吸附性能方面可以保持与新鲜活性炭一样。

(2)在超临界流体再生中，活性炭无任何损耗。

(3)超临界流体再生可以方便地收集污染物，有利于重新利用或集中焚烧，切断了二次污染。

(4)超临界流体再生可以将干燥、脱除有机物操作连续化，做到一步完成。

(5)超临界流体再生设备占地小、操作周期短且节约能源。

7. *超超临界发电技术*

锅炉是指利用燃料燃烧释放的热能或其他热能加热水或其他工质，以生产规定参数(温度、压力)和品质的蒸汽、热水或其他工质的设备。电站锅炉是电厂用来发电的锅炉，一般容量较大，现在主力机组为 600 MW，目前较先进的是超超临界锅炉，容量可达 1000 MW(见图 1－12)。

图 1-12　超超临界电站锅炉模型图

超超临界发电技术是指燃煤电厂将主蒸汽压力、温度提高到超临界参数以上，实现大幅提高机组热效率、降低煤耗和污染物排放的技术。采用超超临界技术的电站锅炉，主蒸汽压力为 25 MPa，温度大于 580 ℃，其发电效率为 43.8%～45.4%，远高于亚临界机组的 37.5%。

随着高温材料的升级，我国在常规超超临界机组的基础上进一步提高主蒸汽压力和再热蒸汽温度，更高参数的 630 ℃、760 ℃等级超超临界发电技术将成为下一代火力发电主力机组技术，其发电效率预计可达 47%～53%，比目前最先进的 600 ℃等级超超临界机组煤耗约可再降低 40 克标煤/千瓦时。一台 600 MW 等级的 700 ℃先进超超临界机组，可比同容量 600 ℃超超临界机组节约标准煤约 14.3 万 t/a，大气污染物减少 14%左右，二氧化碳减排约 30 万 t/a，具有十分显著的经济效益和生态效益。

先进超超临界发电技术的核心优势在于低碳、高效、清洁及技术的继承性，研发先进超超临界发电技术对能源结构以煤为主的我国来说，具有十分重要的现实意义和广阔的应用前景。

1.3.2　超临界二氧化碳技术的应用

1. 超临界二氧化碳发电

超临界二氧化碳是指温度和压力均在临界点以上的二氧化碳流体。二氧化碳的临界点温度约为 31.4℃、压力约为 7.8 MPa，将二氧化碳加压加温到该临界点之上就能得到超临界二氧化碳。超临界二氧化碳具有超临界流体流动性好、传热效率高、压缩性小、适于热力循环的独特性质，再加上二氧化碳临界温度和压力较低，远远低于水的临界点，化学性质稳定，工程可实现性较好，可在接近室温条件下达到超临界状态，使超临界二氧化碳成为理想的热力循环工质。在接近临界点时，超临界二氧化碳的密度和比热容接近于液态，但其黏性接近于气态。如果将其作动力循环的工质，如朗肯循环和布雷顿循环，能够在很小的体积内传递很大的能量。

例如，同样 300 MW 的额定发电功率，以超临界二氧化碳为工质的膨胀机的体积是以水蒸气为工质的蒸汽轮机的 1/100。由于超临界二氧化碳在传递能量方面的优异性质，将它用在动力循环中能够显著提高循环效率。2004 年，美国麻省理工学院的 Dostal 等计算了将超临界二氧化碳用于下一代核反应堆的可行性[11]，结果表明，采用一级再压缩和两级回热的超临界二氧化碳布雷顿循环，在热源温度 650 ℃、压比超过 3 时，热功转换效率大于 50%。再加上该效率对环境温度不敏感，非常适合于无水冷却，这使得超临界二氧化碳布雷顿循环特别适合于太阳能光热和新一代高温气冷堆核电站，能够给这两个行业带来颠覆性的变化。

中国西安热工研究院有限公司针对燃烧化石燃料的火电站设计了电功率为 5 MW 化石燃料超临界二氧化碳发电循环(图 1－13)，该循环采用带有一次再热的再压缩循环结构，净效率可达 33.49%。该循环系统于 2021 年 12 月份投入测试，机组采用主气温度为 600 ℃、压力为 20 MPa，主压缩机入口压力为 7.9 MPa、温度为 35 ℃，发电效率比蒸汽机组上升了 3%～5%，处于国际领先地位。

图 1－13　西安热工研究院有限公司设计的电功率为 5 MW 的超临界二氧化碳循环发电机组

2.跨临界二氧化碳制冷

跨临界二氧化碳制冷循环的流程与普通的蒸汽压缩式制冷循环略有不同，其循环过程如图 1－14 中的 1－2′－3′－4′－1 所示。此时压缩机的吸气压力低于临界压力，蒸发温度也低于临界温度，循环的吸热过程仍在亚临界条件下进行，换热过程主要依靠潜热来完成。但是压缩机的排气压力高于临界压力，工质的冷凝过程与在亚临界状态下完全不同，换热过程依靠显热来完成，此时高压换热器不再称为冷凝器，而称为气体冷却器。此类循环有时也称为超临界循环，它是当前二氧化碳制冷循环研究中最为活跃的循环方式之一。

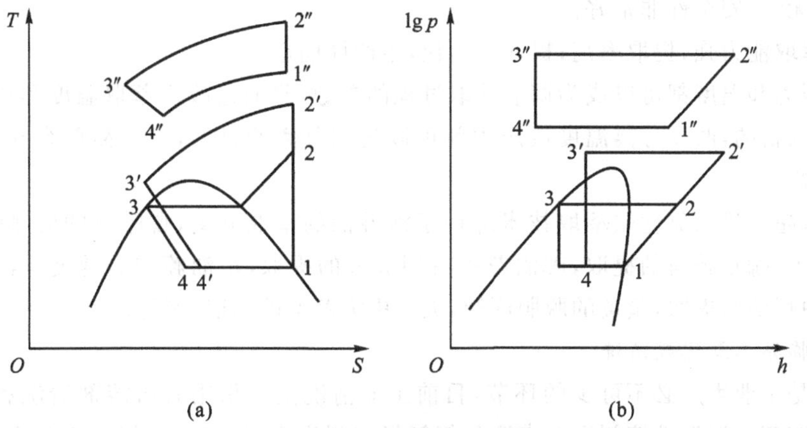

图1-14 跨临界二氧化碳制冷循环过程

由于二氧化碳临界温度很低,因此二氧化碳的放热过程不是在两相区冷凝,而是在接近或超过临界点的区域的气体冷却器中放热,其放热过程为一变温过程,有较大的温度滑移。这种温度滑移正好与所需的变温热源相匹配,是一种特殊的洛伦兹循环,当用于热泵循环时,有较高的放热系数,而且,在超临界压力下,二氧化碳无饱和状态,温度和压力彼此独立,所以当蒸发温度、气体冷却器出口温度保持恒定时,随着高压侧压力的变化,循环系统的制冷系数存在最大值。

3.超临界二氧化碳萃取

超临界二氧化碳萃取分离过程的原理是利用超临界二氧化碳对某些特殊天然产物具有特殊溶解作用,利用超临界二氧化碳的溶解能力与其密度的关系,即利用压力和温度对超临界二氧化碳溶解能力的影响而进行的。

在超临界状态下,将超临界二氧化碳与待分离的物质接触,使其有选择性地把极性大小、沸点高低和分子量大小不同的成分依次萃取出来。当然,对应各压力范围所得到的萃取物不可能是单一的,但可以控制条件得到最佳比例的混合成分,然后借助减压、升温的方法使超临界流体变成普通气体,被萃取物质则完全或基本析出,从而达到分离提纯的目的,所以超临界流体二氧化碳萃取过程是由萃取和分离组合而成的。

超临界二氧化碳作为现今在萃取技术中使用较为广泛的流体,并不仅仅是因其安全、无毒、廉价等的特性,而是因为和常规萃取方法相比,超临界二氧化碳萃取具有如下显著优点。

(1)操作接近室温(34～39 ℃),整个萃取过程在二氧化碳气体的笼罩下,有效地防止了热敏性物质的氧化和降解,能完整地保留生物活性,而且能把高沸点、低挥发性、易热解的物质在远低于其沸点的温度下萃取出来。

(2)绿色环保,全过程不含有机溶剂,因此萃取物无溶剂残留,从而防止了提取过程中对人体有害物的存在和对环境的污染。

(3)萃取和分离合二为一,当饱含溶解物的二氧化碳流体进入分离器时,经过调节压力或温度,使得二氧化碳与萃取物迅速成为两相(气液分离)而立即分开,不仅萃取的效率高而且能耗较少,提高了生产效率也降低了费用成本。

(4)二氧化碳是一种惰性气体,萃取过程中不发生化学反应,且属于不燃性气体,无味、无臭、无毒、安全性非常好。

(5)萃取能力强,提取率高;提取时间快,生产周期短。

(6)压力和温度都可以成为调节萃取过程的参数,只通过改变萃取温度和压力就可以达到萃取的目的,改变分离温度或压力就可以达到分离的目的,工艺简单容易掌握,而且萃取速度快。

目前,超临界二氧化碳萃取技术应用于沙棘油的萃取分离,咖啡豆的脱咖啡因,烟草的脱尼古丁,咖啡香料的提取,啤酒花中有用成分的提取,星油藤中高纯度星油藤油的提炼,大豆中豆油的提取,蛋黄的脱胆固醇,大蒜中大蒜素的萃取,等等。

4. 超临界二氧化碳清洗

清洗是工业生产必不可少的环节,目前工业清洗主要采用有机溶剂清洗和水溶液清洗。有机溶剂以挥发性溶剂和含卤素的氯氟烃溶剂为主,每年全世界要用几百万吨,由此造成对臭氧层的破坏、对大气环境的污染非常严重。1987 年世界各国签署的《关于消耗臭氧层物质的蒙特利尔议定书》已经规定了这类溶剂的禁用日程表。水溶液清洗需要复杂的表面活性剂配方,干燥时间长,处理的金属易于生锈,而且会形成二次污染,也必然要增加设备和处理费用。因此,研究开发环境友好的清洗剂和清洗方法成为当务之急。

超临界二氧化碳具无害、无毒、无色、无臭、不燃性、容易取得、容易达到超临界状态、低表面张力、低黏度、高扩散性等特性,是一种可以代替挥发性溶剂和含卤素的氯氟烃的清洗剂,具有一定的优点。超临界二氧化碳对有机物有一定的溶解能力,清洗过程中对各种清洗材料性能稳定、黏度低、扩散性高、表面张力低、润湿性良好,极易渗入待清洗材料内部,可有效去除死区的污垢,清洗后无需干燥,无残留。

超临界二氧化碳清洗的一个主要特点是清洗和干燥操作合二为一,一步完成。在清洗操作结束前,用新鲜的超临界二氧化碳置换一下清洗罐,就可获得干燥、清洁的被清洗件。为了增强超临界二氧化碳对极性分子的溶解度,改进清洗效果,往往要在清洗罐中添加少量助溶剂,由于这些助溶剂能完全溶于超临界二氧化碳中,因此在清洗结束后不会在被清洗件中有任何残留。在颗粒污染情况下,为了增强清洗效果,往往要辅助一些机械(如振动、搅动等)作用。

目前,超临界二氧化碳清洗技术已应用在半导体清洗过程、纳米微粒生产过程、干燥清洗过程、环保电镀过程以及纤维染色过程等清洁生产技术领域(见图 1-15)。

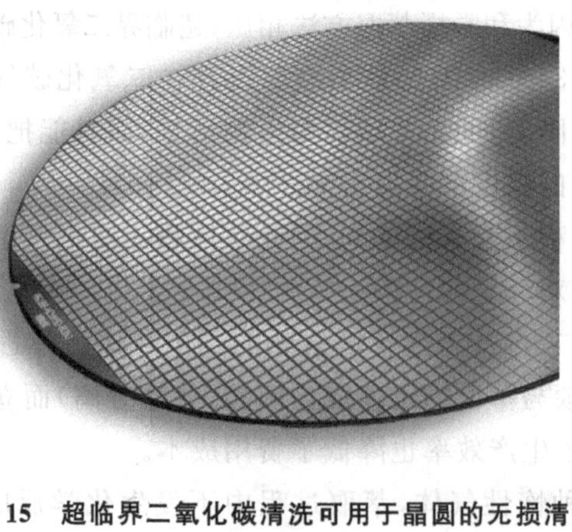

图 1-15　超临界二氧化碳清洗可用于晶圆的无损清洗

参考文献

[1]ZOSEL K. Separation with supercritical gases: practical applications[J]. Angewandte Chemie International Edition in English, 1978, 17(10): 702-709.

[2]STAHL E, QUIRIN K-W, GERARD D. Applications of dense gases to extraction and refining[M]. Dense Gases for Extraction and Refining. Springer. 1988: 72-217.

[3]SCHMIEDER H, ABELN J. Supercritical water oxidation: state of the art[J]. Chemical Engineering & Technology: Industrial Chemistry-Plant Equipment-Process Engineering-Biotechnology, 1999, 22(11): 903-908.

[4]ADSHIRI T, ARAI K, KITAMURA M, et al. Material processing using supercritical fluids[J]. Supercritical Fluids, 2002, 281-345.

[5]BRÖLL D, KAUL C, KRÄMER A, et al. Chemistry in supercritical water[J]. Angew Chem Int Ed, 1999, 38(20): 2998-3014.

[6]苗笑雨,谷大海,程志斌,等.超临界流体萃取技术及其在食品工业中的应用[J].食品研究与开发,2018, 39(5):209-218.

[7]张怡评,洪专,方华,等.超临界流体色谱分离技术应用研究进展[J].中医药导报,2012,18(7):89-91.

[8]胡国勤,蔡建国,邓修.超临界流体制备超细微粒技术及其在药物制剂方面的应用[J].中国医药工业杂志,2003,34(1):44-48.

[9]詹世平,张娇,闫思圻,等.超临界流体中药物/聚合物微粒化技术的研究进展[J].化工新型材料,2017,45(10):218-219.

[10]VILCÁEZ J, WATANABE M, WATANABE N, et al. Hydrothermal extractive upgrading of bitumen without coke formation[J]. Fuel, 2012, 102: 379-385.

[11]SYBLIK J, VESELY L, ENTLER S, et al. Analysis of supercritical CO_2 Brayton power cycles in nuclear and fusion energy[J]. Fusion Eng Des, 2019, 146: 1520-1523.

第 2 章

超临界流体的物理性质与化学性质

近年来超临界流体以其独特性质作为溶剂和反应介质在许多领域(如环境治理、材料化学、分析化学和地球化学等方面)有着诸多的应用。在超临界环境下进行化学反应,可以通过控制压力操纵反应环境,能够增强反应物和产物的溶解度、消除相间阻力对反应速率的限制。

不同物质的临界温度和临界压力是不同的,但当它们达到超临界状态时,都有相似的超临界流体的基本特性。由于目前水和二氧化碳在超临界流体技术中用作溶剂或反应介质较广泛,对其研究得到的基础数据也相对充分,故本章以超临界水和超临界二氧化碳为例对超临界流体的特性进行表述,并对其他超临界流体性质作简单说明。

2.1 超临界水的物理性质与化学性质

超临界水(supercritical water,SCW)是指温度、压力均高于其临界点(T_c=374.15 ℃、p_c=22.12 MPa)的特殊状态下的水[1],其相图如图 2-1 所示。而亚临界水是指温度在100 ℃以上、临界温度(374.15 ℃)以下,控制压力保持为液态的水。超临界水的密度、焓值、介电常数等物性都与常态的水及蒸汽不同[2],如表 2-1 所示。同时,当压力超过临界点时,升温不存在汽化过程,因此这些物性可以随着温度的升高而连续变化[3]。

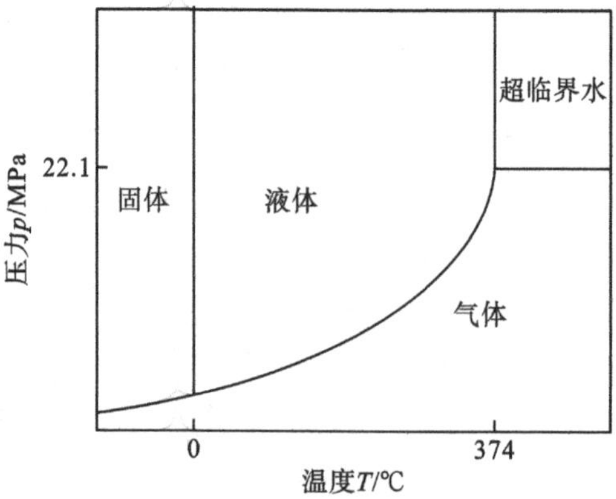

图 2-1 水的相图[1]

表 2-1　不同温度、压力条件下水的物性

物性	常态水	亚临界水	超临界水		过热蒸汽
温度/ ℃	25	250	400	400	400
压力/MPa	0.1	5	25	50	0.1
密度/(kg·m⁻³)	997	800	167	578	0.32
相对介电常数	78.5	27.1	5.9	10.5	1
离子积常数	14	11.2	19.4	11.9	—
比焓/(kJ·kg⁻¹)	105	1086	2579	1874	3279
黏度/(mPa·s)	0.89	0.11	0.03	0.07	0.02
导热系数/[mW·(m·K)⁻¹]	608	620	160	438	55

2.1.1　超临界水的物理性质

由于超临界水与许多气体、有机物混溶形成均相环境，可消除相间传质阻力；同时还可通过调节温度和压力来调节超临界水的性质，又加之水无毒、廉价，使得超临界水成为非常有用的绿色介质。本节主要讲述超临界水的物理性质，包括密度、溶解度、导热系数等。

1. 密度

液态水由于其无法压缩，所以密度受压力的影响较小，并且在常压沸点以下，温度的升高对密度的变化的影响不大。但在超临界区域附近，温度和压力的微小变化都会引起水的密度的剧烈变化。在超临界条件下，水的离子积、黏度、介电常数等性质都会随密度的变化而变化。因此在超临界水氧化等实验中，可以通过调节温度和压力掌握超临界水的密度来控制水的性质。图 2-2 是不同压力下超临界水的密度与温度的关系图。

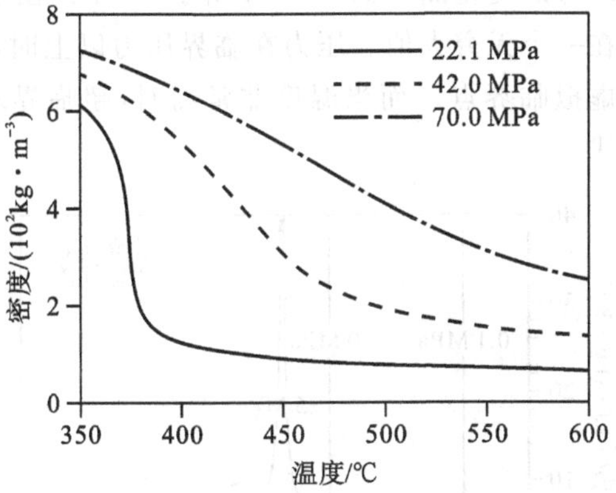

图 2-2　不同压力下超临界水的密度与温度的关系

图 2-3 是临界压力以上水的密度随温度和压力的变化曲线[4]，由于超临界压力下没有汽化过程，因此曲线是连续变化的。临界压力下，随着温度升高，水的密度缓慢下降，离子积缓慢上升，到达临界点附近时水的离子积大约为室温下水的离子积的 3 倍，随后水的

密度和离子积开始突降。标准状态下，离子积常数为 10^{-14}。临界点以下时，离子积常数大于 10^{-14}，能产生更多的 H^+ 和 OH^-，容易发生酸碱催化反应，离子反应机理占主导；临界点以上时，离子积常数小于 10^{-14}，自由基反应机理占主导[1]。

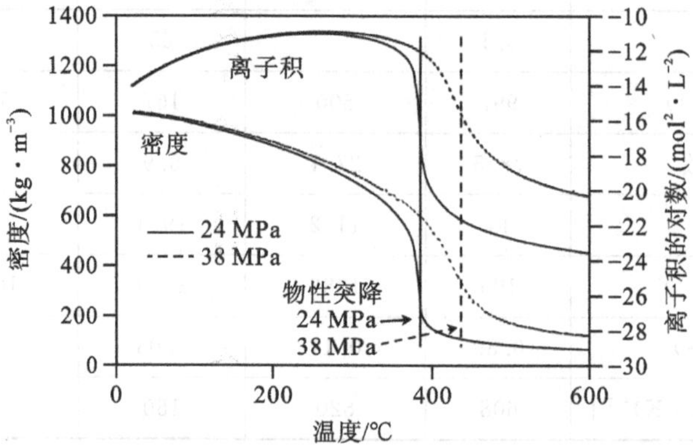

图 2-3 临界压力以上水的密度随温度和压力的变化曲线[4]

2. 热容量

热容量指物质每升高（或降低）1 ℃所吸收（或放出）的热量，比热容是单位质量物体改变单位温度时吸收或释放的热量。

在临界点附近，物质的许多性质都会发生变化，但多数性质只在近临界点的狭小区域内发生大的波动。在化学过程中经常利用近临界区的这一特点。但有些性质的变化却能延续到很宽的范围，其中最典型的是定压热容 c_p，从背景值[84～168 J/(mol·K)]发散到临界点的无穷大，但在 400 ℃（比 T_c 高出 26 ℃）的温度和 32.1 MPa（比 p_c 高出约 10 MPa）的压力条件下，其值仍显著高于在远离临界点的工况下的 c_p 值，因此超临界水是优良的热能溶剂或热能介质。类似地，在临界点周围有较宽温度、压力变化范围的其他性质：导热系数、压缩系数、膨胀系数、扩散系数等。

水的比热随温度和压力的变化曲线如图 2-4 所示，当压力在水的临界压力及以下时，水的比热在其沸点上存在一个无穷大值。压力在临界压力以上时，比热存在一个极大值，这个值对应的温度称为虚拟临界点。而当温度非常高时，超临界水的定压比热曲线接近理想气体的定压比热曲线。

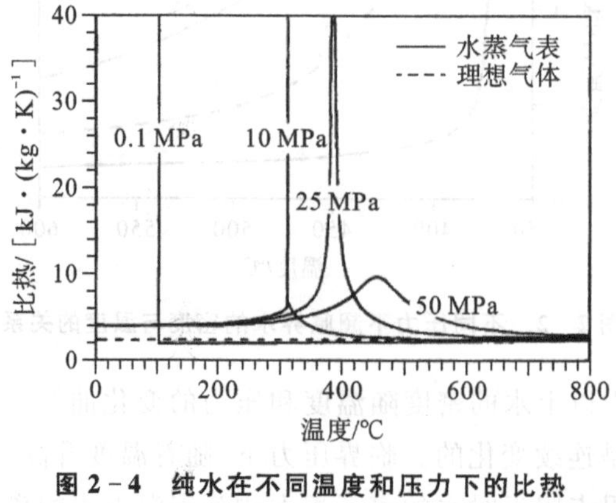

图 2-4 纯水在不同温度和压力下的比热

3. 焓值

焓值是热力学中表征物质系统能量的一个重要状态参量，常用符号 H 表示。对于一定质量的物质，焓值定义为 $H=U+pV$。单位质量物质的焓值称为比焓。

根据 NIST 数据库，0.1 MPa 和 30 MPa 条件下水或蒸汽的比焓随温度的变化趋势如图 2-5 所示。可以发现 30 MPa 下水的比焓随温度的升高而连续升高，没有出现0.1 MPa 时的比焓突升段，即没有出现汽化阶段。但是 30 MPa 的比焓变化曲线存在 2 个拐点(381 ℃和 428 ℃)，在 381 ℃到 428 ℃这一温度区间，水热定压比热容大于 10 kJ/(kg・K)，属于大比热区。由于大比热区的存在，在 30 MPa 下将水从常温加热至 600 ℃所需要的能量和在 0.1 MPa 下加热区别不大。临界压力以上可以避免水在加热过程中的蒸发，也就可以避免在温度不变条件下的能量传递，这一点对于换热器来说是很有益的，因为温差是换热的驱动力，所以高压换热的效率更高。对于大于临界压力条件下的加热过程，其加热所需的能量更容易通过换热器进行回收，而对于低于临界压力条件下的加热过程，如热干化法，这部分加热所需要的能量则很难进行直接回收。这一点充分说明了在超临界水环境下直接处理湿污泥的优越性。

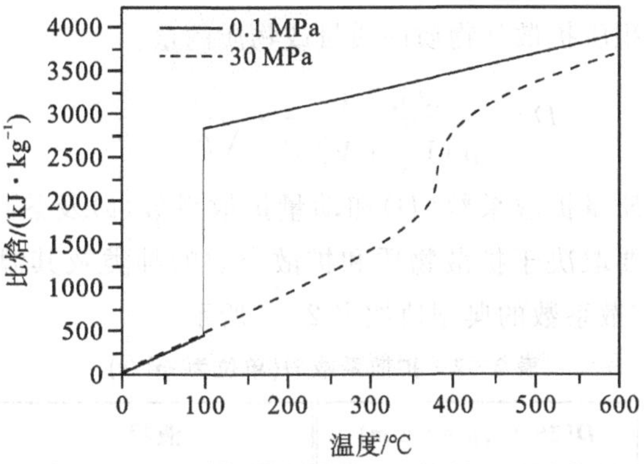

图 2-5　水或蒸汽的比焓随温度和压力的变化趋势

4. 导热系数

导热系数，又称热导率，是物质导热性能的度量，符号为 λ。其定义为单位温度梯度在单位时间内经单位导热面所传递的热量。

一般来说，液体的导热系数随着温度的升高而有所降低，水的导热系数在常温常压下约为 0.598 W/(m・K)，在临界点处为 0.418 W/(m・K)，在超临界状态下约为 0.1 W/(m・K)。如图 2-6 所示，导热系数在高压下约 150 ℃时取得极大值，约为 0.7 W/(m・K)，这主要是由密度降低及氢键减小(竞争作用)所导致的。对超临界水导热系数相关研究主要集中在超临界锅炉、超临界水冷堆等相关传热领域。

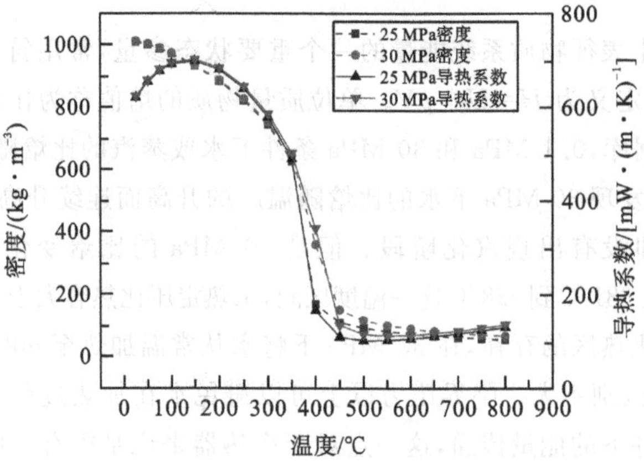

图 2-6 水的密度和导热系数与温度的变化趋势

5. 扩散系数

分子扩散率即物质的分子扩散系数表示它的扩散能力，是物质的物理性质之一，根据斐克扩散定律，扩散系数(单位为 cm^2/s)是沿扩散方向，在单位时间每单位浓度梯度的条件下，垂直通过单位面积所扩散某物质的质量或物质的量。

$$D=\frac{435.7\,T^{\frac{3}{2}}}{p\,(V_A^{\frac{1}{3}}+V_B^{\frac{1}{3}})^2}\cdot\sqrt{\frac{1}{\mu_A}+\frac{1}{\mu_B}} \tag{2-1}$$

由上式可以看出，质量扩散系数(D)和动量扩散系数(ν)及热量扩散系数(α)单位相同，扩散系数的大小主要取决于扩散物质和扩散介质的种类及其温度和压力。某些气体之间和气体在液体中扩散系数的典型值如表 2-2 所示。

表 2-2 扩散系数 D(单位为 m^2/s)

气体在空气中	D(25 ℃，p=1 atm)	液相	D(20 ℃，稀溶液)
氨-空气	2.81×10^{-5}	氨-水	1.75×10^{-9}
水蒸气-空气	2.55×10^{-5}	CO_2-水	1.78×10^{-9}
CO_2-空气	1.64×10^{-5}	O_2-水	1.81×10^{-9}
O_2-空气	2.05×10^{-5}	H_2-水	5.19×10^{-9}
H_2-空气	4.11×10^{-5}	氯化氢-水	2.58×10^{-9}
苯蒸气-空气	0.84×10^{-5}	氯化钠-水	2.58×10^{-9}
甲苯蒸气-空气	0.88×10^{-5}	乙烯醇-水	0.97×10^{-9}
乙醚蒸气-空气	0.93×10^{-5}	CO_2-乙烯醇	3.42×10^{-9}
甲醇蒸气-空气	1.59×10^{-5}		
乙醇蒸气-空气	1.19×10^{-5}		

溶质在超临界水中的扩散速度会影响化学反应的速率，其扩散系数可以通过水的自扩散系数进行估算。张乃强等[5]运用分子动力学理论模拟了超临界水的自扩散系数，结果如图 2-7 所示。与常温常压液态水相比，超临界水的扩散系数大了 2 个数量级。超临界水的自扩散系数随温度的升高逐渐增大，这是由于温度升高时，水中氢键数量减少，水分子间的相互束缚减弱，分子内能增加，加速了分子的扩散。自扩散系数随温度的变化趋势为双线性曲线，温度在 648～723 K(375～450 ℃)时自扩散系数随温度的变化率较大，而温度在 748～973 K(475～500 ℃)范围内斜率稍小。748 K 超临界水的自扩散系数相对于 723 K 时基本上没有增加，其源于 648～723 K 时水分子结构有序性随温度升高而增强，在 748～973 K 时随温度的升高而减弱，748 K 时近程有序性较强，增加了水分子的扩散难度。相同温度下，压力升高，自扩散系数变小，原因是压力升高导致水分子平均自由行程减小，氢键数量也会有所增加，水分子相互碰撞增多，阻碍了水分子的扩散。

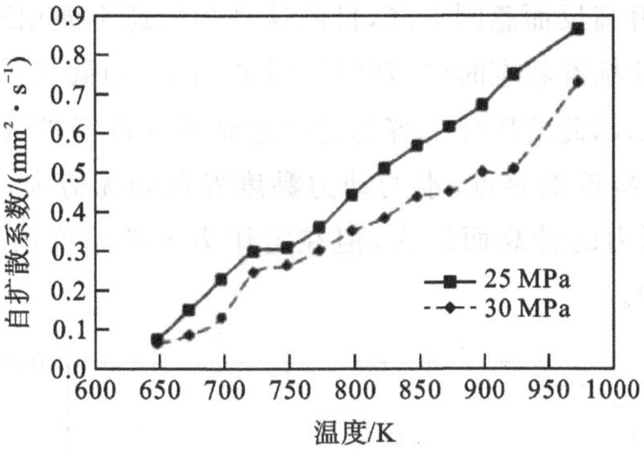

图 2-7 超临界水中自扩散系数与温度的关系[5]

超临界水的扩散系数虽然比过热蒸汽的小，但是比常态水的大得多，如常态水(25 ℃、0.1 MPa)和过热蒸汽(450 ℃、1.35 MPa)的扩散系数分别为 0.774×10^{-9} m^2/s 和 1.79×10^{-7} m^2/s，而超临界水(450 ℃、27 MPa)的扩散系数为 0.767×10^{-7} m^2/s。

由于超临界水的扩散系数高，传质性能好，且与非极性气体和烃类物质完全互溶，所以此性质常用于超临界水氧化和超临界水气化制氢等研究中。

6. 黏度

液体中分子之间的能量是通过不断地接触碰撞而传递的，其中的动能传递包括分子自由平动过程中发生的碰撞和单个分子与周围分子间的频繁碰撞，这两者能量传递过程的综合效应代表了黏度。这两种过程的差异性引起了不同区域内黏度及其变化趋势的差异性。通常来说，除了近临界区外，温度一定时，压力升高，黏度增大，压力一定时，温度升高，黏度降低。水蒸气的黏度值约为常温常压水(25 ℃、0.1 MPa)的 0.01 倍，而约为超临界水(450 ℃、27 MPa)的 3.2 倍，这反映了超临界水具有高扩散、低黏度的特性，是一种高流动性流体物质。

超临界水的低黏度具有较高的分子迁移率特性，有利于溶质分子在超临界水中扩散。不同状态水的扩散系数大不相同，超临界水的扩散系数远远大于常态水，但小于超热蒸汽。水密度不低于 0.9 g/cm^3 时，根据斯托克斯方程式估算水的黏度与扩散系数之间存在反比关系。

一般情况下，液体的黏度随温度的升高而减小，气体的黏度随温度的升高而增大。当液体在外力作用下流动时，一般液体各层的运动速度不相等。动力黏度指面积均为 1 m^2 并相距 1 m 的两平板，以 1 m/s 的速度做相对运动时，因两板间存在的流体互相作用所产生的内摩擦力，单位为 N·s/m^2 即 Pa·s。物体由于分子间有内聚力，而在液体的内部产生内摩擦力，以阻止液层间的相对滑动的这种性质称为黏性。液体黏性的大小用黏度表示。一般情况下，温度升高，黏度降低；温度降低，黏度升高。对于气体，温度升高时气体分子运动加剧，由于气体的黏性切应力主要来自流层之间分子的动量交换，所以黏性增加；对于液体，由于温度升高时其内聚力减小，所以黏性减小。

Dudziak 等测量了 550 ℃和 350 MPa 下的水的黏度，并外推到 1000 ℃和 1 g/cm^3[6]。图 2-8 为水的黏度-温度-密度图。在低密度区，动量迁移主要由平移传递控制，黏度随温度升高缓慢增大，这种现象可用现有理论很好地描述；而在高密度区，动量的碰撞传递占主导优势，黏度随温度升高反而急剧下降，目前这种现象还不能用理论具体描述。当超临界水密度高时，其黏度比标准状态时（1.79211×10^{-3} Pa·s）低，约为（2～4）$\times10^{-5}$Pa·s，黏度与扩散系数成反比，因此溶质分子容易通过超临界水进行扩散，这也就使其成为非常活泼的反应介质。随着接近临界点，水的动力黏度发散到无穷大；在近临界区以外，水的动力黏度在定温下随压力的升高而增大，但在定压力下随温度的升高有局部最小值（与 Dudziak 结果相互符合）。

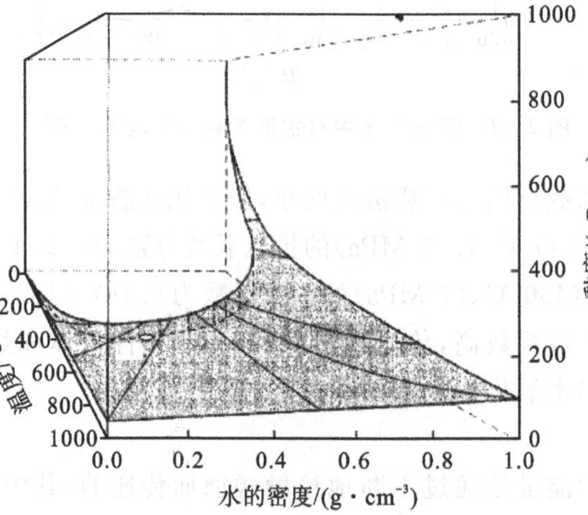

图 2-8　水的黏度-温度-密度图[6]

图 2-9 为根据 NIST 数据库得到的常态（0.1 MPa）下水、30 MPa 下水和常压（0.1 MPa）下N_2的黏度随温度的变化趋势。可以看出，常压下，水的黏度随温度的升高逐渐降低，到达沸点时水汽化，黏度急剧降低，过热蒸汽及 N_2 的黏度随温度的升高缓慢上升。与常压下的水不同，超临界水的黏度随温度连续变化。30 MPa 条件下，当温度小于453 ℃时，超临界水呈现液体的黏度变化特性，黏度随温度的升高逐渐降低；当温度大于 453 ℃时，超临界水呈现气体的黏度变化特性，黏度随温度的升高缓慢上升。温度高于 400 ℃时，超临界水的黏度就接近 N_2了，说明此时超临界水具有与气体相当的流动性，因此反应物在超临界水中的传质和扩散速度提高，反应速率显著增加。

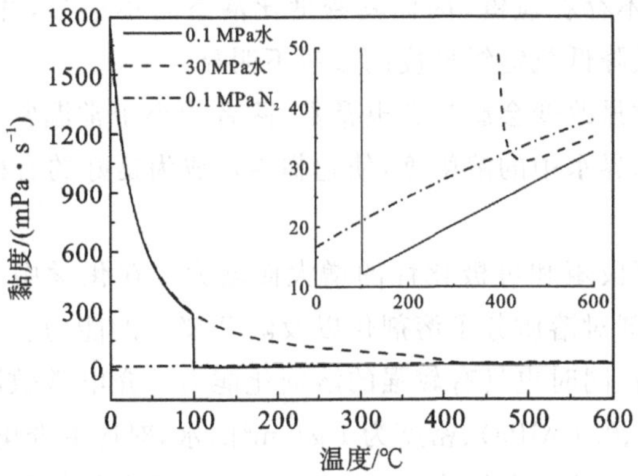

图 2-9　常态水、超临界水和 N_2 的黏度随温度的变化趋势

2.1.2　超临界水的化学性质

表 2-3 列出了以超临界水为介质或者反应物的超临界水中化学反应的部分类型及应用，表明超临界水中化学反应在环境保护、有机合成、生物质转化、废旧聚合物回收等领域有广阔的应用前景。本节主要对超临界水的化学性质进行了表述，包括氢键、介电常数与离子积。

表 2-3　超临界水中化学反应的部分类型及应用

反应类型	应用	反应类型	应用
氧化反应	有毒难降解有机废物处理	水解反应	酯类水解
还原反应	烯烃、炔烃的加氢等	烷基化	烃类加工
脱水反应	乙醇脱水制乙烯	生物质转化	生物质转化制清洁能源氢
水合反应	丙烯催化合成异丙醇	聚合物降解	聚合物降解回收化学物质
水热合成	合成金属及氧化物纳米颗粒		

1. 氢键

水的一些宏观性质与水的微观结构有密切联系，水的许多独特性质是由水分子之间氢键的键合性质来决定的。Kalinichev 等[7]通过对水结构的大量计算机模拟得到了水的结构随温度、压力和密度变化而有规律变化的信息。氢键度为水中氢键的相对强度。Gorbaty 等[8]利用红外光谱研究了水中氢键度与温度的关系，并拟合出了如下关系式：

$$X = (-8.68 \times 10^{-4}) \times T + 0.851 \qquad (2-2)$$

式中：X 为氢键度；T 为温度，K。

式(2-2)适用于描述温度在 280～800 K 范围内和密度为 0.7～1.19 g·cm^{-3}范围内的水中氢键度(X)行为。在 298～773 K 范围内，X 和温度大致呈线性关系。在 298 K 时，X 约为 0.55，说明室温下液态水中的氢键约为冰的一半；在 673 K 时，X 约为 0.3；在 773 K时，X 值仍大于 0.2，这意味着即使在较高的温度下，氢键仍可以存在。超临界水中氢键的数目同样随温度升高而减少，且氢键的作用逐渐减弱。然而，Cansell 等[9]认为在超临界条件下，水中几乎不存在氢键，因而其密度比液态时小很多，并且在室温条件下提高压力对增大氢键数目及降低氢键线性度的效果不明显。

超临界水的氢键数量改变会影响介电常数，两者均小于常温常压下水的物性参数，从而增加了有机物在超临界水中的溶解度，使超临界水成为良好的有机溶剂。

2. 介电常数

介电常数随分子偶极矩和可极化性的增大而增大。在化学中，介电常数是溶剂的一个重要性质，它表征溶剂对溶质分子溶剂化以及隔开离子的能力。介电常数大的溶剂，有较大的隔开离子的能力，同时也具有较强的溶剂化能力。介电常数随温度、密度的变化而变化。常温常压(25 ℃、0.1 MPa)、密度为 1 g/cm³ 的水，对应的介电常数较大，接近 80，高介电常数具有屏蔽离子电荷的良好作用，从而促进离子化合物的解离，进而可充当盐的良好溶剂。

当温度、压力分别升高至 250 ℃、5 MPa 时，相对介电常数约为 27；进一步升高至 400 ℃、25 MPa(超临界状态)时，相对介电常数小于 10；而达到 600 ℃、25 MPa(超临界状态)时，相对介电常数约为 1。超临界水中介电常数的改变会引起溶解性能的改变。与常态水相比，超临界状态下水的介电常数非常低，其溶解能力与常态水大大不同，此时溶解的盐离子以离子对的形式存在，无机物质的溶解度快速降低，已经溶解在水中的无机物得以快速地析出，不可再作为无机盐的良好溶剂，而转变为对非极性有机化合物具有良好溶解能力的溶剂，同时可与氧气、二氧化碳等气体以任意比例混合。

根据 NIST 数据库，得到 0.1 MPa、10 MPa、20 MPa 和 30 MPa 下相对介电常数随温度的变化趋势，如图 2-10 所示。超临界水环境下，水分子的氢键数量降低，作用力减弱，使得超临界水的介电常数比液态水低，接近 O_2 和多种有机物的介电常数。此时，水对有机物的溶解度显著提高，能与 O_2 及烃类互溶，形成一个均相体系，消除相间阻力，反应速率大大提高。

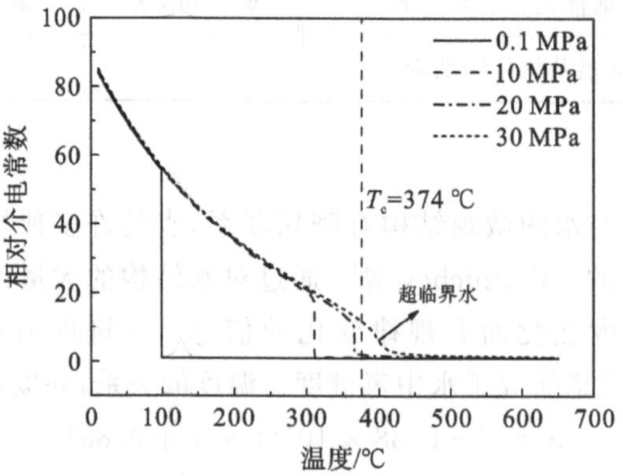

图 2-10　水或蒸汽的相对介电常数随温度和压力的变化趋势

3. 离子积

在一定温度下，水中氢离子和氢氧根离子的浓度乘积为常数，这个常数叫作水的离子积。离子积主要受密度和温度的影响，以密度影响为主。如图 2-3 所示，随着温度的升高，水的离子积先升高后降低。在定压 30 MPa 下，温度略小于 350 ℃时水的离子积达到极大值(>10^{-11})，这意味着 H^+ 和 OH^- 的浓度是通常情况下的 10 倍以上，相当于弱酸弱碱的环境，这将有利于水解等酸碱催化反应的进行，温度再升高时，水的密度迅速降低，导致水的离子积急剧降低，远小于标准状态下的值。如在 450 ℃、25 MPa 时，水的密度约为 108 kg/m³，此时水的离子积仅为 $10^{-21.6}$，该工况下 H^+ 和 OH^- 的浓度很低，主要发生自由基反应。

水的离子积随温度和压力的变化而变化，其根本原因是水分子氢键、介电常数的变化。起初等压温度的上升导致离子积的增大，其主要是由于氢键键合作用的降低。最终介电常数的降低成为影响离子积的主要因素，溶剂开始大规模缔合，导致离子积减小。水的离子积随压力的升高呈单变增长，这是由压力升高引发围绕离子的静电坍塌而造成的。在较高的温度下，特别是超临界温度之上，压力的增加对水的离子积的影响是主要的。

2.1.3　物质在超临界水中的溶解度

超临界状态下，由于氢键、离子积的改变使得溶解度发生巨大改变。在亚/超临界状态下，水能有效实现对有机物的溶解，特别是在超临界状态下，水能与有机物、气体等完全互溶。主要是因为超临界水的行为与非极性压缩气体相近，其溶剂性质与低极性有机溶剂相似。通常非极性有机物苯常温下难溶于水，25 ℃时溶解度为 0.07%；当温度为400 ℃时，苯-水可以任何比例完全互溶，形成均相。同理，超临界水可以与气体(N_2、O_2、空气等)及有机物以任意比例互溶。当然，无机盐在亚/超临界水中的溶解度极低，所以在亚/超临界体系中无机盐将析出。该特性常用于催化剂的合成，析出纳米颗粒，细节将在后续章节讨论。

图 2-11 为 25 MPa 下不同种类无机盐溶解度随温度的变化曲线[10]。超临界水能与苯、己烷、环己烷等非极性有机物互溶，也可以与 O_2 互溶，使得超临界水反应环境成为一个均相体系，消除了相间传质阻力，大大提高了反应速率。可将无机盐分为两类，其中第一类盐(如 NaCl、KCl、$CaCl_2$ 等)在超临界水中形成饱和盐溶液或蒸汽，这一类盐具有较高的溶解度[11]，第二类盐(如 Na_2SO_4、Na_2CO_3、Na_3PO_4 等)在超临界水中形成流体相和固体盐相[12-13]，这一类盐在超临界水中溶解度较低，且溶解度在临界点附近会发生突降。

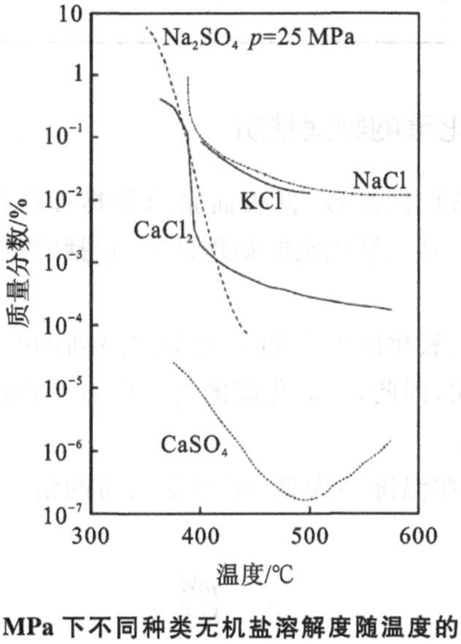

图 2-11　25 MPa 下不同种类无机盐溶解度随温度的变化曲线[10]

2.2 超临界二氧化碳的物理性质与化学性质

超临界二氧化碳是一种非液非气的中间相态，具有许多特殊性质。当二氧化碳温度超过 31 ℃、压力大于 7.38 MPa 时，二氧化碳将会进入超临界态，如图 2－12 所示。超临界二氧化碳与气体、液体之间的物性参数有着显著差异，如表 2－4 所示。从表 2－4 中可以看出，超临界二氧化碳密度接近液体，但是显著大于气体；黏度较小，接近气体，可以降低二氧化碳在裂纹内的流动阻力；扩散系数比液体大 100 倍，约为气体的 1/10，因此在地层中的渗透性更好；超临界流体导热特性接近液体，是气体的 8～14 倍。

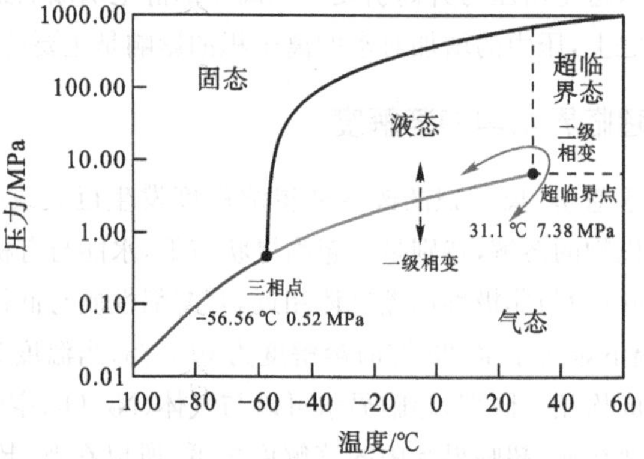

图 2－12 CO_2的相图

表 2－4 超临界二氧化碳与气体、液体的物性参数比较

流体类型	密度/(kg·m^{-3})	黏度/(Pa·s)	扩散系数/(m^2·s^{-1})	导热系数/[W·(m·K)$^{-1}$]
气体	(0.6～2.0)×10^{-3}	(1～3)×10^{-5}	(5～200)×10^{-6}	(5～30)×10^{-3}
液体	0.4～1.6	(2～10)×10^{-3}	(0.01～1)×10^{-10}	(30～70)×10^{-3}
超临界二氧化碳	0.2～0.7	(1～100)×10^{-4}	(0.01～0.3)×10^{-7}	(70～250)×10^{-3}

2.2.1 超临界二氧化碳的物理性质

超临界二氧化碳具有高扩散系数、低表面张力等物理性质，可广泛应用于喷涂、萃取等技术。本节主要讲述超临界二氧化碳的物理性质，包括密度、溶解度等。

1. 密度

二氧化碳的密度是在二氧化碳生产和应用中常遇到的一个物理参数。由于它有气、液、固、超临界四种存在形式，因此，二氧化碳的密度也有四种情形。

1)气体二氧化碳的密度

气体二氧化碳的密度，在温度不太低、压力不太高的情况下，可以近似地按理想气体状态方程计算：

$$\rho = \frac{pM}{RT}$$

式中：ρ 为气体二氧化碳的密度，kg/m³；p 为气体二氧化碳的压力，Pa；T 为气体二氧化碳的绝对温度，K；M 为二氧化碳的分子量，kg/kmol；R 为气体常数，为 8.314 J/(mol・K)。

2)液体二氧化碳的密度

液体二氧化碳的密度受压力的影响甚微，而受温度的影响较大，其值如表 2－5 所示。

表 2－5　液体二氧化碳的密度

温度/℃	密度/(kg・m⁻³)	温度/℃	密度/(kg・m⁻³)	温度/℃	密度/(kg・m⁻³)	温度/℃	密度/(kg・m⁻³)
31.0	463.9	10.0	858.0	－12.5	993.8	－35.0	1094.9
30.0	596.4	7.5	876.0	－15.0	1006.1	－37.5	1105.0
27.5	661.0	5.0	893.1	－17.5	1018.5	－40.0	1115.0
25.0	705.8	2.5	910	－20.0	1029.9	－42.5	1125.0
22.5	741.2	0.0	924.8	－22.5	1041.7	－45.0	1134.5
20.0	770.7	－2.5	940.0	－25.0	1052.6	－47.5	1144.4
17.5	795.5	－5.0	953.8	－27.5	1063.6	－50.0	1153.5
15.0	817.0	－7.5	968.0	－30.0	1074.2	－55.0	1172.1
12.5	838.5	－10.0	980.8	－32.5	1084.5		

3)固体二氧化碳的密度

固体二氧化碳的密度受压力影响甚微，受温度的影响也不大，其密度值如表 2－6 所示。

表 2－6　固体二氧化碳的密度

温度/℃	－56.6	－60	－65	－70	－75	－80	－85	－90
密度/(kg・m⁻³)	1512	1522	1535	1546	1557	1566	1575	1582

4)超临界二氧化碳的密度

超临界二氧化碳的密度(ρ)与温度和压力(p)的关系为典型的非线性关系，如图 2－13 所示[14]。由图 2－13 可以看出，其密度随压力的升高而增大，随温度的升高而减小。当流体处于临界点附近时，密度随压力和温度的变化十分敏感，微小的压力或温度变化会导致密度的急剧变化。超临界二氧化碳的密度大、黏度小、表面张力小，具有良好的流动与传热特性，同时利用超临界二氧化碳的溶解度与其密度的关系，可进行超临界二氧化碳萃取等操作。

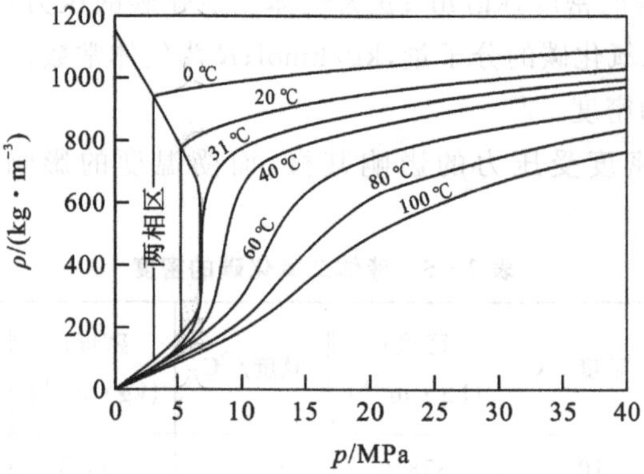

图 2-13 超临界二氧化碳的密度随温度和压力的变化趋势[14]

2. 导热系数

由导热基本方程——傅里叶定律可知，单位时间内传导的热量和温度梯度以及垂直于热流方向的截面积如下：

$$dQ = -\lambda \frac{\partial t}{\partial z} dA$$

式中：Q 为单位时间内传导的热量，kJ/s；A 为导热面积，m^2；$\partial t/\partial z$ 为温度梯度，K/m；λ 为导热系数，kJ/(m · s · K)。式中的负号是指热流方向总是和温度梯度方向相反。

导热系数越大，表示物质的导热性能越好。其数值大小和物质的组成、密度、温度以及压力等有关。一般可由实验测得。导热系数对工质的换热性能有重要影响，此性质常用在超临界二氧化碳循环发电中，但目前关于超临界二氧化碳的导热系数在近临界区和高温高压的超临界区的实验数据均有不足。

图 2-14 展示了二氧化碳导热系数的变化规律。从图中可以看出，随着温度(T)升高，导热系数(λ)在不断降低的过程中出现陡升，随后开始大幅度下降，且随着压力的不断提高，陡升现象的峰值开始趋于平缓。

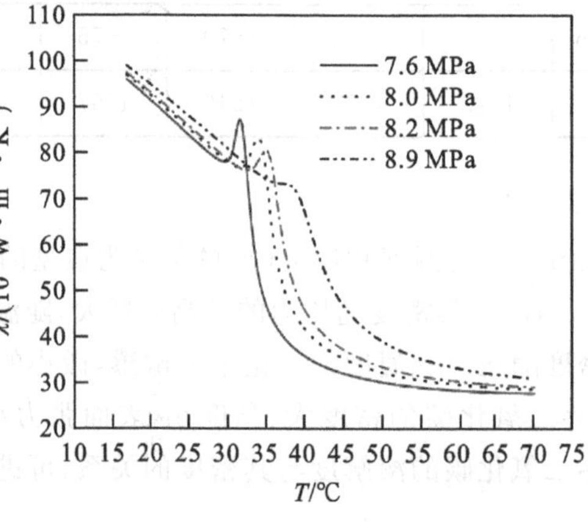

图 2-14 二氧化碳导热系数的变化规律

3. 热容

在较低压力下，气体二氧化碳可近似看作理想气体，于是其热容仅是温度的函数，而与压力关系不大。一般通用计算方程是由路易斯(Lewis)和兰德尔(Randall)给出的：

$$c_p = 29.26 + 0.0297T + 7.78 \times 10^{-6} T^2$$

式中：c_p为气体二氧化碳热容，kJ/(kmol·K)；T 为温度，K。

不同温度和压力下的气体二氧化碳热容由表 2-7 列出。

表 2-7 气体二氧化碳的热容

压力/Pa	热容/[kJ·(kmol·℃)$^{-1}$]					
	0 ℃	25 ℃	50 ℃	100 ℃	200 ℃	300 ℃
1.013×10^5	36.871	37.600	38.628	40.276	43.270	46.515
5.066×10^5	39.546	39.546	39.904	41.014	44.030	46.695
1.013×10^6	43.301	42.122	41.753	41.992	44.389	46.904
2.533×10^6	—	52.046	48.182	45.247	45.467	47.564
5.066×10^6	103.633	—	61.062	51.497	47.364	48.652
1.013×10^7	94.248	—	—	71.545	52.206	51.118
2.027×10^7	89.286	106.309	120.606	93.430	61.441	55.381
3.040×10^7	84.504	95.635	99.690	84.235	67.092	58.855
4.053×10^7	79.902	90.125	91.223	78.533	67.841	61.441
5.066×10^7	76.048	85.892	86.261	74.121	67.002	62.739
6.080×10^7	74.021	83.685	83.136	70.447	66.123	63.118
8.108×10^7	72.184	81.658	77.981	65.295	64.956	62.829
1.013×10^8	71.445	80.371	74.860	63.818	64.208	62.739

液体二氧化碳的热容实测数值如表 2-8 所示。

表 2-8 液体二氧化碳的热容

温度/℃	−50	−40	−30	−20	−10	0	10	20
热容/[kJ·(kmol·℃)$^{-1}$]	1.96	2.05	2.15	2.26	2.38	2.51	2.68	2.84

固体二氧化碳热容可用下面的经验公式计算：

$$c_p = 73.568 - 0.521T - 2.299 \times 10^{-3} T^2$$

式中：c_p为固体二氧化碳的热容，kJ/(kmol·K)；T 为温度，K。

使用该式的温度范围为 163～217 K。

4. 表面张力

液体具有内聚性和吸附性，这两者都是分子引力的表现形式。内聚性使液体能抵抗拉伸引力，而吸附性则使液体可以黏附在其他物体上面。在液体和气体的分界处(即液体表面)及两种不能混合的液体之间的界面处,由于分子之间的吸引力,产生了极其微小的拉力。假想在表面处存在一个薄膜层,它承受着此表面的拉伸力,液体的这一拉力称为表面张力。

图 2-15 给出了二氧化碳在不同温度下的表面张力。由图可以看出,随着温度(T)的升高,表面张力(σ_m)逐渐下降,当温度接近临界温度时,表面张力降至 0。

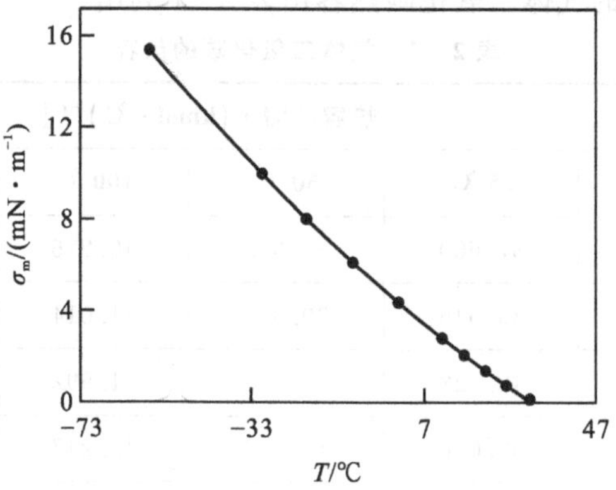

图 2-15　二氧化碳的表面张力随温度的变化趋势

5. 扩散系数

扩散系数和黏度是衡量超临界流体传质能力的重要物理参数。超临界二氧化碳的扩散系数远高于液体的扩散系数(通常液体的自扩散系数小于 10^{-5} cm^2/s)。图 2-16 是温度 0 ℃和 75 ℃时,二氧化碳的自扩散系数(D)随压力(p)的变化规律[15]。由图可以看出,当压力低于临界压力时,二氧化碳的自扩散系数随压力的升高降低得很快;而当压力较高时,压力对二氧化碳自扩散系数的影响相对较小。而且,温度越高,二氧化碳的自扩散系数越大。

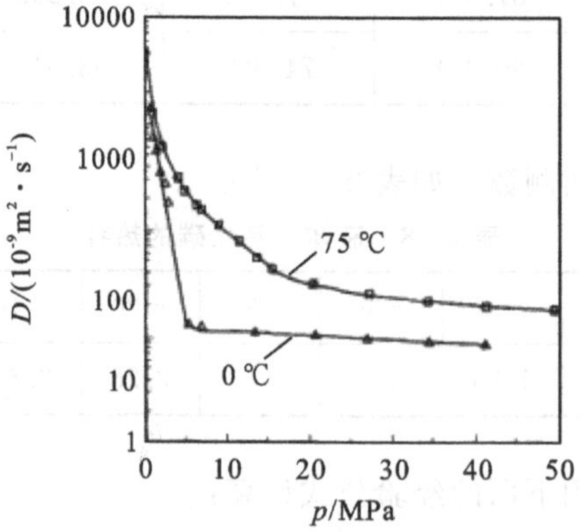

图 2-16　二氧化碳的自扩散系数随压力的变化规律[17]

6. 黏度

图 2-17 为几个温度下二氧化碳的黏度(μ)随压力(p)的变化规律。由该图可以看出,当压力较低时,黏度基本保持恒定;而当压力升高时,黏度随之增大。值得注意的是,在临界点附近,黏度随压力的升高而急剧增大;然后,变化速率随压力的升高又相对平缓。

在相同温度下，在一定压力范围内（1.00＜p_r＜2.00），超临界流体的黏度比常压气体的黏度仅高 1 个数量级左右[16]。由扩散系数和黏度变化规律可以看出，超临界二氧化碳具有良好的传质能力。

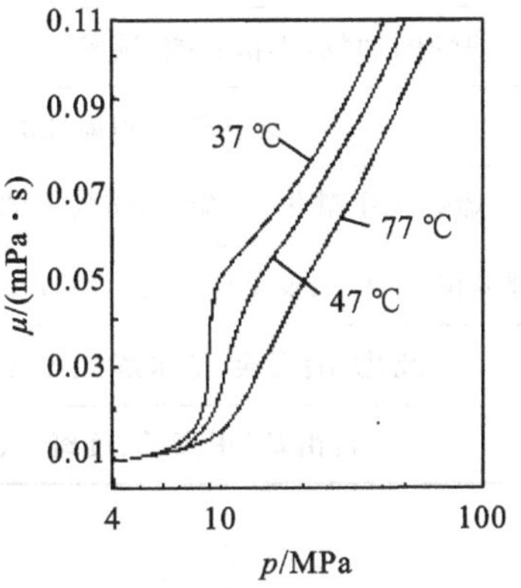

图 2－17　二氧化碳的黏度随压力的变化规律

7. 溶解度

二氧化碳作为一种良好的有机溶剂，其无毒、临界温度低、价格低廉等在超临界流体萃取中的优点日益突出，其高压相平衡数据，尤其是溶质在超临界二氧化碳中的溶解度数据为超临界流体萃取工艺的实施提供了重要的理论依据。

乙醇既是超临界流体适宜萃取的对象，又是能改变超临界流体的极性从而改善其对萃取物质溶解性常用的共溶剂，在此以乙醇在超临界二氧化碳中的溶解度数据作为示例。图 2－18 是乙醇在超临界二氧化碳中的溶解度（S）实验数据与拟合图。结果显示，乙醇在 77.6～183.3 ℃的超临界二氧化碳中的溶解度为 0.085～0.485 mg/mg，且随温度升高而指数级增加。

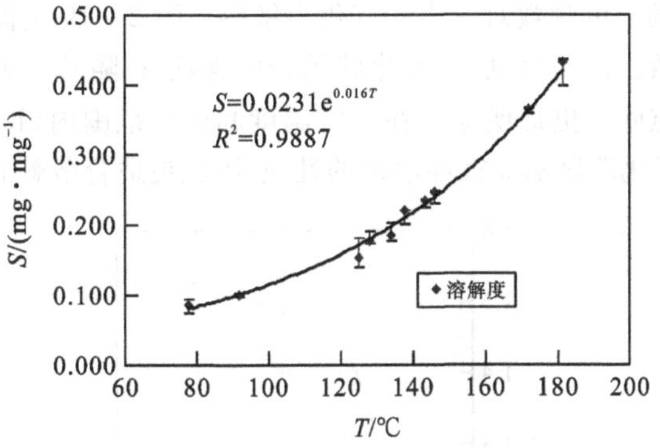

图 2－18　乙醇在超临界二氧化碳中的溶解度

2.2.2　超临界二氧化碳的化学性质

表 2－9 列出了超临界二氧化碳中化学反应的部分类型及应用，显示了超临界二氧化碳化学反应潜在的技术优势。

表 2-9　超临界二氧化碳中化学反应的部分类型及应用

反应类型	应用
氧化反应	瓦克尔（Waker）反应、缩醛化反应、醚化反应等
还原反应	烯烃、炔烃的加氢，不饱和酸、碳氧双键、碳氮双键的不对称加氢等
烷基化反应	异构烷烃和烯烃的烷基化
羰基化反应	烯烃氢甲酰化，氢酯化，卤代苯的羰基化，自由基加成
碳-碳键合成反应	烯键易位反应，三聚反应，格拉泽（Glaser）、赫克（Heck）偶联反应
酶催化反应	酯化、酯交换、酯水解、手性合成、外消旋拆分
聚合反应	自由基、正离子、负离子、配位聚合等

1. 极性

极性和可极化性与流体溶剂化能力密切相关。它们对于超临界流体中溶质的溶解度有很大影响。流体的极性首先与其自身的分子结构密切相关。一般而言，非极性和弱极性物质临界条件较温和，但对强极性和相对分子质量（简称“分子量”）大的化合物溶解能力较小。不过，引入少量合适的夹带剂可对溶剂的极性进行调节[18]。相反，极性溶剂对极性化合物有较强的溶解能力，但临界条件苛刻。相同密度时，不同超临界流体的溶剂化能力差别很大。就特定溶剂而言，其溶剂化能力随流体对比密度的增加而增大；随着密度的增大，溶剂化能力随密度的变化减慢。一般地，极性溶剂的溶剂化能力随密度的变化比非极性溶剂更为明显。

二氧化碳是非极性的物质，分散染料中含有一定数量的非离子极性基团，超临界二氧化碳流体能够很好地溶解分散染料，对涤纶等疏水性的纤维染色效果较高。

2. 介电常数

超临界二氧化碳的介电常数对压力的变化很敏感。图 2-19 是温度 35 ℃时，不同压力下二氧化碳的介电常数。由图可见，二氧化碳的介电常数（ε）随着压力（p）的升高而增大，这种变化趋势在近临界点附近更加明显。在一定温度和压力范围内（$1.00<T_r<1.10$，$1.00<p_r<2.00$），超临界二氧化碳显示非极性溶剂的性质，因此更适合溶解非极性物质。

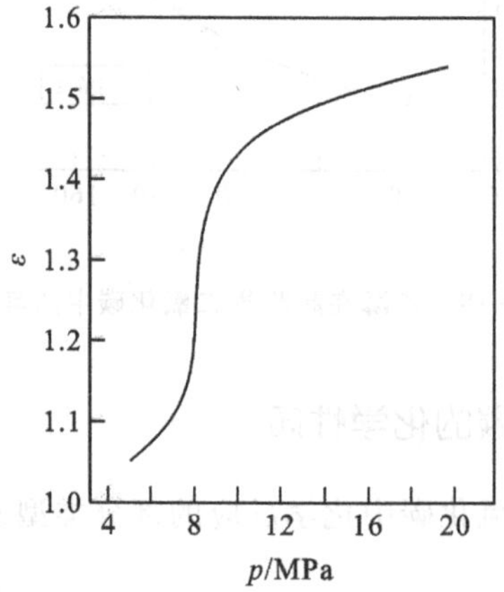

图 2-19　35 ℃时，不同压力下超临界二氧化碳的介电常数

超临界二氧化碳的介电常数较低，有利于溶解一些挥发性物质，因此在一定温度下，有利于提高超临界二氧化碳达到溶解平衡时的浓度，从而促使成核速率增大，有利于制备泡孔材料更小、密度更大的发泡材料。

2.3　其他超临界溶剂的物理化学性质

对超临界溶剂的选择一般应尽可能满足以下几个基本条件：①化学性质稳定，对设备无腐蚀性或腐蚀性较小；②临界压力不宜太高，临界温度以接近室温或者接近于反应操作温度最佳，以减少设备加工难度；③来源充足，易于回收和循环利用；④最好是无毒无害的绿色试剂，对人类和环境的毒害与污染应尽可能小。

上述条件一般很难全部得到满足，文献中报道的常被采用的超临界流体溶剂并不太多。表 2-10 常用的超临界溶剂，分为极性和非极性两类。其中，非极性的超临界二氧化碳和强极性的超临界水在超临界流体技术中应用较为广泛，被视为环境友好的绿色溶剂，已在前两节中专门讲述。本节只概括介绍其他常用的超临界溶剂。

由表 2-10 可知，低分子烃类溶剂（乙烷、乙烯、丙烷、丙烯、丁烷、戊烷等）的临界压力在 3～5 MPa 左右，临界温度从接近室温（乙烷）到接近 200 ℃（戊烷），且它们的临界温度随摩尔质量的增加而提高，因此低分子烃用作超临界溶剂时需要在中等压力和中等温度下操作。低分子烃多应用在燃料、石油化工等领域，例如美国 Kerr-McGee 公司的渣油萃取采用丙烷为超临界溶剂，建成了工业装置[19]；王仁安等[20]开发了 300 L 以丙烷或 C_3～C_5 轻烃混合物为溶剂，建成了一套超临界分馏装置，用于重质油的分离研究。虽然也有使用超临界丙烷萃取天然产物（如提取辣椒红素）等的文献报道，并且认为超临界丙烷是比二氧化碳溶解能力更强的有竞争力的溶剂[21]，但低分子烃类溶剂易燃，需进行防爆处理，因此，一般医药、食品等领域很少使用低分子烃作为超临界溶剂。

表 2-10　常见的超临界流体的临界性质

分类	常用的超临界流体	临界温度/K	临界压力/MPa	临界密度/($kg \cdot m^{-3}$)
非极性溶剂	二氧化碳	304.3	7.38	469
	乙烷	305.4	4.88	203
	乙烯	282.4	5.04	215
	丙烷	369.8	4.25	217
	丙烯	364.9	4.60	232
	丁烷	425.2	3.80	228
	戊烷	569.9	3.38	232
	环己烷	553.5	4.12	273
	苯	562.2	4.96	302
	甲苯	592.8	4.15	292
	对二甲苯	616.2	3.51	280

续表

分类	常用的超临界流体	临界温度/K	临界压力/MPa	临界密度/($kg \cdot m^{-3}$)
极性溶剂	甲醇	512.6	8.20	272
	乙醇	513.9	6.22	276
	异丙醇	508.3	4.76	273
	丁醇	562.9	4.42	270
	丙酮	508.1	4.70	278
	氨	405.5	11.35	235
	水	647.5	22.12	315

芳烃化合物(苯、甲苯、对二甲苯等)的临界压力也为 3～5 MPa,但芳烃化合物的临界温度高达 300 ℃左右,因此它们作为超临界溶剂时需要在中等压力和相对高温条件下操作,且芳烃化合物有一定毒性,因而限制了它们的广泛应用。但在煤炭液化、从煤炭中提取易挥发组分及煤炭液化油的脱灰等领域,人们还是利用苯、甲苯、对二甲苯作为超临界流体萃取剂进行了大量研究[22-23]。

极性的醇(甲醇、乙醇、异丙醇、丁醇)和丙酮的临界压力为 3～8 MPa,它们的临界温度偏高,为 200～300 ℃,因此,它们在超临界流体技术中较少单独使用。但在超临界二氧化碳萃取极性化合物时,它们(如乙醇、丁醇等)常被用作共试剂加入到超临界萃取主溶剂中,以便改进超临界二氧化碳的极性,提高对溶质的溶解度和选择性[24]。在超临界色谱技术中,甲醇、乙醇等也常被用作流动相二氧化碳的改性剂[25-26]。在超临界条件下制备生物柴油时,甲醇则作为反应物与甘油三酯进行酯交换合成生物柴油[27]。同时由于超临界流体具有很强的溶解能力和优异的传递性质,渗入被干燥物体内部,可与残存在物体内部的溶剂分子进行交换将溶剂提取出来,从而达到干燥的目的,因此超临界甲醇及乙醇常用于超临界干燥技术。

2.4 混合超临界流体的物理化学性质

在超临界流体的实际应用中,往往涉及的是混合流体而非单一超临界流体。例如,为了扩大超临界二氧化碳的应用,往往加入共溶剂(又称为改性剂或夹带剂),形成混合流体,以提高对溶质的溶解能力[28-29];在化学反应中,除超临界溶剂外,还有反应物和生成物等。在混合超临界流体的物理化学性质方面,如 $pVTx$ 性质、密度、黏度、扩散系数、表面张力、比热容等已有不少研究。

2.4.1 $pVTx$ 性质

$pVTx$ 性质不仅可以通过实验测定,而且可以由状态方程计算得到。水-烷烃是一类非常重要的混合流体,广泛应用于煤的气化、石油回收、水汽蒸馏以及燃烧等工业过程。下面以水-庚烷体系为例对混合流体的 $pVTx$ 性质进行介绍。

密度是混合流体最重要的参数之一。图 2-20(a)是不同组成的水-庚烷混合流体在

375 ℃时的压力(p)-密度(ρ)曲线[30]。由图可以看出，随着压力的升高，混合流体的密度逐渐增大，而且水含量低的流体对压力的变化更敏感。在相同压力下，庚烷含量高的混合流体有较大密度。压缩因子($Z = pV/RT$)是表征流体性质的重要参数之一。图 2－20(b)是不同组成的水-庚烷混合流体在 375 ℃时的压力(p)-压缩因子(Z)曲线。由图可以看出，混合流体的组成对压缩因子及其随压力的变化规律影响很大。

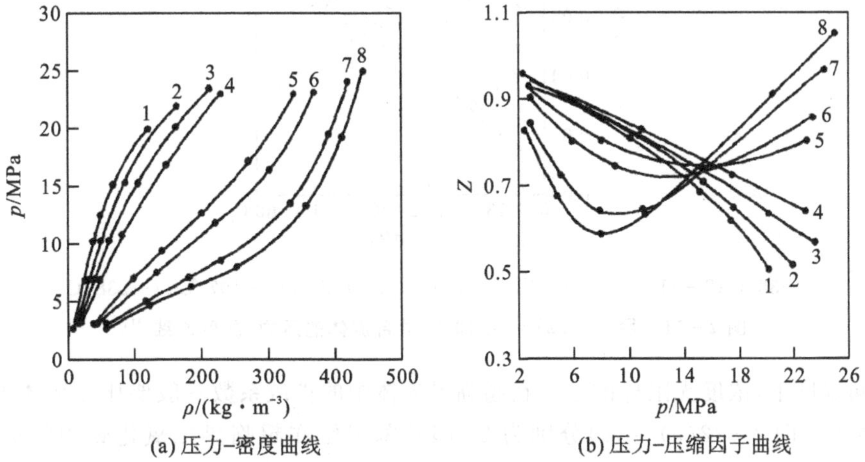

1—x=0；2—x=0.047；3—x=0.121；4—x=0.205；

5—x=0.571；6—x=0.682；7—x=0.895；8—x=1。

图 2－20 水-庚烷混合流体在 375 ℃时的压力-密度和压力-压缩因子曲线[30]

由实验测定的 $pVTx$ 数据，可以计算出混合流体的摩尔体积、过剩摩尔体积和偏摩尔体积[30]。例如，对于水-庚烷混合流体来说(375 ℃)，在较低压力下，摩尔体积随庚烷摩尔分数的增大而缓慢降低；而在较高压力下，摩尔体积随庚烷摩尔分数的增大而缓慢增加。这是由不同组成的混合流体在不同压力下的密度所决定的。对于富含水的水-庚烷混合流体，等压条件下的过剩摩尔体积随水含量的增加而减小；而对于富含庚烷的水-庚烷混合流体，等压条件下的过剩摩尔体积随庚烷含量的增加而减小。也就是说，在等压条件下，某一固定组成的混合流体的过剩摩尔体积达到最大值。而且，对于相同组成的混合流体，压力越高，过剩摩尔体积就越小。水-庚烷混合流体中两种组分的偏摩尔体积随组成的变化呈现相反的趋势。

2.4.2 黏度和扩散系数

超临界流体的黏度和扩散系数是非常重要的参数。目前，人们对纯超临界流体的黏度和扩散系数已经有了较深入的认识。但是，对于混合超临界流体来说，这方面的研究还相对较少。文献中已经报道了一些混合超临界流体的黏度，如二氧化碳-癸烷、各种碳氢化合物的混合流体[31]等。一般来说，混合超临界流体的黏度低于液体混合物的黏度。烃类流体的黏度数据是石油/天然气生产、加工和运输的基本数据之一，图 2－21 为甲烷-丙烷混合流体在不同温度时的压力(p)-黏度(μ)曲线[31]。由图可以看出，在等温条件下，混合流体的黏度随压力的降低而减小，且在临界点附近发生收敛现象；在相同压力下，混合流体的黏度随温度的升高而减小。

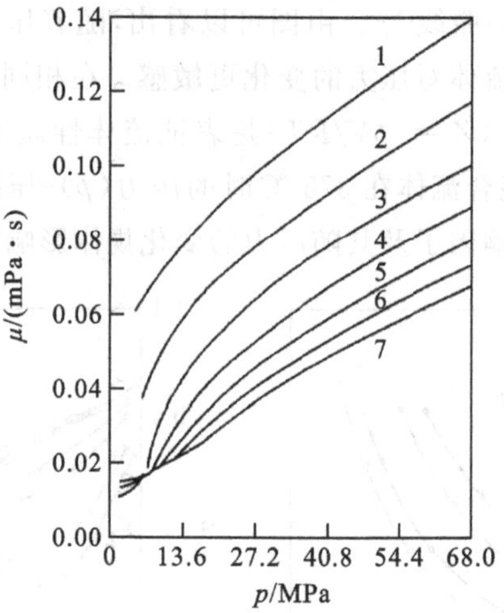

1—38 ℃；2—71 ℃；3—105 ℃；4—139 ℃；5—172 ℃；6—197 ℃；7—238 ℃。

图 2－21 甲烷(0.2)－丙烷(0.8)混合流体的压力－黏度曲线[31]

相同温度下，浓度无限稀的溶质在超临界流体中的扩散系数一般要比在液体中高1～2个数量级。图2－22(a)～(c)分别为2－硝基苯甲醚在超临界二氧化碳中的扩散系数(D_{AB})随压力(p)、温度(T)及密度(ρ)的变化曲线。由图2－22可以发现，在相同温度下，扩散系数随压力的升高而减小，这和前面讨论的黏度随压力的升高而增大的趋势相一致；在相同压力下，扩散系数随温度的升高而增大；扩散系数随密度的升高而减小。

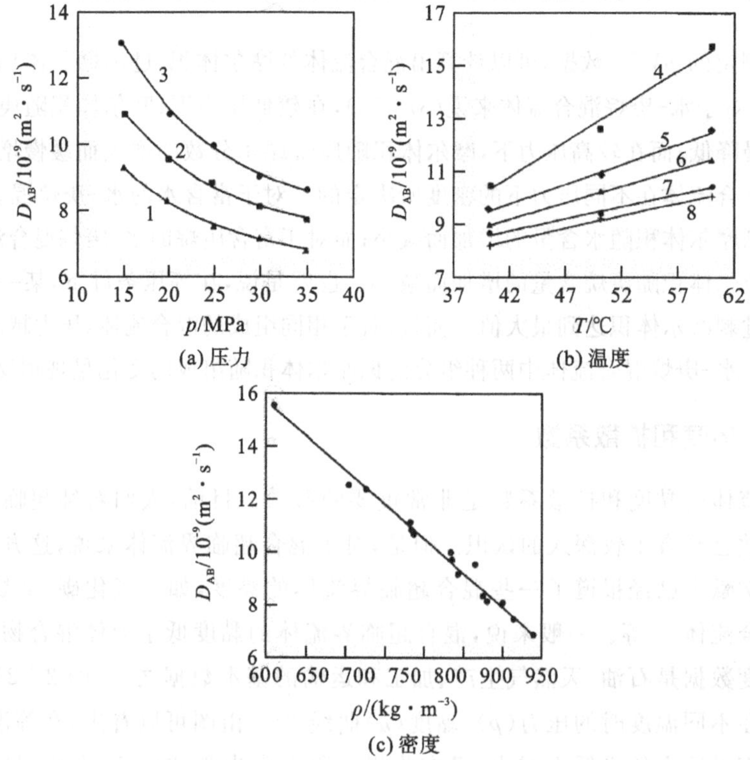

1—40 ℃；2—50 ℃；3—60 ℃；4—15 MPa；5—20 MPa；6—25 MPa；7—30 MPa；8—35 MPa。

图 2－22 2－硝基苯甲醚在超临界二氧化碳中的扩散系数随压力、温度和密度的变化曲线

在流体中加入共溶剂，扩散系数会发生改变。共溶剂浓度对溶质扩散系数的影响比较复杂。图 2－23(a)和图 2－23(b)分别为 2－硝基苯甲醚在二氧化碳-甲醇和二氧化碳-正己烷中的扩散系数(D_{AB})随压力(p)的变化曲线[32]。由图可以看出，在相同温度和压力条件下，溶质在混合流体中的扩散系数比在纯超临界二氧化碳中低，并且扩散系数随甲醇含量的增加而降低，甲醇浓度对扩散系数的这种效应会随着溶剂密度的增大而削弱。对于二氧化碳-正己烷体系来说，在不同温度下，非极性正己烷的加入对扩散系数的影响各不相同。因此，很难用一个统一的作用机理来说明混合流体中共溶剂对扩散系数的影响。

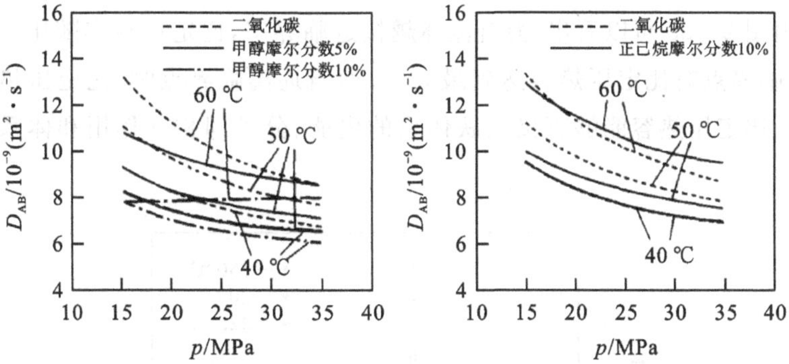

(a) 二氧化碳-甲醇　　(b) 二氧化碳-正己烷

图 2－23　2－硝基苯甲醚在二氧化碳-甲醇和二氧化碳-正己烷中的扩散系数随压力的变化曲线[32]

2.4.3　表面张力

文献报道了多种混合流体的表面张力，如甲烷-丙烷、二氧化碳-丁烷、二氧化碳-正十四烷、二氧化碳-癸烷、二氧化碳-乙醇、乙醇-氮气[33]等。一般来说，超临界流体溶入液相，会使液相的表面张力下降；而当低挥发性液体溶入超临界流体相后，会使液相的表面张力增加。当趋近临界点时，其表面张力也趋近于零。混合流体的表面张力与压力、组成和温度都有关。图 2－24(a)和图 2－24(b)分别为二氧化碳-丁烷混合流体的压力(p)-组成(x_{co_2})曲线和在不同温度下的表面张力 σ_m。图中的结果表明有如下规律。

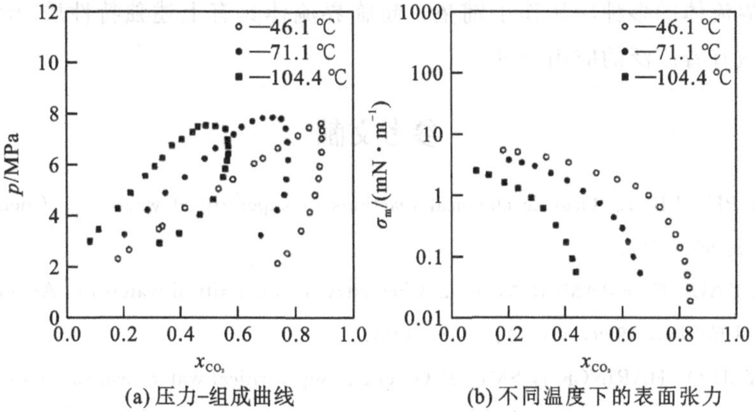

(a) 压力-组成曲线　　(b) 不同温度下的表面张力

图 2－24　二氧化碳-丁烷混合流体的压力-组成曲线和在不同温度下的表面张力

(1)随着液相中超临界流体浓度的增加，表面张力逐渐下降。

(2)当组成接近临界组成时，表面张力趋近于零，这是因为此时共存相的密度差趋近于零。

(3)对于相同组成的混合流体，温度越高，表面张力越小。

2.4.4 比热容

图 2－25 为戊烷-丙酮混合超临界流体在不同温度下的比定压热容(c_p)与压力(p)的关系[34]。150 ℃对应着亚临界区，200 ℃和 225 ℃对应着临界区，其中 200 ℃和临界温度较为接近。由图 2－25 可以看出，混合流体越接近临界态，比定压热容随压力的变化越明显，尤其是在临界点时比定压热容达到最大值；而当远离临界点时，比定压热容随压力的变化不明显。比定压热容能够直接反映体系的内能、分子间相互作用和体系微结构的有关信息。

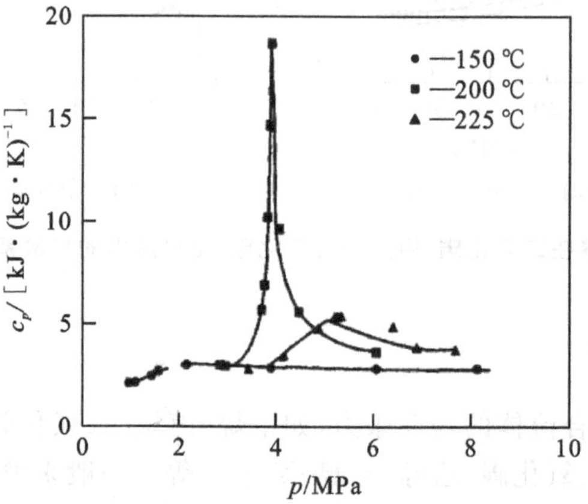

图 2－25 戊烷(0.75)-丙酮(0.25)混合流体在不同温度下的比定压热容与压力的关系[34]

本章以超临界水、超临界二氧化碳为例，对超临界流体的物理性质与化学性质进行了全面的讲解，并简要说明了其他超临界溶剂的性质及混合超临界流体的相关性质，为后续章节中超临界流体的多种应用作了铺垫。超临界流体具有上述独特性质，所以在超临界流体技术领域有着广泛的应用前景。

参考文献

[1]SAVAGE, PHILLIP E. Organic chemical reactions in supercritical water[J]. Chemical Reviews, 1999, 99(2): 603－622.

[2]BRÖLL D, KAUL C, KRÄMER A, et al. Chemistry in supercritical water[J]. Angewandte Chemie International Edition, 1999, 38(20): 2998－3014.

[3]YAKABOYLU O, HARINCK J, SMIT K G, et al. Supercritical water gasification of biomass: a literature and technology overview[J]. Energies, 2015, 8(2): 859－894.

[4]KRITZER P. Corrosion in high－temperature and supercritical water and aqueous solutions: a review [J]. J. supercriti. fluids, 2004, 29(1): 1－29.

[5]张乃强，徐鸿，白杨. 分子动力学模拟超临界水微观结构及自扩散系数[J]. 中国电力，2011，44(12)：47－50.

[6]GANAPATHY S，RANDOLPH T W，CARLIER C，et al. Molecular simulation and electron paramagnetic resonance (EPR) studies of rapid bimolecular reactions in supercritical fluids[J]. International Journal of Thermophysics，1996，17(2)：471－481.

[7]KALINICHEV A，HEINZINGER K. Molecular dynamics of supercritical water：a computer simulation of vibrational spectra with the flexible BJH potential[J]. Geochimica et Cosmochimica Acta，1995，59(4)：641－650.

[8]GORBATY Y E，KALINICHEV A G. Hydrogen bonding in supercritical water. 1. experimental results[J]. Journal of Physical Chemistry，1995，99(15)：1－2.

[9]CANSELL R，REY S，BESLIN P. Thermodynamic aspects of supercritical fluids processing：applications to polymers and wastes treatment[J]. Oil & Gas Science & Technology，1998，53(1)：71－98.

[10]SAVAGE P E，GOPALAN S，MIZAN T I，et al. Reactions at supercritical conditions：applications and fundamentals[J]. Aiche Journal，1995，41(7)：1723－1778.

[11]SCHUBERT M，REGLER J W，VOGEL F. Continuous salt precipitation and separation from supercritical water. Part 1：Type 1 salts[J]. Journal of Supercritical Fluids，2010，52(1)：99－112.

[12]REGLER J W，VOGEL F. Continuous salt precipitation and separation from supercritical water. Part 2. Type 2 salts and mixtures of two salts[J]. The Journal of Supercritical Fluids，2010，52(1)：113－124.

[13]SCHUBERT M，AUBERT J，MUELLER J B，et al. Continuous salt precipitation and separation from supercritical water. Part 3：Interesting effects in processing type 2 salt mixtures[J]. Journal of Supercritical Fluids，2012，61：44－54.

[14]MARR R，GAMSE T. Use of supercritical fluids for different processes including new developments—a review[J]. Chemical Engineering & Processing Process Intensification，2000，39(1)：19－28.

[15]YU Z，LU X，JIAN Z，et al. Prediction of diffusion coefficients for gas，liquid and supercritical fluid：application to pure real fluids and infinite dilute binary solutions based on the simulation of Lennard－Jones fluid[J]. Fluid Phase Equilibria，2002，194(194－197)：1141－1159.

[16]ROBB W L，DRICKAMER H G. Diffusion in CO_2 up to 150 atmospheres pressure[J]. Journal of Chemical Physics，1951，19(12)：1504－1508.

[17]王琳. 超临界 CO_2 与醇类二元体系相平衡研究[D]. 西安：西北大学，2010.

[18]ZHONG M，HAN B，JIE K，et al. A model for correlating the solubility of solids in supercritical CO_2[J]. Fluid Phase Equilibria，1998，146(s1－2)：93－102.

[19]韩布兴. 超临界流体科学与技术[M]. 北京：中国石化出版社，2005.

[20]王仁安，胡云翔. 超临界流体萃取分馏法分离石油重质油[C]. 中国石油学会石油炼制分会第三届年会，1997.

[21]赵锁奇，石铁磐，王仁安，等. 硅胶柱超临界流体制备色谱分离提纯极性化合物[C]. 第三届全国超临界流体技术学术及应用研讨会，2000.

[22]DEMIRBAS A，SAHIN－DEMIRBAS A，Demirbas A H. Global energy sources，energy usage，and future developments[J]. Energy Sources，2004，26(3)：191－204.

[23]薛文华，陈受斯，武练增，等. 褐煤超临界流体连续萃取模试工艺开发研究[J]. 燃料化学学报，1993，21(3)：279－287.

[24]YING Z, LI S F, WU X W. Pressurized liquid extraction of flavonoids from houttuynia cordata thunb [J]. Separation & Purification Technology, 2008, 58(3): 305 - 310.

[25]蒋崇文,杨亦文,任其龙,等.超临界流体色谱法分离生育酚同系物[J].分析化学,2003, 31(11):1337 - 1340.

[26]刘志敏,赵锁奇,王仁安,等.黄酮醇异构体的超临界流体色谱法分离[J].色谱, 1997,15(4):288 - 291.

[27]BUNYAKIAT K, MAKMEE S, SAWANGKEAW R, et al. Continuous production of biodiesel via transesterification from vegetable oils in supercritical methanol[J]. Energy Fuels, 2006, 20(2): 812 - 817.

[28]IWAI Y, KOGA Y, HATA Y, et al. Monte carlo simulation of solubilities of naphthalene in supercritical carbon dioxide[J]. Fluid Phase Equilib, 1995, 104(3): 403 - 412.

[29]RUCKENSTEIN E, SHULGIN I. A simple equation for the solubility of a solid in a supercritical fluid cosolvent with a gas or another supercritical fluid[J]. Industrial & Engineering Chemistry Research, 2003, 42(5): 1106 - 1110.

[30]ABDULAGATOV I M, BAZAEV E A, BAZEV A R, et al. PVTx measurements for dilute water+n - hexane mixtures in the near - critical and supercritical regions[J]. Journal of Supercritical Fluids, 2001, 19(3): 219 - 237.

[31]GUO X Q, WANG L S, RONG S X, et al. Viscosity model based on equations of state for hydrocarbon liquids and gases[J]. Fluid Phase Equilibria, 1997, 139(1): 405 - 421.

[32]GONZÁLEZ L, BUENO J L, MEDINA I. Determination of binary diffusion coefficients of anisole, 2,4 - dimethylphenol, and nitrobenzene in supercritical carbon dioxide[J]. Industrial & Engineering Chemistry Research, 2001, 40(16): 3711 - 3716.

[33]DITTMAR D, FRE DE NHAGEN A, OEI S B, et al. Interfacial tensions of ethanol - carbon dioxide and ethanol - nitrogen. Dependence of the interfacial tension on the fluid density—prerequisites and physical reasoning[J]. Chemical Engineering Science, 2003, 58(7): 1223 - 1233.

[34]MULIA K, YESAVAGE V F. Isobaric heat capacity measurements for the n - pentane - acetone and the methanol - acetone mixtures at elevated temperatures and pressures[J]. Fluid Phase Equilibria, 1999: 158 - 160.

第 3 章

超临界水氧化技术

超临界水氧化技术是近年来兴起的一种新型高效的有机废水及废弃物无害化处理及资源化利用技术，其利用水在超临界状态下所具有的特殊理化性质，使有机物和氧化剂在超临界水中迅速发生氧化反应来彻底分解有机物。

3.1 超临界水氧化技术概述

3.1.1 超临界水氧化技术的提出及发展

20 世纪 80 年代初，基于超临界水可与有机物和氧气等完全混合并且迅速反应的独特性质，麻省理工学院的 Modell 教授首次提出了超临界水氧化技术[1]，其发展历程如图3－1所示。1980 年，他创办了第一家做开发和商业化应用的超临界水氧化公司——Modar。与超临界水氧化技术相关的特征属性通常是由 Modar 公司人员首先发现的，他们建立了一个有机物处理效率和物料性质的兼容性数据库。与此同时，一些国际著名的研究机构也开始进行基础研究，例如麻省理工学院、密歇根大学、得克萨斯大学、东京大学、卡尔斯鲁厄理工学院、洛斯阿拉莫斯实验室和桑迪亚国家实验室等，以更充分地开发超临界水氧化基础科学，希望能更好地优化超临界水氧化系统设计。超临界水氧化在 20 世纪 80 年代已成为处理各种工业有机废物的有效方法，这源于麻省理工学院 Modell 教授的开创性工作。随后，美国率先开发并将超临界水氧化技术应用在化学武器的销毁上。在巴利亚多利德大学，蒸发壁反应器和冷壁反应器被用于提高超临界水氧化装置的耐腐蚀性和抗堵塞能力[2-3]。

随着超临界水氧化技术作为一种有效的废物销毁技术得到了更广泛的认可，研究工作在 20 世纪 90 年代得到进一步加强。最初激发超临界水氧化研究应用的是减少“核清洁计划”产生的混合放射性/有机废物的体积。美国国防部的几个部门对超临界水氧化产生了兴趣，并启动了一些项目，以探索和开发其在研究和商业层面上处理各种军事废物的能力。特别的是，美国国防高级研究计划局(defense advanced research projects agency，DARPA)对超临界水氧化技术销毁化学品和过时常规弹药的能力产生了兴趣。20 世纪 90 年代初，美国国家研究委员会(national research council，NRC)对超临界水氧化作为焚烧替代品的潜力进行了有利的评估。之后，陆军对超临界水氧化的化学武器销毁能力产生了兴趣，美国海军也对在其船舶上使用超临界水氧化销毁船上废物感兴趣，美国空军在此期间测试了使用超临界水氧化技术销毁火箭发动机推进剂的效果[4]。

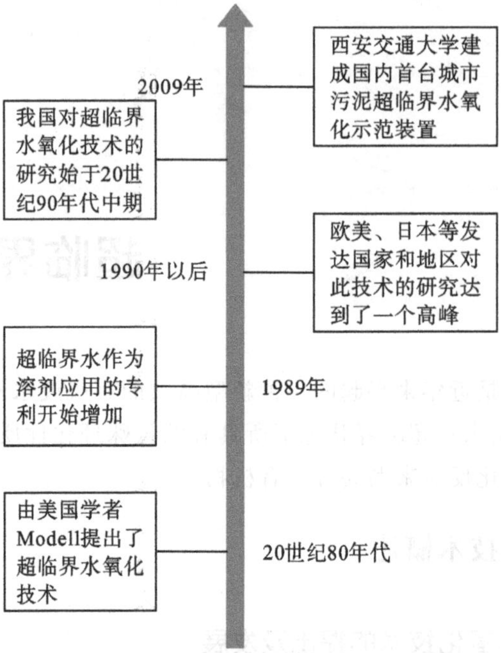

图 3-1 超临界水氧化技术的发展历程

到 1994 年,Eco Waste Technologies(成立于 1990 年)在得克萨斯州奥斯汀为 Huntsman 化学公司设计并建造了第一座商业化超临界水氧化工厂,它是超临界水氧化商业化进程中的一个重要里程碑。该工厂主要用于处理含有醇类的实验室废水,从超临界水氧化的角度来看,这种进料相对来说是良性的(即没有腐蚀性物质或盐形成),但该工厂在 1999 年被关闭。在 20 世纪 90 年代,其他几家成熟的公司也参与了超临界水氧化商业化应用的工作,如通用原子公司、SRI 和 Chematur Engineering AB[5]。这些公司中的每一家都开发了基于超临界水氧化工艺的独特装置,这些公司的装置的不同主要在于如何控制腐蚀和盐沉积,以及针对不同类型的进料(如液体与泥浆、高盐与无盐)。

到 20 世纪末、21 世纪初,近 20 年的研究和开发使超临界水氧化技术显著成熟,对核心原理有了更好的理解,并改进了技术以缓解腐蚀和盐沉积问题,这使得超临界水氧化技术的重点从基础研究转向全面应用。大约在 1998—2002 年,在世界各地共有 7 座规模化的超临界水氧化工厂被建成,用于处理各种工业废水、污水污泥和炸药。此后的运行过程中,3 座超临界水氧化装置被永久关闭,其中至少 2 座关闭的原因是机械或操作问题。2 个相关的超临界水氧化供应商(Foster Wheeler 和 Hydro Processing)也离开了该领域[5]。在 2004—2005 年,法国和日本分别有 2 座新增的超临界水氧化装置投入运营。因此,尽管超临界水氧化技术向大规模应用的过渡存在一定困难,但仍然有公司继续从越来越多的潜在客户那获得更多的需求反馈,有少量但稳定的新工厂建成并投入使用。

我国大约从 2000 年开始对超临界水氧化技术进行研究,目前仅有西安交通大学、上海交通大学、天津大学、中国科学院山西煤炭化学研究所等单位的研究较为显著,并且西安交通大学于 2009 年建成了国内首台 3 t/d 城市污泥超临界水氧化示范装置。目前国内正在进行超临界水氧化技术工业化应用的推进，但企业界仅有新奥集团具备超临界水氧化运行技术[6]。

3.1.2 超临界水氧化技术的原理

超临界水是除固、液、气之外特殊的第四相态，其温度、压力均高于其临界点（T_c = 374.15 ℃、p_c = 22.12 MPa），具有优异的有机物/气体溶解和传递性能，是一种良好的反应媒介。

超临界水氧化技术利用超临界水优异的理化特性，实现氧化剂与有机物的快速均相反应，迅速彻底地将难降解的有机物进行深度破坏，大分子断键、开环，C、H 和 N 转化成无害化的 CO_2、H_2O 和 N_2，杂环原子 Cl、S 和 P 转化成相应的酸或盐，重金属矿化沉积后稳定存在于固相残渣中，如图 3-2 所示。

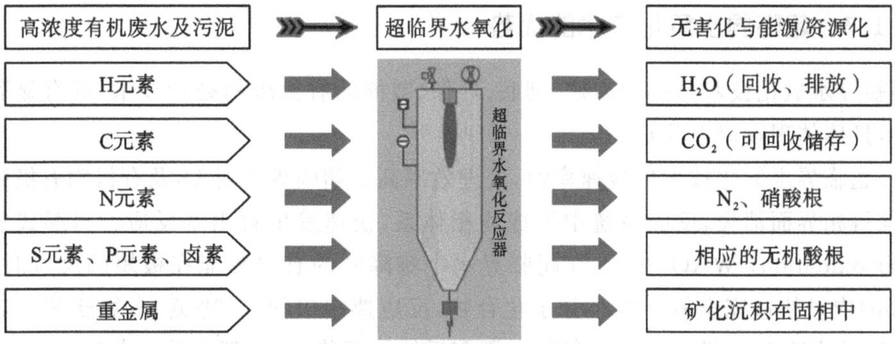

图 3-2 超临界水氧化过程中元素的迁移转化

超临界水氧化技术遵循自由基反应机理，主要包括自由基链的引发、链的发展或传递、链的终止 3 个阶段。

链的引发：由反应物分子生成最初自由基，这个过程通过加入引发剂氧气或者双氧水等提供一定能量以断裂有机物分子，一般情况下，O_2 和 H_2O_2 通过两种机理引发链反应。O_2 直接和废水中的有机物 RH 反应生成 R· 和 HO_2· 自由基，继而产生 H_2O_2 和 HO· 自由基；而 H_2O_2 直接热解形成 HO· 自由基，反应过程如式(3-1)～式(3-3)所示：

$$RH + O_2 \longrightarrow R\cdot + HO_2\cdot \tag{3-1}$$

$$RH + HO_2\cdot \longrightarrow R\cdot + H_2O_2 \tag{3-2}$$

$$H_2O_2 \longrightarrow 2HO\cdot \tag{3-3}$$

链的发展或传递：即自由基与各类分子相互反应的交替过程，包括氢过氧化物和自由基的破坏和再现，羟基具有很高的活性，几乎能与所有的含氢化合物反应，此过程易于进行，R· 自由基能与氧作用生成过氧化自由基，过氧化自由基能进一步获取氢原子生成过氧化物，反应过程如式(3-4)～式(3-8)所示。

$$RH + HO\cdot \longrightarrow R\cdot + H_2O \tag{3-4}$$

$$R\cdot + O_2 \longrightarrow ROO\cdot \tag{3-5}$$

$$ROO\cdot + RH \longrightarrow ROOH + R\cdot \tag{3-6}$$

$$2ROO\cdot \longrightarrow 2RO\cdot + O_2 \tag{3-7}$$

$$ROOH \longrightarrow HO\cdot + RO\cdot \tag{3-8}$$

链的终止:若自由基经过碰撞生成稳定分子,则链的发展过程终止,反应过程如式(3-9)~式(3-12)所示。

$$R\cdot + R\cdot \longrightarrow R—R \tag{3-9}$$

$$R\cdot + RO\cdot \longrightarrow ROR \tag{3-10}$$

$$RO\cdot + RO\cdot \longrightarrow ROOR \tag{3-11}$$

$$R\cdot + ROO\cdot \longrightarrow ROOR \tag{3-12}$$

过氧化物不稳定,会在非常短的时间内分解转化成小分子化合物,直至生成小分子的甲酸、乙酸等。甲酸、乙酸等小分子有机物经过自由基氧化过程最终转化为 CO_2 和 H_2O。$HO\cdot$ 和 $HO_2\cdot$ 自由基参加的链反应实质上是通过 H 提取机理实现的,一般认为 H 提取是通过速率控制步骤的。

3.1.3 超临界水氧化技术的优势

超临界水氧化技术是一种高效、彻底、环保、节能的有机废物处理技术,具有显著的技术优势,具体体现在以下几点。

(1)超临界水氧化技术反应速率快,处理效率高。超临界水对 O_2 及有机物有极强的溶解性,使得相界面消失,反应系统中形成均相体系,快速发生自由基反应。与湿式氧化法(wet air oxidation, WAO)相比,在超临界水中难降解的有机物能在极短的反应时间(小于 1 min)内被快速完全氧化成小分子化合物,反应速率极快,二噁英、多氯联苯等难降解有毒物质的去除率也高达 99.99%以上,无需后续处理装置,处理效果如表 3-1 所示。

表 3-1 超临界水氧化技术处理难降解有机物效果

化合物	温度/℃	停留时间/min	去除率/%
二噁英	574	3.7	>99.9995
氯甲苯	600	0.5	>99.998
2,4-二硝基甲苯	457	0.5	>99.7
1,1,1-三氯乙烷	495	3.6	99.99
1,2-二氯化物	495	3.6	99.99
六氯环戊二烯	488	3.5	99.99
邻氯甲苯	495	3.6	99.99
多氯代联苯	550	0.05	>99.99
二氯-二苯-三氯乙烷	505	3.7	>99.997

(2)环境友好,无二次污染。超临界水氧化能彻底将难降解有毒有机物转化成无害化的 CO_2、N_2、H_2O 等小分子化合物,反应系统封闭,处理过程无异味,不会产生二噁英、NO_x、SO_x、$PM_{2.5}$ 等二次污染产物,更无需后续气体处理装置,气体可直接达标排放。而利用焚烧法处理时,会生成毒性更强的二噁英,且二噁英在低于 700 ℃时不会被完全分解。

传统焚烧方式是向环境中排放二噁英类物质的最大污染源之一。超临界水氧化技术与湿式氧化法、焚烧法的具体对比如表 3-2 所示。

表 3-2　超临界水氧化技术与湿式氧化法、焚烧法对比

指标	超临界水氧化	湿式氧化法	焚烧法
温度/℃	400～600	150～350	1000～2000
压力/MPa	20.0～40.0	2.0～20.0	常压
催化剂	不需	需	不需
停留时间/min	≤5	15～120	>10
去除率/%	>99.99	75～90	99.99
自热	是	是	否
适用性	普适	受限制	普适
排出物	无毒、无色	有毒、有色	含 NO_x 等
后续处理	不需	需	需

(3)超临界水氧化技术是实现重金属稳定化的唯一处理技术，废水经处理后出水可达一级 A 排放标准或中水回用标准，同时能实现污泥的减容减量化、无害化及资源化。

(4)超临界水氧化装置紧凑，占地面积小。超临界水氧化反应速率快，污染物在装置内停留时间短，反应器体积较小，装置整体占地面积小，仅为传统工艺(如焚烧法)占地面积的 1/2。

(5)超临界水氧化技术无需额外辅助热量，可实现系统自热。当废水/污泥中有机物的质量分数约为 3%时，反应即可依靠过程中自身释放的热量来达到超临界状态，无需额外添加辅助燃料，富余热量还可进一步回收利用。对于焚烧工艺，运行温度远远高于超临界水氧化反应，且给料的有机物质量分数低于 25%时就无法维持自身燃烧，必须添加辅助燃料来维持燃烧。

(6)超临界水氧化技术经济性高。超临界水氧化技术投资费用是传统技术的 70%～80%，运行费用仅为传统处理方法的 1/3～1/5。

3.2　超临界水氧化反应动力学

反应动力学是对化学过程和反应速率的研究，研究各种物理、化学因素(如温度、压力、浓度、反应体系中的介质、催化剂、流场和温度场分布、停留时间分布等)对反应速率的影响，了解反应机理和过渡态，并形成预测和描述化学反应的数学模型。

需要强调的是，绝大多数化学反应并不是按照化学计量式一步完成的，而是由多个具有一定程序的基元反应构成的，反应进行的这种实际历程即是反应机理。一般说来，研究者们会对化学反应的反应机理着重研究，并力图根据基元反应速率的理论计算来预测整个反应的动力学规律。而在工程上，工作者们则主要通过实验测定，来确定反应物体系中各组分浓度和温度与反应速率之间的关系，以满足反应过程开发和反应器设计的需要。

随着研究的发展，超临界水氧化反应动力学已从简单模型发展到了复杂模型，从宏观研究发展到了分子和原子水平的微观研究。

根据建模方法的不同，超临界水氧化过程中模型化合物的动力学模型可分为三类：经验模型、半经验模型和详细化学反应动力学模型（detail chemical kinetic model，DCKM）。对于实际污染物，由于多个反应物同时存在，反应动力学的研究主要采用经验模型。由于很难从基本反应中推导出准确的反应速率表达式，且经验模型无法解释主要反应过程，因此半经验模型是从具有可测量中间产物的浓度变化的简化反应网络中推导出来的。详细化学反应动力学模型主要以单一物质为处理对象，因为它覆盖了大量的中间基元反应路径。基元反应动力学的数据通常来源于量子化学和过渡态理论，并通过标准化实验进行验证。当预测值与实验结果一致时，可以从理论上解释反应机理，从而为调节和控制反应过程提供指导。

3.2.1 经验模型

经验模型又称全局动力学模型，对于超临界水氧化过程，在大多数文献中采用幂指数方程法描述反应规律，该方法只考虑反应物浓度，不涉及中间产物。在超临界水中发生的氧化降解反应与反应温度、有机物浓度和氧化剂浓度有密切关系，根据幂指数经验模型，其总的速率方程可以表示为

$$-\frac{\mathrm{d}c}{\mathrm{d}t}=A\exp\left(-\frac{E_a}{RT}\right)[\mathrm{C}]^m[\mathrm{O}]^n[\mathrm{H_2O}]^p \tag{3-13}$$

式中：c 为目标物质的浓度，mol/L；t 为停留时间，s；A 为指前因子或者频率因子，量纲取决于 m、n、p；E_a为反应活化能，kJ/mol；R 为理想气体常数，为 8.314 J/(K·mol)；T 为反应温度，K；[C]为有机物的浓度，mol/L；[O]为氧化剂的浓度，mol/L；[H_2O]为水的浓度，mol/L。

由于反应在水中进行，水在体系中远远过量，反应体系中水的浓度变化很小，通常将[H_2O]合并到 A 中，则上式可改写为

$$-\frac{\mathrm{d}c}{\mathrm{d}t}=k[\mathrm{C}]^m[\mathrm{O}]^n \tag{3-14}$$

其中，反应速率常数 k 根据阿伦尼乌斯方程可表示为

$$k=A\exp\left(-\frac{E_a}{RT}\right) \tag{3-15}$$

对于实际废水，通常是许多化合物的混合物，动力学研究对超临界水氧化工艺的设计和运行非常重要。然而，要识别所有涉及的中间化合物并建立其复杂的反应机制，需要付出很大的努力和代价。因此在复杂废水的模型化合物中常常使用基于化学需氧量（chemical oxygen demand，COD）或总有机碳（total organic carbon，TOC）去除率的动力学方程[7]。

在当前建立经验模型的主流方法中，准一阶反应动力学方程、多元线性回归法、龙格-库塔（Runge-Kutta）算法的差别主要是在实验数据处理时采取了不同假设及计算方法。此外，还有将反应过程分步建立动力学方程的多步速率表达法。

1. 准一阶反应动力学方程

一阶（级）反应动力学，是指其反应方程中参与反应或与反应有关物质的条件（浓度）

的指数和为1的方程。在超临界水氧化反应中，由于存在过量的O_2和H_2O，因此假定其反应级数为0，从而将反应动力学方程简化为一阶动力学方程。准一阶反应动力学方程作为经验模型中最简单的形式之一，被广泛用于描述简单有机物及复杂实际污染物在超临界水氧化反应中的降解情况，基本动力学方程简化如式(3-16)所示：

$$r=\frac{-\mathrm{d}[\mathrm{COD}]}{\mathrm{d}t}=k[\mathrm{COD}]^m[\mathrm{O}]^n[\mathrm{H_2O}]^p\xrightarrow[p=0]{m=1,\ n=0}r=\frac{-\mathrm{d}[\mathrm{COD}]}{\mathrm{d}t}=k[\mathrm{COD}] \tag{3-16}$$

式中：k为反应速率常数；t为停留时间，s。

对式(3-16)积分可得式(3-17)，同一反应温度，以不同停留时间下的$-\ln([\mathrm{COD}]/[\mathrm{COD}]_0)$为纵坐标、停留时间$t$为横坐标绘图，斜率即为该反应温度下的反应速率常数$k$：

$$-\ln\frac{[\mathrm{COD}]}{[\mathrm{COD}]_0}=k\times t \tag{3-17}$$

以对数形式表示阿伦尼乌斯方程如式(3-18)所示，以求得的不同温度下的反应速率常数绘图，由图中截距和斜率可分别得到A和E_a：

$$\ln k=\ln A-\frac{E_a}{R}\cdot\frac{1}{T} \tag{3-18}$$

Brock等[8]研究了压力为24.6 MPa、温度为500～580 ℃、反应时间为0.41～1.27 s、浓度为0.45～1.21 mmol/L的甲醇超临界水氧化动力学，得到指前因子为(1021.3±5.3) s^{-1}，活化能为(78±20) kcal/mol①，同时，甲醇超临界水氧化准一阶反应动力学模型表明甲醇超临界水氧化反应的诱导期随着温度的升高而缩短，但产物的分布几乎与温度无关。Rice等[18]研究了压力为24.1 MPa、温度为430～550 ℃、反应时间为0.17～7 s、质量分数为0.011%～1.5%(约1～50 mmol/L)的甲醇超临界水氧化动力学，发现一阶反应速率常数随初始浓度的升高明显增大。向波涛等[9]用幂指数方程描述了乙醇超临界水氧化反应动力学，乙醇和氧气的反应级数分别为1和0，反应活化能和指前因子分别为351 kJ/mol和7.74×1021 s^{-1}，方程计算值和实验值吻合较好，误差基本在10%以内。

表3-3列出了文献中部分有机化合物在超临界水氧化降解过程中的动力学参数。可见，由于幂指数函数法模型属于经验模型，反应级数和速率由反应数据关联而得，只能拟合一定条件下指定化合物的实验数据，当外延到其他条件或其他化合物时，模型不可靠；同时，幂指数函数法不涉及中间产物，因而无法确定中间产物。

表3-3 部分有机化合物在超临界水氧化降解过程中的动力学参数

化合物	氧化剂	温度/℃	压力/MPa	E_a/(kJ·mol^{-1})	指前因子	有机物级数	氧化剂级数	参考文献
甲胺磷	H_2O_2	398～633	24	42.00	66.56	0.96	0.35	Lee等[10]
苯胺	O_2	400～475	25	29.6	6.69×10^3	1.554	0	丁军委等[177]
葡萄糖	O_2	350～430	24	30	24.2	1.03	0.067	林春绵等[11]

①1 cal≈4.186 J。

续表

化合物	氧化剂	温度/℃	压力/MPa	E_a/kJ·mol^{-1}	指前因子	有机物级数	氧化剂级数	参考文献
乙醇	O_2	475～550	22～30	351	7.74×10^{21}	1	0	向波涛 等[9]
乙酸	O_2	380～420	24～30	144.8	5.09×10^{1}	1.28	0.4	潘志彦 等[12]
液晶显示器生产废水	H_2O_2	396～615	25～29	47.79	2.78×10^{2}	1.01	0.065	Veriansyah 等[178]
染料废水	H_2O_2	322～431	18～30	12.12	1.07	1	0	Shin 等[13]
丙烯腈废水	H_2O_2	299～522	25	66.33	6.07×10^{3}	1.26	0	Gong 等[14]
多元酚废水	O_2	400～540	28～30	121.8	—	1	0	王涛 等[179]
城市污泥	H_2O_2	400～450	24～28	39.11	45.2	1	0	昝元峰 等[15]

2. 多元线性回归法

多元线性回归法指利用多元线性回归方程来描述自变量与因变量之间的关系，其考虑了氧气对 COD 去除的影响。为了使用多元线性回归法处理幂指数方程，需先使用指数回归得到 COD 浓度随停留时间的变化关系为

$$[\mathrm{COD}]=[\mathrm{COD}]_0\mathrm{e}^{-mt} \tag{3-19}$$

式中：m 为拟合参数；t 为停留时间，s。

对式(3-19)求导可得：

$$-\frac{\mathrm{d}[\mathrm{COD}]}{\mathrm{d}t}=m[\mathrm{COD}]_0\mathrm{e}^{-mt} \tag{3-20}$$

将式(3-19)代入动力学方程(3-14)中，可以得到

$$r=-\frac{\mathrm{d}[\mathrm{COD}]}{\mathrm{d}t}=A\mathrm{e}^{-\frac{E_a}{RT}}[\mathrm{COD}][\mathrm{O_2}]^n=A^*\mathrm{e}^{-\frac{E_a}{RT}}[\mathrm{O_2}]^n \tag{3-21}$$

在某一时刻下，$A^*=A[\mathrm{COD}]=A[\mathrm{COD}]_0\mathrm{e}^{-mt}$，其为一常数。对上式进行对数化得

$$\ln\left(-\frac{\mathrm{d}[\mathrm{COD}]}{\mathrm{d}t}\right)=\ln A^*-\frac{E_a}{RT}+n\ln[O_2] \tag{3-22}$$

以 COD 降解速率、反应温度和氧浓度为基础，对上式进行多元线性回归可确定特征参数 E_a、A、n。

Mateos 等[16]采用多元线性回归法研究了乙酸、甲醇和苯酚的超临界水氧化动力学。对于乙酸和苯酚，多元线性回归法动力学方程的转化速率和准一阶反应动力学方程以及龙格-库塔算法动力学方程得到的转化速率具有很好的一致性。而对于甲醇，多元线性回归法动力学方程的转化速率只和龙格-库塔算法动力学方程得到的转化速率具有很好的一致性，其转化速率比准一阶反应动力学方程得到的转化速率高了一个数量级。

Portela 等[17]对比了超临界和亚临界条件下苯酚的降解动力学，其指出在多元线性回归之前必须先估算苯酚降解率的实验值，即通过指数函数拟合归一化的苯酚浓度([Phenol]/[Phenol]$_0$)随反应时间的变化，并用其来估算实验速率值；其得到的动力学方

程中苯酚的反应级数为 0.95±0.41，接近于 1，与其他研究相比具有很好的一致性，而氧气的反应级数为 −0.03±0.26，与其他文献 0～0.5 的反应级数不符，本书分析是由于氧气远远过量引起的。

3. 龙格-库塔算法

龙格-库塔算法是一种在工程上应用广泛的高精度单步算法，其中包括著名的欧拉法，用于数值求解微分方程。其在已知方程导数和初值信息时，利用计算机仿真，可以省去求解微分方程的复杂过程。Mateos 等[18]比较了多元线性回归法和龙格-库塔算法的动力学结果，从而验证了龙格-库塔算法是一种更有效的方法，可以获得规模化超临界水氧化装置的实际废物动力学参数。

为了更好地模拟商用超临界水氧化装置，必须考虑动力学方程中氧的阶数，从而进一步优化耗氧量并最小化运行成本。Sánchez Oneto 等[19]建立了切削液废水超临界水氧化过程中氧浓度依赖性的动力学模型。在龙格-库塔算法拟合的动力学方程中，氧的反应级数为 0.58，表明氧浓度对切削液废水的降解有显著影响，在建立动力学模型时应予以考虑。然后，他们的动力学模型被用于模拟大规模超临界水氧化过程，以评估商业化超临界水氧化装置中能量回收的可行性[20]。此外，Abelleira 等[21]通过龙格-库塔算法研究了异丙醇的超临界水氧化动力学，发现动力学模型中的氧的反应级数为 0.774。在含氧量较高的情况下，动力学模型在快速反应开始时的预测结果优于反应结束时的预测结果。

在超临界水氧化反应中，氧气浓度可以表示为初始氧气浓度和最终 COD 浓度的函数。反应器中的氧气浓度可表示为

$$[O_2] = ([O_2]_0 - ([COD]_0 - [COD])) \tag{3-23}$$

因此整体反应速率可表示为

$$r = -\frac{d[COD]}{d\tau} = k[COD]([O_2]_0 - ([COD]_0 - [COD]))^b \tag{3-24}$$

采用龙格-库塔算法求解上述微分方程。在该算法中，从 0 到全局停留时间（τ_N）的积分区间被划分为 N 个子区间，$h=\tau_N/N$。最常用的四阶龙格-库塔算法公式如下：

$$\begin{cases} k_1 = f(\tau_n, [COD]_n) \\ k_2 = f(\tau_n + \frac{h}{2}, [COD]_n + h\frac{k_1}{2}) \\ k_3 = f(\tau_n + \frac{h}{2}, [COD]_n + h\frac{k_2}{2}) \\ k_4 = f(\tau_n + \frac{h}{2}, [COD]_n + hk_3) \\ [COD]_{n+1} = [COD]_n + \frac{h}{6}(k_1 + 2k_2 + 2k_3 + k_4) \end{cases} \quad n = 0, 1, \cdots, N-1 \tag{3-25}$$

式中：$\tau_n = nh$；k_1、k_2、k_3、k_4 为龙格-库塔算法中定义的内部参数；$[COD]_n$ 和 $[COD]_{n+1}$ 分别为在 τ_n 和 τ_{n+1} 下计算的 COD 浓度。

k 值和 b 值作为算法第一次运行的起始值，是由以前的文献确定的。实验在一个温度和不同停留时间下进行，以获得 $[COD]_n$。每个模型化合物在不同温度下进行多次试验。将计算值（$[COD]_n$）与最终实验 COD 浓度（$[COD]_{exp}$）进行比较，并调整 k 值和 b 值，以获

得$[COD]_n$和$[COD]_{exp}$之间的最佳拟合。

4. 多步速率表达法

多步法动力学方程将实验数据分为几个不同的反应阶段以便更好地描述超临界水氧化现象，方程建立的数学方法有很多，可为准一阶反应动力学方程、多元线性回归法或龙格-库塔算法等。在常见的两步法中将超临界水氧化过程分为以下两个过程[21]：①一个快速的初始反应，其中易氧化的分子快速分解成二氧化碳、水和难降解中间产物的混合物；②一个缓慢的后续反应，其将难降解的中间产物和最初存在的其他难降解分子，逐渐分解成更简单的分子，并最终实现降解。

Abelleira 等[21]依靠管式反应器，分别以 TOC、COD 为考察指标，提出并发展两个两步一级动力学模型来描述异丙醇在富氧条件下的超临界水氧化动力学。对于 COD 的两步动力学方程，第一步反应速率较快，其指前因子为$(407.8\pm81.5)\times10^6$，活化能为$(128.6\pm23.7)\times10^3$；第二步反应速率较慢，其指前因子为$(232.6\pm44.7)\times10^2$，活化能为$(83.0\pm11.6)\times10^3$。其动力学结果在富氧条件下具有很好的预测效果，如图 3-3 所示。

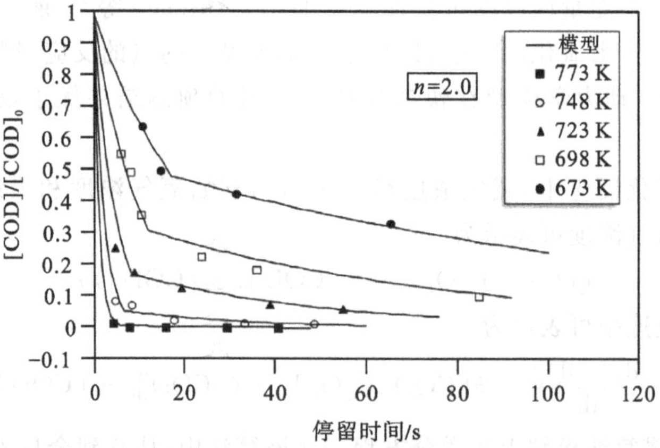

图 3-3 异丙醇超临界水氧化时 COD 的两步速率模型预测与实验数据对比

Sánchez-Oneto 等[7]使用管式反应器在温度为 400～500 ℃、压力为 25 MPa、氧化系数为 2、停留时间为 14～105 s 的条件下建立了切削液废水的 TOC 去除速率的两步动力学方程，在快速反应阶段，动力学方程的活化能为 69.1 kJ/mol，而在缓慢氧化阶段，动力学方程的活化能为 106.9 kJ/mol。

由于没有详细的复杂氧化过程，经验模型仅反映了实验数据的总体趋势。当使用不同的算法来拟合实验数据时，结果也会相应地发生变化。

3.2.2 半经验模型

由于超临界水氧化过程的复杂性，根据基元反应推导精确的反应速率表达式非常困难。而经验模型又不能解释主要的反应历程。因此，人们试图用简化的反应网络推导动力学模型，这样的模型称为半经验模型。反应网络包括中间控制产物生成和分解步骤。初始反应物一般经过以下三种途径进行转化，即直接氧化为最终产物、先生成不稳定的中间产物、先生成相对稳定的中间产物等。从中间产物到最终产物的过程可以包括众多的平行反应、串联反应等。在反应网络法中，确定中间产物是很重要的。

与经验模型相比，半经验模型侧重于有机化合物超临界水处理过程中的中间体，更能反映有机物的降解途径。一些学者建立了集总动力学模型，不仅能反映有机物去除率的变化，而且能更好地实现降解过程中间产物的定量描述。

Gong 等[22-23]研究了超临界水中喹唑啉氧化的反应途径，发现喹唑啉的氧化包括两个开环反应：苯环上的开环反应和嘧啶环上的开环反应。由于嘧啶环中的两个 N 原子的存在归因于嘧啶环中的低电子云密度[24]，具有更强的吸引电子的能力，因此苯环更容易被氧化。基于被测中间体的简化反应模型如图 3-4 所示[23]，同时 Gong 等提出了涉及 11 条反应路径的定量动力学模型来描述反应路径，其与主要化合物的实验浓度变化很好地匹配。开环过程产生的苯自由基对苯、甲苯、乙苯等苯系物和萘、联苯、菲等稠环化合物的生成有重要作用。苯酚、嘧啶、萘、NH_3等中间产物最终被氧化降解为 CO_2、H_2O 和 N_2。

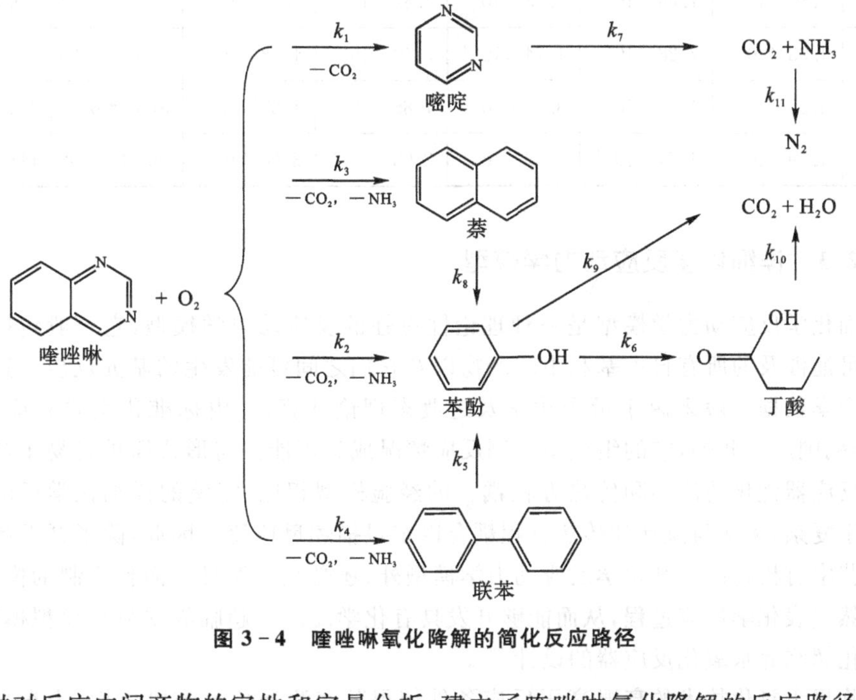

图 3-4　喹唑啉氧化降解的简化反应路径

通过对反应中间产物的定性和定量分析，建立了喹唑啉氧化降解的反应路径网络和动力学反应模型，反应动力学参数如表 3-4 所示。与实验数据相比，模型可以较好地预测反应物质的浓度变化规律。根据模型，嘧啶、苯酚、萘等中间产物的浓度随着时间的增加先上升至一个极大值而后再下降。在 600℃ 时，反应器内的喹唑啉在 60 s 内由 2.37 mmol/L降低至 0.043 mmol/L，降解率达到 98.18%。而 NH_3降解却十分困难，只有当温度升至 550 ℃ 以上，NH_3浓度在出现极大值后才开始缓慢下降。

表 3-4　化学反应速率常数及动力学参数

反应路径	反应速率 $k/(L \cdot mmol^{-1} \cdot s^{-1})$					lnA	活化能 $E_a/(kJ \cdot mol^{-1})$
	400 ℃	450 ℃	500 ℃	550 ℃	600 ℃		
k_1	6.44×10^{-3}	1.87×10^{-2}	2.59×10^{-2}	4.14×10^{-2}	7.29×10^{-2}	5.03 ± 0.82	55.60 ± 5.20
k_2	4.12×10^{-3}	9.05×10^{-3}	1.64×10^{-2}	4.30×10^{-2}	6.81×10^{-2}	6.95 ± 0.63	69.96 ± 4.00
k_3	8.44×10^{-4}	2.57×10^{-3}	8.21×10^{-3}	2.50×10^{-2}	4.87×10^{-2}	11.04 ± 0.50	101.68 ± 3.16
k_4	3.34×10^{-4}	1.17×10^{-3}	3.55×10^{-3}	7.58×10^{-3}	1.06×10^{-2}	7.67 ± 1.08	86.88 ± 6.58
k_5	2.77×10^{-3}	1.14×10^{-2}	3.79×10^{-2}	8.52×10^{-2}	2.29×10^{-1}	13.18 ± 0.44	106.37 ± 2.77
k_6	9.49×10^{-3}	2.54×10^{-2}	6.50×10^{-2}	1.56×10^{-1}	3.13×10^{-1}	10.71 ± 0.21	86.18 ± 1.32
k_7	9.57×10^{-4}	3.41×10^{-3}	1.60×10^{-2}	3.62×10^{-2}	7.23×10^{-2}	12.46 ± 0.95	108.38 ± 6.05
k_8	1.84×10^{-3}	7.69×10^{-3}	1.93×10^{-2}	4.82×10^{-2}	1.19×10^{-1}	11.59 ± 0.44	99.70 ± 2.82
k_9	1.93×10^{-4}	7.28×10^{-4}	1.74×10^{-3}	5.40×10^{-3}	1.48×10^{-2}	10.72 ± 0.29	104.23 ± 3.98
k_{10}	4.56×10^{-3}	1.33×10^{-2}	3.76×10^{-2}	7.85×10^{-2}	1.88×10^{-1}	10.72 ± 0.29	90.22 ± 1.83
k_{11}	1.59×10^{-5}	1.54×10^{-4}	5.46×10^{-4}	2.08×10^{-3}	8.60×10^{-3}	15.72 ± 0.98	148.96 ± 6.25

3.2.3　详细化学反应动力学模型

详细化学反应动力学模型是一种理论性更强的反应动力学模型，它一般包括了反应过程中可能涉及的所有自由基和中间产物以及它们之间可能发生的基元反应。这些基元反应动力学数据一般来源于量子化学及过渡态理论计算，并由标准化实验验证，理论性强，外推范围广。此外，它的组成使预测反应情况成为可能。与形式简单且易于与超临界水氧化反应器优化的流动和传热方程耦合的经验模型相比，完整的详细化学反应动力学模型过于复杂，无法与流动和传热方程耦合以定量描述反应流。因此，除了开发超临界水氧化工艺中有机物的详细化学反应动力学模型外，还必须开发具有简化机制的模型，这些模型仍然代表化学反应过程，从而能够开发具有化学反应的超临界水氧化模拟模型，并进一步优化超临界水氧化反应器的设计[25]。

超临界水氧化技术的高温高压反应条件使得某些测量技术难以应用，为在超临界水氧化条件下建立详细化学反应动力学模型设置了障碍。然而，在某些自由基反应中，超临界水氧化反应过程类似于气相燃烧过程，目前，一些学者已经开发了基于气相燃烧的各种化合物的详细化学反应动力学模型[8,25-38]。本部分主要介绍氢和甲醇的详细化学反应动力学模型，氢被视为低热值废物放热的可能辅助燃料[29,32]，氢氧化机制将直接用作其他复杂物质氧化机制的子集[31]；甲醇作为超临界水氧化和水热燃烧过程中最常见的辅助燃料之一，在调节反应强化和降解过程中起着重要作用。

1. 氢气的详细化学反应动力学模型

Holgate 等[31]基于经过验证的气相机制开发了一种用于氢气超临界水氧化的详细化

学反应动力学模型，详细化学反应动力学模型中用于超临界水中氢氧化的主要自由基反应途径如图 3-5 所示。

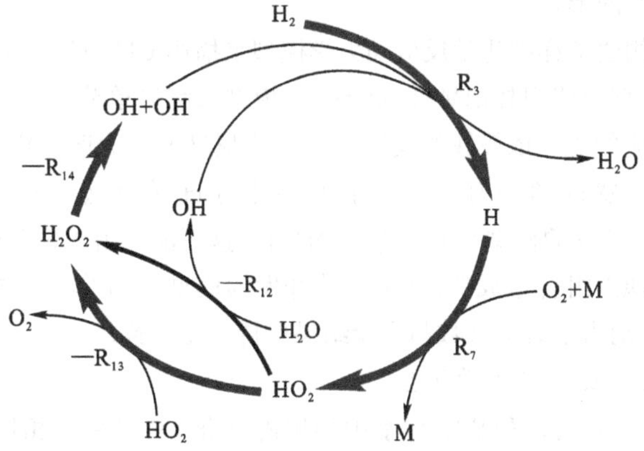

图 3-5　超临界水中氢氧化的详细化学反应动力学模型[31]

YDR91J 模型中的 19 个反应机制可以通过 7 个主要的快速反应（见表 3-5）来近似，它们比其他快速反应快几个数量级。该模型几乎再现了实验数据的所有全局特征，例如氢转化率、氢浓度和氧浓度。此外，$H+O_2+M \longrightarrow HO_2+M$ 的反应速率可能导致反应对氧浓度的全局独立性。

此外，由于表面反应极大地抑制了氧化，Holgate 等[31]将表面反应纳入 YDR91A 模型以缓和模型高估的氧化速率并寻求与实验数据具有更好的一致性。出乎意料的是，有表面反应的 YDR91S 模型和没有表面反应的 YDR91J 模型与实验数据都具有很好的一致性，并且 YDR91S 模型的敏感性分析表明氧化过程对表面速率常数高度敏感，这表明实验可能不可重复，但他们研究的数据结果显示出良好的可重复性。

表 3-5　24.6 MPa 时超临界水中氢氧化的基本反应模型中使用的主要反应[31]

序号	反应	$k=AT^b\exp(-E_a/RT)$			备注
		A	b	E_a	
1	$H_2+OH \longrightarrow H_2O+H$	8.33	1.51	14.35	
2	$H+O_2+M \longrightarrow HO_2+M$	16.50	0.0	−4.18	
3	$HO_2+HO_2 \longrightarrow H_2O_2+O_2$	12.93	0.0	17.62	
4	$H_2O_2+OH \longrightarrow H_2O+HO_2$	12.85	0.0	5.98	反向反应主导
5	$OH+OH \longrightarrow H_2O_2$	13.88	−0.37	0.0	反向反应主导
6	$OH+HO_2 \longrightarrow H_2O+O_2$	16.16	−1.0	0.0	
7	$H_2O_2+H \longrightarrow HO_2+H_2$	13.68	0.0	33.26	反向反应主导

在随后的研究中，他们通过描述压力或水密度在定量分析中的影响来研究水在超临界水氧化中的作用[32]。高压会影响压力相关反应的速率常数，例如，过氧化氢的解离（$H_2O_2 \longrightarrow OH\cdot+OH\cdot$）和过氧化氢自由基的解离（重组）（$H\cdot+O_2 \longrightarrow HO_2\cdot$），处于

或接近其高压极限。此外,在独特的超临界水环境下,水浓度受操作压力的影响很大,导致 $HO_2\cdot + H_2O \longrightarrow H_2O_2 + OH\cdot$ 支化反应的速率大大加快,并通过 $H_2O + H\cdot \longrightarrow H_2 + OH\cdot$ 促进了 H_2 的形成。

Brock 等[30]首次构建了详细化学反应动力学模型来描述 CH_4、CH_3OH、CO 和 H_2 的超临界水氧化,并在他们的模型中使用林德曼(Lindemann)模型来解释单分子反应的压力依赖性,改进了先前仅考虑少数反应的压力依赖性的模型[31]。阿伦尼乌斯图表明该模型与高温下的实验结果具有良好的一致性。然而,在所有情况下,模型预测的 H_2 浓度远低于实验值,而曲线形状非常相似。与 Holgate 等开发的模型[31]的良好预测相比,这可能是由于预测的诱导时间和动力学衰减常数的不准确的偶然组合造成的。Brock 等开发的模型[30]证实了该错误是由于模型的诱导时间短而引起的,而动力学衰减常数与实验结果保持高度一致。

2. 甲醇的详细化学反应动力学模型

Webley 等[35]比较了气相和超临界水中的甲醇氧化,发现在气相甲醇氧化中没有产生可测量的碳氢化合物。此外,他们认为水煤气变换反应导致了超临界水中氢气的产生,而 Bell 等[39]将氢气的形成归因于气相中的 $H\cdot + CH_3OH \longrightarrow H_2 + CH_2OH\cdot$ 反应。此外,Bell 等[39]发现,在 440 ℃时,水的加入有效地提高了甲醇的氧化速率,这可能是因为水吸附在容器表面,覆盖了氧分子的吸附位点并降低了链终止速率。上述结果表明,尽管自由基反应在气相和超临界水中均占主导地位,但反应机理仍有较大差异。

Brock 等[8]建立了超临界水中甲醇氧化的详细化学反应动力学模型,并确定了净速率最大的主要基本反应步骤,如图 3-6 所示。甲醇超临界水氧化中的一个共同主题是 $OH\cdot$ 攻击稳定的含碳分子(CH_3OH、CH_2O 和 CO)形成含碳自由基中间体。甲醇通过两条平行的途径被 $OH\cdot$ 消耗并转化为 CH_3O 或 CH_2OH,两者都通过氧化产生甲醛:CH_3O 自由基主要通过消除氢原子进行反应,而 CH_2OH 自由基主要与 O_2 反应。甲醛主要被 $OH\cdot$ 攻击形成 HCO 自由基,然后与 O_2 反应生成 CO。然后 CO 与 $OH\cdot$ 反应生成HOCO 自由基,HOCO 与 O_2 进一步结合生成 CO_2。

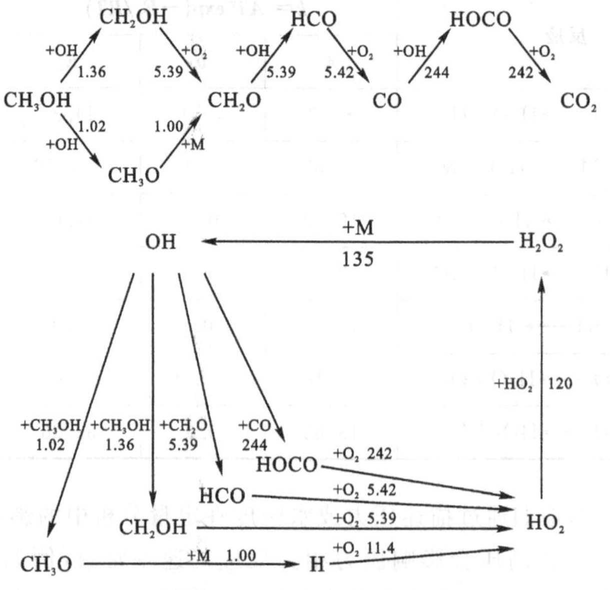

图 3-6　甲醇超临界水氧化的主要基本反应步骤[8]

此外，还进行了敏感性分析，以确定对反应产物和中间体浓度影响最大的 8 个反应，如表 3-6 所示。分析结果表明，进一步的 H_2O_2 分解、HO_2 · 自动反应和 HO_2 · + CH_3OH反应(特别是在高压下)的基本反应研究可能进一步提高详细化学反应动力学模型的预测能力。为了将详细化学反应动力学模型应用于超临界水氧化反应器工程研究，Brock 等[8]通过净速率分析和敏感性分析，将先前包含 151 个反应和 22 种物质的甲醇氧化机理简化为仅包含 17 个反应和 14 种物质的机理[25]。简化模型的预测与特定区域内完整详细化学反应动力学模型的预测基本上无法区分。

表 3-6　具有最大归一化灵敏度系数的反应[8]

序号	反应	灵敏度系数			
		CH_3OH	CH_2O	CO	CO_2
1	$CH_3OH+OH \longrightarrow H_2O+CH_2OH$	−0.101	0.313	0.106	−0.131
2	$CH_3OH+OH \longrightarrow H_2O+CH_3O$	−0.074	0.210	0.091	−0.052
3	$CH_3OH+HO_2 \longrightarrow H_2O_2+CH_2OH$	−0.224	0.017	0.773	1.47
4	$CH_2O+OH \longrightarrow H_2O+HCO$	0.106	−0.535	0.111	−0.151
5	$CH_2O+HO_2 \longrightarrow H_2O_2+HCO$	−0.205	−0.106	0.819	1.50
6	$HO_2+HO_2 \longrightarrow H_2O_2+O_2$	0.394	0.036	−1.42	−2.74
7	$H_2O_2(+M) \longrightarrow OH+OH(+M)$	−0.797	0.042	2.77	5.31
8	$OH+H_2O_2 \longrightarrow HO_2+H_2O$	−0.463	0.013	1.62	3.10

随后的研究进一步提高了详细化学反应动力学模型的预测能力。Henrikson 等[40]根据 Brock 等[8]提出的甲醇详细化学反应动力学模型更新了动力学参数和热力学数据，以分析水密度对氧化动力学的影响，这很好地再现了由于水密度增加而导致反应速率增加的实验现象。由于 OH · 与甲醇的反应是去除甲醇最快的反应步骤，因此水密度的增加提高了生成 OH · 的反应速率($H·+H_2O = OH·+H_2$，$CH_3·+H_2O = OH·+CH_4$)。因此，OH · 浓度随着水密度的增加而增加，从而导致降解反应速率的增加。

Fujii 等[41]结合实验及 Henrikson 等[40]改进的甲醇详细化学反应动力学模型，研究了密度对温度为 420 ℃、压力为 34～100 MPa 条件下甲醇氧化的影响。与 Henrikson 等的研究不同，甲醇浓度和 OH · 生成速率对水密度的敏感性系数表明，在高压下生成 OH · 的反应速率($HO_2·+H_2O = OH·+H_2O_2$)加快，进而促进甲醇的分解。敏感性分析的差异是由他们研究的不同水密度范围造成的。Fujii 等实验条件下的水密度为 $(3.0～6.6)\times10^2$ kg/m³，高于 Henrikson 等实验中的 1.0×10^2 kg/m³。此外，Fujii 等分析了扩散限制对高水密度下反应的影响。与苯酚的超临界氧化过程会在一定程度上受到的扩散影响相比，虽然甲醇超临界氧化过程中的两个反应($CH_2O+H· \longrightarrow CH_2OH$，$H·+O_2(+M) \longrightarrow HO_2·$)会受到扩散限制的强烈影响，但对甲醇超临界氧化的整体反应基本上没有影响。

3.3 超临界水氧化技术降解有机污染物的效果影响因素

3.3.1 状态参数的影响

1. 反应温度的影响

研究表明，反应温度的升高对有机物的去除具有积极的影响，随着反应温度升高，COD 或 TOC 的降解效率显著提高[22,42-44]。产生这些结果的原因可以分为三个方面：首先，温度的升高可以增加活化分子(如 OH·)的百分比，并增强活化分子(如 OH·和R·)之间的有效碰撞，从而提高反应速率；其次，对于具有较高活化能的难降解有机物或中间产物，提高反应温度甚至可以突破这些物质的活化能屏障，从而导致有机物质的有效去除[45]。Chen 等[46]指出，苯胺和硝基苯只有在反应温度分别达到 600 ℃和 650 ℃时，才能达到 90%以上的去除率；最后，反应温度的升高也会对反应速率产生负面影响，因为在固定的反应压力下，水的密度会降低，这会降低反应物的浓度，导致反应速率降低[42]。尽管如此，反应温度的正效应相比负效应仍占主导地位，较高的温度有助于有机物的降解。

Gong 等[22]发现，在氧化系数为 2、反应压力为 25 MPa 的条件下，当反应温度从 400 ℃升高到 600 ℃时，喹唑啉的 TOC 去除率则从 91.4%提高到 96.2%，更高的温度有利于产生更少的 CO 和更多的 CO_2，如图 3-7 所示。在 600 ℃时，CO_2的最大产率(8.55 mol/mol)似乎接近一个恒定值。Zhou 等[47]也获得了类似的结果，他探索了铜络合物乙二胺四乙酸(Cu(Ⅱ)-EDTA)的超临界水氧化，发现较高的温度能够提高 TOC 的转化率(420 ℃时为 77.4%、500 ℃时为 99.0%)，并可以通过提高 CO 的氧化速率和改变反应途径来减少 CO 的生成。

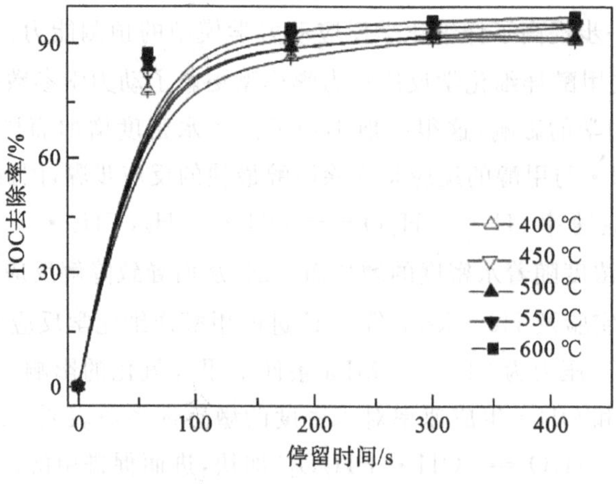

图 3-7 反应温度对喹唑啉 TOC 去除率的影响[22]

此外，Ren 等[48]研究表明，超临界水氧化反应可以在较高温度下提前启动，当反应压力为 25 MPa、氧化系数为 1 时，在 480 ℃和 510 ℃下 CO_2的产率较高，而在 420 ℃和 450 ℃条件下，2 min 内 CO_2 的产率均小于 10%，如图 3-8 所示。Yang 等[49]研究了温度对 44 种含氮化合物(包括氨基、硝基、氮杂原子、重氮和混合基有机物)的影响，发现随着温度从 350 ℃升高到 500 ℃，TOC 去除率急剧增加，数据范围为 80%～100%，500 ℃后保持稳定。此外，重氮有机物的 TOC 去除率最高，因为它容易受到 OH· 的攻击。

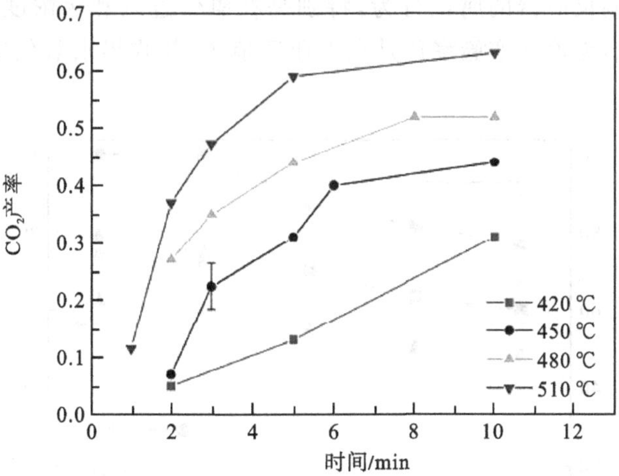

图 3-8　不同反应温度下喹啉超临界水氧化过程中 CO_2 产率随时间的变化趋势[48]

2. 反应压力的影响

在固定温度下，随着反应压力的升高，超临界水的密度迅速增加，水、氧化剂和有机物的浓度也相应增加，提高了反应速率常数，在一定程度上提高了有机物的降解效果[50]。而超临界水的介电常数随压力的增大而增大，导致有机物在反应环境中的溶解度降低，反应速率略有抑制[51]。如图 3-9 所示，在反应时间为 300 s、氧化系数为 2 的条件下，当温度为 500 ℃时，随着压力的升高，TOC 浓度先升高后下降，当温度为 600 ℃时 TOC 浓度也呈现相似的变化趋势。

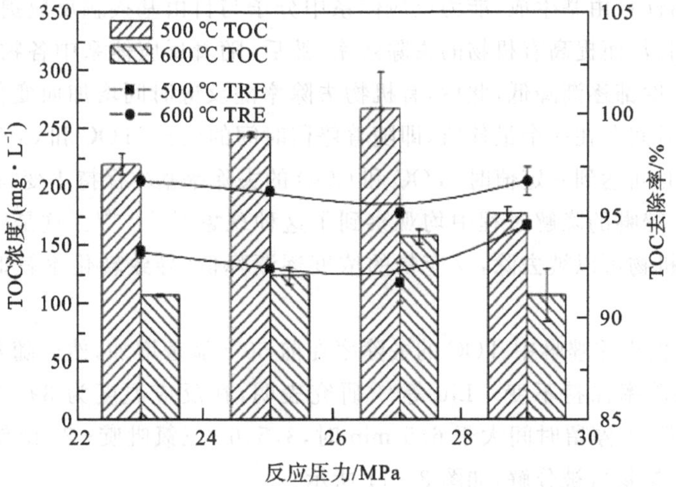

图 3-9　反应压力对喹唑啉 TOC 浓度和去除率的影响[22]

如图 3-10 所示，当反应温度为 450 ℃、反应时间为 3 min 时，反应压力升高，2-NA、3-NA、4-NA 的 TOC 去除率先增加后逐渐不变。Cui 等[52]也获得了类似的结果。与反应压力相比，反应温度对有机物质在超临界水氧化过程中的处理具有更显著的影响，在超临界状态下，温度是决定水的物理性质特别是扩散系数和黏度的主要因素，而压力的影响则不明显。此外，高压不仅会增大反应器壁厚，增加昂贵材料的投资成本，而且还会加剧反应器的腐蚀行为，特别是在氧气过剩和氯浓度高的情况下，会增加泵的能耗。因此，无论在实验室还是在工业环境中，超临界水氧化反应的压力始终保持在 25 MPa 左右。

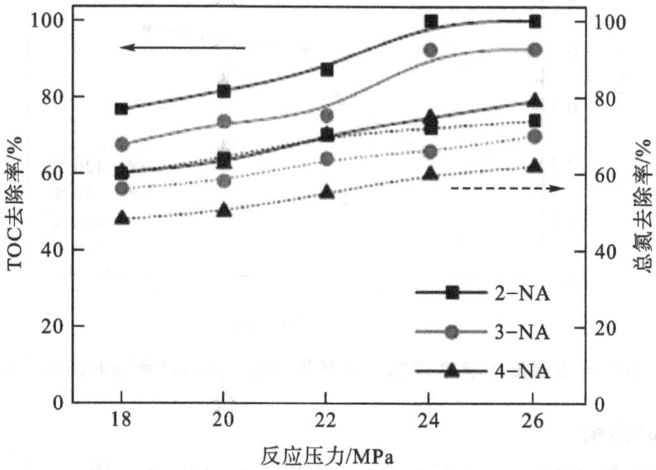

图 3-10　反应压力对 2-硝基苯酚(2-NA)、3-硝基苯酚(3-NA)、4-硝基苯酚(4-NA)降解的影响[44]

3.3.2　停留时间的影响

停留时间是超临界水氧化工艺中的另一个关键操作参数，在连续式超临界水氧化系统中，其决定了连续实验系统中管式反应器的长度。延长停留时间，有利于反应传质过程，同时，更多活性自由基生成，能为反应体系中分子与自由基接触反应提供更多机会，提高有效接触时间，从而提高有机物的去除效率，然后，随着反应体系中各物质不断消耗，有机物与氧化剂浓度都逐渐降低，此后，有机物去除率随反应时间增加而变化缓慢。与氧化系数一样，停留时间存在一个最佳值，即随着停留时间的延长，TOC 和 COD 的去除率显著提高，但当停留时间达到一定值时，TOC 和 COD 的去除率基本保持不变；在苯胺、硝基苯、对硝基苯酚或喹唑啉的降解过程中均观察到了这种现象[22,42,45-46]。这是因为随着反应的进行，大多数有机物可以被去除，反应物的浓度逐渐降低，导致转化率较低的终止步骤成为主导[53]。

Gong 等[22]发现喹唑啉中 TOC 的去除率在前 60 s 显著增加，然后随着停留时间的继续增加，TOC 去除率保持不变。Liu 等[54]研究表明，在反应温度为 390 ℃、反应压力为 25 MPa的条件下，当停留时间大于 6.5 min 时，3,5,6-三氯吡啶-2-醇钠的降解不受影响，99.14%的有机物可被分解，如图 3-11 所示。

此外，在 2-硝基苯酚的超临界水氧化过程中，在反应温度为 450 ℃、反应压力为 24 MPa的条件下，当停留时间从 1 min 增加到 3 min 时，TOC 去除率提高约 35%，6 min 时可达到 100%的降解率，如图 3-12 所示。Yang 等[44]指出硝基苯酚的降解率在 4.5 min 后趋于稳定，Dong 等[42]建议对硝基苯酚在 400 ℃下的停留时间设定为 6 s。

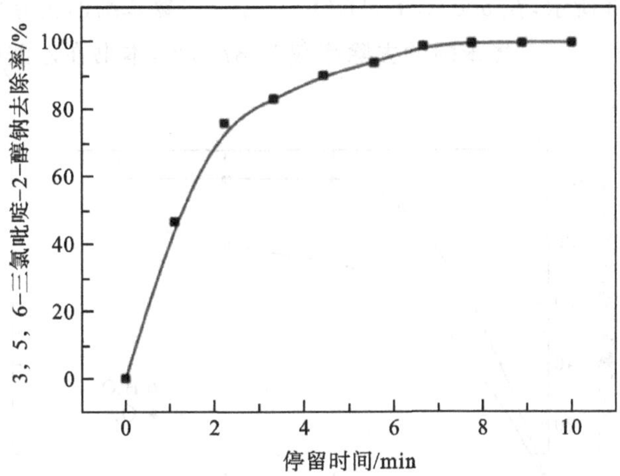

图 3－11　停留时间对 3,5,6－三氯吡啶－2－醇钠的降解影响[54]

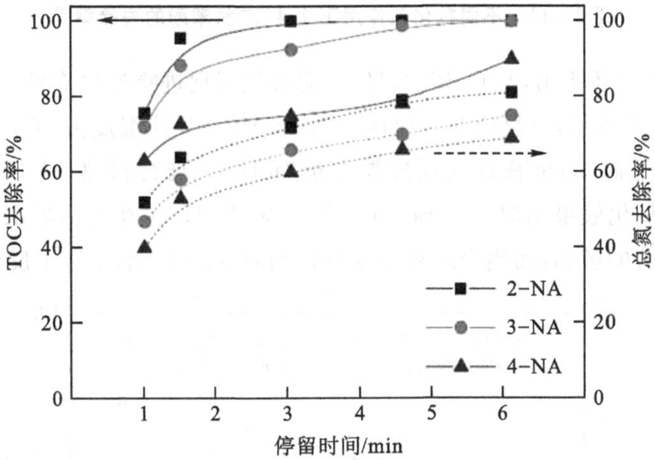

图 3－12　停留时间对 2－硝基苯酚(2－NA)、3－硝基苯酚(3－NA)、4－硝基苯酚(4－NA)降解的影响[44]

3.3.3　氧化剂的影响

1. 氧化剂种类的影响

超临界水氧化环境中处理含氮有机物常用的氧化剂主要是 O_2 和 H_2O_2，它们通过不同的吸氢步骤产生 OH·。O_2 首先与有机物反应生成 HO_2·，再与有机物反应生成 H_2O_2，然后生成 OH·，而 H_2O_2 可以通过热分解直接生成 OH·[55-56]。

然而，O_2 和 H_2O_2 对有机物降解和反应速率的影响与预处理方法有关，这意味着应将 H_2O_2 区分为 O_2 的来源或超临界水氧化条件下的主要氧化剂[57]。例如，当 H_2O_2 或 O_2 与有机物在常温下直接混合，混合溶液一起预热到超临界状态时，H_2O_2 具有更为活跃的氧化特性，对有机物的去除率高于 O_2。这是因为 H_2O_2 更容易引发被认为是限速步骤的氢提取反应，并且通过分解生成 OH·，可以比 O_2 消耗更少的能量，从而绕过了相对反应速率较低的有机物与 O_2、HO_2·之间的反应步骤。同时，在达到超临界温度之前，O_2 和有机物之间存在传质阻力，而 H_2O_2 溶液则比气态氧更容易在初始状态下与反应物均匀混合[48,56]。如图 3-13 所示，在 500 ℃下，H_2O_2对 2,4-二氯苯酚的去除率为 99.9995%，而在相同条件下，O_2对 2,4-二氯苯酚的去除率仅为 87.6%，本书在乙酸的氧化过程中也得到了同样的结果[55]。

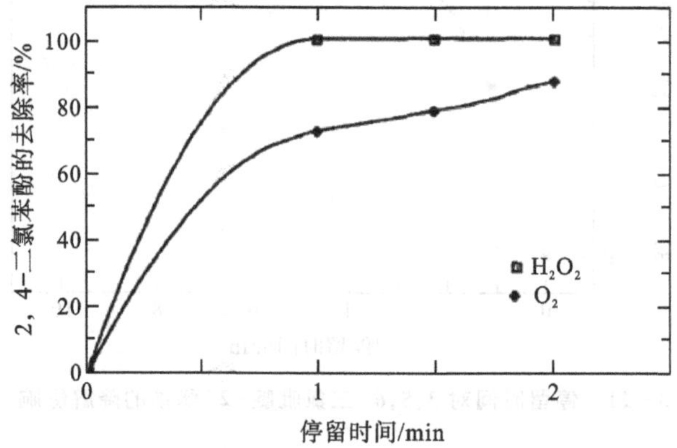

图 3-13　不同氧化剂作用下 2,4-二氯苯酚的去除率[55]

此外，Ren 等[48]还指出，与 O_2 相比，H_2O_2 能够强烈促进喹啉超临界水氧化过程中 CO_2 的形成，如图 3-14 所示，该反应在反应压力为 25 MPa、反应温度为 480 ℃、氧化系数为 1 的条件下进行。然而，如果在进入反应器之前对 H_2O_2 进行预热，H_2O_2 将分解为 O_2 和 H_2O，则与 O_2 的氧化效果相似[57]。Bourhis 等[58]发现，H_2O_2 在超临界水氧化初期对有机物的处理有更显著的影响，而当介质环境变得均匀时，O_2 的影响主导了反应速率。

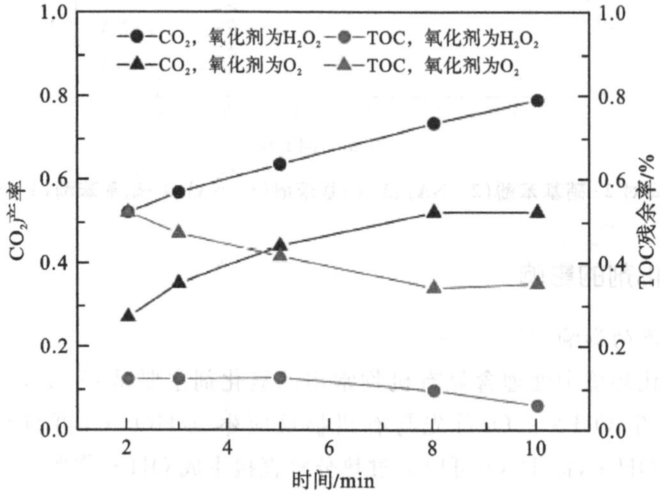

图 3-14　喹啉超临界水氧化过程中不同种类氧化剂对 CO_2 产率和 TOC 残余率的影响[48]

2. 氧化系数的影响

为保证有机物能够充分地进行超临界水氧化反应，通常需添加过量的氧化剂。采用氧化系数 K 来表征系统中的氧浓度。氧化系数 K 为实际添加氧气的量与理论需氧量之比。适当提高氧化系数可以显著地提高有机物的处理效果，但与反应温度不同的是，过量的氧化剂浓度不会促进有机物的进一步降解，只能使其去除效率保持稳定。因此，存在一个降解有机物的最佳氧化剂浓度值[22,41,45]。这是因为 OH・的量会随着氧化剂浓度的增加而增加，从而加快反应速度。然而，较高浓度的 OH・会消耗 H_2O_2，并产生活性相对较低的 HO_2・，这被认为是与有机物的竞争反应。此外，过量的氧化剂也会大大增加泵或压缩机的能耗。Chang 等[45]建议采用 3 倍氧化系数处理 2,4,6 -三硝基甲苯（TNT），Ma 等[43]指出需要 2.3 倍的化学计量氧才能更好地去除苯胺。

此外，Gong 等[22]表明，即使氧化剂浓度较低时，增加氧化系数也会强烈影响喹唑啉的降解，当反应时间为 300 s、反应压力为 25 MPa、氧化系数为 4 时，其 TOC 的去除率为 97.2%，如图 3 - 15 所示，而化学计量氧的去除率仅为 80.0%。当氧化系数大于 2 时，增加量开始趋于稳定，同时，较高的氧化剂浓度也能抑制物料在预热过程中的结焦。Liu 等[54]指出，较高的 H_2O_2 浓度可显著提高 3,5,6 -三氯吡啶- 2 -醇钠的处理效果，且当 H_2O_2 质量分数为 1%时，去除率几乎达到 100%。

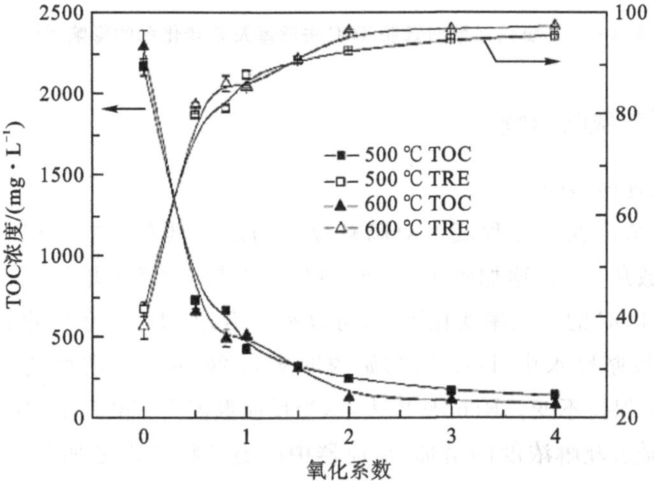

图 3 - 15　氧化系数对喹唑啉 TOC 去除率的影响[22]

此外，Ma 等[43]表示苯胺的降解在很大程度上取决于氧化系数；在反应温度为 500 ℃、反应压力为 25 MPa、反应时间为 1.63 min 的条件下，当氧化系数从 1.1 提高到 2.3 时，TOC 的去除率可提高 6%左右，CO_2 的产率大大提高，如图 3 - 16 所示。Ren 等[48]也得到了类似的结果，他们发现增加 H_2O_2 的浓度显著提高了喹啉的转化率。此外，Al-Duri 等[59]发现，即使氧化系数为 2，通过增加氧化系数，TOC 去除率也可以稳步提高，但提高效果不如提高反应温度的效果显著。Shin 等[13]发现，氧化剂浓度过高时，继续增加氧化剂浓度，对 TOC 去除率的影响不大。

此外，氧化剂与有机物的混合方式也会影响超临界水氧化反应的速率。选择合适的混合器可以提高混合强度和速率，缩短自由基反应的诱导时间。Phenix 等[57]证明了氧化动力学与混合效率有关，当使用安装在小嵌件中的混合十字将充分发展的湍流区域中的氧化剂和有机物混合时，自由基反应的诱导时间可从 3.2 s 减少到 0.7 s。

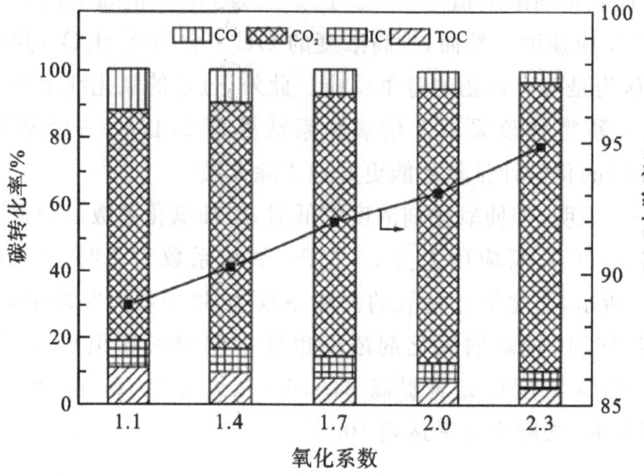

图 3-16　氧化系数对苯胺 TOC 去除率及碳转化率的影响[43]

3.3.4　物料参数的影响

1. 初始物料浓度的影响

有机物的初始浓度在一定程度上对降解效率的影响具有正向作用[60]。Ma 等[43]指出，当苯胺质量分数从 0.5%增加到 1.0%时，TOC 的破坏效率可增加 7.4%，但如果其浓度进一步增加，则 TOC 的去除率变化不大，可以忽略不计。Shin 等[13]也得出了类似的结论，他们认为当丙烯腈废水中 TOC 的初始浓度从 0.26 mol/L 增加到 2.10 mol/L 时，TOC 的去除率几乎保持不变。Ren 等[48]表示，当反应温度为 450 ℃、反应压力为25 MPa、氧化系数为 1 时，随着喹啉浓度的增加，反应器中的温升将变得更加急剧，当质量分数达到 8%时出现温度峰值，如图 3-17 所示。

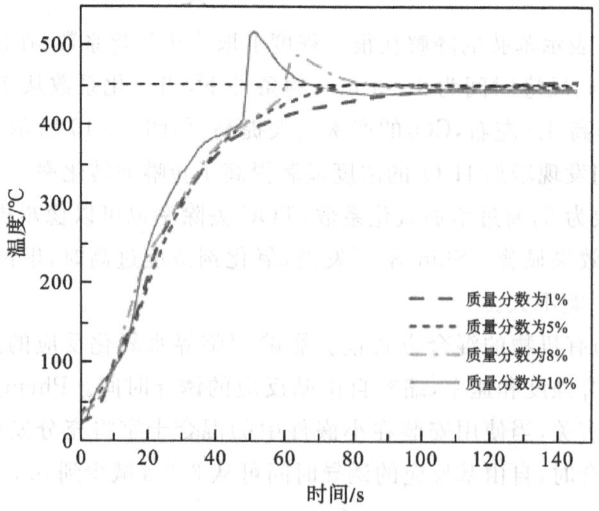

图 3-17　不同初始喹啉浓度反应器内温度随时间的变化趋势[48]

使用质量分数为 10%的喹啉可获得大于 100 ℃的温升，从而导致喹啉转化率和 CO_2

产率的改善，如图 3-18 所示。本书认为，有机物浓度越高，释放的热量越多，反应器内的温度升高越明显，从而促进了 OH· 的生成，加快了反应速率。即便如此，与反应温度、氧化系数和停留时间对有机物降解的显著影响相比，有机物初始浓度的变化影响不明显[61]。

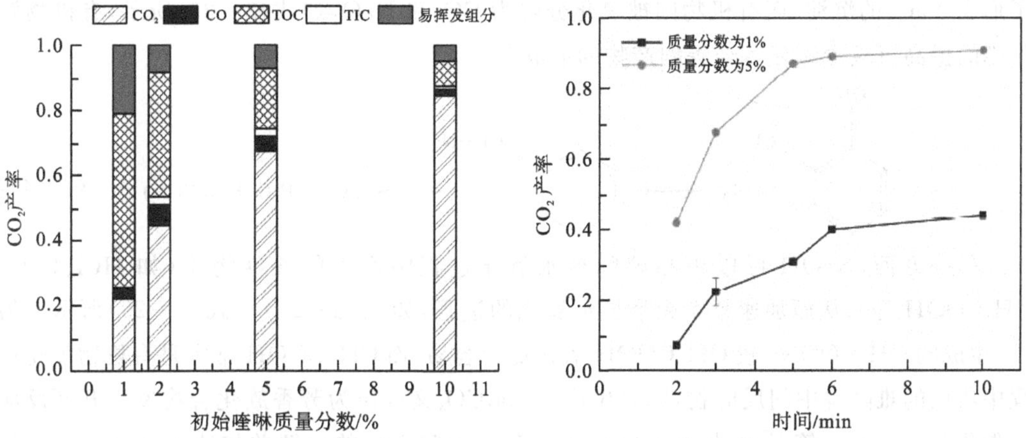

(a) 初始喹啉浓度对产物分布的影响　　(b) CO_2产率随时间的变化

图 3-18　初始喹啉浓度对产物分布及 CO_2 产率随时间变化的影响[48]

2. 初始物料 pH 值的影响

通常通过在初始物料中加入酸（HCl、H_2SO_4）或碱（NaOH、KOH）来调节物料的初始 pH 值。公彦猛等[62]通过在渗滤液中添加稀 H_2SO_4 和 NaOH 溶液，改变渗滤液的 pH，考察 pH（分别为 4.12、5.21、6.56 和 8.05）在反应温度为 600 ℃、压力为 25 MPa、反应时间为 600 s 的条件下对 TOC 和 NH_4-N 的降解的影响，如图 3-19 所示。从图中可以看出，随着 pH 的增加，TOC 去除率和 NH_4-N 去除率都有上升的趋势。当氧化系数为 2，pH 由 4.12 上升到 8.05 时，TOC 去除率由 85.85%增加到 92.74%，与此同时 NH_4-N 去除率由 32.43%增加到 46.57%。这表明在超临界水氧化的条件下，NaOH 的加入更有利于有机物和 NH_4-N 的降解。

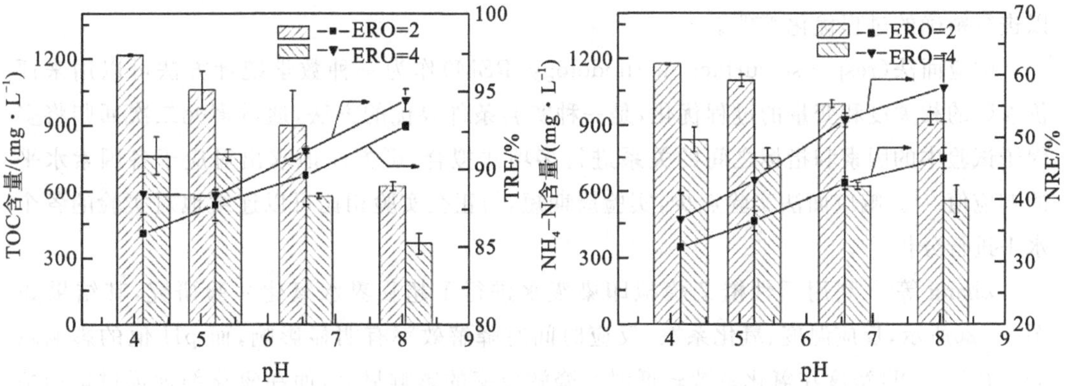

(a) TOC降解　　(b) NH_4-N降解

图 3-19　不同 pH 对 TOC 和 NH_4-N 降解的影响[62]

当在反应物料中加入 NaOH 时，NaOH 可以在水中分解成 OH^- 和 Na^+，这两种离子都会促进有机物的超临界水氧化反应。由于盐在超临界水中的溶解度极低，Na^+ 等金属离子可以与有机物（如 2 -氯苯酚）中的氯原子形成具有离子偶极键的中间产物，并夺取氯原子形成 NaCl 的沉淀，而有机物则被氧化分解为 CO_2 和 H_2O，如式（3 - 26）所示，有机物转化率的提高可减少多环芳烃等副产物的形成[63]。

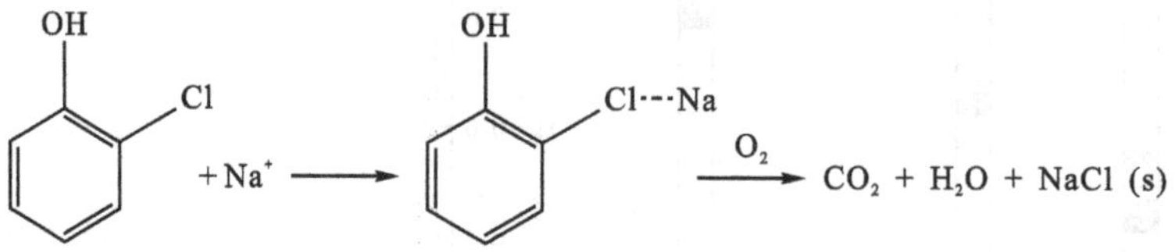

（3 - 26）

另一方面，NaOH 可以中和超临界水氧化过程中产生的酸性物质（如 HCl、CO_2、CH_3COOH 等），从而加速整个超临界水氧化的进程，如式（3 - 27）～式（3 - 29）所示。另外，生成的 CH_3COONa 较 CH_3COOH 氧化更为容易，而 CH_3COOH 常常是有机物氧化过程中典型的难降解中间反应物，同时生成的 Na_2CO_3 又可作为芳香族化合物发生开环反应的催化剂[64]。Lee 等[10]认为 NaOH 促进了苯酚中间产物的分解并加速了开环产物的生成。此外，他们认为超临界水中同样有离子反应，OH^- 可以作为亲核试剂，可与 2 -氯苯酚发生取代反应或消除反应生成邻二苯酚、对二苯酚或其他开环产物。

$$CH_3COOH + NaOH \longrightarrow CH_3COONa + H_2O \quad (3-27)$$

$$2CH_3COONa + 4O_2 \longrightarrow 3CO_2 + 3H_2O + Na_2CO_3 \quad (3-28)$$

$$CO_2 + 2NaOH \longrightarrow Na_2CO_3 + H_2O \quad (3-29)$$

3.3.5 多参数耦合的影响

大量的超临界水氧化研究表明氧化反应速率敏感于很多变量，如温度、氧化系数、反应时间、反应物浓度和溶液初始 pH 值[65-67]。这些参数显著地影响着氧化效率，所以有必要进行相应的优化。然而，这些独立的参数之间是相互影响的，不能直接地进行过程优化。已经应用于很多研究中的单因素实验手段（改变一个因素，保持其他因素恒定）不足以进行精确的过程优化[68-70]。

响应面法（response surface methodology，RSM）作为一种数学统计方法可以用来评价参数的相关度和变量的过程优化，是一种实验条件寻优的方法，通过多元二次回归将多因子试验中的因素和指标之间的关系进行多项式拟合，可方便地求出对应于各因素水平的响应值[71]。响应面法实验点少，实验周期短，与正交实验相比可以连续地对实验的各个水平进行分析[72]。

Zhang 等[73]利用活性橙 7 模拟印染废水进行了超临界水氧化实验研究，其结果如图 3 - 20所示，反应温度、氧化系数、反应时间对降解效率有明显影响，而 pH 值的影响较弱。初始 COD 浓度在氧化系数较低时对降解效率的影响显著，而在氧化剂远远过量的情况下影响很小。

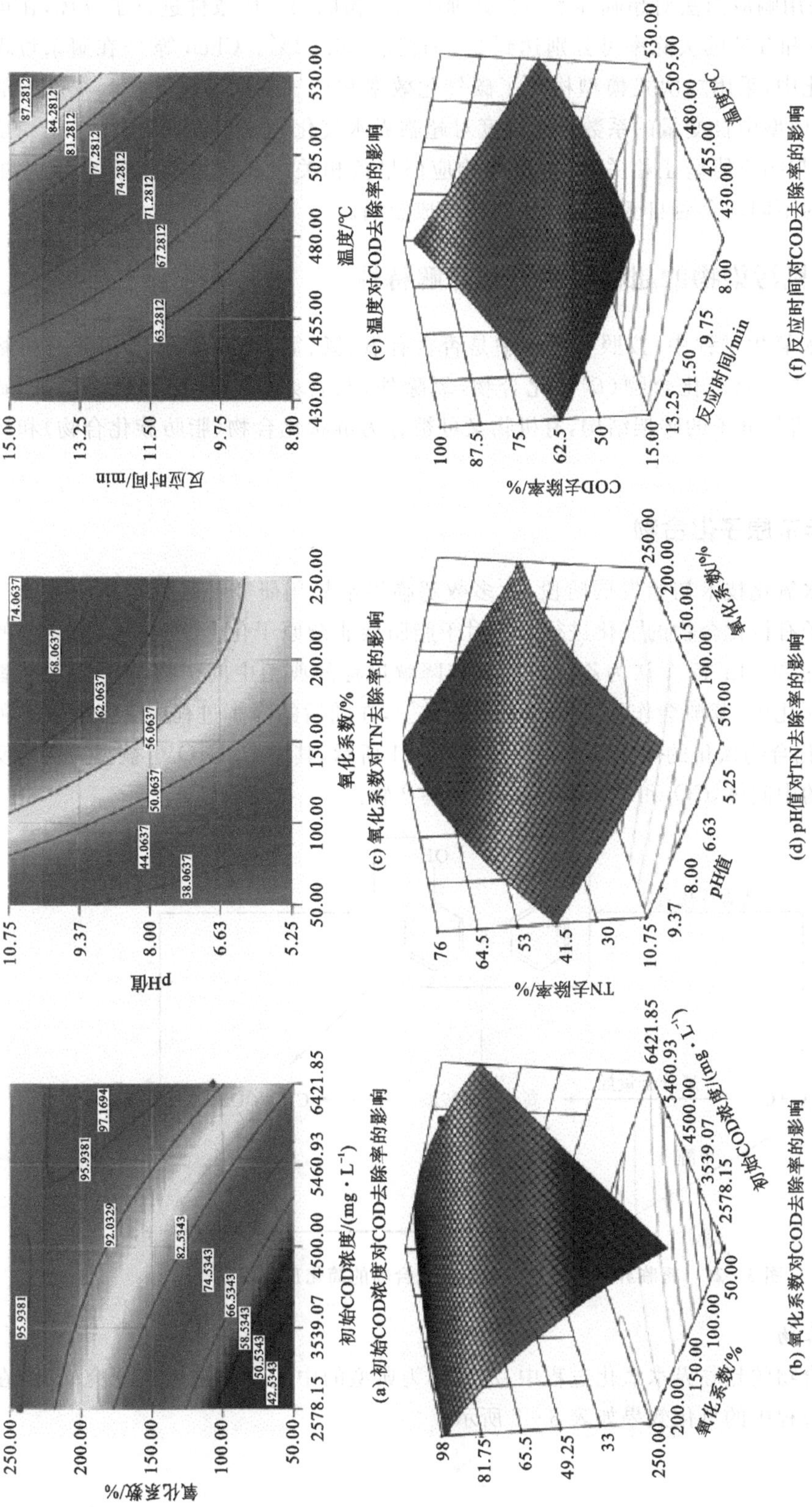

(a) 初始COD浓度对COD去除率的影响

(b) 氧化系数对COD去除率的影响

(c) 氧化系数对TN去除率的影响

(d) pH值对TN去除率的影响

(e) 温度对COD去除率的影响

(f) 反应时间对COD去除率的影响

图3-20　等高线和响应面图

彩图

Xu 等[74]采用响应面法对超临界水氧化处理阴离子树脂的反应条件进行了寻优，在最佳条件下，COD 和 TN 的去除率可分别达到 99.91%和 36.02%。Chen 等[75]在厨余垃圾的超临界水气化中，采用二次式模型构建了碳气化效率和产气率同温度、时间、浓度间的定量关系，根据模型中自变量的系数得知温度对超临界水气化影响最大，其次是时间和浓度，温度和时间与响应值呈正相关，而浓度与响应值呈负相关。其认为操作条件、反应配置和原料类型的不同均会对自变量的作用趋势造成影响。

3.4 典型有机污染物的超临界水氧化降解特性

在超临界水氧化过程中，按照有机物中是否含有氧、氮、氯、硫等杂原子，可将有机物质分为两大类，非杂原子化合物（碳氢化合物，氧除外）与含杂原子化合物（含氮、氯、硫等）。而根据有机物分子的碳架结构，有机物又可被分为链状化合物（脂肪族化合物）和环状化合物。

3.4.1 非杂原子化合物

在超临界水氧化技术初始发展阶段，大多数超临界水氧化研究都是针对脂肪族或芳香族的非杂原子有机化合物的氧化进行的。对于脂肪族非杂原子化合物（碳氢化合物）的超临界水氧化过程，Li 等[56]认为乙酸是脂肪族降解过程的典型中间产物[26]。而在芳香族的超临界水氧化中，苯酚会作为中间产物产生[76-78]，在随后的降解过程中会降解成各种羧酸[79]。碳氢化合物氧化的简化反应网络如图 3-21 所示，其中 $C_mH_nO_r$ 可被视为初始反应物或不稳定的中间体，CO_2 和 H_2O 则是氧化最终产物。

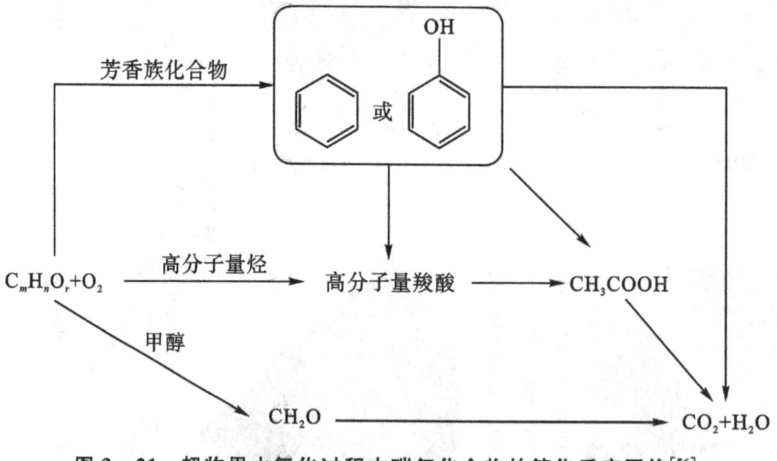

图 3-21 超临界水氧化过程中碳氢化合物的简化反应网络[56]

1. 链状化合物

在链状化合物的超临界水氧化过程中，乙酸作为典型的中间产物被广泛研究，乙酸在超临界水氧化过程中的氧化效果如表 3-7 所示。

表 3-7　乙酸的超临界水氧化降解效果

反应物	氧化剂	反应温度/℃	反应压力/MPa	氧化系数	停留时间	去除率/%
乙酸	O_2	500	24	3	30 min	64.3
乙酸	H_2O_2	500	24	3	30 min	97.7
乙酸	O_2	450	25	6	15 min	63.9
乙酸	H_2O_2	450	25	6	15 min	97.8
乙酸	O_2	380	25	—	30 min	28
乙酸	O_2	550	26.3	11.2	5.9 s	92.5
乙酸	O_2、MnO_2	380	30	3.75	—	97

Lee 等[55]研究了在间歇式反应器中使用 H_2O_2 和 O_2 分别作为氧化剂来氧化乙酸。研究表明，随着反应温度和停留时间的增加，在反应的早期阶段乙酸快速转化。并且由于 H_2O_2通过简单的热分解生成 OH·自由基，使得 H_2O_2 比 O_2 对乙酸的降解效果更有效。例如，在反应温度为 400 ℃、停留时间为 5 min 的情况下，H_2O_2 比 O_2 的氧化效率高 8 倍；在温度为 500 ℃、停留时间为 10 min 时，使用 H_2O_2 氧化剂获得 97.5%的乙酸去除率，而在相同的反应温度下，在反应时间为 30 min 时，使用 O_2 作为氧化剂仅达到 64.3%的乙酸转化率。

Aymonier 等[80]在绝热管式反应器中，在初始反应温度为 400 ℃、反应压力为 25 MPa、停留时间为 26.4 s、乙酸初始质量分数为 3.92%时，可以获得 98.4%的乙酸转化率。同时，本书发现，较高的乙酸浓度通过反应放热可以产生高于初始温度的实际反应温度，从而进一步提升了乙酸的转化过程。

2. 环状化合物

环状化合物又分为脂环化合物和芳香化合物，芳香族化合物由于在工业废水中的丰富存在，在超临界水氧化处理技术中受到广泛关注。研究表明，在芳香族化合物超临界水氧化的过程中，苯酚会作为中间产物生成。因此，了解苯酚的氧化路径至关重要。

Pérez 等[81]在中试规模的超临界水氧化系统中研究了高浓度苯酚的氧化，发现在温度为 429～505 ℃、压力为 25 MPa、氧气过量(0～34%)的条件下处理约 40 s，苯酚的破坏率会从 94%增加到 99.98%，TOC 的去除率则从 75%增加到 99.77%，显然 TOC 的去除率低于苯酚的破坏率，表明苯酚反应过程中生成了其他有机物。Matsumura 等[82]分析了苯酚浓度对恒定氧含量下反应中间体的影响，发现反应产物分布随苯酚初始浓度的变化而变化，同时，在高浓度苯酚中观察到了焦油物质产生，这可能是因为苯酚初始浓度不影响最初的苯酚分解反应，而影响随后的自由基反应，高浓度苯酚加速了芳香族化合物之间的加成反应。

此外，Guan 等[83]还研究了酚类超临界水部分氧化(supercritical water partial oxidation, SCWPO)的反应途径。开发了在温度为 450 ℃、压力为 24 MPa 的条件下部分氧化苯酚的途径和动力学模型，其中包括 9 个反应路径和 8 个动力学方程。图 3-22 描绘了苯酚部分氧化的四种主要反应，包括苯酚氧化（二聚和开环）、酸氧化、酸气化、气态产物的相互转化。

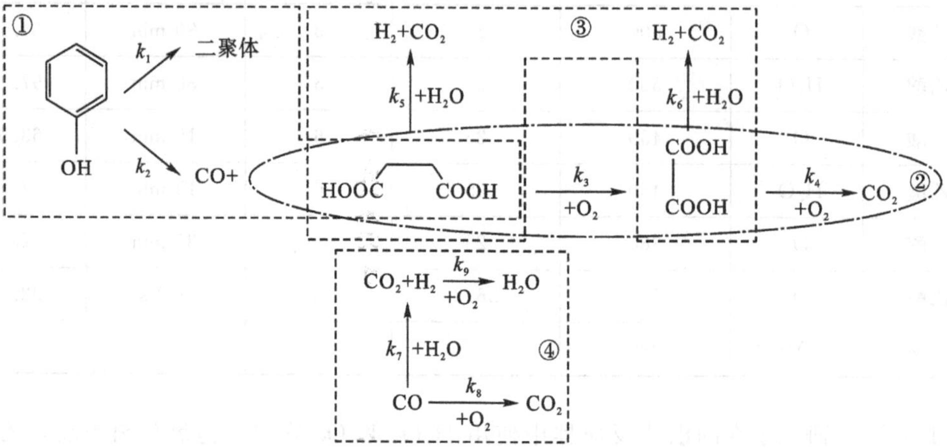

图 3-22　苯酚在超临界水氧化过程中部分反应路径[83]

动力学模型很好地呈现了实验结果，并且对气体流出物的组成有很好的预测。值得注意的是，二聚体形成的速率常数（k_1）非常小，表明苯酚在 O_2 的存在下几乎没有转化为二聚体。当 O_2 是限制因素时，模型显示苯酚的不完全破坏。一方面，较低浓度的 O_2 导致酸和气体的氧化速率降低，导致酸气化和水煤气变换反应占主导地位。另一方面，较高浓度的 O_2 导致酸和 CO 的氧化占主导地位。

Gopalan 等[84-85]研究了苯酚在 380～480 ℃的降解动力学，发现反应产物分为二聚体、气体和包括开环反应产物的剩余物，并开发了一个描述苯酚转化为这些产品组的全局反应网络，如图 3-23 所示。网络中的步骤：苯酚形成二聚体和开环等产物的平行氧化路径，二聚体二次分解成开环和其他产物，以及开环和其他产物氧化成碳氧化物。同时实验产物产率用于确定网络中每个步骤的反应顺序和速率常数的最佳值，该定量反应模型表明二聚化是苯酚消耗的主要途径。高温和较长的停留时间降低了反应器流出物中二聚体的浓度并使气体产量最大化，高氧浓度也增加了气体产量。

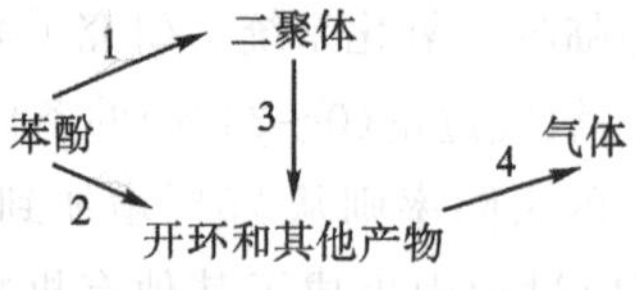

图 3-23　苯酚的超临界水氧化反应路径

3.4.2　含杂原子化合物

可见，超临界水氧化技术非常适用于处理碳氢化合物，其最终产物为 CO_2 和 H_2O。然而，杂原子如氯和硫的存在可能会影响工艺性能和适用性。超临界水氧化期间杂原子分解成相应的酸（如盐酸和硫酸），最终导致腐蚀，而用碱中和这些酸会形成盐（如氯化物和硫酸盐)并因此结垢。而含杂原子的有机物也广泛存在于生活和工业废水及污泥中,并且具有更大的腐蚀风险,因此通过超临界水氧化工艺对其进行检查,以评估该技术分解此类成分的能力至关重要。

1. 含氮杂原子化合物

1)含氮有机物

含氮化合物广泛存在于化工、石化、制药、食品、石油和军事等工业以及城市生活产生的废水及污泥中,由于其存在丰富而获得了广泛关注,在超临界水氧化过程中,了解氮杂原子的反应行为至关重要,以防止不需要的副产物产生。

目前研究较多的含氮有机物的超临界水氧化,主要分为含氨基基团有机物、含硝基基团有机物、含混合基团(氨基+硝基)有机物以及含氮杂原子有机物。

对于典型的含氮有机物如甲胺、苯胺、硝基苯、2,4-二硝基苯酚等,在 450～600 ℃的反应条件下,可快速实现高达 99.9%以上的 COD 去除率[13-14]。研究表明,在超临界水氧化过程中,甲胺[15]等氨基化合物及吡啶[16]等含氮杂环化合物中有机氮将先转化为中间产物氨氮,进而生成 N_2 和 N_2O。而对于硝基化合物如硝基苯[17]和 2-硝基苯酚[18],其含氮中间体主要为硝酸盐,氨氮含量较低。Lee 等[19]、Yang 等[18]分别在进行 4-硝基苯胺及 2-硝基苯胺的超临界水氧化时发现,硝酸盐与氨氮都大量存在于中间产物中,最终大部分转化为 N_2。可见,含氮有机物质在超临界水氧化过程中的产物具体取决于有机物中 N 原子的状态和位置、反应条件及催化剂或辅助燃料存在与否[86-90]。

Li 等[91]在湿式氧化反应的基础上,提出了具有代表性的含氮化合物有机污染物在超临界水氧化反应中的简化模型。并且通过实验证实,N_2 是含氮有机物氧化的最终产物,而 NH_3 通常是控制反应速率的中间产物。

同时,Killilea 等[92]发现,在适当的超临界水条件下,所有形式的氮(如氨、硝酸盐、亚硝酸盐和有机氮)都可以转化为 N_2 或 N_2O,而不是 NO_x,通过添加催化剂或提高反应温度,N_2O 可以进一步去除。图 3-24 显示了含氮化合物的降解路径,$C_mN_oH_nO_r$ 可被视为初始反应物或不稳定的中间体。

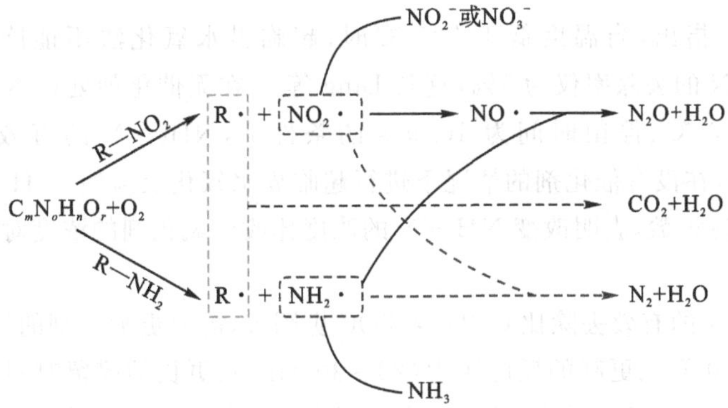

图 3-24　超临界水氧化过程中含氮有机物的简化反应网络[93]

2)氨氮

氨氮(NH_3-N),即水中以游离氨(NH_3)和铵离子(NH_4^+)形式存在的氮,是含氮有机物超临界水氧化过程中的中间产物。对于氨基有机物及含氮杂原子有机物,在超临界水氧化过程中生成的顽固 NH_3-N 的进一步降解是整个含氮化合物处理过程中的关键限速步骤[94]。因此，尽管 NH_3-N 的结构简单，但由于其难降解的特性，NH_3-N 在超临界水氧化过程中的去除引起了学者们的广泛兴趣。氨氮在超临界水氧化过程中的降解效果如表 3-8 所示。

表 3-8　氨氮在超临界水氧化过程中的降解效果

物质	温度/℃	压力/MPa	停留时间/s	氧化剂	NH_3-N 浓度/(mmol·L^{-1})	氧化剂浓度	NH_3-N 降解效率/%	参考文献
NH_3	680	24.58	10.9	O_2	2.73	2.50(mmol·L^{-1})	10.9	[97]
NH_3	531	24.58	9.5	O_2	2.58	3.52(mmol·L^{-1})	13.9	[97]
NH_3	680	24.58	15.7	O_2	4.37	1.53(mmol·L^{-1})	42.5	[97]
NH_3	450	27.6	0.55	O_2	0.86	30.9(mmol·L^{-1})	2.7	[96]
NH_3	541	24.6	13	O_2	4.57	6.99(mmol·L^{-1})	<1	[95]
NH_3	603	23.1	30.0	O_2	4.02	3.92(mmol·L^{-1})	51	[98]
NH_3	410	24.9	78	O_2	5.2	18.5(mmol·L^{-1})	<1	[99]
NH_3	677	24.2	2.5	H_2O_2	0.97	0.97 倍	11	[100]
NH_3	530	25	50	H_2O_2	2.9	41(mmol·L^{-1})	0.4	[38]
NH_3	450	24.7	0.2	H_2O_2	203	8.2(mmol·L^{-1})	20	[101]
NH_3	450	25	6	H_2O_2	10	1 倍	20	[102]
NH_3	407	42	29.5	空气	—	—	20.3	[103]
NH_3	480	26	—	H_2O_2	—	15 倍	<20	[104]

Helling 等[95]指出，当温度低于 525 ℃时，超临界水氧化法不能降解 NH_3-N，在 540 ℃时，NH_3-N 的去除率仅为 5%，这与 Ding 等[96]在无催化剂处理 NH_3-N 时的结果相似。即使在 680 ℃、停留时间为 10.9 s 的条件下，NH_3-N 的有效降解率也仅为 10.9%[97]。此外，在没有催化剂的情况下进行超临界水氧化反应时，NH_3-N 的反应级数高于氧化剂的反应级数，表明改变 NH_3-N 的浓度比改变氧化剂的浓度对 NH_3-N 处理的影响更大。

显然，NH_3-N 的有效去除比 COD 或 TOC 更困难，需要更加苛刻的反应条件，如更高的反应温度（>650 ℃）、更高的反应压力（28～30 MPa）、更长的停留时间（>10 min）和更多的氧化剂（超过 300～1000%）。然而，这些恶劣的条件无疑会扩大反应器的尺寸，增加对高温和耐腐蚀材料性能的要求。此外，氧化剂的补充量也将增加一倍，并需要额外的热源，从而导致高投资和运行成本，并在很大程度上降低系统的经济效益。因此，在相对温和的反应环境下实现 COD 和 NH_3-N 的协同去除对优化超临界水氧化工艺具有重要意义。

2. 含氯杂原子化合物

超临界水氧化过程中降解的含氯化合物主要有短链氯化物和多氯联苯(PCBs)。在短链氯化物的氧化中,氯仿是主要的中间体[56],而多氯联苯的降解是一个更复杂的途径。由于多氯联苯在常温常压下几乎不溶于水,因此需要甲醇和苯等有机溶剂将其输送到超临界水氧化反应器中[105]。同时,由于氯杂原子的存在,含氯化合物在超临界水氧化过程中可能会产生腐蚀性强的强酸,影响超临界水氧化的工艺性能和适用性。

Kim 等[106]采用 30 kg/h 的中试装置对多氯联苯污染的变压器油进行了多次实验,反应在 400～525 ℃范围内进行,在温度为 500 ℃、反应压力为 25.5 MPa、停留时间为 60 s、1.5 倍氧化系数的反应条件下,TOC 去除率达到 99.9%以上,同时,超临界水氧化处理后的产物中二噁英含量远低于环境检测标准,NO、NO_2和 NO_x的总浓度低于 5×10^{-6},未检测到 N_2O,产物不会产生二次污染。

Anitescu 等[107]比较了超临界水氧化工艺中甲醇和苯作为共溶剂对 4 -氯联苯反应产物的影响。与苯相比,甲醇能显著提高反应速率。当苯作为助溶剂时,包括有毒的二苯并呋喃在内的中间体数量显著增加且发生显著齐聚反应,而甲醇作为助溶剂在反应过程中可以产生毒性较小的产物,且抑制二苯并呋喃类和多氯联苯类物质的产生。超临界水氧化反应中多氯联苯的竞争反应路径如图 3 - 25 所示,含氯有机物在超临界水氧化过程中的最终产物为 CO_2、H_2O 和 HCl。

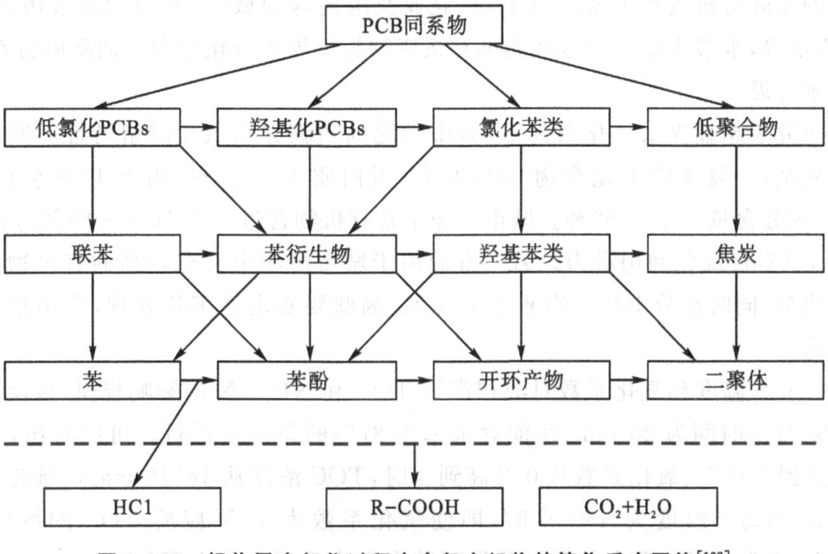

图 3 - 25　超临界水氧化过程中含氯有机物的简化反应网络[108]

由于含氯化合物在超临界水氧化过程中会生成对反应器材料腐蚀性强的氯离子,Fang 等[109]研究了 Na_2CO_3在十氯联苯(10 - CB)超临界水氧化过程中的作用,在温度为 450 ℃、压力为 31.8 MPa、停留时间为 20 min、过量氧(225%)的条件下,99.2%的 10 - CB 被破坏。然而,当不使用 Na_2CO_3 时,检测到 316 不锈钢材质反应器的严重腐蚀;在 Na_2CO_3存在时,当 O_2过量 93%时,10 - CB 的破坏率便增加到 99.7%,并且几乎没有观察到反应器的腐蚀,当使用 160%过量的 O_2时,10 - CB 被完全破坏。10 - CB在超临界水中氧化的反应途径:①10 - CB 被水解和初始氧化为低氯化 PCBs、苯和苯并呋喃;②分解产物的溶解和氧化；③溶解的低氯化苯、苯酚、乙酸和甲酸均相氧化，转化为 HCl 和 CO_2。而 HCl 要么与反应器壁反应形成腐蚀产物，要么与中和剂反应形成从溶液中沉淀出来的盐。

3. 含硫杂原子化合物

芥子气，即二氯二乙硫醚，主要用于有机合成、药物（可用于治疗某些过度增殖性疾病）及制造军用毒剂，并由于其在毒剂方面的广泛使用而声名狼藉。硫代二甘醇（TDG - $C_4H_{10}O_2S$）是芥子气水解期间的难降解顽固中间产物，并且具有和芥子气相同的 C—S 键布置和类似的密度。

因此，Veriansyah 等[110]研究了超临界水中硫代二甘醇的氧化。在超临界水氧化管式反应器中，在温度为 397～617 ℃、压力为 25 MPa、氧化剂超过化学计量氧 4.4 倍、停留时间为 9～40 s 时，取得了 90%以上的 TOC 转化率。提高反应温度到 600 ℃时，TOC 转化率高于 99.99%。通过模拟得到的结果显示，如果使用更强烈的反应条件如 600 ℃以上的温度和 150%的化学计量氧化剂，则在小于 30 s 的停留时间内可以实现高于 99.99%的 TOC 去除率。同时，反应物中的有机硫主要转化为硫酸（H_2SO_4）和气态硫化氢（H_2S），硫平衡达到 95%。此外，Lachance 等[111]也表明在管式反应器中，在 400 ℃时，几秒钟内即可将硫二甘醇（TDG）完全分解为 CO_2、H_2O、硫原子和一些硫酸盐。

3.4.3 典型实际有机废物

典型的实际有机废物主要来自工业、农业及医药等领域，主要包括城市污泥、印染污泥、农药废水等，本节主要介绍这些典型有机废物超临界水氧化过程中的降解特性。

1. 城市污泥

本书研究了超临界水氧化条件下，城市污泥的超临界水氧化降解特性。城市污泥有机物成分复杂，一般含碳水化合物 14%左右、蛋白质 40%左右、脂类 10%左右、木质素 17%左右、灰分含量 30%～50%。城市污泥干基有机物含量高达 50%～85%，热值为 5～18 MJ/kg，具有资源化利用潜力。另一方面由于城市污泥中含有较高的有机物及氮、磷、钾等营养成分，同时灰分中还含有重金属元素，因此要实现无害化处理，采用常规处理技术难度较高。

图 3 - 26 为温度和氧化系数对液相产物 TOC 和 NH_3 - N 的影响规律，该反应在压力为 25 MPa、反应时间为 20 min、污泥含水率为 87%的条件下进行。可以看出，当温度从 400 ℃升高到 600 ℃、氧化系数从 0 升高到 4 时，TOC 浓度从 18219 mg/L 显著地降低到 120 mg/L。然而当温度为 450 ℃时，即使氧化系数为 4，反应后 TOC 的浓度仍高达 4567 mg/L，说明污泥在温和的反应条件下其有机物是很难完全降解的，这可能是原始污泥有机物浓度高而造成的。

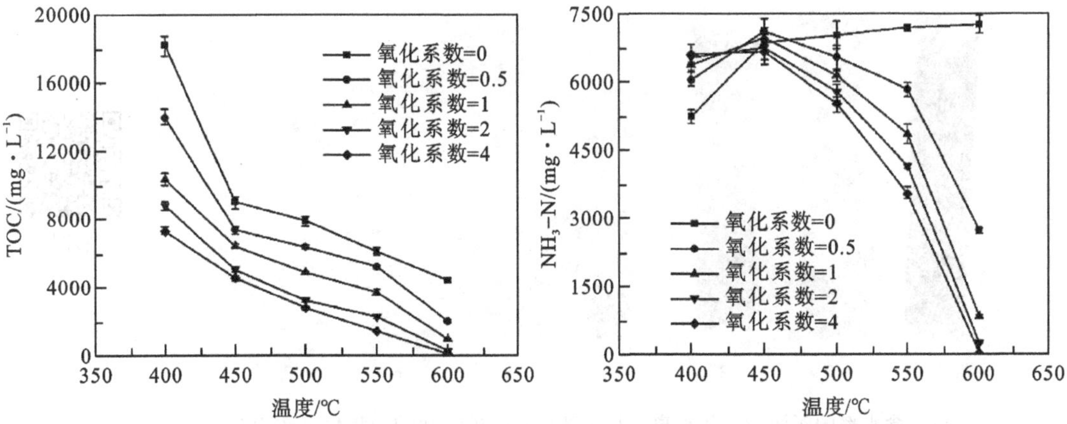

(a) 液相产物TOC　　(b) 液相产物NH_3-N

图 3-26　温度和氧化系数对液相产物 TOC 和 NH_3-N 的影响[112]

此外，本书发现 TOC 浓度在 400～450 ℃的温度范围内变化较大，但是在更高的温度条件下变化较为缓慢，这可能是因为 450 ℃以后产生了某些难降解的中间产物，抑制了污泥在更高温度下的快速降解。同时，还检测了在温度为 300 ℃、氧化系数为 0 时的 TOC 浓度为 40173 mg/L，这比原始污泥清液中的 TOC 浓度还高。这说明，在较低的温度下，从污泥中转移到液相的有机物比液相中降解的有机物还多。

温度和氧化系数对液相产物 NH_3-N 的影响规律如图 3-26 所示。本书发现 NH_3-N 浓度随着氧化系数的升高而升高。对这一现象的解释是随着氧化系数的升高，污泥的水解产物中较易降解的部分被氧化，从而进一步促进了水解反应，也就促进了污泥中的含氮有机物向 NH_3-N 的转化。温度在 400～450 ℃范围内，无论氧化系数如何变化，NH_3-N 浓度均随着温度的升高而升高，这说明了污泥水解产生的 NH_3-N 浓度超过了相同条件下被氧化的 NH_3-N 浓度。500 ℃以上时，NH_3-N 浓度随着氧化系数的升高而降低，这说明在较高的温度条件下，更多的 NH_3-N 被氧化。然而，当温度为 550 ℃，即使氧化系数等于 4.0，NH_3-N 浓度依旧高达 3000 mg/L，但是进一步升高温度至 600 ℃，同样保持氧化系数等于 4.0，NH_3-N 浓度则迅速降至 48 mg/L。由此可知，温度对于 NH_3-N 的降解影响最大，NH_3-N 是污泥超临界水氧化过程中重要的中间产物。

图 3-27 为不同温度和氧化系数下液相产物的照片。如图所示，含水率 87％的污泥呈现黑色，其离心后的上层清液呈现棕色。当温度达到 300 ℃、氧化系数为 0 时，液相产物颜色加深，呈现红色，这说明污泥中的有机物进入了液相。然后，当温度达到 400 ℃、氧化系数为 0 时，液相产物颜色变成橙色，颜色比原始污泥的上清液要淡，说明液相产物中降解的那部分有机物要比污泥向液相产物转化的有机物多，这和 TOC 的变化趋势相符合。随着温度和氧化系数的进一步升高，液相产物的颜色从黄色（温度为 450 ℃、氧化系数为 1.0）变成淡黄色（温度为 500 ℃、氧化系数为 2.0）最后变成无色透明（温度为 600 ℃、氧化系数为 4.0）。温度为 600 ℃、氧化系数为 4.0 时清澈的液相产物说明了这一条件下的氧化反应很彻底。

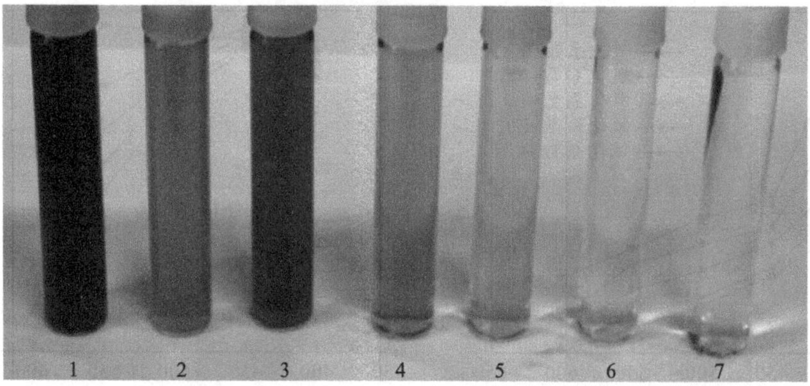

彩图

1—87%含水率的污泥；2—污泥离心后上清液；3—T=300 ℃，氧化系数为 0；
4—T=400 ℃，氧化系数为 0；5—T=450 ℃，氧化系数为 1；
6—T=500 ℃，氧化系数为 2；7—T=600 ℃，氧化系数为 4。

图 3-27 温度和氧化系数对液相产物颜色的影响[112]

2. 印染污泥

印染废水占纺织印染业废水的 80%，是一种难处理的有机工业废水，已经成为全世界一个严重的环境问题。印染废水具有水量大、可生化性差、色度大、水质变化大等特点。传统处理方法处理印染废水过程中会产生二次污染物印染污泥，每处理 1000 t 印染废水将产生 10～30 t 湿污泥(含水率 97%)，此外，印染污泥由于含有染料、浆料、助剂等，成分非常复杂，其中染料的结构具有硝基和氨基化合物及铜、铬、锌、砷等重金属元素，具有较大的生物毒性，对环境的污染很强，属于危险废物。

本书进行了含水率 87%的印染污泥在 25 MPa、250～350 ℃的亚临界水中的热解实验和在 25 MPa、450～550 ℃的超临界水中的氧化实验(氧化系数为 200%)，主要为了模拟印染污泥在预热过程中的反应和在超临界水氧化过程中的反应。实验结果和反应后的处理效果分别如图 3-28 与图 3-29 所示。

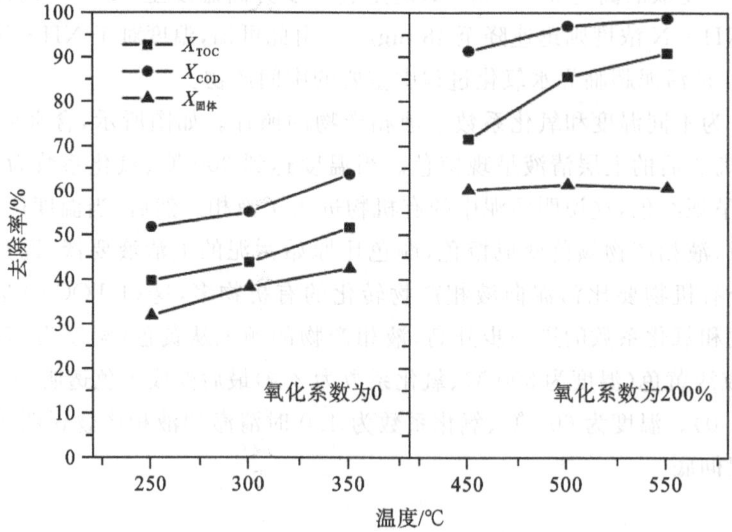

图 3-28 反应温度对印染污泥降解的影响[113]

如图 3－28 所示，印染污泥在不存在氧化剂的亚临界水中发生了水解热解反应，反应后上清液的 COD 浓度和 TOC 浓度都有所降低，去除率分别为 51%～63%、39%～51%，并且反应后产物中的固体也有所减少，在此条件下的固体去除率为 31%～42%。随着反应温度从 450 ℃上升至 550 ℃，反应后液相产物中 TOC 和 COD 去除率都有所增加，在反应温度为 550 ℃时，二者分别达到了 90.8%和 98.6%。

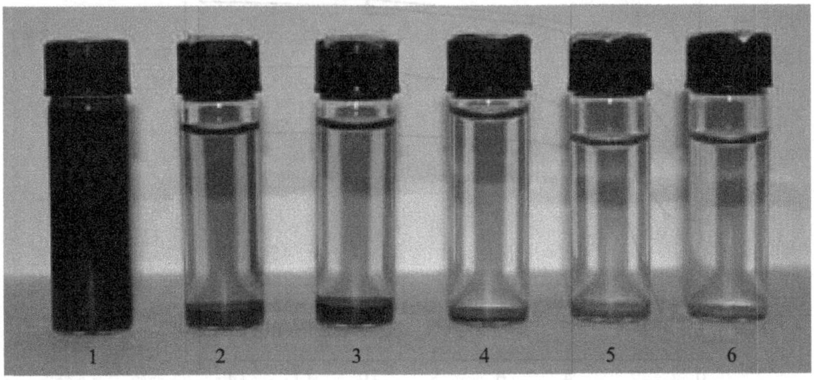

彩图

1—印染污泥；2—250 ℃；3—300 ℃；4—450 ℃；5—500 ℃；6—550 ℃。

图 3－29　印染污泥超临界水处理效果图[113]

但是在超临界水氧化条件下，印染污泥的固体去除率随温度的变化不大，固相去除率在 60%左右。这是因为固体中的有机碳在超临界水中可以被有效地降解，反应后固体产物主要为污泥中的无机物（沙子或土壤），而这部分固体物质在超临界水氧化条件下无法分解，因此在不同温度条件下固体产物变化很小。

此外，由图 3－29 中显示的反应后产物实物图可以看出，黑色的印染污泥在 250 ℃和 300 ℃的亚临界水中处理后，经过一段时间的沉淀，液体呈现黄褐色，随着温度从 250 ℃上升至 300 ℃，液体的色度有所降低。印染污泥在温度为 450～550 ℃、压力为 25 MPa 的超临界水中氧化，反应后产物经过一段时间的沉淀，上边液体呈现为澄清的水溶液，底部是黄色的固体产物，说明在此条件下基本没有结焦和积碳现象。另外，固体产物中除了印染污泥中原有的沙子和土壤等无机物，还可能含有反应器内壁面在超临界水氧化条件下被腐蚀而脱落的氧化层。

3. 含油污泥

石油工业生产中产生了大量含油污泥，对油田发展和生态环境都产生了严重影响。我国石油行业每年产生含油污泥 500 余万 t，每年新增含油污泥处理市场空间 50 亿元左右。

含油污泥是以稳定的油包水乳化物形式存在的一类难处理的残渣，其 pH 通常为 6.5～7.5。含油污泥中的有机物通常分为脂肪烃，芳烃，含 N、O、S 的化合物（NSO），以及沥青四个部分。油泥中重质石油烃主要为脂肪烃和芳烃，如烷烃、苯及取代苯、多环芳烃等。NSO 部分主要包括羧酸类有机物、噻吩衍生物等极性化合物。沥青高达上千分子量，结构中含有大量疏水官能团，沥青作为亲脂乳化剂使得含油污泥稳定性高。除了有机物组成复杂，含油污泥中还含有大量重金属，如 Zn、Pb、Cu、Ni、Cr 等。

以氧气作为氧化剂，含油污泥含水率(质量分数)为91.46%(COD浓度为193000 mg/L)，在压力为25 MPa、1.2倍氧化系数下研究了反应温度(450～600 ℃)和反应时间(1～15 min)对含油污泥超临界水氧化降解的影响，各温度在不同反应时间下的COD去除率如图3-30所示。

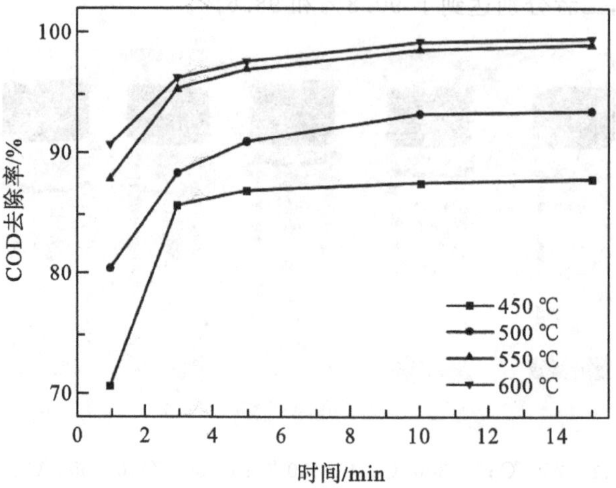

图3-30 各温度在不同反应时间下的COD去除率[114]

不同的预热温度下，反应时间对COD去除率的影响规律较为一致，COD去除率在前1～3 min内增长迅速，随后增长速率下降，在10 min后基本不发生变化，反应时间的延长在一定程度上可以提高出水COD的去除率，但反应后期出水COD的去除还是受到了一定程度的限制，这是由于体系中剩余有机物浓度降低，进而引起反应速率下降。此外，在较高的预热温度下(550 ℃以上)，在3 min的反应时间下，液相中COD去除率为95%左右，且COD去除率的增长速率较慢，反映出含油污泥在高温下能更快达到反应平衡。

当反应时间为10 min时，在450 ℃、500 ℃、550 ℃、600 ℃时出水COD浓度分别为24230 mg/L、13050 mg/L、2800 mg/L、1580 mg/L，COD去除率分别为87.44%、93.24%、98.55%、99.18%。温度从450 ℃升高至550 ℃时，COD的去除率变化明显，而温度从550 ℃升高至600 ℃的过程中，COD的去除率变化不明显，只有微弱的提升。

含油污泥在不同温度下超临界水氧化处理后的固相残渣如图3-31所示。对于在105 ℃烘干后的含油污泥原样，其表面仍具有黏性，即使碾磨成较小颗粒仍会聚结。经超临界水氧化处理后的含油污泥固相残渣黏性大大降低，十分容易碾磨成粉末并不会发生聚结。反应温度在500 ℃以下时，固相残渣呈黑色，外观仍表现出油质。当反应温度升高至500 ℃以上，固相残渣不呈现出油质，且随着反应温度的升高，产物颜色由黑褐色转变为红褐色。在550 ℃反应温度下固相残渣有少许黑色颗粒，而当温度升高至600 ℃，固相残渣中基本没有黑色颗粒，此时固相残渣主要是含油污泥的无机组成部分。

彩图

图 3-31　不同反应条件下的固相残渣[114]

4. 农药废水

农药生产过程中有大量废水排出。当前，农药废水年排放量约为 3.5 亿 t，只占工业废水排放总量的 2%～3%，但是其往往具有有机物浓度高、污染物成分复杂、水质水量变化大、毒性大和含盐量高等特点，对水体生态和人类的生存环境造成严重破坏和极大威胁。

图 3-32 显示了农药废水在压力为 25 MPa、温度分别为 500 ℃和 550 ℃下，不同氧化系数和不同停留时间的超临界水氧化处理后 COD 的变化，其实验误差小于 8%。可见，氧化系数和停留时间在降解农药废水中起到了非常重要的作用。在 500 ℃的超临界水氧化处理农药废水的条件下，处理后出水的 COD 浓度变化范围为 6130～901.7 mg/L(对应的 COD 去除率为 90.75%～ 98.64%)；在 550 ℃时，处理后出水的 COD 浓度变化范围为 5251.0～543.7 mg/L(对应的 COD 去除率为 92.08%～99.18%)，其中氧化系数为 1.1～3.0，停留时间为 2.0～4.0 min。这表明在相同停留时间的条件下，温度为 550 ℃时，氧化系数对 COD 的降解作用更为明显。

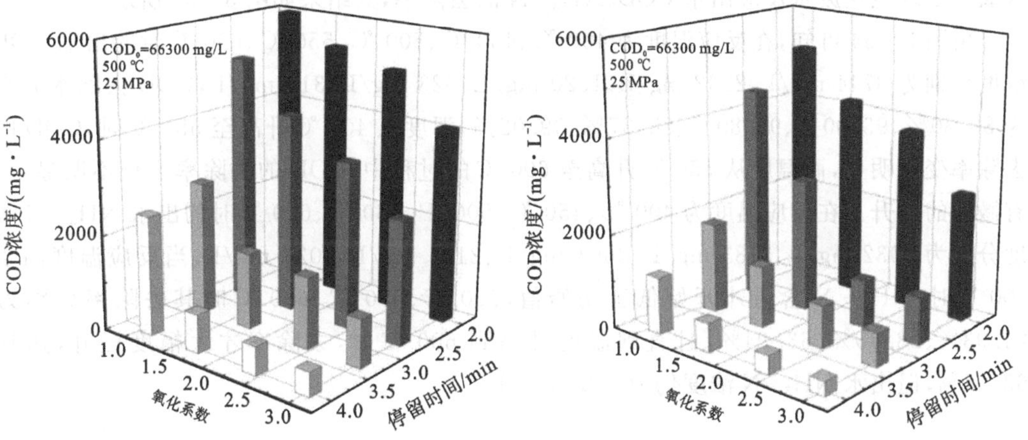

(a) 500 ℃下　　(b) 550 ℃下

图 3-32　不同温度下氧化系数和停留时间对农药废水 COD 浓度的影响[115]

图 3-33 表明了超临界水氧化技术处理下该农药废水在氧化系数为 3.0、停留时间为 2.0 min、温度分别为 550 ℃和 600 ℃的条件下处理后出水的颜色的变化。从图中能观察到，随着反应温度的升高，处理后的废水由 550 ℃的淡黄色变为 600 ℃的透明色，温度的增加对农药废水的色度去除明显。

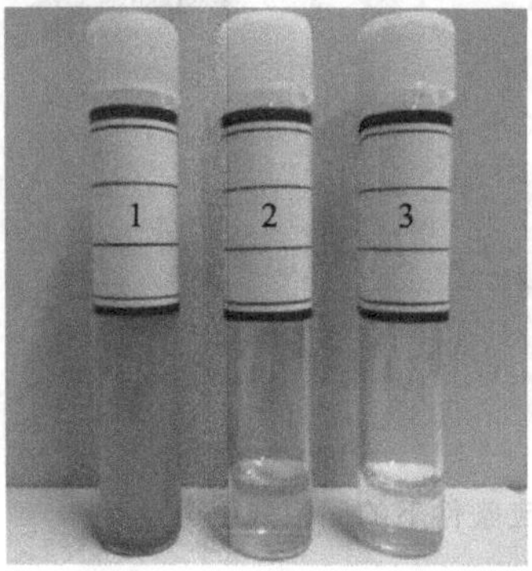

彩图

1—原始废水；2—550 ℃下；3—600 ℃下。

图 3-33　农药废水在超临界水氧化处理前后的颜色变化[115]

5. 兰炭废水

兰炭废水又称半焦废水，是指低变质煤（不黏煤、弱黏煤、长焰煤）在中低温干馏（约 600～800 ℃）过程以及煤气净化、兰炭蒸汽熄焦过程中形成的一种工业废水。兰炭废水成分十分复杂，经统计废水中污染物种类高达 300 多种，其中有机类污染物主要包括煤焦油类物质，单环及多环的芳香族化合物，含氮、硫、氧的杂环化合物等，有机类污染物中酚类的含量最高。无机类污染物主要包括氰化物、硫化物、硫氰化物及含氨氮类无机物等。综上所述，兰炭废水成分复杂、污染物浓度极高、毒性大、色度高、性质较稳定，是一种极难处理的工业废水。

在氧化系数为 2、反应时间为 600 s、压力为 25 MPa 的条件下，在反应温度分别为 400 ℃、450 ℃、500 ℃、550 ℃、600 ℃下进行超临界水氧化实验，分析反应温度对超临界水氧化处理兰炭废水反应出水 COD、NH_3-N 的去除率，其结果如图 3-34 所示。

由图 3-34 可知，在反应温度为 400 ℃、450 ℃、500 ℃、550 ℃、600 ℃时的出水 COD 浓度分别为 3744 mg/L、2232 mg/L、1020 mg/L、523 mg/L、313 mg/L，COD 去除率分别为 88.30%、93.00%、96.80%、98.37%、99.02%，温度从 400 ℃升高至 550 ℃时，COD 的去除率变化明显，而温度从 550 ℃升高至 600 ℃的过程中，COD 的去除率变化不明显，只有微弱的提升。在反应温度为 400 ℃、450 ℃、500 ℃、550 ℃、600 ℃时的出水 NH_3-N 浓度分别为 3032 mg/L、3183 mg/L、2664 mg/L、2132 mg/L、1024 mg/L，当反应温度高于 500 ℃时，NH_3-N 含量才开始低于初始值，500 ℃、550 ℃、600 ℃时其去除率分别为 24.93%、28.45%、63.94%，且直到温度升高到 600 ℃时，去除率才大幅度提升，达到 63.94%，但出水 NH_3-N 浓度仍为 1024 mg/L。

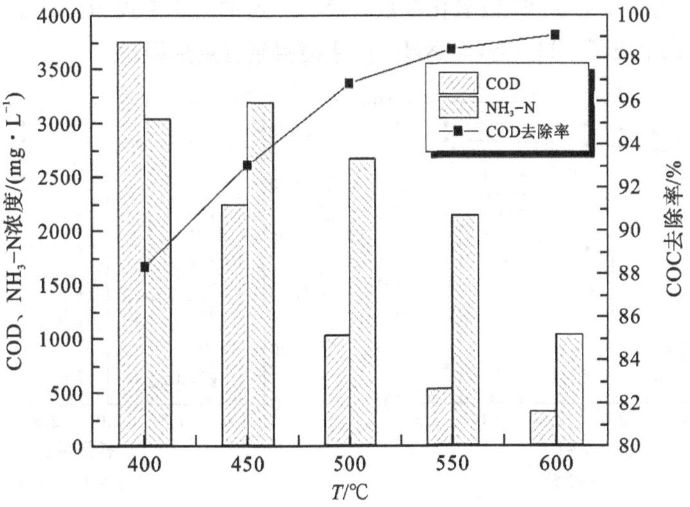

图 3-34　温度对兰炭废水处理效果的影响[116]

兰炭废水的超临界水氧化去除效果如图 3-35 所示，从图中可以看出，当温度达到 550 ℃时，反应出水色度去除效果较好，可以达到要求。

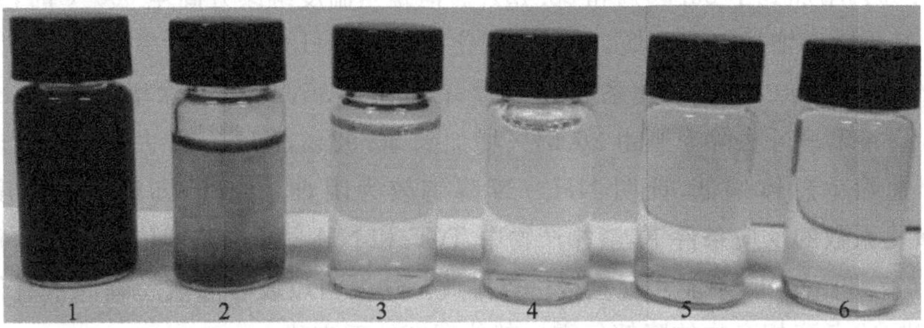

彩图

1—原液；2—400 ℃下；3—450 ℃下；4—500 ℃下；5—550 ℃下；6—600 ℃下。

图 3-35　原液与不同温度条件下反应后的出水颜色变化对比[116]

6. 垃圾渗滤液

城市生活垃圾在堆放和填埋处理的过程中不可避免地伴随着垃圾渗滤液的产生。垃圾渗滤液是由于厌氧发酵、有机物分解、降水的淋溶和冲刷、地下水浸泡等原因，形成含高浓度悬浮物和高浓度有机或无机成分的液体。垃圾渗滤液中有机污染物种类繁多，除了易降解的挥发性脂肪酸外，还包括难生化降解的富里酸、胡敏酸及酚类、芳香族化合物、氯代芳香族化合物等多种有机物。此外，垃圾渗滤液中氨氮及重金属离子含量高、水质变化大、营养元素比例失调、可生化性差，常规技术难以实现其无害化降解。

图 3-36 给出了反应压力为 25 MPa，停留时间为 600 s，4 个不同温度条件下(450 ℃、500 ℃、550 ℃和 600 ℃)，氧化系数由 1.17 增加到 3.35 时，液相产物中 TOC 和 NH_4-N 的浓度和相应去除率的变化规律。从图中可以看出，450 ℃时 TOC 的降解率很低，即使氧化系数达到 3.35，TOC 去除率也仅有 7.61%；相同条件下，液相产物中 NH_4-N 浓度达到了 1646 mg/L。虽然垃圾渗滤液的 NH_4-N 浓度为 2484.8 mg/L，但考虑 30% H_2O_2 溶液对物料的稀释作用，实际此时的 NH_4-N 浓度较渗滤液原液有所增加，导致 NH_4-N 的去除率出现负值，如图 3-36(b)

所示。例如,温度为 450 ℃、1.67 倍氧化系数时,NH_4 - N 的去除率仅为 -31.09%。这主要是因为含氮有机物转化生成了 NH_4 - N,而 NH_4 - N 未能得到有效降解。

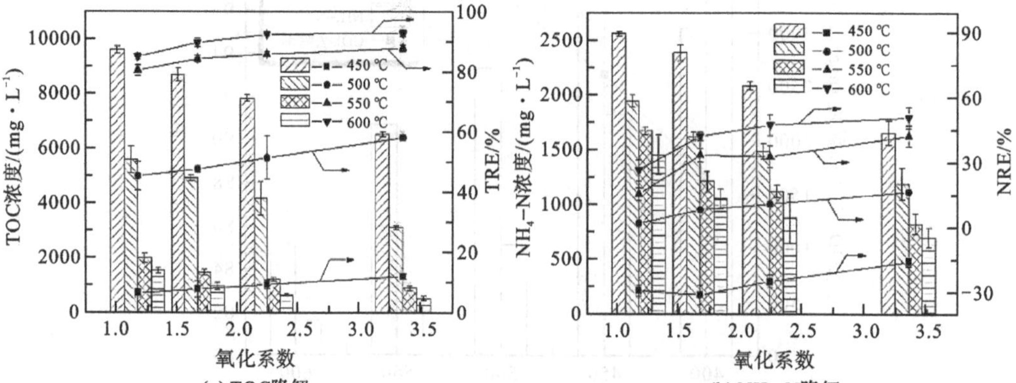

(a) TOC降解　　(b) NH_4-N降解

图 3-36　不同温度和氧化系数对 TOC 和 NH_4 - N 降解的影响[117]

从图 3-36 中可以看出,在相同条件下温度提高对 TOC 和 NH_4 - N 的降解效果十分显著。氧化系数为 1.67 时,温度由 450 ℃增加到 550 ℃,TOC 去除率和 NH_4 - N 去除率分别由 3.19%和 -31.09%增加到了 83.56%和 33.42%。但是当温度继续升高至 600 ℃时,TOC 去除率和 NH_4 - N 去除率增加趋势变缓。此外,氧化系数对 NH_4 - N 去除率的影响要大于对 TOC 去除率的影响。600 ℃时,氧化系数由 1.17 增加到 3.35,TOC 去除率仅由 84.32%增加到 92.51%,但 NH_4 - N 去除率则由 26.51%增加到 50.92%,NH_4 - N 去除率涨幅近一倍。但 NH_4 - N 去除率总体偏低,证明 NH_4 - N 降解较为困难。此外,即使是在温度为 600 ℃、3.35 倍氧化系数的反应条件下,液相产物中 TOC 和 NH_4 - N 的浓度依然分别达到了 528.10 mg/L 和 697.39 mg/L,不能实现直接达标排放。这说明垃圾渗滤液超临界水氧化的反应条件仍需改进,或者液相产物的降解仍需要其他深度处理方式。

图 3-37 为垃圾渗滤液超临界水氧化处理前后的样品对比,图 3-37(a)为渗滤液原液,其为黑色悬浊液,带有刺激性气味;图 3-37(b)为超临界水氧化处理后的样品,反应条件:温度为 540 ℃、压力为 28 MPa、停留时间为 600 s、氧化系数为 4。处理后样品的色度、气味等感官指标大幅好转。

(a) 原液　　(b) 处理后的样品

彩图

图 3-37　垃圾渗滤液超临界水氧化处理前后的样品对比[117]

3.5　难降解物质的超临界水强化氧化技术

3.5.1　超临界水分段氧化

目前，常用于连续式超临界水氧化系统的反应器多为管式反应器，如图 3-38 所示，氧化剂多从反应器入口一次进入，而超临界水氧化反应为高温高压下快速发生的急剧放热反应，当有机物物料浓度过高时，在反应器中与氧化剂的混合点处，反应的放热量会造成反应器的局部温升，若超过反应器的设计温度极限，会存在极大的安全隐患。

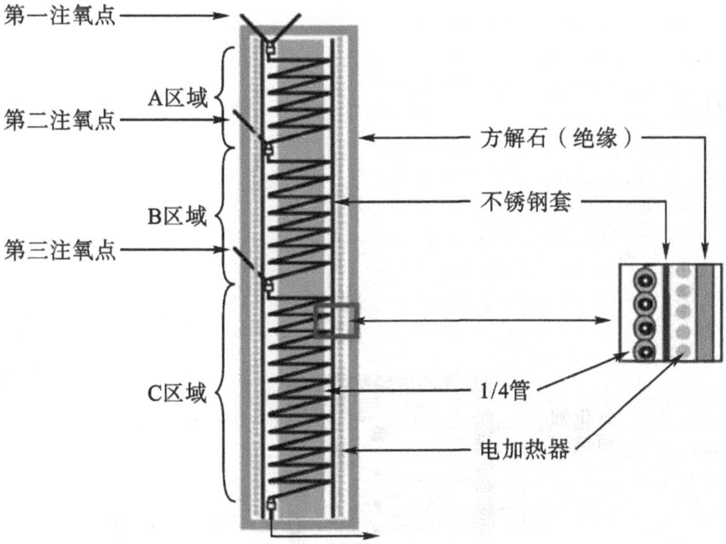

图 3-38　临界水分段氧化反应器示意图[119]

超临界水分段氧化就是使氧化剂分段加入有机物的超临界水反应，以减少氧化剂的消耗，促进有机物的降解，分段注氧能够显著影响反应器内的性能和反应行为。Benjumea 等[118]以空气作为氧化剂，通过分段注氧控制反应器温度，第一个注入点位于反应器入口，第二个注入点位于反应器入口下方 1/3 处。结果表明，两个注入点的配气比对管式反应器的温度分布和有机物的降解效果有明显的影响。如果在反应器入口注入大量空气，氧化剂和原料的混合物会被稀释和冷却，从而使反应温度降低，甚至低于临界温度，从而抑制超临界水氧化反应。因此，他们建议首先向反应器入口注入不足量的氧化剂，以确保部分有机物的氧化，然后在第二个注入点加入约 1.2 倍化学计量比的氧气，以控制反应器内的温度分布，维持反应的进行。

Portella 等[119]将氧化剂注入反应器的 3 个不同位置，即反应器入口和距离反应器入口 9.0 m 和 17.5 m 处，以通过超临界水氧化处理 CH_3OH。他们发现，在 430 ℃、25 MPa 条件下，最佳氧化剂投加比为 6∶5∶14 时，COD 去除率可达 99.9%；同时发现投加氧化剂时反应器温度会急剧上升，当停止注氧时，在 1 min 内反应器温度将降至初始温度，3 次注氧可获得 700 ℃的最高反应温度。

García - Jarana 等[120]在超临界水氧化环境中通过多次注氧降解含氮有机物 N -二甲基甲酰胺，在 400 ℃、25 MPa、总氧化系数为 1、停留时间为 6 s 的反应条件下，当第二注氧点距反应器入口 6 m、第一注氧点氧化剂量为 75%、第二注氧点氧化剂量为 25%时，含氮有机物的降解效果最优，TOC 和 N -二甲基甲酰胺的去除率分别达 91.8%和 96.2%，高于一次进氧的 84.9%和 91.6%，并且此时液相流出物中含氮化合物最少(42×10^{-6} NH_4^+)。对于切削液的超临界水氧化过程[121]，当第二注氧点距离反应器入口 3 m、第一注氧点的氧化剂量为 67%、第二注氧点的氧化剂量为 33%时，其 COD 去除率能够达到最佳，此时相比于单次注氧能够提高 17%。分段氧化超临界水氧化系统如图 3 - 39 所示。

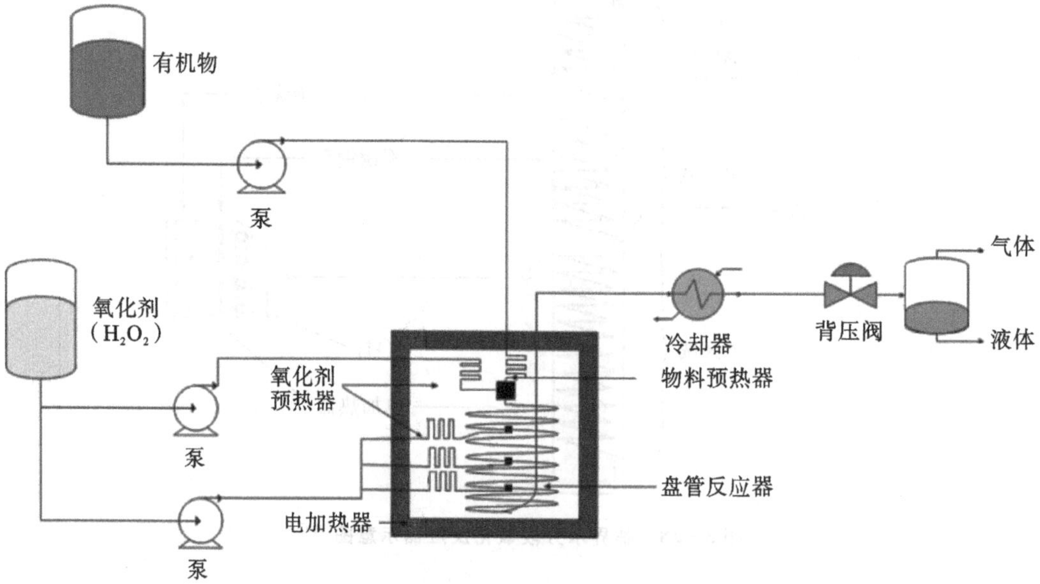

图 3 - 39　分段氧化超临界水氧化系统[120]

可见，当采用分段注氧处理不同的有机污染物时，其最优的反应器分段比及氧化剂分配比存在一定的差异，通过控制氧化剂的加入，对提高难降解含氮化合物在相对温和反应条件下的降解率具有重要意义。

3.5.2　亚/硝酸盐强化氧化

硝酸盐作为一种强氧化剂，也被少数学者用来在超临界水氧化过程中降解顽固化合物。

Bourhis 等[58]指出，加入 HNO_3 可将用于引发超临界水氧化反应的诱导时间减少至 1/3 来提高异丙醇(iso - propyl alcohol，IPA)的氧化速率。Dellorco 等[122]在超临界水系统中使用硝酸盐和亚硝酸盐混合物作为氧化剂处理乙二胺四乙酸(EDTA)，发现 TOC 的去除率随着硝酸盐的加入而增加，当加入亚硝酸盐时，在温度为 450 ℃、压力为 25 MPa、停留时间为 40 s 内 TOC 可以被完全降解，主要含氮产物为 N_2、N_2O 和 NH_3。本书发现亚硝酸盐在处理 EDTA 及其中间产物时比硝酸盐具有更好的氧化效果，并证实在降解乙酸时，硝酸盐的氧化速率高于 H_2O_2。

Lee 等[123]探讨了 4 -二氯苯在硝酸盐或亚硝酸盐作为氧化剂时的氧化特性，在温度为 450 ℃、压力为 30 MPa、停留时间为 30 min 的反应条件下，最多可去除 99.95%的 4 -二氯苯，且 NO_3^- 和 NO_2^- 通过中间体 NO 和 NO_2 被还原为 N_2。此外，还检测到少量 H_2，H_2 主要来自水煤气变换反应。与 $NaNO_3$-超临界水氧化体系相比，$NaNO_2$-超临界水氧化体系中中间有机副产物的种类和含量较低，也说明 NO_2^- 氧化速率高于 NO_3^- 氧化速率。此外，4 -二氯苯在 39 MPa 下完全降解，这表明高压可以增加 $NaNO_3$ 在超临界水中的溶解度，从而加快反应速度。

可见，在处理难降解有机物时，NO_3^- 和 NO_2^- 的氧化能力都比 H_2O_2 和 O_2 强，因此，一些学者利用各种硝酸盐或亚硝酸盐作为氧化剂来降解 NH_3。

Dellorco 等[124]比较了管式反应器中不同硝酸盐（$NaNO_3$、$LiNO_3$ 和 HNO_3）在温度为 420～530 ℃和压力为 30 MPa 的条件下降解纯 NH_3 的氧化特性，同时，在反应体系中加入了与 NO_3^- 浓度相同的 H_2O_2 作为共氧化剂。结果表明，当加入 HNO_3 时，在温度为 427 ℃、压力为25 MPa、停留时间为 10.3 s 的反应条件下，NH_3-N 能被完全去除，大约 77.7%～80.6%的氮转化为 N_2，8.6%～9.7%的氮转化为 N_2O。但是，在类似的反应条件下使用 $NaNO_3$ 或 $LiNO_3$ 时，NH_3-N 的转化率小于10%，其 N_2O 的转化率为 1%～3%，本书指出 Na^+ 的存在抑制了 NO_x^-/NH_3 之间的反应，提高反应温度和延长反应时间均有利于 NH_3-N 的降解。

此外，Yang 等[125]还研究了在温度为 350～550 ℃、压力为 24 MPa、停留时间为 0.5～6.0 min 时，不同硝酸盐作用下 NO_3^-/NH_4^+ 混合溶液的降解情况。他们发现，适量的 H_2O_2 通过促进 NH_4^+ 向 N_2 的转化，对总氮的降解强化效果显著。当 NO_3^-/NH_4^+ 的比例为 1∶1时，在温度为 550 ℃、压力为 24 MPa、停留时间为 1.5 min 时，总氮的最佳去除率均在 20%以上。此外，过渡金属离子的加入，由于其催化活性的不同，进一步提高了对总氮的去除效果，去除效果的顺序为 $Cu(NO_3)_2 > Co(NO_3)_2 > Fe(NO_3)_3 > Zn(NO_3)_2$。

3.5.3　醇类助剂共氧化

共氧化是指活性有机物在一个氧化反应体系中迅速氧化生成活性自由基，从而进一步促进难降解化合物分解的过程。目前，已有学者证实甲醇、乙醇、IPA 等醇类助剂对 NH_3-N 与顽固有机物的降解特性有显著影响，是目前常用的共氧化助剂。NH_3-N 的超临界水共氧化反应特性如表 3-9 所示。

表 3-9　醇类助剂对超临界水氧化降解 NH_3-N 的影响

物质	添加剂	温度/℃	压力/MPa	停留时间/s	NH_3-N 浓度	助剂浓度	氧化剂	氧化剂浓度	NH_3-N 降解效率/%	参考文献
NH_3	甲醇	590	25	65	0.051 mol/h	0.051 mol/h	空气	(74±3) mmol/L	100	[87]
NH_3	甲醇	530	25	90	2.9 mmol/L	9.1 mmol/L	O_2	57 mmol/L	19	[38]
污泥	甲醇	600	25	120	4214 mg/L	质量分数为 20%	H_2O_2	1.5 倍	79.6	[126]
NH_3	乙醇	700	24.1	6.4	(1.03±0.02) mmol/L	(0.96±0.04) mmol/L	O_2	(0.95±0.03) mmol/L	75	[100]
NH_3	乙醇	525	25	5	50 mmol/L	800 mmol/L	H_2O_2	1.5 倍	97.5	[127]
尿素	乙醇	690	23	2～20	—	—	O_2	—	100	[92]
污泥	乙醇	600	25	120	4214 mg/L	质量分数为 20%	H_2O_2	1.5 倍	84.7	[126]
NH_3	IPA	780	23	41	质量分数为 7%	质量分数为 5%	空气	质量分数为 27.75%	100	[128]
NH_3	IPA	750	23	0.7	质量分数为 6%	质量分数为 2%	O_2	29%过量	93.3	[129]
NH_3	IPA	600	25	30	质量分数为 1%	质量分数为 9%	空气	2.5%过量	99.99	[130]
NH_3	IPA	450	25	6	10 mmol/L	40 mmol/L	H_2O_2	1 倍	98	[89]
NH_3	IPA	600	25	40	1000 mg/L	质量分数为 6%	空气	1 倍	98.4	[131]
NH_3	IPA	600	25	5	50 mmol/L	质量分数为 2.4%	H_2O_2	1.5 倍	90.3	[127]
苯胺	IPA	670	25	40	1000 mg/L	质量分数为 6%	空气	1 倍	97.5	[131]
乙腈	IPA	670	25	40	1000 mg/L	质量分数为 6%	空气	1 倍	98.5	[131]
吡啶	IPA	700	25	40	1000 mg/L	质量分数为 7%	空气	1 倍	99.0	[131]
污泥	IPA	600	25	120	4214 mg/L	质量分数为 20%	H_2O_2	1.5 倍	82.4	[126]

1. 甲醇与难降解物质在超临界水中的共氧化特性

甲醇作为一种活性有机物质，对难降解物质的处理具有一定的共氧化强化作用。Oe 等[87]发现，CH_3OH 的加入会强烈影响 NH_3-N 的氧化行为。当 CH_3OH 与 NH_3 的浓度比为 1∶1时，在温度为 590 ℃、压力为 25 MPa、停留时间为 65 s 的条件下，NH_3-N 可以完全降解，但气体产物中 N_2O 的产率大大提高，当 CH_3OH 的浓度为 NH_3 浓度的 2 倍时，N_2O的产率可提高 4 倍。

Zhang 等[127]表明，当 CH_3OH 浓度高于 10 mmol/L 时，NH_3 开始分解，在温度为600 ℃、压力为 25 MPa、800 mmol/L CH_3OH、氧化系数为 1.5 的条件下，NH_3-N 的去除率可达 97.5%。一方面，CH_3OH 对 NH_3 降解的促进作用主要发生在共氧化反应的初始阶段，如式(3-30)～式(3-34)所示，可促进 $HO_2\cdot$ 和 H_2O_2 的产生。H_2O_2 的进一步分解可形成活性 $OH\cdot$ 自由基，加速 NH_3 的初始提氢步骤。另一方面，CH_3OH 的超临界水氧化过程中释放的热量会导致反应温度的升高，从而增加 NH_3 与 $OH\cdot$ 之间链引发反应的反应速率常数。此外，本书还指出，由于高浓度 NH_3-N 的氧化放热和 $NH\cdot$ 与 $NO_2\cdot$ 自由基反应产生的额外 $OH\cdot$ 自由基，NH_3 的浓度与 CH_3OH 的降解呈正相关，如式(3-35)所示。

$$H—CH_2OH + O_2 \longrightarrow CH_2OH + HO_2\cdot \tag{3-30}$$

$$CH_2OH + HO_2\cdot \longrightarrow CH_2O + H_2O_2 \tag{3-31}$$

$$H—CH_2OH + HO_2\cdot \longrightarrow CH_2OH + H_2O_2 \tag{3-32}$$

$$H_2O_2 \longrightarrow 2OH\cdot \tag{3-33}$$

$$NH_3 + OH\cdot \longrightarrow NH_2 + H_2O \tag{3-34}$$

$$NH\cdot + NO_2\cdot \longrightarrow N_2O + OH\cdot \tag{3-35}$$

Shimoda 等[38]还研究了 CH_3OH 和 NH_3 混合物的动力学分析和反应机理。结果表明，当 CH_3OH 与 NH_3 的初始浓度比为 3.1∶1时，在温度为 530 ℃、压力为 25 MPa、停留时间为 90 s 时，NH_3-N 的去除率可达 19%，N_2O 是主要的气体产物。当 CH_3OH 被完全氧化时，NH_3-N 的分解变得缓慢。同时，NH_3-N 的存在，也增强了 CH_3OH 的处理效率和气体产物对 CO_2 的选择性。本书指出，CH_3OH 和 NH_3 产生的自由基是共享的，并最终促进了相互氧化。

此外，其提出的 CH_3OH 与 NH_3 的反应机理如图 3-40 所示，主要分为两个阶段。首先，当 CH_3OH 浓度较高时，说明体系中同时存在 CH_3OH 和 NH_3 的氧化条件。由 CH_3OH 及其相应的中间产物 CH_2OH 和 HOCO 生成的 $OH\cdot$ 首先攻击 NH_3-N 并形成 $NH_2\cdot$ 自由基，再与 $HO_2\cdot$ 反应以增加 $OH\cdot$ 的生成，从而使 NH_3/CH_3OH 体系中的 $OH\cdot$ 浓度高于单一 CH_3OH 体系中的浓度，由此促进了 NH_3-N 和 CH_3OH 的协同降解。由于 CH_3OH 的存在促进了 $NH\cdot$ 自由基的形成，$NH\cdot$ 与 $NO_2\cdot$ 自由基之间进行反应，从而产生了 N_2O。当 CH_3OH 被完全氧化为 CO_2 时，NH_3 的氧化由含氮自由基维持，例如 $NH_2\cdot$、活性 $HO_2\cdot$ 和 $OH\cdot$ 自由基。

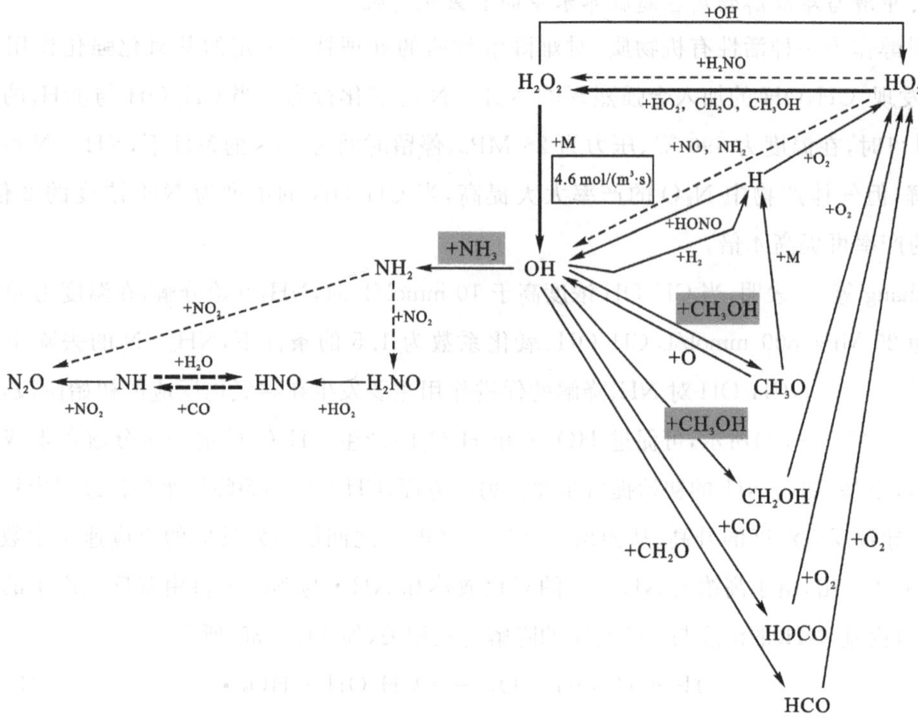

(a) t=1.1 s

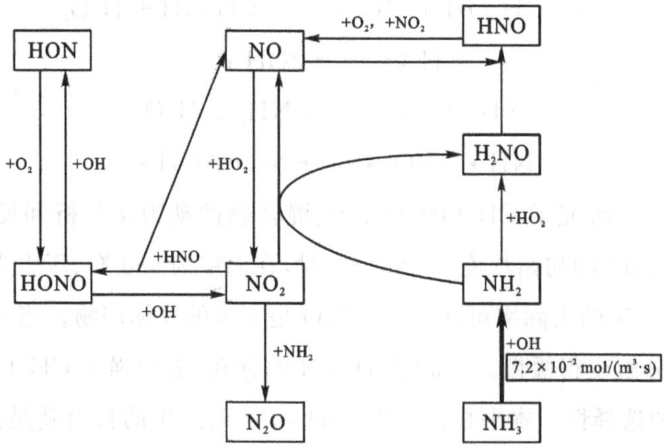

(b) t=4.3 s

图 3-40　甲醇与氨氮超临界水共氧化在不同时间下的反应路径[38]

2. 乙醇与难降解物质在超临界水中的共氧化特性

乙醇也被认为是改善 NH_3-N 处理的辅助燃料，Killilea 等[92]报道在反应体系中加入乙醇，在 690 ℃时 NH_3-N 可以完全降解，而没有乙醇时只去除了 41%的 NH_3-N。在较高温度（约 621～693 ℃）下主要气体产物为 N_2，而在相对较低温度（约 525～608 ℃）下产生的 N_2O 比 N_2 多。

Ploeger 等[100]的研究结果表明，与纯 NH_3 的超临界水氧化相比，在温度为 700 ℃、压力为 24.1 MPa、化学计量氧的条件下，加入乙醇后 NH_3-N 的转化率可以从 20%提高到

64%,而 N_2O 的产率也可从 4%提高到 40%左右。同时,共氧化主要发生在前 2 s。乙醇完全降解后,可以将 NH_3-N 处理并缓慢转化为 N_2。

同时,本书更新了 NH_3和乙醇之间的共氧化模型[37],如图 3-41 所示。具体来说,NH_3的氧化是由含氮物质如 NH_3和 $NH_2\cdot$ 的逐渐夺氢反应引起的,NH_x相互反应生成的 $N_2H_3\cdot$ 可通过夺氢或直接失去 3 个氢原子分解成 N_2。对于 N_2O 的产生,本书通过引入可以在高压系统下碰撞稳定并进行重排、分解、夺氢和其他反应的中间加合物 H_xNNO_y,准确预测 N_2O 的产率随反应温度的变化规律。

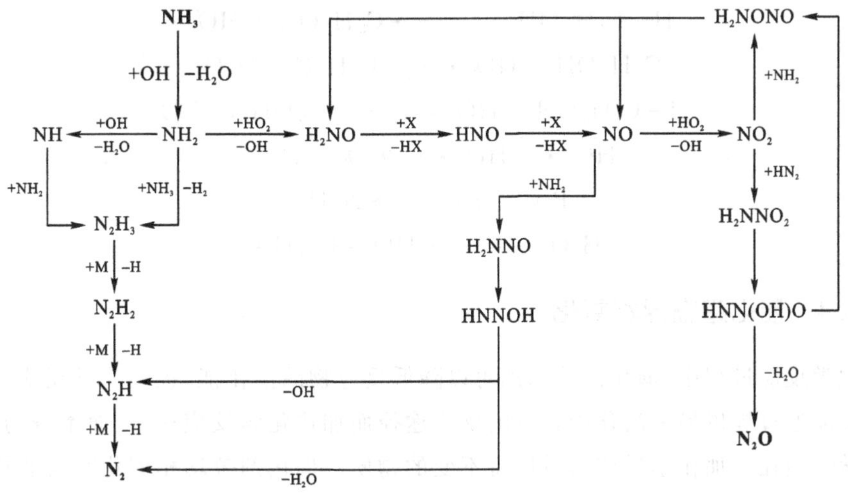

图 3-41　乙醇与氨氮超临界水共氧化的反应路径[37]

在相对较低的温度(655 ℃)下,作为 N_2O 唯一来源的 H_2NNO_2 的净通量高于 H_2NONO,从而导致更高的N_2O产率,同时,N_2O会随着反应温度的升高而减少。然而,该机理模型不能很好地预测NH_3随温度变化的转化率,因为H_2NNO_x和H_2NONO加合物的产生对 NH_3的转化率有很大影响。

3. 异丙醇与难降解物质在超临界水中的共氧化特性

除甲醇和乙醇外,异丙醇(IPA)也被广泛应用于难降解物质的共氧化反应。Bermejo 等[128]研究了在 IPA 的存在下,高浓度 NH_3(质量分数为 1%~7%)的超临界水氧化处理,发现 NH_3的浓度会影响 TOC 和 NH_3-N 的完全降解,当 NH_3浓度从 1%增加到 7%时,在压力为 23MPa、停留时间为 35~45 s 和过量氧化剂作用的条件下,完全降解 TOC 和 NH_3-N的温度需要从 710 ℃上升到 780 ℃。Cocero 等[131]在中试装置上进行了 IPA 与 NH_3-N 的共氧化实验,在温度为 645 ℃、压力为 25 MPa、停留时间为 40 s、化学计量氧、IPA 质量分数为 6%时,NH_3-N 的去除率可达 98.4%。

Al-Duri 等[59,89,132]还选择 1,8-二氮杂二环[5.4.0]十一碳-7-烯(DBU)和二甲基甲酰胺(DMF)等复杂含氮有机物作为反应物,在 IPA 作用下与 H_2O_2 反应,并将结果与纯 NH_3的共氧化进行了比较。发现 IPA 的加入对反应速率常数有显著的正影响,当 IPA/NH_3-N 的比例为 4∶1时,在温度为 450 ℃、压力为 25 MPa、停留时间为 6 s 的氧化条件下,NH_3-N 的去除率可达到 98%。但在相同条件下,与含 DBU 的反应系统相比,IPA 共氧化纯NH_3的效果更好，DBU系统中TN的去除率小于80%。本书等认为这是因为含氮有机物需要经过更多的反应途径将有机氮首先转化为NH_3-N，而这也会消耗IPA。因此，建议在多个反应器端口分阶段注入IPA，以保持活性自由基的浓度。

IPA作为一种活性辅助燃料，其对难降解物质的促进作用如式(3-36)～式(3-40)所示，IPA首先与O_2反应生成$HO_2\cdot$自由基，然后$HO_2\cdot$再与IPA及其中间体反应生成H_2O_2，H_2O_2可生成额外的$OH\cdot$自由基，有效地攻击NH_3-N，最终促进NH_3-N的降解。此外，$OH\cdot$和$HO_2\cdot$自由基也可由O_2和H_2O产生，如式(3-41)所示。

$$H{-}C_3H_6OH + O_2 \longrightarrow C_3H_6OH + HO_2\cdot \tag{3-36}$$

$$C_3H_6OH + HO_2\cdot \longrightarrow C_3H_6O + H_2O_2 \tag{3-37}$$

$$H{-}C_3H_6OH + HO_2\cdot \longrightarrow C_3H_6OH + H_2O_2 \tag{3-38}$$

$$HO_2\cdot + HO_2\cdot \longrightarrow O_2 + H_2O_2 \tag{3-39}$$

$$R\cdot + H_2O_2 \longrightarrow 2OH\cdot \tag{3-40}$$

$$H_2O + O_2 \longrightarrow HO_2\cdot + OH\cdot \tag{3-41}$$

3.5.4 催化超临界水氧化

在化学反应过程中，催化剂的添加可以降低反应物的活化能，提高化学反应速率。催化剂是指能通过提供另一活化能较低的反应途径而加快化学反应速率，而本身的质量、组成和化学性质在参加化学反应前后保持不变的物质。催化剂分均相催化剂与非均相催化剂。非均相催化剂呈现在不同相(phase)的反应中(如固态催化剂在液态混合反应中和固态催化剂在气态混合反应中等)，而均相催化剂则呈现在同一相的反应中(如液态催化剂在液态混合反应中)。因此，催化作用根据所使用的催化剂种类分为均相催化和非均相催化两种。本节主要讲述均相催化与非均相催化所使用的催化剂种类及研究现状。

1. 均相催化

在均相催化中，催化剂跟反应物分子或离子通常结合形成不稳定的中间物即活化络合物。这一过程的活化能通常比较低，因此反应速率快，然后中间物又跟另一反应物迅速作用(活化能也较低)生成最终产物，并再生出催化剂。在超临界水氧化技术中，常用的均相催化剂通常有NaOH、可溶性过渡金属盐(如Cu、Fe、Mn、Ni、Co等的硝酸盐、硫酸盐等)、碱盐(Na_2CO_3、$NaHCO_3$等)等。

Yang等[133]首次将铜盐和锰盐作为均相催化剂，用于催化超临界水氧化氯酚。研究发现，加入催化剂的反应速率比不添加催化剂时增加约40%，金属离子浓度并不影响反应速率。不同的锰盐催化效果不同，添加$MnCl_2$可以增大反应速率，而其他锰盐(醋酸锰)却对反应速率没有影响。Gizir等[134]探讨了一系列金属硫酸盐对酚类化合物的催化超临界水氧化效果。结果表明，$CuSO_4$和$V_2(SO_4)_3$催化效果最好，其次是$CoSO_4$和$Fe_2(SO_4)_3$，而$NiSO_4\cdot 6H_2O$和$MnSO_4$对苯酚和二氯苯酚的超临界水氧化反应均不起催化作用。本书推测原因是$NiSO_4\cdot 6H_2O$和$MnSO_4$在反应器中沉淀，转变为了非均相催化剂，减少了接触表面积，导致催化效果不明显。

王红涛[135]选用$Cu(NO_3)_2$、$Fe(NO_3)_2$和$Mn(NO_3)_2$这三种均相催化剂对焦化污水进

行催化超临界水氧化实验研究。结果表明，添加催化剂后污水 COD 和 NH_3-N 的去除率都有所提高，且 $Fe(NO_3)_2$ 催化效果较好。可见均相催化剂有特定的催化选择性，不同的阳离子和阴离子搭配，对不同有机污染物的催化氧化效果有很大差别。由此得到启发，可以通过配体的选择、调配和设计，制备出具有高效催化效果的均相催化剂。Yang 等[136]就采用不同的阳离子搭配同一种阴离子和不同的阴离子搭配同一种阳离子对苯、苯酚、双酚 A 等 18 种芳香族化合物进行了催化超临界水氧化降解机理的研究。

此外，Shin 等[137]用 $Ca(NO_3)_2$ 和 $Ca(OH)_2$ 对丙烯腈进行了催化超临界水氧化实验研究。结果表明，丙烯腈中 94% 的碳和 95% 的活性氮转化为了 $CaCO_3$ 和 N_2，实验过程中生产的 $CaCO_3$ 也可以作为催化剂促进丙烯腈的降解。此研究表明在均相催化过程中生成的无机盐也可作为非均相催化剂参与催化超临界水氧化反应。但是由于超临界水中无机盐溶解度很小，无论是过程中生成的无机盐还是投入的无机盐类催化剂，都容易沉积在反应器壁上，一方面导致堵塞，另一方面不能完全发挥催化剂的催化效果。同时均相催化剂混溶于污水，易导致催化剂流失，对环境造成二次污染，即使后续进行催化剂回收，也会造成巨大的经济损失。所以考虑到经济、环保的因素，近年来科研人员重点开展非均相催化剂的研究。

2. 非均相催化

一个简易的非均相催化反应中，反应物(或底物)吸附在催化剂的表面，反应物内的键因为十分的脆弱而导致新的键产生，但又因产物与催化剂间的键并不牢固，而使产物出现。非均相催化可有效避免均相催化剂的流失及催化剂回收工艺复杂且成本高的难题。在超临界水环境中的催化活性和稳定性是评价非均相催化剂的主要指标。水的吸附、烧结和催化剂组分的溶解是影响非均相催化剂稳定性的三个主要因素。本节主要讲述反应器壁面非均相催化与金属氧化物非均相催化相关研究进展。

1)反应器壁面非均相催化

作为超临界水氧化系统的核心设备，反应器表面在 NH_3-N 降解过程中具有催化作用。Webley 等[97]比较了管式反应器和填充镍基合金 625 颗粒的填充床反应器中 NH_3-N 的处理。结果表明，管式反应器在温度为 700 ℃、停留时间为 10.5 s 时仅能去除 1.1% 的 NH_3-N，在 640～700 ℃的温度范围内 NH_3-N 的活化能为 38 kcal/mol① 而在填充床反应器中，在温度为 531 ℃、停留时间为 9.5 s 时，NH_3-N 的去除率可达 13.9%，在530～680 ℃时，NH_3-N 的活化能为 7.1 kcal/mol，填充床反应器的反应速率是管式反应器的 4 倍以上。

Segond 等[98]在两种不同比表面积(S/V)的 316 不锈钢反应器中进行了 NH_3-N 的超临界水氧化实验，发现在 600 ℃时当 S/V 从 1.85 增加到 4.00，NH_3-N 的去除率可从 70% 提高到 95%，反应速率常数随 S/V 的增大而增大。本书认为反应器表面的金属主要促进了式(3-42)和式(3-43)中给出的非均相反应的发生，而反应器壁上的非均相反应占

①1 cal≈4.186 J。

主导地位。

$$2NH_3 + 1.5O_2 \xrightarrow{\text{金属}} N_2 + 3H_2O \tag{3-42}$$

$$2NH_3 + 2O_2 \xrightarrow{\text{金属}} N_2O + 3H_2O \tag{3-43}$$

此外，Akizuki 等[138]研究了苯甲酰胺在亚/超临界水中的水解，证明了 316 不锈钢反应器表面的金属氧化物 Fe_2O_3、Fe_3O_4、Cr_2O_3 和 $FeCr_2O_4$ 具有加速反应速率的催化活性，而不是溶解在超临界水中的金属离子，且催化活性依次为 $Fe_2O_3 > Fe_3O_4 > Cr_2O_3 > FeCr_2O_4$。另外，Benjamin 等[99]还研究了哈氏合金 C-276 反应器对甲胺和 NH_3-N 降解的催化作用，并提出哈氏合金 C-276 的催化活性比不锈钢和铬镍铁合金还要高。因此，选择合适的反应器类型、尺寸和材料有助于降低反应条件，提高顽固物质的降解反应速率。

2)金属氧化物非均相催化

目前，用于研究难降解物质的金属氧化物催化剂主要有 MnO_2、TiO_2、CuO、CoO、ZnO 等。

Krajnc 等[139]以铜、锌、钴的氧化物组成的催化剂用于乙酸的超临界水氧化实验，发现使用催化剂后反应的表观活化能由 182 kJ/mol 降低到 110 kJ/mol，实验认为氧吸附在催化剂的活性位上，吸附氧与有机物分子发生反应生成碳酸盐复合体，之后再分解为 CO_2 和 H_2O。实验中还发现催化剂的加入提高了 CO_2 的选择性，避免了 CO 的生成。

Yu 等[140]在管式反应器上进行了 MnO_2、TiO_2 和 Cu/Al_2O_3 催化苯酚超临界水氧化的实验研究，发现这三种催化剂的活性顺序为 $MnO_2 > CuO/Al_2O_3 > TiO_2$。此外，Yu 等[141]分别以 Carulife150($MnO_2/CuO/Al_2O_3$)、TiO_2、MnO_2、CuO 为催化剂，对苯酚进行了超临界水氧化实验研究，发现催化剂的加入提高了苯酚的转化率和二氧化碳的产量，增大了苯酚自由基的生成速率，从而提高了苯酚的转化率，催化剂的活性顺序是 Carulife150 $\gg$ $CuO/ZnO/CoO > CuO/Al_2O_3 > MnO_2 > TiO_2$。

Oshima 等[142]同时研究了 MnO_2 对超临界水氧化处理氨和苯酚混合物的影响。结果表明，由于苯酚和氨吸附在催化剂相同的活性位上，导致混合物中氨的降解率小于纯氨降解率。NH_3 在超临界水中十分稳定，在 10.5 s 内仅有 1%的转化率[143]。尽管热力学分析证明 NH_3 可以完全氧化生成 N_2，但受实际反应路径和操作条件的限制，NH_3 的转化十分有限[144]。

Gong 等[145]制备了一种 $CeMnO_x/TiO_2$ 催化剂，该催化剂可通过超临界水氧化处理垃圾渗滤液。在温度为 600 ℃、压力为 25 MPa、停留时间为 600 s 的条件下，当催化剂加入量由 0.5%增加到 2.0%、铈锰比为 1∶2、氧化系数为 1.67 时，NH_3-N 的去除率可由 92.43%提高到 98.99%。此外，催化剂重复使用(5 次)仍能保持活性和热稳定性，此时，NH_3-N 去除率仍为 97.09%，比表面积、孔径分布、晶相组成和结构变化不大。本书认为 MnO_x 是主要的活性组分，CeO_2 是主要的添加剂和氧气提供者。

Ding 等[96]研究了连续流动填充床反应器中 NH_3-N 的催化超临界水氧化，发现在 MnO_2/CeO_2 催化剂作用下，NH_3-N 的去除率在温度为 450 ℃、停留时间为 1 s 时可达到

96%，NH_3-N在气体产物中主要转化为N_2和痕量N_2O，但在类似没有催化剂的反应条件下，即使氧化剂过量，NH_3-N的转化也可以忽略。

此外，Ding等[96]还测试了MnO_2/CeO_2催化剂在超临界水氧化恶劣环境中的物理化学性能。当催化剂暴露于超临界水氧化条件下30 min时，NH_3-N的去除率变化不大，但也发生了明显的物理失活。例如，催化剂的比表面积从198.0 m^2/g下降到了13.5 m^2/g，MnO_2/CeO_2的氧化态也发生了变化，形成了Mn_2O_3。此外，催化剂由非晶态结构转变为了部分晶化，催化剂的强度大大降低。因此，超临界水氧化催化剂的热稳定性和活性是影响去除效果和系统稳定性的另一个重要因素。

催化剂的物理性能，如机械强度、比表面积、孔体积、晶体结构、活性组分的分散性和粒径，主要取决于催化剂的制备方法和工艺。关键参数包括pH值、温度、压力、干燥方法、烘烤温度和烘烤时间。此外，制备金属氧化物催化剂的方法有浸渍法、溶胶-凝胶法、共沉淀法、沉淀法、吸附法和离子交换法，而浸渍法一般常用于超临界水氧化反应过程中催化剂的制备。

Tang等[146]采用溶胶-凝胶法、共沉淀法和改进的共沉淀法等不同方法制备了MnO_x-CeO_2催化剂，以改善甲醛的氧化。结果表明，用改进的共沉淀法制备的催化剂具有较高的催化活性和良好的物理性能。例如，溶胶-凝胶法、共沉淀法和改性共沉淀法的比表面积分别为22.2 m^2/g、126.3 m^2/g和124.0 m^2/g，并且改性共沉淀法产生的催化剂中存在更丰富的晶格氧及更多具有更高氧化态的氧化锰物质。此外，Guan等[147]详细比较了二氧化锰复合催化剂的制备方法，包括溶胶-凝胶法、流变相反应法、微乳液法、化学共沉淀法、固相合成法、甲醛氧化过程中的模板法，发现不同的方法对催化性能有一定的影响。因此，选择合适的制备方法，优化制备条件，可以大大提高催化剂在超临界水环境中的水热稳定性和活性。

3.6　超临界水氧化系统关键核心设备

3.6.1　氧化剂供应单元

在超临界水氧化过程中，常用的氧化剂为氧气和过氧化氢，有时也用空气作氧化剂。其中，用过氧化氢作氧化剂对有机物料的降解效果更好；用氧气作氧化剂能够通过空气分离制氧，可以用氧气储罐供氧，也可以通过液氧汽化供氧；用空气作氧化剂的优点是，空气容易得到，且节省了制备氧气和储存液氧的相关设备。但是空气中的氧含量正常时仅为20.9%(体积比)，而其余气体(氮气)是不参与反应的稀释气，因此在反应过程中需要输送大流量的空气到反应器，导致需要较大功率的压缩机和较大的反应器容积，显著降低了超临界水氧化处理有机物过程中的高效性及经济性。下面将依次介绍过氧化氢、氧气、空气作氧化剂时的超临界水氧化系统及其氧化剂供应工艺。

1. 过氧化氢作为氧化剂时的工艺

在超临界水氧化过程中使用过氧化氢(H_2O_2)作氧化剂时，通常用泵将过氧化氢加压后送入反应器中，有时也用预热器将过氧化氢预热后送入反应器。

一种以过氧化氢为氧化剂的超临界水反应氧化剂供应系统如图 3-42 所示。该系统运行时,过氧化氢和去离子水的混合物通过高压计量泵(泵 1)加压后,又通过预热器 1 和预热器 2 预热,然后与有机废水混合后进入反应器内参与反应。

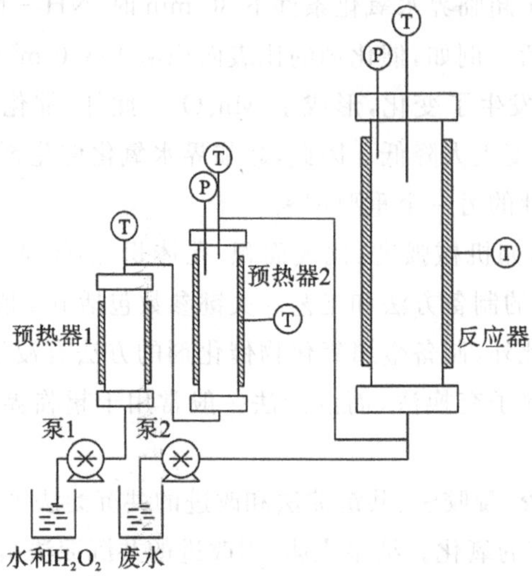

图 3-42　一种超临界水反应过氧化氢供应系统流程图[148]

2.氧气作为氧化剂时的工艺

1)氧气来源

氧气作氧化剂可以通过外购气瓶供氧,通过液氧系统供氧,也可以用空气分离制氧,但归根结底,实验用的氧气的最初来源是空气,是通过空气分离得到的。

在空气分离制氧的众多方法中,空气冷冻分离法(低温精馏)和分子筛制氧法(吸附法)是最常见的两种方法。这两种方法都是利用空气中各种气体组分的不同特性进行分离,获得高浓度的氧气。这两种方法产量高,能耗低,每小时可以产出数千/万立方米的氧气,而且所耗用的原料仅仅是不用买、不用运、不用仓库储存的空气。所以,目前工业上广范采用这两种方法。

(1)空气冷冻分离制氧法。

空气冷冻分离制氧法指利用氧气和氮气沸点的不同,从空气中制备氧气,其装置主要包括分子筛吸附系统、主换热系统、空气增压系统、制冷系统、精馏系统、内压缩液氧泵系统、液氮储存系统、控制系统、后备系统,流程图如图 3-43 所示。

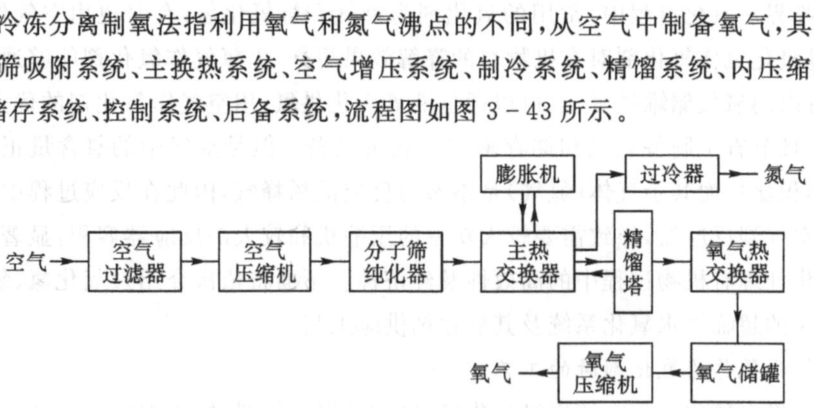

图 3-43　空气冷冻分离制氧法的工艺流程图

首先，把空气进行预处理(去除空气中的少量水分、二氧化碳、乙炔、碳氢化合物等气体和灰尘等杂质)。其次，进行压缩、冷却，使之成为液态空气。然后，利用氧和氮沸点的不同，在精馏塔板上使气、液接触，进行质热交换，高沸点的氧组分不断从蒸气中冷凝成液体，低沸点的氮组分不断地转入蒸气之中，使上升的蒸气中含氮量不断地提高，而下流液体中氧含量越来越高，从而使氧和氮分离。最后，将由空气分离装置产出的氧气，经过压缩机的压缩，装入高压钢瓶储存，或通过管道直接输送到工厂、车间使用。

空气冷冻分离制氧法产品种类多、纯度高，氧气纯度可达 99.6%，氮气纯度可达 99.9%。然而，空气冷冻分离制氧法工艺、设备复杂，启动时间长，产氧量不可调节；占地面积大，需专用厂房，分馏塔需防冻基础、工程建筑造价高；同时，需有安装经验的安装队伍，安装周期长、难度高(分馏塔)、费用高。

(2)分子筛制氧法。

分子筛制氧法指利用特制吸附材料针对氧气和氮气不同的吸附能力，从空气中制备氧气，其装置主要包括空气加压系统、真空降压系统、分子筛吸附系统、控制系统，流程图如图 3-44 所示。

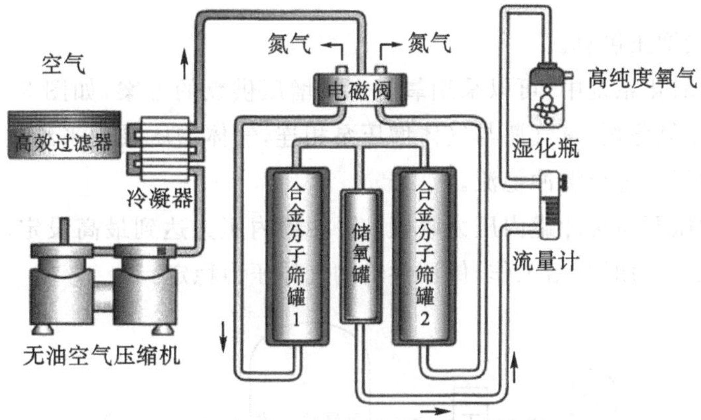

图 3-44　分子筛制氧装置工艺流程图

首先把空气进行预处理(去除空气中粉尘等杂质)，然后进行加压，使之进入吸附塔分子筛床层，氮组分优先被分子筛吸附，氧组分留在气相中穿过分子筛床层而汇集成为产品氧气；当分子筛床层中的氮组分吸附达到相对饱和后，利用抽真空＋反冲洗方法将分子筛床层吸附的氮气解吸出来并送出界区排空，使分子筛得以解析再生，重新恢复分子筛原有的吸附能力，为下一周期的吸附产氧做准备。

分子筛制氧法工艺简单，设备简单，操作方便，启停速度快，占地面积小，维护成本低；操作和维护可由普通人员完成。但分子筛制氧法得到的产品单一，得到的氧气纯度≤95%。

2)氧气供应方案

(1)富氧高压水供氧。

在超临界水氧化系统中，有时直接使用氧气储罐供氧，这样做可以让系统更简单，如图 3-45 所示。在该系统中，用纯氧作氧化剂，纯氧气钢瓶与富氧水储罐相连，利用纯氧钢瓶中的压力使氧气溶解在水里；氮气钢瓶与乙醇废水储罐相连，用以排出罐中空气，以消除其对反应造成的影响，富氧水和乙醇废水分别由高压计量泵加压输送并控制流量，分别进入预热管中预热至所需温度后混合，然后进入反应器中进行反应。

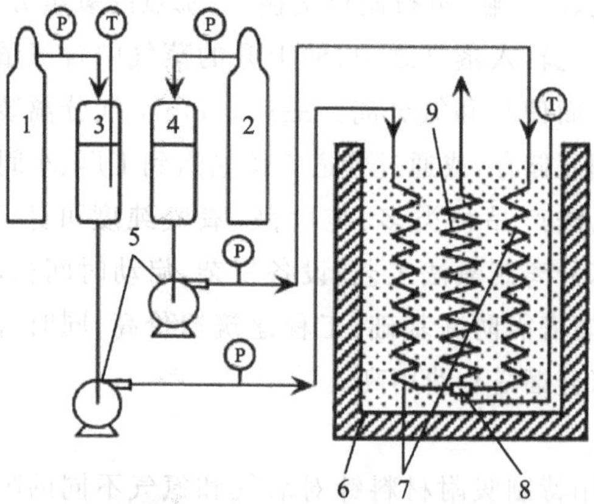

1—氧气钢瓶；2—氮气钢瓶；3—富氧水储罐；4—废水储罐；5—高压泵；
6—沙浴；7—预热器；8—混合器；9—反应器。

图 3-45　一种超临界水反应氧气供应系统流程图[149]

(2)氧气直接增压供氧。

在超临界水氧化系统中，可以采用氧气直接增压供氧的方案，如图 3-46 所示。在该系统中，用纯氧作氧化剂，氧气瓶与气体增压泵相连，气体增压泵用来给氧气加压，缓冲罐用来对加压后的氧气进行缓冲稳流。

通常气体增压泵与缓冲罐内压力联锁，缓冲罐内压力达到最高设定压力时泵停止工作，达到最低设定压力时开始工作，保证供给的气体压力稳定。

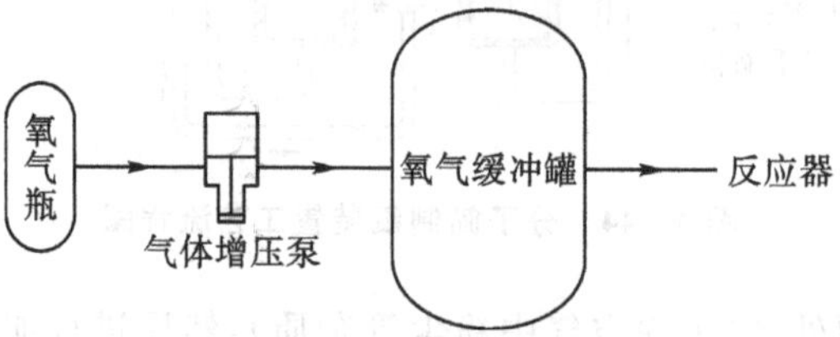

图 3-46　氧气直接增压供氧工艺流程

(3)液氧气化供氧。

在超临界水氧化系统中，也可用液氧供应工艺为超临界水氧化反应提供氧气。

液氧供应工艺主要包括液氧储槽、低温液氧泵、气化器、氧气缓冲罐等设备，流程图如图 3-47 所示。

在超临界水氧化过程中，液体氧气输送流程为：液氧储槽中的液体氧气进入低温液氧泵，经低温液氧泵加压和流量调节后，进入气化器，液体氧气在气化器中汽化成气体氧气，然后进入氧气缓冲罐中进行缓存，当氧气缓冲罐中的氧气达到进氧条件后，与待处理物料一同进入反应器中进行超临界水氧化反应。

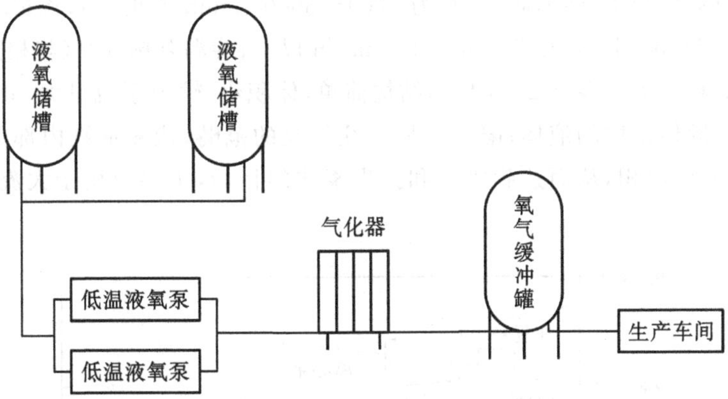

图 3－47　液氧供应工艺流程图

3. 空气为氧化剂工艺

在超临界水氧化系统中，有时也用空气作氧化剂，其优点是空气容易得到，且取消了制备氧气和储存液氧的相关设备；缺点是需要较大功率的压缩机和较大的反应器容积。

一种以空气作氧化剂的超临界水反应系统如图 3－48 所示。该系统运行时，空气通过空气压缩机与增压泵加压后进入反应器，高浓度污染物通过高压柱塞泵作用进入预热器和反应器，并在反应器中与从侧面进入的干燥空气进行氧化降解反应后进入冷却器，通过与冷却水混合使反应流体温度降低，之后经过固液分离器、回压阀及气液分离器排出系统。

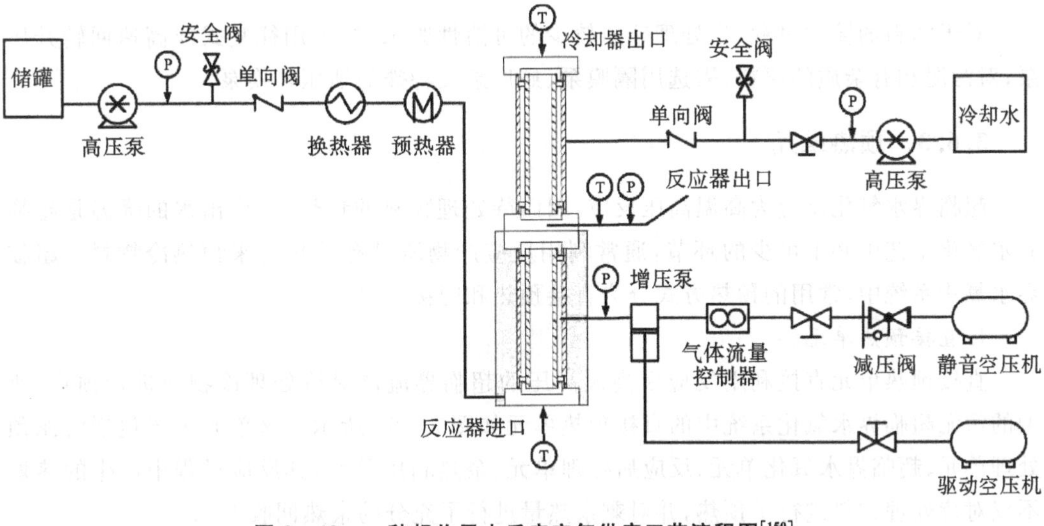

图 3－48　一种超临界水反应空气供应工艺流程图[150]

3.6.2　物料输送单元

超临界水氧化反应在高温高压下进行，所以物料在进入反应器之前需要进行升温升压等预处理。物料的升压与输送一般通过泵来完成，各种泵的适用范围如图 3－49 所示。其中，往复泵能自吸，允许吸入真空度大，特别适用于高压力、小流量、输送黏度大的液体；

离心泵构造简单，体积小，转速高(通常为 1500～3000 r/min 或更高)，流量均匀且流量范围通常为 10～350 m^3/h，最大流量可达 100 m^3/h 以上；旋涡泵扬程高(与相同尺寸的离心泵相比，它的扬程比离心泵高 2～4 倍)，结构简单，体积小；轴流泵流量大，效率高，运行平稳，可以输送含固体杂质的液体；隔膜泵属于往复泵的范畴，依靠油缸内部的活塞往复运动来改变工作室的容积，从而达到吸入和排出浆体的目的，主要应用于大流量、中压浆体的输送。

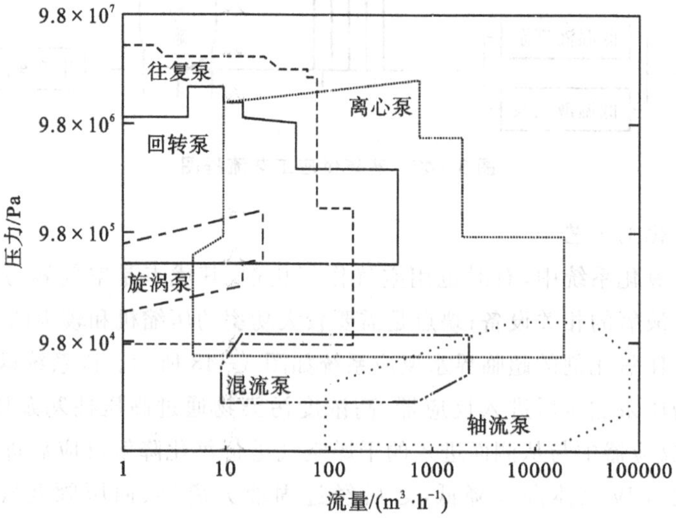

图 3-49　各种泵的适用范围

对于物料的输送过程，当处理杂质较少的可溶性废水时，可用往复式或高速回转升压泵；对污泥和有杂质的原料，需选用隔膜泵、蛇形泵或特殊的油压转换泵。

3.6.3　预热单元

超临界水氧化反应为高温高压反应，因而待处理物料的预热、反应出水的降温是超临界水氧化工艺中必不可少的环节，通常利用反应产物所具有的热量来预热冷物料。超临界水氧化系统中，常用的预热方式分为直接预热和间接预热。

1. 直接预热单元

直接预热单元直接利用反应后高温高压的超临界流体对待处理冷物料进行预热，典型的污泥超临界水氧化系统中的直接预热单元如图 3-50 所示。该单元主要包括污泥预处理单元、超临界水氧化单元、反应后处理单元、余热利用单元，其反应过程中产生的热量不仅对待处理物料进行了预热，并对剩余热量进行了充分的余热回收[151]。

污泥进入污泥预热罐中进行第一级预热升温，经均质乳化泵研磨直至粒径小于系统设定值，研磨后的污泥进入热水解反应器进行第二级预热升温，使污泥发生热水解反应，黏度减小至系统设定值；预处理后的污泥经高压变频柱塞泵打入高温预热器中，与超临界水氧化反应后的高温流体发生热交换，使污泥达到超临界条件，然后流经加热器再进入反应器中，氧化剂在反应器中与经高温预热处理的污泥中的有机物在超临界条件下发生均相反应，有机物被氧化为 CO_2、N_2 及 H_2O。

反应后的高温流体进入高温预热器对污泥进行预热，换热降温后的反应产物进入热水解反应器内对污泥加热升温使其发生热水解反应，然后进入污泥预热罐对污泥进行第一级预热，接着进入余热利用单元对反应产物进行余热回收，使流体降温至降压分离单元的设定温度后进行降压分离，最终低温低压的反应产物达标排放。

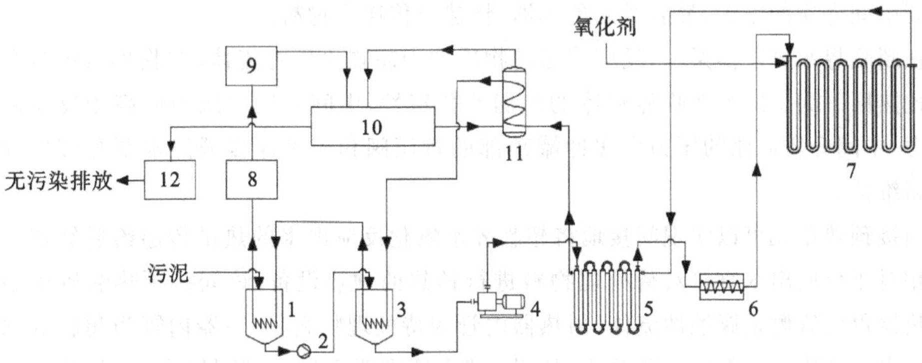

1—污泥预热罐；2—均质乳化泵；3—热水解反应器；4—高压变频柱塞泵；
5—高温预热器；6—加热器；7—反应器；8—余热利用单元；
9—降压分离单元；10—脱氨单元；11—再沸器；12—余热制热单元。

图 3-50　超临界水氧化系统中的直接预热单元[151]

2. 间接预热单元

间接预热单元则借助中间介质（超临界水、导热油等）吸收超临界水氧化反应产物的热量，然后利用这部分热量对待处理物料进行预热，主要包括物料主回路、中间介质回路及补水支路，如图 3-51 所示[152]。

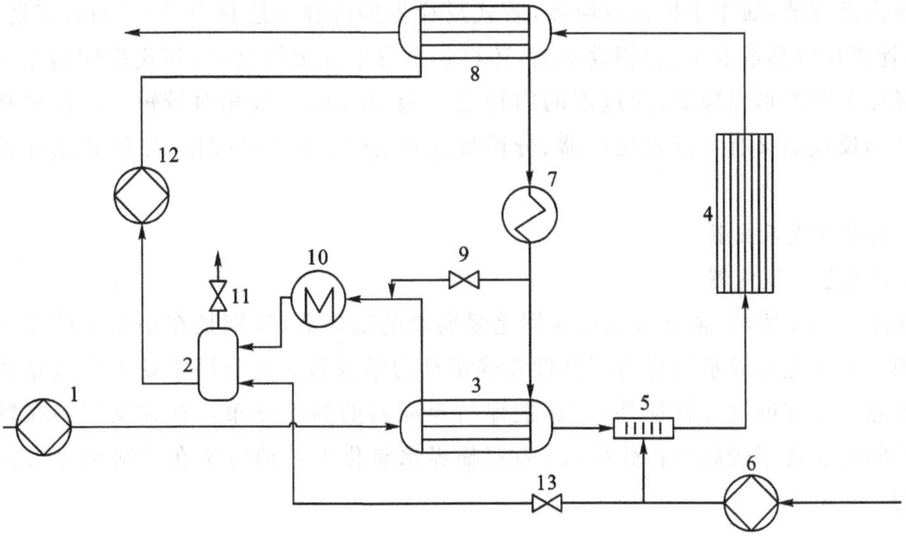

1—物料泵；2—缓冲罐；3—预热器；4—反应器；
5—喷水减温器；6—减温水泵；7—加热器；8—回热器；9—第一调节阀；
10—水冷器；11—背压阀；12—循环泵；13—第二调节阀。

图 3-51　超临界水氧化系统中的间接预热单元[152]

预处理完成的物料通过物料泵进入预热器预热到所需的预热温度，然后进入反应器进行反应，反应过程中释放一定量的热量，反应后的流体流入回热器，用于将热量传递到中间介质，同时被冷却以进入后续过程。在循环泵的作用下，从缓冲罐开始的中间介质首先通过回热器吸收反应后流体的热量，然后流过加热器，如有必要，加热器将启动，以进一步提高中间介质的温度，最后进入预热器，将热量传递给物料。

在超临界水氧化体系中，反应前后的物质均为超临界压力流体，在临界点附近存在较大的比热区。为了匹配超临界流体的焓温变化特性，中间介质的压力应高于反应后流体的压力，中间介质回路的压力由缓冲罐顶部的背压阀和用来连接减温水泵与缓冲罐的补充支路维持。

间接预热单元可以实现间接地将超临界水氧化反应出水的热量传递给后续待处理物料。相对于反应出水直接对待处理物料进行预热的预热设备，该间接预热装置中预热器和回热器仅内管侧走腐蚀性流体(预热器内管为待处理物料、回热器内管为超临界水氧化反应出水)，外管侧为干净的除盐水，因此，其内管需要采用高端耐蚀合金，外管采用碳钢或者低合金钢即可，从而降低了超临界水氧化工艺中预热-冷却设备的投资成本。同时，外管侧为干净的除盐水，避免了外管侧走脏流体(待处理物料或者反应出水)时可能发生的堵塞风险。

3.6.4 反应器

反应器是超临界水氧化的核心部件，其尺寸及材质主要由废水的性质、流量、反应温度、反应压力及反应时间决定。超临界水氧化反应器按照结构尺寸及内部流动状态可以分为管式反应器和容积式反应器。其中，管式反应器是一种呈管状、长径比很大的连续操作反应器，属于平推流反应器，管式反应器的内径一般仅有 2～5 cm，甚至更小，此外，管式反应器返混小、容积效率高，还可实现分段温度控制；容积式反应器则是一种低高径比的圆筒形反应器，反应器的内径至少为 10 cm，一般相对较短[5]。按照功能及特殊结构反应器又有逆流式反应器、分段反应器、蒸发壁式反应器、冷壁式反应器等多种类型。

1. 典型管式反应器

1)常规管式反应器

如图 3-52 所示，常规管式反应器是最简单的反应器，特别是在小型实验室单元中广泛用于研究超临界水氧化的可行性和确定动力学参数。它适用于动力学数据的获取是由于除了良好的混合特征外，它还能保持反应器的温度分布。管式反应器在较短的停留时间内实现了较高的转化率，因为超临界水氧化工艺动力学在物料浓度方面是准一级的。

图 3-52　常规管式反应器[153]

管式反应器只适用于含盐量极低或产生非黏性盐和固体的物料，否则会发生堵塞。在高循环流体中使用小直径反应器有助于避免含盐量低的物料中的盐沉积。它具有更大的灵活性，可以扩展到工业以处理更大的容量。

2)双回程管式反应器

如图 3-53 所示，该双回程管式超临界水反应器，能够广泛应用于重污染工业废水及污泥的超临界水氧化处理技术应用领域。其包括多节沿程串接的双回程管式超临界水反应器和一个超临界水在线脱固器[154]。

反应物由第一节反应器芯管接口流入，依次流经第一节反应器芯管、第一节反应器芯管-外管环隙、第二节反应器芯管-外管环隙、第二节反应器芯管、芯管接管、第三节反应器芯管、第三节反应器芯管-外管环隙，最终反应后流体经末节反应器的外管接口流出，继而由中心管流入超临界水在线脱固器。在惯性力、离心力的综合作用下，超临界水、气体等轻质组分由位于筒体侧面上部的稀相流体出口流出，流体中固相残渣(物料中原有的砂砾、矿土等，超临界水氛围下不溶解的无机盐)被分离脱出，由临界水在线脱固器底部稠相流体出口流出，实现了超临界水氛围下固相的高效连续在线分离。同时，由冷却水进口引入适量冷却水时，可使稠相流体降温至亚临界温度，无机盐重新溶解并以溶液的形式随稠相流体流出。

同时，双回程管式超临界水反应器内仅外管为承压厚壁管；芯管不承压，管壁薄，起分隔流程的作用。相对于传统单流程管式超临界水反应器，在获得相同长度反应流程的情况下，双回程管式反应器可显著降低设备耗材量，从而降低反应装置造价。

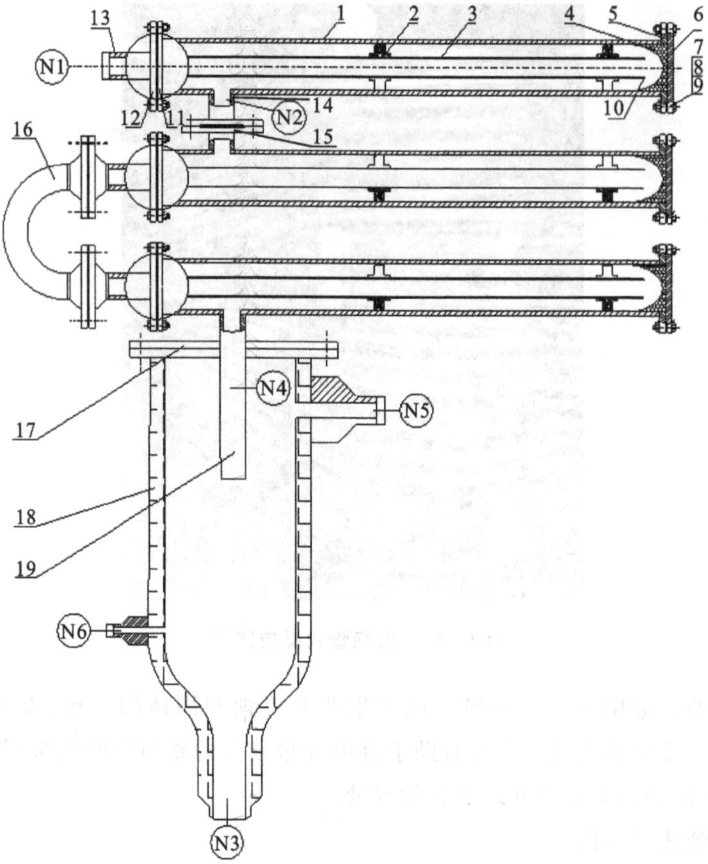

1—外管；2—支撑架；3—芯管；4—防磨顺流体；5—第二外管法兰；
6—盲法兰；7—螺柱；8—螺母；9—垫片；10—外侧倒角；
11—第一外管法兰；12—芯管贯通法兰；13—芯管接引管；
14—法兰中心孔；15—支手；16—芯管接管；17—端盖；
18—筒体；19—中心管；20—反应器接引管；N1—芯管接口；
N2—外管接口；N3—稠相流体出口；N4—反应后流体进口；
N5—稀相流体出口；N6—冷却水进口。

图 3－53　双回程管式反应器[154]

3)分段管式反应器

如图 3－54 所示，分段管式反应器具有多点注氧、分段混合的作用，能够用于高浓度难降解有机废水/污泥的超临界水氧化处理过程，其能够有效防止反应器局部超温，有效缓解材料表面氧化，提高材料的使用寿命，同时提高反应效率[155]。

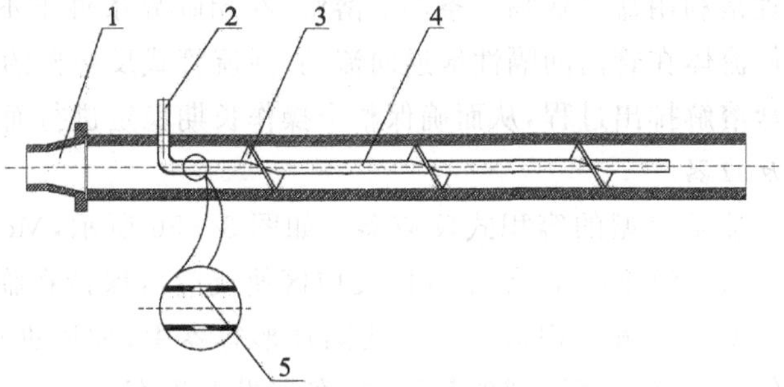

1—主物料入口；2—氧气注入口；3—螺旋部件；4—芯管；5—小孔。

图 3-54 分段管式反应器[155]

分段管式反应器的反应主管为物料入口，在管式反应器的前几个管段的侧面设有氧气注入口，氧气经并联管分流后从侧面氧气注入口进入反应器。每个氧气注入口上连接一根弯管套在主管路内部，在此称为“芯管”，芯管上开有小孔，氧气从小孔扩散进入主管路，被物料携带输送，经过一个螺旋结构进行更充分地搅拌，从而完成氧气与物料的混合过程。

分段管式反应器保证了氧气在管道内不会持续冲击某一单独区域，并保证了氧气与物料充分混合。氧气分多路从管式反应器的前几个管段进入，采用内部套管的方法，在反应主管内部设置芯管，且在芯管上开孔。氧气进入形式是通过芯管上开设的小孔注入，因此能够有效降低管道局部的氧气浓度，从而降低局部反应程度，有效防止反应器局部超温。降低局部氧浓度还可以有效缓解材料表面的氧化，提高材料的使用寿命，通过这种设置，可以做到氧气的均匀注入，减轻材料的腐蚀倾向，提高管式反应器的安全性和使用寿命。

4)逆流管式反应器

如图 3-55 所示，逆流管式反应装置及其操作流程与具有溶盐池的逆流反应器设计思路相似，图中的 3 个换热器将反应器分隔成 2 个特性完全不同的受热区，即超临界区与亚临界区。运行时，周期性交替地将有机废水从 A 端或 B 端送入管式反应器进行氧化反应，调节换热器的热交换方式以使物料流与换热流体始终处于逆流状态，并确保两段受热区中的一段为超临界区，而另一段为亚临界区，整个操作周期经历了 4 个步骤。

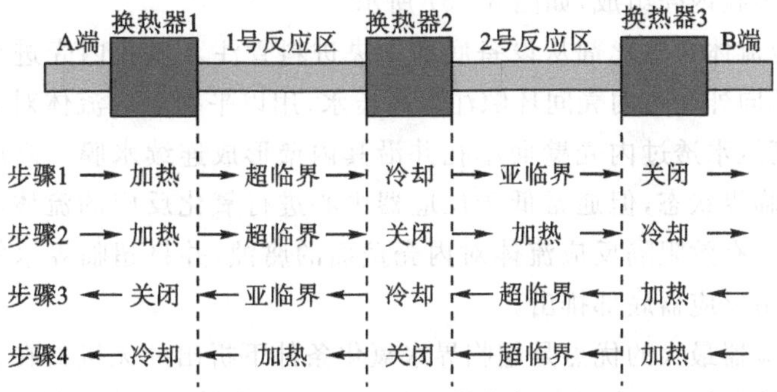

图 3-55 逆流管式反应器

反应器工作原理是利用盐在亚临界条件下溶解、在超临界条件下不溶解这一特性，通过周期性调控装置使流体在管内间隔性地逆向流动，逆流管式反应器的1号与2号反应区交替进行盐沉积与盐溶解排出过程，从而确保整个操作长期稳定进行而不堵塞设备。

2. Modar 罐式反应器

Modar 罐式反应器是典型的容积式反应器。如图 3 – 56 所示，Modar 罐式反应器由两个均处于超临界压力的温度区组成，上部的反应区使反应器保持在临界温度以上，下部的冷却区在亚临界温度下溶解沉积盐。在立式圆柱形容器中，加压进料和氧化剂通过同轴喷嘴向下喷射到位于容器上部区域的热区中，在那里发生有机物和可氧化无机物的氧化，同时气相产物从容器的顶部区域排出。超临界流体相中最初存在或形成的不溶性盐形成致密的盐水滴或固体沉淀物，通过注入冷水，它们在重力作用下落入保持在反应器底部区域的液相中。底部较低温度的液相提供了重新溶解可溶性盐和形成不溶性颗粒浆液的介质。所得盐水溶液或浆液通过位于压力容器下部区域的排放喷嘴从压力容器中排出。

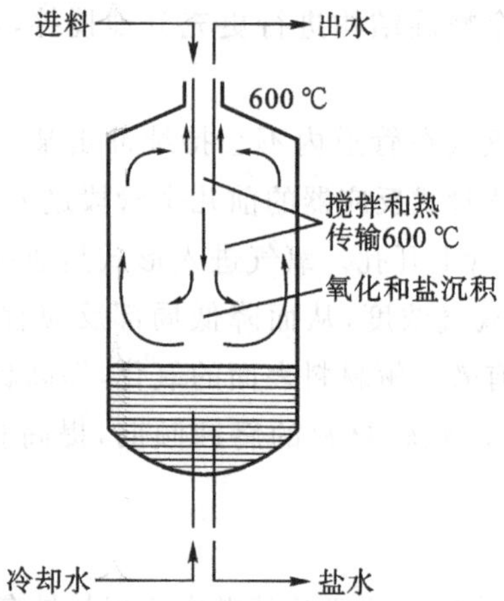

图 3 – 56　Modar 罐式反应器[4]

3. 蒸发壁式反应器

为了在反应区盐沉积于器壁上之前将其溶解，可以借助蒸发壁式（借鉴蒸汽轮机的原理而设计）概念，设计一种安装有外部耐压管和内部多孔壁的蒸发壁式反应器。反应器主体由承压外壳与多孔内壳组成，如图 3 – 57 所示。

运行时，反应流体及氧化剂从设备底部中央进料管注入多孔内壳进行超临界水氧化反应；从设备顶部向外壳与内壳间环隙注入高压水，用以平衡反应流体对多孔内壳所形成的压力，同时此高压水透过内壳壁面小孔并沿其内壁形成连续水膜。高压渗透水的温度可为亚临界或超临界状态，但通常低于反应器中心进行氧化反应的流体温度。内壳壁面连续流动的水膜可有效阻隔反应流体对内壳壁面的腐蚀，并将超临界水氧化过程析出的盐裹挟或溶解而由反应器底部排出。

蒸发壁式反应器最大的优点是超临界水氧化条件下析出的无机盐在接触反应釜内壁之前被冲洗或冲洗溶解，有效解决了无机盐的沉积和工程堵塞问题，保证了超临界水氧化装置的长期连续安全运转[157-158]。

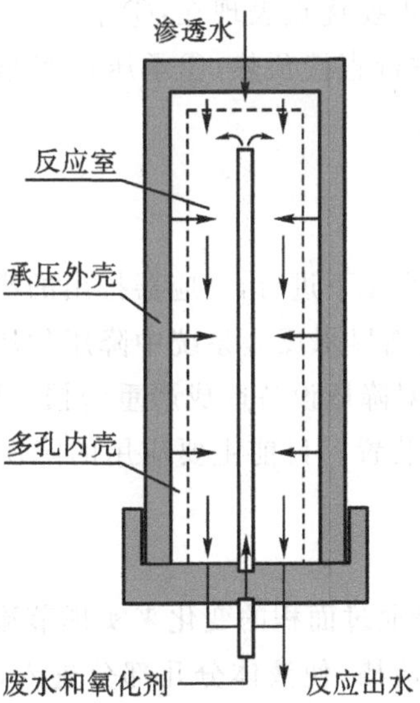

图 3-57　蒸发壁式反应器[2]

4.冷壁式反应器

如图 3-58 所示，冷壁式反应器的反应壁分为承压壁和非承压壁，二者之间引入一股温度较低的水（或反应流体）冷却非承压壁，使其内表面处于亚临界温度。因此，析出的无机盐在亚临界温度下重新溶解，不会沉积在反应器的非承压壁上，避免了反应器堵塞。因为正常的冷流体比热流体的密度高，流体的外围比中心区域温度要低。此种反应器可承受的压力为 69 MPa，承受的温度范围为 700～850 ℃。

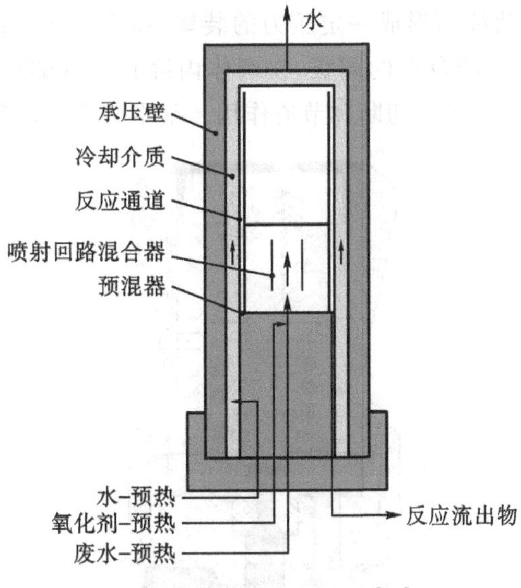

图 3-58　冷壁式反应器[159]

冷壁式反应器在使用时冷流体的温度需要根据盐的溶解度曲线以及壁面换热确定。较低的冷壁温度存在的问题包括：①影响反应；②壁面处于亚临界温度，反应生成的酸增加壁面腐蚀速率；③壁面处于亚临界温度，壁面处的物料反应可能不彻底；④边界结垢或盐沉积后使换热系数降低。其主要优点表现在:①壁面处亚临界温度有效避免了盐沉积问题;②可以通过冷壁对进料进行直接预热;③承压壁和非承压壁(反应壁)分开,降低了腐蚀,提高了反应器的耐压性能。

3.6.5 降压单元

超临界水氧化反应在高温高压下进行,反应器排出的高温高压产物必须经降温、降压后才可以从系统中排出。而超临界水反应系统中降压的压差在 20 MPa 左右,降压过程中,反应产物流速急剧增大,会对降压设备造成严重磨损。面对如此巨大的压差和恶劣工况,需要设置可靠、有效的降压装置。目前主要应用的降压方法有调压阀降压法、毛细管降压法和能量转换降压法[160]。

1.调压阀降压法

调压阀又名控制阀,一般是通过面积的变化来实现节流降压的。以液体介质为例,在调节阀内部设计节流孔或者节流槽,使液体分几部分进入,在节流孔的最小断面处,液体介质流速被加速到最大,这样液体与阀内件会产生巨大的摩擦力,造成摩擦损失,于是压力被大幅降低。液体介质在通过节流孔之后,流道骤开,扩容后流速降低、压力降低。目前使用调压阀减压的方法主要有 3 种:单独使用一个调压阀;调压阀串联;调压阀并联。

1)单独使用一个调压阀

单独使用一个调压阀的减压方式主要用在实验室小试装置中,普遍采用一个背压阀安装在换热器出口处的管道上控制整个系统的压力。该方法的优点是系统控制简易,流程简单。缺点是系统的压力控制集中在一个点上,系统的控制精度不可调,且背压阀易堵塞,安全性和稳定性难以保证,因此不利于工业化放大,只能用在实验室小试装置上。

背压阀是根据阀的功能而形成一定压力的装置,压力一般可以调节。如图 3-59 所示,背压阀的启闭件是一个圆盘形的阀板,在阀体内绕其自身的轴线旋转,从而达到启闭或调节的目的。在管道上主要起切断和节流作用。基本可分为调节和过流两部分。

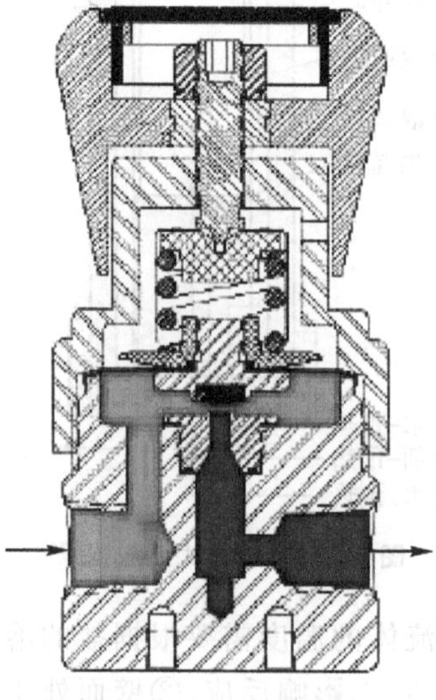

图 3-59 背压阀

流体从背压阀进口进入，被膜片阻挡，于是流体对膜片产生向上的压力。当压力足够大时，弹簧被压缩，流体顶起膜片形成通道，从背压阀出口流出；若流体压力不够，就会形成憋压，使进口压力上升直到达到额定压力，顶起膜片形成通路。

在管路或是设备容器压力不稳的状态下，背压阀能保持管路所需压力，使泵能正常输出流量。在泵的出口端由于重力或其他作用常会出现虹吸现象，此时背压阀能消减由于虹吸产生的流量及压力的波动。

2)调压阀串联

为了克服单独使用一个调压阀而导致超临界水反应系统压力控制精度不可调的问题，杜娟等[161]公开了一种由 $m(m\geqslant2)$ 个压力调节阀通过管路串联组成的压力控制装置，如图 3-60 所示。该系统包括多个具有不同流通能力参数的压力调节阀，这些压力调节阀通过管路串级连接。根据系统压强和预设压强的比较，通过精确控制各个调压阀的开度，实现超临界水系统压力的精确控制。尽管该方法能够实现精确控制系统压力的要求，但同样存在阀门易堵塞、易磨损的问题，而且串联的阀门当中如果有一个阀门发生堵塞，则整个降压系统将发生故障而无法工作，因此，这种调压方法在工程应用中使用较少。

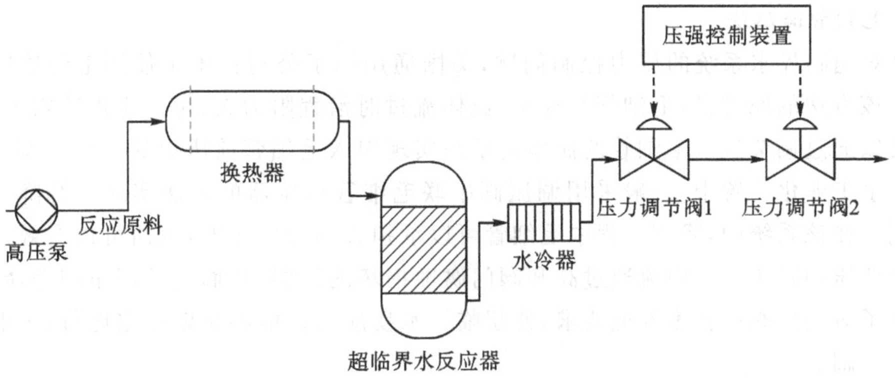

图 3-60　一种超临界水氧化反应系统的压力控制装置示意图[161]

3)调压阀并联

为了使超临界水氧化反应系统能够长期稳定运行，且当降压单元损坏时可以便利地更换和维修，郄雪光等[162]提出了一种调节阀通过管路并联组成压力控制装置的超临界水氧化反应系统，如图 3-61 所示。该系统在降压过程中，巨大的压差由降压单元中的调流阀和毛细管共同承担，并且，毛细管承担了大部分的压差，从而保护了调流阀，延长了调流阀的使用寿命，使该超临界水氧化反应系统能够长期稳定运行，同时也降低了对调流阀的技术性能的要求。

此外，当该系统工作时，A 路降压单元和 B 路降压单元中的一路降压单元开启，另一路降压单元备用，当开启的一路降压单元损坏，需要更换、维修时，则需将备用的一路降压单元开启，使该超临界水氧化反应系统仍能正常工作。

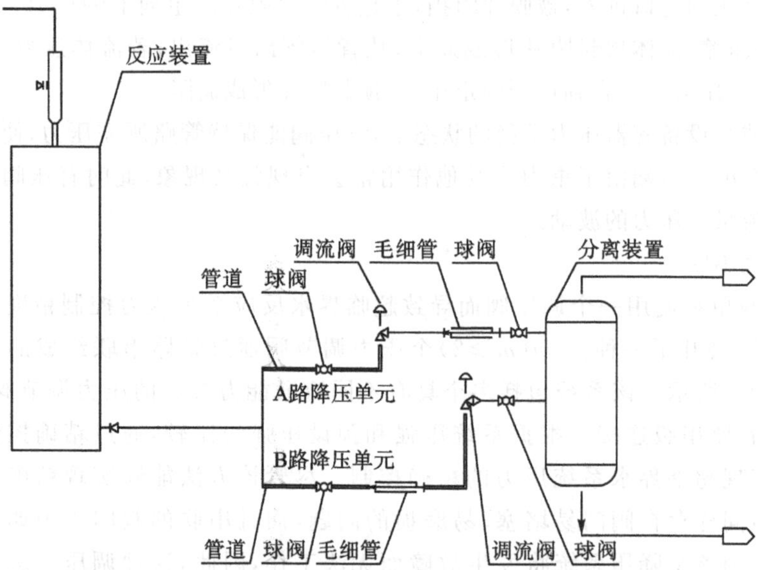

图 3-61　一种超临界水氧化反应系统的压力控制装置示意图[162]

2.毛细管降压法

针对超临界水系统的压力控制问题，美国通用原子公司提出了使用毛细管降压的方法。该方法的原理是：毛细管管径小，流体流过时沿程阻力大，可以实现物料的降压，并且可以通过调节进入毛细管的流体流量来实现引入毛细管前压力的精确控制。现有超临界水工业化装置中，一般采用调压阀串联毛细管降压器的方法实现系统降压和压力控制。在该系统中，降压过程中毛细管可以承担大部分的压差，从而可以有效避免采用单个调压阀降压时管内流速过高和阀门腐蚀损坏的问题，从而延长调压阀寿命，同时也降低了对调压阀的技术性能要求，使超临界水反应系统能够长期稳定运行，工业化应用前景广阔。

毛细管降压可有效避免降压采用单个阀门时，管内流速过高和磨损严重的情况。在现有的超临界水工业化装置中，大多采用毛细管结合阻力水的降压系统，在毛细管前引入一股阻力水，通过调节阻力水流量，来实现对系统压力的精确控制。

瑞典 Chematur Engineering AB 公司开发的城市污泥超临界水氧化装置，处理量为 7 m^3/h，含固率为 15%。通过将流量分配在很多长的毛细管中来实现压降，准确的压力控制通过调节引入毛细管前的阻力水流量来实现，这种方式可以使磨蚀现象最小化，并且当需要时毛细管更换也很便宜。美国 Hydroprocessing 公司开发的哈灵根水厂 132 m^3/d 城市污泥超临界水氧化工艺，也采用毛细管实现系统降压，降温后的固液混合物，流经毛细管实现降压后，再进行固液分离。

如图 3-62 所示，美国杜克大学所开发的城市污泥超临界水氧化毛细管降压系统，通过一系列的毛细管来实现冷却后物料降压，通过毛细管后的截止阀来实现毛细管切换[163]。

图 3-62　美国杜克大学开发的超临界水氧化毛细管降压系统[164]

3. 能量转换降压法

能量转换降压法的原理是：将超临界水系统中反应产物的压力能转化为其他形式的能量，从而达到系统降压的目的。赵晓等[165]公开了一种超临界水氧化降压装置，如图 3-63所示。该装置内设置叶轮和喷嘴，超临界水系统的反应产物经降温后，通过喷嘴输入到降压装置壳体内，反应产物的压力能转化为叶轮的机械能，实现了系统降压。该降压方法无需使用阀门，降低了系统堵塞风险，有利于工业化放大。该方法也存在一些缺点，如叶轮由于受到超临界物质的撞击而容易损坏等。

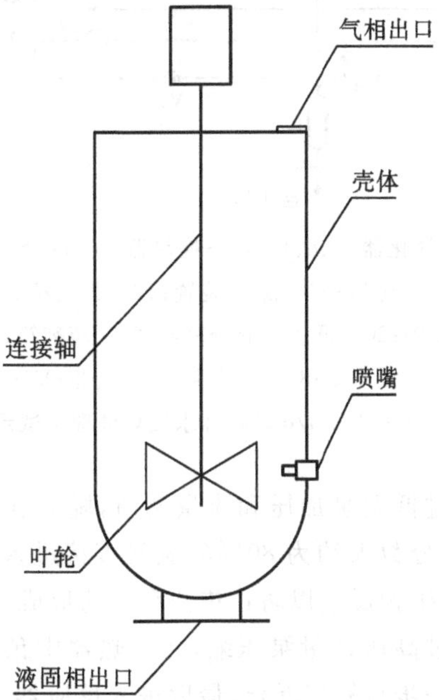

图 3-63　一种超临界水氧化降压装置的结构示意图[165]

3.7 国内典型超临界水氧化处理系统

3.7.1 国内首套3 t/d超临界水氧化中试装置

在国家“863计划”项目的支持下，本书编者团队在2009年率先建成国内首套3 t/d超临界水氧化处理中试示范装置[166]，如图3-64所示。该装置运行安全可靠，能量效率高，适用于有机废液或污泥的超临界水氧化处理及资源化利用，处理后的液体可以回收利用，各项指标达到了国际同类设备的先进水平，填补了国内超临界水氧化技术领域的空白。

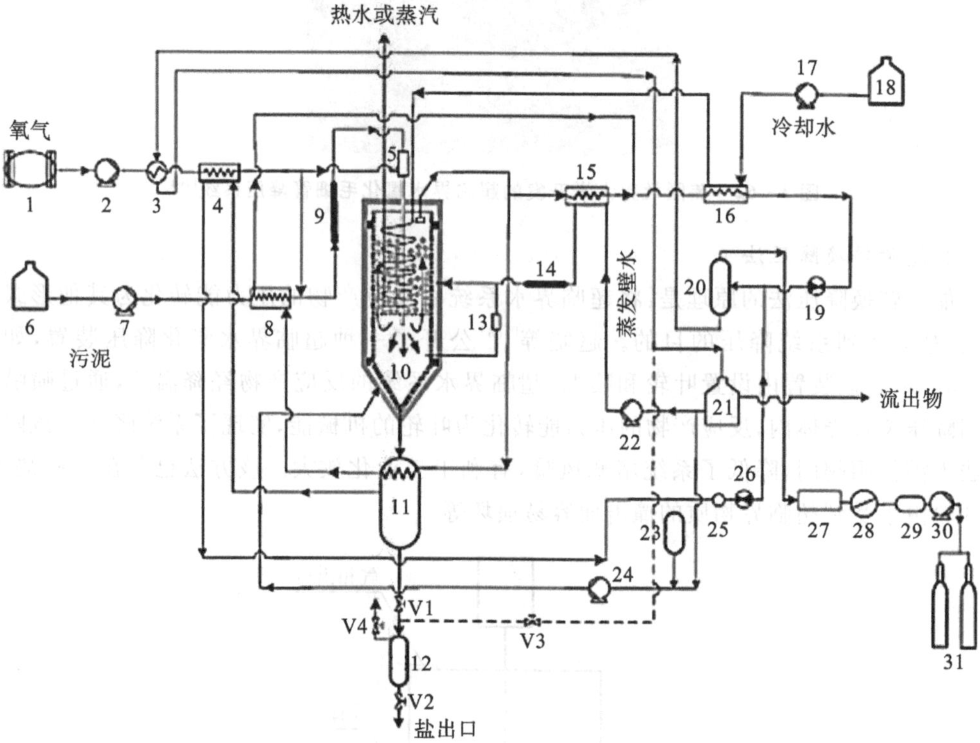

1—液氧储罐；2—低温泵；3—气化器；4、8、15、16—换热器；5—混合器；6—物料罐；7、22、24—高压计量泵；9、14—电加热器；10—反应器；11—除盐装置；12—集盐槽；13—压力平衡装置；17—高压泵；18、21—水箱；19、26—背压阀；20—低压气液分离器；23—药剂箱；25—过滤器；27—干燥器；28—流量计；29—缓冲罐；30—压力泵；31—气瓶；V1～V4—电动阀。

图3-64 国内首套3 t/d超临界水氧化处理中试示范装置[166]

该装置运行时，液氧通过低温泵加压和流量调节，随后在气化器中汽化，然后气态氧进一步被换热器预热。质量分数大约为80%的氧气直接进入混合器，其余的氧气与来自换热器出口的原料混合并发生预反应以防止焦油和炭的形成。

均化后的废液/污泥通过高压计量泵压缩，在换热器中预热，在装置启动阶段由电加热器加热，并在混合器中进一步与氧气混合，最后进入反应器进行氧化反应。超临界温度下的沉淀盐落到反应器底部的亚临界区重新溶解。大量除去无机盐的反应液逆向进入催化剂箱，然后从反应器顶部出口流出。

反应器顶部出水分为两路流体，第一路流入除盐装置，然后进入换热器预热原料；第二路被转移到换热器中以预热蒸发壁水。两路流体通过换热器汇聚、冷却，然后由背压阀降压。气态产品和液态产品在低压气液分离器中分离，分离出的液体进入气化器预热液氧；之后部分无污染地从水箱排出，其余用作蒸发壁水被输送到换热器中，其流速由带有传感器的高压计量泵调节。在装置启动阶段，蒸发壁水被电加热器预热，然后进入反应器冷却其承压壁，并形成保护水膜，重新溶解或冲洗掉超临界条件下沉淀的盐类和腐蚀性物质。

进入除盐装置的高浓度盐流体被高温反应器流出物预热至超临界温度。沉淀出的盐分和不溶性盐分在重力和惯性作用下落入除盐装置底部，然后进入集盐槽。除盐装置顶部的清洁流体流入换热器进行冷却，然后由过滤器过滤，并由背压阀降压。气态和液态产品由低压气液分离器分离。安装流量计测量气体流量，气体产品经压力泵压缩后可被气瓶收集。来自水箱的液体与来自药剂箱的碱化合物（NaOH）溶液结合，被高压计量泵压缩，然后流入反应器底部形成保护水膜、流入亚临界区洗掉腐蚀性物质重新溶解沉淀的盐。此外，当反应器流出物中的热量过剩时，来自水箱的冷却水被高压泵泵入换热器和反应器以产生热水或蒸汽。

超临界水氧化的运行成本受采用的设备、处理能力、有机物浓度和种类、运行条件等因素所影响。如表 3-10 所示，当用于处理 92%含水率的污泥时，该中试规模装置的运行成本估计约为 76.56 美元/干吨污泥。该装置可实现热能自给，运行过程中运行的泵只需要电力。系统中还可产生 1.25 t/h 的 80 ℃热水产量，相应的收入约为 1.92 美元/h。如果同时考虑 CO_2的收入，总运行成本将低于 76.56 美元/干吨污泥。如表 3-11 所示，超临界水氧化装置设备投资约 58 万美元，可以看到，高水平的自动控制系统导致设备投资费用变高。

表 3-10 国内首套 3 t/d 超临界水氧化中试装置运行费用[166]

费用类型	消耗量	单价/美元	花费/(美元·h^{-1})	花费/(美元·干吨$^{-1}$)
人力	0.5 h/h	0.9192	0.4596	45.96
氧气	7.0 kg/h	0.0996	0.6972	69.72
电力	12.5 kWh/h	0.1072	1.3400	134.00
冷却水	1.25 m^3/h	0.0613	0.0766	7.66
药剂	0.1 kg/h	0.3064	0.0306	3.06
维修	—	—	0.0766	7.66
热水(收入)	−1.25 t/h	−1.532	−1.9150	−191.5
总计	—	—	0.7656	76.56

表 3-11 国内首套 3 t/d 超临界水氧化中试装置与焚烧装置的经济性比较[166]

指标	超临界水氧化中试工厂	焚烧工厂
处理能力/($t \cdot d^{-1}$)	3	213
水含量/%	92	70
投资/万美元	58	1226
运行费用/(美元·干吨$^{-1}$)	76.56	81.66

由表 3-11 看到，石洞口污水处理厂（中国上海）斥资 1226 万美元建设了一座处理能力为 213 t/d 的焚烧厂，处理含水率为 70%的污泥，该厂的运行费用为 81.66 美元/干吨污泥。因此，可以得出结论，在同等处理条件下，超临界水氧化装置的设备投资高于焚烧装置。随着处理能力的提高和副产收入的提高，中试装置的运行成本将进一步下降，会明显低于焚烧的运行成本。

3.7.2 制药废水的超临界水氧化处理系统

制药废水是指在制药过程中产生的废水，主要来源是抗生素、合成药物以及中成药生产，其成分较为复杂，在处理过程中难以降解。我国于 2019 年提出了一种新型化学合成制药类废水综合处理系统[167]，流程图如图 3-65 所示。

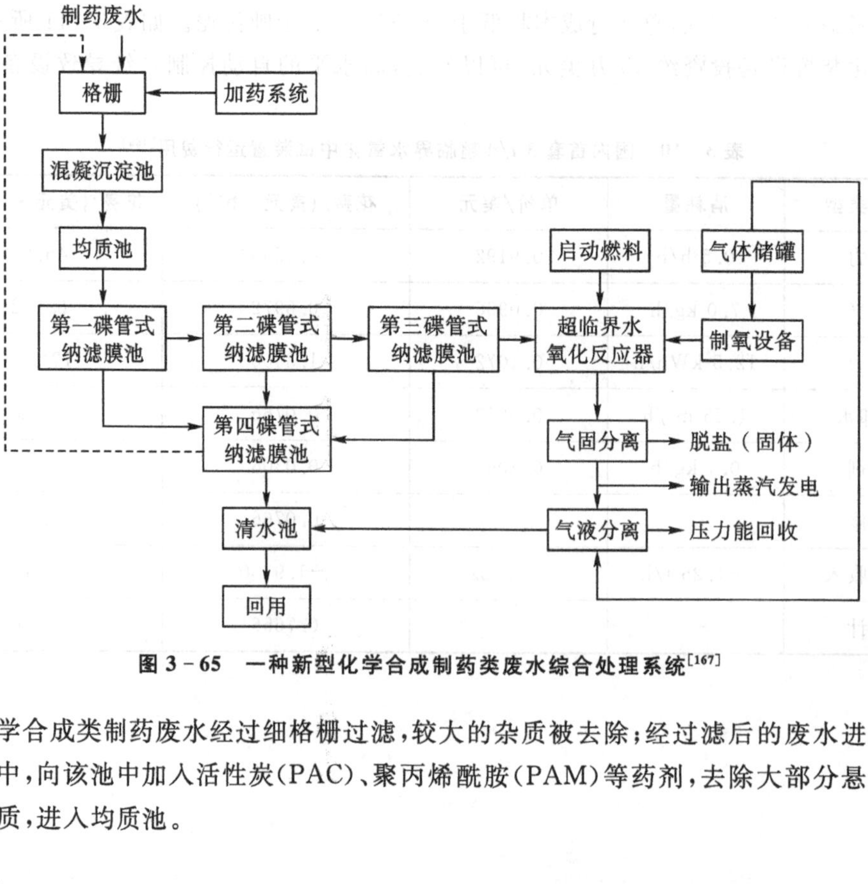

图 3-65 一种新型化学合成制药类废水综合处理系统[167]

化学合成类制药废水经过细格栅过滤，较大的杂质被去除；经过滤后的废水进入混凝沉淀池中，向该池中加入活性炭(PAC)、聚丙烯酰胺(PAM)等药剂，去除大部分悬浮物和胶体物质，进入均质池。

污水经过均质后，进行膜过滤，而后依次进入第一碟管式纳滤膜池、第二碟管式纳滤膜池、第三碟管式纳滤膜池进行三次过滤浓缩，经过三次过滤浓缩后的浓水进入超临界水氧化系统；从第一碟管式纳滤膜池、第二碟管式纳滤膜池、第三碟管式纳滤膜池的产水口出来的水共同进入第四碟管式纳滤膜池进行再次过滤浓缩，第四碟管式纳滤膜池的产水进入清水池回用；经过第四碟管式纳滤膜池产出的浓水回用到细格栅继续进行膜浓缩处理。

污泥流体经过预处理后经喷嘴进入超临界水氧化反应器，温度迅速升高，达到超临界态，与同时送入反应器内的过量氧气(过氧系数为 1.5～2.0)充分混合，发生氧化反应，其特征是反应在数秒内完成，有机物的降解率高达 99%以上，氧化生成二氧化碳、水、氮气、无机盐，无二次污染。

在超临界水氧化反应器内氧化反应后的超临界流体和无机盐通过气固分离系统进行分离，无机盐以固体的形式脱除由固体盐类收集设备收集，最后由无机盐回收反应器回收。无机盐回收反应器底部制有排盐口，反应器上部设有超临界流体出口，超临界流体出口连接串联的一级换热器、二级换热器及三级换热器。

脱盐后的超临界流体进入热交换系统多级换热，热能转换为蒸汽进入蒸汽利用设备进行发电或供暖等；超临界流体经多极换热后，其温度为 100～200 ℃、压力为 22～35 MPa，进入压力能回收系统，释放压力并输出动能后进入气液分离系统；气液分离系统通过背压阀控制压力到 5～10 MPa，进行气相和液相分离，气体部分为二氧化碳和多余氧气，液体部分为水，气液分离得到的清水直接进入清水池予以利用，气体部分进入富氧回用系统。

气液分离后的含二氧化碳、多余氧气的气体在富氧回用系统经过脱水、换热降温、精馏，得到液态二氧化碳和富氧气体，液态二氧化碳由收集设备收集，富氧气体收集在气体罐内，可直接进入本系统的氧气制备系统予以利用。

该系统针对化学合成类制药废水 COD 变化范围比较大的情况，将膜富集(membrane enrich treatment，MET)与超临界水氧化结合运用，在超临界水氧化工艺的前端添加膜富集工艺对废水进行浓缩，可使更大范围 COD 值的化学合成类制药废水能够进行超临界水氧化处理，实现减量化、资源化、无害化，有机物去除率可达 99%以上，出水色度达标；对发酵类制药废水处理过程中产生的资源、能源直接利用或回收，降低处理成本，经济效益更好。

3.7.3　印染污泥的超临界水氧化处理系统

我国污水处理厂每天产生污泥量多达数千万吨(含水率为 80%)，但在如此规模庞大的污泥总量下，借助堆肥处理回归土地的污泥数量仅占总量的 10% 左右，20% 按照卫生填埋、焚烧等方式处理，其余近 70% 都只做简单填埋堆放，对区域环境生态造成了直接污染危害。超临界水氧化技术在无害化处理与资源化利用有机废物方面具有突出的优势，同样适用于处理污泥，如城市污泥、含油污泥、印染污泥等。以印染污泥为例，本书编者团队提出了一种 50 t/d 印染污泥的超临界水氧化处理工业化装置，流程图如图 3－66 所示。

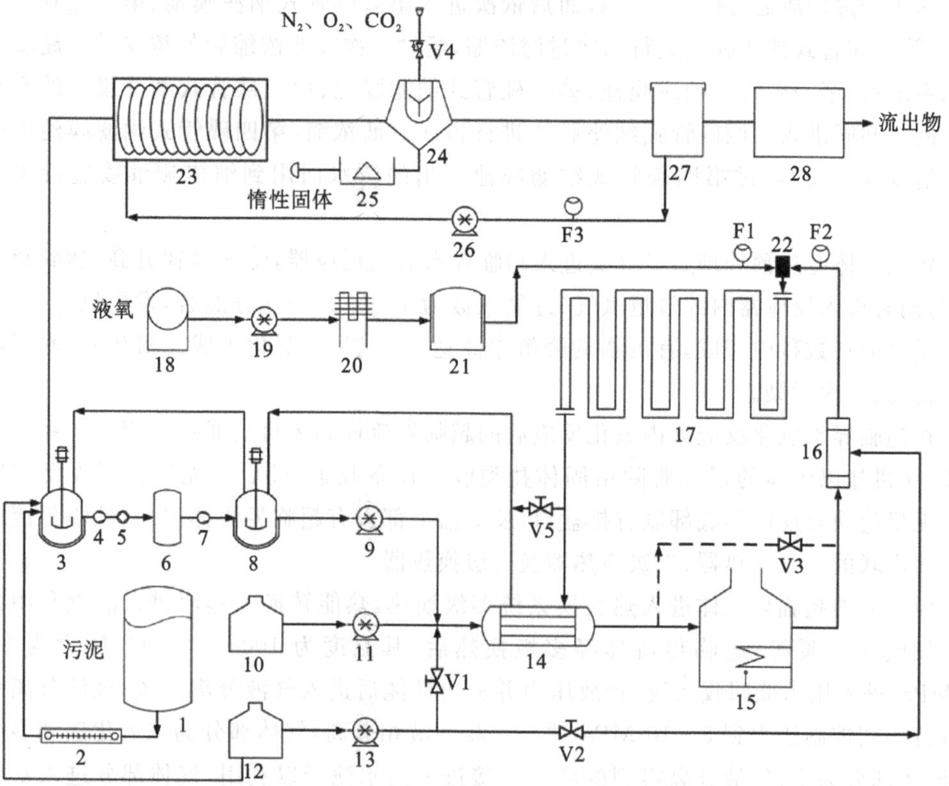

1,6—污泥池;2—螺旋输送机;3—制备槽;4,7—螺杆泵;5—均质乳化泵;
8—污泥缓冲罐;9—隔膜泵;10—甲醇罐;11,13,26—柱塞泵;12—水箱;
14—换热器;15—加热器;16—多喷嘴减温器;17—反应器;18—液氧罐;19—液氧泵;
20—气化器;21—氧气缓冲器;22—混合器;23—减压装置;24—三相分离器;
25—离心脱水机;27—废水缓冲罐;28—二级处理单元;
F1～F3—流量计;V1～V5—电动阀。

图 3-66 印染污泥的超临界水氧化处理系统[168]

污泥和水在制备槽中混合,污泥在那里被稀释到目标含水量,然后均质乳化泵用于将饲料研磨至设定的粒度,该粒度足够小以防止在设定速度下盐分的沉积。原料被泵入污泥缓冲罐进行二级预热,然后由隔膜泵压缩至超临界压力,在换热器中预热。最后,达到超临界水温的原料到达混合器。液氧在气化器中加压汽化,储存在氧气缓冲器中,然后在混合器中与气态氧进一步混合。原料在反应器中被氧气氧化并释放大量热量。

反应器出水依次流入换热器、污泥缓冲罐内的盘管换热器和污泥制备槽盘管换热器进行热回收。然后,冷却的流出物被减压装置减压。气态产品、固态产品和液态产品在三相分离器中进行分离。这是一种可以将气体、固体颗粒和水分离成三部分的机器。气态产品主要含有过量的氧气、二氧化碳和氮气,可直接排放到大气中。固体产品主要含有石英、黏土等无害物质,经离心脱水机深度脱水。分离出的液体进入二级处理单元进行进一步处理,包括氨回收、除磷和生物处理。

如表 3－12 所示，该商业工厂的运行成本约为 110.65 美元/干吨污泥，用于处理含水量为 88%的污泥。尽管在工业化装置中可以实现热量自给自足，但仍需要大量电力来维持多个泵和搅拌器的运行。

表 3－12　50 t/d 印染污泥超临界水氧化工业化装置运行费用[168]

费用类型	消耗量	单价/美元	花费/(美元・h^{-1})	花费/(美元・干吨$^{-1}$)
电力	271.65 kWh/h	0.1	27.17	65.21
氧气	222 kg/h	0.09	20.84	50.02
药物	2.97 kg/h	0.09	0.27	0.65
人力	8 h/h	1.39	11.2	26.88
固体残渣(收入)	−0.37 t/h	−53.84	−19.93	−47.83
维护费	—	—	6.55	15.72
总计	—	—	46.10	110.65

如表 3－13 所示，该超临界水氧化工业化装置的设备投资成本约为 312 万美元。由 Inconel 625 和 Incoloy 800 制成的反应器和换热器的成本分别约占整个投资成本的 40%。此外，高水平的自动控制系统需要大量的电动阀门和仪表，也导致投资成本较高。

表 3－13　50 t/d 印染污泥超临界水氧化工业化装置投资费用

指标	西安交通大学工业化装置	西安交通大学中试装置[166]	Hydroprocessing[169]	Chematur Engineering AB[170]	Superwater Solution[171]
处理能力	50 t/d	3 t/d	150 t/d	168 m^3/d	35 t/d
水分含量/%	80	92	91.94	85	90
设备投资/万美元	312	58	300	411	3370
运行费用/(美元・干吨$^{-1}$)	110.65	76.56	100	105	268

3.8　国外典型超临界水氧化处理系统

3.8.1　Hydroprocessing

2001 年，Hydroprocessing 公司为美国得克萨斯州的 Harlingen 废水处理厂建造了第一台商用超临界水氧化污泥处理设备[172]，其流程图如图 3－67 所示。

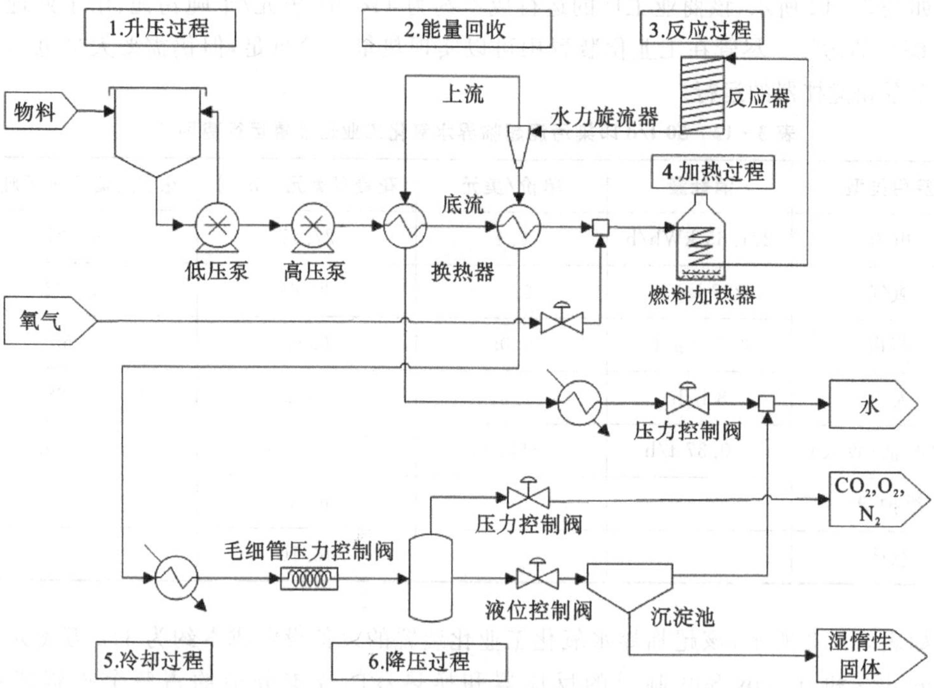

图 3-67 Hydroprocessing 公司超临界水氧化系统污泥处理流程图[172]

在 Hydroprocessing 系统中,水力旋流器用于分离经过反应器后的流体并使固体保持在底流中。液相产物和含有固相的底流产物分别用于加热物料。加热后的物料与氧气混合,一起进入燃气加热器进一步加热。然后,它们进入管式反应器反应。有趣的是,含有固体的底流是由毛细管减压装置以其摩擦阻力来减压的。

前期运行结果表明,污泥液相中 COD、氨和总固体的破坏效率分别为 99.93%~99.96%、49.6%~84.1%和 92.89%~98.90%。含有污泥固相的底流中 COD、氨和总固体的破坏效率分别为 99.92%~99.93%、49.6%~86.4%和 62.72%~88.94%[172]。然而,出水氨含量为 410~2075 mg/L,远高于相关排放标准,表明氨的顽固性及难以彻底被降解[97-98]。由于出水氨浓度较高,可将其作为营养物输送至市政污水厂或工业工厂。

燃气加热器的热量约为 4100 kWh/干吨污泥,耗氧量为 1500 kg/干吨污泥,泵耗电量为 550 kWh/干吨污泥,产生的净运行和维护成本大约为 100 美元/干吨污泥[169]。

3.8.2 Chematur Engineering AB 公司和 SCFI 集团

Chematur Engineering AB 公司在瑞典卡尔斯库加建造了一个 6 t/d 的示范装置,用于处理未消化污泥和消化污泥,该装置自 1998 年开始运行[170]。Chematur Engineering AB 公司将超临界水氧化工艺授权给日本 Shinko Pantec 公司,他们在日本神户建造了一个容量约为 26.4 t/d 的试验性超临界水氧化装置,用于处理市政污泥[173],其流程图被称为 Aqua Critox 工艺,如图 3-68 所示。

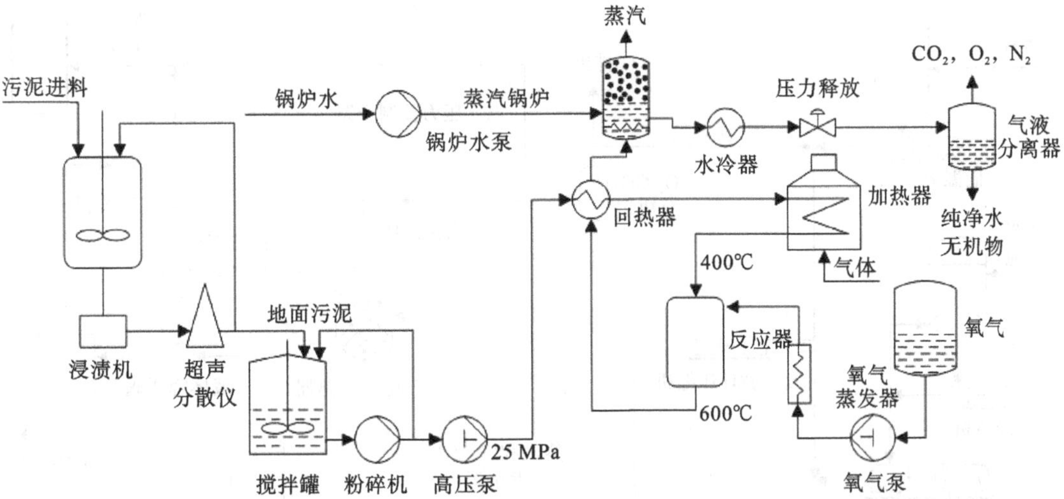

图 3-68　Chematur Engineering AB 公司超临界水氧化系统污泥统处理流程图[170]

该系统由一系列均质污泥设备组成，包括桨式混合器的进料罐、浸渍机、分散机（ULTRA-TURRAX）和研磨机。前三个设施与单泵一起构成了一个再循环回路，在批量操作期间起尺寸减小和均质化作用。均质化后，污泥进入软管隔膜活塞泵加压至约25 MPa，然后被泵送到由反应器流出物加热的双管省煤器。由于高速和减小的进料粒度，避免了省煤器中的结垢问题。热交换后，污泥进入加热器进一步升温。预热的污泥和氧气随后进入反应器。为准确控制高浓度污泥的反应温度，分加入急冷水和注氧两阶段进行。与 Hydroprocessing 处理系统类似，流出物由并行的毛细管减压，应用许多毛细管而不是单个毛细管以最小化腐蚀并控制毛细管中流体的速度[174]。

测试表明，所有有机物都可以很容易地被破坏。当温度大于 520 ℃时，COD 去除率大于 99.9%，需要高于 540 ℃的温度才能完全破坏总氮。对于 168 m^3/d 的系统，燃气加热器消耗的天然气约为 21.9 Nm^3/干吨污泥，耗氧量为 1048 kg/干吨污泥，电耗为 229 kWh/干吨污泥，工艺用水量为 1.7 m^3/干吨污泥，冷却水用量为 100 m^3/干吨污泥，反应热产生的蒸汽为 4200 kg/干吨污泥，净运行维护成本约为 105 美元/干吨污泥[173]。

2007 年，SCFI 集团从瑞典 Chematur Engineering AB 公司获得了超临界水氧化技术的专利（Aqua Critox®）[175]。SCFI 集团的下一步工作强调了降低成本。如果需要，污泥中残留的无机部分可以作为磷酸和铁混凝剂回收。上清液中的正磷酸盐占进水总磷的 78%，也可以使用流化床结晶技术回收[176]。

3.8.3　Superwater Solution 公司

从 2009 年到 2011 年，Superwater Solution 公司为美国佛罗里达州奥兰多市的乔治铁桥区安装了污水回收设施并成功测试了 5 干吨/d 的超临界水氧化系统[171]，其流程图如图 3-69 所示。

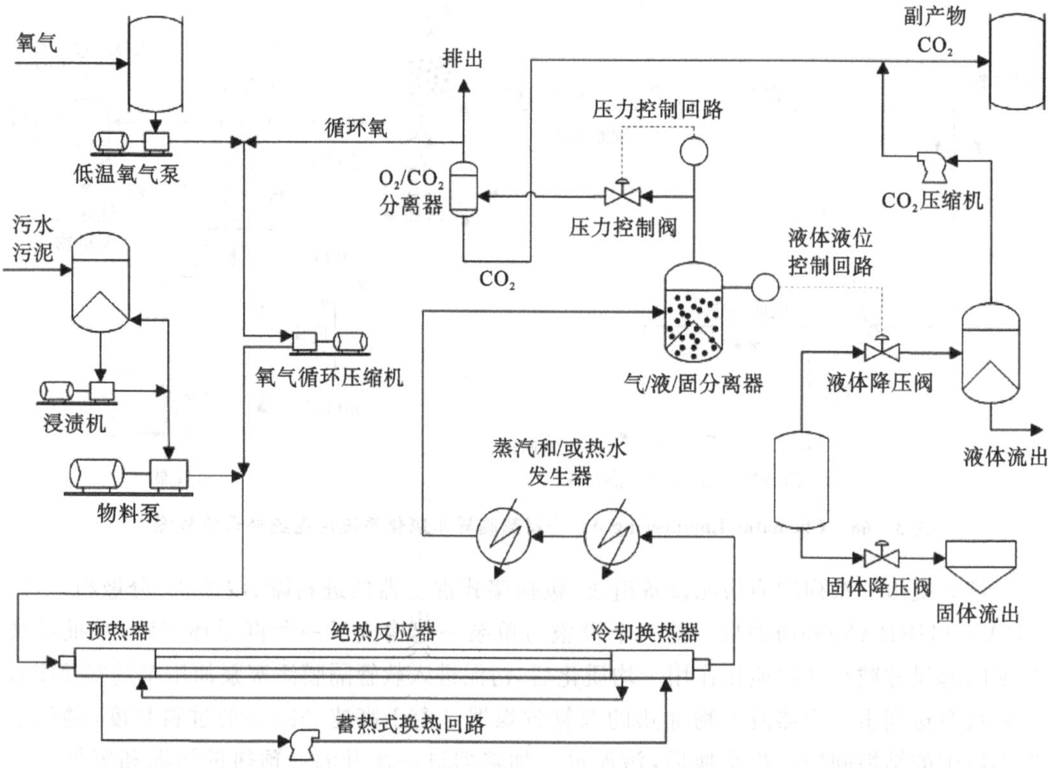

图 3-69 Superwater Solution 公司超临界水氧化系统污泥处理流程图[171]

污泥和氧气混合物一起进入管状系统，该系统具有恒定直径的管道，该管道包括预热器、反应器和冷却换热器。加压纯水用于将热量从反应器流出物带到预热器。这种结构可以最大限度地减少固体和水垢沉积。有趣的是，Superwater Solution 公司的此系统具有基于 O_2 和 CO_2 之间液化温度差异的氧气回收过程。通过氧气循环过程，污泥可以在高氧化系数下氧化，耗氧量低，从而提高出水水质，降低运行成本。

参考文献

[1]MODELL M. Processing methods for the oxidation of organics in supercritical water[Z]. Google Patents, 1982.

[2]BERMEJO M D, FDEZ-POLANCO E, COCERO M J. Experimental study of the operational parameters of a transpiring wall reactor for supercritical water oxidation[J]. Journal of Supercritical Fluids, 2006, 39(1): 70-79.

[3]DOLORES BERMEJO M, RINCON D, MARTIN A, et al. Experimental performance and modeling of a new cooled-wall reactor for the supercritical water oxidation[J]. Industrial & Engineering Chemistry Research, 2009, 48(13): 6262-6272.

[4]COHEN L S, JENSEN D, LEE G, et al. Hydrothermal oxidation of navy excess hazardous materials [J]. Waste Management, 1998, 18(6): 539-546.

[5]MARRONE P A. Supercritical water oxidation - current status of full-scale commercial activity for waste destruction[J]. Journal of Supercritical Fluids, 2013, 79: 283-288.

[6]ZHANG H, LI P, ZHANG A, et al. Enhancing interface reactions by introducing microbubbles into a plasma treatment process for efficient decomposition of PFOA[J]. Environmental Science Technology, 2021.

[7]SANCHEZ - ONETO J, PORTELA J R, NEBOT E, et al. Hydrothermal oxidation: application to the treatment of different cutting fluid wastes[J]. Journal of Hazardous Materials, 2007, 144 (3): 639 - 644.

[8]BROCK E E, OSHIMA Y, SAVAGE P E, et al. Kinetics and mechanism of methanol oxidation in supercritical water[J]. Journal of Physical Chemistry, 1996, 100(39): 15834 - 15842.

[9]向波涛,王涛,沈忠耀. 含乙醇废水的超临界水氧化反应动力学及反应机理[J]. 化工学报,2003 (1): 80 - 85.

[10]LEE G, NUNOURA T, MATSUMURA Y, et al. Comparison of the effects of the addition of NaOH on the decomposition of 2 - chlorophenol and phenol in supercritical water and under supercritical water oxidation conditions[J]. The Journal of Supercritical Fluids, 2002, 24(3): 239 - 250.

[11]林春绵,周红艺. 超临界水中葡萄糖氧化降解的研究[J]. 浙江工业大学学报,1999, 27(4): 272 - 275.

[12]潘志彦,林春绵,周红艺,等. 乙酸在超临界水中氧化分解的动力学研究[J]. 高校化学工程学报, 2003, 17(1):101 - 105.

[13]SHIN Y H, SHIN N C, VERIANSYAH B, et al. Supercritical water oxidation of wastewater from acrylonitrile manufacturing plant[J]. Journal of Hazardous Materials, 2009, 163(2 - 3): 1142 - 1147.

[14]GONG W, FANG L, XI D. Supercritical water oxidation CI disperse red 60 dyeing wastewater using transpiring water reactor[J]. Prog Env Sci Tec, 2007, 1: 836 - 840.

[15]昝元峰,王树众,张钦明,等. 污泥的超临界水氧化动力学研究[J]. 西安交通大学学报,2005, 39(1): 104 - 107.

[16]MATEOS D, PORTELA J R, MERCADIER J, et al. New approach for kinetic parameters determination for hydrothermal oxidation reaction[J]. The Journal of supercritical fluids, 2005, 34(1): 63 - 70.

[17]PORTELA J R, NEBOT E, MARTÍNEZ DE LA OSSA E. Kinetic comparison between subcritical and supercritical water oxidation of phenol[J]. Chemical Engineering Journal, 2001, 81(1): 287 - 299.

[18]RICE S F, HUNTER T B,RYDEN A C, et al. Raman spectroscopic measurement of oxidation in supercritical water[J]. Industrial & Engineering Chemistry Research, 1996, 35(7):2161 - 2171.

[19]SÁNCHEZ - ONETO J, MANCINI F, PORTELA J R, et al. Kinetic model for oxygen concentration dependence in the supercritical water oxidation of an industrial wastewater[J]. Chemical Engineering Journal, 2008, 144(3): 361 - 367.

[20]JIMENEZ - ESPADAFOR F, PORTELA J R, VADILLO V, et al. Supercritical water oxidation of oily wastes at pilot plant: simulation for energy recovery[J]. Ind Eng Chem Res, 2011(50): 775 - 784.

[21]ABELLEIRA J, SANCHEZ - ONET J, PORTELA J R, et al. Kinetics of supercritical water oxidation of isopropanol as an auxiliary fuel and co - fuel[J]. Fuel, 2013, 111: 574 - 583.

[22]GONG Y, GUO Y, WANG S, et al. Supercritical water oxidation of quinazoline: effects of conversion parameters and reaction mechanism[J]. Water Research, 2016, 100: 116 - 125.

[23]GONG Y, GUO Y, WANG S, et al. Supercritical water oxidation of quinazoline: reaction kinetics and modeling[J]. Water Research, 2017, 110: 56 - 65.

[24]JOULE J A, MILLS K. Heterocyclic Chemistry (5th Edition)[M]. John Wiley and Sons Ltd, 2010.

[25]BROCK E E, SAVAGE P E, BARKER J R. A reduced mechanism for methanol oxidation in supercritical water[J]. Chemical Engineering Science, 1998, 53(5): 857 - 867.

[26]BOOCK L T, KLEIN M T. Lumping strategy for modeling the oxidation of c1 - c3 alcohols and acetic - acid in high - temperature water[J]. Industrial and Engineering Chemistry Research, 1993, 32(11): 2464 - 2473.

[27]REN M, WANG S, ZHANG J, et al. Characteristics of methanol hydrothermal combustion: detailed chemical kinetics coupled with simple flow modeling study[J]. Industrial and Engineering Chemistry Research, 2017, 56(18): 5469 - 5478.

[28]DINARO J L, HOWARD J B, GREEN W H, et al. Analysis of an elementary reaction mechanism for benzene oxidation in supercritical water[J]. Proceedings of the Combustion Institute, 2000, 28: 1529 - 1536.

[29]HONG G T, FOWLER P K, KILLILEA W R, et al. Supercritical water oxidation: treatment of human waste and system configuration tradeoff study[C]. SAE Technical Papers, 1987.

[30]BROCK E E, SAVAGE P E. Detailed chemical kinetics model for supercritical water oxidation of C1 compounds and H_2[J]. Aiche Journal, 1995(41): 1874 - 1888.

[31]HOLGATE H R, TESTER J W. Fundamental kinetics and mechanisms of hydrogen oxidation in supercritical water[J]. Combustion Science and Technology, 1993, 88(5 - 6): 369 - 397.

[32]HOLGATE H R, TESTER J W. Oxidation of hydrogen and carbon - monoxide in subcritical and supercritical water - reaction - kinetics, pathways, and water - density effects. 2. elementary reaction modeling[J]. Journal of Physical Chemistry, 1994, 98(3): 810 - 822.

[33]BOOCK L T, KLEIN M T. Experimental kinetics and mechanistic modeling of the oxidation of simple mixtures in near - critical water[J]. Industrial & Engineering Chemistry Research, 1994, 33(11): 2554 - 2562.

[34]DINARO J L, HOWARD J B, GREEN W H, et al. Elementary reaction mechanism for benzene oxidation in supercritical water[J]. Journal of Physical Chemistry A, 2000, 104(45): 10576 - 10586.

[35]WEBLEY P A, TESTER J W. Fundamental kinetics of methanol oxidation in supercritical water[J]. Acs Symposium Series, 1989, 406: 259 - 275.

[36]PLOEGER J M, GREEN W H, TESTER J W. Co - oxidation of methylphosphonic acid and ethanol in supercritical water - II: elementary reaction rate model[J]. Journal of Supercritical Fluids, 2006, 39(2): 239 - 245.

[37]PLOEGER J M, GREEN W H, TESTER J W. Co - oxidation of ammonia and ethanol in supercritical water, part 2: modeling demonstrates the importance of H_2NNO_x[J]. International Journal of Chemical Kinetics, 2008, 40(10): 653 - 662.

[38]SHIMODA E, FUJII T, HAYASHI R, et al. Kinetic analysis of the mixture effect in supercritical water oxidation of ammonia/methanol[J]. Journal of Supercritical Fluids, 2016, 116: 232 - 238.

[39]BELL K M, TIPPER C F H. The slow combustion of methyl alcohol—a general investigation[J]. Proceedings of the Royal Society of London Series a - Mathematical and Physical Sciences, 1956, 238(1213): 256 - 268.

[40]HENRIKSON J T, GRICE C R, SAVAGE P E. Effect of water density on methanol oxidation kinetics in supercritical water[J]. Journal of Physical Chemistry A, 2006, 110(10): 3627 - 3632.

[41]FUJII T, HAYASHI R, KAWASAKI S - I, et al. Water density effects on methanol oxidation in supercritical water at high pressure up to 100 MPa[J]. Journal of Supercritical Fluids, 2011, 58(1):

142－149.
[42]DONG X, GAN Z, LU X, et al. Study on catalytic and non－catalytic supercritical water oxidation of p－nitrophenol wastewater[J]. Chemical Engineering Journal, 2015, 277: 30－39.
[43]MA H, WANG S, ZHOU L, et al. Abatement of aniline in supercritical water using oxygen as the oxidant[J]. Industrial and Engineering Chemistry Research, 2012, 51(28): 9475－9482.
[44]YANG B, CHENG Z, FAN M, et al. Supercritical water oxidation of 2－, 3－and 4－nitroaniline: a study on nitrogen transformation mechanism[J]. Chemosphere, 2018, 205: 426－432.
[45]CHANG S, LIU Y. Degradation mechanism of 2,4,6－trinitrotoluene in supercritical water oxidation [J]. Journal of Environmental Sciences, 2007, 19(12): 1430－1435.
[46]CHEN F Q, WU S F, CHEN J Z, et al. COD removal efficiencies of some aromatic compounds in supercritical water oxidation[J]. Chinese Journal of Chemical Engineering, 2001, 9(2): 137－140.
[47]ZHOU L, WANG S, MA H, et al. Oxidation of Cu(II)－EDTA in supercritical water－experimental results and modeling[J]. Chemical Engineering Research and Design, 2013, 91(2): 286－295.
[48]REN M, WANG S, YANG C, et al. Supercritical water oxidation of quinoline with moderate preheat temperature and initial concentration[J]. Fuel, 2019, 236: 1408－1414.
[49]YANG B, CHENG Z, YUAN T, et al. Temperature sensitivity of nitrogen－containing compounds decomposition during supercritical water oxidation (SCWO)[J]. Journal of the Taiwan Institute of Chemical Engineers, 2018, 93: 31－41.
[50]ZAN Y, WANG S, ZHANG Q, et al. Study on kinetics of supercritical water oxidation of municipal sludge[J]. Journal of Xi'an Jiaotong University, 2005, 39(1): 104－107, 110.
[51]HEGER K, UEMATSU M, FRANCK E U. The static dielectric－constant of water at high－pressures and temperatures to 500 MPa and 550－degrees－C[J]. Berichte Der Bunsen－Gesellschaft－Physical Chemistry Chemical Physics, 1980, 84(8): 758－762.
[52]CUI B, CUI F, JING G, et al. Oxidation of oily sludge in supercritical water[J]. Journal of Hazardous Materials, 2009, 165(1－3): 511－517.
[53]VOGEL F, BLANCHARD J L D, MARRONE P A, et al. Critical review of kinetic data for the oxidation of methanol in supercritical water[J]. Journal of Supercritical Fluids, 2005, 34(3): 249－286.
[54]LIU N, CUI H, YAO D. Decomposition and oxidation of sodium 3,5,6－trichloropyridin－2－ol in sub－and supercritical water[J]. Process Safety and Environmental Protection, 2009, 87(6): 387－394.
[55]LEE D S, GLOYNA E F, LI L. Efficiency of H_2O_2 and O_2 in supercritical water oxidation of 2,4－dichlorophenol and acetic acid[J]. Journal of Supercritical Fluids, 1990, 3(4): 249－255.
[56]LI L, CHEN P, GLOYNA E F. Generalized kinetic－model for wet oxidation of organic－compounds [J]. Aiche Journal, 1991, 37(11): 1687－1697.
[57]PHENIX B D, DINARO J L, TESTER J W, et al. The effects of mixing and oxidant choice on laboratory－scale measurements of supercritical water oxidation kinetics[J]. Industrial and Engineering Chemistry Research, 2002, 41(3): 624.
[58]BOURHIS A L, SWALLOW K C, HONG G T, et al. The use of rate enhancers in supercritical water oxidation[M]//HUTCHENSON K W, FOSTER N R. Innovations in Supercritical Fluids: Science and Technology. 1995: 338－347.
[59]AL－DURI B, ALSOQYIANI F, KINGS I. Supercritical water oxidation (SCWO) for the removal of N－containing heterocyclic hydrocarbon wastes. Part I: process enhancement by addition of isopropyl alcohol[J]. Journal of Supercritical Fluids, 2016, 116: 155－163.

[60]QI X, ZHUANG Y, YUAN Y, et al. Decomposition of aniline in supercritical water[J]. Journal of Hazardous Materials, 2002, 90(1): 51 - 62.

[61]PEREZ I V, ROGAK S, BRANION R. Supercritical water oxidation of phenol and 2,4 - dinitrophenol[J]. Journal of Supercritical Fluids, 2004, 30(1): 71 - 87.

[62]公彦猛.垃圾渗滤液超临界水氧化处理的关键问题研究[D].西安:西安交通大学,2015.

[63]LIN K - S, WANG H P. Rate enhancement by cations in supercritical water oxidation of 2 - chlorophenol[J]. Environmental science & technology, 1999, 33(18): 3278 - 3280.

[64]MUTHUKUMARAN P, GUPTA R B. Sodium - carbonate - assisted supercritical water oxidation of chlorinated waste[J]. Industrial & engineering chemistry research, 2000, 39(12): 4555 - 4563.

[65]ANTAL M J, BRITTAIN A, DEALMEIDA C, et al. Heterolysis and Homolysis in Supercritical Water[J]. ACS Symposium Series, 1987(329): 77 - 86.

[66]KALINICHEV A G, BASS J D. Hydrogen bonding in supercritical water. 2. Computer simulations [J]. Journal of Physical Chemistry A, 1997, 101(50): 9720 - 9727.

[67]REINHART D R, ALYOUSFI A B. The impact of leachate recirculation on municipal solid waste landfill operating characteristics[J]. Waste Management & Research, 1996, 14(4): 337 - 346.

[68]KRIKSUNOV L B, MACDONALD D D. Potential - pH diagrams for iron in supercritical water[J]. Kriksunov, LB; Macdonald, DD, 1997(53): 605 - 611.

[69]KRITZER P, BOUKIS N, DINJUS E. Corrosion of alloy 625 in aqueous solutions containing chloride and oxygen[J]. Corrosion, 1998, 54(10): 824 - 834.

[70]MIZAN T I, SAVAGE P E, ZIFF R M. Temperature dependence of hydrogen bonding in supercritical water[J]. Journal of Physical Chemistry, 1996, 100(1): 403 - 408.

[71]王永菲,王成国.响应面法的理论与应用[J].中央民族大学学报(自然科学版),2005, 14(3): 236 - 240.

[72]LIANG S, WANG S, GONG Y, et al. Optimization of supercritical water oxidation for landfill leachate treatment by response surface methodology (RSM)[J]. Acta scientiae circumstantiae, 2013, 33(12): 3275 - 3284.

[73]ZHANG J, WANG S, GUO Y, et al. Experimental study on supercritical water oxidation of CI Reactive Orange7 dye wastewater using response surface methodology[J]. Color Technol, 2012, 128 (4): 323 - 330.

[74]XU T, WANG S, LI Y, et al. Optimization and mechanism study on destruction of the simulated waste ion - exchange resin from the nuclear industry in supercritical water[J]. Industrial & Engineering Chemistry Research, 2020, 59(40): 18269 - 18279.

[75]CHEN J, FAN Y, ZHAO X, et al. Experimental investigation on gasification characteristic of food waste using supercritical water for combustible gas production: exploring the way to complete gasification[J]. Fuel, 2020, 263: 116735.

[76]RICE S. Kinetics of supercritical water oxidation - SERDP compliance technical thrust area[Z]. https://apps.dtic.mil/sti/pdfs/ADA406128. 2020.

[77]MARTINO C J, SAVAGE P E. Supercritical water oxidation kinetics, products, and pathways for CH_3 - and CHO - substituted phenols[J]. Industrial and Engineering Chemistry Research, 1997, 36 (5): 1391 - 1400.

[78]MARTINO C J, SAVAGE P E. Supercritical water oxidation kinetics and pathways for ethylphenols, hydroxyacetophenones, and other monosubstituted phenols [J]. Industrial & Engineering Chemistry Research, 1999, 38(5): 1775 - 1783.

[79]JIN F M, MORIYA T, ENOMOTO H. Oxidation reaction of high molecular weight carboxylic acids in supercritical water[J]. Environmental Science & Technology, 2003, 37(14): 3220 - 3231.

[80]AYMONIER C, GRATIAS A, MERCADIER J, et al. Global reaction heat of acetic acid oxidation in supercritical water[J]. The Journal of Supercritical Fluids, 2001, 21(3): 219 - 226.

[81]PÉREZ L V, ROGAK S, BRANION R. Supercritical water oxidation of phenol and 2,4 - dinitrophenol[J]. The Journal of Supercritical Fluids, 2004, 30: 71 - 87.

[82]MATSUMURA Y, NUNOURA T, URASE T, et al. Supercritical water oxidation of high concentrations of phenol[J]. Journal of Hazardous Materials, 2000, 73(3): 245 - 254.

[83]GUAN Q, WEI C, CHAI X - S. Pathways and kinetics of partial oxidation of phenol in supercritical water[J]. Chemical Engineering Journal, 2011, 175: 201 - 206.

[84]GOPALAN S, SAVAGE P E. Reaction - mechanism for phenol oxidation in supercritical water[J]. Journal of Physical Chemistry, 1994, 98(48): 12646 - 12652.

[85]GOPALAN S, SAVAGE P E. A reaction network model for phenol oxidation in supercritical water [J]. Aiche Journal, 1995, 41(8): 1864 - 1873.

[86]YANG B, SHEN Z, CHENG Z, et al. Total nitrogen removal, products and molecular characteristics of 14 N - containing compounds in supercritical water oxidation[J]. Chemosphere, 2017, 188: 642 - 649.

[87]OE T, SUZUGAKI H, NARUSE I, et al. Role of methanol in supercritical water oxidation of ammonia[J]. Industrial and Engineering Chemistry Research, 2007, 46(11): 3566 - 3573.

[88]AKI S, ABRAHAM M A. Catalytic supercritical water oxidation of pyridine: comparison of catalysts [J]. Industrial and Engineering Chemistry Research, 1999, 38(2): 358 - 367.

[89]AL - DURI B, ALSOQYANI F. Supercritical water oxidation (SCWO) for the removal of nitrogen containing heterocyclic waste hydrocarbons. Part II: system kinetics[J]. Journal of Supercritical Fluids, 2017, 128: 412 - 418.

[90]WEBLEY P A, TESTER J W, HOLGATE H R. Oxidation kinetics of ammonia and ammonia - methanol mixtures in supercritical water in the temperature range 530 - 700 ℃ at 246 bar[J]. Industrial and Engineering Chemistry Research, 1991, 30(8): 1745 - 1754.

[91]LI L, CHEN P, GLOYNA E F. Kinetic model for wet oxidation of organic compounds in subcritical and supercritical water[M]. Kinetic Model for Wet Oxidation of Organic Compounds in Subcritical and Supercritical Water, 1992(24): 305 - 313.

[92]KILLILEA W R, SWALLOW K C, HONG G T. The fate of nitrogen in supercritical - water oxidation[J]. Journal of Supercritical Fluids, 1992, 5(1): 72 - 78.

[93]TAN Y, YANG B, GAO X, et al. A novel synergistic denitrification mechanism during supercritical water oxidation[J]. Chemical Engineering Journal, 2020, 382(1):2 - 13.

[94]AL - DURI B, PINTO L, ASHRAF - BALL N H, et al. Thermal abatement of nitrogen - containing hydrocarbons by non - catalytic supercritical water oxidation (SCWO)[J]. Journal of Materials Science, 2008, 43(4): 1421 - 1428.

[95]HELLING R K, TESTER J W. Oxidation of simple compounds and mixtures in supercritical water: carbon monoxide, ammonia and ethanol[J]. Environmental Science and Technology, 1988, 22(11): 1319 - 1324.

[96]DING Z Y, LI L X, WADE D, et al. Supercritical water oxidation of NH_3 over a MnO_2/CeO_2 catalyst[J]. Industrial and Engineering Chemistry Research, 1998, 37(5): 1707 - 1716.

[97]WEBLEY P A, TESTER J W, HOLGATE H R. Oxidation kinetics of ammonia and ammonia - methanol mixtures in supercritical water in the temperature range 530 - 700. degree. C at 246 bar[J]. Industrial and Engineering Chemistry Research, 1991, 30(8): 1745 - 1754.

[98]SEGOND N, MATSUMURA Y, YAMAMOTO K. Determination of ammonia oxidation rate in sub - and supercritical water[J]. Industrial and Engineering Chemistry Research, 2002, 41(24): 6020 - 6027.

[99]BENJAMIN K M, SAVAGE P E. Supercritical water oxidation of methylamine[J]. Industrial and Engineering Chemistry Research, 2005, 44(14): 5318 - 5324.

[100]PLOEGER J M, MOCK M A, TESTER J W. Cooxidation of ammonia and ethanol in supercritical water, part 1: experimental results[J]. Aiche Journal, 2007, 53(4): 941 - 947.

[101]OSHIMA Y, INABA K, KODA S. Catalytic supercritical water oxidation of coke works waste with manganese oxide[J]. Journal of the Japan Petroleum Institute, 2001, 44(6): 343 - 350.

[102]CABEZA P, AL - DURI B, BERMEJO M D, et al. Co - oxidation of ammonia and isopropanol in supercritical water in a tubular reactor[J]. Chemical Engineering Research and Design, 2014, 92(11): 2568 - 2574.

[103]WIGHTMAN T J. Studies in supercritical wet air oxidation[D]. Berkeley: University of California, 1981.

[104]CHEN X, DONG X, ZHANG M. Application of $MnO_x/TiO_2-Al_2O_3$ catalyst to supercritical water oxidation[J]. Petrochemical Technology, 2007, 36(7): 659 - 663.

[105]ZHANG J, WANG S, REN M, et al. Effect mechanism of auxiliary fuel in supercritical water: a review[J]. Industrial and Engineering Chemistry Research, 2019, 58(4): 1480 - 1494.

[106]KIM K, SON S H, KIM K S, et al. Environmental effects of supercritical water oxidation (SCWO) process for treating transformer oil contaminated with polychlorinated biphenyls (PCBs)[J]. Chemical Engineering Journal, 2010, 165(1): 170 - 174.

[107]ANITESCU G, MUNTEANU V, TAVLARIDES L L. Co - 1oxidation effects of methanol and benzene on the decomposition of 4 - chlorobiphenyl in supercritical water[J]. Journal of Supercritical Fluids, 2005, 33(2): 139 - 147.

[108]ANITESCU G, TAVLARIDES L L. Methanol as a cosolvent and rate - enhancer for the oxidation kinetics of 3,3′,4,4′- tetrachlorobiphenyl decomposition in supercritical water[J]. Industrial & Engineering Chemistry Research, 2002, 41(1): 9 - 21.

[109]FANG Z, XU S K, SMITH R L, et al. Destruction of deca - chlorobiphenyl in supercritical water under oxidizing conditions with and without Na_2CO_3[J]. Journal of Supercritical Fluids The, 2005, 33(3): 247 - 258.

[110]VERIANSYAH B, KIM J - D. RETRACTED: Supercritical water oxidation for the destruction of toxic organic wastewaters: a review[J]. Journal of Environmental Sciences, 2007, 19(5): 513 - 522.

[111]LACHANCE R, PASCHKEWITZ J, DINARO J, et al. Thiodiglycol hydrolysis and oxidation in sub - and supercritical water[J]. The Journal of Supercritical Fluids, 1999, 16(2): 133 - 147.

[112]钱黎黎. 城市污泥亚临界水解特性及超临界水处理规律研究[D]. 西安:西安交通大学,2017.

[113]张洁. 高浓度印染废水及污泥的超临界水氧化耦合水热燃烧基础问题研究[D]. 西安:西安交通大学,2014.

[114]蒋卓航. 含油污泥超临界水氧化实验研究[D]. 西安:西安交通大学,2021.

[115]唐兴颖. 有机磷农药废水超临界水氧化处理的关键问题研究[D]. 西安:西安交通大学,2015.

[116]王来升. 超临界水氧化法处理兰炭废水研究[D]. 西安:西安交通大学,2017.

[117]GONG Y M, WANG S Z, LI Y H. The treatment of concentrated landfill leachate from membrane - based processes by surpercritical water oxidation [J] Appl Mech Mater, 2014:522 - 524.

[118]BENJUMEA J M, SANCHEZ - ONETO J, PORTELA J R, et al. Temperature control in a supercritical water oxidation reactor: assessing strategies for highly concentrated wastewaters[J]. Journal of Supercritical Fluids, 2017, 119: 72 - 80.

[119]PORTELLA J, MATEOS D, MANCINI F, et al. Hydrothermal oxidation with multi - injection of oxygen: Simulation and experimental data[J]. Journal of Supercritical Fluids, 2007, 40(2): 258 - 262.

[120]GARCIA - JARANA M B, KINGS I, SANCHEZ - ONETO J, et al. Supercritical water oxidation of nitrogen compounds with multi - injection of oxygen[J]. Journal of Supercritical Fluids, 2013, 80: 23 - 29.

[121]GARCIA - JARANA M B, VADILLO V, PORTELA J R, et al. Oxidant multi - injection in supercritical water oxidation of wastewaters[J]. Procedia Engineering, 2012, 42: 1326 - 1334.

[122]DELLORCO P, FOY B, WILMANNS E, et al. Hydrothermal oxidation of organic compounds by nitrate and nitrite[M]. Innovations in Supercritical Fluids: Science and Technology. 1995: 179 - 196.

[123]LEE S - H, PARK K C, MAHIKO T, et al. Supercritical water oxidation of polychlorinated biphenyls based on the redox reactions promoted by nitrate and nitrite salts[J]. Journal of Supercritical Fluids, 2006, 39(1): 54 - 62.

[124]DELLORCO P C, GLOYNA E F, BUELOW S J. Reactions nitrate salts with ammonia in supercritical water[J]. Industrial and Engineering Chemistry Research, 1997, 36(7): 2547 - 2557.

[125]YANG B, CHENG Z, YUAN T, et al. Denitrification of ammonia and nitrate through supercritical water oxidation (SCWO): a study on the effect of NO_3^-/NH_4^+ ratios, catalysts and auxiliary fuels [J]. Journal of Supercritical Fluids, 2018, 138: 56 - 62.

[126]QIAN L, WANG S, REN M, et al. Co - oxidation effects and mechanisms between sludge and alcohols (methanol, ethanol and isopropanol) in supercritical water[J]. Chemical Engineering Journal, 2019, 366: 223 - 234.

[127]ZHANG J, LI P, LU J, et al. Supercritical water oxidation of ammonia with methanol as the auxiliary fuel: comparing with isopropanol[J]. Chemical Engineering Research and Design, 2019, 147: 160 - 170.

[128]BERMEJO M D, CANTERO F, COCERO M J. Supercritical water oxidation of feeds with high ammonia concentrations Pilot plant experimental results and modeling[J]. Chemical Engineering Journal, 2008, 137(3): 542 - 549.

[129]CABEZA P, DOLORES BERMEJO M, JIMENEZ C, et al. Experimental study of the supercritical water oxidation of recalcitrant compounds under hydrothermal flames using tubular reactors[J]. Water Research, 2011, 45(8): 2485 - 2495.

[130]CABEZA P, QUEIROZ J P S, ARCA S, et al. Sludge destruction by means of a hydrothermal flame. optimization of ammonia destruction conditions[J]. Chemical Engineering Journal, 2013, 232: 1 - 9.

[131]COCERO M J, ALONSO E, TORIO R, et al. Supercritical water oxidation in a pilot plant of nitrogenous compounds: 2 - propanol mixtures in the temperature range 500 - 750 degrees C[J]. Industrial and Engineering Chemistry Research, 2000, 39(10): 3707 - 3716.

[132]AL - DURI B, ALSOQYANI F, KINGS I. Supercritical water oxidation for the destruction of hazardous waste: better than incineration[J]. Philosophical Transactions of the Royal Society a - Math-

ematical Physical and Engineering Sciences, 2015, 373(2057).
[133]YANG H H, ECKERT C A. Homogeneous catalysis in the oxidation of p-chlorophenol in supercritical water[J]. Industrial & Engineering Chemistry Research, 1988, 27(11): 2009-2014.
[134]GIZIR A M, CLIFFORD A A, BARTLE K D. The catalytic role of transition metal salts on supercritical water oxidation of phenol and chlorophenols in a titanium reactor[J]. Reaction Kinetics and Catalysis Letters, 2003, 78(1): 175-182.
[135]王红涛.催化超临界水氧化处理焦化废水试验研究[J].现代化工,2014(4):4.
[136]YANG B, CHENG Z, YUAN T, et al. Catalytic oxidation of various aromatic compounds in supercritical water: experimental and DFT study[J]. Journal of the Taiwan Institute of Chemical Engineers, 2019, 100: 47-55.
[137]SHIN Y H, LEE H S, VERIANSYAH B, et al. Simultaneous carbon capture and nitrogen removal during supercritical water oxidation[J]. Journal of Supercritical Fluids, 2012, 72: 120-124.
[138]AKIZUKI M, FUJIOKA N, OSHIMA Y. Catalytic effect of the SUS316 reactor surface on the hydrolysis of benzamide in sub- and supercritical water[J]. Industrial and Engineering Chemistry Research, 2016, 55(39): 10243-10250.
[139]KRAJNC M, LEVEC J. The role of catalyst in supercritical water oxidation of acetic acid[J]. Applied Catalysis B Environmental, 1997, 13(2): 93-103.
[140]YU J, SAVAGE P E. Catalyst activity, stability, and transformations during oxidation in supercritical water[J]. Applied Catalysis B Environmental, 2001, 31(2): 123-132.
[141]YU J, SAVAGE Y. Phenol oxidation over CuO/Al_2O_3 in supercritical water[J]. Applied Catalysis B: Environmental, 2000, 28(4): 275-288.
[142]OSHIMA Y, INABA K, KODA S. Catalytic supercritical water oxidation of coke works waste with manganese oxide[J]. Sekiyu Gakkaishi (Journal of the Japan Petroleum Institute), 2008, 44(6): 343-350.
[143]WEBLEY P A, TESTER J W, HOLGATE H R. Oxidation kinetics of ammonia and ammonia-methanol mixtures in supercritical water in the temperature range 530-700. degree. C at 246 bar[J]. Indengchemres, 1991, 30(8): 1745-1754.
[144]WANG S, GUO Y, CHEN C, et al. Supercritical water oxidation of landfill leachate[J]. Waste Manag, 2011, 31(9-10): 2027-2035.
[145]GONG Y, GUO Y, SHEEHAN J D, et al. Oxidative degradation of landfill leachate by catalysis of $CeMnO_x/TiO_2$ in supercritical water: mechanism and kinetic study[J]. Chemical Engineering Journal, 2018, 331: 578-586.
[146]TANG X F, LI Y G, HUANG X M, et al. MnO_x-CeO_2 mixed oxide catalysts for complete oxidation of formaldehyde: effect of preparation method and calcination temperature[J]. Applied Catalysis B-Environmental, 2006, 62(3-4): 265-273.
[147]GUAN S N, LI W Z, MA J R, et al. A review of the preparation and applications of MnO_2 composites in formaldehyde oxidation[J]. Journal of Industrial and Engineering Chemistry, 2018, 66: 126-140.
[148]李世斌,夏晓彬,秦强,等.超临界水氧化处理核电厂润滑油的实验研究[J].核技术,2021, 44(7): 93-100.
[149]向波涛,王涛,沈忠耀.乙醇废水的超临界水氧化处理工艺研究[J].环境科学学报,2002 (1): 17-20.
[150]陈忠,王光伟,陈鸿珍,等.气封壁高浓度有机污染物超临界水氧化处理系统[J].环境工程学报,2014, 8(9):3825-3831.

[151]王树众，张熠姝，宋文瀚，等. 一种超临界水氧化污泥处理的余热梯级利用系统及方法，CN109399893B[P/OL].
[152]王树众，任萌萌，唐兴颖，等.一种用于超临界水氧化系统的中间介质换热装置，CN105627814A[P/OL].
[153]WATERFIELD G，ROGERS M，GRANDJEAN P，et al. Reducing exposure to high levels of perfluorinated compounds in drinking water improves reproductive outcomes：evidence from an intervention in Minnesota[J]. Environmental Health，2020，19(1).
[154]王树众，李艳辉，孙盼盼，等.一种双回程管式超临界水反应装置，CN105617936A[P/OL].
[155]王树众，杨健乔，王玉珍，等.一种用于超临界水氧化反应管式反应器的多点注氧、分段混合装置，CN105600912A[P/OL].
[156]贺文智，李光明，孔令照，等.基于腐蚀与盐堵塞问题的超临界水氧化研究进展[J].环境工程学报，2007(5)：1-6.
[157]FAUVEL E，JOUSSOT-DUBIEN C，POMIER，E，et al. Modeling of a porous reactor for supercritical water oxidation by a residence time distribution study[J]. Industrial & Engineering Chemistry Research，2003，42(10)：2122-2130.
[158]FAUVEL E，JOUSSOT-DUBIEN C，TANNEUR V，et al. A porous reactor for supercritical water oxidation：experimental results on salty compounds and corrosive solvents oxidation[J]. Industrial & Engineering Chemistry Research，2005，44(24)：8968-8971.
[159]BAUR S，SCHMIDT H，KRÄMER A，et al. The destruction of industrial aqueous waste containing biocides in supercritical water—development of the SUWOX process for the technical application[J]. The Journal of supercritical fluids，2005，33(2)：149-157.
[160]郭灵巧，徐志鹏，丘全科，等.超临界水系统降压装置的研究进展[J].环境保护与循环经济，2020，40(4)：29-30.
[161]杜娟，程乐明，马静.一种超临界水反应系统、及其压强控制方法和装置，CN105347460A[P/OL].
[162]郄雪光，宋庆峰，聂俊国，等.超临界水氧化反应系统，CN205874088U[P/OL].
[163]QIAN L，WANG S，XU D，et al. Treatment of municipal sewage sludge in supercritical water：a review[J]. Water Research，2016，89：118-131.
[164]ESPAN V A A，MALLAVARAPU M，NAIDU R. Treatment technologies for aqueous perfluorooctanesulfonate (PFOS) and perfluorooctanoate (PFOA)：a critical review with an emphasis on field testing[J]. Environmental Technology & Innovation，2015，4：168-181.
[165]赵晓，齐孝峰，朱邦阳.一种超临界水氧化降压装置，CN205873987U[P/OL].
[166]XU D，WANG S，TANG X，et al. Design of the first pilot scale plant of China for supercritical water oxidation of sewage sludge[J]. Chemical Engineering Research and Design，2012，90(2)：288-297.
[167]王冰，郭仕鹏.一种新型化学合成制药类废水综合处理系统，CN211170271U[P/OL].
[168]YANG J，WANG S，LI Y，et al. Novel design concept for a commercial-scale plant for supercritical water oxidation of industrial and sewage sludge[J]. Journal of Environmental Management，2019，233：131-140.
[169]SVANSTROM M，FROLING M，MODELL M，et al. Environmental assessment of supercritical water oxidation of sewage sludge[J]. Resources Conservation and Recycling，2004，41(4)：321-338.
[170]PATTERSON D A，STENMARK L，HOGAN F. Pilot-scale. supercritical water oxidation of sewage sludge [C]. Proceedings of the Presented at the 6th European Biosolids and Organic Residuals Conference，2001.
[171]SLOAN D S，PELLETIER R A，MODELL M. Sludge management in the city of Orlando-It's su-

percritical! [J]. Florida Water Resource, 2008, 2008(7): 7762 - 7774.

[172]GRIFFITH J W, RAYMOND D H. The first commercial supercritical water oxidation sludge processing plant[J]. Waste Management, 2002, 22(4): 453 - 459.

[173]GIDNER A, STENMARK L. Supercritical water oxidation of sewage sludge - state of the art[J]. Blood, 2001, 108(11).

[174]AKIRA S,铃木明,MASANORI O, et al. Pressure reduction system for fluid,JP 特愿平 11 - 78920 [P/OL].

[175]REGAN J O, PRESTON S, DUNNE A. Supercritical water oxidation of sewage sludge e an update [Z]//SCFI R C, Bishopstown, Cork, Ireland, 2010.

[176]CALLAGHAN P O, REGAN J O. Phosphorus recovery from sewage sludge using the aquacritox supercritical water oxidation process[Z]. O_2 Environmental and SCFI. 2010

[177]丁军委,陈丰秋,吴素芳,等.苯胺在超临界水中氧化反应动力学的研究[J].高校化学工程学报,2001(1):66 - 70.

[178]VERIANS YAH B, PARK T J, LIM J S, et al. Supercritical water oxidation of wastewater from LCD manufacturing process:kinetic and formation of chromium oxide nanoparitcles[J]. Journal of Supercritical Fluids, 2005, 34(1):51 - 61

[179]王涛,刘崇义,沈忠耀.超临界水氧化法去除废水 COD 的动力学研究[J].环境科学研究,1997(4):35 - 38.

第4章

超临界水热燃烧技术

超临界水热燃烧技术是国际前沿的新型均相燃烧技术，也被称为有火焰的超临界水氧化技术。由于相对较低的进料预热温度和反应器中较高的火焰温度，其在解决腐蚀、盐沉积、难降解污染物的高效去除等方面比常规的超临界水氧化技术具有更大的技术优势。本章分别就超临界水热燃烧技术概述、超临界水热燃烧及其火焰特性、超临界水热燃烧装置和超临界水热燃烧技术工业应用等方面展开。

4.1 超临界水热燃烧技术概述

自1988年Franck发现水热火焰以来，世界各地学者[1]对超临界水热燃烧技术展开了广泛的研究，对其技术原理和燃烧特性等方面的认识逐渐深入。研究内容也逐渐从利用半间歇反应器研究不同燃料产生水热火焰的可行性过渡到应用连续式反应器进行难降解物质的高效去除、能源清洁利用、热裂钻井和稠油热采等领域。本节从超临界水热燃烧技术提出及发展、超临界水热燃烧技术原理、超临界水热火焰发生类型及过程和超临界水热燃烧技术优势等方面对超临界水热燃烧技术进行详细介绍。

4.1.1 超临界水热燃烧技术的提出及发展

随着超临界水氧化技术理论和实验研究的深入，局限性也随之凸显出来。盐沉积[2]、腐蚀[3]和高耗能三大问题在一定程度上制约了超临界水氧化技术低成本可靠的工业化实施。对于传统超临界水氧化过程，物料往往需要被预热至超临界温度。预热过程中，随着物料逐渐由近临界温度升高至超临界温度，水的介电常数降低、氢键减少，物料中无机盐将沉积到预热设备或输送管道内表面；此外，超临界水氧化反应过程中生成的无机盐同样将可能析出、形成盐垢，从而引发管路及设备堵塞，影响系统的正常运行。

Bermejo等[4]设计了一种蒸发壁式反应器，并探究了其在应对腐蚀和盐沉积方面的效果。Príkopský[5]测试了两种不同蒸腾强度的蒸发壁式反应器在超临界水氧化条件下抗腐蚀和防盐沉积的效果。由于从近临界水向超临界水转变的临界点附近区域为高密度区(通常认为温度为300～420 ℃)，该区域水的介电常数和无机盐溶解度都很大，极易引发服役于该温度区域管道与设备的腐蚀损坏，如图4-1所示。由于实现超临界状态的预热过程能耗很高，特别是采用简单的柱塞流管式反应器，制约了超临界水氧化技术的广泛推广。

图 4-1　多孔管在实验后的受损情况[7]

1988 年，Franck 在研究温度为 500 ℃、压力为 200 MPa 的超临界水中甲烷和氧气的热物性时，首次使用了“水热火焰”来描述实验中产生的火焰，如图 4-2 所示。由于具有克服超临界水氧化局限性的潜力，这种火焰开始引起研究人员的注意。水热火焰定义为在高于水临界点的水中产生的火焰[6]，是更为剧烈的氧化反应。

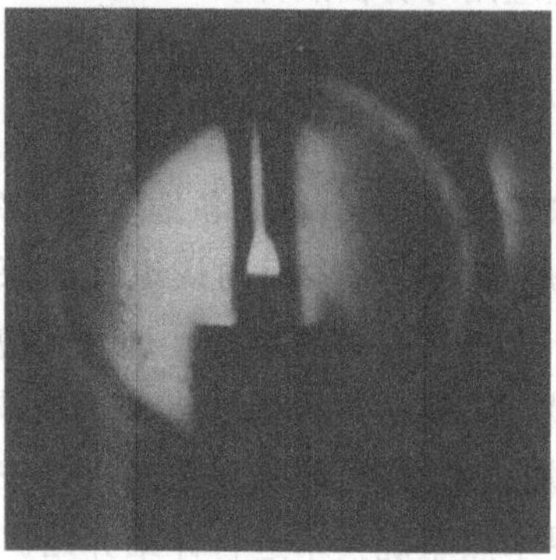

图 4-2　Franck 等得到的高度为 1.2 mm、宽度为 0.5 mm 的水热火焰[1]

相比于超临界水氧化的反应温度（450～650 ℃），火焰产生的 1000 ℃以上的局部高温加快了有机物的去除速率（10～100 ms 完成有机物氧化过程），提高了难降解有机物的去除效果，为设计更小的反应器提供了可能。另外，释放的热量能够作为超临界水氧化的内热源，降低超临界水氧化对加热的依赖，避开预热反应物到超临界状态过程中出现的腐蚀和盐沉积问题，水热燃烧甚至可以作为能源获取的一种手段[8-9]。

作为验证水热火焰产生及研究水热火焰特性的主要设备，超临界水热燃烧反应器是能够将水热火焰限定在一定空间内的装置。比如，除了蒸发壁式反应器[10]，为了探究甲醇[11-12]和乙醇[13]水热火焰热裂钻井，ETH 的冷却壁式反应器发展到了第四代[14-15]，配备了先进的测量装置[16]和点火装置[15]，如图 4-3 所示。巴利亚多利德大学不断对蒸发壁式反应器[17-19]进行优化，用于甲醇[20-21]、异丙醇[9,17,19,22-27]水热火焰强化超临界水氧化处理难降解污染物的特性和效果研究。本书利用本书课题组反应器[28]，从煤[29]逐渐拓展到高浓度印染废水[30]、甲醇[31-32]、污泥[30]和喹啉[33]的水热燃烧研究。

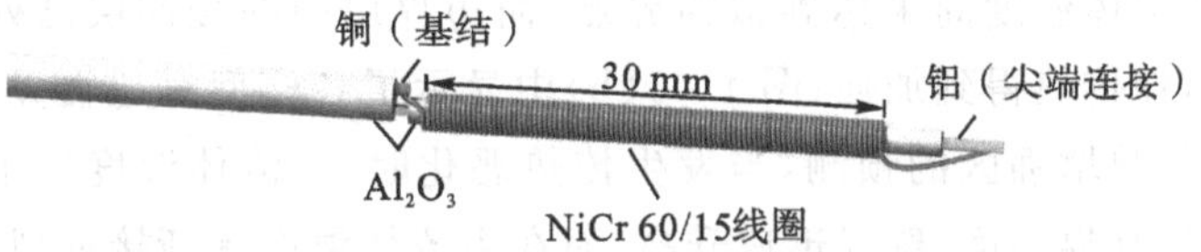

图 4-3　由 NiCr 60/15 线圈制成的点火器热电偶[16]

4.1.2　超临界水热燃烧技术的原理

超临界水是指温度和压力均高于其临界点(T_c=374.15 ℃、p_c=22.12 MPa)的特殊状态的水。在超临界状态下，水的物理和化学性质发生了急剧的变化，深刻影响着化学反应进程。由于超临界水低黏度、低介电常数、高扩散性等特殊性质使得 O_2、N_2、H_2 以及非极性有机物可与超临界水完全互溶形成均相体系，一旦该体系着火，将产生明亮的水热火焰，可以观察到"水-火相容"现象(见图 4-4)[28]，也即发生了超临界水热燃烧反应。超临界水热燃烧是指燃料或者一定浓度的有机废物与氧化剂在超临水环境中发生剧烈氧化反应，产生水热火焰(hydrothermal flame)的一种新型燃烧方式[34]。

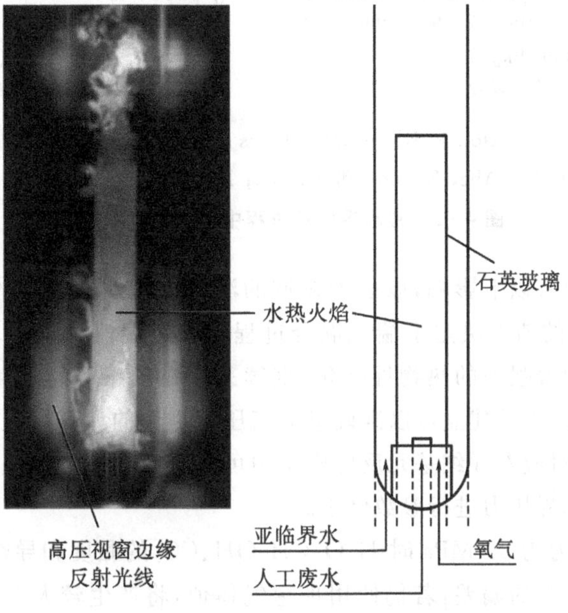

图 4-4　von Rohr 教授的课题组拍摄到的超临界水热火焰图[35]

超临界水热燃烧区别于普通燃烧的两大关键特征是运行压力为超临界压力以及超临界水作为反应物和反应环境。超临界压力导致的无相间界面和反应机理变化及超临界水导致的反应机理变化和组分输运变化深刻改变了着火机理和着火过程。着火是指在最初处于非反应状态的系统中反应速率突然增长的过程，归结于物理和化学两方面因素。物理因素包括水的密度剧变导致的浮力混合效应、传热性质剧变导致的传热强化和传热恶化[36]及反应物流速不同导致的层流混合和湍流混合，超临界流体的传热强化与恶化如图 4-5 所示。图 4-5(a)中通过使用不同研究人员提出的湍流模型对压力为 25 MPa 下不同流体焓值水的传热系数进行预测，并与 Bazargan 等的实验结果进行对比，可看出传热系数达到峰值时，主流体温度尚未达到拟临界点，而边界层中的缓冲层已处于拟临界温度，比热容达到最大，使传热得到加强；图 4－5(b)中显示了各模型对超临界压力下二氧化碳的传热恶化区与传热增强区的预测，当发生传热恶化时，主流体温度远小于拟临界温度，但壁面温已接近拟临界温度，壁温迅速升高，而在主流体温度逐渐接近拟临界温度的过程中，传热系数会快速升高，使传热得到加强。化学因素对水热火焰着火的影响主要体现在超临界水作为反应物，参与氧化燃烧过程，加快火焰的产生。

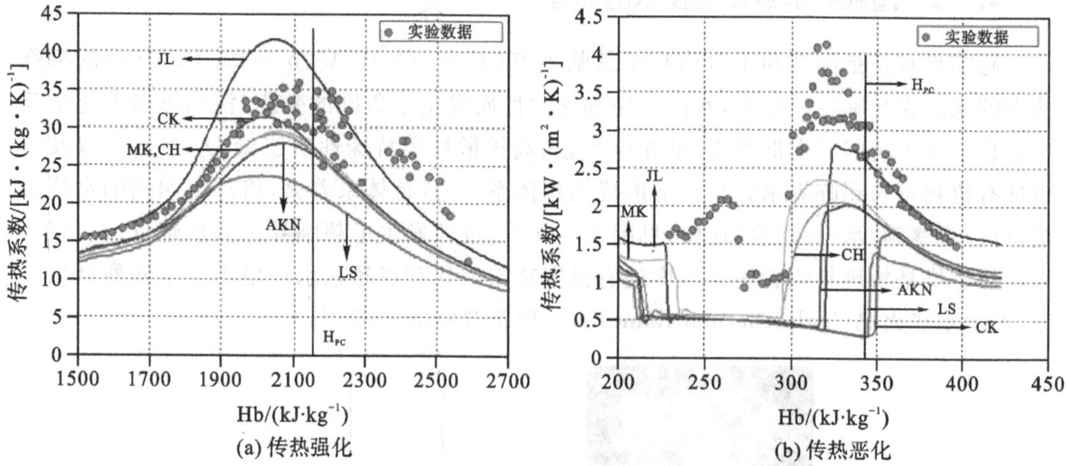

CH—Chien；CK—Cotton 和 Kirwin；JL—Jones 和 Launder；LS—Launder 和 Sharma；
AKN—Abe，Kondoh 和 Nagano；MK—Myong 和 Kasagi。

图 4－5　超临界传热过程中的特殊现象[36]；

超临界压力主要有以下影响，以航天领域的液体火箭发动机中的超临界压力湍流燃烧为例[37]：①相界面的消失决定了湍流混合过程对整个湍流燃烧起着非常关键的作用；②燃烧过程往往伴随着强烈的热物性变化，继续采用在低压下的物性计算方法来计算高压燃烧会有较大误差，必须建立可以准确求解高压下物性的计算模型；③超临界压力会对反应过程产生影响，对应着详细基元反应模型中可能含有与压力相关的基元反应，这些基元反应需要针对超临界压力进行参数修正。

据研究可知，压力为 25 MPa 时 H_2O、CH_3OH、CO_2的黏度和导热系数在中低温范围内与理想气体值有较大的偏差，若仍使用理想气体值，将产生较大误差，需要进行重新拟合；本书对普林斯顿 Li 等[38]提出的 21 种组分、93 个基元反应的甲醇燃烧机理进行了检查，发现压力为 25 MPa 时，反应 $H+OH(+M)═H_2O$、$CH_2O(+M)═HCO+H(+M)$等反应的速率常数已接近高压极限，反应 $CH_2OH(+M)═CH_2O+H(+M)$和 $CH_3O(+M)=CH_2O+H(+M)$处于压力依赖衰退区，需对以上速率常数进行修正，更换为合适的数值[39]。

另外，对于不同于火箭的超临界压力燃烧，在超临界水热燃烧当中，水作为反应物以及反应环境，其本身的物性变化以及燃烧反应的参与，深刻影响着火机理以及燃烧特性[40]。首先，跨临界过程中水的密度骤降引发的强浮力效应，影响着燃料与氧化剂二者的扩散与混合。其次，Henrikson 等[41]认为，水通过提高 OH 自由基的产生速率来影响燃料的氧化，关键的基元反应包括 CH_3+H_2O ══ CH_4+OH 和 $H+H_2O$ ══ H_2+OH。而 Holgate 等[42]认为水密度变化影响了两个链分支基元反应：HO_2+H_2O ══ H_2O_2+OH 和 H_2O+H ══ H_2+OH。Fujii 等[40]通过实验推测，超临界水通过 HO_2+H_2O ══ $OH+H_2O_2$ 促进 OH 自由基的产生，从而促进甲醇的分解。

本书通过基元反应动力学研究了水在超临界水热燃烧中的作用。在链式反应初始阶段，H_2O 通过重要的链初始反应 H_2O+O_2 ══ HO_2+OH 为系统提供 HO_2 与 OH，HO_2 与 CH_3OH 反应产生大量 H_2O_2，1 个 H_2O_2 分解生产 2 个 OH 自由基，大量 OH 自由基迅速消耗 CH_3OH，使系统温度迅速上升，产生火焰；当甲醇浓度为 5 mol%时，反应体系温度达到 1310 K，此时单原子反应 $O+H_2O$ ══ 2OH 开始凸显，也成为主要产生 OH 自由基的反应之一。

4.1.3　超临界水热火焰发生类型及过程

关于超临界水热火焰类型，Reddy 等[7]根据不同实验装置中进行的点火过程分为了半间歇式、湍流扩散和湍流预混三类，各类型具体的点火阶段划分如图 4-6 所示。

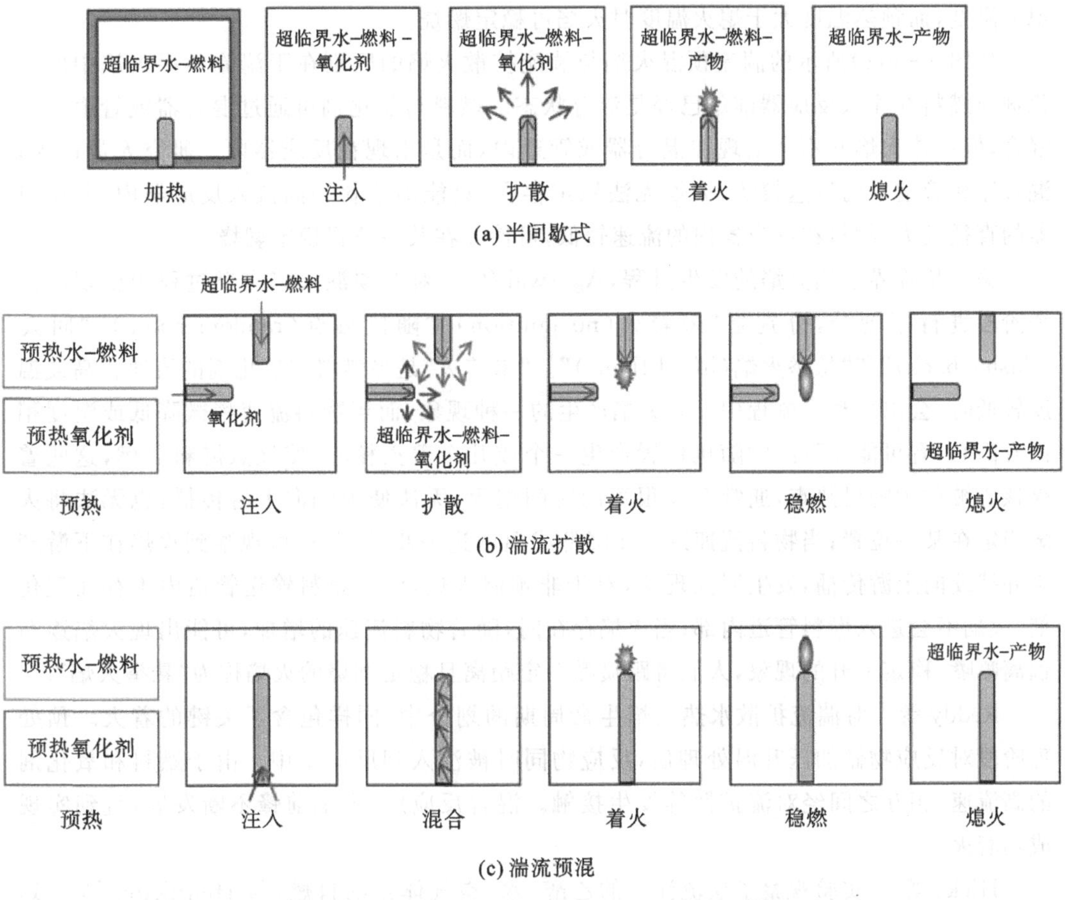

图 4-6　不同模式下水热火焰点火阶段划分[7]

图 4-6(a)描述了典型的半间歇式水热火焰的点火阶段。第一阶段为加热阶段，半间歇式反应器内充满水-燃料混合物并被加热至超临界水条件，同时氧化剂也被预热至设定

的温度。当反应器内达到设定的温度和压力值时，进入第二阶段，向反应器内通入高温氧化剂。第三阶段为氧化剂向超临界水-燃料环境中扩散的过程，燃料与氧化剂接触后开始反应，产生活性自由基并放出热量。随着反应器内活性自由基浓度和温度不断上升，超临界水-燃料-氧化剂达到热自燃条件，水热火焰出现，此时最明显的特征是反应器内温度突升。这种火焰是由氧化剂向燃料中扩散产生的，与常规气相燃烧中燃料向氧化剂中扩散相反，因此该火焰也被称为逆扩散火焰。随着反应进行，反应器内燃料耗尽，火焰随之熄灭。

湍流扩散火焰又称非预混火焰，通常在连续式反应器内点燃，燃料与氧化剂分别以较高的连续速度进入反应器内燃烧，燃烧产物由反应器出口排出。图 4-6(b)描述了湍流扩散火焰的点火各阶段。在通入燃料与氧化剂前，反应器内已被充满超临界温度和压力的水，随后超临界状态的燃料与氧化剂被注入反应器中。燃料与氧化剂在反应器内扩散、混合，并在接触的界面上形成火焰前锋，产生水热火焰。与半间歇式反应器中的水热火焰不同，湍流扩散火焰可在合适的条件下稳定燃烧。为研究湍流扩散火焰的稳定性，研究人员逐步降低进入反应器的燃料和氧化剂的预热温度，直到火焰熄灭，此时的预热温度被称为熄火温度，而预热温度大于熄火温度时火焰可稳定燃烧。

如图 4-6(c)所示的湍流预混火焰与湍流扩散火焰的区别在于湍流预混火焰中的氧化剂与燃料在注入反应器前就已经是混合状态。燃料与氧化剂可通过混合器或管道进行混合，但水热火焰并不会出现在混合器或管道内，而是出现在反应器内。研究人员认为，混合器和管道中的流速较快，火焰无法稳定存在，只能随物料一同流入反应器内；而反应器的直径较大，物料在反应器内的流速较低，可使其在某一位置稳定燃烧。

关于超临界水热火焰的发生过程，Agarwal 等[43]对非预混火焰自燃过程中出现的四个阶段进行了划分，分别是“未着火(no ignition)”“随机热点(random spots)”“回火(flash-back)”和“悬举火焰(lifted flame)”。“未着火”是当燃料与氧化剂的流速较高或温度较低时，会出现整个流程中没有火焰产生的一种现象；而当物料流速稍微降低或温度稍微升高时，有可能在下游的随机位置产生一个或几个着火核心，使该点燃料自燃，这些着火核心被称为随机热点，通常会在很短的时间熄灭，无法使火焰向上游传播，也无法将火焰稳定在某一位置；当物料流速进一步降低或温度进一步升高时，可观察到火焰在下游产生并持续向上游传播，发生回火现象，对于非预混火焰，由于燃料输送管道内不存在氧化剂，火焰不会进入燃料管道内部；当火焰存在时，随着物料流速的增加，可能出现火焰逐渐远离喷嘴，稳定上升的现象，人们将距喷嘴一定距离且稳定燃烧的火焰称为“悬举火焰”。

Reddy 等[7]对湍流扩散水热火焰生命周期的划分中，同样包含了关键的着火。预处理阶段对反应物做加压升温处理后，反应物同时被注入到反应室中。由于燃料和氧化剂的高流速，相互之间经对流扩散等发生接触。混合反应后，火焰前锋不断发展，直到实现成功着火。

Hicks 等[44]实验观察了层流注入的乙醇-水-空气体系的自燃，与 Henrikson 等[41]划分阶段相同，水热火焰着火过程也包括预燃烧、回火和稳定燃烧三个阶段，如图 4-7 所示。结果表明，在最终建立稳定火焰之前，随机热点形成和消失可能发生不止一次。初期火焰没有传播到入口处形成稳定火焰，主要是火焰传播速度受限于温度、反应物浓度和湍流混合强度，数值较低。但是初期火焰形成和熄灭的过程意味着仍然发生了氧化放热反应，增加了密度梯度和温度梯度，诱发了燃料和氧化剂之间的浮力混合，反过来继续促进火焰形成。一系列随机热点之后，火焰向喷嘴靠近。此时喷嘴后的区域中流动愈发层流化，这可能是因为越过临界点后局部温度升高导致局部黏度增加。一旦火焰在燃烧器处稳定，火焰尖端区域会变得更紊乱；同时还因烟灰的存在，火焰的颜色会变的更黄。相比于 2 mL/min的气流情况，较高流量(7 mL/min)流场湍流更强，到达稳定燃烧的阶段需要的时间更短，火焰也更为明亮。

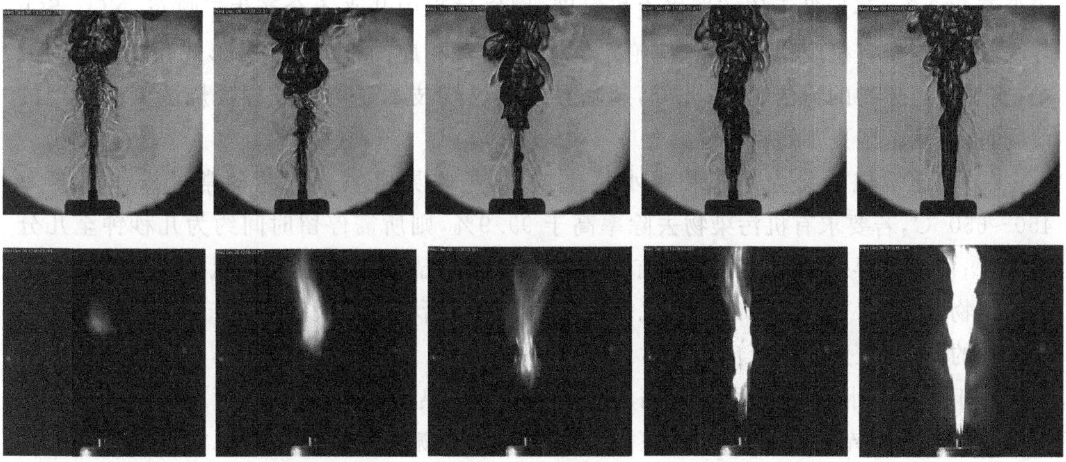

(a) t=0 s　(b) t=0.033 s　(c) t=0.100 s　(d) t=0.133 s　(e) t=0.166 s

图 4-7　7 mL/min 空气时的稳定火焰形成过程[44]

Gordon 等[45]提出了一个用于模拟在静止的氧化环境中注入燃料的层流扩散火焰的热自燃模型，该模型综合了着火过程中出现的主要物理和几何参数。结果表明射流高度足够大时会发生自燃，且射流的温度沿着轴向一直上升到着火点。如果从点火内核释放出足够的能量，稳定的火焰就会发展起来。一方面，该模型可以用于评估实验中的设计实验参数(例如流速、流体温度和反应物浓度)；另一方面，还可以作为了解主要基本物理过程之间的联系的第一步，并在此基础上开发更复杂的一阶分析模型和适用于同轴燃烧器的热自燃着火模型。随后，通过对热面强迫点火的过程进行建模，Stathopoulos 等[46]预测了点燃流经热面的混合物所需要的热面温度和热通量。这些工作也为后续他们继续研发热面点火装置提供了理论依据。

进一步，Song 等[47]以 H_2 和 O_2 为反应物，对湍流扩散水热火焰着火过程进行了二维直接数值模拟(DNS)，从微观机理角度理解水热火焰的产生过程，包括从点火核的产生到边火焰演变和传播。整个燃烧过程被分成预着火阶段、着火阶段和后着火阶段，其中前两个阶段是主要关注对象。在预着火阶段，反应放热量较低，混合程度较差的区域出现了较高浓度的 HO_2和 H_2O_2自由基。着火阶段一开始，放热量和 OH 自由基相对较高的区域内出现了两个着火核，并且该区域远离低混合部分。每个着火核形成后，都会迅速膨胀并产生一对沿相反方向以 1.286 m/s 的速度传播的边缘火焰，直到与其他边缘火焰碰撞为止。继续发展，区域内最终会建立一个连续的火焰面。结果显示，自燃均发生在混合程度为 0.8～0.85的范围内(当量比混合程度为 0.911)。

4.1.4 超临界水热燃烧技术的优势

相比于具有一定技术优势的湿式氧化法、焚烧法和常规的无火焰超临界水氧化技术，超临界水热燃烧技术在有机废物处理方面表现出以下较好的综合技术优势。

(1)相比湿式氧化法，超临界水热燃烧反应时间更短，处理彻底，无需后续处理。

(2)相比焚烧法，超临界水热燃烧反应温度较低，不会产生热力学氮氧化物等二次污染物。通过水热燃烧反应器的创新设计及反应器入口物料温度的控制，稳定的水热火焰可低至 500 ℃，其远低于传统燃烧火焰温度；燃烧过程中几乎不会产生二噁英、NO_x、SO_2 等大气污染物，有机废物中的氮、硫绝大数将以 N_2 和相应的含氧酸根的形式存在于产物流中，实现了可燃物的清洁燃烧；此外，超临界水热燃烧技术还可以处理焚烧法无法处理的湿物料，应用范围更加广泛。

(3)相比常规的无火焰超临界水氧化技术，超临界水氧化工艺的常见操作温度为 450～650 ℃，若要求有机污染物去除率高于 99.9%，则所需停留时间约为几秒钟至几分钟[48-49]；而超临界水热燃烧工艺具有较高的水热火焰温度，其加速了氨氮、乙酸、苯酚等顽固有机物的降解，可进一步缩小有机污染物完全降解所需停留时间(至少于 1 s)，有效降低反应器的体积，从而减少反应器耗材。

对于容积式水热燃烧反应器，高温水热火焰有预热物料的作用，因而反应器进口物料温度可低至亚临界温度，甚至接近室温，从而避免或者减缓了临界温度区管道及设备的腐蚀与堵塞问题。对无水热火焰的超临界水氧化反应器，尤其是管式反应器，进口物料温度必须被预热至超临界条件，以便其在反应器内接触到氧化剂后可以立即反应。虽然这可能有利于系统自热，但是当遇到侵蚀性组分，将加剧设备腐蚀问题。当系统处于 320～410 ℃范围的近临界点高密度水区时[50-51]，水的介电常数和无机盐的溶解度都很大，此时设备腐蚀以电化学腐蚀为主，为快速腐蚀敏感区。在超临界水氧化系统中，该敏感区是腐蚀最严重的区域。当以超临界水热燃烧产生的高温水热火焰作为超临界水氧化反应的内热源时，可以将进入反应器的物料预热温度控制到 300 ℃以下，高温水热火焰可迅速对进料补给热量至超临界温度，从而避免了近临界区的严重腐蚀。

此外，超临界水热燃烧反应器中，高温水热火焰可以对反应器入口物料预热升温至着火燃烧，无需额外的辅热设备，缩减了工艺系统的预热设备投资。相比于传统超临界水氧化核心反应温度，水热火焰温度较高，因而水热燃烧反应器具有较高的能量密度，有利于能量回收。值得一提的是，相对于空气，水环境具有更强的蓄热能力，因而在超临界水氛围下一旦起火，火焰稳定性更高。

4.2 超临界水热燃烧及其火焰特性

水热火焰特性方面，大部分学者从着火温度、熄火温度、着火延迟时间、火焰温度分布和火焰传播速度等角度出发，进一步深入理解由运行压力为超临界压力以及超临界水作为反应物和反应环境这两大关键特征引发的与常压气相燃烧的异同。作为对实验装置的补充，数值模拟工具在帮助深入阐释实验结果、总结反应规律、更深刻地理解水热燃烧[19,21,52]方面意义重大。

目前大多数文献集中于水热火焰特性的描述，很少从微观反应机理的角度解释超临界水热火焰与常压火焰的区别以及水热火焰本身的独特之处。基于水热火焰特性对于工业应用中反应器的设计和运行参数确定的重要性，本节将着重于梳理已有对水热火焰特性的研究成果。

4.2.1　着火温度

一般来说，在超临界水热燃烧技术的研究中，着火有两种方式：热自燃和强迫点火。热自燃一般指代通过外置式电加热器将燃料和氧化剂预热到自燃温度从而发生水热燃烧现象，强迫点火指借助内置式的电加热棒等热源通过局部预热燃料和氧化剂产生水热火焰。着火温度指为保证燃料溶液着火的最低燃料进口温度，着火温度的高低决定着系统功耗高低以及能否克服盐沉积堵塞问题。操作参数和反应器几何参数是影响着火温度高低的两类因素。较低的入射速度、较长的停留时间和采用容积式反应器等措施，都被实验证明是切实可行的。

研究结果表明，着火温度与反应器系统压力密切相关。Schilling 等[1]使用半间歇式反应器测量了 0.3 mol/mol 甲烷使用纯氧作为氧化剂时在不同压力下的着火温度。实验发现，当反应器系统压力从 20 MPa 增加到100 MPa时，着火温度从 420 ℃降低到 400 ℃，明显低于环境条件下甲烷着火所需的 550 ℃着火温度。Hirth 等[53]使用半间歇式反应器测量了不同浓度甲烷在不同压力下的着火温度。结果表明，当压力由 30 MPa 增加到 100 MPa时，0.3 mol/mol 甲烷的着火温度由 425 ℃降低到 390 ℃。几位学者的研究结果一致表明，压力的增加在一定程度上有利于着火温度的降低。本书借助开发的超临界水热燃烧数值模拟计算方法，研究了反应压力对甲醇超临界水热燃烧着火温度的影响，发现压力的影响主要表现为反应器中初始条件下的密度差异，其中 23～29 MPa 下水的密度差异较大，而甲醇水溶液与反应器中超临界水的密度差越大，会使燃料与反应器内的水的掺混换热越剧烈，使甲醇水溶液更容易着火。本书研究发现，压力为 25 MPa、质量分数为 33.3%的甲醇溶液着火温度最低。关于着火温度和燃料浓度的关系，Hirth 等[53]研究发现，当压力为 60 MPa、甲烷浓度由 0.1 mol/mol 上升到 0.3 mol/mol 时，着火温度由 500 ℃下降到 410 ℃；当压力为 73 MPa、甲烷浓度由 0.05 mol/mol 上升到 0.2 mol/mol 时，着火温度从 450 ℃下降到350 ℃。Wellig[10]使用蒸发壁反应器测试了甲醇的着火温度，在压力为 25 MPa 条件下，氧化剂为纯氧时，甲醇浓度由 0.097 mol/mol 提高到 0.123 mol/mol，着火温度由 490 ℃降低到 460 ℃。Zhang 等[54]通过蒸发壁反应器实验总结了一系列甲醇燃料浓度的着火温度(见图 4－8)，其使用氧气作为氧化剂。着火温度随着燃料浓度的增加而降低，这与之前的研究结果一致。在 23 MPa 的压力下，当燃料质量分数为 22%时，着火温度约为 600 ℃；而当燃料质量分数为 43%时，着火温度可低至 460 ℃。以上学者的研究都可以表明，燃料浓度的提高在一定程度上可以降低着火温度。

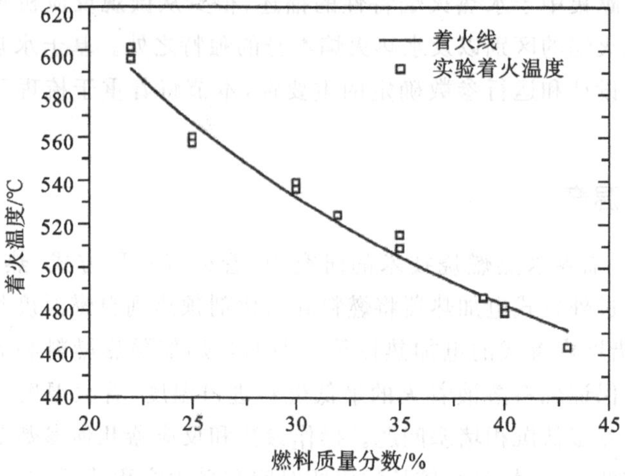

图 4-8　燃料质量分数对着火温度的影响[52]

与热自燃着火不同，强迫点火条件下燃料着火温度受燃料浓度的影响较大。本书针对加热棒表面温度为 800 ℃、燃料流量为 36 kg/h、燃料质量分数 10%～60%的着火工况进行了模拟研究，发现燃料质量分数由 10%上升到 60%时，燃料着火时所需的预热温度由 375 ℃下降到了 200 ℃。Stathopoulos 等[55]研究水热燃烧强迫点火时也发现了随着乙醇浓度的增加着火温度降低的现象，他们认为乙醇浓度越高，自燃温度越低，着火更容易发生。关于燃料流量的影响，Zhang 等[54]研究燃料流量对着火温度的影响时发现，着火温度随燃料流量的增加而降低，如图 4-9所示。当燃料流量为 2.1 kg /h 时，着火温度为 569 ℃；当燃料流量为 5.0 kg /h 时，478 ℃的燃料产生了水热火焰。这可能是由于在实际实验条件下，燃料、氧气和辅助加热流体以更高的速度混合使得燃料和氧气充分接触。Bermejo 等[22]在研究不同进料流量的着火延迟时间与混合器入口温度的关系时发现，在 4%的恒定 IPA 质量分数下，对于 6 kg/h 的燃料流量和 7.5 kg/h的燃料流量，着火温度为 380～395 ℃。对于更高的燃料流量(13 kg/h 和 18 kg/h)，只有预热温度高于 415 ℃时才可能发生着火。两位学者关于燃料流量对着火温度的影响得出了截然相反的结论，这可能与反应器的不同有关。

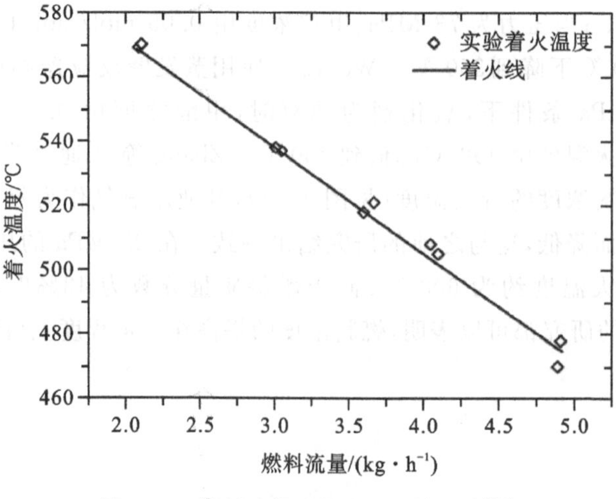

图 4-9　燃料流量对着火温度的影响[52]

本书对湍流扩散火焰进行了数值模拟研究，其中系统反应压力为 25 MPa，燃料和氧化剂分别预热至设定温度后通入反应器内产生火焰，通过研究发现着火温度随流量上升而增加。随着燃料质量流量的增加，反应器内轴向速度和径向速度急剧增大。喷嘴出口处速度是反应器中的速度最大值，尽管喷嘴处速度的增加有利于燃料和氧化剂的混合，但过快的流速可能导致反应前期产生的热量被快速带走无法维持稳定的火焰。因此，在大流量条件下的着火过程中，尽量选用与反应器结构匹配的燃料流量进行点火，以便火焰传播速度和未燃混合物流速匹配。

强迫点火工况下着火温度也随流量的增大而增加，一方面是由于燃料流量增大导致反应器内物料流速增大，火焰无法在高速的流场内稳定；另一方面是由于燃料流量的增大，燃料从加热棒表面带走的热流量也增多，但带走热量的增幅并不与燃料流量的增幅相匹配，较大的燃料流量流经加热棒表面后，依然无法达到临界温度点以上形成均相环境，从而无法形成水热火焰。

稳定水热火焰的点燃需要最佳氧化剂流速。氧化剂流速过高可能会导致火焰熄灭或将火焰移离喷嘴，而氧化剂流速过低则会限制燃料-氧化剂混合达到自燃温度[17]。Sobhy 等[56]研究发现对于半间歇式反应器中的甲醇-空气扩散火焰，当空气流速低于 0.5 mL/min时，没有火焰产生，而当空气流速高于 1.5 mL/min 时，火焰边界不稳定且闪烁并迅速熄灭。Wellig 等[11]借助 WCHB - 3 研究了在甲醇-氧气混合物中氧化剂流速对着火的影响，结果表明，在 0.76～2.5 kg/h 的氧化剂流速中，甲醇在 400 ℃的氧化剂温度下产生火焰。Reddy 等[57]通过在 0.5～3 mL/s 范围内改变空气流速对近临界和超临界条件(温度为 400 ℃、压力为 22.5 MPa)下着火温度和分布进行了研究，发现 1.5 mL/s 的流速是水热火焰自燃的最佳流速。

特殊设计的反应器结构可以显著降低着火温度。Príkopský[14]在与蒸发壁式反应器具有相同的喷嘴结构的第三代冷却壁式反应器中进行了甲醇质量分数为 16%的着火实验。结果发现，WCHB - 3 的着火温度集中在 410～430 ℃的范围内，而蒸发壁式反应器中着火温度为 470～490 ℃。经过分析，认为燃料和氧化剂进入反应室内所经过的途径和距离不同，因此散热有差距；并且冷却式反应器的冷却水通道同样对温度场产生了影响。

Bermejo 等[58]通过实验发现，有管式混合器和后混区的蒸发壁式反应器能够实现在反应物温度低至 150 ℃的条件下开始反应。该团队[22]针对不同管式混合器形式的效果进一步深入研究，通过测量相同操作条件下有火焰产生的不同混合器的温度截面和出水 TOC，研究了四种不同混合器的结构对水热火焰着火现象的影响(见图 4 - 10)。结果表明，第一种混合器中反应物着火最快，第三种混合器中需要更长的停留时间以产生火焰，第二种和第四种没有着火。该团队从自由基的角度出发，认为反应速率与自由基的扩散之间存在联系。影响火焰形成的最重要的两个因素是高温和高流速，高温促进自由基的产生，回流和后循环加强新生成的自由基与刚产生的自由基之间的接触，从而降低着火延迟时间和燃烧产生所需要的条件。第二种和第四种结构没有产生火焰是因为较高的流速导致停留时间过短，自由基无法累积和相互接触，再加上回流和后混效果较差，致使火焰无法产生；第三种结构独特，导致散热过快，热量累积较慢，因此需要更长的停留时间和更高的反应物温度才能产生火焰。

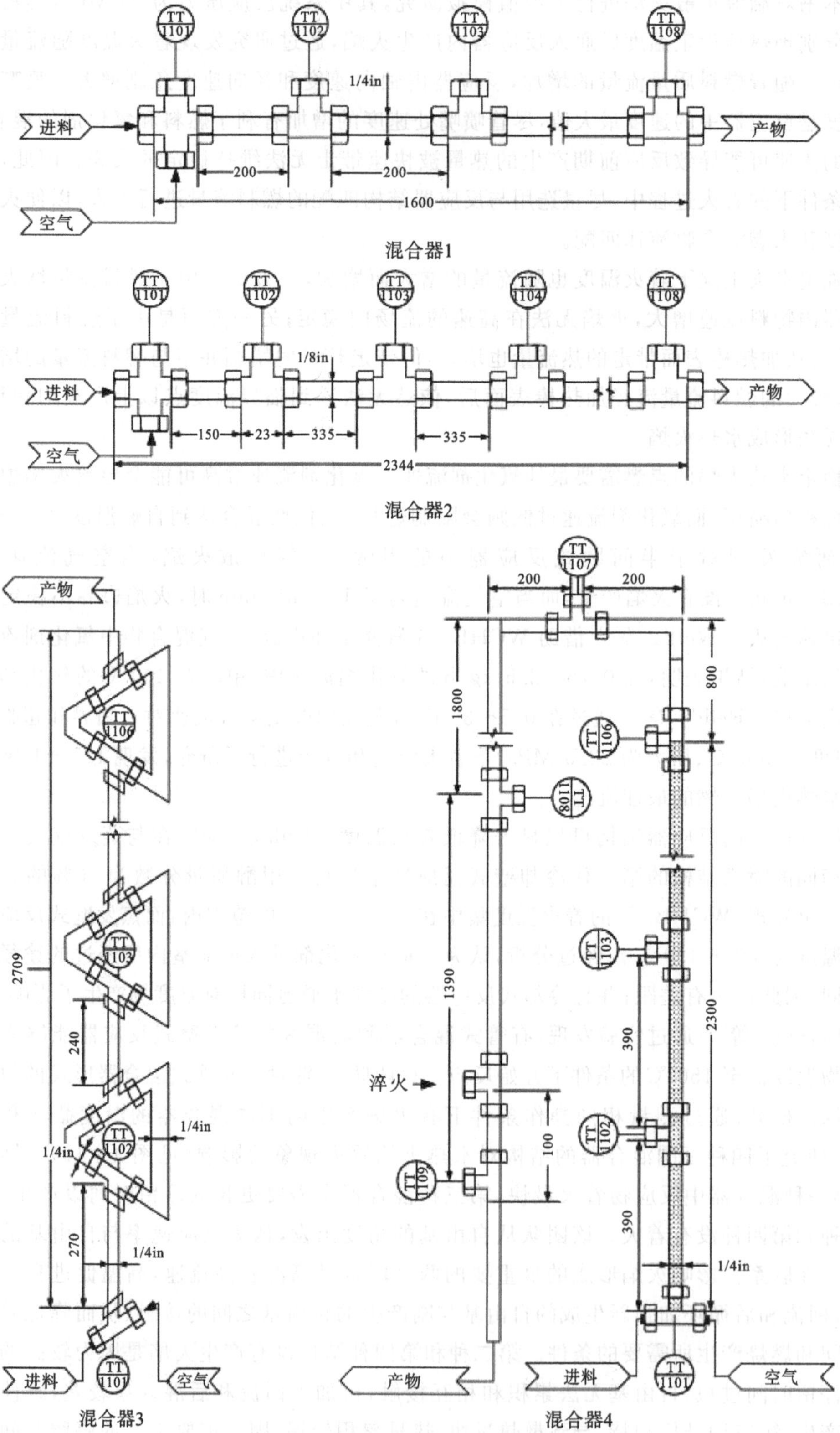

图 4-10 Bermejo 等实验使用的管式混合器[22]

4.2.2　熄火温度

熄火温度指的是运行过程中避免产生熄火的最低燃料进口温度[6]，是衡量水热火焰稳定性的重要指标。越低的熄火温度，意味着水热火焰的稳定性越好，对燃料预热的需求就越低。常温下维持水热燃烧，对于降低能耗、实现反应器的小型化和高效化十分必要。同样，操作参数和反应器几何参数是影响熄火温度高低的两类因素。有实验结果表明，较高的燃料浓度、较低的入射速度等都对此十分有效。

不同于着火温度，燃料浓度对熄火温度的影响十分显著。从 Príkopský[14] 的实验结果发现，随着燃料质量分数的上升，熄火温度下降得较为明显，熄火温度从甲醇质量分数为12%时的380 ℃左右下降到了甲醇质量分数为 20%时的 340 ℃左右。Wellig[10] 也发现了类似的现象，当燃料质量分数小于 11%时，熄火温度仍在临界温度以上；而当燃料质量分数大于 27%时，熄火温度将小于 100 ℃，这意味着冷流体注入也可以维持水热燃烧。在测试不同管式混合器对蒸发壁式反应器中水热火焰的影响效果的实验中，Bermejo 等[23] 通过逐步提高异丙醇浓度，实现了入射温度在 390 ℃到 50 ℃变化范围内稳定的火焰，这意味着熄火温度甚至有可能更低。Reddy 等[59] 通过半间歇式反应器中异丙醇熄火实验，指出熄火温度与燃料浓度几乎呈反比，熄火温度随燃料浓度的增加而下降。Ren[60] 采用稳定的 PSR 模型来满足理想的返混流动条件，发现极限熄火温度随甲醇浓度的增加而降低（见图 4-11），当甲醇浓度在 6 mol%附近时，极限熄火温度随浓度的变化比较缓慢，此时极限熄火温度约为 380 ℃，也正处在拟临界温度附近。

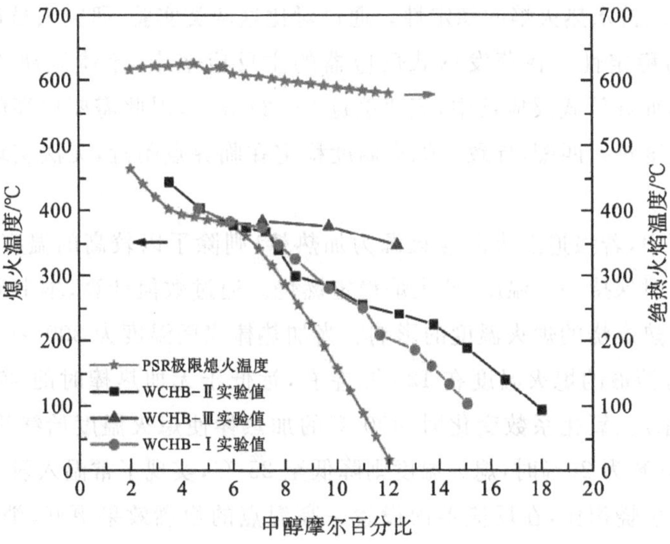

图 4-11　不同浓度甲醇的全混流(PSR)极限熄火温度和不同实验熄火温度对比以及 PSR 极限熄火温度对应的绝热火焰温度[60]

燃料流量与熄火温度也密切相关。Bermejo 等[17] 发现较低的燃料流量会导致较低的熄火温度，随着燃料流量从 14 kg/h 下降到 6 kg/h，熄火温度从 388 ℃降至 354 ℃。

Zhang 等进行的 TWR 实验研究发现，在压力为 23 MPa、纯氧作氧化剂的条件下，当燃料流量为 2.10 kg/h 时，熄火温度为 350 ℃；当燃料流量为 4.90 kg/h 时，熄火温度上升到了 400 ℃(见图 4－12)，燃料流量与熄火温度呈正相关。

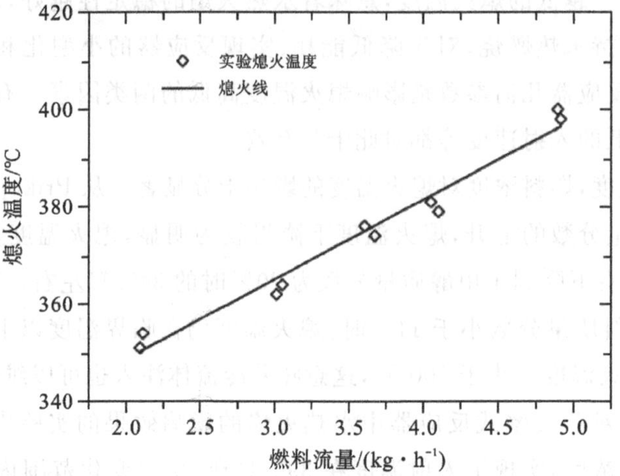

图 4－12　燃料流量对熄火温度的影响[52]

流速和反应器类型同样影响熄火温度。Bermejo 等[17]同时在管式反应器和蒸发壁式反应器中研究了影响熄火温度的因素。管式反应器中的实验结果显示，反应物流速决定了能够保持火焰的最低入射温度，也就是熄火温度。管内流速越低，熄火温度也越低，但其数值始终接近水的临界温度。不同的是，在蒸发壁反应器中，反应物入射温度低至 170 ℃时仍可以维持水热火焰的稳定性。通过对比这两类实验，研究人员认为反应物流速影响水热火焰的稳定性。在蒸发壁式反应器的主反应室中，流体流动的速率基本上在 0.1～0.01 m/s，而在管式反应器中，流速接近 3～24 m/s，因此需要更高的反应温度下更高的火焰传播速度进行匹配，导致了熄火温度稳定在临界点附近，无法实现常温反应物维持火焰。

在工程应用中，若强迫点火的点火源为加热棒，则除了以较高的温度点燃燃料外，也可以在火焰存在时保持一定温度，使火焰稳定燃烧。通过数值计算，本书研究了加热棒表面温度对甲醇水热燃烧的熄火温度的影响。当加热棒表面温度为 300～600 ℃时，质量分数为 15%的甲醇溶液的熄火温度在 125 ℃左右，远低于无加热棒时的 300 ℃熄火温度。而当燃料流量、浓度、氧化系数变化时，400 ℃的加热棒使熄火温度始终维持在 200 ℃以下，当燃料质量分数为 20%时，熄火温度则降低至 25 ℃，实现了常温入射。与消耗较大能量加热燃料稳定燃烧相比，在反应器内设置一高温点的稳燃效果更好，消耗能量也更小，对推动水热燃烧工程应用具有重要意义。

4.2.3　火焰温度

火焰温度被定义为水热燃烧反应器内流体的最高温度。由于超临界流体在拟临界点附近具有较强的蓄热导热能力、较高的黏度和较低的质量扩散系数，所有这些因素均导致超临界水热火焰温度低于理想气体假设下的火焰温度，典型差值在 500 K 左右[61]。Príkopský[62]指出，通常较高的入口温度会导致较高的火焰强度。随着入口温度的降低，火焰远离燃烧器，变得更长更宽，压力(25～27.5 MPa)的变化对火焰行为没有任何显著影响。关于不同因素对火焰温度的影响规律，将分别从氧化系数、燃料浓度、燃料流量等方面进行归纳分析。

关于氧化系数对火焰温度的影响，Serikawa 等[63]通过中试规模的连续式反应器对异丙醇进行了水热燃烧实验研究，在压力为 25 MPa、IPA 浓度为 6 mol%、氧气为氧化剂、IPA 流速为 3 mL/min 的条件下，逐渐增加氧气流速。结果表明，氧化系数为 1.1 时，观察到虚弱稳定的蓝色火焰，最高温度为 830 ℃；氧化系数为 2.2 时，观察到强烈的红色发光体，最高温度上升到 1100 ℃。Zhang 等[64]通过初步设计的一个 8.33 L/h 的容积式水热燃烧反应器，以甲醇溶液为辅助燃料，通过 CFD 数值模拟软件对反应器内的燃烧反应进行模拟。发现氧化系数从 1.5 增加至 2.5 时，火焰温度的变化范围为 1267.9～1210 K。其认为随着氧化系数的增加，反应体系的平均比热容降低速度比燃烧热的降低速度要慢，进而反应温度随着氧化系数的增加而降低。

关于燃料浓度的影响，Zhang 等[64]通过 CFD 模拟，研究了不同甲醇浓度对超临界水热燃烧反应器内火焰温度、物料出口温度和火焰长度的影响，发现火焰温度随着甲醇浓度的升高而升高。Bermejo 等[17]使用蒸发壁反应器研究了进料流量为 60 kg/h、IPA 的质量分数分别为 8%和 9%的两个实验中的温度分布，IPA 浓度仅增加 1%时，最高温度升高约 150 ℃。

燃料温度对火焰温度影响较大，Bermejo 等[58]通过蒸发壁反应器的实验研究发现燃料温度对反应器内温度分布有很大的影响，特别是对火焰温度的影响：在更高的燃料温度下产生更高的火焰温度。任萌萌[61]通过模拟研究发现，在压力为 25 MPa、燃料为质量分数为 24%的甲醇水溶液、流动应变率为 100/s 时，燃料温度的提高，会导致火焰温度的升高，燃料温度为 500 K、600 K 和 700 K 时所对应的最高火焰温度分别为 1544 K、1809 K 和 2138 K。

燃料流量对火焰温度也有一定影响，Bermejo 等[65]对冷却壁式反应器在增加燃料流量情况下的火焰温度变化进行了模拟。结果表明，当燃料流量增加时，最高反应温度和反应器出口温度升高，而燃料的预热温度较低。其认为是反应器内燃烧了大量的有机物，但由于交换表面相同，使得反应器内的预热和散热效率降低。

4.2.4　火焰温度分布

火焰温度分布指的是反应发生后，反应室内部的温度分布。火焰温度分布是水热燃烧实验的关键参数，特别用于验证数值模拟可靠性以及指导反应器的结构设计。同时，针对燃烧过程中出现的最大温度来选择反应器材质则十分关键。决定火焰温度分布的因素有很多，包括但不限于燃料浓度、燃料流速和入射温度。反应器的结构特别是喷嘴的结构通过影响流场也会对温度场产生影响[16]。目前多数实验平台温度测量采用的是接触式测量方式——热电偶，但因其本身的温度感知滞后性以及对流场的干扰，会影响实验结果的准确性，因此数值模拟中要将此现象考虑进去。

Príkopský[14]研究了燃料的入射温度对轴向温度分布的影响。两种不同温度的甲醇被注入燃烧室时的轴向温度分布特性如图 4-13 所示。可以看出，进口温度 426 ℃时，轴向火焰温度较高。此时进口混合物的密度较低，有利于扩散过程，导致燃料流与氧气流混合得更快，从而促进了反应的进行。

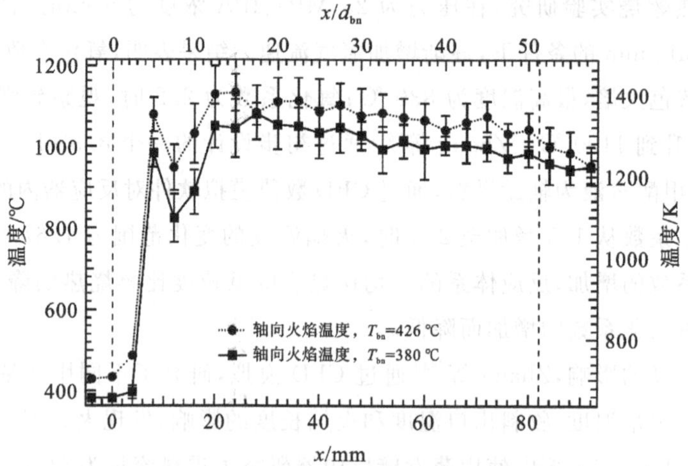

图 4-13　质量分数为 16%的甲醇水溶液在不同燃料入口温度条件下得到的未校正轴向温度[14]

Cabeza 等[24]在探究水热火焰强化处理醋酸等难降解有机物的效果过程中，首先研究了不同浓度异丙醇反应过程中出现的温度最大值。结果发现，随着异丙醇浓度的增大，反应过程中记录的温度极值越大，并且该极值出现的时间也越早，但是异丙醇无法实现完全分解。根据 Vogel 等[66]的解释，甲醇的超临界水氧化反应机理产生了一条 S 形转化率——时间曲线。在反应开始时观察到诱导时间；然后在第二阶段，在准稳定的传播阶段中迅速消耗甲醇。当大部分试剂被转化后，产生稳定产物的自由基之间的终止反应开始占主导地位，甲醇转化速度减慢（终止阶段）。此现象在 Príkopský[14]的博士论文中也可以得到验证。因此，即使产生了火焰并且消除了大部分 TOC，终止步骤也较慢，反应还是需要额外的停留时间才能完成；当反应温度较高时，这种必要的停留时间减少。如前文所述，由于实验过程中温度取样的时间间隔为 0.1 s 量级，所以需要考虑热电偶测温的温度滞后性。

不同空气比对异丙醇水热火焰形态的影响如图 4-14[63]所示。实验过程中保持异丙醇 3 mL/min、水 47 mL/min 等其他条件保持不变，仅改变空气速度，发现空气比可以直观地改变火焰强度。低空气比（$m=1.1$）下，几乎看不到火焰。随着空气比的增加，这些较弱的火焰变得更强烈，当空气比高于 1.8 时，可以清楚地观察到红色发光火焰，特别是 $m=2.4$ 时，火焰呈现十分剧烈的亮红色。这与 Príkopský[14]得到的结论相悖。他通过化学荧光光谱测得的 OH 及 CH 自由基分布实现对水热火焰的可视化，研究了氧化系数及燃料流量等对火焰位置与火焰长度的影响。结果表明，燃料浓度增大、预热温度升高均会导致火焰位置提前及长度增长，而氧化系数和燃料流量对火焰位置及火焰长度的影响不大。

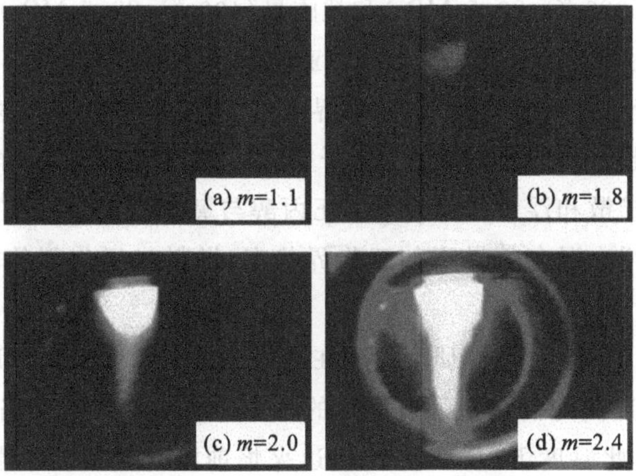

图 4-14　空气比对火焰温度分布的影响[63]

4.2.5　着火延迟时间

着火延迟时间定义为在可燃物质已达到着火的条件下，由初始状态到温度骤升的瞬间所需的时间。停留时间定义为物料从反应器入口到出口所经历的时间。在气相燃烧领域的研究当中，控制着火延迟时间和停留时间的相对大小，决定能否产生火焰以及燃烧是否彻底。

Vogel 等[66]将有机物在超临界水中的反应划分为三个阶段。第一阶段，有机物基本不反应，对应的是水热燃烧当中的着火延迟时间；第二阶段，在准稳态传播期中，有机物快速降解；第三阶段，大部分有机物被分解，基元反应的终端反应开始起主导作用，有机物的转化速率减慢。因此，在水热燃烧处理有机物过程中，由于后期转化速率降低，需要进一步延长停留时间才能使反应完全，但具体的停留时间设置需要根据具体的实验条件确定。

Reddy 等[59]在 NASA 的半间歇式实验装置中研究了正丙醇层流反扩散火焰的着火特性，测试的参数包括反应器温度、氧化剂温度、氧化剂和正丙醇浓度等。根据 Gordon 等[45]所提出的模型，着火延迟时间是各实验参数的一个非常重要的函数。着火延迟时间反映了以下因素之间的相互作用：(1)反应物向火焰前沿的扩散；(2)产热速率，即反应速率；(3)远离火焰前沿的热量扩散。多组实验证明，在正丙醇浓度等其他参数一致的条件下，着火延迟时间取决于反应器温度，反应器温度的提高可以显著降低着火延迟时间。另外值得注意的是，对于密度差引发的强浮力效应和湍流混合这两个影响跨临界湍流扩散火焰燃烧特性的两个重要因素，得益于半间歇式反应器中的层流，该实验通过着火延迟时间的确定，极好地证明了强浮力效应对于着火的促进作用。关于浮力对水热火焰的影响还可以参考火焰传播速度章节中 NASA 的相关实验。实验还发现，除了反应器温度外，燃料浓度和氧化剂温度的提高也可以提高反应速率，加快着火。

随后，Reddy 等[57]又深入研究了温度为 400 ℃时，在 0.5～3 mL/s 范围内 400 ℃氧化剂流速对亚临界(380 ℃、20.5 MPa)和超临界(400 ℃、22.5 MPa)两种条件下着火延迟时间的影响，并且对比了二者的差异。在亚临界条件下，1.5 mL/s 的氧化剂流速着火延迟时间最短，对于自燃最为有利；在超临界条件下，随着氧化剂流速增大，着火延迟时间呈现单调下降的趋势。通过数值模拟，研究人员发现，在亚临界条件下，水热火焰的产生主要是因为热扩散和浮力作用导致的正丙醇与氧气的混合；而在超临界条件下，弗劳德数较大意味着浮力混合效果不如亚临界状态，燃料与氧化剂的混合主要依赖于流动混合。

对于预混火焰，Bermejo 等[22]研究发现在进料流量为 7.5 kg/h、IPA 质量分数为 4%的条件下，着火延迟时间随混合物入口温度的升高而减小。产生火焰的最低混合物入口温度约为 360 ℃，在此温度下，反应物在到达火焰前沿之前在混合器中停留了 0.7 s。Ren[60]通过数值模拟研究发现，随着预热温度的升高，着火延迟时间呈指数级下降(见图 4-15)，且在对数-倒数坐标轴中，其变化曲线几乎为一条直线，这与常规气相燃烧的着火延迟时间变化规律类似。

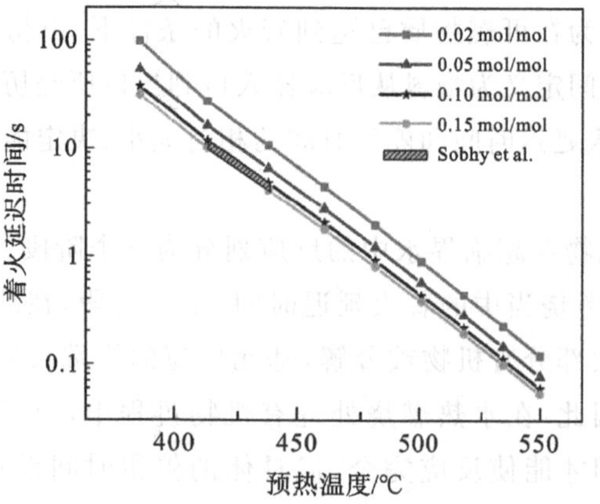

图 4-15 甲醇超临界水热燃烧着火延迟时间随初始甲醇浓度及预热温度的变化[60]

4.2.6 火焰传播速度

在气相燃烧当中，火焰传播速度表示单位时间内在火焰前锋单位面积上所烧掉的可燃混合气数量。它表征了燃烧过程中的火焰前锋在空间的移动速度，是研究火焰稳定性的重要数据。火焰前端速度主要取决于可燃物本身的性质、压力、温度、过量空气系数、流动状态以及散热条件。当火焰传播速度大于流体流动速度，火焰前端会移动到氧化剂与燃料混合处；当火焰前端速度小于流体流动速度，火焰就会被吹灭。只有当两者相等的时候，火焰才能保持稳定。相比于气相燃烧的火焰传播速度，实验发现水热火焰的传播速度低了一个数量级，因此在设计反应器以及确定操作参数方面需要格外重视。

Hicks 等[44]通过可视化方法，得到了低空气流速(2 mL/min、体积分数为 50%的乙醇，2 mL/min 的空气)和高空气流速(2 mL/min、体积分数为 50%的乙醇，7 mL/min 的空气)两种工况下层流扩散火焰的传播速度。对于低空气流速情况，平均传播速度约为 4.6 cm/s；对于较高的空气流速，平均传播速度约为 9 cm/s，而且传播速度并不是单调的，如图 4-16 所示。结合燃烧的图像，认为高空气流速下火焰速度最小值对应局部熄火处，是反应物的缺失导致的。而由于混合作用使得反应物得到补充，最小值处下游火焰速度增加；上游高数值主要是因为反应释放的高热量足以维持喷嘴出口高流速下反应物的着火。

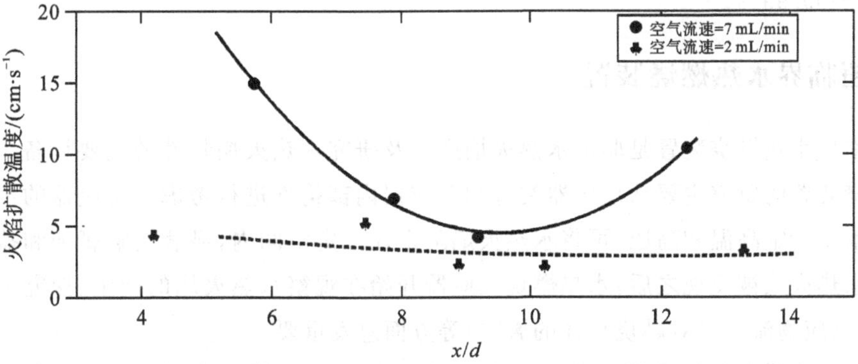

图 4-16 火焰传播速度随 x/d 的变化关系(x/d 定义为燃烧器出口平面上方的轴向高度 x 与燃烧器直径 d 之比)[44]

很多研究表明，容积式反应器的火焰稳定性要高于管式反应器。这主要是因为大流区能够显著降低流速，延长停留时间。Bermejo 等[17]指出，流速决定了水热火焰的熄火温度，大流速情况下若想保持火焰的稳定性，必然要提高入射温度。因此，为了更深入地了解这一现象，需要确定火焰传播速度。

Bermejo 等在描述入射温度与火焰前端速度的关系时采用了谢苗诺夫方程式推导了火焰前端速度表达式，结果显示火焰前端速度随入射温度的升高而增大。与大气条件下较高的火焰传播速度(0.4～3 m/s)相比，容积式反应器内火焰传播速度范围为 0.01～0.1 m/s，此结论同样在文献[44]的实验中得到验证。这与实验中观察到的现象一致：低入射温度要对应低入射速度才能保持火焰稳定，以及管式混合器中没有火焰形成。

但是仍需注意的是，由于超临界态下混合物的性质无法被准确计算，在某种程度下只能根据修正式进行估计。基于以上结论，Bermejo 等给出了反应器放大化设计的建议。反应室内流体的速度必须为 0.1～0.01 m/s，而注射器中的速度必须大于 1 m/s。比如，进料流量最大为 200 kg/h 时，反应室直径不低于 85 mm 且内部喷射器直径不大于10 mm。另外，实验还发现低燃料浓度下火焰传播速度变化不大，高浓度下传播速度是否会急剧增大仍需研究。

4.2.7 燃尽率

燃尽率被定义为进入反应器中的燃料被氧化的百分比，在湍流扩散水热火焰过程中燃尽率非常高[6]。一般通过分析反应产物并进行物种平衡来衡量燃尽率，尽管停留时间小于 100 ms，燃尽率超过 99%是水热燃烧过程的典型特征。

Wellig[10]通过蒸发壁反应器进行的实验发现，在未使用蒸发壁的情况下，在亚临界温度入射的甲醇停留时间为 50～100 ms 时的燃尽率超过 99.8%；在使用蒸发壁的情况下，甲醇的燃尽率超过 99%。Príkopský[62]指出，在 WCHB-3 反应器研究中，甲醇燃尽率为 97.85%～99.99%。

4.3 超临界水热燃烧装置

超临界水热燃烧装置是验证水热火焰产生及研究水热火焰特性的主要设备。目前对水热燃烧装置的研究主要从反应器类型和反应器内部构件进行考虑。反应器的主要特性是能够承受特定高温和高压，可将水热火焰限定在一定空间内，显著缓解腐蚀和盐沉积问题。自水热火焰被发现之后，水热燃烧反应器开始在观察水热火焰的产生、探究不同操作参数(如反应物流速等对燃烧特性的影响)等方面愈发重要。

当前反应器大致分成两大类：半间歇式和连续式反应器。半间歇式反应器主要用于探究简单有机物(如甲烷、甲醇等)的水热火焰着火可行性和着火特性。不同于半间歇式的一次性添加燃料，在连续式反应器中，燃料和氧化剂分别从不同的路径源源不断地注入到反应室中，从而保证持续产生火焰。该种类型反应器主要用于研究不同反应器结构及不同操作参数(如燃料浓度和流速等)对水热火焰的着火特性、熄火特性等燃烧特性以及处理污染物效率的影响。连续式反应器能够保证物料持续流入和产物持续流出，从而可以实现不间断运行，克服半间歇式水热燃烧反应器以上多个缺点，弥补对水热火焰着火机理、火焰稳定性以及变参数运行对燃烧特性的影响等方面的研究。

连续式反应器又分为管式反应器和容积式反应器，容积式反应器包括蒸发壁式反应器(transpiring wall reactor，TWR)和冷却壁式反应器(water cooled hydrothermal burner，WCHB)。不同研究机构因研究目的有差异，反应器的形式也不尽相同，反应器汇总如表 4-1 所示。水热燃烧反应器的研发和改进，关系到对不同反应物在不同操作条件下的水热燃烧特性研究，关系到数值模拟在水热燃烧机理研究中的验证和完善。如果反应器不能适当控制水热火焰，会导致反应器部件热磨损加速、腐蚀加重及氮氧化物的产生[63]。

表 4-1　不同机构实验用反应器汇总

机构/研究中心	年份	反应器	研究目的	参考文献
麻省理工学院，美国	2009	连续式反应器	1. 证明以甲醇和氢为燃料在 WCHB 反应器系统中可以产生水热火焰； 2. 分析 WCHB 系统产生水热火焰的能力和局限性，如系统中火焰的稳定性（着火温度和熄灭温度）； 3. 证明水热火焰可以用来剥落岩石	Augustine 等[34]
苏黎世联邦理工大学，瑞士 Rudolf von Rohr 团队	1997	WCHB-1	水热火焰的特性	Weber[67]
	1999	WCHB-2	水热火焰的特性	Weber[68]
	2003	蒸发壁式反应器	水热火焰的特性	Wellig[10]
	2005	蒸发壁式反应器	了解反应器中的物质输运现象	Weilig[4]
	2007	蒸发壁式反应器	探究蒸发壁式反应器产生水热火焰的可行性	Príkopský[5]
	2008	WCHB-3	探究点火和熄灭过程，火焰特性，温度，以及盐在广泛的操作条件下的影响。此外，还开发了一种计算流体动力学（CFD）工具，目的是了解各种现象之间的相互依存关系	Narayanan 等[52]
	2009	蒸发壁式反应器	水热火焰着火、熄火和稳定性等燃烧特性研究	Wellig 等[11]
	2012	WCHB-4	甲醇-氧气强迫点火实验及着火特性和影响因素分析	Stathopoulos 等[55]
	2016	WCHB-4	湍流扩散氧-乙醇水热火焰的热面点火以及着火图的绘制	Meier 等[15]
	2017	WCHB-4	新型点火装置的介绍以及不同喷嘴性能的对比	Meier 等[16]

续表

机构/研究中心	年份	反应器	研究目的	参考文献
山东大学,中国燃煤污染物减速排国家工程实验室	2014	蒸发壁式反应器	重点研究反应器运行参数对反应器性能的影响,并从处理能力、进料降解、节能、投资成本等方面确定最佳运行参数	Zhang 等[69]
巴利亚多利德大学,西班牙高压处理团队	2009	蒸发壁式反应器	研究在不同的操作条件(温度、燃料浓度、速度)下,不同的混合器中反应物引发超临界水氧化反应的情况	Bermejo 等[22]
	2011	蒸发壁式反应器	以异丙醇为燃料,探究预混水热火焰的形成和稳定性。研究进料流量、喷射温度和燃料浓度等操作参数以及喷射器直径和长度等几何因素对火焰形成和稳定的影响	Bermejo 等[17]
	2011	蒸发壁式反应器	探究含高浓度难降解物质如乙酸和氨的液体环境中水热火焰的形成	Cabeza 等[24]
	2011	蒸发壁式反应器	研究进料流量、进料温度、输送流量比和燃料浓度等主要操作参数对水热火焰和停留时间的影响	Bermejo 等[23]
	2015	蒸发壁式反应器	给出这种新型反应器结构性能的实验和模拟结果,并对反应器的能量回收进行理论分析	Cabeza[19]
NASA,美国格伦研究中心	2014	连续式反应器	研究近临界浮力水射流向湍流过渡的结果,用以研究浮力的作用和帮助改进近临界自由射流的理论模型	Hegde 等[70]
	2017	连续式反应器	研究层流和湍流水热火焰的特性,以及它们随流动条件的变化而产生的碳烟倾向,并测量它们的辐射光谱	Hicks 等[71]
	2019	连续式反应器	研究在超临界水氧化反应器中乙醇水热火焰自燃和稳定的特征及影响因素	Hicks 等[44]

三种类型的连续式反应器中，管式反应器的设计最为简单，停留时间短。功能上可以研究进料浓度、进料注入温度、氧化剂温度等对火焰稳定性的影响。它的主要缺点是氧化过程中产生的盐容易沉积在内壁，甚至造成堵塞。另外，反应器结构特点决定了整个装置都必须采用耐高温高压材料，这大大提高了设备的成本。

为了克服管式反应器的局限性，研究人员设计出了蒸发壁式和冷却壁式两种容积式反应器。此种结构能为氧化反应提供循环空间，使自由基充分累积和相互碰撞，更有利于水热火焰的产生和稳定。而且容积式的反应器更容易进行改造升级，比如增加可视化和测量装置。超临界水氧化的反应器设计与水热燃烧反应器相似度很高，Xu 等[72]综述的超临界水氧化中涉及的蒸发壁式反应器具有较好的参考价值。

本小节对超临界水热燃烧装置的详细描述将从半间歇式反应器、冷却壁式反应器、蒸发壁式反应器、反应器内部构件等方面分别展开介绍。

4.3.1 半间歇式反应器

半间歇式反应器是观察到水热火焰的第一种反应器，不同机构的实验系统图基本一致(见图 4－17)。一些研究机构会加装原位在线检测设备，实时进行原位测量和新燃烧物种探测，通过确定中间产物以帮助理解着火和稳定燃烧机理。该实验系统的基本组件包括液体增压泵、活塞式蓄能器或背压调节器、反应器主体、测温装置、预热器、压缩机、气相色谱仪、CCD 相机和原位在线检测设备。其中 CCD 相机主要用于捕获并记录火焰图像，然后将数据传送至原位在线检测设备进行处理分析；气相色谱仪主要利用色谱分离技术和检测技术，对多组分的复杂混合物进行定性和定量分析。

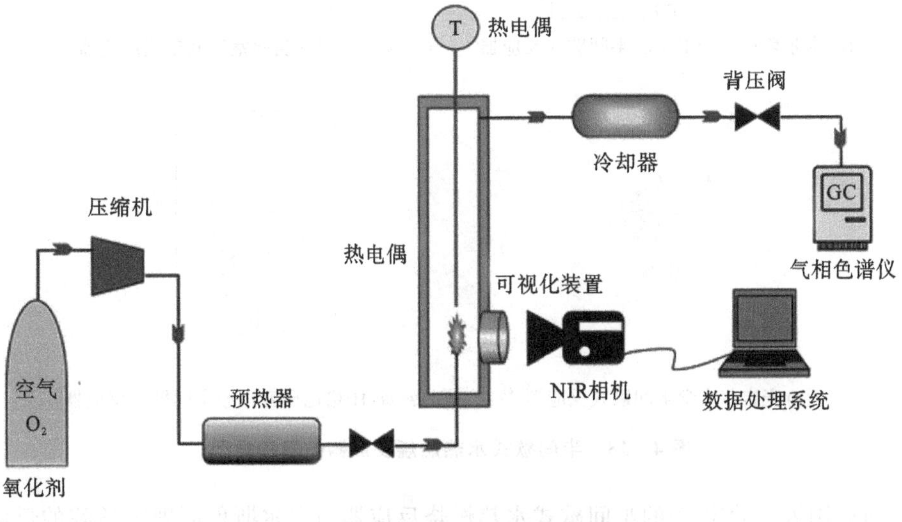

图 4－17 半间歇式水热反应器实验系统图

实验系统操作流程较为简单，首先将特定参数的燃料和水通入反应器并加压预热到指定状态(通常为亚临界状态或超临界状态)，随后将氧化剂以特定温度和流速注入到反应器中，并通过视窗或者热电偶测温判断水热火焰是否产生。随着研究的深入，由于此类型反应器自身结构的局限性，几个关键的问题无法解决：①在实际应用最为普遍的湍流扩散水热火焰的着火过程中，化学反应时间尺度远小于扩散时间尺度，反应受扩散控制；半间歇式反应器中的湍流作用被削弱，无法给出较为准确的着火延迟时间。②火焰稳定燃烧阶段缺失，导致熄火和着火界限不清晰，无法研究熄火特性。③某些关键操作参数如燃料流速对于水热火焰稳定性的影响无法研究。④持续燃烧过程中变操作参数的影响无法研究。这促使了连续式反应器的研发和应用。

卡尔斯鲁厄理工学院 Franck 等人在该团队的半间歇式反应器中首次观察到了水热火焰——层流反扩散火焰。该反应器的主体是外径为 80 mm、内径为 30 mm 的圆柱形耐腐蚀高强度镍基合金，内部有 30 mL 的反应空间，设计承压为 200 MPa，如图 4 - 18(a)所示。反应器外围装有 4 个端口，其中 2 个相对端口安装蓝宝石视窗，用于观察水热火焰的产生。氧气以层流形式从底部端口进入反应室。剩余端口分别安装取样用不锈钢毛细管和热电偶。在燃烧过程中，氧气是从包含在加压高压釜内的不锈钢波纹管中引入的。配有专用传动装置的马达缓慢地压缩波纹管。当氧气进入反应容器时，反应产物离开反应容器并进入波纹管周围的高压釜中的空间，从而形成保持压力恒定的准循环流动。该反应器的设计目的是证明水热火焰的存在。虽然该装置能够允许取样进行产物分析，但是只有一个热电偶用于确定着火时反应器内温度，无法对层流反扩散火焰整体进行量化分析。

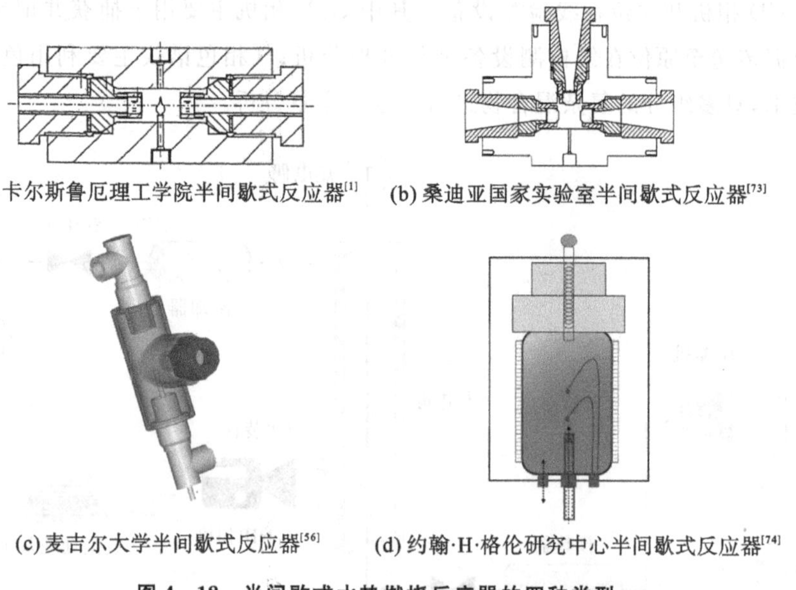

(a) 卡尔斯鲁厄理工学院半间歇式反应器[1]　(b) 桑迪亚国家实验室半间歇式反应器[73]

(c) 麦吉尔大学半间歇式反应器[56]　(d) 约翰·H·格伦研究中心半间歇式反应器[74]

图 4 - 18　半间歇式水热燃烧反应器的四种类型

桑迪亚国家实验室[73]的半间歇式水热燃烧反应器与卡尔斯鲁厄理工学院的反应器造型相似，但结构上有多处不同，如图 4 - 18(b)所示。此反应器的反应腔室容积为 18 mL，周围有 3 个外径为 7.6 cm 的圆柱形蓝宝石视窗，其中 1 个窗口可以使用拉曼散射确定主要物种和测量燃料浓度。值得注意的是，为了解决蓝宝石的光轴定向不够准确影响测量结果的问题，蓝宝石被小心地安装在密封组件中，使其光轴位于激光偏振的(垂直)平面中,从而使双折射效应变得微不足道。反应器底部的 5 个高压端口用于在高达 35 MPa 的压力下注入和排出流体。不同于卡尔斯鲁厄理工学院反应器的波纹管,氧气从装有活塞的不锈钢钢瓶中用高压泵输送到反应器。整个反应器允许在最高 550 ℃的温度下运行。该反应器的设计目的是为了描述扩散水热火焰现象和实验测量水热燃烧条件下化学动力学速率。相比于 Franck 等的实验,由于原位在线检测设备的引入,此反应器对于进一步定量理解水热燃烧现象起到了非常大的促进作用。

麦吉尔大学 Sobhy 等[56]设计了一个可视化火焰单元(见图 4-18(c)),用于研究水热火焰的产生、描述和氮氧化物的生成情况,进而评估水热燃烧作为环境治理工具在处理复杂有机废物方面的应用价值。该可视化火焰单元同样是一种半间歇式水热燃烧反应器。相比于前两种,此反应器结构较为精简,反应腔室的体积仅为 15 mL。注射喷嘴、蓝宝石窗口、反应器主体及外部加热套是 4 个基本组成部件,设计耐压为 47 MPa,耐温为 600 ℃。系统运行步骤与前述几种半连续水热燃烧反应器系统类似。该实验的创新更多得益于研究内容的创新(着火阶段的划分、不同浓度燃料对水热火焰特性及反应产物特别是氮氧化物的影响),并非来自于反应器本身结构的改进,故不再赘述此反应器的优势及不足之处。

美国宇航局的约翰·H·格伦研究中心设计的半间歇式反应器[74](见图 4-18(d))用于研究重力和浮力效应对超临界氧化空间站内代谢废物的作用。Reddy 等[57]利用该反应器,研究了氧化剂流速对亚临界水热火焰(380 ℃、20.5 MPa)和超临界水热火焰(400 ℃、22.5 MPa)的影响,并且对比了二者的差异。该反应器主体是一个长度为 5.1 cm、体积为 480 mL 的圆柱形容器。该反应器容器制作材料为 Hastelloy C276,设计压力为 40.7 MPa。注射喷嘴直径为 1 mm,用于注入特定参数的氧化剂。反应器外部采用多层高级陶瓷纤维进行绝热,以减少反应器内的热量损失。对比于前几个半间歇式反应器系统,该装置能够实现在无重力环境下运行,因此可以用于研究浮力和机械混合对于火焰形貌及反应速率的影响。

4.3.2 蒸发壁式反应器

Laroche 等[75]指出,理想的超临界水氧化反应器在克服盐沉积和腐蚀问题的过程中,壁面处理有 3 种可行的方式:对流换热冷却、膜冷却和蒸发冷却。对流冷却指的是冷流体从反应腔室外部流过;膜冷却指的是壁面射流以平行于反应流的方式注入到反应腔室内,从而在内壁面形成湍流剪切层保护膜;在蒸发冷却的过程中,可以采用特殊材料制成的多孔壁,使得外部的流体可以通过孔进入反应器内壁面,降低表面温度和反应物浓度。

蒸发壁式反应器的主要特点是能够运用流体动力学的方法阻止反应物或生成物与壁面接触,使盐颗粒无法沉积,从而达到同时解决腐蚀和盐沉积问题的目的;而冷却壁式反应器能够将反应区域限制在冷水层内,保护承压壁不受腐蚀性流体的影响,同时还可以抑制盐结晶造成的堵塞。

苏黎世联邦理工大学在设计蒸发壁式反应器的过程中，参考了已有的两种冷却壁式水热燃烧反应器 WCHB－1 和 WCHB－2，并做了相应的改动（见图 4－19）：①去掉了可视蓝宝石视窗，反应物均从上部注入；②反应器的内径和长度的确定上平衡了经济和热力学两方面因素，并且尽可能延长蒸发壁的长度，确保出水参数在设定范围内；③在延长入射口以平滑物料流和缩短入射口以降低物料流间热交换这两方面选取了合适的平衡点。

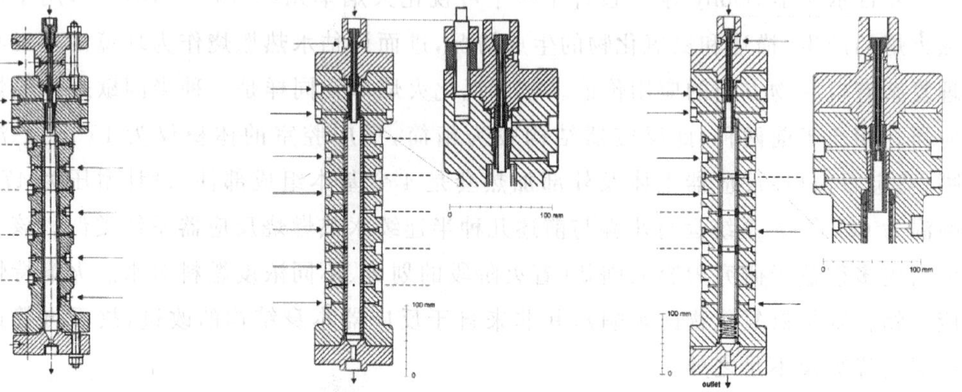

(a) 蒸发壁式反应器初版　(b) 蒸发壁式反应器修改版　(c) 蒸发壁式反应器完成版

图 4－19　苏黎世联邦理工大学的蒸发壁式反应器[10]

虽然验证过改动后反应器的结构强度，完成了蒸发壁式反应器的初版，但在可行性方法上发现了较为严重的问题，这也促使了修改版的完成。首先，冷却壁式水热燃烧器采用的螺纹连接存在缺陷。因为劲度系数未知，所以很难控制安装过程中的行为。因此，螺栓连接被自锁式的衬套取代，很大一部分能量被支撑部件吸收，并且部件的弹簧常数可以相对准确地确定。螺纹连接的紧凑设计，可以减小法兰和主体的直径。除此以外，一级氧气连接处也得到了改进。其次，蒸发壁的形状也做了修改。不同部分之间的区分通过焊接的圆环实现，有助于后续开孔与反应器本体匹配。另外，考虑到制造上的可行性、可靠性和简易性，实际加工过程中对修改版的局部结构做了相应的微调，比如增加了底部弹簧等，更详细的介绍可以参考文献[10]。

西班牙巴利亚多利德大学的高压处理团队自 1993 年开始超临界水氧化的研究，主要关注醇类特别是异丙醇作为辅助燃料强化超临界水氧化处理难降解废物（如氨）[24,27]的效果。为了解决腐蚀和盐沉积的问题，该团队主要采用蒸发壁式水热燃烧反应器，如图 4－20 所示。该反应器的结构在整个研究历程中没有发生太大改变。但值得一提的是，为了克服超临界水氧化本身因需要高压高温环境而导致的高耗能问题，甚至将该反应过程作为能源生产的一种方式，团队成员对反应器结构及整个反应系统重新做了改进[19]。

首先，改动发生在物料进出口的位置结构上。反应物从底部流入，冷却水从顶部流经外壁和反应室之间的环空到达底部，溶解掉沉积的盐，从而克服盐沉积导致的堵塞问题。

另一个比较大的改动在反应器的顶部。氧化过程中产生的部分产物可以从上部的出口处收集，避免与冷却水混合，从而有助于后续的产物分析和能量再利用。另外，由于该蒸发壁式水热燃烧反应器的反应物入口长度较长，反应物得以充分混合，从而形成预混火焰。这意味着入口结构对整个水热火焰特性有着极大的影响。该团队通过精确测量 4 种不同入口结构的温度截面和出水 TOC，研究了入口结构和操作参数对水热火焰着火现象的影响[22]。

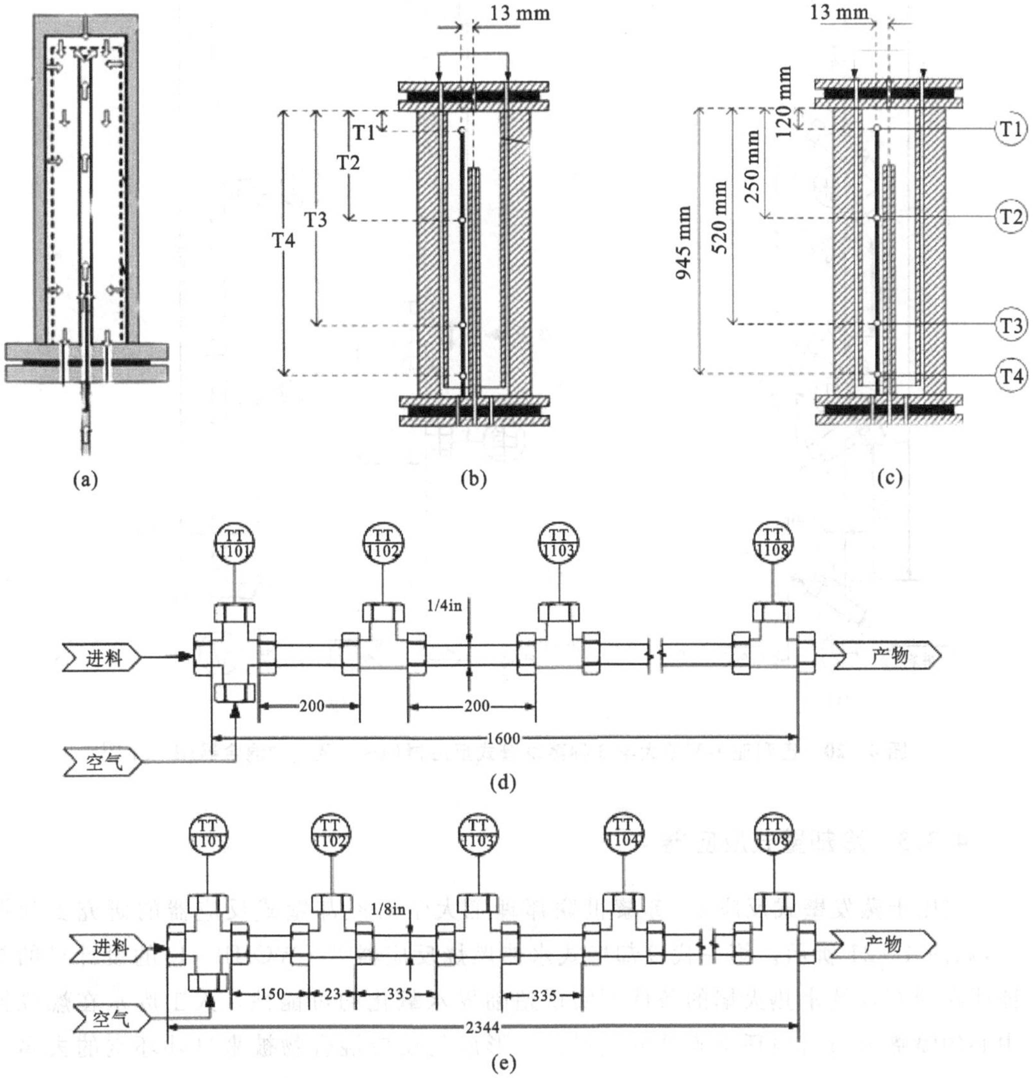

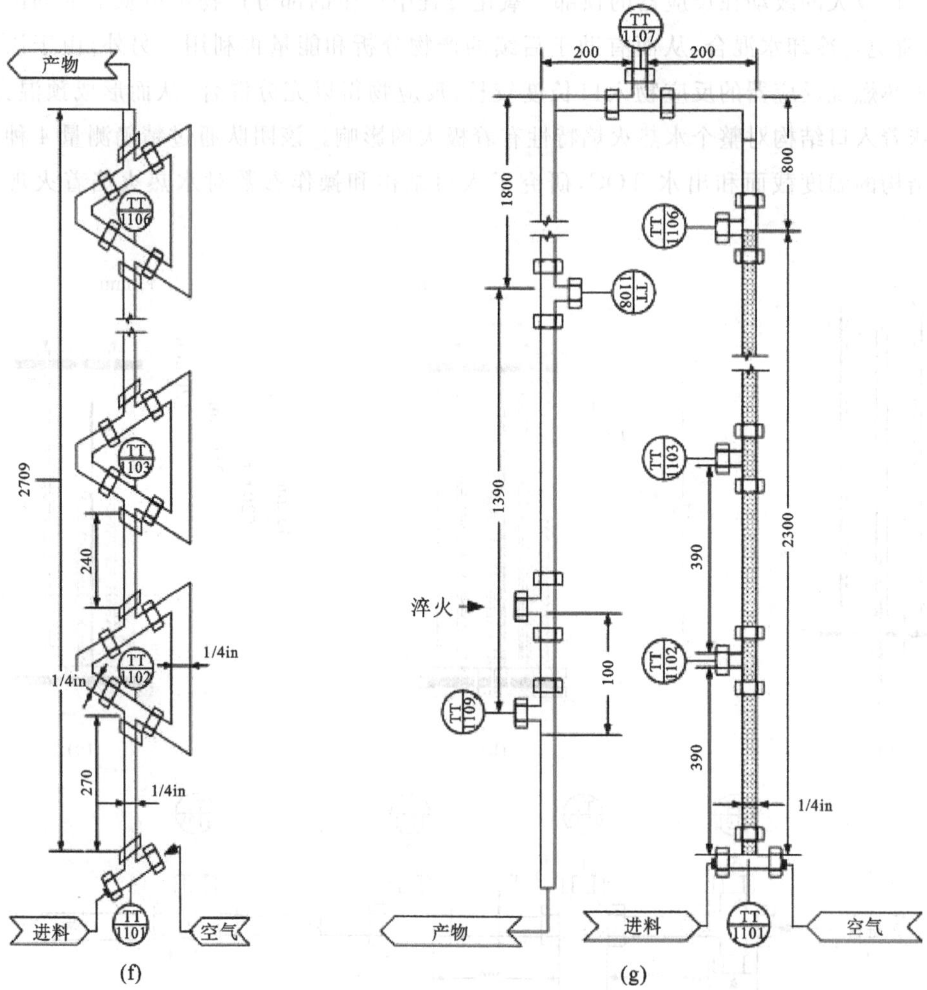

图 4-20 巴利亚多利德大学 3 种蒸发壁式反应器(a～c)及 4 种混合器(d～g)[19]

4.3.3 冷却壁式反应器

相比于蒸发壁式反应器，苏黎世联邦理工大学对冷却壁式反应器的研究更为深入，如图 4-21 所示。第一代冷却壁式水热燃烧反应器[14]（WCHB-1）的设计目的是证明在伴有连续水热火焰的条件下实现超临界水氧化的可能性。人工废水在燃烧器中心的喷嘴处与由内环空来的氧气混合。形成的反应混合物被来自外环空的去离子水冷却。与此同时，通过 18 mm 可视直径的蓝宝石视窗，可以观察到冷却后的火焰的尖端。

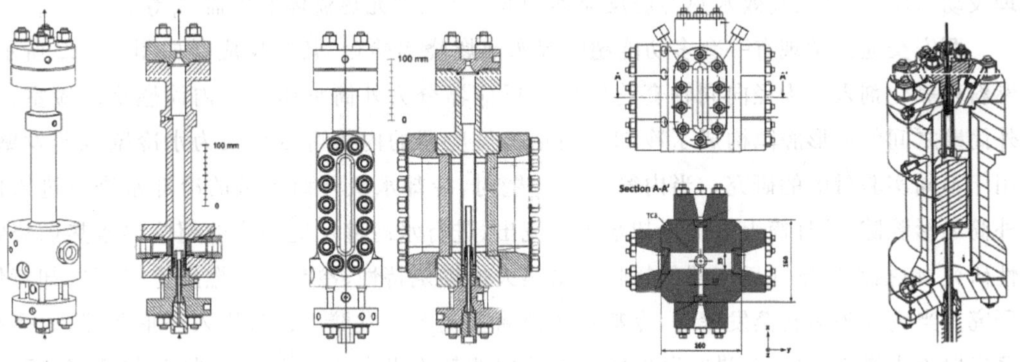

图 4-21　苏黎世联邦理工大学的第一代到第四代冷却壁式反应器[14-15]

第二代冷却壁式水热燃烧反应器[14](WCHB-2)是在 WCHB-1 的基础上发展而来的。该反应器改善了视窗的可视范围,从只能观察到火焰尖端提高到可以观察到整个火焰长度,包括靠近中心管端部的稳定区。通过对燃烧器喷嘴的改进,在处理含固体颗粒的实际废水的过程中出现的堵塞等问题得到了改善。

第三代冷却壁式水热燃烧反应器[14](WCHB-3)的设计,是为了更深刻地理解水热火焰。因此苏黎世联邦理工大学针对该反应器在火焰可视化和光学测量方面做了进一步改进,从 WCHB-2 的 2 个视窗增加到 4 个视窗。同时,新视窗的材料选取更为严苛,既要满足光学诊断测量技术的需要,又要能够承受脉动激光的损伤。同样的光学要求也适用于含有 2 个石英玻璃管的燃烧器。另外,WCHB-3 的最终设计方案,是通过采用经典的计算方法和有限元分析法对多种设计进行压力测试,然后评估确定的,设定的操作压力为 25～40 MPa,操作温度为 600 ℃。

为满足热裂钻井的研究需要,苏黎世联邦理工大学针对湍流扩散火焰研发了第四代冷却壁式水热燃烧反应器[15-16](WCHB-4)。该反应器的体积为 5.83 L、设计压力为 65 MPa、设计温度为 500 ℃。1 个直径为 3 mm 的伸缩式 K 形热电偶安装在 2 个同心管的出口处,用于测量喷嘴出口温度。燃烧器另一个关键的部件是燃料注入喷嘴,其主要用途是混合反应物和在随后的实验中观察其结构对水热火焰温度截面的影响。

总的来说,从最初为了探究在超临界水氧化中实现水热火焰以提高反应速率和效率的可能性而研制了第一代冷却壁式和蒸发壁式反应器,到现在为了将水热火焰应用于破岩钻井而研制的第四代冷却壁式反应器,冷却壁式反应器总体呈现结构复杂化、功能多样化的趋势。从仅可以通过一个视窗看到火焰尖端,发展到 4 个视窗可以同时观察到整个火焰的结构,同时可以实现光学测量,冷却壁式反应器可视化和反应器信息获取能力不断改善。特别地,在 WCHB-4 中,伸缩式 K 形热电偶和强迫式点火器等部件的加装为水热火焰特性的研究创造了更好的条件。另外,喷嘴的结构变化导致反应物混合方式多样化,为提高水热火焰的效果提供了新思路。

西安交通大学从 2005 年起一直致力于超临界水热燃烧技术的理论及应用研究,研究内容包括煤基燃料的清洁转化利用机理及工艺开发[29,76]、甲醇等醇类燃料的水热燃烧机理及动力学[31-32,77]、高效水热燃烧反应器的开发[72]、多元热流体发生器[78]等。

西安交通大学现有一套多功能超临界水热燃烧实验台，其主反应器如图 4 - 22 所示。燃料和氧化剂入口为径向同轴套管结构。反应器分为外筒承压壁和内筒燃烧反应室，内外筒壁之间的环形腔隙构成了冷却水通道。反应器的内筒可以更换为水冷壁或蒸发壁，用于不同实验目的的研究。当内筒为水冷壁时，冷却水从外筒下端的冷却水进口进入内外筒环形腔隙，从外筒上端的冷却水出口流出，进行水冷壁反应器内的超临界水热燃烧特性研究，包括水冷壁式反应器的超临界水热火焰燃烧特性、冷却水的燃烧室壁面冷却特性研究。当内筒为多孔蒸发壁时，冷却水从外筒上端的蒸发壁水进口进入环形腔隙，由多孔蒸发壁流入燃烧反应室，进行蒸发壁反应器内的超临界水热燃烧特性研究，包括多孔蒸发壁的水膜形成特性、蒸发壁式反应器的超临界水热火焰燃烧特性、反应器材料腐蚀、盐沉积的防控机理研究。

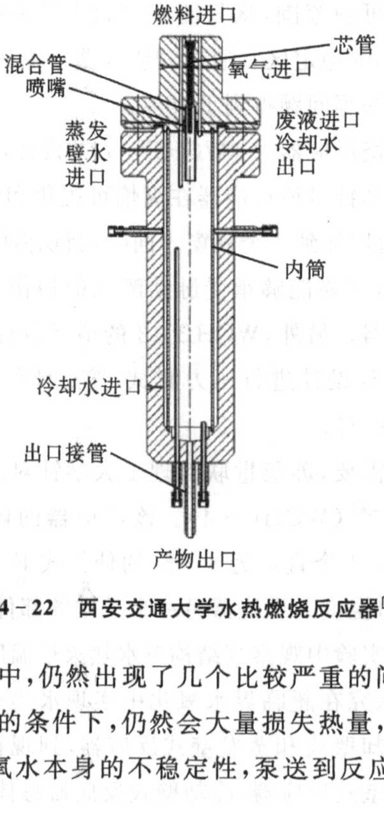

图 4 - 22　西安交通大学水热燃烧反应器[79]

但是实验台在运行过程中，仍然出现了几个比较严重的问题：反应物输送管线较长，导致即使在有一定保温措施的条件下，仍然会大量损失热量，低于预计入射温度；当采用双氧水为氧化剂时，由于双氧水本身的不稳定性，泵送到反应器内后会出现一定量的分解，影响实验结果的准确性。

除此之外，结合以往实验台设计经验和当前研究需求，本书著者团队正在搭建一台大流量新型水热燃烧实验台，设计燃料流量为 108 L/h。反应器主要的特点集中在可更换喷嘴和燃料分级等。该实验台计划用于研究大流量下水热火焰着火和火焰稳定性，壁面冷却，以及测试水热燃烧与井下多元热流体发生器结合的可行性和性能评估[80]。

4.3.4 反应器内部构件

在对容积式反应器的研究过程中，为进一步降低燃料预热温度满足相关实验需要，对喷嘴结构、独立小燃烧室和强迫点火装置进行了一定的研究。

1.喷嘴结构

喷嘴结构对火焰稳定性有较大影响，Weber 等[81]测试的径向喷嘴比同轴喷嘴产生的火焰更稳定，Wellig 等[11]测试的改进型同轴喷嘴比 Príkopský[62]测试的简单型同轴喷嘴更好。Príkopský[62]指出，WCHB - 3 的熄火温度比 WCHB - 1 和 WCHB - 2 高将近 100 ℃，喷嘴结构尺寸会影响反应器内的流动形式，影响燃料和氧化剂的流速，从而影响熄火温度，Príkopský 将此结果归因于流场对喷嘴结构和尺寸的依赖性。对于同轴喷嘴，两股气流之间较高的速度差加强了剪切混合，同时它们减少了在室内的平均停留时间。虽然同轴喷嘴产生的火焰具有扩散火焰的典型特征，但是径向燃料喷射导致了不同的燃烧过程，燃料流的径向喷射为燃烧过程引入了预混合步骤。此外，燃料喷嘴起到了钝体的作用，因此大大有助于维持燃烧稳定性[82]。

对于同轴喷嘴，当环形射流支配尾流时，中心射流被迫向钝体表面再循环。因此产生了 2 个分别为逆时针和顺时针旋转的涡流，产生的 2 个气流驻点位于燃烧室的中心线。当中心喷流速度高于环形喷流速度时，它控制着尾迹流，沿中心线没有驻点。在中间状态，2 个喷流都不占优势，涡流彼此相切，在中心线上只产生 1 个驻点[82]。Stathopoulos 等[55]同时兼顾了同轴喷嘴和径向喷嘴的优点，使燃料混合物以 30°供给到燃烧室的轴线上，同时点火器通过喷嘴的中心孔插入到燃烧室中。氧气通过燃料喷嘴和燃烧室管之间的环空注入，产生类似于钝体流的流动。Meier 等[16]推测斜向喷嘴可以形成 2 个回流区，一个是因喷嘴端部钝体效应而产生的中心回流，另一个是靠近壁面的近壁回流区，孔径及开孔度的增大会导致燃料流速降低从而导致回流区的减弱。开展超临界水热燃烧条件下化学反应与流动、传热、传质交互作用的理论研究，阐释装置结构和喷嘴尺寸对火焰特性影响的内在机制，是实现结构优化设计以及工业化放大设计的必要手段。

任萌萌针对同轴射流和交叉射流 2 种燃烧器形式，采用详细化学反应速率/涡耗散概念模型研究了燃烧器结构尺寸对超临界水热燃烧特性的影响，如图 4 - 23 所示。阐明了同轴射流燃烧器中回流稳燃区随 Craya - Curtet 数减小而增大，适度增大回流区有助于火焰的稳定，过大的回流区会增大壁面散热而降低火焰稳定性，最优 Craya - Curtet 数为 0.17 左右。针对叉射流型水热燃烧器，揭示了富氧回流区比富燃回流区更容易形成高温积聚，从而更有助于提高火焰稳定性的稳燃机制[60]。

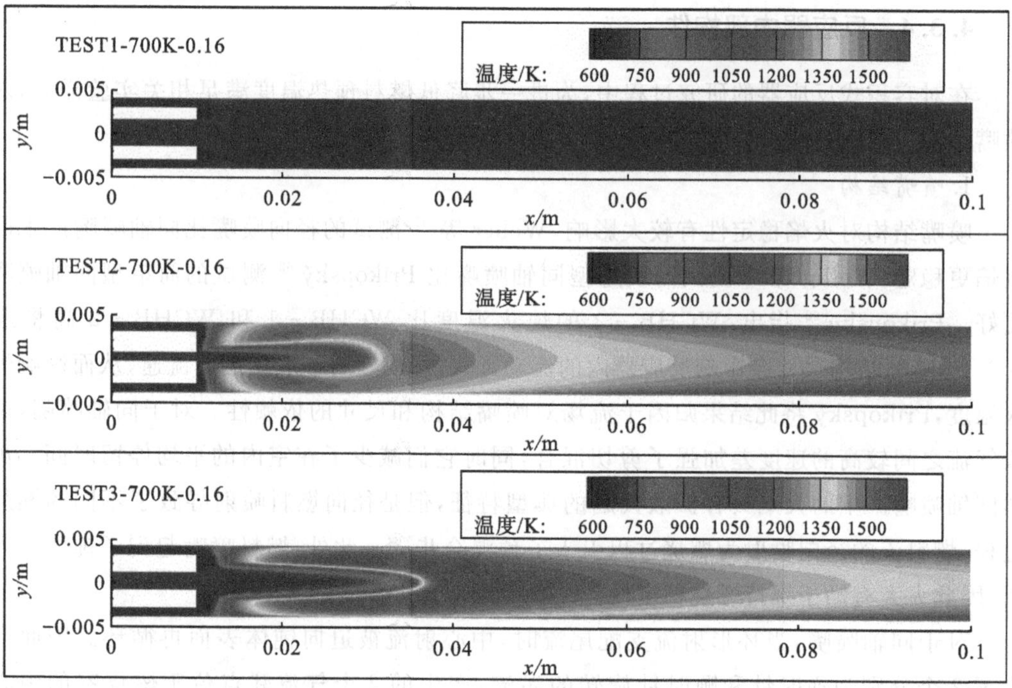

图 4-23 燃料入口温度为 700 K 时 3 种尺寸的同轴射流燃烧室内温度分布对比(中心射流为 1.55 g/s,质量分数为 16%的甲醇溶液,环隙射流为 0.45 g/s 纯氧,氧入口温度为 580 K,压力为 25 MPa)[60]

彩图

2. 独立小燃烧室

第四代冷却壁式水热燃烧反应器(WCHB-4)容积为 5.83 L,承压壁可在 500 ℃的温度下承受 65 MPa 的压力。主容积直径为 100 mm,周围有一个直径为 140 mm 的冷却套,两者由一个有 12 个孔的圆柱体隔开以平衡压力。小燃烧室由 2 个长度为 130 mm 的同心管组成(见图 4-24),内管在反应器的主容积内释放水热火焰,475 kg/h 去离子水通过中间空间冷却其内壁。冷却水流通过 6 个直径为 2 mm 的孔流出,该孔位于火焰产生位置上部 10 mm 处,并且相对于主流方向的夹角为 135°[15]。

崔成超[83]在其硕士论文中通过数值模拟手段研究了独立小燃烧室的作用。独立燃烧室增加前后,温度场和流场发生了很大的变化,但其核心反应区域受冷却强弱影响不大。燃烧区主要集中在小燃烧室内,生成的高温产物与下游流体混合。这种结构的主要优点是在保证壁面安全的前提下,高温产物进一步向前流动,与冷壁水进行传热,冷壁水对核心反应区的影响较小。特别是由于速度差产生的回流区强化了冷壁水与高温产物的换热过程,使反应器出口处的温度场更加均匀。

通过比较有无独立燃烧室的温度场,发现虽然在 350 mm 的截面上两者的平均值相近,但有独立燃烧室的喷嘴周围温度较高,不同质量流量下比无独立燃烧室的温度高出近 300 K,如图 4-25 所示。这意味着额外的燃烧室不仅可以满足墙壁安全的要求,而且还有助于维持火焰。更重要的是,冷却均匀性的比较也说明了同样的问题。

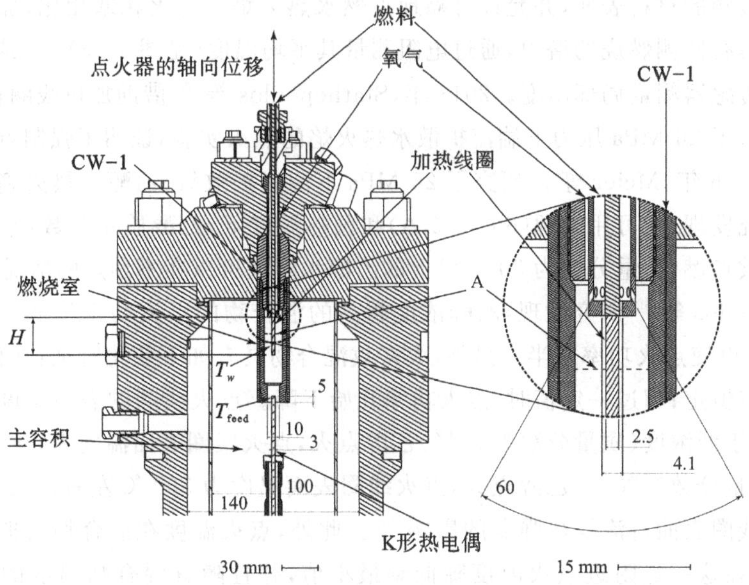

(a) 第四代冷却壁式反应器　　(b) 喷嘴结构放大图

图 4-24　第四代冷却壁式反应器和喷嘴结构放大图[15]

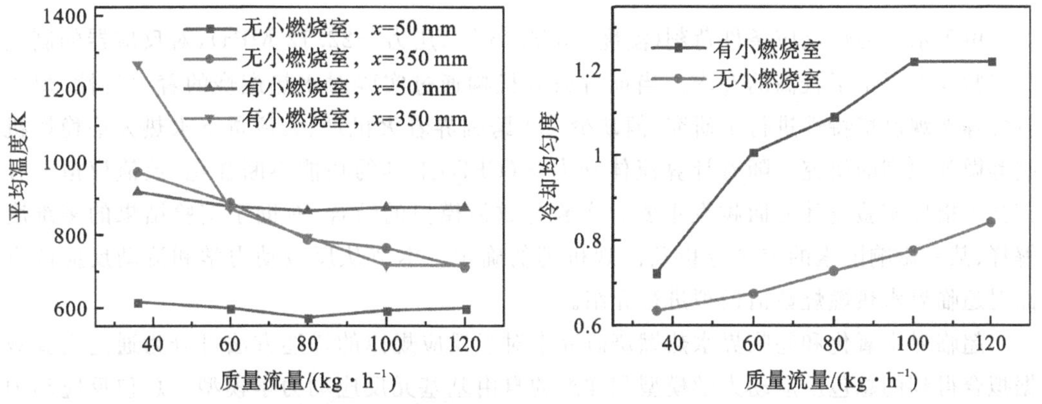

(a) 平均截面温度　　(b) 冷却均匀度

图 4-25　有无独立小燃烧室的平均截面温度和冷却均匀度随冷壁水流量的变化趋势[83]

3. 强迫点火装置

超临界水热火焰产生的方法大致分为 3 种：①通过将反应物预热到混合物自燃点以上实现自燃；②使用火花塞；③热表面通过焦耳热释放热量。其中，火花塞用于高挥发性可燃混合物和预混燃烧应用，热表面点火主要用于扩散火焰的点火[82]。为便于区分，一般将通过热自燃方式产生水热火焰的临界温度称为着火温度，将通过火花塞或者热表面方式产生水热火焰的临界温度称为点火温度[84]。

水在跨临界区的介电常数和热容量与传统的气体可燃物相比具有较高的数值。目前超临界水热燃烧相关实验的着火多是通过将反应物和氧化剂预热到临界温度，然后注入反应器内产生的。但此种方式能量消耗较大，高温高压下高腐蚀性的工作流体在管道内流动时，对管道的材料属性要求较高。由于不需要预热装置，使用点火器可减少与高腐蚀性工作流体接触的材料表面，并允许可靠地点燃水热火焰。与火花塞相比，加热线圈的一个优点是其具有监测燃烧的潜力，通过电阻测量其平均温度(见图 4-3)[16]，或者使用热电材料制造的传感器测量局部温度。2013 年，Stathopoulos 等[55]借助加热线圈在WCHB-4反应器上进行了 26 MPa 压力下湍流扩散水热火焰的点火实验，证明了强制点火会减少预热的需要。2016 年，Meier 等[15]研究了 26 MPa 下湍流扩散氧-乙醇水热火焰的热表面点火试验。研究发现，在可用电源(65V、10 A)和预热温度下，乙醇质量分数低于 22.5 %的燃料不可能被点燃，质量分数为 30 %以上的乙醇水溶液可以在不预热的情况下点燃。

Stathopoulos 等[55]研究发现，乙醇浓度越高的混合物的点火功率越低。乙醇浓度仅增加 5%就足以使点火功率减半。另外，大多数混合物具有如下变化特征：在低温下，点火功率几乎保持恒定；超过一定值时，点火功率开始下降。点火线圈的表面温度也是研究的主要参数，对于低浓度(质量分数为 20%)乙醇点火，点火线圈表面温度为 500～850 ℃，对于高浓度(质量分数＞20%)乙醇点火，点火线圈表面温度为 360 ℃左右，点火线圈表面温度的大小受线圈表面对流换热强弱的影响[60]。此外，点火温度在混合物的拟临界点以下有很高的值，在这一点附近点火温度降低到最小值，并且随着混合物温度的升高而再次升高[55]。

4.3.5 超临界水热燃烧装置数值模拟计算方法及应用

由于水热燃烧反应条件苛刻(温度＞373.15 ℃、压力＞22.12 MPa)，对反应器的制造和实验操作提出了较高的要求。当前各研究机构通过实验对水热燃烧的着火特性、熄火特性等宏观燃烧特性进行了研究，但缺少关于跨临界着火机理、大流量下水热火焰稳燃机制等微观原理的研究。随着计算流体动力学(CFD)工具的功能不断强化，数值模拟在补充甚至指导实验设计方面越发重要。实验与数值模拟的结合，有助于实验结果的多维度解释、某一影响因素的定量分析及微观机理的确定。本节从反应动力学和流动反应两方面对超临界水热燃烧数值模拟进行介绍。

超临界水氧化和超临界水热燃烧研究中对于反应规律的描述方法可分为通过实验数据拟合得到的总包反应动力学模型和详细的自由基基元反应动力学模型。总包反应动力学采用 1 个或 2 个化学反应方程式来描述整个反应过程，从整体上表征反应物与反应产物之间的关系。当前大多文献认为超临界水氧化/燃烧反应中水的浓度远大于有机物浓度，而氧化剂是过量的，因此水和氧化剂的反应级数为 0；有机物的氧化速率与有机物浓度成正比，故而将有机物反应级数定为 1，最终通过实验数据对速率常数进行拟合，获得有机物超临界水中氧化/燃烧的一级总包反应动力学模型。Vogel 等[85]在前人研究的基础上进行了详细的综述，并发现根据不同数据所计算得到的反应速率常数分散性较大，他认为由于化学反应动力学参数是拟合得到的，因此会受物料初始浓度、氧化系数等因素的影响。

除了实验拟合的总包反应动力学外，详细的自由基基元反应动力学是一种理论性更强的反应动力学模型，它一般包括反应过程中所遇到的所有自由基和中间产物以及它们之间可能发生的基元反应。这些基元反应动力学数据一般来源于量子化学及过渡态理论计算，并由标准化实验验证，理论性强，外推范围广，也是目前气相燃烧理论中最主流的反应动力学模型之一[61]。本书[32]以甲醇气相燃烧基元反应动力学模型为基础[86]，通过综合广泛的文献数据和高压限度计算，对 9 个压力依赖反应和 4 个敏感性反应进行优化，提出了甲醇超临界水热燃烧的详细基元反应模型。

除了基元反应动力学模型的反应动力学参数和反应路径，状态方程、比热容和焓值等热力学参数以及黏度、导热系数、扩散系数等输运参数也同样需要修正。当前商业软件均是面向气相燃烧开发的，因此状态方程均采用理想气体状态方程，热力学参数和输运参数也都采用的是理想气体的数据，但是在超临界水热燃烧条件下，超临界流体的物性往往与理想气体偏差较大，不加修正直接应用于超临界条件下的反应计算将会导致误差。本书[87]进行研究时采用了彭-罗宾森状态方程代替了原有的理想气体状态方程，该方程考虑了分子间的相互作用对压力-比热容-温度($p-V-T$)关系的影响，是一个适用于气相、液相和超临界流体的统一的状态方程。实际流体的比焓和比热容可以通过理想气体比焓和偏离函数求得；黏度和导热系数依据真实流体的黏度和导热系数重新拟合；扩散系数则针对不同学者提出的模型进行筛选。修正后的模型计算的最高火焰温度比未修正的模型降低了 400 K 左右。

在大多数关于水热燃烧的模拟研究中，研究人员仅考虑了湍流混合速率和化学反应速率之一对燃烧的影响，而实际的湍流燃烧是一个多因素耦合的复杂过程，首先流动混合影响了化学反应速率，在化学反应放热的作用下，温度场和速度场相应改变，反过来又影响了湍流混合速率，最终的稳定燃烧状态是所有因素相互作用平衡后所体现的一个状态。因此，需要综合考虑湍流速率和化学反应速率对水热燃烧的影响，通过湍流-反应模型实现整个过程的湍流和化学反应交互作用的准确描述。本书开发并修正了关于甲醇超临界水热燃烧的总包反应有限速率/涡耗散模型、详细化学反应速率/涡耗散概念模型以及层流小火焰/假定概率密度函数模型，并将 3 种模型应用于苏黎世联邦理工大学第二代冷壁式反应器数值计算，层流小火焰/假定概率密度函数模型和详细化学反应速率/涡耗散概念模型结果如图 4-26 所示。综合考虑了 3 种模型模拟精度和计算速度，获得了可准确反映甲醇水热燃烧特性并计算速度相对较快的模型。

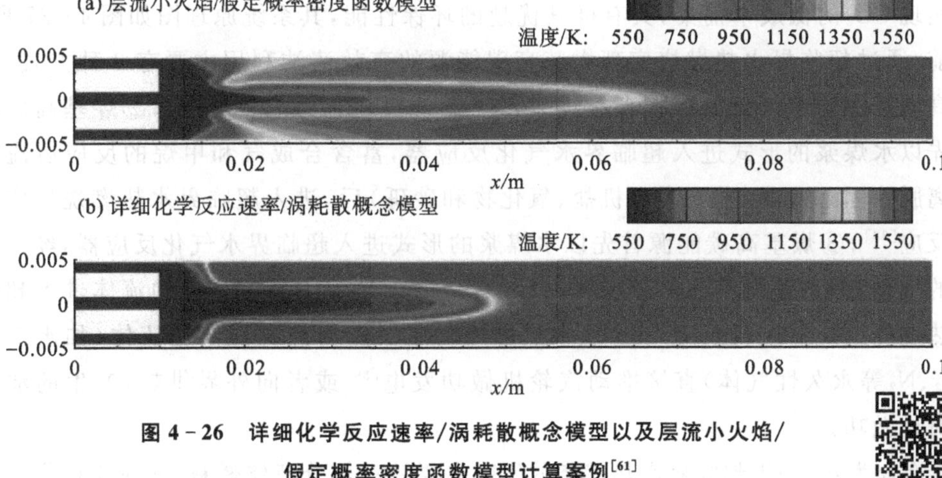

图 4-26　详细化学反应速率/涡耗散概念模型以及层流小火焰/假定概率密度函数模型计算案例[61]

彩图

4.4 超临界水热燃烧技术的工业应用

超临界水热燃烧技术工业应用是众多科学家和科研机构艰辛探索的目标，目前的研究主要致力于能源的高效转化、有机废水及污染物高效去除、多元热流体稠油热采和深层岩石破裂钻井等方面，本节就上述研究目标及研究进展详细展开。

4.4.1 能源的高效转化

煤炭是世界上储量最丰富的化石燃料，约占我国化石能源总储量的94%。面对富煤缺油少气的能源格局，未来几十年内，我国以煤炭为主的能源消费格局依旧难以改观。尽管2017—2020年，全国煤炭消费占一次能源消费的比重由60.4%下降至57%左右，但是2020年全国煤炭消费量已经增加到43亿吨左右，还在继续缓速增长。煤炭作为品质较差的化石燃料，与空气发生高温燃烧后，会产生大量的污染物如NO_x、SO_x、烟尘等，引发严重的环境污染。大气中90%以上的SO_2、80%的NO_x、82%的酸雨及70%的粉尘都是由燃煤引起的，而且其他有害成分(如悬浮颗粒等)的污染也已经严重威胁生态环境[28]。

随着近几十年我国煤化工的发展，其能耗不断下降、清洁环保水平不断提高，整体技术水平和规模在国际上处于领先地位。但由于合成煤基化学品的原料气需经水煤气变换方能满足合成甲醇或油品所需的氢碳比，因此，我国煤化工具有高耗水特点。此外，当油价>100美元/桶时，煤化工利润可观，然而近年来油价的低位徘徊与煤价的高位运行导致煤制油、天然气、乙二醇、醋酸全面亏损。

煤的超临界水热燃烧是一种不需要污染物末端控制就能实现煤的高效、清洁利用的新型燃烧技术[29]。与煤的常规燃烧技术相比，煤的超临界水热燃烧技术不需脱硫、脱硝、除尘等末端装置即可实现污染物NO_x、SO_x和粉尘的源头控制，可以很容易地实现CO_2的低成本捕集，具有极其优越的环保性能，其系统原理图如图4-27所示。当前，通过超临界水热燃烧实现煤基高碳能源的高效清洁利用主要有3种方式：①煤基高碳能源以水煤浆的形式直接进入水热燃烧反应器进行反应[76]；②煤基高碳能源首先以水煤浆的形式进入超临界水气化反应器，富含合成气和甲烷的反应后流体经分离脱除固态残渣(主要为无机盐、氧化物和砂砾)后，进入超临界水热燃烧反应器进行反应[88]；③煤基高碳能源首先以水煤浆的形式进入超临界水气化反应器，经一定程度的气化、分离获得所需的合成气之后，剩余以半焦为主要有机质的流体进入超临界水热燃烧反应器进行反应[29]。从水热燃烧反应器流出的高温高压流体(如水蒸气及CO_2、N_2等永久性气体)直接推动汽轮机做功发电[89]或者向外界供热，产生的清洁蒸汽对外做功。

迄今为止，关于超临界水热燃烧的研究主要针对部分液体燃料，而对于以煤为代表的固体类燃料的研究甚少。马红和[29]研究了煤气化所得半焦的水热燃烧特性，认为半焦的超临界水热燃烧过程，一边通过异相化学反应积聚热量，一边与周围流体换热，而且反应速率还受到氧气在超临界水中的传质速率的影响。对于毫米级的半焦颗粒，完全燃尽的时间约为 5～7 min；而对于微米级的半焦颗粒，大约需要 4～7s 的时间可完全燃烧。模拟研究表明，提高超临界水温度、氧气浓度、挥发分含量和减小粒径，均有利于半焦着火。半焦能够着火的临界条件：超临界水温度为 798 K、氧气质量分数为7.97%、粒径为 168 μm、挥发分质量分数为 10%。总的来说，超临界水工况和煤粉特性对煤超临界水热燃烧着火特性的影响机制，以及煤粉的超临界水热燃烧动力学有可能是需要重点关注的课题。

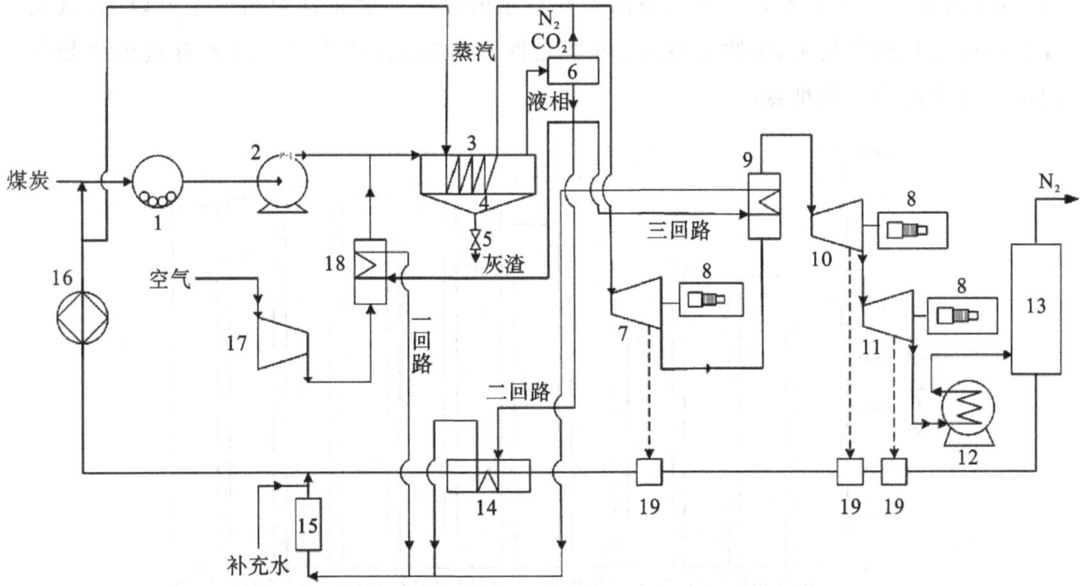

1—磨煤机；2—料浆泵；3—水热燃烧系统；4—灰斗；5—阀门；6—气液分离器；7—高压透平；8—发电机；9—再热器；10—中压透平；11—低压透平；12—凝汽器；13—CO_2 回收装置；14—给水预热器；15—反应液再处理装置；16—循环泵；17—空压机；18—空气预热器；19—抽汽回热装置。

图 4-27 煤的超临界水热燃烧耦合发电系统原理图[76]

4.4.2 有机废水及污染物的高效去除

随着现代工业化进程的不断发展，人民的物质生活水平得到了极大的提升，但同时也消耗了大量的资源，给生态环境带来了巨大的压力，资源和环境成为限制人类进一步发展的两大问题。世界各国纷纷实施“再工业化”战略，清洁、高效、低碳、循环等可持续发展理念日益成为全球共识。我国作为制造大国，尚未摆脱高投入、高消耗、高排放的发展方式，资源消耗和污染排放均与国际先进水平仍存在较大差距，节能降耗和防污治污是我国目前工业发展的指导方向。

废水作为“三废”之一，是近年来我国污染治理的重点。从 2006 年到 2015 年，我国废水排放总量逐年攀升(见图 4-28)，在 2015 年达到了 735.3 亿吨[90]，十年内增长了 43%。2015 年 4 月，国务院印发了《水污染防治行动计划》，提出取缔“十小”企业，专项整治造纸、焦化、氮肥、有色金属、印染、农副食品加工、原料药制造、制革、农药、电镀十大重点行业，强化建设污水集中处理设施，堪称史上最严环保政策。工业废水中的污染物主要有化学需氧量、氨氮、总氮、总磷、石油类、挥发酚和重金属等。2021 年，我国共排放化学需氧量 2530.98 万吨、总氮 316.66 万吨、氨氮 86.75 万吨、总磷 33.81 万吨、石油类污染物 2217.5 万吨、挥发酚 51.8 万吨、重金属 0.005 万吨[90]。化学需氧量(COD)是指用化学氧化剂氧化水中有机污染物时所需的氧量，表示废水中有机物的含量，反映水体有机物的污染程度。化学需氧量大于 2000 mg/L 的废水被归为高浓度有机废水，焦化[91]、石油化工[92]等行业的某些废水的化学需氧量甚至高达十万以上，这类废水往往具有成分复杂、生物毒性大、可生化性差等特点，高浓度难降解有机废水是我国水污染治理的一大难点。

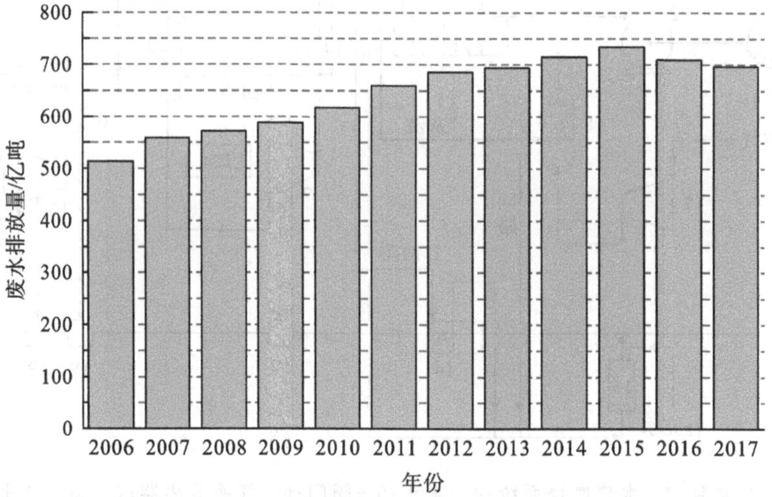

图 4-28　2006—2017 年全国废水排放总量

高浓度污染物的高效、彻底去除是超临界水热燃烧技术发展的重要驱动力。大量学者发现超临界水热燃烧可以在更短的停留时间(小于或者等于几秒)彻底去除几乎所有污染物，包括顽固化合物或者反应速率控制中间产物，如污泥[30]、喹啉[33]、萘[93]、甲苯[94]、乙酸[24]和氨氮[24]等。本书研究了水热燃烧对典型难降解有机物喹啉的去除效果，在预热温度为 450 ℃、初始质量分数为 10%时，在 3 min 内，喹啉的完全转化率可达到 0.85；初始质量分数为 5%时，在 6～10 min 内，喹啉完全转化率达到 0.9。详细研究现状可参见相关综述[95]，在此不再具体展开。

污染物无害化处理的核心仍然是反应器。当前污染物处理主要集中在小流量的反应器当中，燃烧器结构尺寸设计和放大化设计相关准则十分缺乏。苏黎世联邦理工大学的实验结果表明，超临界水热火焰的着火温度和熄火温度等特性受喷嘴结构尺寸的影响较大。巴利亚多利德大学实验室的实验和模拟结果均表明，水热火焰的传播速度小于气相火焰传播速度，反应器放大化设计中应该针对性地控制反应器内反应物流速，保证火焰的稳定性。未来，能够保证着火可靠和火焰稳定的超大流量水热燃烧反应器内部结构设计，将很大程度上决定了水热燃烧在污染物处理领域商业化应用能否成功。

4.4.3 多元热流体稠油热采

随着世界范围内对燃料油需求的不断增加和轻质原油储量的不可逆减少，在世界油气资源中占有较大比重的稠油资源的开发利用成为影响能源结构的重要途径。黏度高、比重大、凝点低的特性导致稠油在储层内流动、井筒举升及地面集输方面出现了很多困难。目前常用的稠油(包括特稠油和超稠油)降黏方法包括掺稀油降黏、加热降黏、稠油改质降黏及化学降黏等 4 种[96]。其中加热降黏又包括蒸汽驱、蒸汽吞吐和蒸汽辅助重力泄油。蒸汽主要在地面由注汽锅炉产生后再注入地层。该运行过程普遍存在效率较低、污染大、对水质要求高及需要污水处理等缺点。另外，随着稠油开采往深井、超深井和海洋拓展，注气锅炉占地面积大、热损失高的劣势更为突出，难以满足工程需要。因此，不受井深限制、不受地域限制和蒸汽产生效率高的井下直接产生蒸汽技术的研发迫在眉睫。

多元热流体采油技术是指将燃料和氧化剂注入井下多元热流体发生器，在高压密闭环境中燃烧使水汽化，利用气体(N_2和 CO_2)与蒸汽的协同效应，通过气体溶解降黏、气体增压、加热降黏和气体辅助原油重力驱等机理来开采原油的一种技术[97]。相比于传统的地面锅炉注气，该技术具有污染小、热效率高、采收率高等优势。将该技术与超临界水热燃烧技术结合形成的超临界水热燃烧型井下蒸汽发生技术，可以实现更高的稠油采收率和安全性。超临界水热燃烧型井下蒸汽发生技术的成功应用离不开反应器的优良设计，也离不开对反应物水热火焰宏观燃烧特性的全面认识，更离不开对着火过程中着火机理、反应路径和火稳定性等影响因素的深刻把握。

针对以上需求，西安交通大学王树众团队开发了结合超临界水热燃烧的井下复合热流体反应器[98-99]，如图 4-29 所示，用于产生稠油开采过程所需的热载体。燃料与氧化剂进入位于井下的超临界水热燃烧复合热流体发生器，在超临界水相环境中进行水热燃烧，燃烧后所得的复合热流体(如蒸汽、CO_2、N_2等)经调节至热采工艺所需参数后，注入地层。CO_2、N_2等气体溶于原油，能够降低界面张力，增加原油流动性[100]。携带的热量可以对原油进行加热降黏，提高流动性。目前已经开发出了完整的系统工艺以及多个主体燃烧器，正在搭建实验室规模实验台进行可行性验证[80]。总的来看，该技术主要面临的挑战有：①大流量条件着火和火焰稳定性；②反应物输送和信号反馈；③反应器结构设计；④防止硬启动导致超压引发爆炸；⑤停止运行后防止回流堵塞。

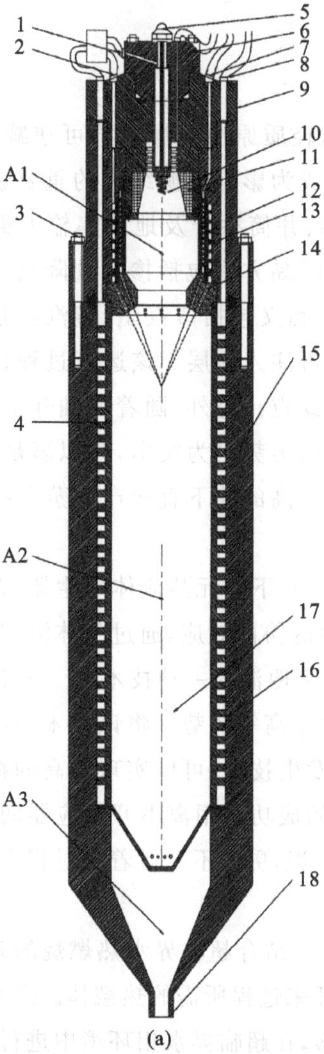

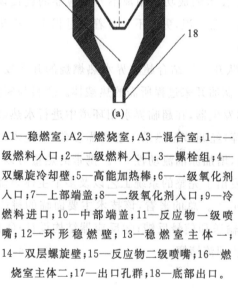

A1—稳燃室；A2—燃烧室；A3—混合室；1—一级燃料入口；2—二级燃料入口；3—螺栓组；4—双螺旋冷却壁；5—高能加热棒；6—一级氧化剂入口；7—上部端盖；8—二级氧化剂入口；9—冷燃料进口；10—中部端盖；11—反应物一级喷嘴；12—环形稳燃壁；13—稳燃室主体一；14—双层螺旋壁；15—反应物二级喷嘴；16—燃烧室主体二；17—出口孔群；18—底部出口。

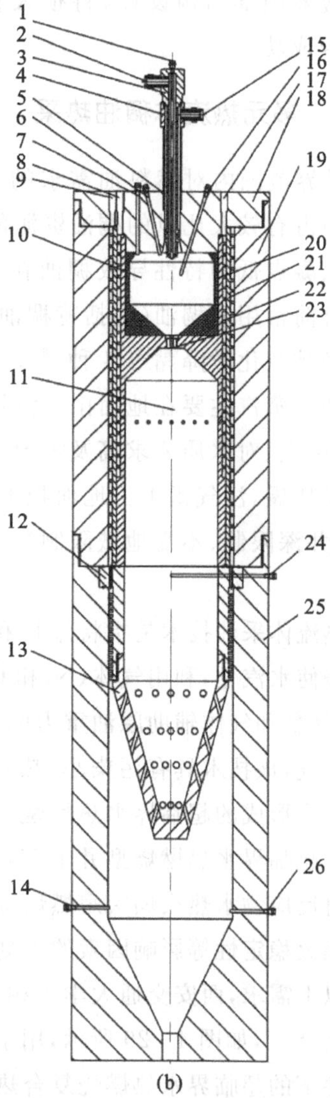

1—点火棒；2—一次燃料入口；3—喷嘴内胆；4—喷嘴外壳；5—喷嘴口；6—火焰检测器口；7—测压口；8—二次燃料入口；9—冷却水入口；10—一次燃烧室；11—二次燃烧室；12—冷却水下通道；13—喷头；14—测压口；15—一次氧化剂入口；16—测温口；17—二次氧化剂入口；18—发生器头部；19—发生器上部；20—耐火材料；21—冷却水上通道；22—二次燃料/氧化剂双通道；23—喉口组件；24—测温口；25—发生器下部；26—测温口。

图 4－29　西安交通大学王树众教授团队开发井下复合热流体反应器[98-99]

4.4.4　深层岩石热裂钻井

勘探分析表明，99％的地球实体温度高于 1000 ℃，地热能储量丰富。作为一种可持续能源，其重要性日益增大。目前地热能开发的问题之一在于地热井的钻探。对于传统旋转钻井，钻孔设备磨损快，硬岩层上作业缓慢，钻井费用随钻井深度呈指数增长。热裂钻井技术是一种潜在的旋转钻孔替代方式，是通过快速加热岩石表面，使其内部产生热应力，随着热应力的增大，岩石内部缺陷(如裂纹等)扩展，最终导致岩石破裂成碎片的技术。当目标井深较大(2～10 km)，钻井过程中将使用水基钻井液以平衡压力。超临界水热燃烧恰好契合井下高压液体环境，产生的火焰可以作为热裂钻井工艺的一种潜在热源，该技术被称为热裂钻井(hydrothermal spallation drilling, HSD)[101]。除了钻井，超临界水热火焰也被用来对井四周进行热扩孔，以增强地热储集层等相互之间的联系，为后续压裂奠定基础。最近，苏黎世联邦理工大学牵头研发了整套专用装置，经现场试验确认了该技术的可行性和巨大潜力[102]。

针对研究需要，苏黎世联邦理工大学搭建了一台包括完整测量和控制系统的中试平台(见图 4 - 30)，用于测试为解决某些关键问题提出来的技术方案和深入探究水热火焰破岩特性等科学问题，同时也帮助验证井下实际工况的模拟结果。Stathopoulos 等[103]定制了用于水热火焰破岩钻井过程中的热流传感器，并开发了一套校正方法，用于准确测量对流换热系数。测试结果发现该传感器相对参考热流测量的标准偏差小于 2％，总不确定度小于 5.5％。随后 Stathopoulos 等[55]又在该中试平台实验了乙醇-氧气水热火焰的热面强迫点火，用于评估自行研制的热电阻线点火装置和了解跨临界流体性质变化对于着火机理的影响。

另外，由于水热火焰射流过程中卷积冷的环境水造成了轴向热量损失，热量向岩石表面集中并破岩的效果受到了影响。因此有必要对整个过程中 HSD 喷头和岩层表面间的流场和温度场进行全面的了解，从而确定合适的操作参数以实现更高效的破岩。Schuler[101]结合实验和数值模拟探究了真实井下环境里夹带(entrainment)和滞止流(stagnationflow)这两种超临界水射流中的换热过程，为后续的实际应用提供了很有价值的参考。Kant 等[104]在实验中采用了高速高温计和热流传感器等设备，创新性地确定了热裂破岩发生点的最小边界条件，包括最低岩石表面温度和对流换热系数 2 个主要参数。随后，为进一步确定整个岩石表面热流通量的分布，Kant 等[105]又提出了一种考虑三维导热的测量瞬时热流通量的技术，帮助解决实际复杂多维传热问题。

图 4 - 30　苏黎世联邦理工大学搭建的一台包括完整测量和控制系统的中试平台[103]

参考文献

[1]SCHILLING W, FRANCK E. Combustion and diffusion flames at high pressures to 2000 bar[J]. Berichte der Bunsengesellschaft fur physikalische Chemie, 1988, 92(5): 631-636.

[2]XU D, HUANG C, WANG S, et al. Salt deposition problems in supercritical water oxidation[J]. Chemical Engineering Journal, 2015, 279: 1010-1022.

[3]MARRONE P A, HONG G T. Corrosion control methods in supercritical water oxidation and gasification processes[J]. The Journal of Supercritical Fluids, 2009, 51(2): 83-103.

[4]BERMEJO M D, FEMÁNDEZ-POLANCO F, COCERO M J. Modeling of a transpiring wall Reactor for the supercritical water oxidation using simple flow patterns: comparison to experimental results [J]. Ind. Eng. Chem. Res., 2005 44: 3835-3845.

[5]PRÍKOPSKÝ K, WELLIG B, VON ROHR P R. SCWO of salt containing artificial wastewater using a transpiring-wall reactor: Experimental results[J]. The Journal of Supercritical Fluids, 2007, 40(2): 246-257.

[6]AUGUSTINE C, TESTER J W. Hydrothermal flames: From phenomenological experimental demonstrations to quantitative understanding[J]. The Journal of Supercritical Fluids, 2009, 47(3): 415-430.

[7]REDDY S N, NANDA S, HEGDE U G, et al. Ignition of hydrothermal flames[J]. RSC Advances, 2015, 5(46): 36404-36422.

[8]LAVRIC E D, WEYTEN H, DE RUYCK J, et al. Delocalized organic pollutant destruction through a self-sustaining supercritical water oxidation process[J]. Energy Conversion and Management, 2005, 46(9-10): 1345-1364.

[9]COCERO M J, ALONSO E, SANZ M T, et al. Supercritical water oxidation process under energetically self-sufficient operation - ScienceDirect[J]. The Journal of Supercritical Fluids, 2002, 24(1): 37-46.

[10]WELLIG B. Transpiring wall reactor for supercritical water oxidation[D]. ETH Zurich, 2003.

[11]WELLIG B, WEBER M, LIEBALL K, et al. Hydrothermal methanol diffusion flame as internal heat source in a SCWO reactor[J]. The Journal of Supercritical Fluids, 2009, 49(1): 59-70.

[12]WELLIG B, LIEBALL K, VON ROHR P R. Operating characteristics of a transpiring-wall SCWO reactor with a hydrothermal flame as internal heat source[J]. The Journal of Supercritical Fluids, 2005, 34(1): 35-50.

[13]STATHOPOULOS P, NINCK K, VON ROHR P R. Heat transfer of supercritical mixtures of water, ethanol and nitrogen in a bluff body annular flow[J]. The Journal of Supercritical Fluids, 2012, 70: 112-118.

[14]PRÍKOPSKÝ K. Characterization of continuous diffusion flames in supercritical water[D]. ETH Zurich, 2007.

[15]MEIER T, STATHOPOULOS P, VON ROHR P R. Hot surface ignition of oxygen - ethanol hydrothermal flames[J]. The Journal of Supercritical Fluids, 2016, 107: 462-468.

[16]MEIER T, SCHULER M J, STATHOPOULOS P, et al. Hot surface ignition and monitoring of an internal oxygen-ethanol hydrothermal flame at 260 bar[J]. The Journal of Supercritical Fluids, 2017, 130: 230-238.

[17]BERMEJO M D, CABEZA P, QUEIROZ J P S, et al. Analysis of the scale up of a transpiring wall-reactor with a hydrothermal flame as a heat source for the supercritical water oxidation[J]. The Jour-

nal of Supercritical Fluids, 2011, 56(1): 21-32.

[18]MARTIN A, BERMEJO M D, COCERO M J. Recent developments of supercritical water oxidation: a patents review[J]. Recent Patents on Chemical Engineering, 2011, 4(3): 219-230.

[19]CABEZA P, SILVA QUEIROZ J P, CRIADO M, et al. Supercritical water oxidation for energy production by hydrothermal flame as internal heat source. Experimental results and energetic study[J]. Energy, 2015, 90: 1584-1594.

[20]PHENIX B D, DINARO J L, TESTER J W, et al. The effects of mixing and oxidant choice on laboratory-scale measurements of supercritical water oxidation kinetics[J]. Industrial & Engineering Chemistry Research, 2002, 41(3): 624-631.

[21]SIERRA-PALLARES J, PARRA-SANTOS M T, GARCíA-SERNA J, et al. Numerical modelling of hydrothermal flames. Micromixing effects over turbulent reaction rates[J]. The Journal of Supercritical Fluids, 2009, 50(2): 146-154.

[22]BERMEJO M D, CABEZA P, BAHR M, et al. Experimental study of hydrothermal flames initiation using different static mixer configurations[J]. The Journal of Supercritical Fluids, 2009, 50(3): 240-249.

[23]BERMEJO M D, JIMÉNEZ C, CABEZA P, et al. Experimental study of hydrothermal flames formation using a tubular injector in a refrigerated reaction chamber. Influence of the operational and geometrical parameters[J]. The Journal of Supercritical Fluids, 2011, 59: 140-148.

[24]CABEZA P, BERMEJO M D, JIMENEZ C, et al. Experimental study of the supercritical water oxidation of recalcitrant compounds under hydrothermal flames using tubular reactors[J]. Water Res, 2011, 45(8): 2485-2495.

[25]QUEIROZ J P S, BERMEJO M D, COCERO M J. Kinetic model for isopropanol oxidation in supercritical water in hydrothermal flame regime and analysis[J]. The Journal of Supercritical Fluids, 2013, 76: 41-47.

[26]QUEIROZ J P S, BERMEJO M D, COCERO M J. Numerical study of the influence of geometrical and operational parameters in the behavior of a hydrothermal flame in vessel reactors[J]. Chemical Engineering Science, 2014, 112: 47-55.

[27]QUEIROZ J P S, BERMEJO M D, MATO F, et al. Supercritical water oxidation with hydrothermal flame as internal heat source: efficient and clean energy production from waste[J]. The Journal of Supercritical Fluids, 2015, 96: 103-113.

[28]李艳辉,王树众,任萌萌,等.超临界水热燃烧技术研究及应用进展[J].化工进展, 2016, 35(7): 1942-1955.

[29]马红和.煤的超临界水气化耦合水热燃烧的发电系统的基础问题研究[D].西安:西安交通大学, 2013.

[30]张洁.高浓度印染废水及污泥的超临界水氧化耦合水热燃烧基础问题研究[D].西安:西安交通大学,2014.

[31]ZHANG J, WANG S Z, XU D H, et al. Kinetics study on hydrothermal combustion of methanol in supercritical water[J]. Chemical Engineering Research and Design, 2015, 98: 220-230.

[32]REN M M, WANG S Z, ZHANG J, et al. Characteristics of methanol hydrothermal combustion: detailed chemical kinetics coupled with simple flow modeling study[J]. Industrial & Engineering Chemistry Research, 2017, 56(18): 5469-5478.

[33]REN M M, WANG S Z, YANG C, et al. Supercritical water oxidation of quinoline with moderate

preheat temperature and initial concentration[J]. Fuel, 2019, 236: 1408 - 1414.

[34]AUGUSTINE C, TESTER J W. Hydrothermal flames: From phenomenological experimental demonstrations to quantitative understanding [J]. Journal of Supercritical Fluids, 2009, 47 (3): 415 - 430.

[35]TOBIAS R. Heat transfer phenomena of supercritical water jets in hydrothermal spallation drilling [D]. Swiss Federal Institute of Technology, 2013.

[36]MOHSENI M, BAZARGAN M. The effect of the low Reynolds number k - e turbulence models on simulation of the enhanced and deteriorated convective heat transfer to the supercritical fluid flows [J]. Heat & Mass Transfer, 2011, 47(5): 609 - 619.

[37]汪秋笑. 甲烷-液氧超临界压力非预混湍流燃烧的数值模拟研究[D]. 杭州:浙江大学, 2016.

[38]LI J, ZHAO Z W, KAZAKOV A, et al. A comprehensive kinetic mechanism for CO, CH_2O, and CH_3OH combustion[J]. International Journal of Chemical Kinetics, 2010, 39(3): 109 - 136.

[39]REN M M, WANG S Z, ROMERO - ANTON N, et al. Numerical study of a turbulent co-axial non-premixed flame for methanol hydrothermal combustion: comparison of the EDC and FGM models[J]. The Journal of Supercritical Fluids, 2021, 169:105 - 132.

[40]FUJII T, HAYASHI R, KAWASAKI S - I, et al. Water density effects on methanol oxidation in supercritical water at high pressure up to 100MPa[J]. The Journal of Supercritical Fluids, 2011, 58 (1): 142 - 149.

[41]HENRIKSON J T, GRICE C R, SAVGE P E. Effect of water density on methanol oxidation kinetics in supercritical water[J]. Journal of Physical Chemistry A, 2006, 110(10): 3627 - 3632.

[42]HOLGATE R H, TESTER J W. Fundamental kinetics and mechanisms of hydrogen oxidation in supercritical water[J]. Combustion Science and Technology, 1993, 88(5 - 6): 369 - 397.

[43]AGARWAL A K, DE S, PANDEY A, et al. Combustion for power generation and transportation [M]. Springer Singapore, 2017.

[44]HICKS M C, HEGDE U G, KOJIMA J J. Hydrothermal ethanol flames in co - flow jets[J]. The Journal of Supercritical Fluids, 2019, 145: 192 - 200.

[45]GORDON P V, GOTTI D J, HEGDE U G, et al. An elementary model for autoignition of laminar jets[J]. Proc Math Phys Eng Sci, 2015, 471(2179): 20150059.

[46]STATHOPOULOS P, ROTHENFLUH T, SCHULER M, et al. Assisted ignition of hydrothermal flames in a hydrothermal spallation drilling pilot plant[C]. Thirty - Seventh Workshop on Geothermal Reservoir Engineering, 2012: 1 - 9.

[47]SONG C C, LUO K, JIN T, et al. Direct numerical simulation on auto - ignition characteristics of turbulent supercritical hydrothermal flames[J]. Combustion and Flame, 2019, 200: 354 - 364.

[48]BRUNNER G. Near and supercritical water. Part II: Oxidative processes[J]. Journal of Supercritical Fluids, 2009, 47(3): 382 - 390.

[49]BERMEJO M, COCERO M J. Supercritical water oxidation: a technical review[J]. Aiche Journal, 2010, 52(11):3933 - 3951.

[50]KRITZER P. Corrosion in high - temperature and supercritical water and aqueous solutions: a review [J]. J. supercriti. fluids, 2004, 29(1): 1 - 29.

[51]KRITZER P, BOUKIS N, DINJUS E. Corrosion of alloy 625 in aqueous solutions containing chloride and oxygen[J]. Corrosion, 1998, 54(10):824 - 834.

[52]NARAYANAN C, FROUZAKIS C, BOULOUCHOS K, et al. Numerical modelling of a supercriti-

cal water oxidation reactor containing a hydrothermal flame[J]. The Journal of Supercritical Fluids, 2008, 46(2): 149 - 155.

[53]HIRTH T, FRANCK E U. Oxidation and hydrothermolysis of hydrocarbons in supercritical water at high pressures[J]. Berichte der Bunsengesellschaft fur physikalische Chemie, 1993, 97(9): 1091 - 1097.

[54]ZHANG F M, ZHANG Y, XU C Y, et al. Experimental study on the ignition and extinction characteristics of the hydrothermal flame[J]. Chemical Engineering & Technology, 2015, 38(11): 2054 - 2066.

[55]STATHOPOULOS P, NINCK K, VON ROHR P R. Hot-wire ignition of ethanol-oxygen hydrothermal flames[J]. Combustion and Flame, 2013, 160(11): 2386 - 2395.

[56]SOBHY A, BUTLER I S, KOZINSKI J A. Selected profiles of high-pressure methanol-air flames in supercritical water[J]. Proceedings of the Combustion Institute, 2007, 31(2): 3369 - 3376.

[57]REDDY S N, NANDA S, KUMAR P, et al. Impacts of oxidant characteristics on the ignition of n-propanol-air hydrothermal flames in supercritical water[J]. Combustion and Flame, 2019, 203: 46 - 55.

[58]BERMEJO M D, FDEZ - POLANCO F, COCERO M J. Experimental study of the operational parameters of a transpiring wall reactor for supercritical water oxidation[J]. The Journal of Supercritical Fluids, 2006, 39(1): 70 - 79.

[59]REDDY S N, NANDA S, HEGDE U G, et al. Ignition of n - propanol - air hydrothermal flames during supercritical water oxidation[J]. Proceedings of the Combustion Institute, 2017, 36(2): 2503 - 2511.

[60]REN M M. Mechanism of supercritical hydrothermal combustion: chemical kinetics coupled with multiple flow patterns[D]. Xi'an Jiaotong University, 2019.

[61]任萌萌.反应动力学耦合流动模型的超临界水热燃烧机理研究[D].西安:西安交通大学,2019.

[62]PRÍKORSKÝ K P. Characterization of continuous diffusion flames in supercritical water[D]. Switzerland: Swiss Federal Institute of Technology in Zurich, 2007.

[63]SERIKAEA R M, USUI T, NISHIMURA T, et al. Hydrothermal flames in supercritical water oxidation: investigation in a pilot scale continuous reactor[J]. Fuel, 2002, 81(9): 1147 - 1159.

[64]CHEN S L, ZHANG J, LU J L, et al. Numerical simulation for supercritical hydrothermal combustion reactor using methanol as auxiliary fuels[J]. Modern Chemical Industry, 2017,37(6): 184 - 188.

[65]BERMEJO M D, RINCON D, MARTIN A, et al. Experimental performance and modeling of a new cooled - wall reactor for the supercritical water oxidation[J]. Industrial & engineering chemistry research, 2009, 48(13): 6262 - 6272.

[66]VOGEL F, BLANCHARD J L D, MARRONE P A, et al. Critical review of kinetic data for the oxidation of methanol in supercritical water[J]. The Journal of Supercritical Fluids, 2005, 34(3): 249 - 286.

[67]WEBER M. Apparate einer SCWO - anlage und deren leistungsfhigkeit[D]. Zürich, 1997.

[68]WEBER M, WELLIG B, ROHR R V. SCWO Apparatus Design - Towards Industrial Availability [C]. Corrosion, 1999.

[69]ZHANG F M, XU C Y, ZHANG Y, et al. Experimental study on the operating characteristics of an inner preheating transpiring wall reactor for supercritical water oxidation: Temperature profiles and product properties[J]. Energy, 2014, 66: 577 - 587.

[70]HEGDE U, GOTTI D, HICKS M. The transition to turbulence of buoyant near - critical water jets [J]. The Journal of Supercritical Fluids, 2014, 95: 195 - 203.

[71]HICKS M C, HEGDE U G, KOJIMA J J. Spontaneous ignition of hydrothermal flames in supercritical ethanol water solutions[C]. US Combustion Meeting, 2017.

[72]XU D H, WANG S Z, HUANG C B, et al. Transpiring wall reactor in supercritical water oxidation

[J]. Chemical Engineering Research and Design, 2014, 92(11): 2626 - 2639.

[73]STEEPER R R, RICE S F, BROWN M S, et al. Methane and methanol diffusion flames in supercritical water[J]. The Journal of Supercritical Fluids, 1992, 5(4): 262 - 268.

[74]HICKS M C, HEGDE U G, FISHER J W. Investigation of supercritical water phenomena for space and extraterrestrial application[C]. 10th International Symposium on Supercritical Fluids, 2012: 1 - 10.

[75]LAROCHE H. Rationale for the filmcooled coaxial hydrothermal burner (FCHB) for supercritical water oxidation (SCWO)[C]. First Int. Workshop on Supercritical Water Oxidation, 1995.

[76]LIANG W. Research on the hydrothermal combustion of coal in supercritical water[D]. Xi'an Jiaotong University, 2007.

[77]QIAN L L, WANG S Z, REN M M, et al. Co - oxidation effects and mechanisms between sludge and alcohols (methanol, ethanol and isopropanol) in supercritical water[J]. Chemical Engineering Journal, 2019, 366: 223 - 234.

[78]REN M M, WANG S Z, QIAN L L, et al. High - pressure direct - fired steam - gas generator (HDSG) for heavy oil recovery[J]. Applied Mechanics and Materials, 2014, 577: 523 - 526.

[79]李艳辉,王树众,任萌萌,等.超临界水热燃烧技术研究及应用进展[J].化工进展,2016, 35(7): 1942 - 1955.

[80]HE W Q, LI Z C, LI Y H, et al. Status and prospect of thermal recovery technique and equipment of heavy oil reservoirs[J]. Under Review, 2021.

[81]WEBER M, TREPP C. Required fuel contents for sewage disposal by means of supercritical wet oxidation (SCWO) in a pilot plant containing a wall cooled hydrothermal burner(WCHB)[J]. Process Technology Proceedings, 1996, 12: 565 - 574.

[82]STATHOPOULOS P. Hydrothermal spallation drilling experiments in a novel high pressure pilot plant[D]. ETH Zurich, 2013.

[83]崔成超.超临界水热燃烧型多元热流体发生器燃烧特性及结构优化研究[D].西安:西安交通大学, 2021.

[84]CUI C C, LI Y H, WANG S Z, et al. Review on an advanced combustion technology: supercritical hydrothermal combustion[J]. Applied Sciences, 2020, 10(5): 1645.

[85]VOGEL F, Blanchard D N, Marrone P A, et al. Critical review of kinetic data for the oxidation of methanol in supercritical water[J]. The Journal of Supercritical Fluids, 2005, 34(3): 249 - 286.

[86]BAULCH D L, BOWMAN C T, COBOS C J, et al. Evaluated kinetic data for combustion modeling: supplement II [J]. Journal of Physical and Chemical Reference Data, 2005, 34(3):757 - 1397.

[87]REN M, WANG S, ROEKAERTS D. Numerical study of the counterflow diffusion flames of methanol hydrothermal combustion: the real - fluid effects and flamelet analysis[J]. The Journal of Supercritical Fluids, 2019, 152: 104552.

[88]MOBLEY P D, PASS R Z, EDWARDS C F. Exergy analysis of coal energy conversion with carbon sequestration via combustion in supercritical saline aquifer water[C]. ES2011 - 54458: proceedings of the ASME 2011 5th International Conference on Energy Sustainability, 2011.

[89]BERMEJO M D, COCERO M J, FERNÁNDEZ - POLANCO F. A process for generating power from the oxidation of coal in supercritical water[J]. Fuel, 2004, 83(2): 195 - 204.

[90]中华人民共和国国家统计局. 2018 中国统计年鉴[M].北京:中国统计出版社,2018.

[91]高剑,刘永军,童三明,等.兰炭废水中有机污染物组成及其去除特性分析[J].安全与环境学报, 2014, 14(6): 196 - 201.

[92]王旻烜.高浓度点源石油化工废水污染物组成解析及数据库系统开发[D].北京:中国石油大学(北

京），2016.

[93]SOBHY A，GUTHRIE R I L，BUTLER I S，et al. Naphthalene combustion in supercritical water flames[J]. Proceedings of the Combustion Institute，2009，32(2)：3231 - 3238.

[94]FRANCK E U，HIRTH T. Oxidation and hydrothermolysis of hydrocarbons in supercritical water at high pressures[J]. The Journal of Chemical Physics，1993，97(9)：1091 - 1097.

[95]QIAN L L，WANG S Z，LI Y H. Review of supercritical water oxidation in hydrothermal flames[J]. Advanced Materials Research，2014，908：239 - 242.

[96]周林碧，秦冰，李伟，等. 国内外稠油降黏开采技术发展与应用[J]. 油田化学，2020，37(3)：557 - 563.

[97]DONG X，LIU H，HOU J，et al. Multi - thermal fluid assisted gravity drainage process：A new improved - oil - recovery technique for thick heavy oil reservoir[J]. Journal of Petroleum Science and Engineering，2015，133：1 - 11.

[98]王树众，徐海涛，李艳辉，等. 一种用于超深井下稠油热采的超临界水热燃烧型蒸汽发生器：中国，110617466A[P]. 2019 - 12 - 27.

[99]王树众，崔成超，李艳辉，等. 一种适用于高黏度燃料的超临界水热燃烧装置：中国，110645555A[P]. 2019 - 10 - 22

[100]LI F，ZHANG F S. Field test of injection flue gas to enhance oil recovery in viscous oil steam soaking well[J]. Oil Drilling & Production Technology，2001，23(1)：67 - 68.

[101]SCHULER M J. Fundamental investigations of supercritical water flows for hydrothermal spallation drilling[D]. ETH Zurich，2014.

[102]KANT M A，ROSSI E，DUSS J，et al. Demonstration of thermal borehole enlargement to facilitate controlled reservoir engineering for deep geothermal，oil or gas systems[J]. Applied Energy，2018，212：1501 - 1509.

[103]STATHOPOULOS P，HOFMANN F，ROTHENFLUH T，et al. Calibration of a gardon sensor in a high - temperature high heat flux stagnation facility[J]. Experimental Heat Transfer，2012，25(3)：222 - 237.

[104]KANT M A，VON ROHR P R. Minimal required boundary conditions for the thermal spallation process of granitic rocks[J]. International Journal of Rock Mechanics and Mining Sciences，2016，84：177 - 186.

[105]KANT M A，VON ROHR P R. Determination of surface heat flux distributions by using surface temperature measurements and applying inverse techniques[J]. International Journal of Heat and Mass Transfer，2016，99：1 - 9.

第 5 章

超临界水气化技术

随着化石能源的逐渐枯竭，人们一直在探索和寻找一种新的能源去替代化石能源，近年来，氢能逐渐被人们所关注。氢气作为理想的清洁能源，是未来能源发展格局中的关键组成部分，其优势有 2 点：①燃烧热值高，其热值达 142.3 MJ/kg，每千克氢燃烧后产生的热量，相当于汽油燃烧产热的 3 倍、酒精燃烧产热的 3.9 倍、焦炭燃烧产热的 4.5 倍；②燃烧产物是水，能够实现真正意义上的“零排放”，是世界上最干净的能源，同时也被誉为 21 世纪最重要的绿色能源之一。氢气也是一种重要的化工原料，在合成氨和石油炼制等行业都有大规模的应用。氢能是一种极为优越的新能源，当前石化和化学工业界需要使用大量的氢气，未来的燃料电池行业也会增加对氢气的需求。然而，氢气是不能从自然界直接得到的，必须从其他物质中生产。

氢气在自然界中自发形成氢气的途径较为少见，获取氢气需要通过一定的技术手段从含有氢元素的水或碳水化合物中转化得到。目前全球约 96％的氢气制备来源于传统化石能源，其中天然气蒸汽重整制氢占 48％、石脑油重整制氢占 30％、煤气化制氢占 18％。传统化石能源制氢技术存在高污染高能耗的缺陷，随着世界相关环保法规要求的日趋严格，基于可再生能源利用和核能利用的新型制氢技术越来越受到重视。新型制氢技术，包括基于水电解反应的可再生能源发电制氢、生物质气化制氢、核能热化学制氢等。但这些方法都存在工艺条件苛刻、制氢效率低、生产成本高等缺点。

超临界水气化是非常有发展潜力的有机质气化制氢技术。自从美国麻省理工学院的 Modell 教授等在 1978 年报道了利用生物质和煤在超临界水中气化成功获得富含 H_2、CO 和 CH_4 的高热值气体后，超临界水气化技术相对于常压蒸汽重整技术的明显优势吸引了国内外学者的广泛关注，越来越多的煤、生物质等物料被报道成功地在超临界水中气化。

5.1 超临界水气化技术概述

5.1.1 基本原理

超临界水气化是一种有别于传统的燃烧和气化的热化学转化技术，它主要利用水在超临界态区（374.15 ℃、22.12 MPa）特殊的物理化学性质，以超临界水作为反应介质，有机分子能够在超临界水中快速吸热分解气化，超临界水的高溶解性能够将有机小分子进一步溶解、扩散，加快了水与有机分子之间的传热、传质。与常态水相比，超临界状态下水密度、黏度降低、扩散系数增大、氢键稳定性降低和数量减少、介电常数大幅下降。超临界水呈现的高扩散性和良好传输性的非极性溶剂特性，使得与常态水不溶的有机物和气体能够溶解于超临界水中。相比有机物，超临界水对无机溶剂的溶解度降低。除了作为媒介的传质作用以外，超临界水呈现的弱电解质特性，也改变了水作为反应物的化学反应机理。常态水一般被分解为离子参加反应，而超临界水参与反应时，自由基反应增加，离子反应减弱，是可以参与到气化过程可能发生的裂解、聚合、缩合、重整、水气变换、甲烷化等反应中的一个重要反应物。较小的传质阻力和优良的扩散能力能够促进反应的进行，有利于提高产物的浓度，减少副产物的生成，将物料中的化学能转化到高热值气体中，产物主要是 H_2、CO、CH_4、CO_2及低碳烃类（如乙烷乙烯）等，主要涉及蒸汽重整反应、水气变换反应和甲烷化反应，分别如式（5-1）～式（5-5）所示。在超临界水气化过程中，水既作为反应媒介又作为反应物。

$$C_xH_yO_z + (2x-z)H_2O \longrightarrow xCO_2 + \left(2x-z+\frac{y}{2}\right)H_2 \tag{5-1}$$

$$C_xH_yO_z + (x-z)H_2O \longrightarrow xCO + \left(x-z+\frac{y}{2}\right)H_2 \tag{5-2}$$

$$CO + H_2O \longrightarrow CO_2 + H_2 \tag{5-3}$$

$$CO + 3H_2 \longrightarrow CH_4 + H_2O \tag{5-4}$$

$$CO_2 + 4H_2 \longrightarrow CH_4 + 2H_2O \tag{5-5}$$

5.1.2　热力学基础

1. 反应焓变

焓又称热函，是热力学函数之一，也是体系的状态函数之一。通常用符号“H”表示。焓的定义式如式（5-6）所示，式中 U、P、V 分别是体系的内能、压力和体积。焓的因次与能量相同，为焦耳（J）。

$$H = U + PV \tag{5-6}$$

焓是体系状态的单值函数，其增量为终态 H_2减去始态 H_1，即反应焓变 ΔH，仅决定于体系的始态和终态，而与变化的途径无关。化学反应过程中放出或吸收的热量叫作化学反应的反应热（Q_r）。在等压且只做膨胀功的条件下，可得到式（5-7），这表示在上述情况下，体系所吸收的热等于体系焓的增量，也就是说在恒温、恒压的条件下，化学反应过程中所吸收或释放的热量即为反应的焓变，其符号记为 ΔH，单位为 kJ/mol。对于微小的恒压而无非体积功的过程，则有式（5-8）。规定吸热反应的焓变大于零，放热反应的焓变小于零。

$$\Delta H = \Delta U + P\Delta V = Q_r \tag{5-7}$$

$$dQ_r = dH \tag{5-8}$$

超临界气化过程中，煤、生物质经历热解、水解、缩合、脱氢等一系列复杂的热化学转化后产生 H_2、CO、CO_2、CH_4等气体，各反应的标准反应焓如式（5-9）～式（5-14）所示。

整体而言，超临界气化是强吸热过程。

$$[C_xH_{y-2}O_{z-1}]_n + nH_2O \longrightarrow nC_xH_yO_z \quad \Delta H_{298} < 0\ \text{kJ/mol} \tag{5-9}$$

$$C_xH_yO_z + (x-z)H_2O \longrightarrow xCO + \left(x - z + \frac{y}{2}\right)H_2 \quad \Delta H_{298} > 0\ \text{kJ/mol} \tag{5-10}$$

$$C_xH_yO_z + (2x-z)H_2O \longrightarrow xCO_2 + \left(2x - z + \frac{y}{2}\right)H_2 \quad \Delta H_{298} > 0\ \text{kJ/mol} \tag{5-11}$$

$$CO + H_2O \longrightarrow CO_2 + H_2 \quad \Delta H_{298} = -41\ \text{kJ/mol} \tag{5-12}$$

$$CO + 3H_2 \longrightarrow CH_4 + H_2O \quad \Delta H_{298} = -205.9\ \text{kJ/mol} \tag{5-13}$$

$$CH_4 + 2H_2O \longrightarrow 4H_2 + CO_2 \quad \Delta H_{298} = 164.7\ \text{kJ/mol} \tag{5-14}$$

2.化学反应吉布斯自由能

吉布斯自由能(Gibbs free energy)又叫吉布斯函数，是热力学中一个重要的参量，常用 G 表示，它的定义式为

$$G = U - TS + pV = H - TS \tag{5-15}$$

式中，U 为系统的内能；T 为温度(绝对温度，K)；S 为熵；p 为压强；V 为体积；H 为焓。因为 H、T、S 均为状态函数，所以 G 为状态函数。

吉布斯自由能的微分形式为

$$dG = -SdT + Vdp + \mu dN \tag{5-16}$$

式中，μ 为化学势，即每个粒子的平均吉布斯自由能都等于化学势。

若反应在等温等压下进行，不做非体积功，则：$\Delta G<0$ 时，反应自发进行；$\Delta G=0$ 时，反应不能进行；$\Delta G>0$ 时，逆反应自发进行。可见等温等压下体系的吉布斯自由能减小的方向是不做非体积功的化学反应进行的方向。任何等温等压下不做非体积功的自发过程的吉布斯自由能都将减少。

气化过程中，甲烷重整反应、甲烷化反应和水气变换反应的吉布斯自由能随温度的变化规律如图 5-1 所示。可以看出，低温(0～600 ℃)下甲烷重整反应不能进行，而高温(>600 ℃)下甲烷化反应不能进行。

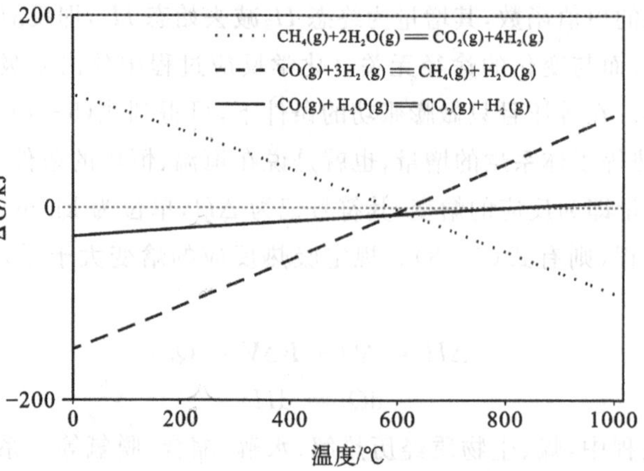

图 5-1　气化反应吉布斯自由能随温度的变化规律

3. 热力学平衡常数

对某一可逆反应，在一定温度下，无论反应物的起始浓度如何，反应达到平衡状态后，反应物与生成物浓度系数次方的比是一个常数，称为化学平衡常数，用 K 表示。

对于反应

$$aA + bB = cC + dD \tag{5-17}$$

则有

$$K = \frac{C^{c}(C) \times C^{d}(D)}{C^{a}(A) \times C^{b}(B)} \tag{5-18}$$

式中，C 为各组分的平衡浓度；温度一定时，K 为定值。

平衡常数是平衡进行程度的标志。一般认为 $K > 10^5$（或 $\lg(K) > 5$），反应较完全；$10^{-5} < K < 10^5$（或 $5 > \lg(K) > -5$），反应为可逆反应；$K < 10^{-5}$（或 $-5 > \lg(K)$），则该反应难以发生或者说该反应的逆反应能完全进行。平衡常数的数值大小可以判断反应进行的程度，估计反应的可能性，因为平衡状态是反应进行的最大限度。但平衡常数数值的大小只能大致告诉我们一个可逆反应的正向反应所进行的最大程度，并不能预示反应达到平衡所需要的时间。此外，如果一个反应的平衡常数数值极小，说明该反应的正反应在该条件下无法进行。

气化过程中，甲烷重整反应、甲烷化反应和水气变换反应的平衡常数随温度的变化规律如图 5-2 所示。可以看出，低温（0～600 ℃）下甲烷化反应较为完全，高温（>600 ℃）下各反应均为可逆反应。

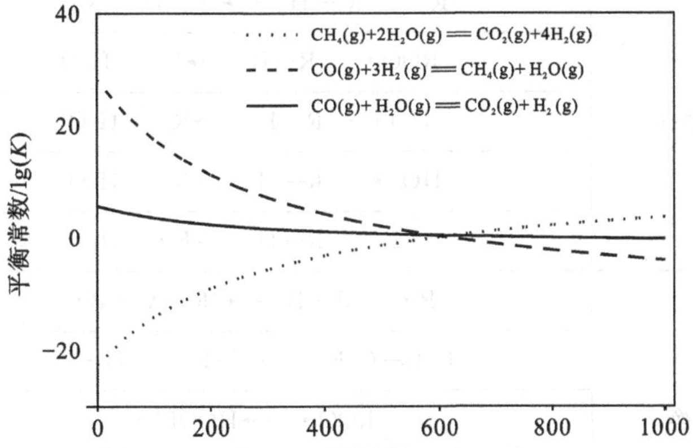

图 5-2　气化反应平衡常数随温度的变化规律

5.1.3　反应动力学

1. 基元反应

基元反应是指在反应中只用一步直接转化为产物的反应，又称为简单反应。化学反应式多数情况下无法说明反应的过程：现实中有的反应是一步完成，而多数反应需要经历若干个步骤才能完成。基元反应的动力学规律符合质量作用定律，即：基元反应的化学反应速率与反应物的浓度数值相应方次的乘积成正比；其方次即为各物质前面的系数，且均取正值。

从微观上看,反应物分子一般经过若干个简单反应步骤,最后才转化为产物分子。每一个简单的反应步骤,就是一个基元反应。基元反应步骤要求反应物一步转化成生成物,没有任何中间产物。

有机物的超临界水气化反应的主要机制可归因于自由基反应。表 5-1 显示了在超临界水中发生的一些特定的自由基反应,包括各种反应类型(如分解、加成、异构化、取代、β-裂解、偶联和歧化等)。

表 5-1 超临界水中的自由基反应

反应阶段	反应类型	反应式	编号
开始	分解(O_2除外)	$R—X \longrightarrow R\cdot + X\cdot$	(5-19)
		$H_2O \longrightarrow H\cdot + OH\cdot$	(5-20)
		$R—X + H_2O \longrightarrow R\cdot + HO_2\cdot + HX$	(5-21)
		$O_2 + H_2O \longrightarrow OH\cdot + HO_2\cdot$	(5-22)
		$ROOH \longrightarrow RO\cdot + OH\cdot$	(5-23)
		$H_2O_2 \longrightarrow 2OH\cdot$	(5-24)
扩散	加成	$R\cdot + CH_2=CH_2 \longrightarrow R—CH_2—CH_2$	(5-25)
		$R\cdot + O_2 \longrightarrow ROO\cdot$	(5-26)
	氢抽提	$R\cdot + R'—H \longrightarrow R—H + R'\cdot$	(5-27)
		$ROO\cdot + R—H \longrightarrow R\cdot + H_2O$	(5-28)
		$HO\cdot + R—H \longrightarrow R\cdot + H_2O$	(5-29)
		$HO_2\cdot + R—H \longrightarrow R\cdot + H_2O_2$	(5-30)
		$H\cdot + R—H \longrightarrow R\cdot + H_2$	(5-31)
	置换	$R\cdot + A—B \longrightarrow R—A + B\cdot$	(5-32)
		$CH_2—C(R)_3 \longrightarrow C(R)_2—CH_2—R$	(5-33)
		$ROO\cdot \longrightarrow HOOR'\cdot$	(5-34)
		$R_{a+b}O\cdot \longrightarrow R_a=O + R_b\cdot$	(5-35)
		$R\cdot \longrightarrow C=R'' + R'\cdot$	(5-36)
	重排	$\cdot C(R)OH—CH_2OH \longrightarrow C(R)OH=CH\cdot + H_2O$	(5-37)
	歧化	$2ROO\cdot \longrightarrow O_2 + 2RO\cdot$	(5-38)
终止	偶联	$R\cdot + Y\cdot \longrightarrow R—Y$	(5-39)
		$R\cdot + R\cdot \longrightarrow R—R$	(5-40)
	歧化	$2CH_3—CH_2 \longrightarrow CH_3—CH_2 + CH_2=CH_2$	(5-41)

显然，H·、HO_2·和 OH·是上述反应中较为重要的自由基。它们是初始反应中重要的产物，也是扩散过程的推动者。而 H_2O 则为反应提供大量的 H·和 OH·，如式(5-20)所示。此外，因为超临界水的氢键含量极低，使得自由基能更轻松地从 H_2O 中摄取氢。H·可以通过氢抽提反应(见式(5-31))生成氢气，所以氢抽提反应在超临界水气化过程中扮演着重要的角色。

2. 反应速率常数

在化学动力学中，反应速率常数又称速率常数，k 是化学反应速率的量化表示方式。对于反应物 A 和反应物 B 反应成生成物 C 的化学反应，反应速率可表示为

$$\frac{d[C]}{dt}=k(T)[A]^a[B]^b \tag{5-42}$$

式中，$k(T)$为反应速率常数，会随温度改变；$[X]$为假定反应发生处于固定容积的溶液内时物质 X 的容积摩尔浓度(当反应发生在一定范围内，就能以 X 的单位面积摩尔数表示)；a、b 为反应级数，其值取决于反应机理，可由实验测定。

若为一次反应，亦可写为

$$\frac{d[C]}{dt}=Ae^{-\frac{E_a}{RT}}[A]^a[B]^b \tag{5-43}$$

式中，E_a为活化能；R 为气体常数；T 为温度；A 为指前因子或频率因子。

除了反应物的性质，浓度、温度和催化剂也是影响反应速率的重要因素。此外，气体反应的快慢还与压力有关。增加反应物的浓度，即增加单位体积内活化分子的数目，从而增加单位时间内反应物分子间有效碰撞的次数，使反应速率加快；提高反应温度，即增加活化分子的百分数，从而增加单位时间内反应物分子间有效碰撞的次数，使反应速率加快；使用正催化剂，可以改变反应历程，降低反应所需的活化能，使反应速率加快。在化工生产中，常控制反应条件来加快反应速率，以增加产量。有时也要采取减慢反应速率的措施，以延长产品的使用时间。

对于超临界水气化过程，其反应速率与反应物和水的浓度成幂指数关系，可表示为

$$r=-\frac{d[C]}{dt}=k[C]^a[H_2O]^b \tag{5-44}$$

式中，$[C]$为未气化的碳浓度，mol/L；$[H_2O]$为水的浓度，mol/L；r 为碳气化反应速率，mol/(L·s)；a、b 为反应级数；k 为碳气化反应速率常数。

1)反应速率常数与过程参数的关系

温度 T 对反应速率常数 k 有较大的影响，可利用阿伦尼乌斯方程来描述它们之间的关系：

$$\ln k=-\frac{E}{RT}+\ln A \tag{5-45}$$

对 $\ln k$ 与 $1/T$ 作图，如果呈现良好的线性关系，则直线斜率值等于$-E/R$，截距值等于 $\ln A$，由此可求出反应的活化能 E 和指前因子 A。

压力 p 对反应速率常数 k 的影响可以用过渡态理论予以描述，它反映了气化过程中从反应物到过渡态的体积变化[1]：

$$\left(\frac{\partial \ln k}{\partial p}\right)_T = -\frac{\Delta V^{\neq}}{RT} \tag{5-46}$$

式中，$\Delta V^{\neq}$ 为反应的活化体积。

在大多数液态溶液中，要使 k 有较大变化，需使 p 变化几百兆帕。液相中化学反应的 $\Delta V^{\neq}$ 值一般为 $-50\sim30$ mL/mol。

2)反应速率常数与超临界水溶剂特性的关系

随反应条件的变化，超临界水的溶剂特性也发生了变化，对在其中发生的化学反应可以产生影响，反应速率常数 k 与溶解度参数 δ 的关系为

$$RT\ln\left(\frac{k}{k_0}\right) = 2\delta(V_{M^{\neq}}\delta_{M^{\neq}} - V_A\delta_A - V_B\delta_B) + (V_A\delta_A^2 + V_B\delta_B^2 - V_{M^{\neq}}\delta_{M^{\neq}}^2) \tag{5-47}$$

式中，$M^{\neq}$ 为溶有溶质的超临界水溶剂；A、B 分别为溶质和超临界水溶剂。

Allada[2] 建议由下式来计算超临界流体的溶解度参数：

$$\delta = \left(\frac{U^* - U}{V_m}\right)^{0.5} \tag{5-48}$$

将状态方程 $PV=ZRT$ 代入上式，则

$$\delta = \left(\frac{U^* - U}{RT_c} \cdot \frac{P_r}{ZT_r}\right)^{0.5} \tag{5-49}$$

$$\frac{U^* - U}{RT_c} = \frac{H^* - H}{RT_c} - (1-Z)T_r \tag{5-50}$$

利用对比态原理，从普遍化压缩因子图可查得 Z，由此即可计算出不同压力下超临界水的 δ。

介电常数 ε 是用以表示溶剂特性的另一个重要参数，它与 k 的关系可表示为[1]

$$\ln k = \ln k' - \left(\frac{N_{av}}{RT}\right)\left(\frac{\varepsilon - 1}{2\varepsilon + 1}\right)\left(\frac{\mu_A^2}{r_A^3} + \frac{\mu_B^2}{r_B^3} - \frac{\mu_{M^{\neq}}^2}{r_{M^{\neq}}^3}\right) \tag{5-51}$$

式中，N_{av} 为原子核周围活性电子的数量。

根据 Uematsu 等[3] 提出的经验公式，可计算出水的介电常数为

$$\varepsilon = 1 + (a_1/T^*)\rho^* + (a_2/T^* + a_3 + a_4/T^*)\rho^{*2} + (a_5/T^* + a_6 + a_7/T^*)\rho^{*3} + (a_8/T^* + a_9 + a_{10}/T^*)\rho^{*4} \tag{5-52}$$

式中，$\rho^* = \rho/\rho_0$，$\rho_0 = 1000$ kg/m^3，ρ 为水的密度，kg/m^3；$T^* = T/T_0$，$T_0 = 298.15$ K，T 为温度，K；$a_1, a_2, a_3, \cdots, a_{10}$ 为常数。

3) 反应速率常数与超临界水密度的关系

在相同的温度下，压力的变化将引起超临界水密度 ρ 的改变，水对反应的影响是许多研究者感兴趣的问题，一般认为水在反应过程中可能参与反应，但对水在反应中的作用目前还没有明确而统一的结论，对水的宏观反应级数的研究也不多。

5.1.4　技术指标

气化特性的技术指标主要包括气化效率、碳气化率、氢气化率、冷煤气效率、气相产率、最大氢气产率、气相分率和氧化系数等，从不同的方面评价着气化过程的优劣。

气化效率(gasification efficiency，GE)是指单位质量的反应物料气化后所产生气体燃料的质量，如下式：

$$\text{气化效率} = \frac{\text{气相产物的质量}}{\text{反应物料的进料质量}} \times 100\% \tag{5-53}$$

碳气化率(carbon gasification efficiency，CE)是指反应物料中的碳转换为气体燃料中的碳的份额，即气体中含碳量与原料中含碳量之比，如下式：

$$\text{碳气化率} = \frac{\text{气相产物中的碳质量}}{\text{反应物料中的碳质量}} \times 100\% \tag{5-54}$$

氢气化率(hydrogen gasification efficiency，HE)是指反应物料中的氢转换为气体燃料中的氢的份额，即气体中含氢量与原料中含氢量之比，如下式：

$$\text{氢气化率} = \frac{\text{气相产物中的氢质量}}{\text{反应物料中的氢质量}} \times 100\% \tag{5-55}$$

冷煤气效率(cold gas efficiency，CGE)是气化生成煤气的化学能与气化用料的化学能之比。煤气、反应物料的化学能可采用相应的低位发热量。显然，提高气化炉的冷煤气效率意味着把反应物料中所蕴藏的化学能更多地转化为煤气的化学能，有利于提高循环系统的供电效率，如下式：

$$\text{冷煤气效率} = \frac{\text{气相产物的低位热值}}{\text{反应物料的低位热值}} \times 100\% \tag{5-56}$$

气相产率(Y_i)是指单位质量的反应物料气化后所产生某组分气相产物的摩尔量，如下式：

$$\text{气相产率} = \frac{\text{某气相产物的摩尔量}}{\text{反应物料的质量}} \tag{5-57}$$

最大氢气产率(PY_{H_2})是指单位质量的反应物料气化后所有可燃气全部转化为氢气，产生的理论最大氢气的质量，如下式：

$$\text{最大氢气产率} = \frac{\text{可燃气全部转化为氢气的质量}}{\text{反应物料的质量}} \times 100\% \tag{5-58}$$

气相分率(φ_i)指反应物料气化后所产生某组分气相产物的摩尔量与总气相产物的摩尔量之比，如下式：

$$\text{气相分率} = \frac{\text{某气相产物的摩尔量}}{\text{气相产物的总摩尔量}} \times 100\% \tag{5-59}$$

氧化系数(E_R)是指单位反应物料在气化过程所消耗的氧量与完全燃烧所需要的理论氧量之比。氧化系数大，说明气化过程消耗的氧量多，反应温度升高，有利于气化反应的进行，但燃烧的反应物料份额增加，燃烧所产生的 CO_2 量增加，使总反应所产生的气体中氢气分率下降，如下式：

$$\text{氧化系数} = \frac{\text{添加氧化剂中的氧质量}}{\text{反应物料完全氧化时所需的氧质量}} \times 100\% \tag{5-60}$$

5.1.5 技术优势

超临界水气化技术从1978年以来，经过几十年的研究发展，已逐步成为一种比较成熟的利用化石燃料、生物质制取可燃气体的工艺。和传统气化技术比较，超临界水气化具有如下优势。

1. 氢气产率高

在超临界水气化过程中，不仅物料中的氢元素会转化成氢气，而且物料中的碳元素还会与水发生反应，水中的部分氢元素也会转化生成氢气。而煤、生物质等物料具有高碳/氢比，反应过程中会有更多的水参与到反应中，整个过程的氢气化率能够高达200%以上。由于整个反应体系处于富水的环境中，因此相对于传统气化工艺，超临界水气化技术具有产氢气量高的突出优点。

2. 含氮、硫气态污染物排放低

在传统气化过程中，反应是在氧化环境下进行的，物料中的氮、硫等元素会在反应过程中生成 NO_x、SO_x 等空气污染物，同时还伴随着大量的粉尘，造成严重的空气污染。尤其对于高含氮量和高含硫量的生物质废弃物，如何有效地避免传统气化过程中大量空气污染物的生成一直是个亟需解决的难题。这些污染物一方面会对空气造成污染，另外一方面后续的净化处理会耗费大量的一次性成本投资和运行成本，降低气化过程的能量利用效率。而超临界水气化过程是在还原环境下进行的，物料中的氮、硫等元素主要分布在液体产物中，比如氮元素会转化成铵盐和含氮有机物(嘧啶等)，而且还不会生成飞灰、粉尘等颗粒污染物。可见超临界水气化过程可以实现空气污染物的零排放，大大节约减排设备的投资。

3. 湿物料无需脱水预处理

传统气化和燃烧技术对物料的质量要求较高，高含水量的生物质一直是个处理难题。在利用高含水量的生物质时，需要对物料进行干燥处理，这样不仅会增加处理流程，还会消耗大量的能量。比如近几年兴起的鸡粪焚烧发电厂，高含水量的鸡粪在进入锅炉燃烧前，含水量必须根据电厂情况控制在较低的水平。而超临界水气化技术则具有物料适应性强的优点，尤其对于高含水量的物料优势更为明显，可以不需要干燥直接进入超临界水反应。因此，超临界水气化技术在处理高含水量的有机废弃物(如鸡粪、造纸废液、制药废液、城市污泥等)方面具有十分突出的优势，可以实现有机废弃物的无害化处理和资源化利用相耦合，大大扩展生物质资源的利用范围和途径。

4. 易与动力循环过程相耦合

反应中的超临界水混合工质不仅含有富氢气体，还具备耐高温高压的特点，可以通过燃氢补热新型热力系统进行发电，进一步提高超临界水气化的能量转换效率；也可以进入化工产业链进一步反应。因此超临界水气化技术可以根据不同物料的特点与当地能源需求，因地制宜地将化石燃料、生物质等物料高效转化为燃气、电能与化工产品等。

5.2　典型物质的超临界水气化过程

5.2.1　模型化合物的超临界水气化

1. 烃类化合物

烃类可简单地分为烷烃、烯烃和芳香烃。在这三种烃类中，烯烃在超临界水中的反应研究较少。烯烃在超临界水中通常会发生异构化、水合和氢化反应。在亚临界和超临界水（250～450 ℃、11～33 MPa）中，使用 TiO_2 催化 1 -辛烯的反应转化，主要产物为 2 -辛烯（由 1 -辛烯和 2 -辛醇的脱水反应形成）和 2 -辛醇（由 1 -辛烯的水合反应形成）。此外，随着氧化剂的加入和反应时间的增加，烯烃可以在超临界水中通过部分氧化加氢转化为烷烃。

至于烷烃，研究主要集中在长链烷烃（如十二烷和十六烷）。长链烷烃在超临界水中的降解速度比芳烃快得多，这是因为芳烃化合物往往反应时间更长。在亚临界和超临界条件下，十六烷可以裂解成较小的正构烷烃和 1 -烯烃，范围从 C_1 到 C_{15}。该过程中产生的高反应性长链自由基（如伯、仲十六烷基自由基）可能会发生 β -断裂、夺氢、异构化和加成等反应，提高反应温度可促进 1 -烯烃通过 β -断裂，而增加压力可以通过氢提取反应改善正构烷烃的形成。最后，通过较小的自由基结合形成稳定的产物来终止反应过程，因此整个过程远没有芳烃复杂。

因此，下面重点介绍一些芳烃，特别是具有化学稳定性的多环芳烃（polycyclic aromatic hydrocarbons，PAHs），如萘、菲、蒽和芘。它们是生物质、煤、石油等物质在超临界水气化分解过程中的典型耐高温中间产物。如果处理不当，会形成焦炭和焦油，严重降低气化效率。在含 PAHs 的超临界水气化工艺中，开环方法是当前和未来研究的关键，因为它是影响反应物完全气化的决定性步骤。

目前，超临界水是促进芳环裂解成小分子的有效反应环境，因为它可以有效地削弱芳环中的 C—C 键能。例如，蒽开环反应的能垒可以从 776.7 kJ/mol 降低到 218.5 kJ/mol。PAHs 在超临界水气化中，多环结构首先通过变形和断裂转变为低环和小环结构（如三环和五环），然后断裂形成线性链，最后通过键断裂产生小分子。更具体地说，有两种不同的解释。第一种解释如图 5 - 3(a)所示，超临界水中的 H 原子添加到芳环上的 C 原子上，导致 C(环)—C(环) 键断裂，超临界水中的OH · 自由基同时与另一个 C 原子连接。然后，PAHs 中间环上的 C(环)—C(环) 键也可以断裂键合，下层结构可以扭曲，直到中间苯环被完全破坏。另一种解释是多环芳烃的断裂是由于外环上的 H 原子很容易被高反应性的 OH · 自由基或 H_2O 分子攻击而发生氢提取反应，如图 5 - 3(b)所示，当芳环失去氢时，它会变得扭曲、不稳定、容易开裂。然后，它可以转化为由三环和五环组成的大环或多环结构。由于 OH · 自由基的持续攻击，这些环通过 C—C 键的断裂进一步打开。也有人认为，这些环断裂后，形成一些直链，然后 C—C 键断裂，形成一些小分子。此外，超临界水中的 OH · 和 H · 自由基在整个过程中对键的促进和破坏起着重要的作用。

菲和蒽都属于含有 3 个环的多环芳烃。蒽的 3 个环的中心在一条直线上，它是菲的异构体。蒽在超临界水气化中，在 700 ℃和 25 MPa 下，主要液体产物是苯和萘，其次是菲、9，10 - 二氢蒽、2 - 甲基萘和 3 - 苯基甲苯。K_2CO_3可以有效降低产物中苯和萘的含量。苯和萘在超临界水气化中的适宜温度分别为 700 ℃和 650 ℃。超临界水中菲、蒽和萘的潜在降解途径如图 5 - 4 所示，3 种典型的 PAHs 降解之间存在一些联系。显然，超临界水中 PAHs 从多环到单环再到碳链的降解过程主要包括加氢、收缩、开环和脱烷基。对于三环芳烃，一种方法是首先中间环加氢，生成二氢菲等，然后不稳定的中间环收缩生成菲等化合物，最后开环；另一种方法是 PAHs 的外环 C—C 键断裂，产生双芳环产物，然后跟随萘降解网络。

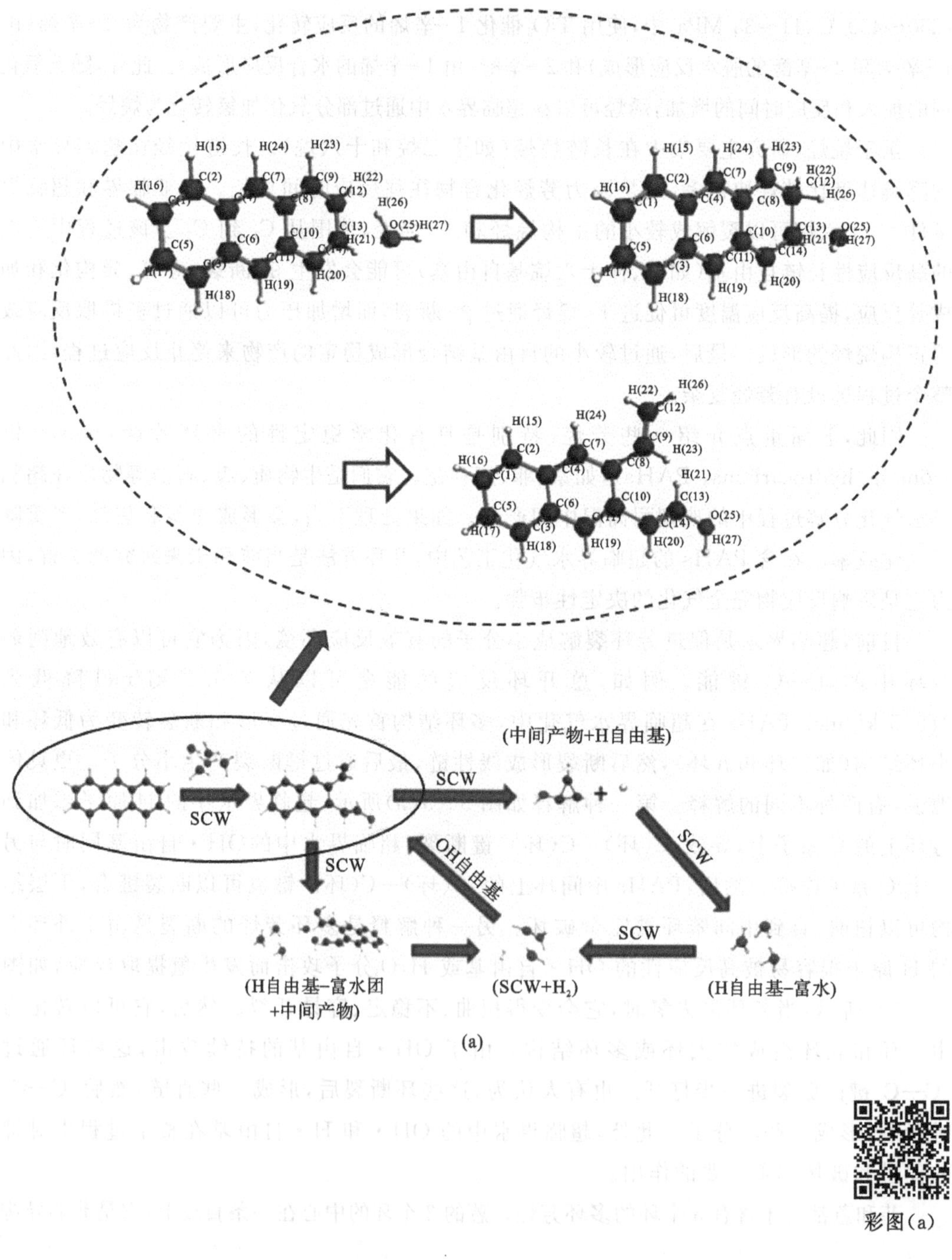

(a)

彩图(a)

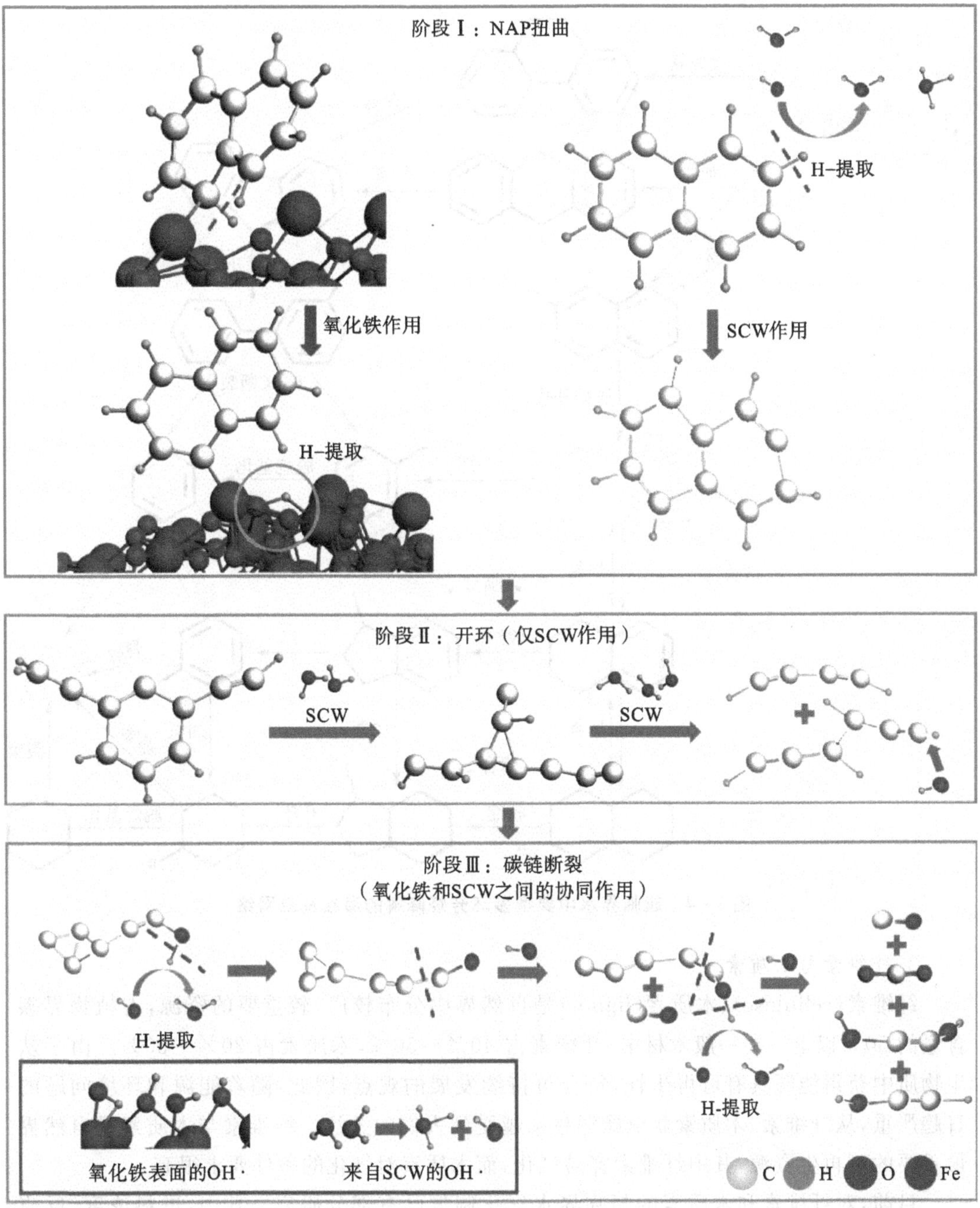

(b)

图 5-3　PAHs 的超临界水气化过程中的不同开环途径

彩图(b)

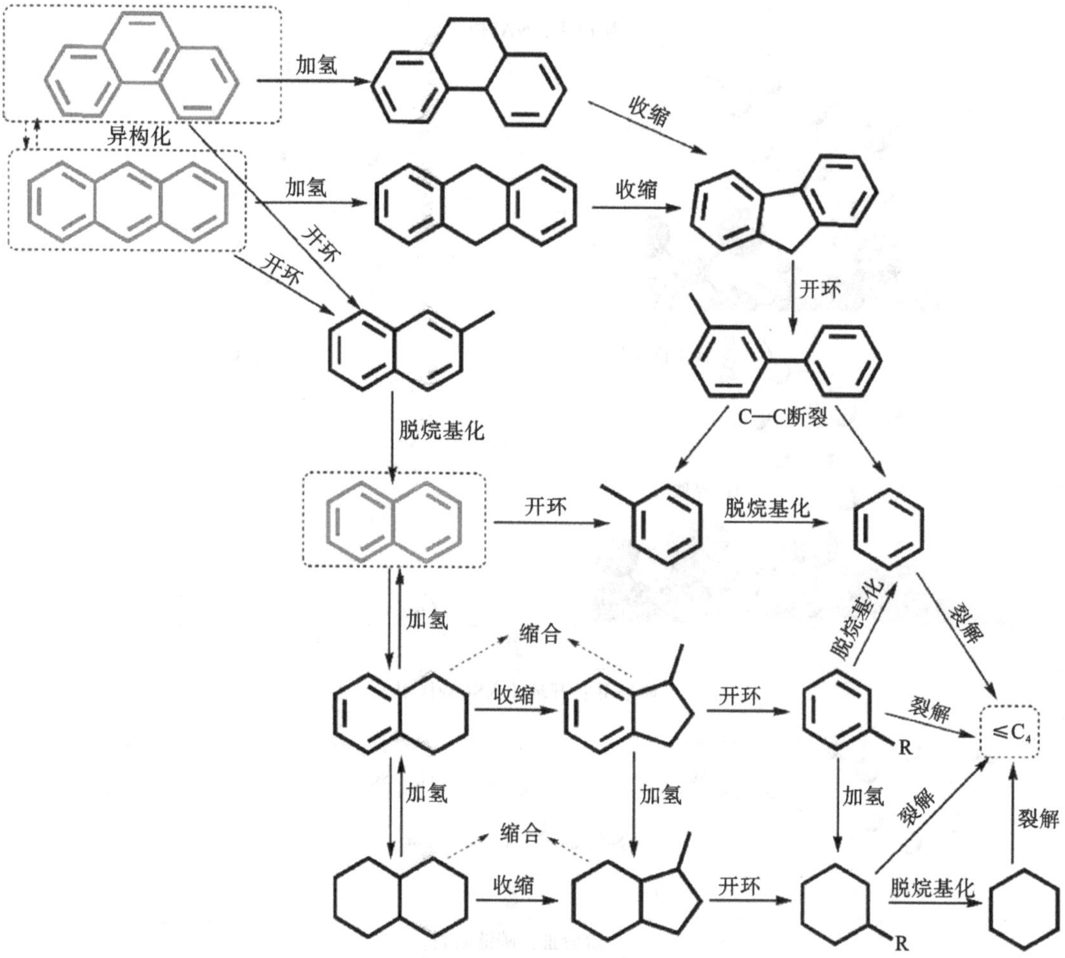

图 5-4 超临界水中典型多环芳烃降解的潜在反应网络

2. 纤维素与木质素

纤维素(cellulose)、木质素(lignin)是自然界中分布较广、较重要的资源，占植物界碳含量的 50%以上。在一般木材中，纤维素占 40%～50%，木质素占 20%～30%。由于从生物质中获得能源具有可再生性，符合可持续发展的观点，因此，随着能源和环境问题的日趋严重，从纤维素、木质素获取能源越来越受到人们的关注。纤维素与木质素是自然界最重要的可再生资源，其中纤维素容易气化，而木质素对气化的条件要求很高。

目前，对纤维素和木质素的超临界水气化制氢已有部分研究。其中，进料浓度、反应温度、水密度(或压力)等因素均对该过程有影响。

由于纤维素的单元结构主要为多糖，木质素主要结构单元为酚类，而芳香烃较多糖来说化学性质更为稳定，因此在相似条件下，在超临界水气化中，纤维素较木质素效率更高，且木质素通常需要在 500 ℃以上时才能实现有效气化。气化过程中，纤维素通常在最初的 5～15 min 已基本稳定，但木质素气化需要更长的时间，45 min 后才逐渐趋于稳定。

不同条件下的研究结果都表明，纤维素、木质素在超临界水气化过程中，较长反应时间、高温、低反应物浓度和高水密度(或压力)将会得到更好的气化效果。动力学模型表明，高温过程尽管可同时加快气化与结焦速率，但气化产生气体的速率远高于结焦速率，因此，使得气化过程更为显著，从而能明显提高气化效率。研究同时发现，温度升高通常有利于氢气的生成，主要因为气体间发生的甲烷重整反应，即

$$CH_4 + 2H_2O \longrightarrow CO_2 + 4H_2 \tag{5-61}$$

高温使得甲烷重整反应平衡常数增加，因此将更有利于氢气的产生。另外，在气化过程中将发生蒸汽重整反应，即

$$C_xH_yO_z + (2x-z)H_2O \longrightarrow xCO_2 + \left(2x - z + \frac{y}{2}\right)H_2 \tag{5-62}$$

当水密度增加(或压力增加)及进料浓度减少时，作为反应物的水相对含量将相应地增加，从而促进水汽置换反应的正向进行，使得纤维素及木质素的气化效率提高，并使得生成气体中氢气的含量增加。

纤维素是一种重要的多糖，是植物细胞支撑物质的材料，是自然界最为丰富的生物质资源之一。它在农作物秸秆中的含量达到 450～460 g/kg。纤维素的结构确定为 β-D-葡萄糖单元经 β-(1→4)苷键连接而成的直链多聚体，其结构中没有分支。纤维素的化学式为 $C_6H_{10}O_5$，化学结构的实验分子式为$(C_6H_{10}O_5)_n$。早在 20 世纪 20 年代，就证明了纤维素由纯的脱水 D-葡萄糖的重复单元所组成，也已证明重复单元是纤维二糖。纤维素中碳、氢、氧三种元素的比例：碳含量为 44.44%，氢含量为 6.17%，氧含量为 49.39%。一般认为纤维素分子约由 8000～12000 个左右的葡萄糖残基构成，其分子结构如图 5-5 所示。

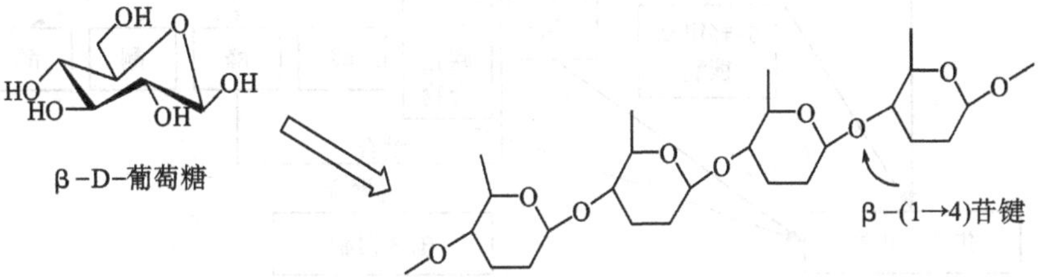

图 5-5　纤维素分子的部分结构(省略碳上所连的羟基和氢)

在高温高压的超临界水中，由于超临界水的特殊性质，纤维素与水发生水解反应，产物主要包括水溶性成分、多糖、少部分液态的焦油。研究发现，纤维素在超临界水中的水解产物主要是葡萄糖、果糖、低聚糖果糖、赤藓糖、乙醇醛、二羟基丙酮、甘油醛、丙酮醛以及一些低碳酸和醇。水解之后的中间产物将继续发生气化反应，最为主要、典型的中间产物为葡萄糖。研究发现，葡萄糖通过进一步的水解、缩聚、裂解、异构化转化为果糖、乙二醛、二羟基丙酮、酸、丙酮酸酯等。丙酮醛、赤藓糖和二羟基丙酮可进一步分解为 1～3 个含碳的酸、醛和醇。进一步提高反应温度，酸、酮、酯等会分解成 H_2 等气体。不同条件的反应过程有所差异，通常认为葡萄糖在超临界水中的气化总过程分为蒸汽重整反应和水气变换反应：

$$C_6H_{12}O_6 + 6H_2O \longrightarrow 6CO_2 + 12H_2 \tag{5-63}$$

$$CO + H_2O \longrightarrow CO_2 + H_2 \tag{5-64}$$

纤维素能在很短的时间内就转化成中间产物，之后，中间产物会用更长的时间进行分解和气化，生成的气体产物通过气体间的相互反应影响产物分布。通常，中间产物通过聚合或结焦形成焦油、焦炭等重质化合物。

纤维素在超临界水气化中的潜在降解途径如图 5－6 所示。纤维素最初在超临界水气化中水解成低聚物和单体，然后进一步水解形成葡萄糖，葡萄糖可以异构化并产生果糖。随着温度升高，水解产物可通过各种反应（如脱水、缩合、异构化、聚合等），最终分解产生主要由 H_2、CH_4、CO 和 CO_2 组成的气体。葡萄糖是纤维素在高温高压条件下最主要的水解产物，其后续的降解反应机理对于揭示纤维素的完全降解至关重要，引起了众多研究人员的广泛关注。

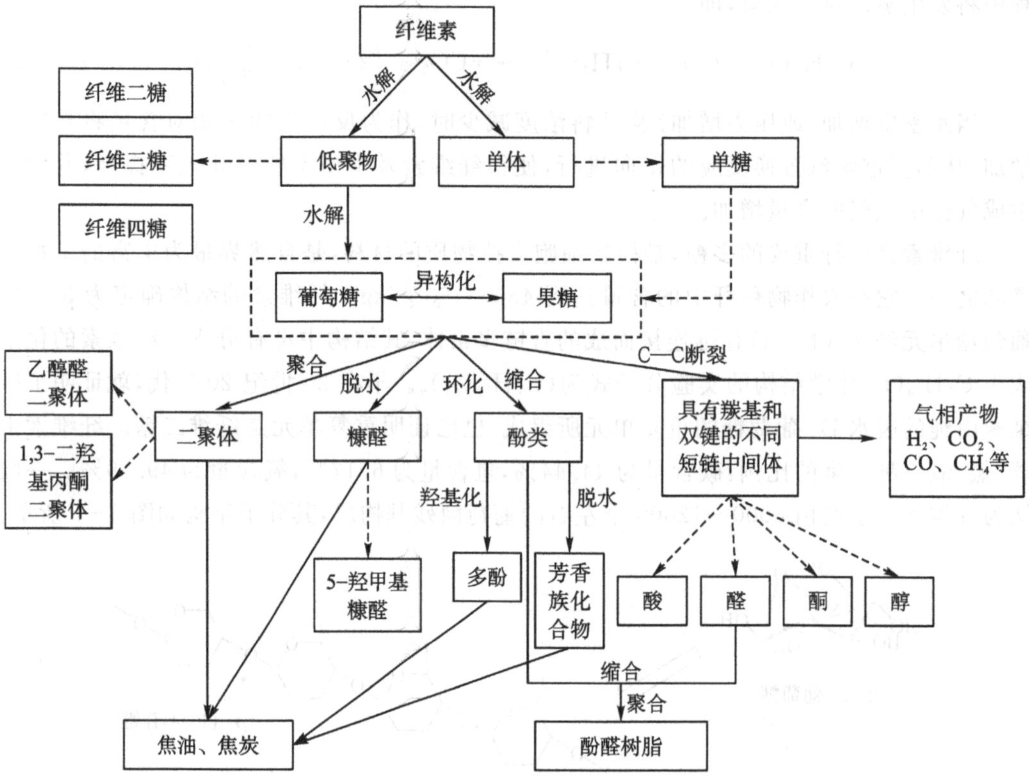

图 5－6　纤维素在超临界水气化中的潜在降解途径（虚线代表典型产品分布，实线代表主要反应途径）

木质素是由 4 种醇单体形成的一种复杂酚类聚合物，其包含的一些芳香环[4]结构比较稳定，所以很难被气化。木质素与纤维素的气化过程存在相似之处。Resende 等[5]总结发现木质素单体之间通过醚桥梁连接，其在气化过程中首先发生水解反应使连接单体的醚桥梁断裂，从而大分子结构部分被降解，主要产生酚类物质；之后，一些小分子如甲醛、愈创木酚等气化并部分发生交联反应生成固体残渣状大分子化合物。Lundquist 等[6]总结木质素的降解过程为

$$木质素 \longrightarrow HCHO + 酚类化合物 \tag{5-65}$$

$$HCHO + 酚类化合物 \longrightarrow 酚醛树脂 \tag{5-66}$$

$$HCHO \longrightarrow CO + H_2 \tag{5-67}$$

Osada 等[7]也发现了木质素可以水解生成 HCHO、酚类化合物及一小部分含有苯环的高分子化合物。Sinag[8]通过研究认为酚类物质一部分来自木质素，另一部分来自糖类。Yoshida 等[9]将葡萄糖和木质素的超临界气化过程分为 3 个阶段。

（1）第一阶段：主要为分解和聚合反应，产生生物质碎片；

(2)第二阶段:焦油、焦炭等产物被快速分解成低分子量产物;

(3)第三阶段:低分子量产物进一步分解成气体,CO 通过水气变换反应转化成 H_2 和 CO_2。

木质素在超临界水气化中的潜在降解途径如图 5-7 所示。木质素含有许多含氧官能团,包括羟基、羧基、羰基、醚键和酯键等。木质素在超临界水中无催化剂分解时,醚键和酯键易水解生成酚类化合物和醛类(如甲醛)。更详细地说,木质素在超临界水气化中首先降解的酚类成分主要包括儿茶酚、愈创木酚和紫丁香酚。中间产物(如醇类、芳烃类和醛类)是由这些酚类变性产生的,最终转化为简单的气体,包括 H_2、CO、CO_2 和 CH_4 等。然而,在超临界水气化过程中,酚类化合物和醛类可能缩合或交联形成高分子缩合产物,例如,苯酚与甲醛发生缩合反应生成酚醛树脂。这些缩合产物与其他难溶酚类衍生物和多环芳烃一起导致炭和焦油的形成。异构化是苯酚转化的主要反应,其他反应是裂解、烷基化和缩合。连接在苯酚分子上的烷基裂解导致其释放出气体烃和烷氧基苯酚。研究人员常用苯酚作为木质素的模型化合物来分析其超临界水气化过程,详细的机理解释见下节。近年来,作为耐高温中间体的苯酚与葡萄糖、苯酚与乙酸、苯酚与萘、苯酚与环己醇等化合物的正或负协同作用越来越受关注。

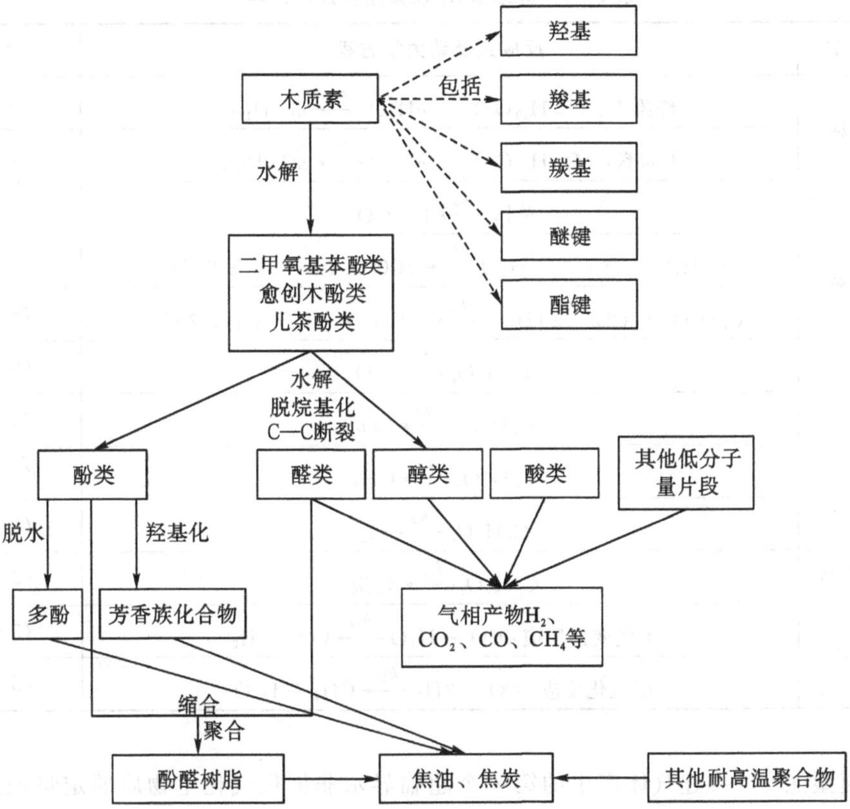

图 5-7　木质素在超临界水气化中的潜在降解途径

根据式(5-44)、式(5-45),Lee 等[10]用 0.6 mol 的葡萄糖,在 480~700 ℃、28 MPa 的条件下得到方程模型:$-r_g=10^{3.09\pm0.26}\exp(-67.6\pm3.9/(RT))C_g$,$k=(0.29\sim0.85)/s$,$E=67.6$ kJ/mol。Kabyemela 等[11]用 0.007 mol 的葡萄糖,在 300~400 ℃、25~40 MPa 的条

件下得到 $k=(0.45\sim15.8)/\text{s}$，$E=96\ \text{kJ/mol}$。

该模型的应用前提是气化反应速率仅仅受反应物和水的浓度的影响，其他条件影响可忽略。模型在一定程度上可以预测不同温度压力下的气化效率，但无法分析气化过程中的结焦情况。

对此，Milosavljevic 等[12]提出了把结焦考虑在内的一级反应的修正模型：

$$-\frac{\mathrm{d}\alpha}{\mathrm{d}t}=A\exp\left(-\frac{E}{RT}\right)(1-\alpha) \tag{5-68}$$

式中，α 为挥发性组分比重。

Milosavljevic 利用此模型估计的结果与实验重量损失曲线有很好的吻合度，并计算得到活化能 $E\approx193\ \text{kJ/mol}$。该模型能有效描述超临界水气化纤维素过程的重量损失变化，充分考虑到了结焦及焦油的产生，但不能准确描述低于 5 mg 样品的微妙化学过程。

2010 年，Resende 等[13]提出了第一个能够拟合与分析超临界水气化纤维素及木质素的半经验动力学模型，该模型适用于单一的生物质超临界水非催化气化过程。模型中提出将中间产物用通用中间物 $C_xH_yO_z$ 表示，模型主要反应过程如表 5-2 所示。

表 5-2　纤维素、木质素主要反应过程[13]

反应类型	反应式及动力学方程	编号
水解反应	纤维素：$(C_6H_{10}O_5)_n+nH_2O\xrightarrow{k_1}nC_6H_{12}O_6$	(5-69)
	木质素：$(C_{10}H_{10}O_3)_n+nH_2O\xrightarrow{k_2}nC_{10}H_{12}O_4$	(5-70)
中间产物形成	单体 $\xrightarrow{k_3}C_xH_yO_z$	(5-71)
蒸汽重整	$C_xH_yO_z+(x-z)H_2O\xrightarrow{k_4}xCO+(x-y+z/2)H_2$	(5-72)
	$C_xH_yO_z+(2x-z)H_2O\xrightarrow{k_5}x\,CO_2+(2x-z+y/2)H_2$	(5-73)
中间产物分解	$C_xH_yO_z\xrightarrow{k_6}CO$	(5-74)
	$C_xH_yO_z\xrightarrow{k_7}CO_2$	(5-75)
	$C_xH_yO_z\xrightarrow{k_8}CH_4$	(5-76)
	$C_xH_yO_z\xrightarrow{k_9}H_2$	(5-77)
焦炭的生成	$C_xH_yO_z\xrightarrow{k_{10}}$ 焦炭	(5-78)
气体转换	水气变换反应：$CO+H_2O\xrightarrow{k_{11}}CO_2+H_2$	(5-79)
	甲烷化反应：$CO+3H_2\xrightarrow{k_{12}}CH_4+H_2O$	(5-80)

该模型能有效描述气体产生的第一个超临界水非催化气化生物质的定量模型，可以准确估算纤维素和木质素的气体产率，确定特定气体产生的路径来源，还能预测生物质浓度、水密度等对气体产率的影响。

由于生物质气化过程很复杂，Yoon 等[14]在研究生物质及纤维素、木聚糖和木质素在空气/蒸汽条件下的气化/热解过程中，提出了总结性定律模型。该模型的应用条件是假设各组分间不互相反应，反应为若干个平行过程，如下式：

$$\frac{d[\alpha]}{dt}=\sum_{i=\text{纤维素、木聚糖、木质素}}\gamma_i[k_{o,i}(-E_{a,i}/RT)(1-\alpha_i)^{n_i}] \tag{5-81}$$

式中，α 为木质纤维生物质的反应程度，$\alpha=(m_i-m)/(m_i-m_f)$；α_i 为各组分的反应程度；γ_i为各组分的初始质量分数。

预测的气体产率见下式。纤维素和木质素不同气化条件下的动力学参数如表 5-3 所示。

$$Y=\sum_{i=\text{纤维素、木聚糖、木质素}}\gamma_i Y_i \tag{5-82}$$

表 5-3　纤维素、木质素在不同气化条件下的动力学参数[14]

实验条件	反应物	温度/℃	速率常数	活化能/(kJ·mol^{-1})	阶数
50%空气/50%蒸汽	纤维素	260～360	2.49×10^{28}	337.11	1.82
		422～577	4.60×10^{0}	49.29	0.62
	木质素	150～385	9.10×10^{-3}	12.0	0
		390～510	4.33×10^{6}	127.27	0.77
25%空气/75%蒸汽	纤维素	265～367	2.13×10^{25}	304.57	1.62
		424～580	2.11×10^{-1}	32.53	0.27
	木质素	155～429	2.48×10^{-2}	18.20	0
		431～540	2.09×10^{5}	112.66	0.72

该模型可以有效预测木质纤维生物质的组分包括纤维素、木聚糖和木质素的气体产量、CH_4产率和碳气化率等，但无法解释生物质各组分间的作用。

3. 蛋白质

蛋白质是污水污泥、微藻和其他一些生物质的主要成分。图 5-8 说明了蛋白质在超临界水气化中潜在的降解途径。在超临界水气化过程中，蛋白质通常首先水解成氨基酸和肽，然后氨基酸发生脱氨作用生成氨和有机酸，再脱羧生成碳酸和胺。由于美拉德反应，氨基酸还可以与羰基化合物反应形成吲哚、嘧啶、吡咯和吡啶等 N-杂环化合物，从而产生抑制超临界水气化过程中气体产生的自由基清除剂。肽可分解为芳香烃、醛类、哌嗪二酮类和脂肪胺等。因此，以氨基酸为模型化合物研究其在超临界水中的气化，有助于揭示超临界水气化中蛋白质的降解途径及氮对生物质在超临界水气化中的影响。

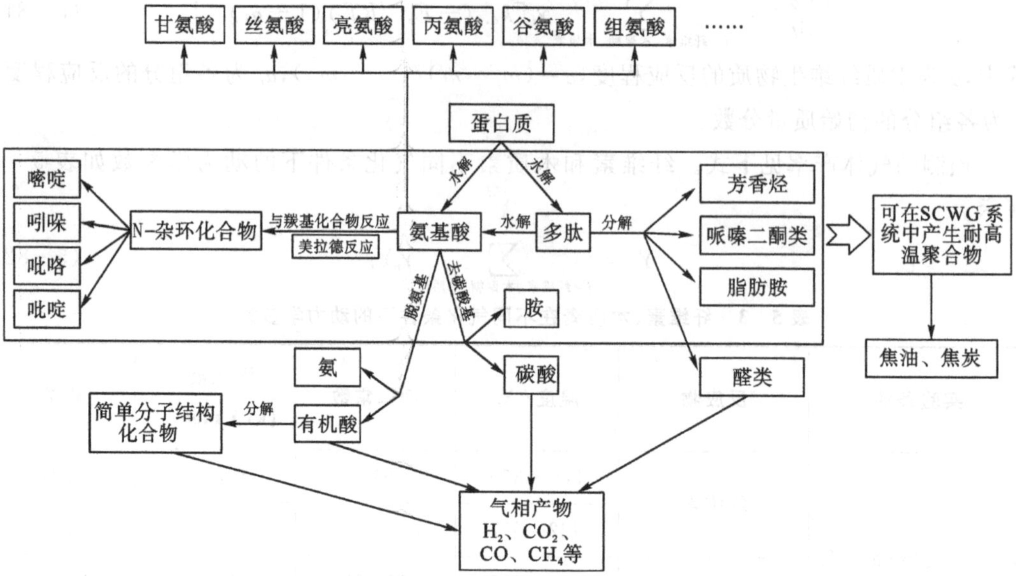

图 5-8　超临界水气化中蛋白质的潜在降解途径(实线代表主要反应途径)

5.2.2　煤的超临界水气化

煤的超临界水气化技术被认为是一种能够高效清洁转化煤的一项极具前景的气化技术,高含湿量的煤可不经干燥预处理即可在超临界水气化中直接气化从而转化为甲烷、氢气等富有价值的燃料气体。另外,由于超临界水对有机物的超强溶解能力,与传统热解气化相比,煤在超临界水气化过程中生成的焦油量较小。

煤进入超临界水后,主要发生相间反应与均相反应。相间反应是指超临界水-煤颗粒两相间反应,包括煤的热解反应,热解后固相残碳与超临界水之间的蒸汽重整反应,以及煤颗粒中各种成分的液化反应。这里的液化是指褐煤中固态有机质向超临界水相转移的过程,包括水解、萃取、液化等。当煤中的有机质进入超临界水相后,由于超临界水的非极性和高扩散性,使得有机质与超临界水进行无相间传质阻力的均相反应,包括蒸汽重整反应、水气变换反应和甲烷化反应等。反应的简化路径如图 5-9 所示。

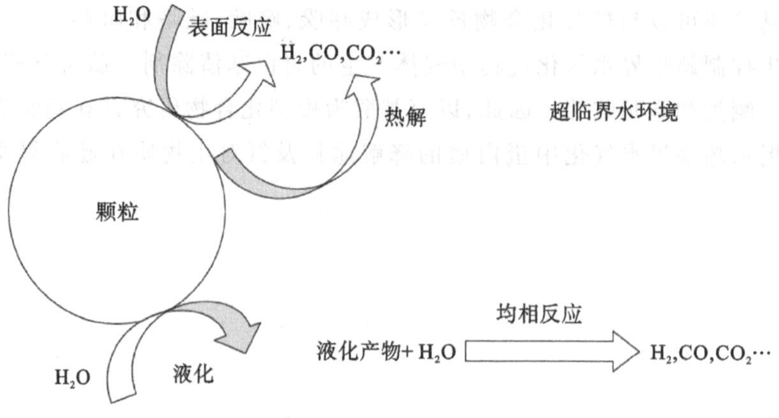

图 5-9　煤的超临界水气化反应简化路径

基于伊敏褐煤的动力学实验数据，采用集总参数法，考虑热解固相产物的半焦特性并结合元素分析结果，将其集总为 $C_8H_{5.6}O_2(s)$。将液相中间产物集总为 $C_{10}H_{9.6}O_4 \cdot nH_2O(l)$。考虑超临界水中典型的反应类型，总结出如下反应及反应速率表达式[15]，如表 5-4 所示。

表 5-4 煤的化学反应及动力学方程

反应类型	反应式及动力学方程	编号
褐煤的热解反应	$C_{10}H_{9.6}O_4(s) \xrightarrow{k_1} C_8H_{5.6}O_2(s) + CO_2 + CH_4$	(5-83)
	$R_1 = k_1 m_{C_{10}H_{9.6}O_4(s)}$	(5-84)
	$C_{10}H_{9.6}O_4(s) \xrightarrow{k_2} C_8H_{5.6}O_2(s) + 2CO + 2H_2$	(5-85)
	$R_2 = k_2 m_{C_{10}H_{9.6}O_4(s)}$	(5-86)
褐煤的热解反应	$C_{10}H_{9.6}O_4(s) + nH_2O \xrightarrow{k_3} C_{10}H_{9.6}O_4 \cdot nH_2O(l)$	(5-87)
	$R_3 = k_3 m_{C_{10}H_{9.6}O_4(s)} C_{H_2O}$	(5-88)
热解固相产物蒸汽重整反应	$C_8H_{5.6}O_2(s) + 14H_2O \xrightarrow{k_4} 8CO_2 + 16.8H_2$	(5-89)
	$R_4 = k_4 m^{2/3}_{C_8H_{5.6}O_2(s)} C_{H_2O}$	(5-90)
	$C_8H_{5.6}O_2(s) + 6H_2O \xrightarrow{k_5} 8CO + 8.8H_2$	(5-91)
	$R_5 = k_5 m^{2/3}_{C_8H_{5.6}O_2(s)} C_{H_2O}$	(5-92)
液化产物蒸汽重整反应	$C_{10}H_{9.6}O_4 \cdot nH_2O(l) + (16-n)H_2O \xrightarrow{k_6} 10CO_2 + 20.8H_2$	(5-93)
	$R_6 = k_6 m_{C_{10}H_{9.6}O_4 \cdot nH_2O(l)} C_{H_2O}$	(5-94)
	$C_{10}H_{9.6}O_4 \cdot nH_2O(l) + (6-n)H_2O \xrightarrow{k_7} 10CO + 10.8H_2$	(5-95)
	$R_7 = k_7 m_{C_{10}H_{9.6}O_4 \cdot nH_2O(l)} C_{H_2O}$	(5-96)
水气变换反应	$CO + H_2O \xrightarrow{k_8} CO_2 + H_2$	(5-97)
	$R_8 = k_8 C_{CO} C_{H_2O}$	(5-98)
甲烷化反应	$CO + 3H_2 \xrightarrow{k_9} CH_4 + H_2O$	(5-99)
	$R_9 = k_9 C_{CO} C_{H_2}$	(5-100)

其中，反应(5-83)、(5-85)、(5-87)、(5-89)、(5-91)为相间反应，反应(5-93)、(5-95)、(5-97)、(5-99)为均相反应。传统煤气化中普遍被考虑的 $C + CO_2 \longrightarrow 2CO$ 并未出现在模型中，主要是因为在超临界水气化典型反应温度下该反应速率非常小，可以被忽略。基于同样原因，不考虑水气变换反应以及甲烷化反应的逆反应。通过将非线性最小二乘法与遗传算法相结合，拟合在宽参数范围(温度为 650～850 ℃，质量分数为 5%～25%，停留时间为 13～120 s)下实验得到的 37 组气化动力学实验数据，得出各个反应速率常数的活化能与指前因子，如表 5-5 所示。

表 5-5　伊敏褐煤的超临界水气化反应动力学参数

速率常数	lnA	$E_a/(kJ \cdot mol^{-1})$
k_1	7.37	74.39
k_2	2.80	64.03
k_3	7.91	104.66
k_4	4.68	154.13
k_5	4.95	161.78
k_6	11.24	137.73
k_7	8.14	115.19
k_8	1.77	60.68
k_9	7.99	76.69

Su 等[16]在石英间歇式反应器中和温度为 650～850 ℃、停留时间为 0～30 min 的条件下研究了准东煤的超临界水气化，认为煤分子在超临界水中的转化主要可分为 3 个过程，包括煤分子在超临界水中通过高温水解和液化反应迅速转化为挥发分和固定碳中间产物的过程、挥发分和固定碳在超临界水中气化的过程和生成的气体产物间的均相反应过程。Korzh 等[17]认为煤在超临界水中至少存在 4 类初级反应，分别为煤的热分解反应、超临界水对碳的氧化反应、煤的水解反应和煤的加氢裂解反应。郭斯茂等[18]对自制煤超临界水流化床反应装置进行了数值模拟，发现褐煤有机质向超临界水中转移的液化过程在较低温度下即可进行，而液化后中间产物的进一步气化却需要较高温度。另外，固体残渣的蒸汽重整反应也需要较高温度，且反应主要集中在反应器上部，是褐煤超临界水气化的瓶颈。Jin 等[19]还构建了一个能用于描述管式反应器中褐煤气化产生各气体的路径模型，认为产生 CO 的路径主要为蒸汽重整反应，产生 CO_2的路径有褐煤直接分解和水气变换反应，产生 CH_4的路径为褐煤直接分解和甲烷化反应，而产生 H_2的路径为蒸汽重整和水气变换反应，并且反应的初始阶段氢气主要来源于蒸汽重整，而反应后期氢气主要来源于水气变换反应。

Vostrikov 等[20]在半批式反应器中，在压力为 30 MPa、温度为 500～750 ℃、停留时间为 1～12 min 的条件下分别以均相(homogeneous)模型、未反应核(un-reacted core)模型和随机孔隙(random pore)模型研究了雅库茨克煤在超临界水中的转化，并依据不同温度和时间下的煤转化率用一级反应动力模型研究了褐煤在超临界水中的转化速率，求得褐煤转化活化能为 103 kJ/mol。Jin 等[21]在石英管反应器中研究了伊敏褐煤在温度为 650～850 ℃、压力为 23～25 MPa、停留时间为 0.67～2.17 min 的条件下的气化动力学，认为褐煤超临界水气化分为两个过程，分别为褐煤热解过程和炭气化过程，并且炭气化过程为褐煤气化的控速步骤，Jin 等还分别结合三个模型(均相模型、未反应核模型和随机孔隙模型)提出了一个新的直线模型，通过拟合实验数据发现，联合考虑未反应核模型构建的直线模型更能描述超临界水气化过程。

5.2.3 藻类的超临界水气化

藻类的气化过程复杂，部分研究拟建立相关的通用的动力学模型，但无法解析藻的超临界水气化实质。因此，本节总结藻的典型模块式动力学过程，并用于分析藻类的超临界水气化关键因素。

藻类由一系列大分子构成，这些大分子在超临界水中将被降解与转换，且其部分将被转化成气体。超临界气化藻类的实验研究结果表明，藻类一部分将转化成为小分子的中间产物，如十六烷等，这些中间产物将被快速气化；同时，另一部分转化成为另外一类中间产物，如苯酚、芳香族环类化合物等，这些中间产物性质稳定，将被缓慢气化。因此，可将藻类的超临界气化原理总结为两类物质的气化，基于该实验结果，试建立藻类在超临界水气化中的定量化动力学模型。

藻类的超临界水气化动力学反应过程归纳如表 5 - 6 所示。

表 5 - 6 模型中的化学反应

反应式	编号
藻类 $\xrightarrow{k_1}$ Int. 1	(5 - 101)
藻类 $\xrightarrow{k_2}$ Int. 2	(5 - 102)
$\text{Int.}\, i + 0.57H_2O \xrightarrow{k_{i1}} CO + 1.43H_2$	(5 - 103)
$\text{Int.}\, i + 1.57H_2O \xrightarrow{k_{i2}} CO_2 + 2.43H_2$	(5 - 104)
$\text{Int.}\, i \xrightarrow{k_{i3}} CO$	(5 - 105)
$\text{Int.}\, i \xrightarrow{k_{i4}} CO_2$	(5 - 106)
$\text{Int.}\, i \xrightarrow{k_{i5}} CH_4$	(5 - 107)
$\text{Int.}\, i \xrightarrow{k_{i6}} H_2$	(5 - 108)
$\text{Int.}\, i \xrightarrow{k_{i7}} C_2H_4$	(5 - 109)
$\text{Int.}\, i \xrightarrow{k_{i8}}$ 炭	(5 - 110)
$CO + H_2O \xrightarrow{k_3} CO_2 + H_2$	(5 - 111)
$CO + 3H_2 \xrightarrow{k_4} CH_4 + H_2O$	(5 - 112)

注：Int 为中间产物。

首先，藻类将被转化为中间产物。分析发现，无法简单地将藻类转化成的中间产物归结为单一的一种中间产物，由此，模型将其气化过程归结为典型的两类中间产物，即反应(5 - 101)(生成 Int. 1)和反应(5 - 102)(生成 Int. 2)。

然后，在气化过程中，由中间产物生成气体主要依靠两种途径：蒸汽重整和直接分解。蒸汽重整反应将生成 CO、H_2(反应式(5 - 103))或者 CO_2、H_2(反应式(5 - 104))。为蒸汽重整反应进行化学计量时，一般假设中间产物的平均分子式为 $C_7H_{12}O_3$。因此，根据中间产物的平均分子式，可以计算出在反应式(5 - 103)中，每产生 1 mol CO 将生成 1.43 mol

H_2。在反应式(5-104)中,每产生 1 mol CO_2将生成 2.43 mol H_2。

再次,除蒸汽重整将产生气体外,气体也可通过热解及水热反应从中间产物中直接生成。从气体 H_2及 CO_2生成活化能的计算结果可见,单单蒸汽重整反应不能准确描述气体的生成。因此,模型考虑气体直接从中间产物中产生。在计算模型中,气体如 H_2、CO、CO_2、CH_4及 C_2气体(乙炔及乙烯气体,在实验过程中其生成率较低,因此两者累加按C_2H_a考虑)允许从两类不同中间产物中生成(反应式(5-109))。同时,反应考虑结焦过程(反应式(5-110))。

最后,模型考虑水气变换反应及甲烷化反应(反应式(5-111)及反应式(5-112))。生物质气化后,气体间将相互反应,并最终趋向气态的平衡。

因此,气化过程的平衡方程如式(5-113)~式(5-122)所示。在方程中,藻类及中间产物的物质量按其在反应器中的碳摩尔浓度表示。气体的生成率按单位容积生成的各气体量与藻类干物质量之比表示。其中,生物质的起始量为 4.8 g/L。

$$\frac{dC_A}{dt} = -(k_1 + k_2)C_A \tag{5-113}$$

$$\frac{dC_{Int.1}}{dt} = k_1 C_A - (k_{13} + k_{14} + k_{15} + k_{16} + k_{17} + k_{18})C_{Int.1} - (k_{Int.1} + k_{Int.2})C_{Int.1}C_W \tag{5-114}$$

$$\frac{dC_{Int.2}}{dt} = k_2 C_A - (k_{23} + k_{24} + k_{25} + k_{26} + k_{27} + k_{28})C_{Int.2} - (k_{21} + k_{22})C_{Int.2}C_W \tag{5-115}$$

$$\frac{dC_{CO}}{dt} = k_{11}C_{Int.1}C_W + k_{13}C_{Int.1} + k_{21}C_{Int.2}C_W + k_{23}C_{Int.2} - k_3 C_{CO}C_W + (k_3/K_3)C_{CO_2}C_{H_2} - k_4 C_{CO}C_{H_2} + (k_4/K_4)C_{CH_4}C_W \tag{5-116}$$

$$\frac{dC_{CO_2}}{dt} = k_{12}C_{Int.1}C_W + k_{14}C_{Int.1} + k_{22}C_{Int.2}C_W + k_{24}C_{Int.2} + k_3 C_{CO}C_W - (k_3/K_3)C_{CO_2}C_{H_2} \tag{5-117}$$

$$\frac{dC_{CH_4}}{dt} = k_{15}C_{Int.1} + k_{25}C_{Int.2} + k_4 C_{CO}C_{H_2} - (k_4/K_4)C_{CH_4}C_W \tag{5-118}$$

$$\frac{dC_{H_2}}{dt} = (1.43k_{11} + 2.43k_{12})C_{Int.1}C_W + k_{16}C_{Int.1} + (1.43k_{21} + 2.43k_{22})C_{Int.2}C_W + k_{26}C_{Int.2} + k_3 C_{CO}C_W - (k_3/K_3)C_{CO_2}C_{H_2} - 3k_4 C_{CO}C_{H_2} + 3(k_4/K_4)C_{CH_4}C_W \tag{5-119}$$

$$\frac{dC_{C_2H_a}}{dt} = k_{17}C_{Int.1} + k_{27}C_{Int.2} \tag{5-120}$$

$$\frac{dC_{碳}}{dt} = k_{18}C_{Int.1} + k_{28}C_{Int.2} \tag{5-121}$$

$$\frac{dC_W}{dt}=-(0.57k_{11}+1.57k_{12})C_{Int.1}C_W-(0.57k_{21}+1.57k_{22})C_{Int.2}C_W-k_3C_{CO}C_W+(k_3/K_3)C_{CO_2}C_{H_2}+k_4C_{CO}C_{H_2}-(k_4/K_4)C_{CH_4}C_W \tag{5-122}$$

式中，A、Int. 1、Int. 2、W 分别表示藻类、中间产物 1、中间产物 2、水。K_3和 K_4分别为水气变换反应和甲烷化反应的气体反应平衡常数。

根据藻类的超临界水气化反应分别在 450 ℃、500 ℃及 550 ℃的实验数据，方程拟合了各温度下的反应速率常数($k_1\sim k_4$、$k_{11}\sim k_{18}$和 $k_{21}\sim k_{28}$)。方程拟合软件采用了 Berkeley Madonna 软件进行相关数据拟合并计算仿真反应过程。此外，对于方程中的可逆平衡参数(水气变换反应的 K_3和甲烷化反应的 K_4)按 Aspen 中的 Requil 模块计算得出。根据反应的条件，运用 Requil 模块可得出气体的平衡反应量，按

$$K_3=\frac{k_3}{k_{-3}}=\frac{C_{H_2}C_{CO_2}}{C_{CO}C_{H_2O}} \tag{5-123}$$

$$K_4=\frac{k_4}{k_{-4}}=\frac{C_{CH_4}C_{H_2O}}{C_{CO}C_{H_2}^3} \tag{5-124}$$

得出对应的反应平衡常数。在水密度 $\rho_W=0.087\ g/cm^3$时，水气变换反应的计算平衡常数分别为 5.15(450 ℃)、3.85(500 ℃)和 2.89(550 ℃)。甲烷化反应的计算平衡常数分别为 $1.89\times10^3\ L^2/mol^2$(450 ℃)、$6.67\times10^2\ L^2/mol^2$(500 ℃)和 $1.67\times10^2\ L^2/mol^2$(550 ℃)。

在各温度条件下，拟合的速率参数如表 5-7 所示。显然，温度的升高将使反应速率常数相应增加。按阿伦尼乌斯方程可计算各过程的指前因子及活化能，其数值及对应的误差如表 5-7所示。在表中，中间产物 2 的降解反应速率常数大于中间产物 1 的降解反应速率常数(例如 $k_{21}>k_{11}$和 $k_{26}>k_{16}$)表明中间产物 2 较中间产物 1 更容易被气化。同时，反应速率 k_{28}在各温度反应中接近于 0，其反应主要来自于中间产物 2 的结焦反应。因此，模型表明，被缓慢气化的中间产物由于其化学特性稳定，不容易被气化而成为结焦的主要来源。当然，结焦的主要来源有待进一步研究分析，模型中的数据拟合仅考虑了气体的生成率。

表 5-7　反应速率常数及阿伦尼乌斯参数

参数	450 ℃	500 ℃	550 ℃	$\ln A$	$E_a/(kJ\cdot mol^{-1})$
$k_1/(min^{-1})$	0.988	1.51	1.64	1.85±0.6	25.4±8.9
$k_2/(min^{-1})$	0.218	0.708	0.83	4.25±1.82	67.1±26.9
$k_{11}/(L\cdot mol^{-1}\cdot min^{-1})$	1.99×10^{-5}	2.07×10^{-5}	2.32×10^{-5}	−4.15±0.17	7.8±2.5
$k_{12}/(L\cdot mol^{-1}\cdot min^{-1})$	3.23×10^{-5}	2.69×10^{-4}	3.89×10^{-4}	−0.41±0.19	125±46
$k_{13}/(min^{-1})$	3.57×10^{-5}	7.63×10^{-5}	9.25×10^{-5}	−0.97±0.1	47.6±15.6
$k_{14}/(min^{-1})$	2.06×10^{-6}	2.73×10^{-6}	3.88×10^{-6}	−7.68±0.61	31.3±0.91
$k_{15}/(min^{-1})$	2.27×10^{-4}	0.00483	0.0142	11.37±3.36	206±49
$k_{16}/(min^{-1})$	4.11×10^{-8}	5.78×10^{-8}	5.8×10^{-8}	−6.11±0.61	17.4±9.1
$k_{17}/(min^{-1})$	8.88×10^{-6}	2.32×10^{-5}	2.5×10^{-5}	−1.24±0.29	52±23

续表

参数	450 ℃	500 ℃	550 ℃	lnA	E_a/(kJ·mol^{-1})
k_{18}/(min^{-1})	0.0208	0.0235	0.0300	−0.41±0.5	17.8±4
k_{21}/(L·mol^{-1}·min^{-1})	1.20×10^{-3}	1.86×10^{-3}	2.15×10^{-3}	−0.81±0.6	28.9±7.3
k_{22}/(L·mol^{-1}·min^{-1})	3.64×10^{-3}	4.14×10^{-3}	8.80×10^{-3}	0.63±1.31	43±19
k_{23}/(min^{-1})	0.00158	0.0022	0.00304	−0.46±0.05	32.4±0.7
k_{24}/(min^{-1})	0.12	0.148	0.196	0.82±0.18	24.2±2.7
k_{25}/(min^{-1})	0.0284	0.0431	0.0665	1.49±0.13	42±2
k_{26}/(min^{-1})	0.0321	0.0562	0.0612	0.87±0.74	32.3±12.5
k_{27}/(min^{-1})	0.00852	0.0337	0.0676	5.41±1.08	103±16
k_{28}/(min^{-1})	0	0	0	—	—
k_3/(L·mol^{-1}·min^{-1})	5.26×10^{-4}	9.44×10^{-4}	2.48×10^{-3}	2.21±0.06	76.5±1.4
k_4/(L·mol^{-1}·min^{-1})	2.48×10^{-4}	5.75×10^{-4}	7.35×10^{-4}	0.35±0.1	54.2±15

中间产物 2 的生成活化能高于中间产物 1 的生成活化能，表明温度升高将使中间产物 2 的生成速率增加量多于中间产物 1 的生成速率增加量。由于中间产物 2 更易被气化，因此，高温将提高藻类的气化率。结焦过程的活化能低于中间产物降解的活化能，即升高温度将提高藻类的气化率从而减少过程的结焦。因此，模型说明了在高温条件下，获得更高的藻类气化率的原理：温度升高，有利于易被气化的中间产物的生成，促进了藻的气化同时还减少了结焦。

5.2.4 污泥的超临界水气化

超临界水气化技术是应用超临界水的独特的物化性质对有机废料资源化回收的一种技术。超临界水气化技术具有高效的氢能回收功能，不同研究领域的学者使用超临界水气化技术对各类有机质进行气化处理。发现不同有机质伴随温度、压力、时间、物料比等反应参数的变化，气相产物的组分也有较大变化，其反应物形态也呈现固态、液态、气态。

常温常压下的水是极性溶剂，此时的水对有机物和气体微溶或者不溶，伴随温度和压力超过临界点时，水的溶解度与有机溶剂类似，根据相似相溶的原理，超临界水能溶解大部分有机物，相对应的离子化合物溶解度会降低。温度的增加导致其黏度降低、扩散系数增加，该特殊性质为有机物溶解后进行均相反应提供了良好的反应环境。目前，该技术在处理城市污泥和各种工业污泥方面取得了很大的进展。

西安交通大学王树众课题组[22]首先设计了国内首个超临界水氧化污水污泥的实验装置，该装置处理量为 125 kg/h。超临界水氧化技术处理产品能做到完全无害，但具有运行成本高的缺点。因此增加副产物是一个降低运营成本的有效措施。应在此基础上调整处理技术，进行超临界水气化市政污泥，达到降低成本和促进商业化的目的。同时，Xu 等[23]研究了物料质量分数为 5.6%～23.8%的污泥在直接应用超临界水气化制氢方面的可行性。伴随物料质量分数的增加，总产气量明显下降：二氧化碳产量大幅度下降，氢气和甲烷的产量也略有下降。结果表明，在物料质量分数较高的情况下，反应中碳化反应加剧，从而导致气相产物中的碳含量降低，二氧化碳产量降低。

国内外学者大多数的研究集中在物料质量分数小于 5%的活性污泥上，其产氢率为 15.49 mmol/g[24]，较低的物料质量分数在商业化应用上存在着一定的局限性。只有当物料质量分数大于 15%时，超临界水气化制氢才有较好的经济性，更利于工业化应用。对于脱水污泥或消化污泥而言，只要物料质量分数高于 8%时，碳气化率和产氢量都会受到明显的抑制作用。Zhang 等[25]模拟了生物质废弃物的水热液化及水热液化产物的超临界水气化结果，最终得到了重油和氢气。

5.3　超临界水气化过程的影响因素

影响超临界水气化效率的因素是多方面的，在反应器和催化剂一定的条件下，主要影响因素有反应温度、进料浓度、加热速率、碱性化合物添加剂；次要影响因素有反应压力、反应时间、生物质的成分；其他可能的影响因素有中间产物的组成、壁面条件、腐蚀产物等。温度和压力的改变可以直接改变超临界水的物化性质，其中主要包括超临界水的密度和电离常数。反应时间的改变可以控制反应进程，最终达到控制产物中各气相组分比例的目的。反应物料质量分数的改变会影响水在反应体系中发挥的作用。本节以褐煤[26-27]的超临界水气化为例，探究反应温度、物料浓度、压力、停留时间对超临界水气化过程的影响；并以葡萄糖[28]的超临界水气化为例，探究氧化系数对超临界水气化过程的影响。

5.3.1　反应温度

高温有利于煤的蒸汽转化反应，导致焦炭含量降低，是影响超临界水气化的关键因素。当温度在 2 min 内从 600 ℃升高到 950 ℃时，气化率将从 29%增加到 99.6%，如图5－10所示。与传统的非催化煤气化相比，超临界水的气化效率更高。Wang 等[29]在常压下对烟煤焦进行了无催化剂蒸汽气化实验，结果表明即使在 1200 ℃下，也需要 30 min 以上才能实现完全气化。当温度从 600 ℃升高到 950 ℃时，H_2产率从 1.9 mol/kg 大幅增加到 30.9 mol/kg。

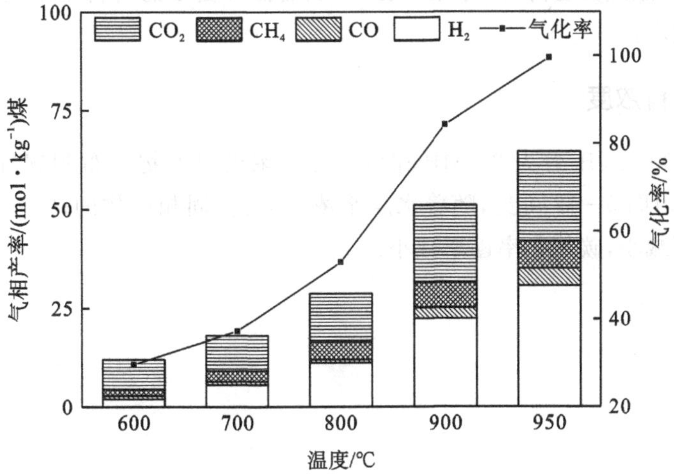

图 5－10　温度对气相产率和气化率的影响

在 600 ℃时，CO_2是关键组分，而 H_2组分含量较低，如图 5－11 所示，这是因为 CO_2主要来源于羧基的破碎，且煤在低温下的蒸汽转化较慢。随着温度的升高，煤的蒸汽转化效率会大大提高，导致 H_2分率升高，CO_2分率降低。当温度从 600 ℃升高到 800 ℃时，CO 分率由 6.3%下降到 3.5%；当温度升高到 950 ℃时，CO 分率上升到 6.4%。在 800 ℃以下，水气变换反应没有达到化学平衡，没有催化剂的反应速率也很缓慢，导致 800 ℃以下 CO 分率较低。然而，当温度高于或等于 800 ℃时，CO 分率接近反应平衡值，说明温度升高有利于水气变换反应的逆转，并且反应速率会随着温度的升高而升高，CO_2与 C 的反应也起到了重要作用，从而导致 CO 分率升高。另外，CH_4的含量在 800 ℃以下保持在 15%左右，在 900 ℃和 950 ℃时分别下降到 12.4%和 10.6%。由于甲烷的蒸汽重整反应是吸热反应，在较高的温度下有利于反应的进行，从而导致甲烷的减少。

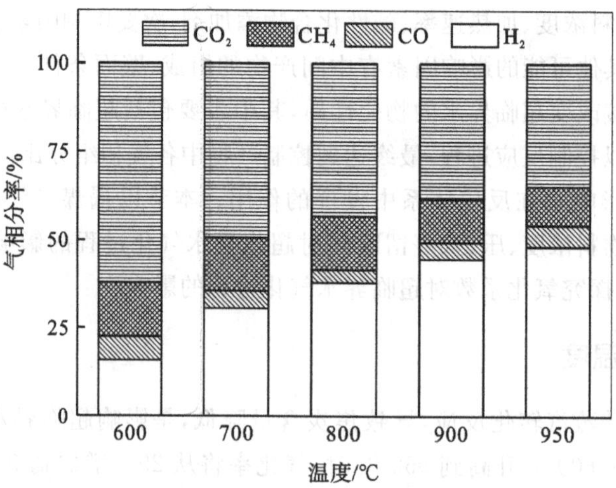

图 5－11　温度对气相分率的影响

考虑到商业反应器的制造，不耐高温是超临界水气化工艺的一个缺点，因为随着温度的增加，金属的屈服应力会降低，导致壁变厚，从而需要更多的材料用于反应器的建造，产生较高的初始成本。

5.3.2　物料浓度

在温度为 600 ℃、压力为 25 MPa 时，水煤浆浓度对产物分布和碳气化率的影响如图 5－12所示。由图 5－12 可见，随着水煤浆浓度升高，固相产物的产率逐渐增加，气相、液相的产率逐渐减小，碳气化率逐渐减小。

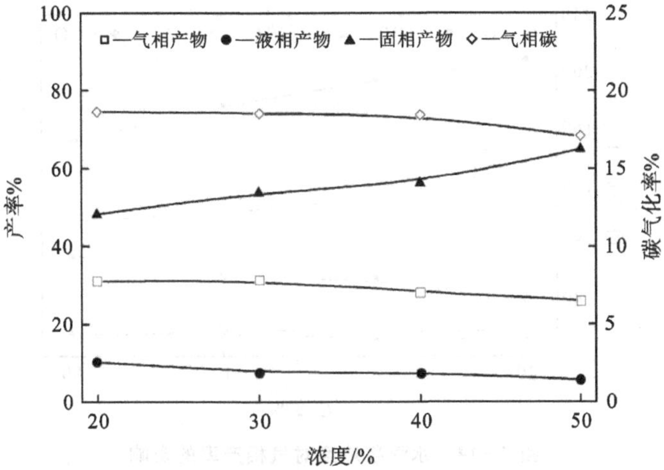

图 5-12　水煤浆浓度对产物分布和碳气化率的影响

图 5-13、图 5-14 分别为水煤浆浓度对气相分率和气相产率的影响。由图 5-13 和图 5-14 可以看出，水煤浆浓度从 20%增加到 50%时，CH_4的分率明显升高，H_2和 CO_2的分率降低，CH_4的产率增大近一倍，H_2的产率由 133 mL/g 降至 95 mL/g，CO_2的产率由 194 mL/g 降至 150 mL/g，CO 和低碳烃的分率和产率变化不大。低浓度的水煤浆更有利于煤转化制氢，但是浓度过低意味着减少了煤的处理量、消耗了更多的能量。所以应综合考虑上述两种因素，选取适宜的水煤浆浓度。

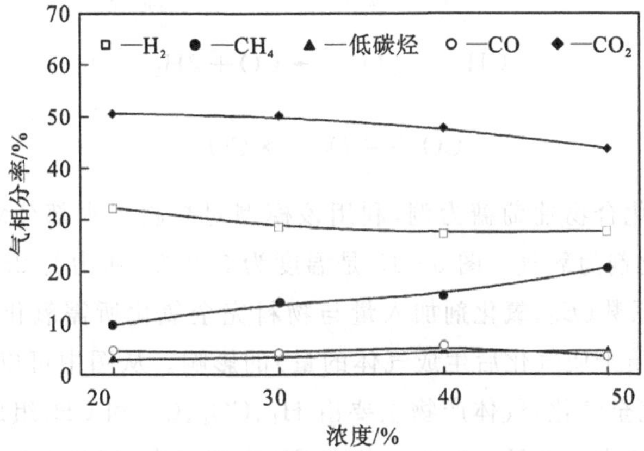

图 5-13　水煤浆的浓度对气相分率的影响

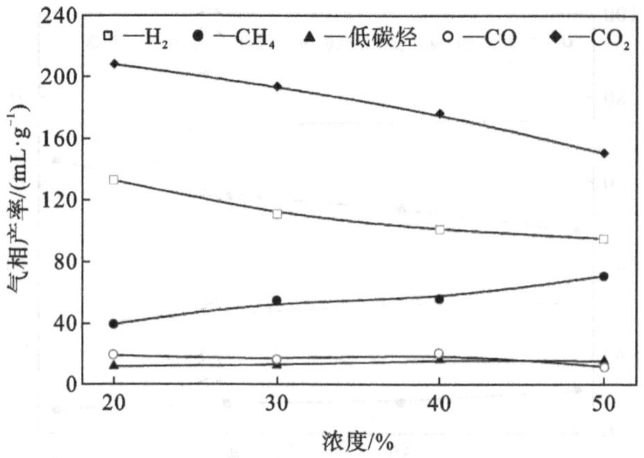

图 5-14 水煤浆浓度对气相产率的影响

5.3.3 氧化系数

完全气化反应是吸热反应，而部分氧化为放热反应，如式(5-125)～式(5-127)所示。因此部分氧化气化有可能在同一反应器中实现放热与吸热反应的耦合。这种内部加热方式消除了间接外部加热过程中存在的热阻，提高了系统的传热效率。同时，加入氧化剂也加快了反应速率，提高了生物质的气化率。

$$C_xH_yO_z + \left(x - \frac{z}{2}\right)O_2 \longrightarrow xCO_2 + \frac{y}{2}H_2 \tag{5-125}$$

$$CH_4 + \frac{1}{2}O_2 \longrightarrow CO + 2H_2 \tag{5-126}$$

$$CO + \frac{1}{2}O_2 \longrightarrow CO_2 \tag{5-127}$$

以生物质模型化合物葡萄糖为例，利用该模型对超临界水部分氧化气化过程进行化学平衡分析，氧化剂为氧气。图 5-15 是温度为 500 ℃、压力为 25 MPa、物料质量分数为 10％时，氧化系数(E_R，氧化剂加入量与物料完全氧化所需氧化剂的比值)对气相产率(Y_i，单位生物质干质气化后生成气体的量)的影响。从图中可以看出，化学反应达到平衡时，生物质完全气化，气体产物主要由 H_2、CO_2、CO 和 CH_4组成。当氧化系数很小时，气相产率 $Y_{H_2} > Y_{CO_2} > Y_{CH_4} > Y_{CO}$，其中 CO 产率很小，相对于其他气体可以忽略不计。随着氧化系数增加，H_2、CH_4、CO 的平衡产率逐渐减少，而 CO_2的平衡产逐渐增加。当氧化系数较大时，气相产率 $Y_{CO_2} > Y_{H_2} > Y_{CH_4} > Y_{CO}$，由此可见，从热力学的角度看，加入氧化剂不利于产氢。图 5-16 是气相分率随氧化系数变化的曲线。从图中可以看出，平衡时气体产物的气相分率随氧化系数变化的趋势与气相产率随氧化系数变化的趋势基本一致，随着氧化系数增加，气体产物中 H_2、CH_4以及 CO 的分率降低，而 CO_2的分率升高。

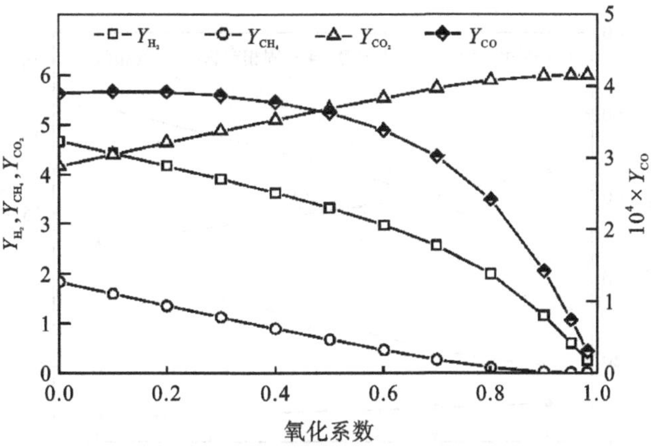

图 5 - 15 氧化系数对气相产率的影响

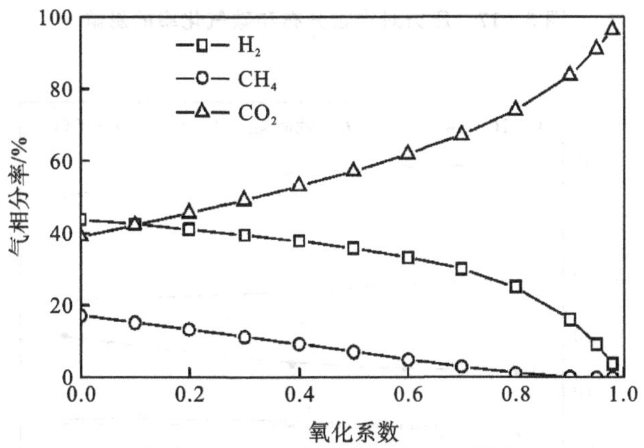

图 5 - 16 氧化系数对气相分率的影响

5.3.4 反应压力

在 600 ℃下，采用浓度为 40%的水煤浆，褐煤在超临界水中转化后的产物分布和碳气化率随反应压力的变化曲线如图 5 - 17 所示。由图 5 - 17 可以看出，随着压力升高，液相、固相产物的产率逐渐减少，气相产物的产率逐渐增加，碳气化率呈增加趋势。

压力对气相分率的影响如图 5 - 18 所示。随着压力升高，H_2、CO_2的分率略有降低，CH_4的分率逐渐升高，CO 和低碳烃的分率变化不大。

压力对气相产率的影响如图 5 - 19 所示。由图可知，压力从 20 MPa 升高到 30 MPa 时，CH_4和 CO_2的产率分别由 34 mL/g 和 124 mL/g 增加到了 86 mL/g 和 192 mL/g，H_2的产率增加了 52%，CO 和低碳烃的产率变化不大。

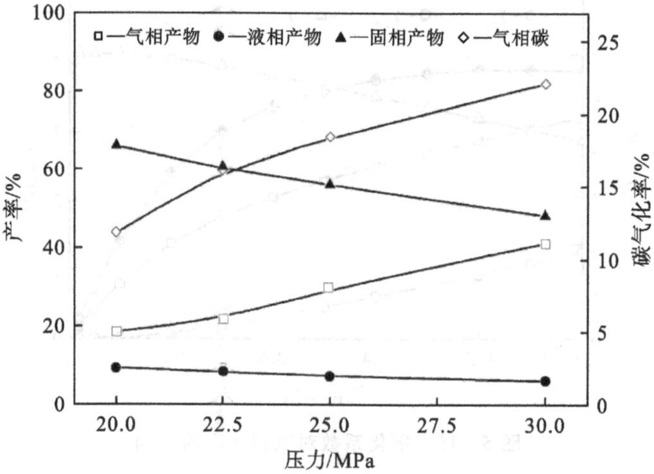

图 5-17　压力对产物分布和碳气化率的影响

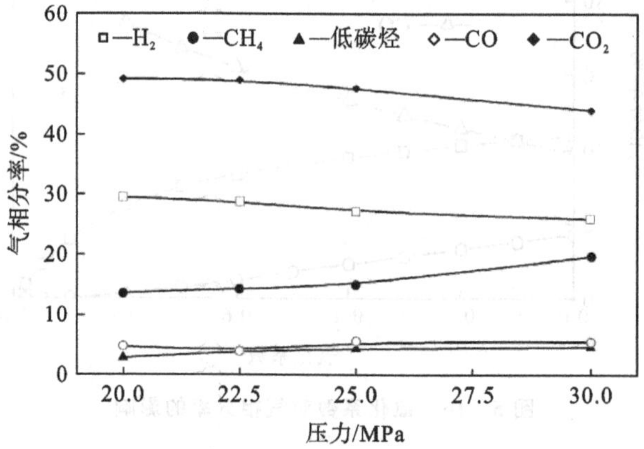

图 5-18　压力对气相分率的影响

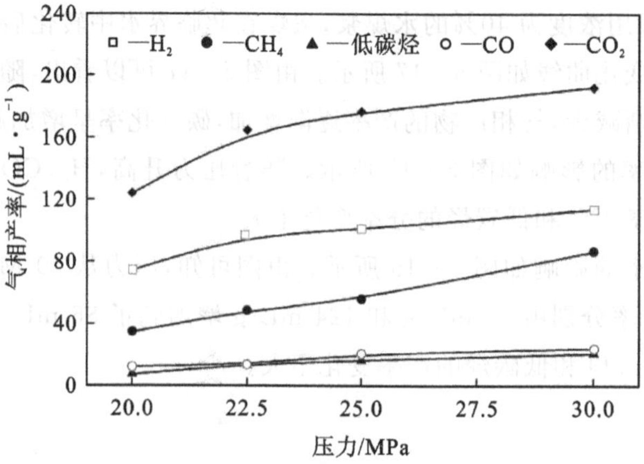

图 5-19　压力对气相产率的影响

5.3.5　停留时间

图 5-20 为停留时间对气相产率的影响，反应条件：温度为 600 ℃、压力为 25 MPa、水煤浆浓度为 40%。由图可以看出，H_2、CH_4、CO_2为主要气体产物。气相产率随时间的延长而逐渐增加，在 20 min 后基本达到稳态。由气体分析结果显示，在第 15 min 时，H_2的体积分数为 20%、CH_4为 13%、CO_2为 55%，达到确定状态时 H_2保持在 27%、CH_4为 15%、CO_2为 46%左右。在反应的前 20 min 内，气相产率随时间逐渐增加的原因是水煤浆从储浆罐进入反应器，然后在反应器内逐渐达到稳态分布。

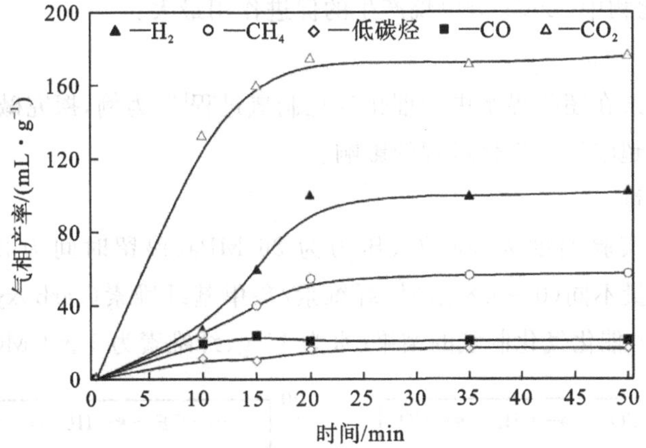

图 5-20　停留时间对气相产率的影响

5.4　超临界水催化气化

超临界水条件下有机废物气化需要较高的温度、压力，无催化剂条件下氢产量一般较低，副产物增多。因此引入适当的催化剂以缓和反应条件、提高反应速率和氢产量、优化反应途径成为研究热点。超临界水作为一个特殊的环境，需要稳定性和催化活性兼备的催化剂。Calzavara 等[30]评价了超临界条件下有机废物气化制氢的过程，认为焦炭的生成是反应面临的主要问题，并且指出选择合适的催化剂能够增加氢的产量和减少焦炭的生成。研究发现，碱性化合物、重金属的氧化物、炭及矿石等能够表现出很好的催化活性。

5.4.1　碱类催化剂

碱类催化剂就目前的研究来看效果较好，这类常用催化剂有 KOH、NaOH、K_2CO_3、$KHCO_3$和 $Ca(OH)_2$等。

日本群马大学的 Jie 等[31]考察了 $Ca(OH)_2$在低阶煤超临界水气化中的催化效果，结果发现 $Ca(OH)_2$有利于煤中挥发分的抽取并将其分解成小分子气态产物，同时有利于煤焦的进一步气化，这使得 H_2产量大大增加；在温度为 690 ℃、压力为 30 MPa、Ca/C 为 0.6 时，H_2和 CH_4的煤产量分别为 0.35 L/g 和 0.18 L/g，碳转化率从非催化情况下的 44%增加到了 68%。中科院山西煤化所的 Sun 等[32]通过连续式超临界水气化装置研究了 KOH

对褐煤在超临界水中气化的影响：KOH 的加入对气化反应、水气变换反应及焦油裂解反应的进行都有一定的促进作用，并且催化效果随着温度和压力的升高而增强，在温度为 600 ℃、压力为 25 MPa 下，添加 4.1%的 KOH 使气相产率、碳气化率和氢气产率分别提高了 19.8%、8.5%和 76.6%。西安交通大学的 Ge 等[33]考察了不同碱性催化剂在煤的超临界水气化过程中的性能，实验结果表明从提升 H_2 产量上看，催化性能从高到低为 $K_2CO_3 \approx KOH \approx NaOH > Na_2CO_3 > Ca(OH)_2$，在温度为 700 ℃、压力为 25 MPa、物料质量分数为 2%、加入与煤等质量的 K_2CO_3 作催化剂时，基本实现了完全气化。

此外，通过比较金属氯化物催化褐煤产甲烷的性能，发现在 $ZnCl_2$、$FeCl_3$、$CuCl_2$ 和 $AlCl_3$ 四种金属氯化物中，$ZnCl_2$ 对甲烷产生的促进作用最大。

1. 影响因素

本小节以纤维素在超临界水中的催化气化制氢过程[34]为例，探究碱类催化剂加入量、种类和使用温度对超临界水气化过程的影响。

1)催化剂加入量

图 5-21 为在实验温度为 500 ℃、压力为 26 MPa、停留时间为 20 min 的条件下，K_2CO_3 催化剂加入量不同(0～0.8 g)时，纤维素/羧甲基纤维素(carboxymethyl cellulose, CMC)在超临界水中催化气化制氢的结果(水为 11 g、纤维素为 1 g、CMC 为 0.2 g)。

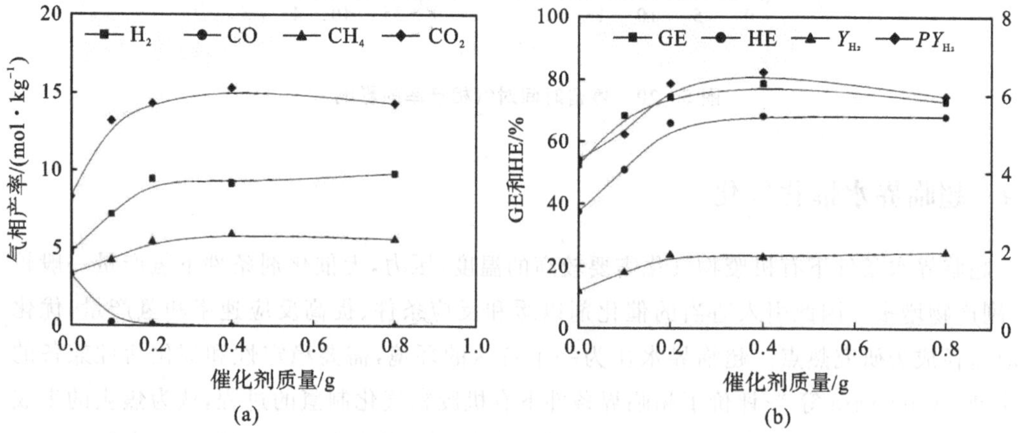

图 5-21 K_2CO_3 量对纤维素气化的影响

由图 5-21 可以看出，在本实验条件下，催化剂 K_2CO_3 为 0.2 g，即当催化剂量为纤维素量的 20%时，对纤维素在超临界水中的气化反应已有很好的催化作用，而再加大催化剂量对该反应已几乎没有影响。从图 5-21 中能明显地看出，K_2CO_3 的加入可以明显降低 CO 的产气量，而 H_2、CH_4 和 CO_2 的产气量都有不同程度的增加。这是由于 K_2CO_3 在反应过程中生成的一些中间产物促进水气变换反应，使反应向生成 H_2 和 CO_2 的方向进行。

而 CH_4 产气量的增加可以从超临界水(温度为 374 ℃、压力为 22.1 MPa 以上)本身的物理性质来解释。在超临界状态下，水的密度和介质常数都会相应降低，这导致水会抑制离子化反应而使自由基反应增强，而自由基反应可以增加诸如 CH_4 一类非极性分子气体的生成速度。因此，CH_4 的产气量也会增加。

图 5－22 为在实验温度为 500 ℃、压力为 26 MPa、停留时间为 20 min 的条件下，$Ca(OH)_2$加入量不同(0～3.2 g)时，纤维素/CMC 在超临界水中催化气化制氢的结果(水为 11 g、纤维素为 1 g、CMC 为 0.2 g，初始压力为 4 MPa)。由图可知，在本实验条件下，$Ca(OH)_2$的加入量为 1.6 g，即当催化剂量为纤维素量的 160％时，对纤维素在超临界水中的气化反应已有很好的催化作用，而再加大催化剂量对该反应已几乎没有影响。

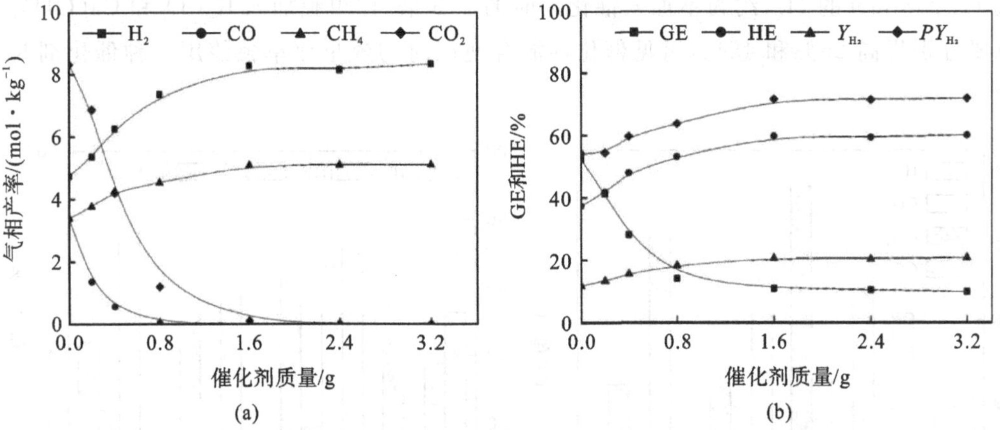

图 5－22　$Ca(OH)_2$量对纤维素气化的影响

由于蒸汽重整反应为吸热反应(见式(5－2))，水气变换反应(见式(5－3))和 CO_2吸收反应(见式(5－128))为放热反应，可以实现自热的气化反应，反应比较容易进行。当向系统中加入 $Ca(OH)_2$时，CO_2被 $Ca(OH)_2$吸收而固定，实现了 H_2与 CO_2的分离，可以得到高浓度的富氢气体。同时，$Ca(OH)_2$可以促进水气变换反应，使反应向生成 H_2和 CO_2的方向进行，因此 CO 的产率也逐渐减少。

$$CO_2 + Ca(OH)_2 \longrightarrow CaCO_3 + H_2O \quad (5-128)$$

2)催化剂种类

从热力学的角度分析，生物质在超临界水中气化时，气化产物中气体的组成应该是基本一致的。在 500 ℃的温度条件下，CH_4和 CO_2应为主要成分，而 CO 和 H_2的产气量相对较低。但是国内外的许多研究都表明，添加不同的催化剂对气体产物的组成有非常大的影响。例如，当添加催化剂 Ni 时，所生成气体的主要成分为 CH_4；从热力学的角度分析，生物质在超临界水中气化时会有一定量的 CO 生成，但是当添加足够的碱金属催化剂时，CO 的产气量基本可以忽略不计。因此，添加不同的催化剂对气体产物的组成有非常大的影响，对添加不同催化剂的催化效果进行比较也是非常有意义的。

图 5－23 给出了温度为 500 ℃、压力为 26 MPa、停留时间为 20 min 时添加不同的催化剂(K_2CO_3和 $Ca(OH)_2$的加入量分别为 0.2 g 和 1.6 g)以及两种物质混合使用(K_2CO_3的0.2 g 和 $Ca(OH)_2$的 1.6g 同时加入反应系统)时对纤维素/CMC 在超临界水中的催化气化的影响(水为 11 g、纤维素为 1 g、CMC 为 0.2 g，初始压力为 4 MPa)。当不加入催化剂时，每千克纤维素可生成 4.735 mol 的 H_2，其中气体的成分 H_2为 24％、

CO为17%、CH_4为17%、CO_2为42%，气化效率(GE)为52%，氢转化率(HE)为37%。当加入0.2 g的K_2CO_3时，每千克纤维素可生成9.456 mol的H_2，约为不加入催化剂时的2倍，GE和HE也有很大提高，分别达到了74%和66%。当加入1.6 g的$Ca(OH)_2$时，每千克纤维素可生成8.265 mol的H_2，比加入K_2CO_3时的产氢效果稍差，但仍然是不加入催化剂时的1.7倍，GE和HE分别为11%和60%，GE较低是因为此时的CO_2都已被$Ca(OH)_2$吸收。而当K_2CO_3和$Ca(OH)_2$同时加入反应系统时，每千克纤维素可生成11.958 mol的H_2，约为不加入催化剂时的2.5倍，比单独加入K_2CO_3和$Ca(OH)_2$时也要分别提高26%和45%，可见催化剂混合使用时的效果比单独使用一种催化剂时要好。

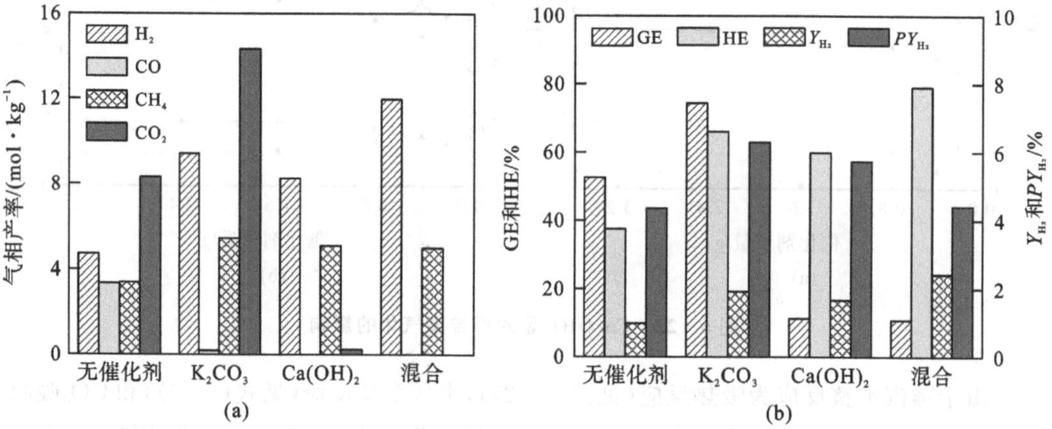

图5-23　不同催化剂(助催化剂)加入对纤维素气化的影响

3)温度

图5-24给出了在不同的温度水平下，K_2CO_3、$Ca(OH)_2$两种物质同时加入反应系统时纤维素/CMC在超临界水中的催化气化结果(水为11 g、纤维素为1 g、CMC为0.2 g，初始压力为4 MPa)。在3种情况下，K_2CO_3、$Ca(OH)_2$同时加入反应系统，加入量分别为0.2 g和1.6 g。由图可知，在温度为450 ℃、压力为24 MPa、停留时间为20 min时，每千克纤维素可生成7.179 mol的H_2、5.454 mol的CH_4，体积含量分别为56%和44%，在气相产物中，CO和CO_2并没有被检测到，这是因为K_2CO_3促进了水气变换反应使CO转变为CO_2，而CO_2又全部被$Ca(OH)_2$吸收了。此时HE仅为59%。当温度升至500 ℃、压力为26 MPa、停留时间为20 min时，每千克纤维素可生成11.958 mol的H_2、4.659 mol的CH_4，体积含量分别为72%和28%，HE升至70%。当温度升至550 ℃、压力为26 MPa、停留时间为20 min时，每千克纤维素可生成14.257 mol的H_2、4.145 mol的CH_4，体积含量分别为77%和23%，HE升至75%。由此可知，随着温度的升高，H_2的产气量明显提高，因此升高温度对提高H_2的产率是非常有帮助的。

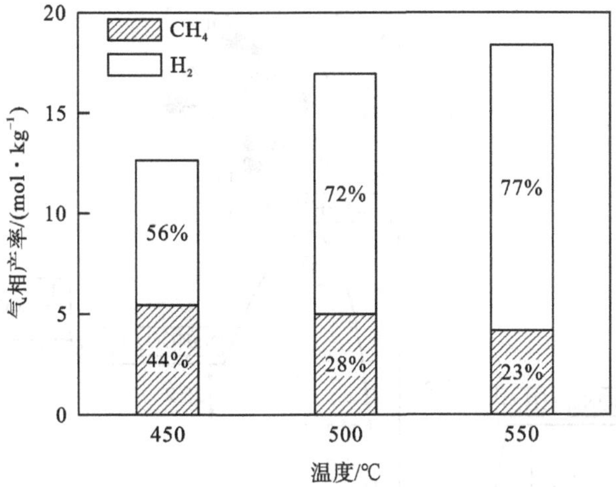

图 5-24　温度对纤维素气化的影响

纤维素在 327～427 ℃时发生水解反应，水解产物中主要包括水溶性成分和多糖以及少部分液态的焦油，水溶性成分主要为葡萄糖。而随着温度的升高，葡萄糖和多糖的气化率都会随之提高，焦油在温度升高的条件下，也可以有一部分气化而生成富氢气体。因此，温度的升高可以提高 H_2 的产率。

另外，随着温度从 450 ℃升高至 550 ℃时，每千克纤维素生成的 CH_4从 5.454 mol 降至 4.145 mol，气相产物中 CH_4的体积含量更是从 44%降至 23%，而每千克纤维素可生成的 H_2从 7.179 mol 升至 14.257 mol，几乎提高了一倍，气相产物中 H_2的体积含量则从 56%升至 77%。这说明在较低的温度下，甲烷化反应为主要反应，因此生成的 CH_4量较多，随着温度的升高，CH_4会与水反应生成 H_2和 CO_2，因此，CH_4 的产气量会随着温度的升高而相应降低。

2. 催化机理

天津大学的 Zhang 等[35]通过分子动力学方法分析了煤在超临界水气化过程中 Na_2CO_3的催化机理，认为在超临界水环境下水分子会形成小团簇，然后 Na_2CO_3会与该团簇中的一个水分子作用生成 NaOH 和 $NaHCO_3$，其中 NaOH 促进了水气变换反应，该机理如图 5-25 所示：NaOH 与 CO 作用生成 HCOONa 同时放出 128 kJ/mol 热量，H_2O 吸附在 HCOONa 上，在气化反应过程中吸热达到过渡状态；此时 O_w与 C_a的距离为 1.362 Å，H_w2与 H_a的距离减少到 1.808 Å，从而形成 H_2与 $NaHCO_3$，该过程的反应活化能能垒为 265.1 kJ/mol，而水气变换反应在无催化条件下的反应活化能能垒为 386 kJ/mol；形成的 $NaHCO_3$在高温下转化成 Na_2CO_3、CO_2和 H_2O，从而形成一个循环。

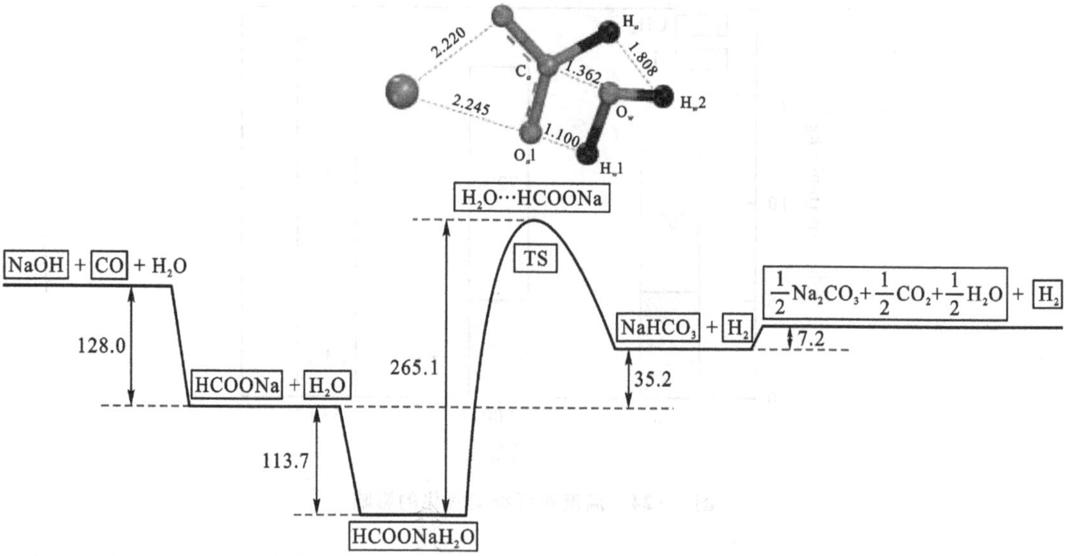

图 5-25 天津大学 Zhang 等提出的碱催化水气变换反应的机理[35]

还有以 K_2CO_3、KOH 为催化剂的煤的超临界水气化反应[36-37]，与 Na_2CO_3 的催化机理类似，这些碱性催化剂催化水气变换反应的催化机理被认为是形成了 HCOOK 中间体[38]，其具体催化过程如下所示：

$$K_2CO_3 + H_2O \longrightarrow KHCO_3 + KOH \tag{5-129}$$

$$KOH + CO \longrightarrow HCOOK \tag{5-130}$$

$$HCOOK + H_2O \longrightarrow KHCO_3 + H_2 \tag{5-131}$$

$$2KHCO_3 \longrightarrow CO_2 + K_2CO_3 + H_2O \tag{5-132}$$

Korzh 等[39]研究了催化和非催化条件下褐煤在超临界水中的气化反应，认为 390 ℃以上时煤在超临界水中的气化反应主要是煤分子结构中的 C═C 键水解，而碱催化剂促进了这一过程从而提升了整体催化效果，Ni-MoO_3-Al_2O_3则有利于 H_2和 CH_4的生成；同时提出了如图 5-26 所示的 NaOH 催化机理，认为 NaOH 和 H_2O 作用生成 Na^+、H^+和 OH^-，通过打断煤分子中 C—CO 结构，Na^+、OH—与—CO 形成 $NaHCO_3$，然后分解成 CO_2和 NaOH 形成循环。

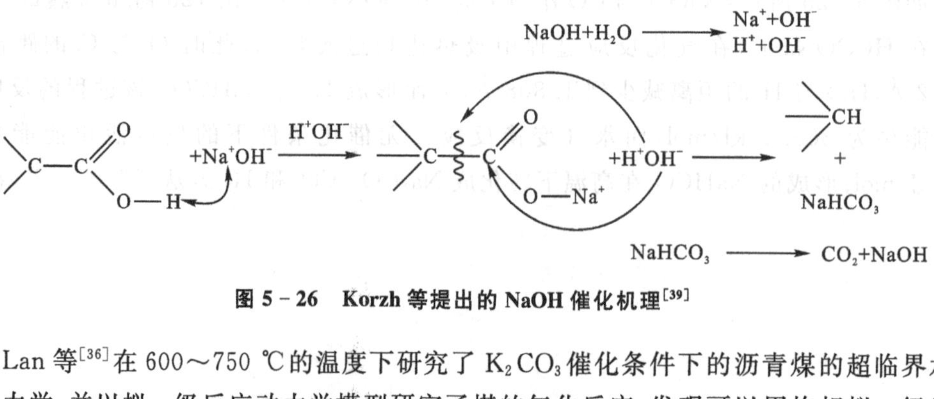

图 5-26 Korzh 等提出的 NaOH 催化机理[39]

Lan 等[36]在 600～750 ℃的温度下研究了 K_2CO_3催化条件下的沥青煤的超临界水气化动力学，并以拟一级反应动力学模型研究了煤的气化反应，发现可以用均相拟一级反应动力学模型来描述煤的超临界水气化过程，且求得实验条件下的活化能为 59.47±4.87 kJ/mol。

5.4.2 金属类催化剂

应用于超临界水气化反应的金属类催化剂中，Ni、Ru 和 Rh 具有良好催化活性，而其他的Ⅷ、ⅥB、ⅠB、ⅡB 族金属中 Pt、Pd 及 Cu 不具有活性，Co、Fe、Cr、Mo、W 及 Zn 在反应条件下易于氧化。另外，TiO_2、SiO_2、钙/铝酸盐及硅藻土作为载体不稳定，$\gamma-Al_2O_3$、$\delta-Al_2O_3$、$\eta-Al_2O_3$ 及 SiO_2/Al_2O_3 作为载体会发生水解，$\alpha-Al_2O_3$、ZrO_2 及炭是稳定的载体。

1. 活性组分

在金属类催化剂活性组分中，最常用的为镍(Ni)基和钌(Ru)基两种过渡金属催化剂。Ru 在木质素超临界水气化中表现出了优异的催化活性，并且各种金属的活性顺序为 Ru>Rh>Pt>Pd≈Ni，这是因为 Ru 具有较高的加氢活性和促进 C—C 键断裂的能力[40]。同时，Ru 在纤维素和木质素混合物的超临界水气化中可以迅速转化活性中间产物而避免交联反应的发生，进而有效抑制积炭的生成[7]。昆明理工大学的喻江东等[41]将 Ru 负载到 CeO_2-ZrO_2 上作为催化剂，用于褐煤的超临界水中气化过程；当煤浆质量分数为 2%、催化剂∶煤为2∶1时，在 500 ℃下经过 18 min 反应后碳气化率达到了 86%，H_2 产量为 29.24 mol/kg，是非催化情况下的 21 倍；同时发现，ZrO_2 的加入提高了催化剂的稳定性。在几种贵金属催化剂对烷基酚的超临界水气化的影响研究中[42]，发现几种催化剂的活性顺序如下：$Ru/\gamma-Al_2O_3$ > Ru/C >Rh/C >$Pt/\gamma-Al_2O_3$ > Pd/C >$Pd/\gamma-Al_2O_3$。与 Ru 基催化剂相比，虽然 Ni 基催化剂活性和稳定性稍差，但由于其廉价易得，同样也受到了研究者的广泛关注。当以 $Ni/Al_2O_3-SiO_2$ 为催化剂研究造纸污泥的超临界水气化，发现其催化效果比均相催化剂 K_2CO_3 要好[43]。当以 Ni/ZrO_2 为催化剂时[44]，在连续反应器中研究了聚乙二醇模型废水的超临界水气化，发现碳气化率随着 Ni 负载量(质量分数)由 5% 时的 46.6%增加到 15%时的 64.4%。此外，为了提高非均相催化剂的活性或稳定性，还有学者研究了助剂对催化剂性能的影响。通过考察在镍基催化剂中加入 Na、K、Mg、Ru 等金属对镍催化剂的影响[45]，发现加入的 Mg 和 Ru 能够在葡萄糖超临界水气化中有效抑制炭和焦油的生成，并且少量 Ru 的加入还可提高 Ni 的分散度，从而增加催化剂的活性和稳定性[46]。

2. 负载材料

在超临界水催化气化中常用的金属类催化剂载体有金属氧化物和碳材料载体(活性炭、碳纳米管)。其中，金属氧化物类催化剂负载材料在超临界水气化过程中往往易发生相变而引发催化剂的稳定性问题。如 $\gamma-Al_2O_3$ 在高温高压水中由于水合作用可以转变为 $Al(OH)_x$ 或者 $Al(OOH)_x$[47]，这将直接导致催化剂比表面积的下降和介孔结构的坍塌，大大降低了催化剂的催化活性[48]。SiO_2 虽然具有较大的比表面积，但由于其在高温高压水中具有溶解性也难以运用到超临界水气化中[47]。CeO_2 常用作储氧材料，具有优异的氧化还原催化性能，但在超临界水气化中同样发生了相变，超临界水气化反应后生成了 $Ce(CO_3)(OH)$ 物相，这一定程度上导致了催化剂活性下降[49]。其实，即便如 SiC、Si_3N_4、BN、钇稳定的 ZrO_2、莫来石等在高温条件下极度稳定的陶瓷材料也难以避免超临界水的腐蚀[50-51]。

3. 制备方法

金属催化剂的制备方法是由一道道冗长繁复的工序组合而成的，为了方便区分，将其中比较有特色或者是特别繁复的工序独立出来命名，这样也更加方便理解各种方法的重点和特色。我国金属催化剂的制备发展已经历了数十年，比较常见的方法有沉淀法、热还原法、离子交换法、机械混合法、浸渍法、溶液蒸干法、沉淀法等。而经过多年的发展，也在不断研发新的制备方式，如化学键合成法、纤维化法。

1)沉淀法

沉淀法一般适用于制作分散度较高的金属催化剂，也多用于多金属催化剂的制备。在制备多金属催化剂的时候，为了控制成品的质量，需要多次调试适宜的沉淀条件以保证最终的产物能够均匀、稳定性好。利用沉淀法制备金属催化剂的一般程序为：首先将多种金属制成盐溶液，再加入沉淀剂（如 $CaCO_3$、$Ca(OH)_2$等），过滤沉淀物，然后淘洗，在干燥、活化之后，最终得到催化剂。使用这一方法必须要在过滤的设备上严格控制，尽可能地将所有粉料都过滤出来，防止遗漏，压缩成本。

以制备 CeO_2-ZrO_2混合氧化物载体为例[41]。采用典型的共沉淀法，将 0.02 mol 的硝酸铈（$Ce(NO_3)_3\cdot 6H_2O$）和硝酸锆（$Zr(NO_3)_4\cdot 5H_2O$），以 Ce/Zr 的摩尔比为 3∶1，溶于含 3.5 g 聚乙二醇6000 的 200 mL 水溶液中。然后加入氨水（26%），调整 pH = 9 ～ 10。除尘器在 60 ℃水浴中加热 6 h，不搅拌，过滤洗涤。将粉末在 450 ℃空气中焙烧 5 h，得到 $CeO_2-Z_rO_2$ 载体。

2)浸渍法

浸渍法主要用来制备需要载体的金属催化剂。首先准备具有金属活性成分的盐溶液，将表面存在丰富孔隙的载体倒入溶液中，使溶液和载体充分混合，待载体孔隙内部附着一层均匀的金属盐溶液之后，迅速分离出来，经过干燥成型之后，得到最终的产品。这种方法的主要目的是用最少含量的金属获取最高效率的催化效果，成本低廉。在制备贵金属的催化剂时一般都会采用这种办法，其金属含量可以控制到总含量的1%，由于金属是附着在载体上作用的，因此载体的形态就是催化剂的形态。这种方法还有另外一种形式，就是将载体装入一个转鼓内，然后喷入含活性组分的溶液或浆料，使金属溶液浸入载体中，或涂覆于载体表面。

以制备 CeO_2-ZrO_2(CZ)混合氧化物载体为例[41]。可以将 CeO_2-ZrO_2粉末浸渍在 $RuCl_3$水溶液中，来制备 CeO_2-ZrO_2基 Ru 催化剂（Ru 金属总负载量（质量分数）为 0.5%～2%，分别为 $Ru_{0.5}$/CZ、Ru_1/CZ 和 Ru_2/CZ）。

3)机械混合法

机械混合法是将两种以上的原材料加入到特定的混合设备之中制备催化剂的过程，这种方法的优势在于简单高效，在工业生产中使用得较为普遍。诸如脱硫剂的制备，就是将金属氧化物与适量的黏结剂粉料倒入混合设备，粉料经过高速旋转最终形成成分均匀的球体，球体经过风干煅烧之后即可得到成品脱硫剂。利用这个方法进行金属催化剂的制备时，原材料的颗粒直径等物理性质将直接影响成品的质量，因此在开始制作前，必须要对原材料的品质进行严格把控。

4)喷雾蒸干法

喷雾蒸干法主要用来制造颗粒直径极小的流化床用催化剂。如间二甲苯氨氧化制备间苯二甲腈流化床催化剂，首先在设备内添加一定浓度的偏钒酸盐类物质及铬盐物质，将其制备成水溶液并充分拌合，再与定量新制的硅凝胶混合，泵入喷雾干燥器内，经喷头雾化后，水分在热气流作用下蒸干，物料形成微球催化剂，从喷雾干燥器底部连续引出。

5)热熔融法

热熔融法主要是用来生产铁催化剂的，在合成氨的反应中运用得比较广。主要操作方式就是选择精选磁铁矿，将其在高温环境下与其他原材料加热到熔融状态，最终冷却、造型，通过还原反应制成催化剂。

6)浸溶法

浸溶法一般用于制备多金属催化剂，首先要从多种金属的活性成分中，使用溶剂去掉某些物质，使金属成为有孔隙的细胞结构，这种催化剂的反应面积更大并且催化效果更强。例如，骨架镍就是这样生产的，首先在反应设备中添加一定比例的镍和铝，将其融化制成合金，再将合金制成金属粉料，使用 NaOH 溶液浸泡，铝在这样的环境下会与溶液直接反应掉，最终剩下的结构只有镍。

4. 催化剂失活

积炭也是造成超临界水气化中催化剂失活的一个主要原因。为了缓解催化剂的积炭，尝试在 $Ni/\gamma-Al_2O_3$ 催化剂中加入 CeO_2 以抑制炭的沉积[52]，发现当 Ce 的负载量(质量分数)为 8.46%时可在葡萄糖的超临界水气化中获得最大氢气量和最佳氢气选择性，CeO_2 的加入之所以能减少积炭，主要是由于其优异的氧存储能力和氧移动能力。CeO_2 缓解积炭的机理[53]如下：

CeO_2 释放晶格氧：　$$CeO_2 \rightleftharpoons CeO_{2-x} + O_x \tag{5-133}$$

晶格氧氧化固体碳：　$$C + O_x \rightleftharpoons CO + O_{x-1} \tag{5-134}$$

晶格氧氧化 CO：　$$CO + O_x \rightleftharpoons CO_2 + O_{x-1} \tag{5-135}$$

释放了晶格氧的 CeO_2 重新从水中获得氧：　$$H_2O + O_{x-1} \rightleftharpoons H_2 + O_x \tag{5-136}$$

其中，金属镍也可能被 CeO_2 晶格氧氧化，但被氧化的金属镍又可被 O_{x-1} 部分还原为金属镍。另外，Chowdhury 等[54]还发现在 Ni/Al_2O_3 中加入 La_2O_3 也可以减缓积炭的生成。

5.4.3　碳类催化剂

碳类催化剂包括木炭和活性炭等，这类催化剂不仅有高的活性，而且不会像前述的催化剂一样存在二次污染问题。

活性炭被认为在超临界水中具有较好的稳定性，但活性炭的高比表面积主要来源于其微孔结构，这些微孔往往不利于大分子物质的传质，另外超临界水气化中产生的积炭也很容易堵塞微孔从而造成催化剂的失活[48, 55]。如 Osada 等[56]发现，在 Ru/C 催化木质素的超临界水气化反应中，Ru/C 催化剂的比表面积随着反应次数的增加而显著下降，经过 3 次反应后其比表面积由新鲜催化剂的 779 m^2/g 剧烈下降到 272 m^2/g，导致相同反应时间(15 min)条件下木质素的碳气化率也由第一次使用时的 50%下降到第二次使用时的 20%。

5.4.4　矿石类催化剂

矿石类催化剂包括白云石和橄榄石。白云石的分子式为 $MgCO_3 \cdot CaCO_3$，同时含有微

量的 SiO_2、Fe_2O_3 和 Al_2O_3，煅烧后的白云石催化剂形成 CaO·MgO 的络合物，其颗粒的表面具有极性活化位，可以吸附碳氢化合物，使 C—C 键、C—H 键断裂，促进水气变换反应和重整反应，得到小分子的气体产物和液体产物。橄榄石中含有镁、铁和硅氧化物，并且耐磨性能好，在超临界水中能够和水反应得到氢气和甲烷。研究发现，以白云石作为催化剂，可以有效降低木炭的产量，在合适的反应条件下可有效去除焦油，同时增加氢气在合成气中的含量，这可能由于白云石对焦油和焦炭中的大分子碳氢化合物的分解有催化作用。

5.5 超临界水气化系统工艺及设备

5.5.1 超临界水气化工艺

1. 煤炭清洁转化工艺

超临界水煤气化发电系统为煤炭清洁利用提供了一种新颖的转化方向。在超临界水煤气化过程中，气化产物主要由 H_2、CO_2 及未参与反应的超临界水等组成，又由于超临界水蒸汽透平发电技术已相当成熟，因此，可以将气化产物直接通入超临界水蒸汽透平发电，当温度和压力降到一定值时，通入 O_2 与 H_2 反应重新加热气化产物，并进入下一级蒸汽透平直至燃尽氢气获得最高发电效率，从最末一级透平出来的混合物仅包含 CO_2 和 H_2O，可无能耗分离捕集 CO_2。

图 5-27 是西安交通大学多相流实验室提出的超临界水煤气化耦合多级蒸汽透平发电系统，系统包括给料子系统、反应子系统、发电子系统及 CO_2 分离子系统。水煤浆、预热水和氧化剂进入气化室，经气化反应后 C、H 和 O 转化成 H_2 和 CO_2，N、S 和其他元素沉积为无机盐，由未参与反应的超临界水、H_2 和 CO_2 组成的混合工质进入超临界蒸汽透平做功；当混合工质的温度和压力降低后，通过中间再热设备加热混合工质，再热过程的热量来自于氢气燃烧，末级透平出口的混合工质仅为 CO_2 和 H_2O 的混合物，CO_2 较易分离。相比于传统燃煤电站，该系统不仅污染物和温室气体排放量较少，理想热效率可达到 60%。

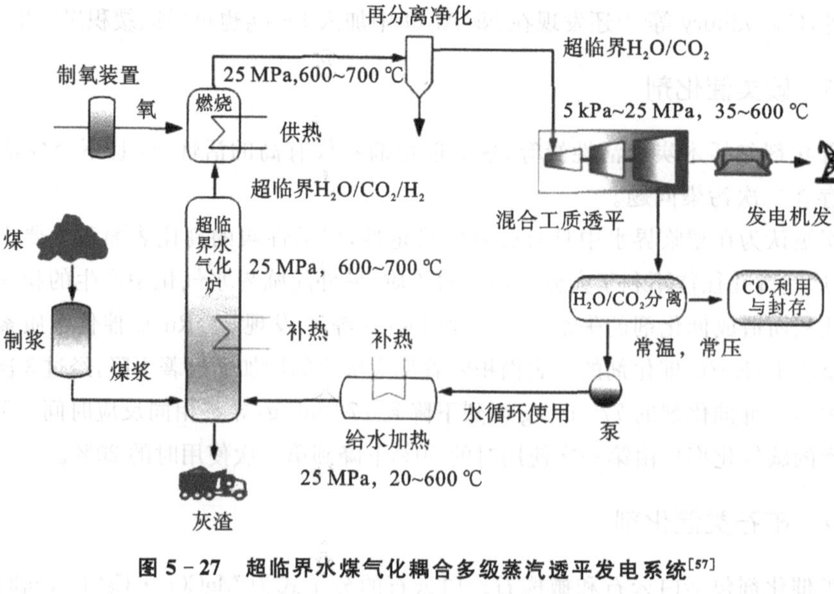

图 5-27 超临界水煤气化耦合多级蒸汽透平发电系统[57]

从以上研究中可以发现，由于目前超临界透平的初参数仍然较低（新蒸汽温度最高约620 ℃），若采用合成气直接燃烧结合超临界透平发电的方式，系统热效率较低，仍然具有较大的提升空间。

超临界水煤气化耦合多级蒸汽透平发电系统虽然最后可实现 CO_2 无能耗分离捕集，如图 5-27 所示，然而通入氧气与超临界水中氢气发生反应的再热设备需要特殊设计，成本费用较高，同时纯氧的制取需要消耗大部分能量，使得系统热效率较低；若要捕集 CO_2，还需采用燃烧后捕集方式，系统热效率将进一步降低。因此，基于在低压条件下气化产物合成气在水中的溶解度很低，可先将合成气从未参与反应的超临界水中分离出来，进入联合循环做功，目前联合循环热效率可达到 60%以上，系统热效率可能得到大幅度提高。

超临界水对煤气化产物 H_2、CO、CO_2、CH_4 等气体组分的溶解度不同且随温度压力连续变化。可通过调节气化产物的温度压力来分离出几乎全部的 CO_2，从而实现 CO_2 捕集。超临界水煤气化过程中产生的高压 CO_2 可通过水温度和压力的改变实现溶解与分离，因而不用添加任何 CO_2 吸收剂，也不存在吸收剂的再生循环利用问题。与传统的物理吸收法、化学吸收法、物理吸附法、膜分离法等相比，节约了吸收吸附捕集 CO_2 的能耗。

通过调节超临界水的参数来分离 CO_2 与其他气体产物，主要根据不同气体在水中的溶解度差异来进行。低温高压下 CO_2 在水中的溶解度远远高于 H_2 在水中的溶解度，而低温低压下 CO_2 在水中的溶解较低，且随温度的升高进一步降低。因此，调节超临界水的温度和压力来分离 CO_2 的操作策略为：首先在低温高压下分离出大部分 H_2，其次降低压力，可同时升高温度以分离出几乎全部的 CO_2。

图 5-28 是 Donatini 等[58]提出的捕集 CO_2 的超临界水煤气化发电系统的流程图。反应器温度为 400～600 ℃，压力为 25～40 MPa，氧气来自于空分单元，发电子系统采用一级回热，透平为超临界透平或亚临界透平。CO_2 分离与捕集子单元由多级 CO_2/H_2O 两相透平和气液分离器组成。系统净发电效率为 27%～28%，最大净发电效率在反应器温度和压力分别为 560 ℃和 25 MPa 时取得，为 27.9%。

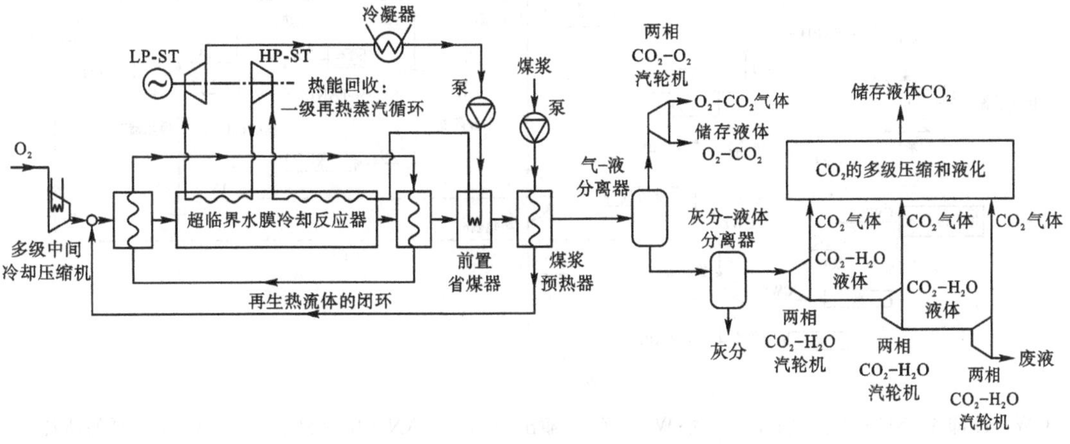

图 5-28　超临界水煤气化发电系统[58]

由于低压下 CO_2 溶解度随温度升高而迅速下降，而文献中并没有对高压分离器的富 CO_2 液相进行预热以便更多地在低压分离器中分离出 CO_2。同时也没有讨论高低压分离器温度对富氢混合气体的热值和 CO_2 分离效率的共同影响。因此，有必要进一步研究捕集 CO_2 的超临界水煤气化发电系统中关键参数对系统性能的影响。另外，可以采用合成气直接燃烧的方式以提高混合工质的参数，之后混合工质直接进入超临界透平中做功。由于目前超临界透平的初参数约为 620 ℃，使得发电系统热效率不高，但超临界水煤气化产物成分洁净，与纯氧燃烧后燃烧产物仅为 CO_2/H_2O 混合工质，降温降压后可实现 CO_2 分离和捕集，CO_2 捕集率可达 99%。

2.废弃物资源化处理工艺

通过超临界水气化工艺处理污水污泥一直是众多研究学者广泛关注的课题。整个工艺主要是将污泥放入气化炉中进行高温高压反应，通过膨胀产生的气流来做功发电。然后将合成气冷却以去除水分并在熔炉中燃烧来提供系统运行所需的热能。相关研究主要集中在整个系统的热力学性能上，为了实现自热运行常常会补充额外的燃料或能量。

在给水预热条件下处理脱水污泥系统中，脱水污泥(dewatering sludge, DS)作为进料，如图 5-29 所示。首先，脱水污泥在热交换器中加热，为避免焦油形成，预热温度限制在 150 ℃以下。然后将脱水污泥送入气化装置，并通过产生的合成气膨胀来做功发电。将合成气冷却至 50 ℃后分离出水，再送入炉内燃烧，提供操作气化炉所需的热能。由于离开燃烧炉的烟道气温度依然较高，进料预热受到限制，因此用烟道气预热合成气和送入燃烧炉的空气，再用于产生蒸汽进行额外发电。烟气温度保持在 180 ℃以上，以避免酸性物质在系统中凝结。根据能量平衡计算，天然气也被送入燃烧炉中以提供足够的能量来运行系统。

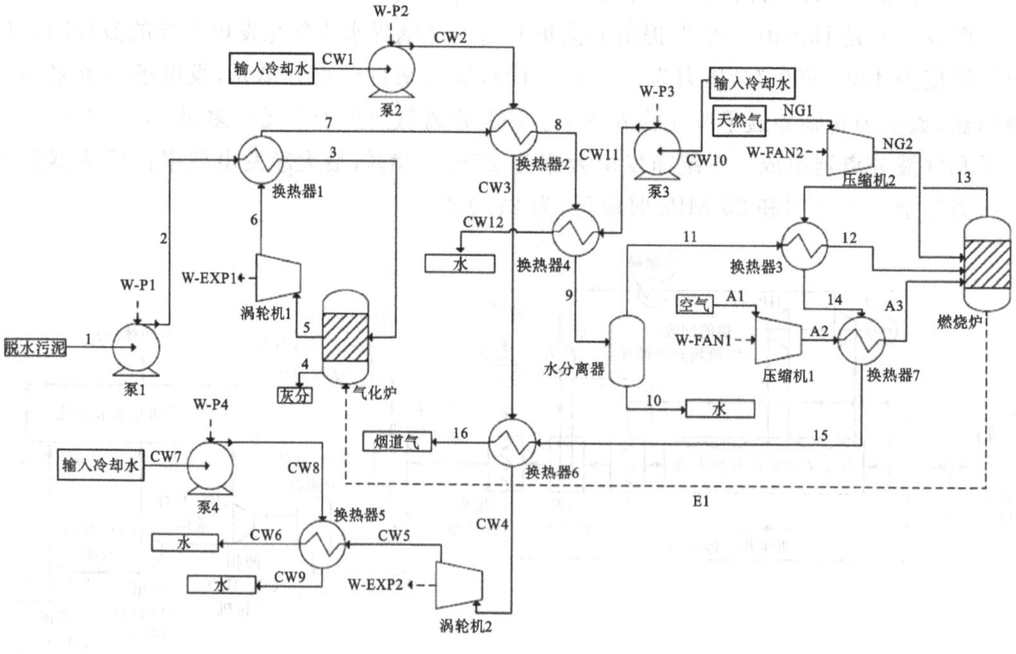

CW—冷却水；NG—天然气；A—空气；W-EXP—输出功；W-FAN—压缩机的能耗；W-P—泵的能耗。

图 5-29 在给水预热条件下处理脱水污泥的流程图[59]

另外，也可以利用额外的液体燃料来提高合成气产量并实现自动热操作。补充液体燃料的超临界水气化处理污水污泥系统如图 5-30 所示。首先，污水污泥被泵送入气化炉之前在热交换器中加热；额外的燃料，来自生物柴油所产生的副产品——粗甘油、废食用油或重油，也被泵送入气化炉；将产出物流膨胀以做功发电，冷却至 50 ℃后分离出水。然后，将合成气导入燃烧炉进行燃烧；第二种系统可以单独补充进料加热或者直接与污水污泥混合，允许以更高的速率加热，在实际操作中，提高加热速度将对气化效率产生积极影响。

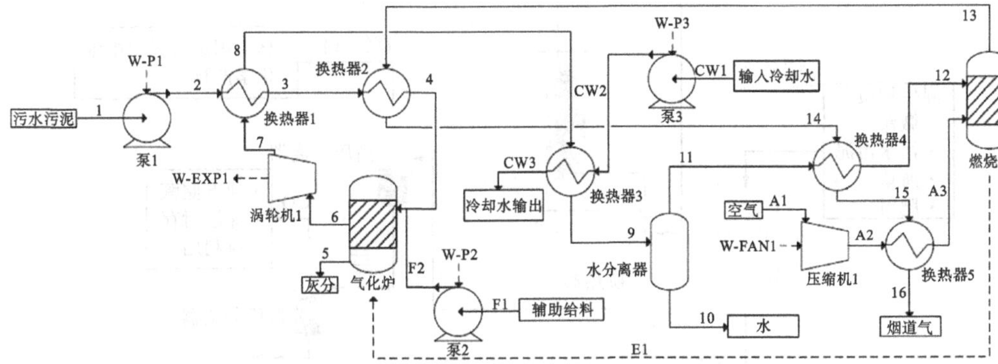

CW—冷却水；A—空气；W－EXP—输出功；W－FAN—压缩机的能耗；W－P—泵的能耗。

图 5－30　补充液体燃料超临界水气化处理污水污泥的流程图[59]

在预热物料的情况下脱水污泥处理系统中需要限制脱水污泥的预热温度，以避免形成焦油。对于补充液体燃料的超临界水气化处理污水污泥系统没有施加预热约束。不同来源的污水污泥数据用于计算预热条件下处理脱水污泥系统中实现自热运行所需的进料或固体浓度，结果表明，气化炉的操作温度在 500 ～700 ℃范围内变化，产生的自热进料浓度为 17.7％～32.2％。因此，实现自热运行所需的污泥量在很大程度上取决于污水污泥的能量含量。当通过机械脱水获得的干物质质量分数仅能达到 25％时，建议最低的低位热值为 12.63 MJ/kg 才可以实现自热运行。较低的低位热值可能需要提高进料流中的固体浓度，这将需要进一步的干燥或脱水步骤。

由于没有预热限制，可以利用烟气进行气化炉进料预热，与给水预热条件下处理脱水污泥系统相比，补充液体燃料的超临界水气化处理污水污泥系统效率明显更高。给水预热条件下处理脱水污泥系统的能量效率从 13.5％提升到 18.8％，有效能效率从 12.8％提升到 16.1％。补充液体原料的超临界水气化处理污水污泥系统的能量效率从 16.3％提升到 21.9％，做功效率从 14.8％提升到 18.1％。不同来源的污水污泥在利用时会产生不同的做功效率，并且观察到的顺序受到原料碳氢比的显著影响。有效能分析表明，在气化炉和加热炉中，在加热原料以达到反应温度的过程中，有效能损失显著。对于两种系统，气化进料预热占与气化器相关的总有效能损失的 76％～88.7％。给水预热条件下处理脱水污泥系统的炉料预热占炉子总有效能损失的 34.5％，而补充液体原料的超临界水气化处理污水污泥系统的预热过程占 64.3％～68.3％。尽管以较低的系统效率运行会导致大的有效能下降，但给水预热条件下处理脱水污泥系统避免了焦油的形成，因此更现实和适用。通过优化换热器网络和过程集成，从水分离过程中回收热能，有效利用高温流，可进一步改进当前设计。此外，可以考虑利用余热蒸发水分，增加脱水污泥的干物质含量，以扩大系统的适用性。

3. 可再生能源发展工艺

荷兰特温特大学提出了带 CO_2 分离的超临界水气化生物质系统模型，如图 5-31 所示。气化产物在高压分离器中分离出富氢气体混合物，然后高压分离器的富 CO_2 液相进入减压阀，降压后进入低压分离器，进而分离出大部分 CO_2。

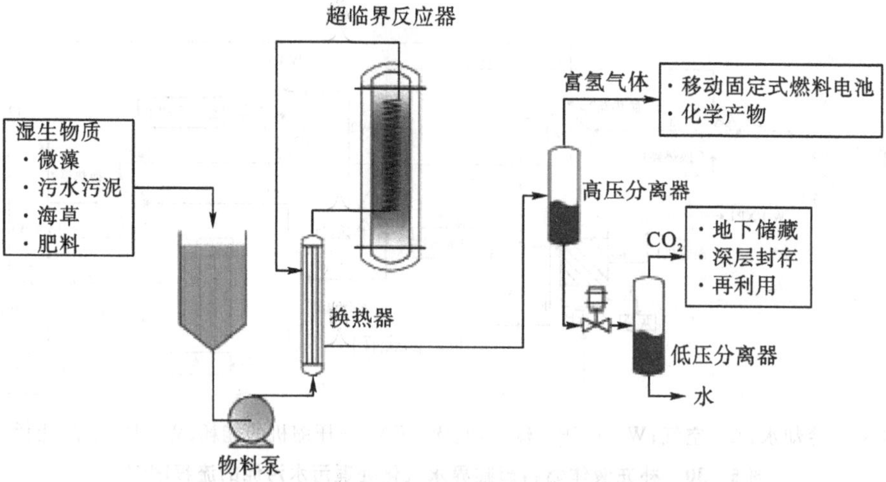

图 5-31　超临界水气化生物质耦合 CO_2 捕集模型[60]

另外，他们通过亨利定律研究了 H_2、CO、CO_2、CH_4 在水中的溶解度随温度的变化情况，发现低温下 CO_2 在水中的溶解度最高，但随着温度升高，CO_2 在水中的溶解度下降得最快，因此在低温条件下能够最有效地分离 CO_2。同时发现 CO_2 分离效率与给料浓度呈负相关。通过回收气化过程中未参与反应的水，将其用于 CO_2 分离可获得较高的 CO_2 分离效率，但系统热效率会因此降低。

随着世界范围内温室气体减排和减少经济对石油依赖的压力越来越大，近几年很多国家对新的制氢方式进行了研究。其中的一个热点就是生物质气化，这种工艺的优点是能够利用固体废弃物。这种工艺通常在常压下使用高温蒸汽作为气化介质，可以合成氢气、燃气及多种化工原料气。因此，气化工艺在气化给料和最终产物方面有很大灵活性。然而，这种工艺生产的是氢气和一氧化碳的混合物，只能用于合成绿色燃料等用途。

生物质超临界水气化系统如图 5-32 所示，红色部分为外部循环系统。循环回路由分离器、分流器、高压循环泵、蓄热器、反应器和预热器组成。分离器出的部分残液回收再与换热器出的水混合，经高压循环泵加压，经蓄热器加热后流入反应器进行气化。与传统系统相比，部分高温残余物浸渍到反应器中，节省了给水，提高了系统的能源和有效能效率。此外，回收残留物中含有的苯酚和 HCOOH 等化学成分加速了气化反应并提高了氢气产率。此外，剩余的液体残留物不直接排放，而是通过加热用户的水实现了进一步的利用。从而外循环系统实现了能量和有效能的循环利用，实现了液体残余物所含能量的高效利用。

太阳能驱动的藻类超临界水气化流程如图 5-33 所示。气化过程包括太阳能场、作为过程输入的藻类原料、超临界水气化反应器、蒸汽甲烷用于制氢的重整反应器（steam methane reformer，SMR）和光伏电解水分解。超临界水气化反应器应在 605 ℃和 25 MPa 或反应器材料允许的上限下运行，以最大程度地减少因焦炭形成而造成的损失。藻类应以高浓度供应，在水中质量分数为 15.2%，或泵送上限。高温分离器应在 120 ℃ 和 10 MPa下运行。为了最大限度地提高合成气产量，需要重整反应器将 CO_2 和 CH_4 转化为额外的 CO。为了平衡性能和热损失，下游重整反应器应在 1050 ℃和 0.1 MPa 下运行。结果表明，藻类浓度的变化是强烈影响系统效率的另一个参数。系统有效能效率从 45%（微藻质量分数为 15.2%）下降到 33%（微藻质量分数为 8.5%）。这种变化是由于必须与藻类一起加热和冷却的水量显著增加，以及相关传热和分离过程中出现的有效能破坏。以经济高效的方式浓缩和泵送藻类的技术将在该系统进一步发挥重要作用。

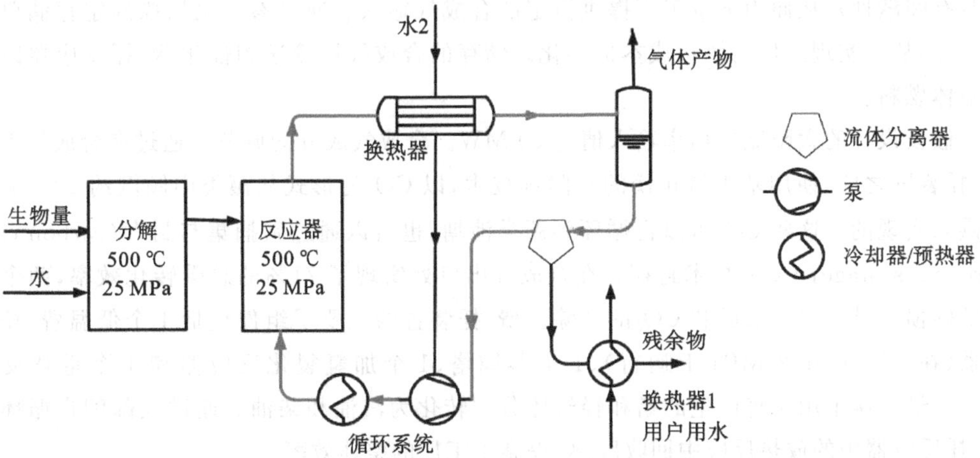

图 5-32　外循环生物质超临界水气化系统[61]

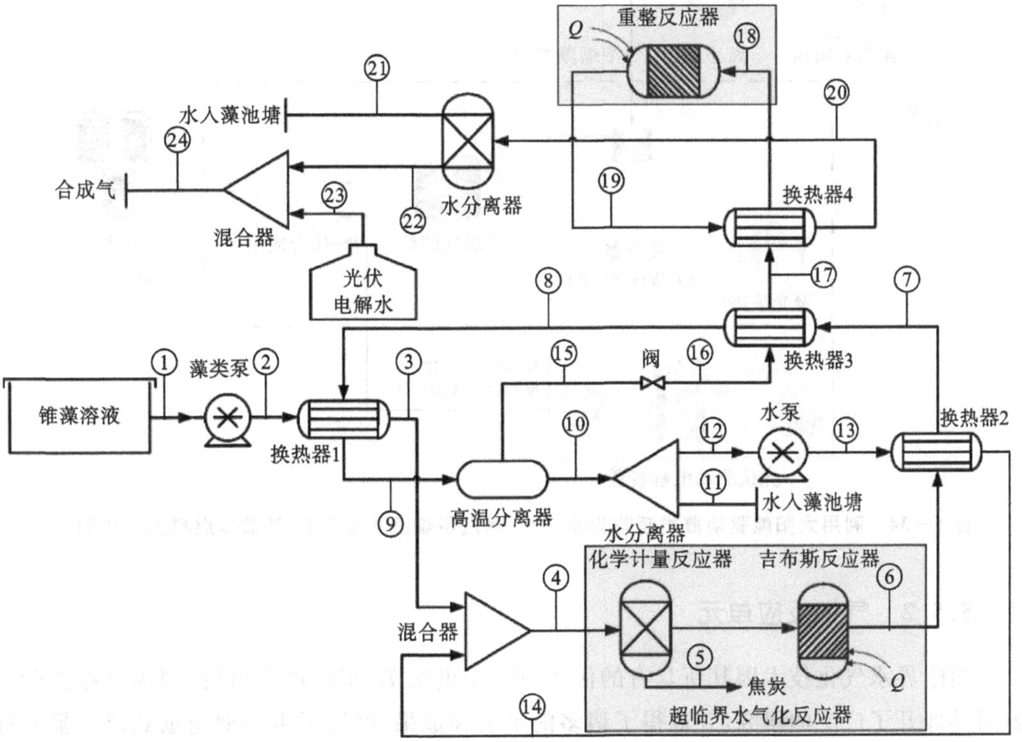

图 5-33　太阳能驱动的藻类超临界水气化流程图[62]

图 5-34 显示了藻类太阳能超临界水气化-蒸汽甲烷重整生产费-托(Fischer-Tropsch, F-T)液体燃料的示意图。整个过程由以下单元组成:太阳能收集器、双太阳能接收器(安装在超临界水气化和蒸气甲烷重整反应器顶部)、合成气储存和费-托合成。假设太阳能场的设计热功率为 50 MW,为超临界水气化和蒸汽甲烷重整过程提供热负荷。在这项研究中,藻类的培养和浓缩所需的能量被忽略了,水中的藻类被认为是原料。然后藻类溶液在超临界水气化反应器中气化,产品在太阳能重整反应器中进一步重整。合成气储存作为双接收器和费-托装置之间的缓冲器,用于处理合成气产量的波动(由于太阳能具有间歇性),从而为下游工厂提供恒定的合成气输入。通过参数化扫描确定存储单元的尺寸,从而实现工厂的燃料成本最小化。储存的合成气被输送到催化费-托反应器以产生液体燃料。

假设设计的太阳能热功率输入值为 50 MW。合成气成分的调节是通过在合成气进入费-托装置之前,使用基于氧化镁的吸附剂技术,以 CO_2 的形式从藻类中倾倒约 19%的生物碳来实现的。这些 CO_2 可以再循环到藻类池塘,也可以通过碳捕集与封存(carbon capture and storage, CCS)技术封存。在合成气出口处实现了 71%的总碳转化效率,两个主要的碳损失是焦炭的形成和 CO_2 的去除。费-托装置的主要子组件包括 1 个低温费-托反应器(在 220 ℃和 2 MPa 下运行)、1 个蒸馏塔、1 个加氢裂化反应器和 1 个重整反应器——最后两个用于将产生的蜡和轻气体分别转化为汽油和柴油。通过底部朗肯循环从费-托反应器中的放热反应中回收废热,提高了工厂的整体效率。

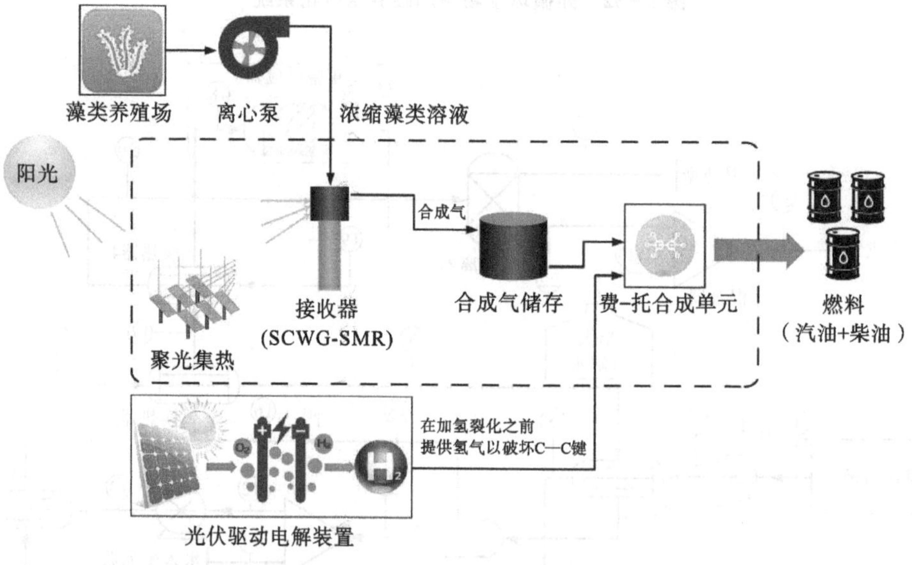

图 5-34 利用太阳能驱动藻类超临界水气化-蒸汽甲烷重整生产费-托液体燃料的流程图[63]

5.5.2 气化反应单元

超临界水气化技术因其所具有的优势,在 19 世纪 70 年代被提出后,国内外很多学者就对其展开了广泛的研究,并取得了诸多的进展和成果,经历了由小型间歇式反应器到连续式管流反应器再到流化床反应器的发展过程[64]。

1. 间歇式反应器

图 5－35 示出的美国太平洋西北国家实验室（pacific northwest national laboratory，PNNL）间歇式反应器容积为 1 L 的英高镍（Inconel）高压反应釜，最高可达温度为 450 ℃、压力为 41 MPa。带轮驱动的搅拌器，采用 1.7 kW 电加热器，大约需 60 min 可将液态原料和催化剂加热到 350 ℃。使用 N_2进行清空和检漏。实验结束前，由冷却水实现快速冷却。高压釜上装有取样口，在实验过程中可随时对反应器内顶部或底部取样。日本再生能源与环境研究所（nation institute for resources and environment，NIRE）的间隙式反应器实验系统中反应在有磁力搅拌器的不锈钢（SUS－F316L）高压釜（146 cm^3）中进行，其基本反应器形式与美国太平洋西北国家实验室的间歇式反应器相近。

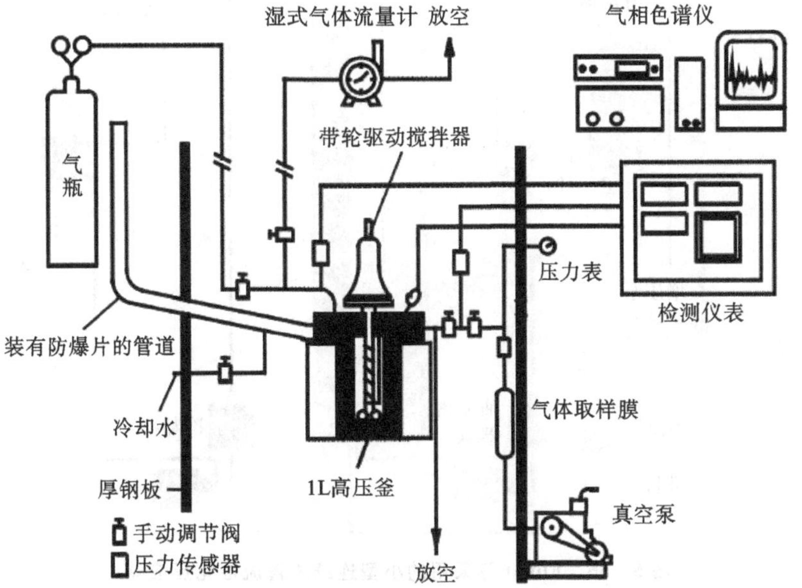

图 5－35　美国太平洋西北国家实验室的间歇式反应器简图

德国卡尔斯鲁厄研究中心的间歇式反应器有 2 台，一台为 100 mL 的镍基合金（Nimonic）110 反应器，设计温度和压力分别为 700 ℃、100 MPa，磁力式搅拌混合装置。反应物料在高压釜内的水达到设定温度后，注射入反应器中。另一台为 1000 mL 的 Inconel 625 高压釜，设计温度和压力分别为 500 ℃、50 MPa，翻滚式混合装置。原料和水一起加热至所需的温度，大约需要 2～3 h。

间歇式反应装置构造比较简单，其优势在于可以不需要高压流体泵装置，且对于污泥等含有固体的体系有较强的适应性，但不能实现连续生产，而且物料在反应器中不易混合均匀，体系往往不易同时达到所需的温度和压力。并且达到反应温度的时间太长，一般为几十分钟或 2～3 h。对于超临界水气化反应，系统中原料和反应产物的加热和冷却都有一定的周期。

2. 连续式反应器

釜式反应器在分析反应机理、反应影响因素方面具有重要作用，但是实现工业连续生产还是需要连续式反应器来解决，管流式反应器就是一种连续式反应器。Elliott 等[65-66]开发了小型连续式管流催化反应器，如图 5－36 所示。他们将经过去除微量成分和硫的物料送入催化剂填充床进行反应，发现含灰量较高的物料经过预处理后再送入反应器，可以有效避免反应器进料口和反应段的堵塞。

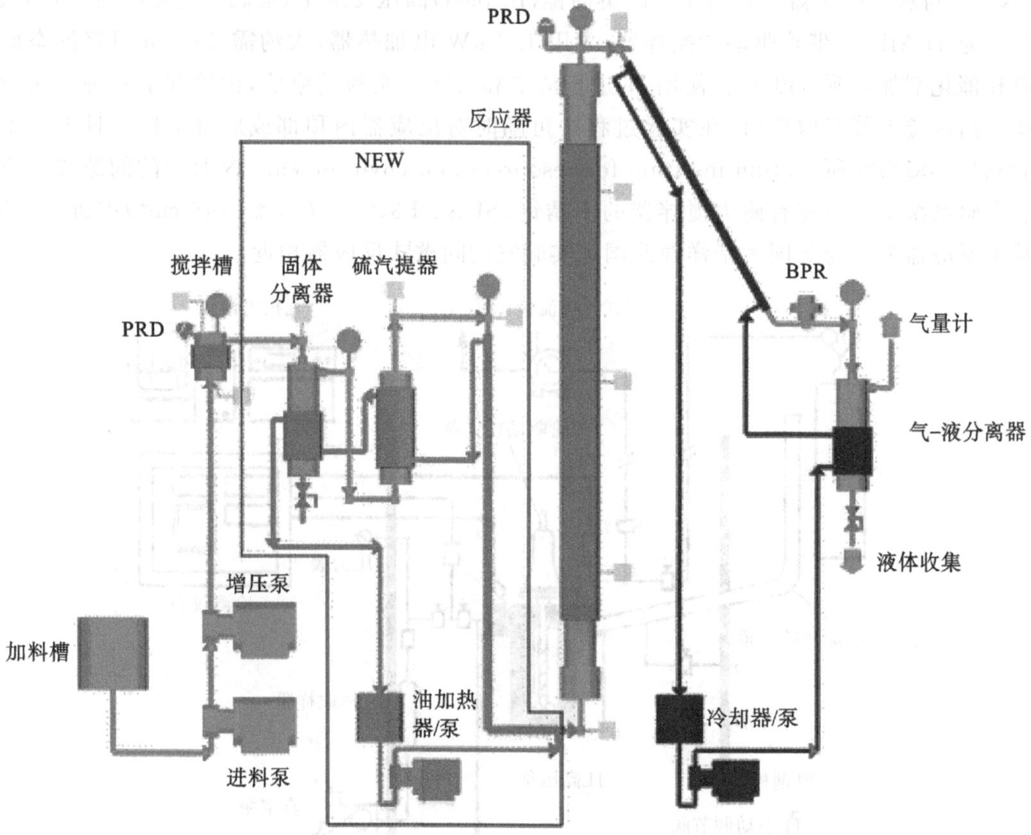

图 5 - 36　Elliott 等采用的小型连续式管流催化反应器

Antal 团队[67-69]设计研发了螺旋管式碳催化剂填充床反应器，如图 5 - 37 所示。反应器采用 Inconel 625 合金制造，物料的输运由高效液相色谱增压泵控制，对反应段采用电加热和回流加热两种方式进行加热，背压阀进行系统压力的条件控制，设计操作最高温度和压力分别达到 650 ℃和 34.5 MPa，他们对各种原料进行了气化实验，结果发现有催化剂存在时基本上实现了物料的完全气化。

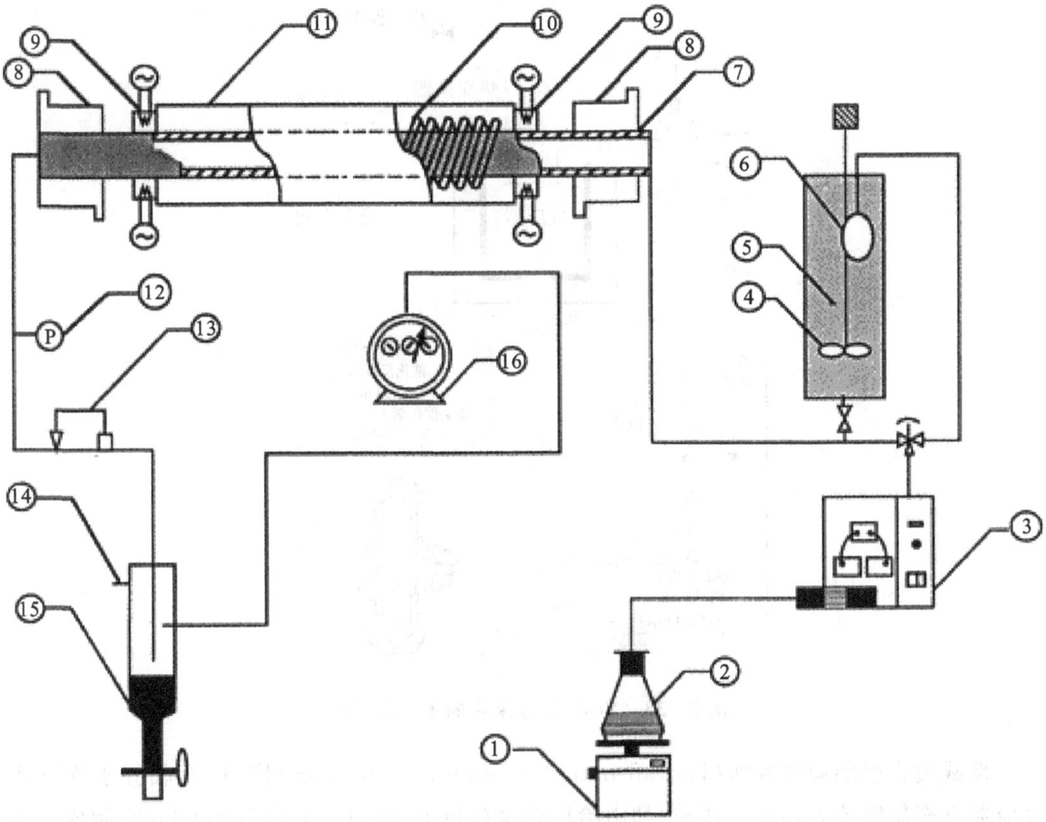

1—平衡；2—装有反应物的烧瓶；3—高效液相色谱泵；4—带搅拌器的进料容器；
5—湿生物质浆；6—气袋；7—Inconel 625 合金管；8—冷却套管；9—加热器；
10—加热炉；11—炉壳；12—压力传感器；13—背压调节器；14—气体试样出口；
15—气液分离器；16—湿测仪。

图 5－37　Antal 等采用的螺旋管式填充床反应器

日本东京大学的 Yoshida 等[70-71]发明了一种 316 不锈钢材质的三段式反应器，依次为热解反应器、氧化反应器和催化反应器，如图 5－38 所示。其中热解反应器内径为 1 mm，采用螺旋环绕的方式可以使得长度达到 24 m，氧化反应器的有效容积为 9.2～16.9 mL，催化反应器的内径为 6.53 mm，装填镍基催化剂，他们以葡萄糖和木质素的混合物为物料，在压力为 25.7 MPa、温度为 673 K 的条件下得到了 96%以上碳气化率的良好效果。

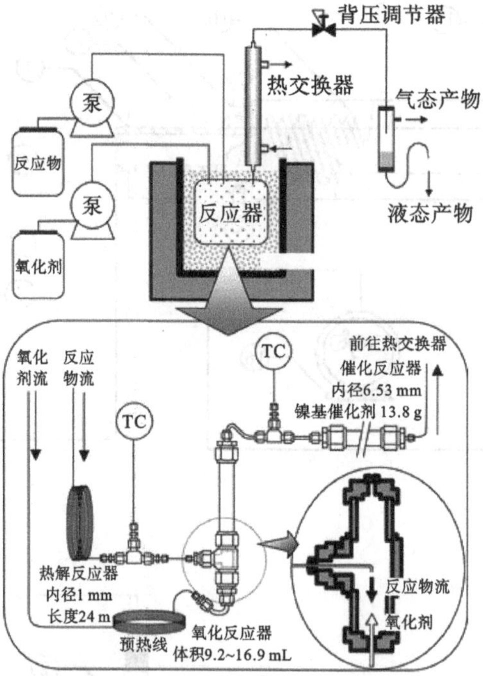

图 5-38　Yoshida 等采用的多段反应器

夏威夷自然能源研究所(Hawaii natural energy institute，HNEI)的超临界水连续式反应器有螺旋管式和环管式两种，都由哈氏合金(Hastelloy)C276 或 Inconel 625 制成。其中，螺旋管式反应器管长度为 6.1 m、外径为 3.15 mm、内径为 1.44 mm，采用浸没式加热器和沙浴加热，用于葡萄糖液的超临界水气化。环管式反应器如图 5-39 所示，外管是外径为9.53 mm、内径为 6.22 mm、长度为 1.016 m 的圆管。在外管内可安装不同长度和直径的内管，大范围地改变反应器内的停留时间，内管可制成热电偶井。在一些情况下，反应器内的环形热电偶井可由电加热器(外径为 3.18 mm、长度为 152 mm)代替；入口加热器下游反应器的温度由加热炉保持在等温条件下。这个加热炉的主要目的是防止热量的损失。内外管之间填充有不同数量的催化剂。通过入口的加热器(或与入口套管加热器联合作用)来加热并控制反应物流体的温度。反应器由加热炉和下游加热器维持等温，或由欧米茄 6001-K-DC-Al 温控器、远红外炉和出口警戒加热器来保持等温条件。反应产物在反应器出口由冷却水夹套骤冷，通过格鲁夫微电子集成试验装置(Grove mity-mite)91 型背压阀将系统的压力降至环境压力(从 28 MPa 到 0.1 MPa)。这些反应器用于各种模型化合物及始生物质物料的气化。

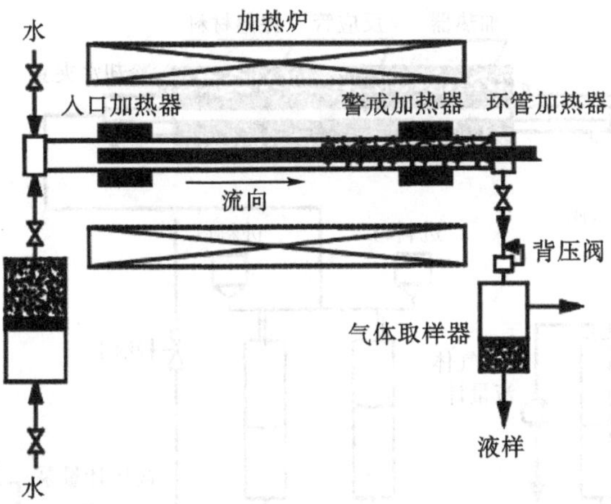

图 5-39　夏威夷自然能源研究所连续式反应器简图

夏威夷自然能源研究所采用的连续式反应系统是在多次实验的基础上对原有反应系统的改进,原有系统在运行过程中在反应器加热区域易形成沉淀物进而产生堵塞,因而在环管式反应器上安装水和空气管线,在反应器发生堵塞时可进行清洗和清渣处理。该反应系统反应时间短,不易于得到反应的中间产物,难以推断反应进行的路径。该反应系统存在的主要问题是材料的腐蚀,在实验过程中 Hastelloy 反应器曾爆过一次管,而且 Hastelloy 管比 Inconel 管的催化作用更为明显。碳催化反应床上沉积有 Ni 等金属。对反应器进行电镜扫描分析,发现有明显的腐蚀现象。

西安交通大学动力工程多相流国家重点实验室吸收已有的成功经验,结合研究工作的具体要求和条件,设计并研制成功了一套连续反应式超临界水生物质催化气化制氢的实验装置,如图 5-40 所示。该连续系统由 2 个并联的加料器组成,可以使用其中一个加料器常压进料,而另一个加料器维持超临界气化反应,由切换实现总体上的连续反应。由于高压计量泵只能泵送清洁均一的流体,在加料器中装入可移动活塞,将反应物料与泵送的水隔离。反应器最大操作压力可达 35 MPa,温度 650 ℃。反应器有 3 种尺寸,内径分别为 3 mm、6 mm 和 9 mm,均采用电加热方式。在该装置上已成功地进行了不同压力、不同温度和保留时间下模型化合物葡萄糖液的气化实验,以及加入碱性物质后葡萄糖的气化实验,并对锯屑及 CMC 的混合液进行了气化实验。该实验系统可以实现总体的连续反应,操作简单,可达到较高的温度和压力,较大的流速范围。实验系统和方法可靠,可以取得有效的实验数据和结果。该系统目前存在的要解决的问题是如何防止反应器的阻塞和结渣。

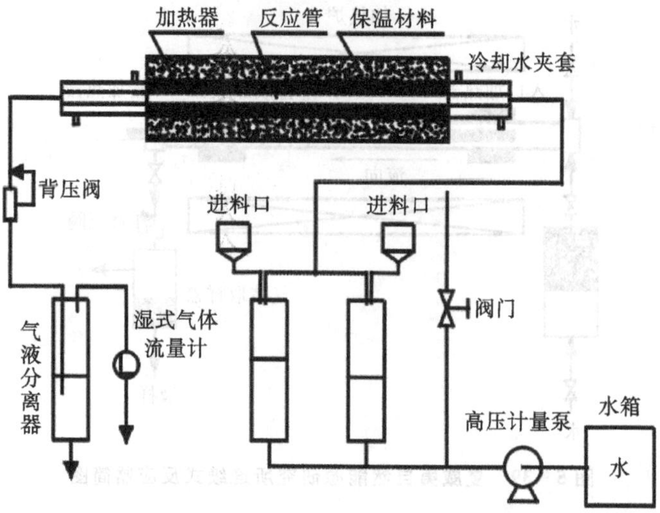

图 5-40　西安交通大学动力工程多相流国家重点实验室的连续式反应器简图

5.5.3　辅助单元

由超临界水气化工艺可知，除超临界水气化反应单元，空气分离单元、净化(捕获)单元、提纯单元和加热单元也是超临界水气化工艺中的必要辅助单元。

1. 空气分离单元

在以氧气作为气化剂的煤炭气化工艺中，空气分离单元(air separation unit，ASU)是重要的公用工程单元，其目的是获取高纯度的氧气。目前主流的空气分离技术有低温深冷法、变压吸附法和膜分离法。变压吸附法是利用吸附剂(专用分子筛)选择性吸收空气中的N_2、CO_2和水等杂质，然后在真空条件下对吸附剂进行解吸循环使用以分离得到较高纯度的氧气的方法。变压吸附制氧的纯度一般为90%～95%，能耗为每立方米氧气0.4 kW·h～0.5 kW·h[72]。变压吸附法工艺简单、操作方便、极易维护，但吸附剂用量大，吸附容量有限，若需加大氧气产量和纯度，能耗上升显著[73]。膜分离技术是利用特定膜对气体的选择性透过原理来实现某种气体的分离的技术，膜分离装置简单，操作条件温和，但氧气产量少且纯度低于40%，适用于医疗和助燃行业，对于大规模制高纯度氧应用难度大，且昂贵的膜价格也使其不具备经济可行性[74]。

低温深冷法是根据空气中组分 N_2、O_2等的沸点差异，采用低温精馏分离技术获得高纯度的 O_2和 N_2等产品的方法。低温深冷法是目前工业上使用较为普遍的制氧技术，所得O_2纯度可达 99.5%以上，对于双高工艺，其 N_2纯度亦可达 99%以上以满足后续单元的用N_2需求。低温深冷法工艺的装置越大，制氧能耗越低，适用于大规模生产，尤其适用于多联产系统[75]。

典型的低温深冷法空气分离装置示意图如图 5-41 所示。空气经压缩机增压后进入一级换热器降温冷却，冷却介质为返流的低温 O_2和 N_2，冷却至常温左右的空气进入分子筛分离器除去 CO_2和 Ar 等气体，然后进入二级换热器与返流的 O_2和 N_2再次换热将温度降至该压力下的饱和温度。随后氮氧混合气分为 2 股，一股(约 10%)直接通入高压精馏塔(下塔)底部进行精馏分离，另一股经膨胀透平降压后进入低压精馏塔(上塔)中部，下塔分离得到的两股物流经过冷器输送至上塔再次精馏，最后从塔顶得到高纯度的 N_2，塔底得到高纯度的 O_2，并作为换热器的冷却介质返流。

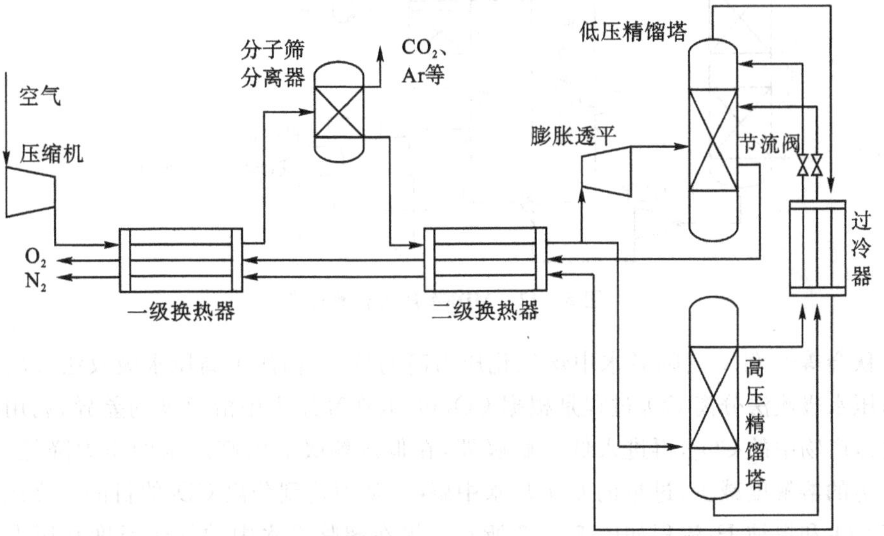

图 5-41　低温深冷法空气分离装置示意图

2. 净化(捕获)单元

CO_2的捕获方法主要可分为生物法、物理法和化学吸收法。利用植物减少 CO_2含量的生物法是最直接的一种手段，该方法具有固有的有效性和可持续性，类似于传统的生物废水处理，因为生物过程仅需要食物源(碳)、环境温度和日光来维持。物理吸附 CO_2主要采用变压吸附法，并且需要良好的吸附剂，但由于工业烟气成分复杂多变，吸附 CO_2 的同时也会吸附大量其他无用组分，造成能耗高、成本高的问题，目前在工业化应用上还有一定的局限性。目前在工业应用的众多脱碳方法中，使用以甲基二乙醇胺(MDEA)为主体的混合胺溶液吸收 CO_2法仍然具有一定优越性。在今后的研究中，研发吸收能力大、吸收速率快、腐蚀性低、再生能耗低的吸收体系是完善 CO_2吸收工艺的主要目标。在碳捕集与封存中，理想的吸收剂应该同时具有较大的吸收能力及较低的再生能量，其中碳酸酐酶(CA)、离子液体与 MDEA 混合胺溶液等新型吸收体系的研发或将成为今后的发展方向。

MDEA 法工艺流程如图 5-42 所示[76]。MDEA 可以有效地吸收大量酸性气体，常被用于油田气、煤气、天然气的脱硫净化处理，是一种在工业上成熟运行的脱硫脱碳方法[77]。典型的 MDEA 法脱硫脱碳仅由一个吸收塔和再生塔组成，吸收塔完成原料气的脱硫脱碳，再生塔实现 MDEA 的再生以便循环使用。

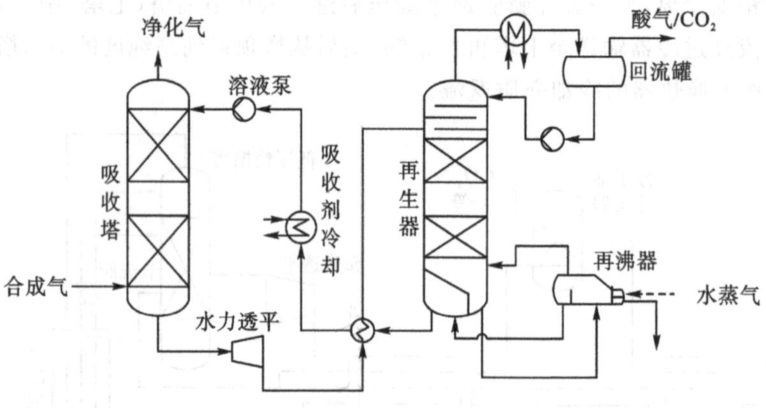

图 5-42 MDEA 法工艺流程[76]

闫秋会等[78]针对超临界水中煤气化压力高的特点，构建了高压水吸收法分离 CO_2 系统。高压水吸收法分离 CO_2 过程是根据 CO_2 和 H_2 在高压水中溶解度的差异，利用高压水吸收气体产物中的 CO_2，再进入低压解吸器，在低压解吸器内高压水的压力降低，压力降低后 CO_2 的溶解度减少，过量的 CO_2 从水中解吸，从而达到分离 CO_2 的目的。高压水吸收法分离 CO_2 和提纯 H_2 流程如图 5-43 所示。煤在超临界水中的气化温度和压力分别为 650 ℃和 25 MPa，反应产生的气体产物中主要是 CO_2、H_2 和 CH_4 等。气体产物温度和压力都比较高，而 CO_2 在高压水中的溶解度随着温度的升高逐渐降低，所以为了更好地实现 CO_2 和 H_2 的分离，在气体产物进入高压吸收器之前进行放热降温(换热效率取 80%)，放出的热量可加热吸收器上游入口的流体，从而提高整个系统的能量利用效率。

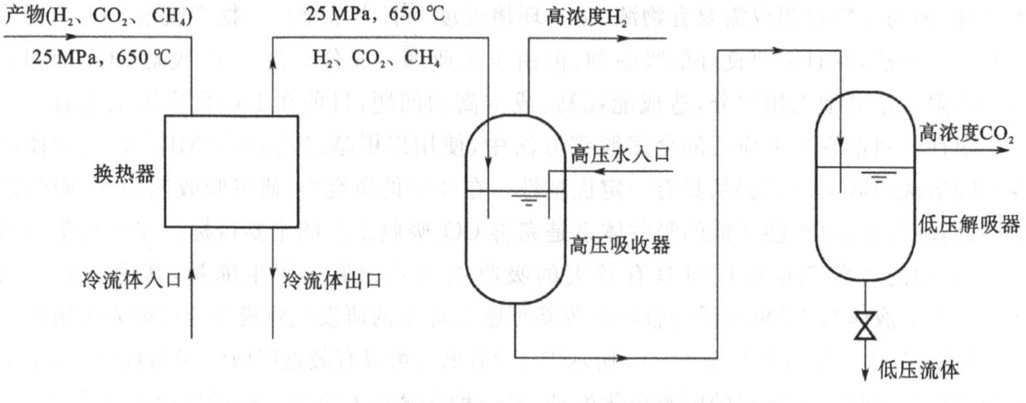

图 5-43 高压水吸收法分离 CO_2 和提纯 H_2 的流程[78]

3. 提纯单元

氢气来源广泛，不同方法制取的原料气所含杂质种类、氢气纯度和制氢成本不同；氢气的利用形式多样，但不同应用场合对氢气纯度和杂质含量有显著差异，因此根据原料气和产品气的条件和指标，选取技术可靠、经济性好的提纯方法至关重要。

表 5-8 总结了从富氢气体中提纯氢气的方法(变压吸附法、低温分离法、聚合物膜分离法)。目前工业上大多采用变压吸附法提纯氢气至 99%以上。

表 5-8 富氢气体常用提纯方法[79]

指标	变压吸附法	低温分离法	聚合物膜分离法
原料氢最小体积分数/%	40～50	15	30
原料是否预处理	可不预处理	需预处理	需预处理
操作压力/MPa	0.5～6.0	1.0～8.0	3.0～15.0
回收率/%	60～99	95～98	85～98
分离后氢气体积分数/%	95～99.999	90～99	80～99
脱除杂质	各种杂质	各种杂质,可分离出多种产品	各种杂质
适用规模(折合标准状况)/($m^3 \cdot h^{-1}$)	1～300000	5000～100000	100～10000
能耗	低	高	低

采用不同方法制得的含氢原料气中氢气纯度普遍较低,为满足特定应用对氢气纯度和杂质含量的要求,还需经提纯处理。从富氢气体中去除杂质得到5N以上(99.999%)纯度的氢气大致可分为3个处理过程。第一步是对粗氢进行预处理,去除对后续分离过程有害的特定污染物,使其转化为易于分离的物质,传统的物理或化学吸收法、化学反应法是实现这一目的的有效方法;第二步是去除主要杂质和次要杂质,得到一个可接受的纯氢水平(5N及以下),常用的分离方法有变压吸附法、低温分离法、聚合物膜分离法等;第三步是采用低温吸附、钯膜分离等方法进一步提纯氢气到要求的指标(5N以上)。

变压吸附法的基本原理是基于不同压力下吸附剂对不同气体的选择性吸附能力不同,利用压力的周期性变化进行吸附和解吸,从而实现气体的分离和提纯。根据原料气中不同杂质种类,吸附剂可选取分子筛、活性炭、活性氧化铝等。变压吸附法具有灵活性高、技术成熟、装置可靠等优势。近年来,变压吸附技术逐渐完善,通过增加均压次数,可降低能量消耗;采用抽空工艺,氢气的回收率可提高到95%～97%;采用多床层多种吸附剂装填的方式,省去了某些气源的预处理或后处理的工序;采用快速变压吸附,可实现小规模集成撬装;可通过与变温吸附、膜分离、低温分离等技术的结合,实现复杂多样的分离任务。

低温分离法的原理是利用原料气中不同组分的相对挥发度的差异来实现氢气的分离和提纯。与甲烷和其他轻烃相比,氢具有较高的相对挥发度。随着温度的降低,碳氢化合物、二氧化碳、一氧化碳、氮气等气体先于氢气凝结分离出来。该工艺通常用于氢-烃的分离。深冷分离法的成本高,对不同原料成分处理的灵活性差,有时需要补充制冷,被认为不如变压吸附法或聚合物膜分离工艺可靠且还需对原料进行预处理,通常适用于含氢量比较低且需要回收分离多种产品的提纯处理,例如重整氢。

聚合物膜分离法的基本原理是根据不同气体在聚合物薄膜上的渗透速率的差异而实现分离的目的。目前最常见的聚合物膜有醋酸纤维(CA)、聚砜(PSF)、聚醚砜(PES)、聚酰亚胺(PI)、聚醚酰亚胺(PEI)等。与低温分离法、变压吸附法相比,聚合物膜分离装置具有操作简单、能耗低、占地面积小、连续运行等独特优势。由于膜组件在冷凝液的存在下分离效果变差,因此聚合物膜分离技术不适合直接处理饱和的气体原料。

4. 加热单元

超临界水气化反应是吸热反应,为了维持反应的持续进行,需要进行加热以补充热量损失。目前主要的加热方式包括太阳能聚光加热、自加热和外加热[80]。

太阳能聚焦供热的生物质超临界水气化制氢技术主要利用集光器将太阳能作为补热的热源,形成了一个全产业链的新能源供给系统。在连续式多碟太阳能聚热与生物质超临界水气化耦合制氢系统研究中显示,当太阳能直接辐照度为 363～656 W/m^2时,系统反应器出口流体温度可达 520～676 ℃,完全能够满足生物质超临界水气化制氢系统对温度及能量的需求。

自热系统主要通过添加氧化剂的方式,使煤或者生物质在气化反应时完全氧化放出热量,维持气化反应的进行。研究表明,当煤炭或生物质的量增加燃烧 10%左右时,就能够维持反应的进行。

外加热主要通过外部热源换热的方式,补充反应的热量损失,外加热的方式主要包括传统锅炉加热和电加热等方式。

5.6 超临界水气化技术可行性及经济性

超临界水气化污泥制氢技术实现了无害化、减量化和资源化处理,但是要实现此项技术的工业化应用,就必须对其经济性进行评估,以期对工艺做进一步改进,降低运行成本,提高经济收益。大多数城市污泥被焚化或存放在垃圾填埋场。尽管以前有一部分是被分离的,以便再利用和循环利用,然而,与其焚烧或处理,垃圾废渣可以以更有效的方式进行积极的评估,这对环境更有利,因为土壤污染(填埋)和大气污染(焚烧)减少了。此外,对于一个产生大量垃圾并需要不断增加能源消耗的社会来说,废物的能源化是必须的。刘学斌[81]对超临界水气化污泥制氢工业化的影响因素、经济优势以及技术难点进行了调研,结论表明超临界水气化污泥制氢虽然在现有技术的基础上,已经取得了一些突破和创新,但仍需要更多的科学进步,使其在经济上具有竞争力,在环境上有利于大规模工业生产。实现超临界水气化制氢过程的可控性和可扩展性,提高反应速率和效率,节约生产成本,加快工业化进程,是当前亟待解决的问题。

Gasafi 等[82]以污泥作为超临界水气化的原料进行经济分析。采用年总收入需求法,在所做的假设下,账务费用在固定的总收入中占有较大的份额。相比之下,燃料成本相对较小。污泥在超临界水中气化是一个经济有效的过程,但流程仍有待优化。通过对工厂概念和单个工厂部件的改进,该过程的经济效率可以进一步提高。

Kruse[83]指出,超临界水气化允许处理含水量高的生物质,因此转化不需要对原料进行预先干燥。传统的处理生物质的技术需要大量的能量来干燥原料,所以在经济上是不可行的,但是超临界水气化消除了这个昂贵的步骤,这使得它非常有吸引力。通过回收利用热交换器提供给该工艺的部分能量,可提高工艺的能源效率。因此,生物质转化为主要由 H_2、CH_4、CO 和 CO_2 组成的合成气,也是富能源的燃料气体,几乎可以完全实现[84]。Brandenberger 等[85]对微藻催化超临界水气化进行了合成天然气生产,年产量为 86500 t。研究指出,合成天然气生产的经济和能源的主要受限因素是微藻的生产成本过高,所以合成天然气销售价格应该明显高于气田采出天然气。Mian 等[86]研究了将高度稀释的微藻原料水热气化转化为天然气，重点考虑了环境和经济方面的工艺性能优化。考虑到 20 MW的生物质投入，合成天然气产量为 10.3～12.3 MW，而年总成本为 10～16 美元/GJ。这一趋势表明，由于考虑了可再生煤制天然气的生产，替代了电网中等量的化石天然气，因此能效的提高降低了对环境的影响。

Do 等[87]对 100 t/d 污水污泥采用超临界水（案例 1）和亚临界水（案例 2）生产生物重油工艺的经济可行性进行了评价，涉及投资回报。利用 Aspen Plus 计算了两种生物质重油的质量和能量平衡。这两个工厂的经济假设是一年 30%的股权建设、4 个月的启动期、每年 8000 h 的运行时间、20 年的使用寿命和 10 年的折旧期。他们认为税率等于毛利润的 22%、年通货膨胀率为 2%、年利率为 4.2%。案例 1 和案例 2 的总资本投资分别为 1510 万美元和 1430 万美元，两家工厂每年的总生产成本均为 210 万美元。两个电厂的最低燃料售价均约为 0.91 美元/L，高于同期设定的 0.55 美元/L。案例 1 的生物质重油生产投资回报为每年 5.7%，案例 2 的投资回报为每年 6.6%。案例 1 和案例 2 的内部收益率分别为 13.2 和 14.7。Kelly－yong 等[88]按全球 1.846 亿 t 油棕废渣计算，油棕废渣超临界水气化的理论制氢量约为 2.16×10^{10} kg/a。马来西亚作为世界上最大的棕榈油生产国和出口国，在利用超临界水气化技术生产氢气方面具有巨大潜力。据称，棕榈固体残渣的超临界水气化制氢可满足马来西亚 40%以上的能源需求。马来西亚每年油棕榈果实的产量约为 1 亿 t，通过超临界水气化处理，油棕榈果实的固体废弃物可产生 1.05×10^{10} kg（1.26 EJ）左右的 H_2。

参考文献

[1]MOORE J W, PEARSON R G. Kinetics and mechanism[M]. John Wiley & Sons, 1981.

[2]ALLADA S R. Solubility parameters of supercritical fluids[J]. Industrial & Engineering Chemistry Process Design and Development, 1984, 23(2): 344－348.

[3]UEMATSU M, FRANK E U. Static dielectric constant of water and steam[J]. Journal of Physical & Chemical Reference Data, 1980, 9(4): 1291－1306.

[4]DORRESTIJN E, LAARHOVEN L, ARENDS I, et al. The occurrence and reactivity of phenoxyl linkages in lignin and low rank coal[J]. Journal of Analytical Applied Pyrolysis, 2000, 54(1－2): 153－192.

[5]RESENDE F, FRALEY S A, BERGER M J, et al. Noncatalytic gasification of lignin in supercritical water[J]. Energy & Fuels, 2008, 22(2): 1328－1334.

[6]LUNDQUIST K, ERICSSON L, KARLSSON S, et al. Acid degradation of lignin. III. Formation of formaldehyde[J]. Acta Chem Scand, 1970, 24: 3681－3686.

[7]OSADA M, SATO T, WATANABE M, et al. Low－temperature catalytic gasification of lignin and cellulose with a ruthenium catalyst in supercritical water[J]. Energy & Fuels, 2004, 18(2): 327－333.

[8]SINAG A, KRUSE A, RATHERT J. Influence of the heating rate and the type of catalyst on the formation of key intermediates and on the generation of gases during hydropyrolysis of glucose in supercritical water in a batch reactor[J]. Industrial Engineering Chemistry Research, 2004, 43(2): 502－508.

[9]YOSHIDA T, OSHIMA Y. Partial oxidative and catalytic biomass gasification in supercritical water: A promising flow reactor system[J]. Industrial Engineering Chemistry Research, 2004, 43(15):4097－4104.

[10]LEE I G, KIM M S, IHM S K. Gasification of glucose in supercritical water[J]. Industrial Engi-

neering Chemistry Research, 2002, 41(5): 1182 - 1188.

[11]KABYEMELA B M, ADSCHIRI T, MALALUAN R. Degradation kinetics of dihydroxyacetone and glyceraldehyde in subcritical and supercritical water[J]. Industrial Engineering Chemistry Research, 1997, 36(6): 2025 - 2030.

[12]MILOSAVLJEVIC I, OJA V, SUUBERG E M J I, et al. Thermal effects in cellulose pyrolysis: relationship to char formation processes[J]. 1996, 35(3): 653 - 662.

[13]RESENDE F L P, SAVAGE P E. Kinetic model for noncatalytic supercritical water gasification of cellulose and lignin[J]. Aiche Journal, 2010, 56(9): 2412 - 2420.

[14]YOON H C, POZIVIL P, STEINFELD A. Thermogravimetric pyrolysis and gasification of lignocellulosic biomass and kinetic summative law for parallel reactions with cellulose, xylan, and lignin[J]. Energy & Fuels, 2012, 26(1): 357 - 364.

[15]郭斯茂,郭烈锦,聂立,等.超临界水流化床内煤气化过程建模与仿真(2):气化反应动力学模型及气化规律[J].工程热物理学报,2014, 35(12): 2429 - 2432.

[16]SU X, JIN H, GUO L, et al. Experimental study on Zhundong coal gasification in supercritical water with a quartz reactor: Reaction kinetics and pathway[J]. International Journal of Hydrogen Energy, 2015, 40(24): 7424 - 7432.

[17]KORZH R, BORTYSHEVSKYI V. Primary reactions of lignite - water slurry gasification under the supercritical pressure in the electric field[J]. Journal of Supercritical Fluids, 2017, 127: 166 - 175.

[18]郭斯茂,郭烈锦,聂立,等.超临界水流化床内煤气化过程建模与仿真(2):气化反应动力学模型及气化规律[J].工程热物理学报,2014, 35(12): 109 - 112.

[19]JIH H, GUO L, GUO J, et al. Study on gasification kinetics of hydrogen production from lignite in supercritical water[J]. Journal of Xian Jiaotong University, 2015, 40(24): 7523 - 7529.

[20]VOSTRIKOV A A, PSAROV S A, DUBOV D Y, et al. Kinetics of coal conversion in supercritical water[J]. Energy & Fuels, 2007, 21(5): 2840 - 2845.

[21]JIN H, ZHAO X, GUO S, et al. Investigation on linear description of the char conversion for the process of supercritical water gasification of Yimin lignite[J]. International Journal of Hydrogen Energy, 2016, 41(36): 16070 - 16076.

[22]XU D, WANG S, TANG X, et al. Design of the first pilot scale plant of China for supercritical water oxidation of sewage sludge[J]. Chemical Engineering Research & Design, 2012, 90(2): 288 - 297.

[23]XU Z R, ZHU W, LI M. Influence of moisture content on the direct gasification of dewatered sludge via supercritical water[J]. International Journal of Hydrogen Energy, 2012, 37(8): 6527 - 6535.

[24]CHEN Y, GUO L, CAO W, et al. Hydrogen production by sewage sludge gasification in supercritical water with a fluidized bed reactor[J]. International Journal of Hydrogen Energy, 2013, 38(29): 12991 - 12999.

[25]ZHANG L, CHAMPAGNE P, XU C. Supercritical water gasification of an aqueous by - product from biomass hydrothermal liquefaction with novel Ru modified Ni catalysts[J]. Bioresource Technology, 2011, 102(17): 8279 - 8287.

[26]GE Z, GUO S, GUO L, et al. Hydrogen production by non - catalytic partial oxidation of coal in supercritical water: explore the way to complete gasification of lignite and bituminous coal[J]. International Journal of Hydrogen Energy, 2013, 38(29): 12786 - 12794.

[27]姜炜,程乐明,张荣,等.连续式超临界水反应器中褐煤制氢过程影响因素的研究[J].燃料化学学报,2008, 36(6): 22 - 27.

[28]吕友军，金辉，郭烈锦，等. 生物质在超临界水流化床系统中部分氧化气化制氢[J]. 西安交通大学学报，2009，43(1)：5 - 9.

[29]WANG J，JIANG M，YAO Y，et al. Steam gasification of coal char catalyzed by K_2CO_3 for enhanced production of hydrogen without formation of methane[J]. Fuel，2009，88(9)：1572 - 1579.

[30]CALZAVARA Y，JOUSSOT - DUBIEN C，BOISSONNET G，et al. Evaluation of biomass gasification in supercritical water process for hydrogen production[J]. Energy conversion and management，2005，46(4)：615 - 631.

[31]JIE W，TAKARADA T. Role of calcium hydroxide in supercritical water gasification of low - rank coal[J]. Energy & Fuels，2001，15(2)：356 - 362.

[32]SUN B，DU X，ZHANG R，et al. Effect of KOH on hydrogen production from lignite in a continuous supercritical water reactor[J]. Journal of Fuel Chemistry Technology，2010，38(5)：518 - 521.

[33]GE Z，JIN H，GUO L. Hydrogen production by catalytic gasification of coal in supercritical water with alkaline catalysts：explore the way to complete gasification of coal[J]. International journal of hydrogen energy，2014，39(34)：19583 - 19592.

[34]关宇，裴爱霞，郭烈锦. 纤维素在超临界水中的催化气化制氢研究[J]. 高校化学工程学报，2007，21(3)：436 - 441.

[35]ZHANG J，WENG X，HAN Y，et al. Effect of supercritical water on the stability and activity of alkaline carbonate catalysts in coal gasification[J]. Journal of Energy Chemistry，2013，22(3)：115 - 123.

[36]LAN R，JIN H，GUO L，et al. Hydrogen production by catalytic gasification of coal in supercritical water[J]. Energy & Fuels，2014，28(11)：6911 - 6917.

[37]LI Y，GUO L，ZHANG X，et al. Hydrogen production from coal gasification in supercritical water with a continuous flowing system[J]. International Journal of Hydrogen Energy，2010，35(7)：3036 - 3045.

[38]SINAG A，KRUSE A A，RATHERT J. Influence of the heating rate and the type of catalyst on the formation of key intermediates and on the generation of gases during hydropyrolysis of glucose in supercritical water in a batch reactor[J]. Journal of Cutaneous Maedicine Surgery，2014，13(2)：106 - 109.

[39]KORZH R，BORTYSHEVSKYI V. Primary reactions of lignite - water slurry gasification under the supercritical conditions[J]. Journal of Supercritical Fluids 2016，117：64 - 71.

[40]YAMAGUCHI A，HIYOSHI N，SATO O，et al. Gasification of organosolv - lignin over charcoal supported noble metal salt catalysts in supercritical water[J]. Topics in Catalysis，2012，55(11 - 13)：889 - 896.

[41]YU J，LU X，SHI Y，et al. Catalytic gasification of lignite in supercritical water with Ru/CeO_2 - ZrO_2[J]. International Journal of Hydrogen Energy，2016，41(8)：4579 - 4591.

[42]SATO T，OSADA M，WATANABE M，et al. Gasification of alkylphenols with supported noble metal catalysts in supercritical water[J]. Industrial & Engineering Chemistry Research，2003，42(19)：4277 - 4282.

[43]LOUW J，SCHWARZ C E，BURGER A J. Catalytic supercritical water gasification of primary paper sludge using a homogeneous and heterogeneous catalyst：experimental vs thermodynamic equilibrium results[J]. Bioresource Technology，2016，201：111 - 120.

[44]YAN B，WU J，XIE C，et al. Supercritical water gasification with Ni/ZrO_2 catalyst for hydrogen production from model wastewater of polyethylene glycol[J]. Journal of Supercritical Fluids，2009，50(2)：155 - 161.

[45]ZHANG L, CHAMPAGNE P, XU C C. Screening of supported transition metal catalysts for hydrogen production from glucose via catalytic supercritical water gasification[J]. International Journal of Hydrogen Energy, 2011, 36(16): 9591-9601.

[46]ZHANG U, XU C, CHAMPAGNE P. Activity and stability of a novel Ru modified Ni catalyst for hydrogen generation by supercritical water gasification of glucose[J]. Fuel, 2012, 96: 541-545.

[47]ELLIOTT D C, NEUENSCHWANDER G G, PHELPS M R, et al. Chemical processing in high-pressure aqueous environments. 6. demonstration of catalytic gasification for chemical manufacturing wastewater cleanup in industrial plants[J]. Industrial & Engineering Chemistry Research, 1999, 38(3): 879-883.

[48]VLIEGER D D, LEFFERTS L, SESHAN K. Ru decorated carbon nanotubes—a promising catalyst for reforming bio-based acetic acid in the aqueous phase[J]. Green Chemistry, 2014, 16(2): 864-874.

[49]GUAN Q, HUANG X, LIU J, et al. Supercritical water gasification of phenol using a Ru/CeO_2 catalyst[J]. Chemical Engineering Journal, 2016, 283: 358-365.

[50]BARRINGER E, FAIZTOMPKINS Z, FEINROTH H, et al. Corrosion of CVD silicon carbide in 500 ℃ supercritical water[J]. Journal of the American Ceramic Society, 2010, 90(1): 315-318.

[51]RICHARD T, POIRIER J, REVERTE C, et al. Corrosion of ceramics for vinasse gasification in supercritical water[J]. Journal of the European Ceramic Society, 2012, 32(10): 2219-2233.

[52]LU Y, LI R, GUO R, et al. Hydrogen production by biomass gasification in supercritical water over Ni/gamma Al_2O_3 and Ni/CeO_2-gamma Al_2O_3 catalysts[J]. International Journal of Hydrogen Energy, 2010, 35(13): 7161-7168.

[53]LI S, GUO L. Hydrogen production by supercritical water gasification of glucose with Ni/CeO_2/Al_2O_3: effect of Ce loading[J]. Fuel, 2013, 103: 193-199.

[54]CHOWDHURY M, HOSSAIN M M, CHARPENTIER P A. Effect of supercritical water gasification treatment on Ni/La_2O_3-Al_2O_3-based catalysts[J]. Applied Catalysis A General, 2011, 405(1-2): 84-92.

[55]DE VLIEGER D J M, THAKUR D B, LEFFERTS L, et al. Carbon nanotubes: a promising catalyst support material for supercritical water gasification of biomass waste[J]. ChemCatChem, 2012, 4(12): 2068-2074.

[56]OSADA M, SATO O, ARAI K, et al. Stability of supported ruthenium catalysts for lignin gasification in supercritical water[J]. Energy & Fuels, 2006, 20(6): 2337-2343.

[57]GUO L, HUI J. Boiling coal in water: hydrogen production and power generation system with zero net CO_2 emission based on coal and supercritical water gasification[J]. International Journal of Hydrogen Energy, 2013, 38(29): 12953-12967.

[58]DONATINI F, GIGLIUCCI G, RICCARDI J, et al. Supercritical water oxidation of coal in power plants with low CO_2 emissions[J]. Energy, 2009, 34(12): 2144-2150.

[59]RUYA P M, PURWADI R, LIM S S. Supercritical water gasification of sewage sludge for power generation—thermodynamic study on auto-thermal operation using Aspen Plus[J]. Energy Conversion and Management, 2020, 206: 112458.

[60]WITHAG J, SMEETS J R, BRAMER E A, et al. System model for gasification of biomass model compounds in supercritical water—A thermodynamic analysis[J]. Journal of Supercritical Fluids, 2012, 61: 157-166.

[61]WANG C, JIN H, PENG P, et al. Thermodynamics and LCA analysis of biomass supercritical water gasification system using external recycle of liquid residual[J]. Renewable Energy, 2019, 141: 1117-1126.

[62]RAHBARI A, VENKATARAMAN M B, PYE J. Energy and exergy analysis of concentrated solar supercritical water gasification of algal biomass[J]. Applied Energy, 2018, 228: 1669 - 1682.

[63]RAHBARI A, SHIRAZI A, VENKATARAMAN M B, et al. A solar fuel plant via supercritical water gasification integrated with Fischer - Tropsch synthesis: steady - state modelling and techno - economic assessment[J]. Energy Conversion and Management, 2019, 184: 636 - 648.

[64]张国妮,李振全,尹艳山,等.生物质超临界水催化气化制氢实验系统[J].能源研究与信息,2006, 22(4): 241 - 244.

[65]ELLIOTT D C, HART T R, NEUENSCHWANDER G G, et al. Chemical processing in high - pressure aqueous environments. 9. Process development for catalytic gasification of algae feedstocks [J]. Industrial engineering chemistry research, 2012, 51(33): 10768 - 10777.

[66]ELLIOTT D C, BAKER E G, BUTNER R S, et al. Bench - scale reactor tests of low temperature, catalytic gasification of wet industrial wastes[J]. Journal of Solar Energy Engineering - Transactions of the Asme, 1993, 115(1): 52 - 56.

[67]ANTAL M J, MATSUMURA Y, XU X. Catalytic gasification of wet biomass in supercritical water [D], 1995.

[68]MATSUMURA Y, NUESSLE F, ANTAL JR M. Gasification characteristics of an activated carbon catalyst during the decomposition of hazardous waste materials in supercritical water[R]: American Chemical Society, Washington, DC (United States), 1996.

[69]XU X, MATSUMURA Y, STENBERG J, et al. Carbon - catalyzed gasification of organic feedstocks in supercritical water[J]. Industrial Engineering Chemistry Research, 1996, 35(8): 2522 - 2530.

[70]YOSHIDA T, MATSUMURA Y. Reactor development for supercritical water gasification of 4. 9 wt% glucose solution at 673 K by using computational fluid dynamics[J]. Industrial engineering chemistry research, 2009, 48(18): 8381 - 8386.

[71]YOSHIDA T, OSHIMA Y. Partial oxidative and catalytic biomass gasification in supercritical water: a promising flow reactor system[J]. Industrial engineering chemistry research, 2004, 43(15): 4097 - 4104.

[72]MOGHTADERI B. Application of chemical looping concept for air separation at high temperatures [J]. Energy & Fuels, 2009, 24(1): 190 - 198.

[73]CORNELISSEN R L, HIRS G G. Exergy analysis of cryogenic air separation[J]. Energy Conversion & Management, 1998, 39(16): 1821 - 1826.

[74]LABABIDI H M S. Air separation by polysulfone hollow fibre membrane permeators in series : experimental and simulation results: separation processes[J]. Chemical Engineering Research & Design, 2000, 78(8): 1066 - 1076.

[75]郑安庆,冯杰,葛玲娟,等.双气头多联产系统的 Aspen Plus 实现及工艺过程优化(Ⅰ)模拟流程的建立及验证[J].化工学报,2010, 61(4): 969 - 978.

[76]曾树兵,陈文峰,郭洲,等. MDEA 胺法脱碳工艺流程选择和比较;proceedings of the 2009 年度海洋工程学术会议,厦门,F,2009[C].中国造船工程学会.

[77]方诚刚.氨基酸离子液体——MDEA 混合水溶液对 CO_2 的吸收研究[D].南京:南京大学,2011.

[78]闫秋会,孙冰洁,张倩倩.新型超临界水中煤气化制氢产物的 CO_2 分离过程[J].化工进展,2015, 34(1): 61 - 64.

[79]李佩佩,翟燕萍,王先鹏,等.浅谈氢气提纯方法的选取[J].天然气化工:C1 化学与化工,2020, 45(3): 115 - 119.

[80]许珂,王延安,王淑岩,等.超临界水气化制氢技术及多联产路线研究[J]. 化学工程,2021,49(11):66-72.

[81]刘学斌.超临界水气化污泥制氢工业可行性[J].云南化工,2020,47(12):24-25.

[82]GASAFI E, REINECKE M-Y, KRUSE A, et al. Economic analysis of sewage sludge gasification in supercritical water for hydrogen production[J]. Biomass and Bioenergy, 2008, 32(12): 1085-1096.

[83]KRUSE A. Supercritical water gasification (vol 2, pg 415, 2008)[J]. Biofuels Bioproducts and Biorefining, 2010, 4(2): 241-241.

[84]KUMAR M, OYEDUN A O, KUMAR A. A review on the current status of various hydrothermal technologies on biomass feedstock[J]. Renewable and Sustainable Energy Reviews, 2017, 81: 1742-1770.

[85]BRANDENBERGER M, MATZENBERGER J, VOGEL F, et al. Producing synthetic natural gas from microalgae via supercritical water gasification: A techno-economic sensitivity analysis[J]. Biomass & bioenergy, 2013, 51(apr.): 26-34.

[86]MIAN A, ENSINAS A V, MARECHAL F. Multi-objective optimization of SNG production from microalgae through hydrothermal gasification[J]. Computers & Chemical Engineering, 2015, 76(may 8): 170-183.

[87]DO T X, MUJAHID R, LIM H S, et al. Techno-economic analysis of bio heavy-oil production from sewage sludge using supercritical and subcritical water[J]. Renewable Energy, 2020, 151: 30-42.

[88]KELLY-YONG T L, LEE K T, MOHAMED A R, et al. Potential of hydrogen from oil palm biomass as a source of renewable energy worldwide [J]. Energy Policy, 2007, 35(11):5692-5701.

第 6 章

超临界水热/溶剂热合成纳米材料

6.1 超临界水热/溶剂热合成技术背景

纳米科技是 20 世纪 90 年代发展起来的一个覆盖面广、多学科交叉的科学研究和产业领域，近年来在全世界范围得到飞速发展。纳米材料因其在光、电、磁等方面呈现出常规材料所不具备的特殊性能，在磁性材料、电子材料、光学材料、储能材料、生物医学材料等方面有广阔的应用前景。

6.1.1 纳米材料概述

典型的纳米材料是纳米颗粒，一般指粒度在 100 nm 以下的粉末或颗粒，是一种介于原子、分子与宏观物体之间的固体材料。当常态物质被加工到极其细微的纳米尺度时，会出现特殊的表面效应、小体积(尺寸)效应、量子效应和宏观隧道效应等，其物化性能也就相应地发生显著甚至奇特的变化。

上述效应使得纳米材料呈现出许多奇异的物理、化学性质。纳米金属及金属氧化物粉体(铜、氧化铜、银、氧化锆等)，可作为高性能保温隔热材料、高密度电子元器件、光电子或其他敏感功能材料、先进的电池和电极材料、高效催化或助燃剂、高强或高韧性陶瓷材料、人体修复材料、抗癌抑菌制剂等，如图 6-1 所示，应用范围广阔且相关性能相比传统材料普遍提升数倍之多。在不远的将来，纳米科技将使材料加工和产品制造产生根本的变革，并有力地推动信息、材料、能源、生命、环境、国防等领域的技术创新。

医学领域 纳米抗菌及抗癌靶向药 | 量子科技领域 量子芯片包覆层 | 军工领域 武器装备隐形涂层 | 化工领域 高效纳米催化剂

图 6-1 纳米材料所应用的领域及其产品

例如，纳米氧化铜和纳米铜材料因为粒径小、比表面积大、颗粒表面的活性中心数目多等特点，所以催化效率高、选择性强[1]，在催化化学领域引起了研究学者的注意。纳米氧化铜颗粒不仅能成功催化水中碱性紫染料[2]、对硝基苯酚、刚果红的降解[3]，还能催化促进芳基化反应的进行[4]；纳米铜颗粒是还原硝基苯较合适的催化剂[5]，纳米二氧化钛支撑的纳米铜颗粒在光催化制氢反应中也有优异表现[6]。纳米氧化铜可被用作火箭推进器的燃烧催化剂[7]，大大提高推进器均相燃烧速率。

纳米氧化锌作为橡胶填料，可实现与橡胶在分子水平上的结合，显著提升橡胶各项性能。纳米复合氧化锆具有高强度、高韧性、低导热率、耐磨耐蚀以及优异的化学稳定性、生物相容性和极高的精密度，广泛应用于功能陶瓷、电子陶瓷及结构陶瓷等特种陶瓷领域。除此之外，纳米二氧化锰、磷酸铁锂、氧化钴、银等材料也具有广阔的市场，这些材料的应用往往促进了相关产品性能的颠覆性提升。

6.1.2 纳米材料的传统制备方法

纳米金属、金属氧化物粉体及其衍生产品的应用与发展，核心在于超细纳米金属及金属氧化物粉体的制备技术。无机纳米材料从研究初始至今，其合成方法可谓形形色色。总的来说，传统纳米材料合成方法分为物理法和化学法。物理法包括高能球磨法、蒸发冷凝法、等离子电弧法等，化学法又可分为气相法、固相法、液相法。化学法中液相法应用较多，又可分为微乳液法、溶胶-凝胶法、直接沉淀法、水热法等。各种方法的优缺点汇总在表6-1中。对于纳米材料的合成，常用的方法有蒸发冷凝法、溶胶-凝胶法、电解法和液相还原法。下面分别介绍上述四种合成方法的优缺点。

表6-1 传统纳米无机金属材料合成方法优缺点

方法		优点	缺点
物理法	高能球磨法	方法简单	易于引入杂质，易产生团聚
	蒸发冷凝法	可通过调节工艺参数控制超细粉末的粒度和结构	生产效率低，颗粒易氧化，设备复杂，技术要求高，成本昂贵
	等离子电弧法	产品纯度高、颗粒细、粉末粒径均匀	对设备要求高，规模化生产有一定难度
	固相法	成本低，产量大，制备工艺相对简单	能耗大，效率低，产品粒径不够微细、易混入其他杂质
化学法	喷雾热解法	产物纯度高，粒度和组成均匀，过程简单连续，颇具工业潜力	颗粒易团聚
	直接沉淀法	操作较为简单易行，对设备要求不高，成本较低	产品粒度分布较宽、分散性差，洗涤溶液中的阴离子较困难
	溶胶-凝胶法	设备简单，污染小，产物均匀度高、分散性好	在高温下进行热处理时有团聚现象，生产周期长
	微乳液法	装置简单，操作容易，粒度均匀可控	成本费用较高，仍有团聚问题

1. *蒸发冷凝法*

蒸发冷凝法是一种可生产具有清洁表面的纳米氧化铜的合成方法，此方法利用蒸发源加热前驱物使之气化或者形成等离子体，然后与充满在蒸发室内的惰性气体原子碰撞从而失去能量，最后经过骤冷步骤凝结形成纳米晶体粒子。使用该方法制备的纳米氧化铜产物纯度高，但是此方法对于设备的精确度要求较高、产物结晶形貌较难控制且生产效率较低，从而限制了其大规模的生产应用。

2. 溶胶-凝胶法

溶胶-凝胶法是指在溶剂中分散的前驱物在一定条件下水解生成活性单体，活性单体聚合形成溶胶，溶胶进而生成具有一定空间结构的凝胶，凝胶经过干燥和热处理后制得纳米粒子。该方法所需设备简单，产物均匀度高、分散性好，但是常常需要采用大量有害有机溶剂且所需生产周期较长，通常需要数天或数周。

3. 电解法

电解法是一种较为成熟的纳米铜粉体制备方法，其利用直流电对铜离子进行还原反应，但是得到的金属粉体通常需要再经过球磨、分筛等工艺才能最终得到超细金属粉体，并且电解废液中含有大量的金属离子，任意排放会造成资源浪费和环境污染。

4. 液相还原法

液相还原法是近年来较为活跃的纳米粉体制备方法，但该方法通常需采用大量的有机溶剂或剧毒的添加剂成分，如水合肼、甲基丙烯酸十八酯等，会在生产中造成严重污染，所以此方法的应用受到很大限制。

综上所述，传统纳米制备方法虽然种类多，但是一般都具有需要添加有害成分、反应周期长、需要对产物进行后续处理等缺点，不适合大量工业化连续生产。此外，先进的纳米制备技术还可以按照人们的意愿，对纳米材料进行设计，合成具有特殊性能的新材料，如把半导体硅制成纳米硅，使之成为良导体；把易碎的陶瓷制成“纳米陶瓷”，使其具有“相变增韧”或任意弯曲等特点。因此，探索以水等无害溶剂为反应介质的绿色、高效纳米材料制备技术具有重要意义。

6.2　超临界水热/溶剂热合成技术概述

近几年，因为材料产业对高性能和特殊功能材料的需求增加，超临界流体作为溶剂在微米级和纳米级材料合成领域的研究引起了越来越多的关注。超临界流体在超细微粒材料合成领域的应用技术主要有超临界反溶剂技术(supercritical antisolvent，SAS)、超临界溶液快速膨胀技术(rapid expansion of supercritical solutions，RESS)、超临界水热/溶剂热合成技术(supercritical hydrothermal/solvothermal synthesis，SCHS/SCSS)等。其中超临界反溶剂技术主要用于合成蛋白质类[8]、制药成分[9]、染料[10]、聚合物[11]，甚至炸药[12]微粒等有机成分，为保护这些有机成分结构的热稳定性，常采用临界温度接近室温的超临界反溶剂——超临界 CO_2。超临界反溶剂技术要求目标产物是不溶于超临界流体的，而相反，超临界水热/溶剂热合成技术要求目标产物先溶于超临界流体。超临界水热/溶剂热合成技术的应用领域与超临界反溶剂技术类似，主要用于制备在低温、惰性环境下稳定的药物类、聚合物等。超临界水热/溶剂热合成技术也可用来合成无机氧化物材料，但是由于溶解度限制，只有 SiO_2 和 GeO_2 适合超临界水热/溶剂热合成方法[13]。除此之外，通常超临界水热/溶剂热合成方法合成的无机材料粒径都是微米级，很难合成较小的纳米级颗粒。由此就有了适合生产无机纳米材料的超临界水热/溶剂热合成方法，特别针对金属和金属氧化物等材料。下面详细介绍超临界水热/溶剂热合成技术。

6.2.1 定义及原理

超临界水热合成这一概念最早是由日本东北大学学者 Adschiri[14] 提出的，此后这位学者也在超临界水热合成领域做了大量研究。其原理是利用无机金属氧化物或反应中间产物（如金属氢氧化物、金属氧化物水合物）在超临界水中溶解度极低的特点，在超临界条件下达到较高的过饱和度，从而实现晶体的爆炸性析出，得到粒径较小且均匀的纳米晶体核心，进而在一定的时间内长大且粒径均匀的纳米颗粒，其原理图如图 6-2 所示。超临界溶剂热合成技术则是在超临界水热合成技术和常规溶剂热合成技术的基础上发展而来的，其利用无机金属氧化物或反应中间产物（如金属氢氧化物、金属氧化物水合物）在超临界溶剂中溶解度低的特点，得到过高的饱和度，进而生成均匀的晶体核心。

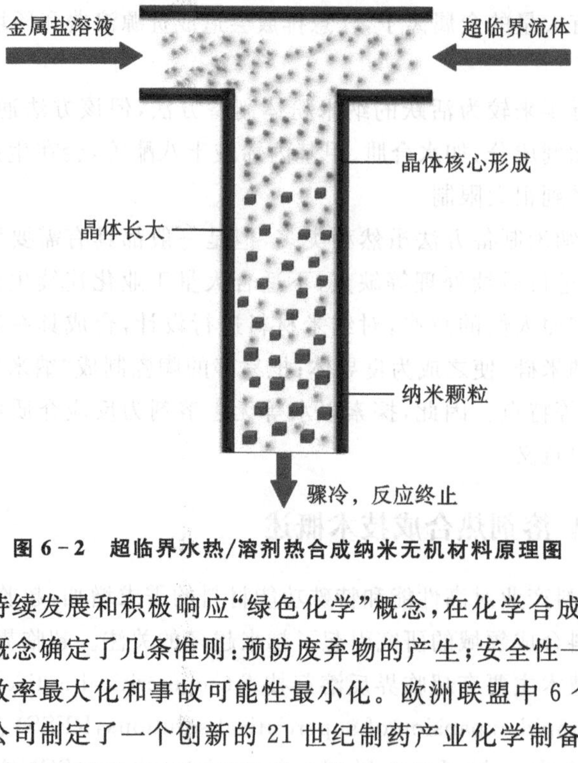

图 6-2 超临界水热/溶剂热合成纳米无机材料原理图

为保护地球可持续发展和积极响应"绿色化学"概念，在化学合成中应尽量采用无害溶剂。"绿色化学"概念确定了几条准则：预防废弃物的产生；安全性——不使用或产生有毒、有害材料；能源效率最大化和事故可能性最小化。欧洲联盟中 6 个大型制药企业、10 个大学和 5 个制药公司制定了一个创新的 21 世纪制药产业化学制备方法（CHEM21）合作项目[15]。该合作致力于促进绿色可持续的生物和化学方法。CHEM21 对常用的反应辅助溶剂（如水、醇类、酮类、酯类、醚类等）进行了绿色度评分和排名，其中水因其简单易得、可循环利用、无毒、不可燃、环境友好的优点，居于推荐排名第一位。醇类中甲醇和乙醇也因其常见和简单、绿色而被推荐使用。

尽管环保方面醇类溶剂稍差，但仍然有其独特优势：以乙醇为例，乙醇与水在常温下的介电常数分别为 25 与 80，乙醇中无机盐的溶解度更低，有机配体混溶性增强；超临界乙醇（370 ℃、25 MPa）的运动黏度为 47.7 μPa·s，而超临界水（400 ℃、25 MPa）的运动黏度为 29.3 μPa·s，抑制了晶体生长与熟化；乙醇的临界点低于水（240.8 ℃、6.3 MPa）且价格较低，比其他有机溶剂经济性好。

由于以醇类为代表的溶剂具有水所不具有的特性（如还原性），许多研究中采用有机溶剂代替水进行超临界方法制备纳米材料，称为超临界溶剂热合成技术。由于醇类溶剂所带来的促进成核、抑制生长和抑制熟化等特点，超临界溶剂热合成技术往往能合成粒径更小的纳米材料。

6.2.2　基本流程

超临界水热/溶剂热合成根据反应方式可分为间歇式超临界水热/溶剂热合成和连续式超临界水热/溶剂热合成。间歇式合成方法采用高温高压反应釜为反应容器，反应前把前驱物直接装载在反应釜内，然后将反应釜置于可提供热源的装置内，前驱物随着反应釜升温并自膨胀升压，同时发生反应，最后将反应后的反应釜置于冷水中骤冷以终止反应。连续式合成方法因更符合超临界水热/溶剂热合成反应原理而被更多地采用，其常规流程为：经过预热的超临界流体与常温金属盐前驱物流体在混合点直接接触混合，金属盐前驱物瞬间升温达到高温状态，同时发生水解、脱水反应，反应中间产物——金属氢氧化物或金属氧化物水合物结晶析出，反应后流体经过冷却器或与冷却水直接掺混降温以终止反应。典型的连续式超临界水热/溶剂热合成反应流程可用图 6－3 所示。

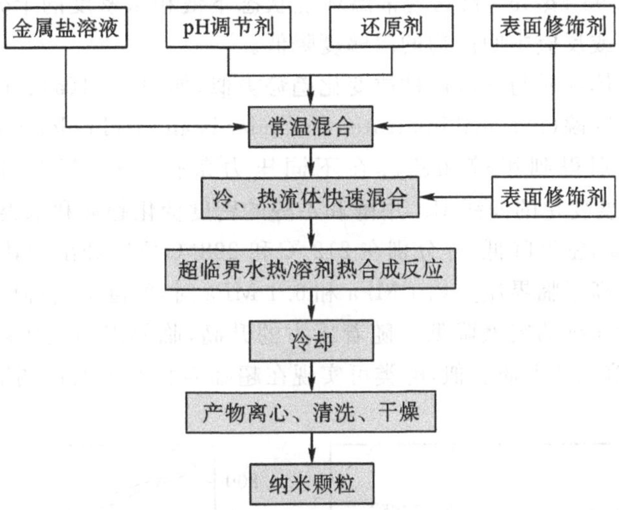

图 6－3　典型连续式超临界水热/溶剂热合成流程图示

连续式超临界水热/溶剂热合成无机纳米材料流程中的关键步骤是超临界流体与常温前驱物流体的快速均匀混合，该步骤可使前驱物流体中金属盐瞬间发生反应，从而一次性生成大量晶体核心，形成粒径均匀且尺寸小的纳米颗粒。

6.2.3　超临界水/溶剂在纳米合成中的特性

超临界水和溶剂都属于超临界流体，是一种相对新型的反应介质，其迥然不同于传统流体介质的理化性质吸引了很多研究学者的注意。超临界流体的基本性质在前文中已有介绍，本节主要介绍其中一些性质对纳米材料合成的影响。

表 6－2 列出了水、甲醇、乙醇三种溶剂的基本性质，包括他们各自的临界温度（T_c）、临界压力（p_c）。可以看出，甲醇、乙醇的临界温度和临界压力都比水要低得多，尤其是临

界压力,和 CO_2 的临界压力(7.4 MPa)接近。从操作温度、压力层面上比较,超临界甲醇和乙醇更温和,可降低纳米材料制备成本,工业化应用的压力更小。

表 6-2 水、甲醇和乙醇的基本性质

理化性质	水	甲醇	乙醇
常压沸点/℃	100	65	78
闪点/℃	—	11	13
临界温度/℃	374.2	239.5	240.8
临界压力/MPa	22.1	8.1	6.1

为更加深入地了解超临界水、甲醇、乙醇的物理化学性质,下面分别从密度、介电常数和黏度 3 个方面深入介绍其与普通状态下相应流体性质的差别。

1. 密度

当温度趋于临界温度时,水密度发生连续的、急剧的降低。在 25 MPa、450 ℃条件下,水密度数值为 109.98 kg/m³,仅约为常温环境状态下液相水密度的十分之一。密度降低导致了金属氧化物或反应中间产物的溶解度降低。

超临界醇类流体性质与水流体性质变化趋势类似,如图 6-4(a)、(b)所示。根据美国国家标准与技术研究院(national institute of standards and technology,NIST)物质热力流体性质数据库,分别得到甲醇和乙醇在不同压力条件下(5 MPa、10 MPa、15 MPa、25 MPa)密度随温度变化的曲线图。甲醇和乙醇的密度变化趋势和水类似,在亚临界压力下,随着温度的升高,密度降低,并分别在 212 ℃和 228 ℃位置处出现转折性突降,密度变化不连续。当压力高于临界压力 8.1 MPa 和 6.1 MPa 时,密度随着温度的升高而降低,且在临界点附近出现连续的突然降低。随着压力的升高,临界点附近密度突降的趋势变得平缓。所以,与水溶剂的性质类似,醇类可实现在超临界状态下通过调节温度或压力而连续调节溶剂性质。

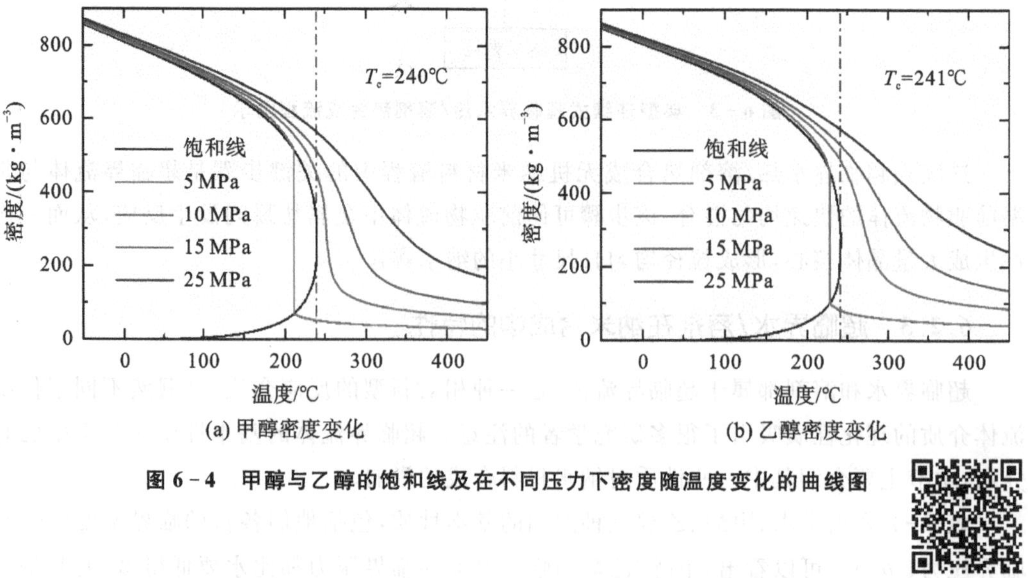

图 6-4 甲醇与乙醇的饱和线及在不同压力下密度随温度变化的曲线图

彩图

2. 介电常数

介电常数是超临界溶剂的一个重要性质，它表征溶剂对溶质分子溶剂化以及隔开离子的能力。介电常数大的溶剂，有较大隔开离子的能力，同时也具有较强的溶剂化能力。

水的介电常数数据可在 NIST 物性数据库中查取，水等溶剂参数升高至超临界状态后的介电常数降低所引起的性质变化主要表现在两个方面。首先，在超临界压力条件下，很大温度范围内水介电常数介于 10～25，此数值与很多常温、常压下偶极溶剂的介电常数相近，如丙酮、二氯甲烷等[16]。这使得超临界水具有与偶极溶剂类似的溶解性质，即可溶解和离子化电解质，又可与非极性分子互溶，形成均相反应系统。其次，水介电常数的变化对其中化学反应的反应速率也会产生影响。

$$\ln v = \ln v_0 + \frac{\Psi}{RT}\left(\frac{1}{\varepsilon} - \frac{1}{\varepsilon_0}\right) \tag{6-1}$$

式中，v 为反应速率；v_0 为在介电常数 ε_0 下的反应速率；Ψ 为由反应系统决定的常数，当反应活化态的极性比反应物的极性低时，Ψ 为负值；R 为气体常数；T 为绝对温度；ε 为介电常数。

根据式(6－1)可以推测出，在超临界压力下升高温度，介电常数 ε 会降低，从而导致反应速率升高；特别是在临界点附近，ε 急剧降低，反应速率急剧升高。因此，超临界水条件下水热反应速率极高，通常只需要秒级时间就可完成反应，这也使得超临界水热合成纳米无机材料技术极具商业化应用潜力。

对于甲醇和乙醇，其介电常数随温度的变化趋势与水类似。Hiejima 等[17]利用微波光谱技术测定了高温高压下甲醇的介电常数，其测定结果如图 6－5(a)所示。随着温度的升高，介电常数降低。在亚临界压力下，如图中 6.0 MPa 所示，介电常数在约 216.9 ℃ (490 K)附近转折性突降；而在超临界压力下，如图中 9.1 MPa、16.0 MPa 和 20.8 MPa 所示，介电常数连续降低，在临界点附近连续突降。

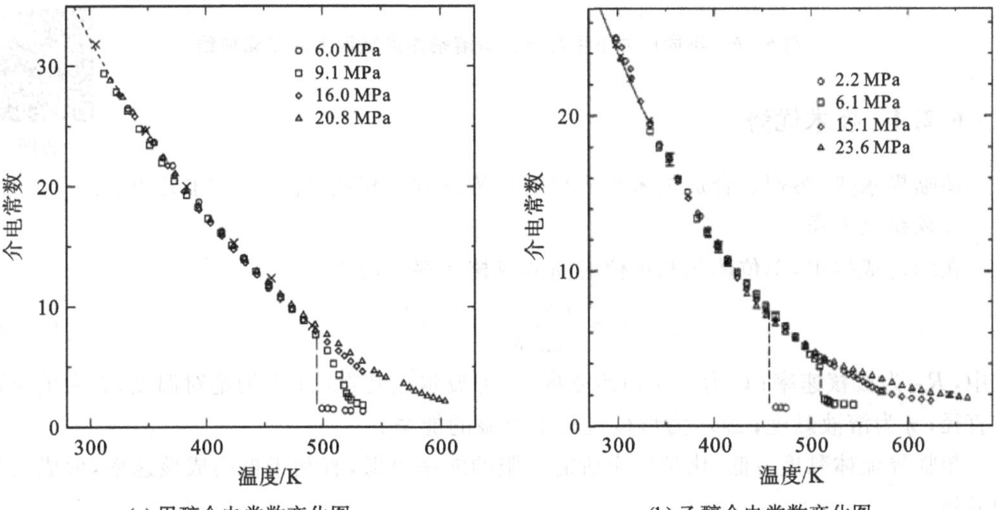

(a) 甲醇介电常数变化图　　(b) 乙醇介电常数变化图

图 6－5　不同压力下甲醇[17]和乙醇[18]介电常数随温度的变化图

3. 黏度

溶剂的黏度直接影响着纳米晶生长过程中生长基元在溶剂中的运动情况，进而影响纳米晶生长动力学。斯托克斯-爱因斯坦方程建立了溶液黏度与溶剂中扩散系数的关系，如式(6－2)所示，该方程基于生长基元扩散运动是独立的、与溶剂分子不相关的个体行为，实验证明该方程在较高温度区间(如超临界状态)是有效的。

$$D\mu = kT/(6\pi R) \tag{6-2}$$

斯托克斯-爱因斯坦方程表明，同一体系内，溶液黏度的升高将抑制溶质的扩散行为，这在经典结晶理论中表现为晶体的生长受到抑制，因而在超临界水热/溶剂热合成反应中选用黏度更高的溶剂有利于更小粒径产品的合成。

前文已指出，在超临界压力条件下，随着温度的升高，水的黏度降低。从左侧小坐标图中可以看出，趋于临界温度时，黏度性质和其他性质如密度、离子积、介电常数等类似，表现出了突降的趋势，且压力越高，此突降趋势越平缓。超临界水表现出了类似气体的流动性，因此，在超临界水中反应物传质速度和扩散速度较快，反应速率明显提高。同样根据 NIST 物性数据库可得到甲醇、乙醇的黏度值，如图 6－6(a)、(b)所示，其变化趋势与水类似。

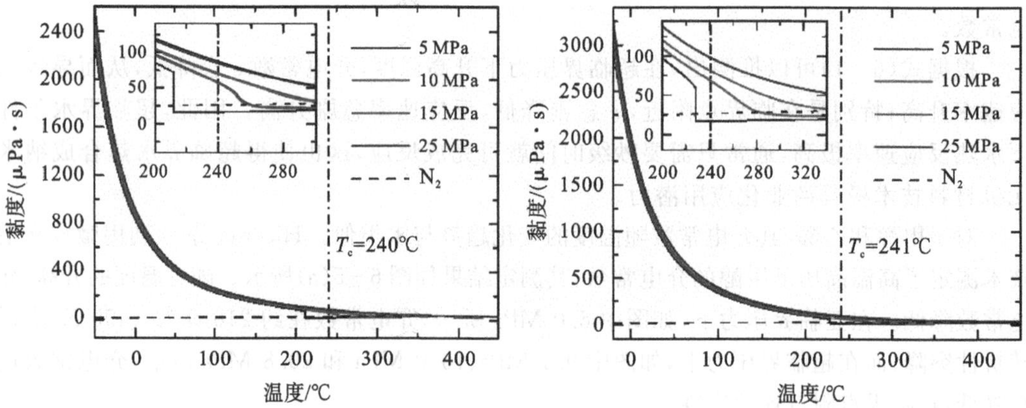

(a) 甲醇黏度变化图　　(b) 乙醇黏度变化图

图 6－6　不同压力下甲醇与乙醇溶剂黏度随温度的变化曲线

彩图

6.2.4　技术优势

超临界水热/溶剂热合成纳米无机材料与传统方法相比，优势有如下几点。

1. 成核速率高

在均匀成核中，单位体积和单位时间的成核速率可用式(6－3)[19]表示。

$$R_N = \frac{CkT}{3\pi\lambda^3\eta}\exp\left(\frac{-\Delta G^*}{kT}\right) \tag{6-3}$$

式中，R_N为成核速率；C为溶质初始浓度；k为玻尔兹曼常数；T为绝对温度；λ为生长物质直径；η为溶液黏度；ΔG^*为形核过程中克服的能垒。

超临界流体黏度η低，化学反应所需克服的能垒也低，有利于提高成核速率，形成大量的晶核。

在此还需引入另一个晶体成核中的概念——过饱和度σ，σ与溶解度息息相关，在一定条件下溶液中过饱和度与溶解度的关系如式(6－4)[19]所示。

$$\sigma = \frac{C - C_0}{C_0} \tag{6-4}$$

式中，σ 为过饱和度；C 为溶质初始浓度；C_0 为平衡浓度或溶解度。

以超临界流体为反应介质时，反应的中间产物溶解度骤然降低，根据经典成核理论，成核过程中一般情况下会形成极高的过饱和度，从而形成大量的形核位置。当溶质浓度保持不变时，大量的晶核代表着小尺寸晶核的出现。所以超临界水热/溶剂热合成技术成核速率高，更有利于合成小尺寸纳米级产物。

2. 结晶度高

超临界水热/溶剂热合成纳米无机材料技术反应温度一般较高、反应速度较快、晶体生长速度也较快，所以更容易生成结晶度高的晶体，不需要后续的热处理（如煅烧）工艺，减少了工艺复杂程度。

3. 反应迅速

在前面介绍的超临界流体的性质中，介绍了超临界水和超临界甲醇、乙醇的介电常数随温度的变化趋势，并解释了介电常数的降低会引起化学反应速率提高的原因。常规水热法在合成纳米金属或金属氧化物颗粒时，反应时间通常很长，可能需要几个小时甚至是数十个小时。如 Zhang 等[20]使用常规水热法（反应温度为 180 ℃）合成纳米铜晶体，反应时间为 24 h。而超临界水或超临界溶剂环境中，还原剂、有机物可以与超临界流体形成均相体系，无传质阻力，也大大提高了反应速率，降低了反应时间。如 Aksomaityte 等[21]利用超临界水作为反应介质合成了纳米银颗粒，反应时间仅为 0.7 s。

4. 金属离子转化率高

超临界流体离子积升高，意味着超临界流体中 H_3O^+ 和 OH^- 浓度升高，可以促进金属离子的水解反应，提高金属离子转化率。超临界水热合成金属离子转化率可达到 99.9%，这一点也为此技术的工业化运用大大减轻了压力。

5. 过程简单

将经过预热的超临界流体与常温加压前驱物在混合器中进一步混合即可实现超临界水热/溶剂热合成反应过程，反应时间极短。与步骤复杂且反应时间长的其他液相法相比，此方法非常适合工业化应用及生产。

6. 可通过控制过程参数控制产物形貌及粒径大小

前面介绍过超临界流体的性质，其不同于过热流体的一大特点就是其性质连续可变，所以可以通过改变反应操作参数（如温度、压力）来改变超临界流体性质，进而达到改变所合成产物形貌及粒径大小的目的。

7. 反应过程环境友好

超临界水热合成选用水作为反应溶剂，水对地球绿色环保且简单易得，是公认的绿色化学反应溶剂。反应过程中不需要添加剧毒的有机成分，不会产生有害的废液，大大减轻了后续的水处理压力，只需简单水处理即可达标排放。

6.2.5　研究现状

自 1992 年超临界水热合成制备无机纳米材料这一方法被提出后，学者们在这一技术领域进行了大量的研究，所合成的无机材料也多种多样。主要的国外研究机构有日本的东北大学、国家先进工业科学技术研究院（national institute of advanced industrial science and technology，AIST)，韩国科学技术研究院(Korea institute of science and technology，KIST)，丹麦奥胡斯大学 iNANO 中心，英国的诺丁汉大学、伦敦大学学院(university college London，UCL)，美国佐治亚理工学院，法国的国家科学研究中心(centre national de la recherche scientifique，CNRS)下属的波尔多凝聚态材料化学研究所(institut de chimie de la matière condensée de Bordeaux，ICMCB)、国家科学研究中心(CNRS)与勃艮第大学(université de Bourgogne)联合的勃艮第卡诺特跨学科实验室(laboratoire interdisciplinaire carnot de Bourgogne，ICB)。上述这几个具有代表性的国外研究机构在超临界水热合成技术领域都做出了突出的贡献，本书对这几个研究机构合成的纳米无机材料总结并列于表6-3中，主要为金属氧化物、金属单质及常见的金属复合氧化物，其中包括在合成中所采用的前驱物、合成型式，所获得固相产物的颗粒尺寸、形貌。

日本东北大学作为最早研究超临界水热合成技术并提出超临界水热合成概念及原理的研究机构，其研究的无机金属材料种类也较多，尤其在金属氧化物和金属单质的超临界水热合成方面。

表6-3 代表性国外研究结构合成无机材料总结

机构	合成材料	前驱物	颗粒尺寸	产物形貌	型式	文献
日本东北大学	$\alpha-Fe_2O_3$	$Fe(NO_3)_3$	~50 nm	球形	连续式	[22-23]
	Fe_3O_4	$Fe(NH_4)_2H(C_6H_5O_7)_2$，$FeSO_4$	~50 nm；10~18 nm	球形	连续式	[22-24]
	Co_3O_4	$Co(NO_3)_2$	~100 nm	八面体	连续式	[22-23]
	NiO	$Ni(NO_3)_2$	~200 nm	棒状	连续式	[22-23]
	ZrO_2	$ZrOCl_2$	~10 nm	球形	连续式	[22-23]
	CeO_2，CeO_2/Cr	$Ce(NO_3)_3$，$Cr(NO_3)_3$	20~300 nm；10~60 nm；4~80 nm；50~60 nm	正八面体，球形，多层立方体	间歇及连续式	[25-30]
	ZnO	$Zn(NO_3)_2$，$Zn(CH_3COO)_2$，$ZnSO_4$	230 nm×38 nm；20~600 nm；1~3 μm	棒状，球形，纳米线	间歇及连续式	[31-36]
	In_2O_3:Sn	$In(NO_3)_3$，SnO_2	18~32 nm	球形	连续式	[37]
	In_2O_3:Sn，Zn	In_2O_3，SnO_2，ZnO	<20 nm	立方体	连续式	[38]
	AlOOH	$Al(NO_3)_3$	0.1~1.5μm	六边片状	连续式	[22,39-40]
	$CoAl_2O_4$	$Co(NO_3)_2$，$Al(NO_3)_3$	10~15 nm	球形	连续式	[41]
	$LiCoO_2$	$Co(NO_3)_2$，LiOH	0.5~1.0 μm	不规则	连续式	[42]
	$LiCoPO_4$	$Co(Ac)_2$，LiAcAc，H_3PO_4	200~500 nm	棒状，片状	间歇式	[43]
	$MgFe_2O_4$	$Fe(NO_3)_3$，$Mg(NO_3)_2$	20 nm	球形	连续式	[44]

续表

机构	合成材料	前驱物	颗粒尺寸	产物形貌	型式	文献
日本东北大学	$BaFe_{12}O_{19}$	$Ba(OH)_2$，$Fe(NO_3)_3$	9～30 nm	八面体片状，立方体	连续式	[45]
	$BaO \cdot 6Fe_2O_3$	$Ba(NO_3)_2$，$Fe(NO_3)_3$	250 nm	六边片状	连续式	[46]
	$BaTiO_3$	$Ba(OH)_2$，TiO_2(溶胶)	18～35 nm	四边形	连续式	[47]
	$CuMn_2O_4$	$MnSO_4$，$Cu(NO_3)_2$	20～25 nm	类球形	连续式	[48]
	Ni	$Ni(CH_3COO)_2$，$Ni(HCOO)_2$	～600 nm；<20 nm	类球形	连续式	[49-50]
	Fe	$Fe(CH_3COO)_2$	～100 nm	类球形	连续式	[51]
	Pd	$Pd(CH_3COO)_2$	～30 nm	类球形	连续式	[51]
	Co	$Co(HCOO)_2$	～0.6 μm	类球形	连续式	[51]
	Ag	$AgCH_3COO$	—	松枝状	连续式	[51]
	Cu	$Cu(HCOO)_2$	14～30 nm	球形	连续式	[52-53]
日本国家先进工业科学技术研究院	NiO	$Ni(NO_3)_2$	20～54 nm	不规则	连续式	[54-57]
	CuO	$Cu(NO_3)_2$	29～35 nm	不规则	连续式	[55]
	Fe_2O_3	$Fe(NO_3)_3$	4～7 nm	球形	连续式	[55]
	TiO_2	$Ti(SO_4)_2$	13～30 nm	不规则	连续式	[58]
	ZrO_2	$ZrO(NO_3)_2$	3 nm	球形	连续式	[59]
	$BaTiO_3$	TiO_2(溶胶)，$Ba(OH)_2$，$Ba(NO_3)_2$	9～30 nm；10～150 nm	球形，立方体，四角形	连续式	[60-64]
	$NiFe_2O_4$	$Fe(NO_3)_3$，$Ni(NO_3)_2$	3～12 nm	类球形	连续式	[65]
	$\gamma-Al_2O_3$，$\gamma-AlOOH$	$Al(NO_3)_3$	2.8～18 nm；70～470 nm	圆形，菱形	连续式	[66-68]
	$LiFePO_4/C$	FeC_2O_4，$NH_4H_2PO_4$，LiOH	150～200 nm	球形	间歇式	[69]
	$CaTiO_3$	$Ca(NO_3)_2$，TiO_2(溶胶)	22 nm	类球形	连续式	[70]
	$Li_4Ti_5O_{12}$	$Ti(SO_4)_2$，LiOH	～100 nm	球形	连续式	[71]
	$ZnGa_2O_4:Mn^{2+}$	$Zn(NO_3)_2$，$Ga(NO_3)_3$，$Mn(NO_3)_2$	～20 nm	菱形	连续式	[72]

续表

机构	合成材料	前驱物	颗粒尺寸	产物形貌	型式	文献
丹麦奥胡斯大学	$\gamma-Fe_2O_3$	$C_6H_8O_7\cdot$ xFe(Ⅲ)$\cdot yNH_3$，$Fe(NO_3)_3$，$FeCl_3$	16～20 nm	球形	连续式	[73]
	Fe_3O_4	$C_6H_8O_7FeNH_3$	6 nm	球形	连续式	[74]
	$SrFe_{12}O_{19}$	$Fe(NO_3)_3$，$Sr(NO_3)_2$	～2 μm	六边片状	间歇式	[75]
	$CoFe_2O_4$	$Fe(NO_3)_3$，$Co(NO_3)_2$	5～15 nm	球形	连续式	[76]
	$BiFeO_3$	$Fe(NO_3)_3$，$Bi(NO_3)_3$	<20 nm	不规则	连续式	[77]
	Bi_2Te_3	$BiCl_3$，$Te(OH)_6$	75 nm	不规则	连续式	[78]
	$Li_4Ti_5O_{12}$	LiOEt，$Ti(O^iPr)_4$	4.5 nm	花瓣状	连续式	[79]
	$Ce_xZr_{1-x}O_2$	$Zr(Ac)_4$，$(NH_4)_2Ce(NO_3)_6$	4～7 nm	球形	连续式	[80]
	CeO_2	$(NH_4)_2Ce(NO_3)_6$	～10 nm	—	半连续	[81]
	ZrO_2	$Zr(Ac)_4$	5 nm；>10 nm	不规则，球形	(半)连续式	[82-83]
	ZnO	$Zn(NO_3)_2$	25～1000 nm	棒状，片状	连续式	[84]
	TiO_2	TTIP，$C_{12}H_{28}O_4Ti$，$Fe(NO_3)_3$	5～8 nm，～20 nm	球形，四边片状	连续式	[85-87]
英国诺丁汉大学	TiO_2，ZrO_2	—	4～56 nm	—	连续式	[88]
	CeO_2	$(NH_4)_2Ce(NO_3)_6$	5 nm	不规则	连续式	[89]
	CO_3O_4	$Co(C_2H_3O_2)_2$，$Co(NO_3)_2$	2～50 nm；50～300 nm	立方体，不规则	连续式	[90-91]
	WO_3	$C_{12}H_{30}O_6W$	50～250 nm	纳米片	连续式	[92]
	$ZrO_2:Eu^{3+}$	$Zr(Ac)_x(OH)_y$，$Eu(Ac)_3$	5～25 nm	类球形	连续式	[93]
	ZnS，CdS，PbS，CuS，$Fe_{1-x}S$，Bi_2S_3	$Zn(NO_3)_2$，$Cd(NO_3)_2$，$Pb(NO_3)_2$，$Cu(NO_3)_2$，$FeSO_4$，$Bi(NO_3)_3$	15 nm～1 μm；20 nm	棒状	连续式	[94]
	$Ba_xSr_{1-x}TiO_3$	TiBALD，$Ba(NO_3)_2$，$Sr(NO_3)_2$	7～20 nm	不规则	连续式	[95]
	$Ce_{1-x}Zr_xO_2$	$(NH_4)_2Ce(NO_3)_6$，$Zr(Ac)_4$	<10 nm	球形	连续式	[89,96]
	$Ca_{10}(PO_4)_6(OH)_2$	$(NH_4)_2HPO_4$，$Ca(NO_3)_2$	100～200 nm	棒状	连续式	[97-98]
	$LiFePO_4$	LiOH，$FeSO_4$，H_3PO_4	100～500 nm	不规则	连续式	[99]
	Ag	CH_3COOAg	5～70 nm	球形	连续式	[21,88]

续表

机构	合成材料	前驱物	颗粒尺寸	产物形貌	型式	文献
英国伦敦大学学院	CeO_2	$(NH_4)_2Ce(NO_3)_6$	3～4 nm	多边形	连续式	[100]
	ZnO	$Zn(NO_3)_2$	35～85 nm；66 nm；10～70 nm	类球形，团聚物，立方体	连续式	[101－103]
	Co_3O_4	$Co(CH_3COO)_2$	6～30 nm	球形，立方体	连续式	[104]
	NiO	$Ni(NO_3)_2$	7 nm	球形	连续式	[105]
	VO_2	NH_4VO_3	46～425 nm	棒状，球形	连续式	[106]
	In_2O_3，In_2O_3:Sn	$In(NO_3)_3$，K_2SnO_3，$Sn(CH_3COO)_4$	7～31 nm；＜6 μm	圆角立方体，立方体	连续式	[107－109]
	Fe_3O_4，Fe_3O_4/C	$Fe(C_6H_5O_7)$，$Fe(NO_3)_3$	5～16 nm；15～30 nm	圆形，多边形，球形	连续式	[101，110－111]
	Sn－doped TiO_2	$TiOSO_4$，$SnSO_4$	～5 nm	球形	连续式	[112]
	Nb－doped $LiFePO_4$	$FeSO_4$，LiOH，$C_4H_4NNbO_9$	＜100 nm	菱形	连续式	[113]
	$LiFePO_4$：Mn(Ccoated)	$FeSO_4$，$MnSO_4$，LiOH，H_3PO_4	＜50 nm（晶粒尺寸）	不规则	连续式	[114]
	TiO_2	$TiOSO_4$，TiBALD，$TiSO_4$	5～17 nm；300 nm	球形，不规则	连续式	[115－119]
	Bi_2MoO_6，$Bi_2Mo_3O_{12}$	$Bi(NO_3)_2$，H_2MoO_4	138 nm；83 nm	球形	连续式	[120]
	$Ce_xZr_yY_zO_{2-\delta}$	$Y(NO_3)_3$，$ZrO(NO_3)_2$，$(NH_4)_2Ce(NO_3)_6$	9～270 nm；2～7 nm	团聚物	连续式	[121－122]
	$NiCo_2O_4$	$Co(NO_3)_2$，$Ni(NO_3)_2$，$Ni(CH_3COO)_2$	＜100 nm	菱形，立方体	连续式	[123]
法国国家科学研究中心	CeO_2	$Ce(NO_3)_3$，$Ce(NO_3)_6(NH_4)_2$	7 nm	球形，立方体	连续式	[124]
	$BaTiO_3$	Ti 和 Ba 的异丙醇盐	15～36 nm	不规则	连续式	[125]
	$Ba_xSr_{1-x}TiO_3$	Ti、Ba、Sr 的异丙醇盐	20～40 nm	不规则	连续式	[126]
	ZnO	$Zn(NO_3)_2$	15～200 nm	球形，须状	连续式	[127－128]
	$Fe_{2.94}O_4$	Fe^{2+}、Fe^{3+} 盐	4nm	球形，立方体	连续式	[129]

续表

机构	合成材料	前驱物	颗粒尺寸	产物形貌	型式	文献
法国国家科学研究中心	Fe_3O_4	$Fe_2(SO_4)_3$，$(NH_4)_2Fe(SO_4)_2$	15 nm	纳米花	连续式	[130]
	Fe_3O_4，Fe_2MO_4	$M(C_2H_3O_2)_2$ 混合物（M=Fe,Co,Ni,Zn）	10～100 nm	不规则	连续式	[131]
	Fe_2CoO_4	$Fe(NO_3)_3$，$Co(NO_3)_2$	3 nm	不规则	连续式	[131-132]
	GaN	$[Ga(NMe_2)_3]_2$	2.8 nm	球形	连续式	[133]
	$BaZrO_3$	$ZrO(NO_3)_2$，$Ba(NO_3)_2$，$Ba(CH_3COO)_2$	74～100 nm	球形，立方体	连续式	[132,134]
	$LiFePO_4$	LiOH，H_3PO_4，$(NH_4)_2Fe(SO_4)_2$	40～200 nm	团聚物	连续式	[135]
西安交通大学	Cu	$Cu(HCOO)_2$	14～30 nm	球形	连续式	
	CuO	$CuSO_4$	29～35 nm	不规则	连续式	
	TiO_2	$TiSO_4$	10～50 nm	球形	连续式	
	ZrO_2	$ZnO(NO_3)_3$	5～15 nm	棒状，球状	连续式	
	ZnO	$Zn(NO_3)_2$	9～50 nm	棒状，球状	连续式	
	$LiFePO_4$	LiOH，H_3PO_4，$(NH_4)_2Fe(SO_4)_2$	40～200 nm	球状，棒状	间歇式	

根据上表可以看出，在超临界水热合成技术中已有许多不同的无机材料被合成，包括金属氧化物、金属单质、无机金属复合氧化物、金属硫化物等。对于有些金属氧化物如 ZnO、TiO_2、ZrO_2、Co_3O_4、Fe_3O_4、Fe_2O_3 等，各研究机构已有较全面和系统的研究。

6.3 超临界水热/溶剂热体系结晶机制与参数影响

6.3.1 反应结晶机制

1. 盐类产物的反应结晶过程

超临界水热/溶剂热合成中，不同产物对应着不同的反应步骤，对于磷酸铁锂等金属盐，根据“溶解-沉淀”，超临界水热合成磷酸铁锂的过程可分为 3 个步骤，如图 6-7 所示。

(1)前驱物溶解：随着体系温度的升高，前驱物中所有化合物开始溶解和水解，导致溶液 pH 值降低。反应体系中生成了$[Fe(H_2O)_n]^{2+}$、$[Li(H_2O)_n]^+$ 和 PO_4^{3+}，进一步生成 $LiFePO_4$ 生长基元供晶体的成核和生长，如式(6-5)所示。这些前驱物可能尚未完全溶解，未溶解的前驱物具有成核剂的作用。

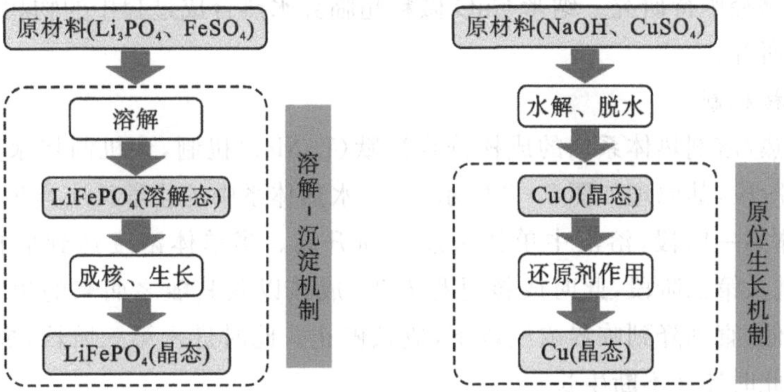

图 6-7　“溶解-沉淀”机制与“原位生长”机制的基本过程

(2)成核：当达到了非均相临界成核浓度时，水合金属离子会在前驱物的表面或棱边上转变成少量的 $LiFePO_4$ 核心，如式(6-6)所示。成核所需能量来自热涨落(热力学量略微偏移统计平均值的现象)，或者说是溶液波动的结果。因此材料结晶需要一定的孕育期(诱导期)，让能量比周围高的原子或分子能聚集在一起，这也是成核需要一定的过饱和度的原因。应该注意的是，新相的能量比旧相低，因此会放出能量，使得晶核继续生长。但只有具有一定尺寸的晶核，其放出的能量大于等于成核所需的能量，才能继续生长，即具有临界尺寸的晶核才能进一步生长[136]。

$$Fe^{2+} + Li^{+} + PO_4^{3-} \longrightarrow LiFePO_4 \downarrow \tag{6-5}$$

$$LiFePO_4(aq) \longrightarrow LiFePO_4 \downarrow \tag{6-6}$$

(3)晶核生长：晶体会沿着表面具有较高表面能的垂直方向快速生长。磷酸铁锂晶体(010)表面的表面能要低于其他表面，因此这个平面是生长速度最慢的，即 $LiFePO_4$ 板状产物的板状平面是(010)表面。当水中的$[Fe(H_2O)_n]^{2+}$、$[Li(H_2O)_n]^{+}$和 PO_4^{3+} 浓度低于临界过饱和浓度时，$LiFePO_4$ 的生长停止。

2. 金属及金属氧化物的反应结晶过程

在最初超临界水热合成概念被提出时，其中金属氧化物的合成路径就被同时提出了[22,39]。超临界水热合成技术中金属氧化产物的合成路径一般被认为是由两步组成：第一步是金属盐水解形成中间产物金属氢氧化物或水合金属氧化物；第二步是中间产物经过脱水过程形成金属氧化物。此过程步骤用式(6-7)和式(6-8)来表示，M 代表金属元素。当制备金属单质纳米粒子时，在上述反应的基础上，金属氧化物在还原剂的作用下将发生还原反应，得到金属单质。上述过程中，金属氢氧化物→金属氧化物→金属单质，均为新晶体在反应物表面成核与生长，即“原位生长”机制。

$$M^{x+} + xH_2O = M(OH)_x + xH^{+} \tag{6-7}$$

$$M(OH)_x = MO_{\frac{x}{2}} + \frac{x}{2}H_2O \tag{6-8}$$

对于金属 Ni 及 Al，在学者们探究其氧化物合成的过程中，其相应的金属氢氧化物 $Ni(OH)_2$、AlOOH 在合成过程中作为不完全反应产物均被检测到了[67,137]。因此，对于金属 Ni 和 Al，可以确定它们的合成路径确实为经典合成路径，即金属盐先水解，后脱水，形成金属氧化物，如图 6-7 所示。因此，为更好地了解超临界水热合成机制，铜系金属盐在反应中的合成路径亟待研究。纳米 CuO 微粒超临界水热合成过程中的物相随时间的迁移衍变规律有待研究。

3. 晶体成核机制

超临界水热/溶剂热体系内的成核符合拉默(LaMer)机制，该机制将水热结晶体系按时间分成 3 个阶段，其原理如图 6-8 所示[138]。水热体系中的化学反应产生晶体的生长基元，也称为单体第一阶段，溶液中单体浓度不断升高。当单体浓度达到成核的临界浓度时，结晶过程进入第二阶段，此时成核过程发生，成核以及其随之而来的生长过程使得单体浓度开始降低，直到降到临界浓度以下，成核停止。此时进入第三阶段，成核停止，但已存在的晶体在此时还在不断生长。

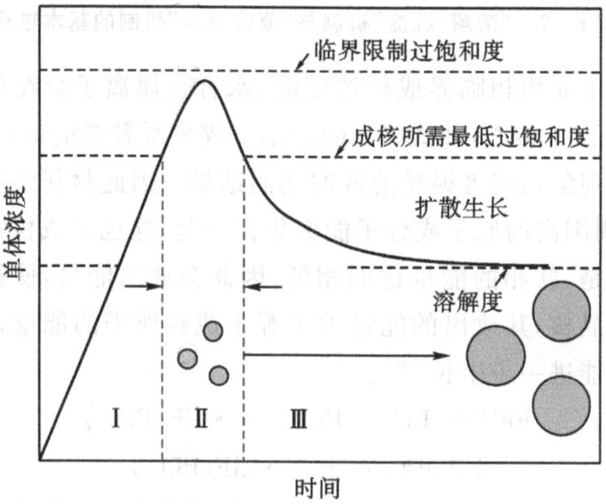

图 6-8　LaMer 成核机制的原理

可以看出，LaMer 机制中，成核被限制在第二阶段，这一时期的晶核数量决定了生长颗粒的数量，可以认为：成核阶段的时间长度和成核速率决定了最终颗粒尺寸的分布。成核速率 $\Gamma(t)$ 随时间的分布与高斯分布相似，在成核开始时(第二阶段初始)，成核率为 0，随后开始升高，直到达到最大值，最后在末期降到 0。如图 6-9 所示为成核函数，即成核速率随时间的变化过程。

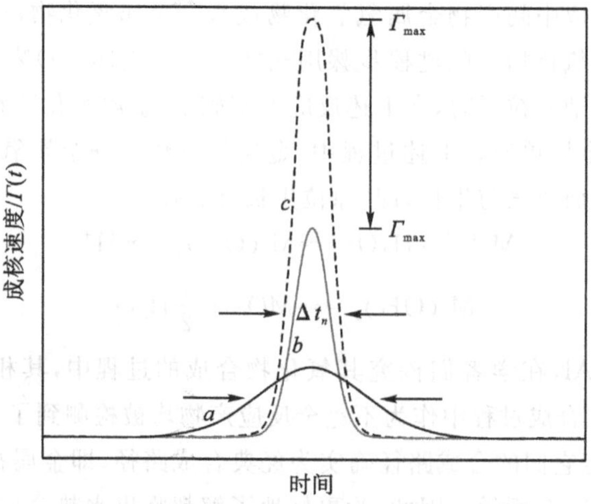

图 6-9　结晶第二阶段的成核函数

成核过程的时间长度称为成核的时间窗口，最大成核速率为 Γ_{max}，成核曲线与时间轴所包围的面积就是成核的数量 N。很显然，时间窗口越窄，则最终颗粒的粒径分布越窄；最大成核速率越高，最终颗粒数量越多，进而颗粒的平均粒径越小。通过化学或其他方法有目的地操作成核时间窗口和最大成核速率是一种可能的控制粒径的手段。在这个过程中，测定成核函数，即成核速率随时间的变化率是很有挑战性的一项工作。

一些学者认为"溶解-结晶"是水热合成磷酸铁锂过程中的晶核形成方式[139]。前驱物在常温常压下不溶于水（如磷酸铁锂水热合成的前驱物）时的成核机制通常是"溶解-结晶"机制。溶解指在水热反应初期，前驱物微粒之间的团聚和联结遭到破坏，从而使微粒自身在水热介质中溶解，以离子或离子团的形式进入溶液的过程。水热介质中溶质的浓度高于晶粒成核所需的过饱和度时，体系内发生晶粒的成核，即结晶。随着结晶过程的进行，体系内用于结晶的生长基元浓度又变得低于前驱物的溶解度，这使得前驱物的溶解继续进行。晶核形成之后，环境中的生长基元会靠近并附着在晶核上，此时也会发生生长基元在晶体表面或内部的扩散，实现晶胞的规律排列。

4. 水热体系中晶体的粗化与团聚

经过成核和生长过程而产生的晶体产物的粒径和形状在水热体系中可能会进一步发展，这一过程的主要动力是微小晶粒表面自由能较高而导致某一范围处于一个整体上不稳定的状态。小晶粒的表面占比很大，使系统自由能较高，如果晶粒变大，可使总的界面能降低，即粗化，通常表现为大晶粒吞并小晶粒。奥斯特瓦尔德(Ostwald)熟化机制[140]由于毛细管效应，小颗粒周围的生长基元浓度高于大颗粒的，两者间的浓度梯度造成生长基元向低浓度区扩散，从而导致被大颗粒吸收生长基元并继续长大，小颗粒继续溶解。

另外，晶粒之间也可以通过其合适的晶面附着彼此并沿相同的晶向生长，形成的最终颗粒也会是单晶。当颗粒之间的聚集没有以晶向或晶面相配合，则通常称为"团聚"，形成二次颗粒。水热体系中纳米颗粒的团聚机理目前尚无统一的说法。另外，也有学者认为纳米颗粒之间可通过直接融合的方式形成大颗粒，并提出集合生长机制[141]。相比之下，传统的团聚过程指多个颗粒通过表面间的相互作用而形成大颗粒，这种情况下通常会出现多孔结构材料，而集合生长机制更类似于多个颗粒间的"融合"。

除此之外，还有消解(digestive)熟化理论，它与 Ostwald 熟化相反，认为大颗粒的长大受到表面能控制从而溶解，因此小颗粒才能长大。同时，粒子内生长(intraparticle growth)机制提到：单体沿着晶体表面的扩散将改变它的形状，当溶液中单体的能量低于某一晶面的能量时，高能量晶面将会发生溶解，低能量晶面将会长大。

6.3.2　合成条件对产物粒径等性能的影响

磷酸铁锂的超临界水热合成过程主要包括两个阶段：一是反应阶段，原料发生反应生成产物；二是结晶阶段，反应物晶种析出、晶粒长大。而不同的过程参数能够对这两个阶段产生不同的影响，最终影响产物的性质。

1. 温度

温度对超临界水热合成的影响主要体现在动力学和热力学两个方面。在热力学方面，温度的提高会极大地促进金属离子的扩散能力，从而提高生长基元的生成速率，这有利于短时间内形成大量晶核，即成核时间窗口变高变窄，进而会提高颗粒的均匀性并降低其粒径。在动力学方面，随着温度的升高，超临界水密度降低，黏度降低。密度降低则生长基元溶解度降低，进而会提高生长基元过饱和度，提高成核速率，效果同上；黏度降低则生长基元在水热体系中的扩散速率加快，同时提高了晶体成核速率和生长速率。密度控制着过饱和度，即生长基元的数量。尽管温度的升高会提高晶体生长速率，但在较短的反应时间下成核过程对产物粒径起主导作用。因此，对于大多数纳米产物来说，提高反应温度有利于降低产物粒径，提高粒径均匀性。

魏浩[142]采用间歇式超临界水热合成方法进行研究，结果显示颗粒粒径随着温度的升高而减小，如图 6-10 所示，当温度达到 420 ℃时，产物中出现了较严重的团聚现象。这证明了低温下溶质的过饱和度较低，不利于晶核的快速析出，而过高温下，粒子间的碰撞加剧导致了产物的团聚。

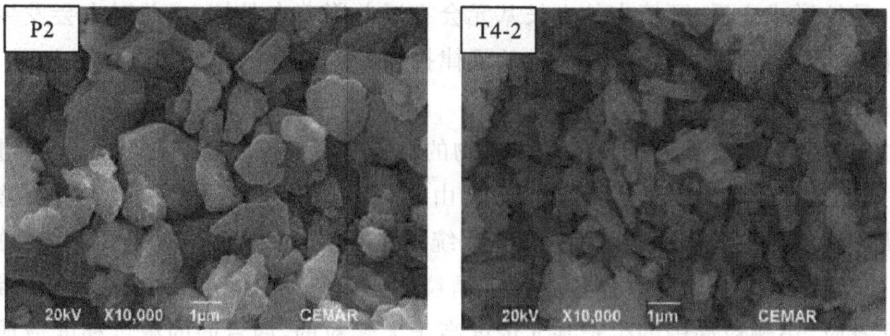

(a) 360℃ (b) 420℃

图 6-10 不同反应温度下制备磷酸铁锂粉体的扫描电镜(SEM)图像[142]

宋续明等[143]采用套管结构的反应器，在 23 MPa 的反应压力下并以与魏浩同样的反应物，利用连续式超临界水热合成设备，研究反应温度为 320～405 ℃时的产物性能。结果显示 380 ℃下制备的产物具有最高结晶峰，表明其具有较高的结晶度，水热合成反应进行得更为彻底，如图 6-11 所示。SEM 图像显示，在超临界温度附近及以上，随着反应温度的升高，颗粒粒径也存在着先减小后增大的趋势。

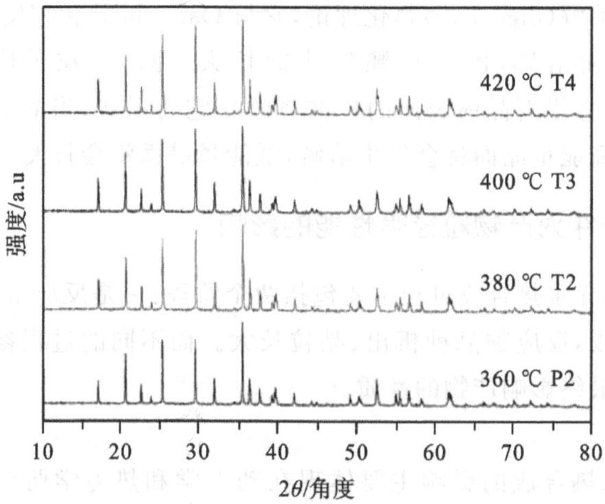

图 6-11 不同反应温度下制备磷酸铁锂粉体的 X 射线衍射(XRD)谱[143]

2. 压力

压力是超临界水的重要参数，压力升高会提高超临界水的密度，进而提高生长基元的溶解度(使其不容易析出)，并加速结晶体系的传热传质，降低成核数量并提高成核速率，不利于小颗粒的形成。在纳米材料的实际应用中，除粒径外，通常需要关注晶体结晶度，即晶体内部结晶的完美程度。在实验观察中发现较高反应压力下所得产物通常具有较高的结晶度，表现为 X 射线衍射较强的衍射峰，如图 6－12 所示。反应压力对结晶度的影响机制当前学术界尚无定论。

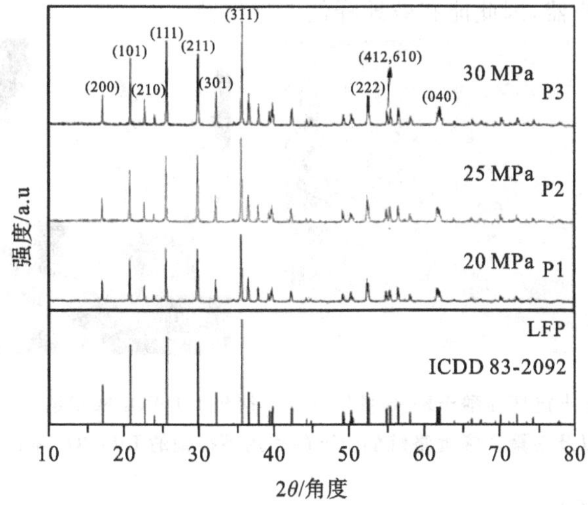

图 6－12　不同反应压力下制备磷酸铁锂粉体的 X 射线衍射谱图[143]

腰胜辉[144]利用连续式超临界水热合成装置，在压力范围为 20～30 MPa 的条件下，研究了压力的变化对产物颗粒的影响。结果显示随着压力的增大，产物颗粒的平均粒径和粒度分布宽度逐渐减小，如图 6－13 所示。30 MPa 时制备的产物具有最小的平均粒径(720 nm)，且粒度分布最窄，分布宽度不超过 700 nm。

(a) 20 MPa　　(b) 30 MPa

图 6－13　不同反应压力下制备磷酸铁锂粉体的扫描电镜图像[144]

3. 反应物浓度

反应物浓度是产物颗粒粒径及形貌的一个重要的影响因素，较高的反应物浓度可在成核阶段提供较多原料以形成较多的成核位点，同时也能在晶体生长阶段提供更多生长原料。相关研究发现，随着浓度的增加，产物颗粒粒径逐渐增大。表明仅在反应物浓度方面，连续式水热合成过程中最终粒径主要受生长过程控制，即高的前驱物浓度能在生长过程中提供足够的原料。

4. 添加剂

在超临界水热合成反应中，表面修饰剂等的添加，能够有效地改善产物颗粒的粒径与形貌，如图 6-14 所示。在超临界条件下，有机物硫醇离子能覆盖正在生长的晶体表面，能够降低晶体的生长速率，进而获得较小粒径的产物颗粒。有机配体含有疏水基团和亲水基团，在超临界水热合成的水热环境中，当有机物浓度超过胶束浓度极限，会在体系内形成疏水基团朝内、亲水基团朝外的胶束，且其中含有一些前驱物颗粒，这形成了一个微型空间，即一个微型反应器，因此能有效地降低产物粒径。

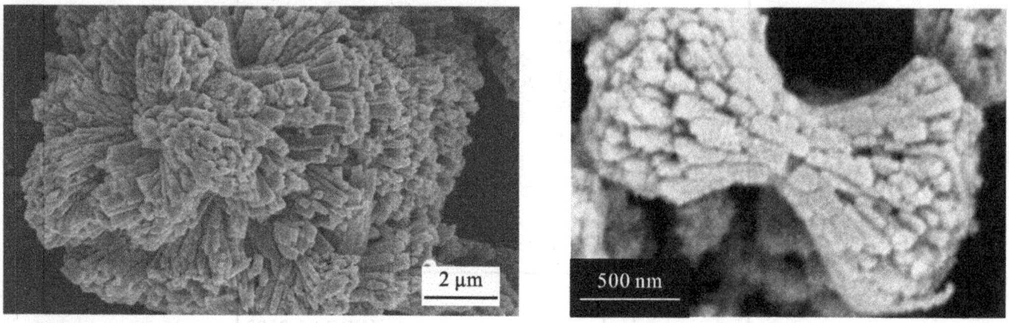

图 6-14　在乙二醇＋抗坏血酸＋KOH 共同作用下得到 $LiFePO_4$ 棒状纳米颗粒，并团聚为花状纳米颗粒，以及在聚乙烯吡咯烷酮＋苄醇作用下得到的 $LiFePO_4$ 哑铃形颗粒[145]

5. 反应时间(流速)

根据经典成核过程，在间歇式水热合成过程中，晶体的成核过程需要一定的时间，当反应时间不足时，成核位点数量不足；当有充足的时间成核时，就可以得到较多的成核位点，进而在之后的生长过程产生较小的颗粒，此时由于成核时间已经足够，尽管再增加反应时长，粒径也很难有较大的变化，如图 6-15 所示。但是在时间极短的情况下，即没有足够的时间成核时，结晶过程整体还没有进行到生长过程，此时仅有部分颗粒开始生长，还有部分晶核刚刚形成，因此平均粒径较小，且粒径分布不均。

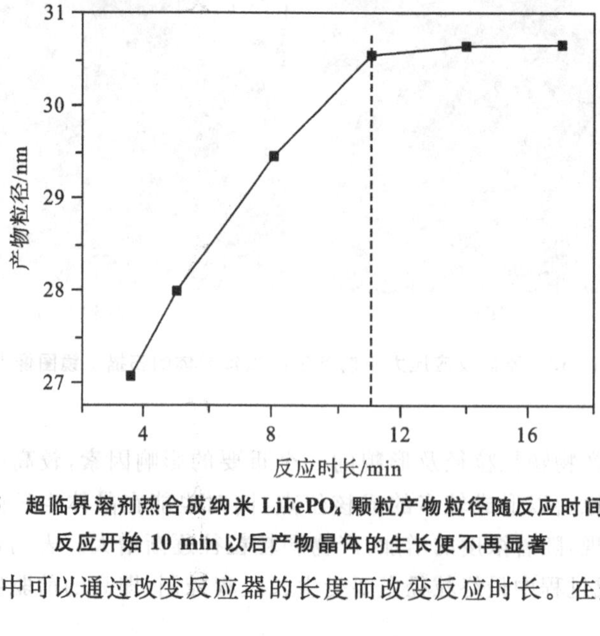

图 6-15　超临界溶剂热合成纳米 $LiFePO_4$ 颗粒产物粒径随反应时间的变化，反应开始 10 min 以后产物晶体的生长便不再显著

在连续式装置中可以通过改变反应器的长度而改变反应时长。在连续式超临界水热合成过程中，随着反应时间的缩短，晶体颗粒的生长时间缩短，从而得到更小的颗粒平均粒径。这说明在连续式装置中缩短反应时间可以缩短晶体生长的时间，从而减小粒径。

6.4　超临界水热/溶剂热合成工艺、装备及工业化

6.4.1　实验系统

1992 年，日本东北大学开发出第一套连续式超临界水热合成反应系统[39]，其基本流程如图 6－16 所示。在该实验系统中，高压水由加热器升温至超临界状态，然后与高压前驱物溶液混合开始反应，为确保反应温度的准确性，将反应器置于电加热炉内，反应完成后降温降压，收集产物悬液。该套实验装置奠定了超临界水热/溶剂热合成纳米材料的基本流程，后续各类系统的开发均在此基础上进行。

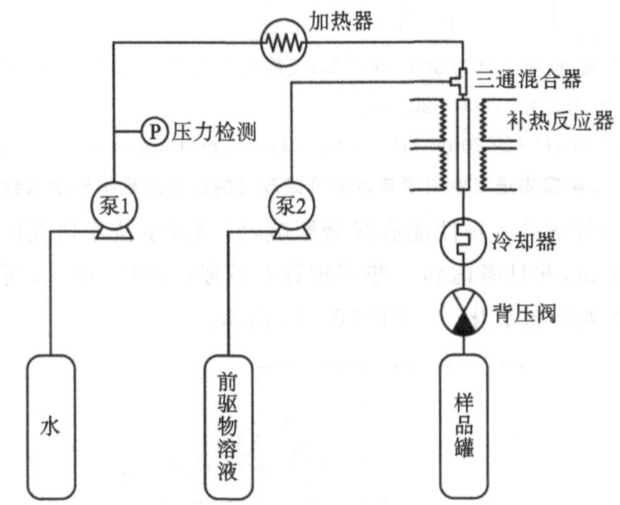

（1）系统基本参数：反应温度为 400～490 ℃；反应压力为 30～35 MPa；反应流速为 0.0018～0.018 m/s；反应雷诺数为 138～611。

（2）合成产物：AlOOH (600 nm)；$\alpha-Fe_2O_3$ (50 nm)；Fe_3O_4 (50 nm)；Co_3O_4 (100 nm)；NiO (200 nm)。

图 6－16　日本东北大学于 1992 年设计开发的连续式超临界水热合成系统[39]

在制备 ZrO_2 等纳米金属氧化物的过程中，需要令超临界水与 $Zr(OH)_4$ 等悬液混合并反应，通常高压计量泵难以泵送悬液工质，因此上述超临界水热合成系统无法满足该类反应。在上述系统的基础上，日本国家先进工业科学技术研究院于 2013 年在日本东北大学开发的实验系统基础上做了一些改进[72]，如图 6－17 所示。在该系统中，金属盐前驱物溶液首先在常温下与矿化剂溶液混合，形成悬液后再与超临界水混合反应。整个系统具有 2 处混合点，其混合效率均对最终产物性能具有显著影响。

日本国家先进工业科学技术研究院的连续式超临界水热合成系统中的 2 处混合点均采用普通三通接头，这种混合方式存在混合效率低、浓度均匀性差等缺陷，并不利于小粒径的产物颗粒产生。基于这一问题，日本国家先进工业科学技术研究院在 2014 年的报道中，将普通

三通接头更换为微通道三通接头(通流直径≤1 mm),产物性能得到了显著提升。

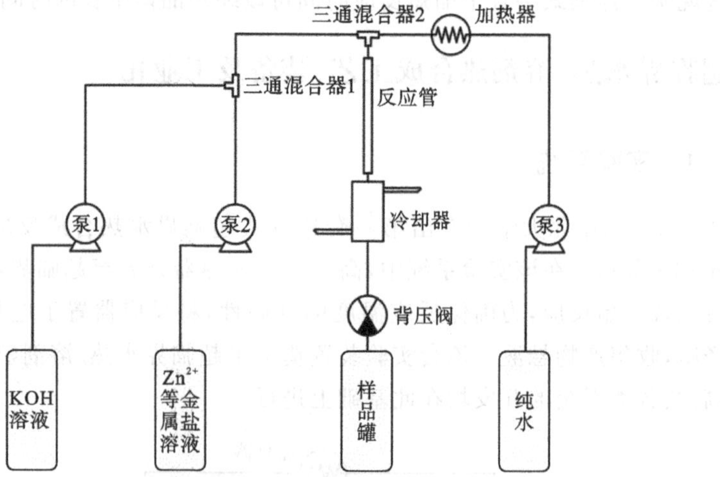

(1)系统基本参数:反应温度为300~500 ℃;反应压力为25~35 MPa;反应流速为2~3.7 m/s;反应雷诺数为17000~20000。

(2)合成产物:$ZnGa_2O_4$(约20 nm);$Ca_{1-x}Sr_xTiO_3$(40 nm);$Li_4Ti_5O_{12}$(100 nm)。

图6-17 日本国家先进工业科学技术研究院改进的连续式超临界水热合成系统[72]

由于混合器混合效率对产物性能有显著影响,韩国科学技术研究院针对不同的混合器结构进行了大量尝试,并且考虑到一些产物具有较强还原性(如Cu等),将系统内调整为氮气气氛以保护产物不被氧化[146],如图6-18所示。

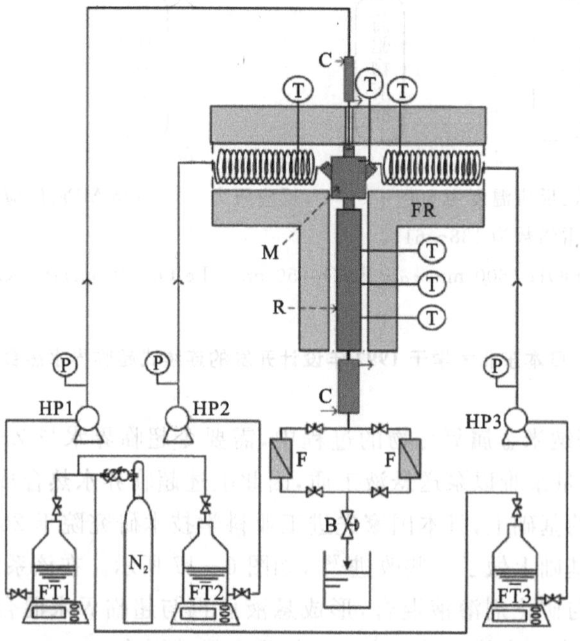

(1)系统基本参数:反应温度为400 ℃;反应压力为30 MPa。

(2)合成产物:Ni(约120 nm);Cu(240 nm);Ag(148 nm);Fe_3O_4(21 nm);CeO_2(11~91 nm)。

图6-18 韩国科学技术研究院改进的连续式超临界水热合成系统

在上述系统的基础上，丹麦奥胡斯大学，英国诺丁汉大学、伦敦大学，以及中国西安交通大学等机构均开发出连续式超临界水热/溶剂热合成装置，这些装置主要针对混合器结构做了一定程度的优化设计，在系统基本流程上改动不大[21,85,91,97,147-148]。

6.4.2　工业化系统工艺及经济性

基于超临界水热/溶剂热合成的基本原理，该技术实现工业化应用的系统工艺如图6-19所示。其基本流程为：分别调配纳米金属的前驱物溶液与配体溶液，通过高压计量泵分别升压；纯水升压并加热到预定温度后，与前驱物溶液、配体溶液快速混合并反应，然后迅速冷却以中止反应；反应产物经气液分离、固液分离、固相产物清洗及产物干燥后可获得干燥的纳米粉体产品。

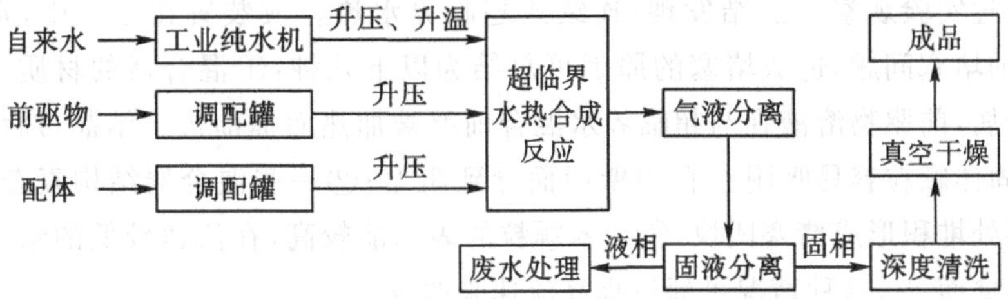

图6-19　超临界水热合成纳米金属粉体的工艺流程示意图

以超临界水热合成技术制备纳米铜粉体为例，纳米铜粉体（20～50 nm）是高端电子元器件、能源化工、医药抗菌等领域的重要工业原材料，2019年我国纳米铜需求量达到近900 t，市场售价为300万元～800万元。当前世界上仅有三井金属矿业、GGP金属粉末以及AcuPowder国际公司可生产50 nm级别的纳米铜粉，国内仅有太鲁科技具备生产亚微米级铜粉的能力，且生产成本高达200万元/t～300万元/t。基于上述基本工艺流程，用超临界水热合成技术制备纳米铜粉的生产成本为70万元/t～90万元/t，为传统制备技术的30%～40%，利润空间巨大。在环境效益方面，超临界水热合成纳米铜系统内有机配体可回收利用，无污染物排放，环境友好。

6.4.3　核心装备

1. 混合器

混合器是超临界水热合成装置的核心部件，常温的前驱物溶液与超临界水在混合器中混合，使前驱物达到指定的温度，再开始反应，因此混合器的性能直接决定了产品性能和设备稳定性，而混合器的设计是亚/超临界水热合成纳米材料领域的关键研究方向。混合器的设计工作应遵循3个基本原则：①提高两股流体的混合效率（升温速率）；②提高两股流体混合的均匀性；③避免混合器的堵塞。

混合效率是混合器的核心评价指标，具有高混合效率的混合器允许前驱物与超临界水瞬时混合，以极高的加热速率使产物快速成核并形成纳米颗粒。现有的混合器设计工作中通常采用2个方法提高混合效率：一是提高两股流体的接触面积，二是形成涡流。一些研究者在混合流道中加入一些障碍物扰流，实现流体流动状态的改变，促进两股流体的掺混。微通道的概念被提出后，一些学者设计的微混合器，其中的流体具有很大的比表面积，因此混合时具有很高的接触面积。后面本书会更加详细地介绍微混合器的内容。大量研究表明，涡流的形成可显著提高流体的混合效率。当在与速度垂直的剖面上存在压差时就可能产生涡流，通常通过两股流体较大的速度差来实现。涡流中的流体微团掺混剧烈，可显著提高两股流体的混合效率。

本书希望通过超临界水热合成的纳米材料在粒径很小的同时还具有很窄的粒径分布。这需要混合器中的反应具有良好的空间均匀性，因此混合的均匀性是混合器非常重要的性能，但遗憾的是，它在研究工作中往往被忽视。本书通过对比一些混合器设计研究报告发现，实现均匀混合的最重要的原则是“对称流动”。一些非对称混合器，如三通，由于非对称流动，通常会在混合器壁面上观察到非均匀成核与生长。而当使用旋流混合器、对撞混合器时，产物的粒径分布得更加集中。

本书通过实验观察与总结发现，连续式超临界水热合成装置在运行中，常存在混合器/反应器的堵塞问题，造成堵塞的原因可总结为以下几种：①混合器的材质通常为导热性良好的金属，前驱物溶液在与超临界水混合前就被加热而提前进入结晶过程，前驱物溶液流速慢，固体颗粒容易吸附在管内壁面而导致阻塞；②一些混合器结构复杂，导致产物颗粒易在某处堆积形成堵塞团块；③纳米颗粒的表面能较高，在流速较低的情况下可能会附着在管内壁面[21]，这种情况可通过提高流速来改善。

一些研究表明，传统的T形混合器中由于超临界水与前驱物溶液密度差造成的浮升力，超临界水常常混入前驱物溶液的入口中，以一种不均匀的方式造成前驱物被提前加热。可以预见，这种现象也会发生在一些结构类似的混合器中。

近期许多新型的混合器被开发，它们大多采用一些复杂的结构用以产生射流和涡流，也有一些无源微混合器大量地采用挡板等障碍物，用以扰流来增大混合流体接触面积。这些新型混合器很难应用于纳米材料的合成，因为它们具有大量截面突变的流道，无法避免混合器堵塞的问题，不具备工程实际价值。

要实现超临界水热合成技术的工业化应用，还要解决混合器等关键装备的放大化问题。很明显，实验室装置中混合器的尺寸与工业化装置的相差巨大。当混合器放大时通常面临流体 Re 数降低，导致混合效率和混合均匀性的降低[149-150]。

由于混合器性能对产物的粒径及其分布有显著影响，混合器的开发到目前为止仍是超临界水热合成领域的研究热点。但混合器的设计开发工作应该更多地关注它实际应用的性能，而不是只考虑混合效率。现有的混合器研究报告通常忽略了堵塞等问题，但这些工作对未来的工作仍具有极其重要的指导意义。

当前已有许多针对混合器的研究，大多套路为设计一种新的结构，并通过试验或模拟验证它们的先进性。这些研究中所采用的核心指标是“混合效率”，并且不同的文章中对这一变量的定义方法不同。一些研究中根据混合流体的密度变化或流体内示踪剂的浓度变化来判断混合效率，流体的密度变化可以采用中子照相技术来实时监测[151]。在数值模拟研究中更是可以方便并准确地定义出微观与宏观混合效率，具体定义方法不再赘述。

几种较为典型的高效混合器已经被设计开发出，它们其中的一些甚至已经被用于实验装置中。Kawasaki 等[54]探讨了 3 种内径分别为 2.3 mm、1.3 mm 和 0.3 mm 的T形混合器及 3 种不同的流动混合模式对超临界水热合成产品颗粒的影响。结果表明，随着混合器内径的减小，反应物的粒径明显减小，粒径分布变窄，但转化率降低。3 种混合器的产品平均粒径均随流量的增加而减小。在相同的流量下，混合器内流体的雷诺数越高，混合效率越高，流体的传热速率越高，产品的粒径越小。

Ma 等[148]通过计算 CFD 模型研究了逆流混合器和受限射流混合器中的流动和传热规律及混合行为，其近似结构如图 6－20(a)、(b)所示。结果表明，受限射流混合器的混合效率较高，停留时间分布较宽，如图 6－20(c)、(d)所示。罗伯特等[159]提出，基于实验室规模的密闭喷射混合器内径为 13.5 mm，放大到 40 mm 后，混合器内所需的流体流量需提高至少 20 倍。

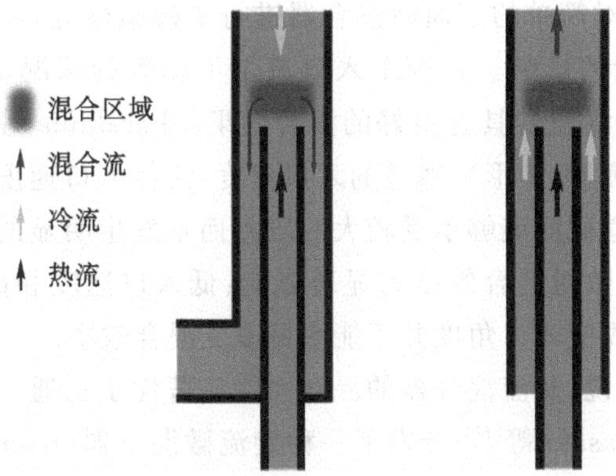

(a) 逆流混合器结构　(b) 受限射流混合器结构

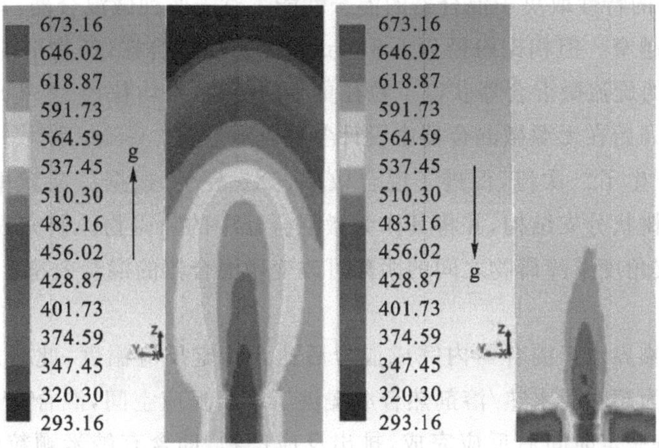

(c) 逆流混合器流体温度分布　(d) 受限射流混合器流体温度分布

彩图

图 6－20　逆流混合器和受限射流混合器的结构图和流体温度分布图

为了增加流体的交织程度，通常会采用减小混合器管径的方法，即微混合器。微混合器主要应用于分子生物学、化学合成、微电子技术等领域，可实现快速、高效的混合。相比普通混合器，微混合器在化学反应的时间控制和扩散传质方面都有较好的效率。微混合器中流体的比表面积更高，相比传统反应器更有利于传热传质，因此微混合器的混合时间常在毫秒级，可产生更小的颗粒，具有更高的均匀性。

微混合器可分为两类：无源微混合器与有源微混合器。无源器件中无外场作用，通常使用突然变化的通道几何形状以增强混合，这些障碍物对混合有显著的促进效果，但会造成极大的压力降和管道堵塞的风险。另一方面，无滑移壁面条件导致的抛物线形的速度分布会导致混合流体停留时间的变化，造成混合的空间不均匀性。有源混合器是一种主动器件，可采用压力梯度、加热、电磁或声学驱动来提高混合效果。这些主动的方法可达到更高水平的均质化，并允许进行微调以提高混合效果。相比无源微混合器，有源器件混合时间短、效率高，流场避免了流体速度的大幅变化，以及截面突变处纳米材料沉积堵塞的风险，但不适合集成。

早期的微混合器开发是在传统混合器基础上进行缩小，如中心碰撞型微混合器、T形微混合器、涡流微混合器等[152]。这些微混合器的使用，能生产粒径更小、粒径分布更均匀的颗粒。Fatima 等[153]对简单的三通微混合器进行了模拟研究，阐明了不同雷诺数、流量比与合流角对混合性能的影响。在两个入口流量不相等的情况下，混合效率通常较高。而具有较大合流角的微混合器具有更好的混合效果。Farahinia 等[154]研究了三通微混合器的不同的通道截面(圆形、矩形)、通道的入口角度，流体入口速度、扩散系数等对混合效果的影响，发现圆形通道截面能够承受较大的压差而不发生明显的变形，并且混合性能更好。入口速度和扩散系数对混合效率有显著影响：低入口速度和高扩散系数能获得更好的混合性能，然而单独改变入口角度并不能明显改变混合效率。

对于宏观混合器来说，旋流混合器的混合性能显著优于三通混合器，而对于微混合器也有相似的结论。Kawasaki 等[155]开发了一种旋流微混合器(micro swirl mixer)，采用试验与模拟相结合的研究方法与 T 形微混合器进行了对比。在相同反应条件(400 ℃、25 MPa)下，产物的特性取决于混合器的混合性能。对于两种微混合器，其内径越小，产物的粒径及其分布越窄。但相比内径为 1.3 mm 的 T 形微混合器(产物平均粒径为 34 nm)，内径为 3.2 mm 的旋流微混合器获得了粒径更小的产物(平均粒径为 32 nm)。

后来学者们开始在无源微混合器中设计各种流道形状。Gidde 等[156]在微通道中设置障碍，使得其中产生了二次流，促进了混合效率。Xu 等[157]根据广义默里定律(Murray's law)设计了两级树状分支结构，并将其作为微混合器中的障碍物。研究表明，改变障碍物的几何尺寸、分支角度及障碍物之间的距离可改变微混合器的混合效率。

2. 反应器

反应物与超临界水于混合器内完成混合后达到指定反应温度，此时反应流体将进入反应器。反应器为超临界水热/溶剂热合成提供了一个反应空间，混合完成后的反应流体进入反应器，维持一定时间后反应完成，排出反应产物，即含有纳米颗粒的悬液。针对纳米悬液，后续将进行产物的分离、清洗、干燥、包覆等步骤，最终获得纳米产品。

在间歇式超临界水热合成装置中，反应器是一个高压容器，通常为反应釜，将冷态的反应流体根据计算体积注入反应釜，对反应釜进行加热升温。在升温过程中，反应流体压力随温度不断增加，最终在温度升至指定值时，反应釜内流体压力也达到指定值，反应开始。反应进行过程中，为了维持反应温度与压力，通常需要继续对反应釜进行补热。一段时间后，当反应完成，需要先对反应釜进行降温，待反应釜内反应产物的温度降至约 50 ℃以下时方可开启反应釜并取出反应产物(纳米悬液)。

针对超临界水热合成反应，间歇式反应器存在明显缺陷：

反应流体升温缓慢，不利于小粒径的纳米产品的生产。根据 LaMer 结晶机制可知，降低产物粒径，关键在于缩短的成核与生长时间，提高成核驱动力。以 400 ℃、25 MPa 下用超临界水热合成技术制备纳米氧化铜的过程为例，在电加热的间歇式反应釜内，反应体系温度从 20 ℃升至 400 ℃通常需要耗时约 1.5 h，而当体系温度达到 220 ℃以上时，生成氧化铜颗粒的一系列水解与脱水反应已开始进行。因此，严格地说，在间歇式反应釜内一部分反应为普通的水热合成反应，不利于小颗粒的生成。

另外，在降温过程中，由于反应釜的壁厚较厚，无法采用淬水冷却方式进行降温，通常采用风冷甚至自然散热冷却的方式。无论哪种降温方式，反应体系温度降至结晶温度以下所需的时间均较长，一般为 1～2 h。在降温过程中，超临界水热合成反应所生成的纳米颗粒将发生“粗化”，纳米颗粒由于表面能较高而发生团聚，同时小粒径的颗粒逐渐溶解，大粒径的颗粒逐渐长大，最终获得的产物颗粒粒径将显著增大。同时，反应釜降温时的热量会散失，难以利用。

间歇式反应器生产效率低。利用间歇式反应器进行超临界水热合成反应时，每次反应前后都需要拆卸反应釜盖，耗时费力，生产效率低下。在实际工业生产中，连续式反应器相比间歇式反应釜具有诸多优势。相同的占地面积与造价的情况下，连续式反应器具有更高的经济性，并且针对纳米材料的工业化生产，连续式反应器可能会稳定运行数月甚至更久，只有在定期维护、更换反应时间等情况下才会按要求停止运行。

超临界水热合成连续式反应器主体结构通常为反应管，在反应温度、压力、流量等参数一定的情况下，反应时间通过调整反应管长度来控制，通常还会在同一根反应管上设置多个中间出口，可实现在不更换反应器的情况下改变反应时间。

相比间歇式反应釜，连续式反应器可实现更小粒径纳米颗粒的生产。用超临界水热合成技术制备纳米材料时，产物性能与反应体系的湍流程度有很大关系，通常情况下反应流体的雷诺数越高，超临界水热合成纳米晶核的成核驱动力越高，利于小粒径产物的生产。为提高反应体系的湍流程度，间歇式反应釜可设置搅拌器，而连续式反应器可直接通过缩小管径或提高反应流体流量来实现。在缩小管径的同时，反应管长度也需要加长，此时设置的反应管中间出口对反应时间的控制将更加精确，时间控制精度可达到 0.01 s；提高反应流体流量的同时可以提高纳米产品的生产率。

连续式反应器出口的产物冷却方式有多种形式可选。①通常将反应完成的高温高压超临界反应产物流体通过一台换热器实现产物的冷却，反应产物通常可在数秒内完成冷却过程，同时热量经由换热器可产生蒸汽供工艺系统内其他用汽设备使用，或直接用于加热冷态的反应流体掺混水。这种回热系统相较原系统可节约能量约 50%。②在小型或实验室装置中可采取将反应器后端浸入冷却水池的方式实现产物冷却，这种方式难以实现热量的回用，反应管外壁换热系数一般较低，且通常不允许反应流体流量大幅度调节。③在反应流体完成反应时，直接将冷却水与反应产物混合实现降温，这种方式可实现反应产物的快速降温，但需要设计开发专用的喷水冷却器。

针对连续式反应器的设计与制造，需要考虑反应流体温度与压力的测控、中间出口的设置、反应器保温等方面。

(1)流体温度是反应器的重要测控参数，反应流体的温度信号将用于控制系统工艺的加热器功率，如果反应器温度失控，工艺过程将处于危险状况。反应器温度控制所用的温度测点可以有不同的选择，在主要温度测点，可采用探入式测点的方法，准确测量反应流体的温度；在反应出口、中间位置的温度测点，可采取在反应管外壁设置温度测点的方法，以避免探入式温度测点对流场的影响，以及可能造成的固体产物的堆积堵塞。

(2)反应压力与温度有一定的关系，因而可选取反应器内的压力作为温度串级调节的副参数，构成串级调节系统。由于压力先于温度变化而变化，所以该方案可以提高温度控制的响应速度。如果能够得到压力与温度之间的数学关系，则可以通过压力对温度测量进行补偿，这样可能会得到更好的调节品质，如聚合反应器的压力补偿温度控制系统。

(3)反应器保温设计是反应器设计的重要内容，良好的保温方案可有效节约能量消耗，并保证反应管前后端温度差值在合理范围内。连续式反应管管径较小，总管长可达10～100 m，因此无法简单套用工业管道保温方案，并且需要对反应管布置方式进行选择与设计。为了便于保温材料的设置及反应温度空间分布的均匀性，通常可选择单层螺旋盘绕、蛇形盘绕等方式布置反应管，具体的布置尺寸也需要考虑反应管中间出口的设置位置，通常需保证不同出口设置于同一侧，且相互间的距离在合理范围内，以利于实际操作。

6.4.4 技术工业化现状与展望

目前超临界水热合成纳米材料的规模多数停留在实验室规模，已有文献显示中试装置或商业化装置的建设仍然有很长的路。实现商业化发展对于超临界水热合成纳米粒子技术的发展至关重要，对纳米粒子特性的严格要求对大规模生产提出了严峻挑战。就工程而言，在保持对纳米颗粒尺寸和形态的精确控制的同时，腐蚀、堵塞和扩大制造规模导致的耗水耗能问题也成为超临界水热合成纳米粉体规模化生产的主要障碍。

针对超临界水热合成技术的规模化应用，韩华化学(Hanwha Corporation)公司于2010年底建造了第一座用于超临界水热合成 CeO_2、$Ce_xZr_{1-x}O_2$、$LiCoO_2$、$LiNi_{1/3}Mn_{1/3}Co_{1/3}O_2$、$LiMn_2O_4$、$LiFePO_4$、$LiNi_{0.5}Mn_{0.5}O_2$ 的商业工厂，年产能为1000 t，可以通过控制停留时间、压力和温度等影响因素，生产出尺寸范围内(15～45 nm)的颗粒[14]。普罗米修斯粒子(Promethean Particles)公司的连续水热合成纳米材料项目(SHYMAN)开发了年生产能力为1000 t的连续式水热合成纳米材料装置。它的主要特性之一是其具有生产各种不同材料的能力，因此被认为是全球最大的多材料纳米颗粒生产工厂之一[158]。

从实验室到规模化应用，需要确定反应机理、动力学模型和反应器技术，要关注加热和冷却速率、产品纯化、缩放比例等与成本和效益息息相关的参数，必须评估其在大规模使用中的适用性，以适应不同的纳米产品。装置的放大化会导致元件低配置以及整体运行流速低等问题，影响前驱物溶液和超临界水的快速高效混合，同时严苛的工作条件造成装置的高成本、低经济性。规模化和经济性的平衡，仍然是连续批量生产的瓶颈问题[158]。

参考文献

[1] AHMADI S J, OUTOKESH M, HOSSEINPOUR M, et al. A simple granulation technique for preparing high - porosity nano copper oxide(Ⅱ) catalyst beads[J]. Particuology, 2011, 9(5): 480 - 485.

[2] SORBIUN M, SHAYEGAN MEHR E, RAMAZANI A, et al. Green synthesis of zinc oxide and copper oxide nanoparticles using aqueous extract of oak fruit hull (jaft) and comparing their photocatalytic degradation of basic violet 3[J]. International Journal of Environmental Research, 2018, 12(1): 29 - 37.
[3] NARASAIAH P, KUMAR MANDAL B, SARADA N C. Biosynthesis of copper oxide nanoparticles from drypetes sepiaria leaf extract and their catalytic activity to dye degradation[C]. IOP Conference Series: Materials Science and Engineering, 2017.
[4] VEISI H, HEMMATI S, JAVAHERI H. N - arylation of indole and aniline by a green synthesized CuO nanoparticles mediated by Thymbra spicata leaves extract as a recyclable and heterogeneous nanocatalyst[J]. Tetrahedron Letters, 2017, 58(32): 3155 - 3159.
[5] KAUR R, GIORDANO C, GRADZIELSKI M, et al. Synthesis of highly stable, water - dispersible copper nanoparticles as catalysts for nitrobenzene reduction[J]. Chemistry - An Asian Journal, 2014, 9(1): 189 - 198.
[6] TIAN H, ZHANG X L, SCOTT J, et al. TiO_2 - supported copper nanoparticles prepared via ion exchange for photocatalytic hydrogen production[J]. Journal of Materials Chemistry A, 2014, 2(18): 6432 - 6438.
[7] DE LA FUENTE J L. Mesoporous copper oxide as a new combustion catalyst for composite propellants[J]. Journal of Propulsion and Power, 2013, 29: 293 - 298.
[8] CHATTOPADHYAY P, GUPTA R B. Protein nanoparticles formation by supercritical antisolvent with enhanced mass transfer[J]. Aiche Journal, 2002, 48(2): 235 - 244.
[9] KALANI M, YUNUS R. Application of supercritical antisolvent method in drug encapsulation: a review[J]. International journal of nanomedicine, 2011, 6: 1429 - 1442.
[10] GAO Y, KAYS MULENDA T, SHI Y - F, et al. Fine particles preparation of Red Lake C Pigment by supercritical fluid[J]. The Journal of Supercritical Fluids, 1998, 13(1): 369 - 374.
[11] GARAY I, POCHEVILLE A, MADARIAGA L. Polymeric microparticles prepared by supercritical antisolvent precipitation[J]. Powder Technology, 2010, 197(3): 211 - 217.
[12] GALLAGHER P M, COFFEY M P, KRUKONIS V J, et al. Gas anti - solvent recrystallization of RDX: formation of ultra - fine particles of a difficult - to - comminute explosive[J]. The Journal of Supercritical Fluids, 1992, 5(2): 130 - 142.
[13] BURUKHIN A A, CHURAGULOV B R, OLEYNIKOV N N, et al. Synthesis of nanostructured iron oxide(Ⅲ) powders by rapid expansion of supercritical fluid solutions[J]. MRS Proceedings, 2011, 520: 171.
[14] ADSCHIRI T, LEE Y W, GOTO M, et al. Green materials synthesis with supercritical water[J]. Green Chemistry, 2011, 13(6): 1380 - 1390.
[15] PRAT D, WELLS A, HAYLER J, et al. CHEM21 selection guide of classical - and less classical - solvents[J]. Green Chemistry, 2016, 18(1): 288 - 296.
[16] PETERSON A A, VOGEL F, LACHANCE R P, et al. Thermochemical biofuel production in hydrothermal media: a review of sub - and supercritical water technologies[J]. Energy & Environmental Science, 2008, 1(1): 32 - 65.
[17] HIEJIMA Y, KAJIHARA Y, KOHNO H, et al. Dielectric relaxation measurements on methanol up to the supercritical region[J]. Journal of Physics: Condensed Matter, 2001, 13(46): 10307 - 10320.
[18] HIEJIMA Y, YAO M. Dielectric relaxation of lower alcohols in the whole fluid phase[J]. The Jour-

nal of Chemical Physics, 2003, 119(15): 7931 - 7942.

[19]CAO G. Nanostructures and nanomaterials : synthesis, properties, and applications / 2nd ed[M]. World Scientific Publishing Company, 2011.

[20]ZHANG Y C, RONG X, HU X Y. A green hydrothermal route to copper nanocrystallites[J]. Journal of Crystal Growth, 2004, 273(1 - 2): 280 - 284.

[21]AKSOMAITYTE G, POLIAKOFF M, LESTER E. The production and formulation of silver nanoparticles using continuous hydrothermal synthesis[J]. Chemical Engineering Science, 2013, 85: 2 - 10.

[22]ADSCHIRI T, KANAZAWA K, ARAI K. Rapid and continuous hydrothermal crystallization of metal - oxide particles in supercritical water[J]. Journal of the American Ceramic Society, 1992, 75 (4): 1019 - 1022.

[23] ADSCHIRI T, HAKUTA Y, SUE K, et al. Hydrothermal synthesis of metal oxide nanoparticles at supercritical conditions[J]. Journal of Nanoparticle Research, 2001, 3(2 - 3): 227 - 235.

[24] TOGASHI T, TAKAMI S, KAWAKAMI K, et al. Continuous hydrothermal synthesis of 3,4 - dihydroxyhydrocinnamic acid - modified magnetite nanoparticles with stealth - functionality against immunological response[J]. Journal of Materials Chemistry, 2012, 22(18): 9041 - 9045.

[25] HAKUTA Y, ONAI S, TERAYAMA H, et al. Production of ultra - fine ceria particles by hydrothermal synthesis under supercritical conditions[J]. Journal of Materials Science Letters, 1998, 17 (14): 1211 - 1213.

[26] AOKI N, SATO A, SASAKI H, et al. Kinetics study to identify reaction - controlled conditions for supercritical hydrothermal nanoparticle synthesis with flow - type reactors[J]. The Journal of Supercritical Fluids, 2016, 110: 161 - 166.

[27] LITWINOWICZ A - A, TAKAMI S, HOJO D, et al. Hydrothermal synthesis of cerium oxide nanoassemblies through coordination programming with amino acids[J]. Chemistry Letters, 2014, 43 (8): 1343 - 1345.

[28] SUGIOKA K - I, OZAWA K, KUBO M, et al. Relationship between size distribution of synthesized nanoparticles and flow and thermal fields in a flow - type reactor for supercritical hydrothermal synthesis[J]. The Journal of Supercritical Fluids, 2016, 109: 43 - 50.

[29] ZHANG J, OHARA S, UMETSU M, et al. Colloidal ceria nanocrystals: a tailor - made crystal morphology in supercritical water[J]. Advanced Materials, 2007, 19(2): 203 - 206.

[30] ZHU Y, TAKAMI S, SEONG G, et al. Green solvent for green materials: a supercritical hydrothermal method and shape - controlled synthesis of Cr - doped CeO_2 nanoparticles[J]. Philos Trans A Math Phys Eng Sci, 2015, 373(2057).

[31] OHARA S, MOUSAVAND T, SASAKI T, et al. Continuous production of fine zinc oxide nanorods by hydrothermal synthesis in supercritical water[J]. Journal of Materials Science, 2008, 43(7): 2393 - 2396.

[32]SUE K, KIMURA K, MURATA K, et al. Effect of cations and anions on properties of zinc oxide particles synthesized in supercritical water[J]. Journal of Supercritical Fluids, 2004, 30(3): 325 - 331.

[33]SUE K, MURATA K, KIMURA K, et al. Continuous synthesis of zinc oxide nanoparticles in supercritical water[J]. Green Chemistry, 2003, 5(5): 659 - 662.

[34]SUE K W, KIMURA K, YAMAMOTO M, et al. Rapid hydrothermal synthesis of ZnO nanorods without organics[J]. Materials Letters, 2004, 58(26): 3350 - 3352.

[35]SUE K, KIMURA K, ARAI K. Hydrothermal synthesis of ZnO nanocrystals using microreactor[J].

Materials Letters, 2004, 58(25): 3229 - 3231.

[36]OHARA S, MOUSAVAND T, UMETSU M, et al. Hydrothermal synthesis of fine zinc oxide particles under supercritical conditions[J]. Solid State Ionics, 2004, 172(1): 261 - 264.

[37]LU J F, MINAMI K, TAKAMI S, et al. Supercritical hydrothermal synthesis and in situ organic modification of indium tin oxide nanoparticles using continuous - flow reaction system[J]. Acs Applied Materials & Interfaces, 2012, 4(1): 351 - 354.

[38]LU J, MINAMI K, TAKAMI S, et al. Co - doping of tin and zinc into indium oxide nanocrystals using a facile hydrothermal method[J]. Chemistry Select, 2016, 1(3): 518 - 523.

[39] ADSCHIRI T, KANAZAWA K, ARAI K. Rapid and continuous hydrothermal synthesis of boehmite particles in subcritical and supercritical water[J]. Journal of the American Ceramic Society, 1992, 75(9): 2615 - 2618.

[40] MOUSAVAND T, OHARA S, UMETSU M, et al. Hydrothermal synthesis and in situ surface modification of boehmite nanoparticles in supercritical water[J]. Journal of Supercritical Fluids, 2007, 40(3): 397 - 401.

[41] LU J, MINAMI K, TAKAMI S, et al. Rapid and continuous synthesis of cobalt aluminate nanoparticles under subcritical hydrothermal conditions with in - situ surface modification[J]. Chemical Engineering Science, 2013, 85: 50 - 54.

[42] ADSCHIRIB T, HAKUTA Y, KANAMURA K, et al. Continuous production of $LiCoO_2$ fine crystals for lithium batteries by hydrothermal synthesis under supercritical condition[J]. High Pressure Research, 2001, 20(1 - 6): 373 - 384.

[43] QUANG DUC T, DEVARAJU M K, GANBE Y, et al. Controlling the shape of $LiCoPO_4$ nanocrystals by supercritical fluid process for enhanced energy storage properties[J]. Scientific Reports, 2014, 4.

[44] SASAKI T, OHARA S, NAKA T, et al. Continuous synthesis of fine $MgFe_2O_4$ nanoparticles by supercritical hydrothermal reaction[J]. The Journal of Supercritical Fluids, 2010, 53(1): 92 - 94.

[45] RANGAPPA D, NAKA T, OHARA S, et al. Preparation of Ba - Hexaferrite Nanocrystals by an Organic Ligand - Assisted Supercritical Water Process[J]. Crystal Growth & Design, 2010, 10(1): 11 - 15.

[46] HAKUTA Y, ADSCHIRI T, SUZUKI T, et al. Flow method for rapidly producing barium hexaferrite particles in supercritical water[J]. Journal of the American Ceramic Society, 1998, 81(9): 2461 - 2464.

[47] ATASHFARAZ M, SHARIATY - NIASSAR M, OHARA S, et al. Effect of titanium dioxide solubility on the formation of $BaTiO_3$ nanoparticles in supercritical water[J]. Fluid Phase Equilibria, 2007, 257(2): 233 - 237.

[48] RANGAPPA D, OHARA S, UMETSU M, et al. Synthesis, characterization and organic modification of copper manganese oxide nanocrystals under supercritical water[J]. Journal of Supercritical Fluids, 2008, 44(3): 441 - 445.

[49] SUE K, KAKINUMA N, ADSCHIRI T, et al. Continuous production of nickel fine particles by hydrogen reduction in near - critical water[J]. Industrial & Engineering Chemistry Research, 2004, 43(9): 2073 - 2078.

[50] SUE K, SUZUKI A, HAKUTA Y, et al. Hydrothermal - reduction synthesis of Ni nanoparticles by superrapid heating using a micromixer[J]. Chemistry Letters, 2009, 38(11): 1018 - 1019.

[51] ARITA T, HITAKA H, MINAMI K, et al. Synthesis of iron nanoparticle: challenge to determine the limit of hydrogen reduction in supercritical water[J]. Journal of Supercritical Fluids, 2011, 57(2): 183-189.

[52] KUBOTA S, MORIOKA T, TAKESUE M, et al. Continuous supercritical hydrothermal synthesis of dispersible zero-valent copper nanoparticles for ink applications in printed electronics[J]. Journal of Supercritical Fluids, 2014, 86: 33-40.

[53] MORIOKA T, TAKESUE M, HAYASHI H, et al. Antioxidation properties and surface interactions of polyvinylpyrrolidone-capped zerovalent copper nanoparticles synthesized in supercritical water[J]. ACS Applied Materials & Interfaces, 2016, 8(3): 1627-1634.

[54] KAWASAKI S I, SUE K, OOKAWARA R, et al. Engineering study of continuous supercritical hydrothermal method using a T-shaped mixer: experimental synthesis of NiO nanoparticles and CFD simulation[J]. Journal of Supercritical Fluids, 2010, 54(1): 96-102.

[55] SUE K, KAWASAKI S, SUZUKI M, et al. Continuous hydrothermal synthesis of Fe_2O_3, NiO, and CuO nanoparticles by superrapid heating using a T-type micro mixer at 673 K and 30 MPa[J]. Chemical Engineering Journal, 2011, 166(3): 947-953.

[56] WAKASHIMA Y, SUZUKI A, KAWASAKI S-I, et al. Development of a new swirling micro mixer for continuous hydrothermal synthesis of nano-size particles[J]. Journal of Chemical Engineering of Japan, 2007,40: 622-629.

[57] KAWASAKI S, SUE K, OOKAWARA R, et al. Development of novel micro swirl mixer for producing fine metal oxide nanoparticles by continuous supercritical hydrothermal method[J]. Journal of Oleo Science, 2010, 59(10): 557-562.

[58] KAWASAKI S, XIUYI Y, SUE K, et al. Continuous supercritical hydrothermal synthesis of controlled size and highly crystalline anatase TiO_2 nanoparticles[J]. Journal of Supercritical Fluids, 2009, 50(3): 276-282.

[59] HAKUTA Y, OHASHI T, HAYASHI H, et al. Hydrothermal synthesis of zirconia nanocrystals in supercritical water[J]. Journal of Materials Research, 2011, 19(8): 2230-2234.

[60] HAYASHI H, NOGUCHI T, ISLAM N M, et al. Hydrothermal synthesis of $BaTiO_3$ nanoparticles using a supercritical continuous flow reaction system[J]. Journal of Crystal Growth, 2010, 312(12): 1968-1972.

[61] HAYASHI H, NOGUCHI T, ISLAM N M, et al. Hydrothermal synthesis of organic hybrid $BaTiO_3$ nanoparticles using a supercritical continuous flow reaction system[J]. Journal of Crystal Growth, 2010, 312(24): 3613-3618.

[62] MATSUI K, NOGUCHI T, ISLAM N M, et al. Rapid synthesis of $BaTiO_3$ nanoparticles in supercritical water by continuous hydrothermal flow reaction system[J]. Journal of Crystal Growth, 2008, 310(10): 2584-2589.

[63] HAKUTA Y, URA H, HAYASHI H, et al. Effect of water density on polymorph of $BaTiO_3$ nanoparticles synthesized under sub and supercritical water conditions[J]. Materials Letters, 2005, 59(11): 1387-1390.

[64] HAKUTA Y, URA H, HAYASHI H, et al. Continuous production of $BaTiO_3$ nanoparticles by hydrothermal synthesis[J]. Industrial & Engineering Chemistry Research, 2005, 44(4): 840-846.

[65] SUE K, AOKI M, SATO T, et al. Continuous hydrothermal synthesis of nickel ferrite nanoparticles using a central collision-type micromixer: effects of temperature, residence time, metal salt molali-

ty, and NaOH addition on conversion, particle size, and crystal phase[J]. Industrial & Engineering Chemistry Research, 2011,50: 9625 - 9631.

[66] TOSHIYUKI S, KIWAMU S, YUKA A, et al. Effect of pH on hydrothermal synthesis of γ - Al_2O_3 nanoparticles at 673 K[J]. Chemistry Letters, 2008, 37(3): 242 - 243.

[67] NOGUCHI T, MATSUI K, ISLAM N M, et al. Rapid synthesis of γ - Al_2O_3 nanoparticles in supercritical water by continuous hydrothermal flow reaction system[J]. The Journal of Supercritical Fluids, 2008, 46(2): 129 - 136.

[68] HAKUTA Y, URA H, HAYASHI H, et al. Effects of hydrothermal synthetic conditions on the particle size of gamma - AlO(OH) in sub and supercritical water using a flow reaction system[J]. Materials Chemistry and Physics, 2005, 93(2 - 3): 466 - 472.

[69] RANGAPPA D, ICHIHARA M, KUDO T, et al. Surface modified $LiFePO_4$/C nanocrystals synthesis by organic molecules assisted supercritical water process[J]. Journal of Power Sources, 2009, 194(2): 1036 - 1042.

[70] SUE K, KAWASAKI S - I, SATO T, et al. Continuous hydrothermal synthesis of Pr - doped $CaTiO_3$ nanoparticles from a TiO_2 sol[J]. Industrial & Engineering Chemistry Research, 2016,55.

[71] HAYASHI H, NAKAMURA T, EBINA T. Hydrothermal synthesis of $Li_4Ti_5O_{12}$ nanoparticles using a supercritical flow reaction system[J]. Journal of the Ceramic Society of Japan, 2014, 122 (1421): 78 - 82.

[72] HAYASHI H, SUINO A, SHIMOYAMA K, et al. Continuous hydrothermal synthesis of $ZnGa_2O_4:Mn^{2+}$ nanoparticles at temperatures of 300 - 500 degrees C and pressures of 25 - 35 MPa [J]. Journal of Supercritical Fluids, 2013, 77: 1 - 6.

[73] ANDERSEN H L, JENSEN K M O, TYRSTED C, et al. Size and size distribution control of gamma - Fe_2O_3 nanocrystallites: an in situ study[J]. Crystal Growth & Design, 2014, 14(3): 1307 - 1313.

[74] BREMHOLM M, FELICISSIMO M, IVERSEN B B. Time - resolved in situ synchrotron X - ray study and large - scale production of magnetite nanoparticles in supercritical water[J]. Angewandte Chemie, 2009, 121(26): 4882 - 4885.

[75] GRANADOS - MIRALLES C, SAURA - MUZQUIZ M, BOJESEN E D, et al. Unraveling structural and magnetic information during growth of nanocrystalline $SrFe_{12}O_{19}$[J]. Journal of Materials Chemistry C, 2016, 4(46): 10903 - 10913.

[76] ANDERSEN H L, CHRISTENSEN M. In situ powder X - ray diffraction study of magnetic $CoFe_2O_4$ nanocrystallite synthesis[J]. Nanoscale, 2015, 7(8): 3481 - 3490.

[77] MI J - L, JENSEN T N, CHRISTENSEN M, et al. High - temperature and high - pressure aqueous solution formation, growth, crystal structure, and magnetic properties of $BiFeO_3$ nanocrystals[J]. Chemistry of Materials, 2011, 23(5): 1158 - 1165.

[78] MI J L, JENSEN T N, HALD P, et al. Glucose - assisted continuous flow synthesis of Bi_2Te_3 nanoparticles in supercritical/near - critical water[J]. Journal of Supercritical Fluids, 2012, 67: 84 - 88.

[79] LAUMANN A, BREMHOLM M, HALD P, et al. Rapid green continuous flow supercritical synthesis of high performance $Li_4Ti_5O_{12}$ nanocrystals for Li ion battery applications[J]. Journal of The Electrochemical Society, 2011,59: A166 - A171.

[80] TYRSTED C, BECKER J, HALD P, et al. In - situ synchrotron radiation study of formation and growth of crystalline $Ce_xZr_{1-x}O_2$ nanoparticles synthesized in supercritical water[J]. Chemistry of Materials, 2010, 22(5): 1814 - 1820.

[81] TYRSTED C, JENSEN K M O, BOJESEN E D, et al. Understanding the formation and evolution of ceria nanoparticles under hydrothermal conditions[J]. Angewandte Chemie - International Edition, 2012, 51(36): 9030 - 9033.

[82] BREMHOLM M, BECKER J, BRUMMERSTEDT IVERSEN B. High - pressure, high - temperature formation of phase - pure monoclinic zirconia nanocrystals studied by time - resolved in situ synchrotron X - ray diffraction[J]. Advanced Materials, 2009,21: 3572 - 3575.

[83] BECKER J, HALD P, BREMHOLM M, et al. Critical size of crystalline ZrO_2 nanoparticles synthesized in near - and supercritical water and supercritical isopropyl alcohol[J]. ACS Nano, 2008, 2(5): 1058 - 1068.

[84] SøNDERGAARD M, BøJESEN E D, CHRISTENSEN M, et al. Size and morphology dependence of ZnO nanoparticles synthesized by a fast continuous flow hydrothermal method[J]. Crystal Growth & Design, 2011, 11(9): 4027 - 4033.

[85] MI J L, JOHNSEN S, CLAUSEN C, et al. Highly controlled crystallite size and crystallinity of pure and iron - doped anatase - TiO_2 nanocrystals by continuous flow supercritical synthesis[J]. Journal of Materials Research, 2013, 28(3): 333 - 339.

[86] ELTZHOLTZ J R, TYRSTED C, JENSEN K M O, et al. Pulsed supercritical synthesis of anatase TiO_2 nanoparticles in a water - isopropanol mixture studied by in situ powder X - ray diffraction[J]. Nanoscale, 2013, 5(6): 2372 - 2378.

[87] FAN Y, CHEN G, LI D, et al. Highly selective deethylation of rhodamine B on TiO_2 prepared in supercritical fluids[J]. International Journal of Photoenergy,2012:173865.

[88] LESTER E, BLOOD P, DENYER J, et al. Reaction engineering: the supercritical water hydrothermal synthesis of nano - particles[J]. Journal of Supercritical Fluids, 2006, 37(2): 209 - 214.

[89] CABANAS A, DARR J A, LESTER E, et al. Continuous hydrothermal synthesis of inorganic materials in a near - critical water flow reactor; the one - step synthesis of nano - particulate $Ce_{1-x}Zr_xO_2$ (x=0—1) solid solutions[J]. Journal of Materials Chemistry, 2001, 11(2): 561 - 568.

[90] MORO F, YU TANG S V, TUNA F, et al. Magnetic properties of cobalt oxide nanoparticles synthesised by a continuous hydrothermal method[J]. Journal of Magnetism and Magnetic Materials, 2013, 348: 1 - 7.

[91] LESTER E, AKSOMAITYTE G, LI J, et al. Controlled continuous hydrothermal synthesis of cobalt oxide (Co_3O_4) nanoparticles[J]. Progress in Crystal Growth and Characterization of Materials, 2012, 58(1): 3 - 13.

[92] GIMENO - FABRA M, DUNNE P, GRANT D, et al. Continuous flow synthesis of tungsten oxide (WO_3) nanoplates from tungsten (VI) ethoxide[J]. Chemical Engineering Journal, 2013, 226: 22 - 29.

[93] HOBBS H, BRIDDON S, LESTER E. The synthesis and fluorescent properties of nanoparticulate ZrO_2 doped with Eu using continuous hydrothermal synthesis[J]. Green Chemistry, 2009, 11(4): 484 - 491.

[94] DUNNE P W, STARKEY C L, GIMENO - FABRA M, et al. The rapid size - and shape - controlled continuous hydrothermal synthesis of metal sulphide nanomaterials[J]. Nanoscale, 2014, 6(4): 2406 - 2418.

[95] DUNNE P W, STARKEY C L, MUNN A S, et al. Bench - and pilot - scale continuous - flow hydrothermal production of barium strontium titanate nanopowders[J]. Chemical Engineering Journal, 2016, 289: 433 - 441.

[96] CABANAS A, DARR J A, LESTER E, et al. A continuous and clean one - step synthesis of nano - particulate $Ce_{1-x}Zr_xO_2$ solid solutions in near - critical water[J]. Chemical Communications, 2000 (11): 901 - 902.

[97] LESTER E, TANG S V Y, KHLOBYSTOV A, et al. Producing nanotubes of biocompatible hydroxyapatite by continuous hydrothermal synthesis[J]. Crystengcomm, 2013, 15(17): 3256 - 3260.

[98] GIMENO - FABRA M, HILD F, DUNNE P W, et al. Continuous synthesis of dispersant - coated hydroxyapatite plates[J]. Crystengcomm, 2015, 17(32): 6175 - 6182.

[99] DUNNE P W, MUNN A S, STARKEY C L, et al. Continuous - flow hydrothermal synthesis for the production of inorganic nanomaterials[J]. Philosophical Transactions of the Royal Society A: Mathematical, Physical and Engineering Sciences, 2015, 373(2057): 20150015.

[100] MIDDELKOOP V, TIGHE C J, KELLICI S, et al. Imaging the continuous hydrothermal flow synthesis of nanoparticulate CeO_2 at different supercritical water temperatures using in situ angle - dispersive diffraction[J]. Journal of Supercritical Fluids, 2014, 87: 118 - 128.

[101] GRUAR R I, TIGHE C J, DARR J A. Scaling - up a confined jet reactor for the continuous hydrothermal manufacture of nanomaterials[J]. Industrial & Engineering Chemistry Research, 2013, 52 (15): 5270 - 5281.

[102] GOODALL J B M, KELLICI S, ILLSLEY D, et al. Optical and photocatalytic behaviours of nanoparticles in the Ti–Zn–O binary system[J]. RSC Advances, 2014, 4(60): 31799 - 31809.

[103] NAIK A, GRUAR R, J. TIGHE C, et al. Environmental sensing semiconducting nanoceramics made using a continuous hydrothermal synthesis pilot plant[J]. Sensors & Actuators: B. Chemical,2014,217:136 - 145.

[104] DENIS C J, TIGHE C J, GRUAR R I, et al. Nucleation and growth of cobalt oxide nanoparticles in a continuous hydrothermal reactor under laminar and turbulent flow[J]. Crystal Growth & Design, 2015, 15(9): 4256 - 4265.

[105] COOPER J, IONESCU A, M. LANGFORD R, et al. Core/shell magnetism in NiO nanoparticles [J]. Journal of Applied Physics, 2013,144:083906.

[106] POWELL M J, MARCHAND P, DENIS C J, et al. Direct and continuous synthesis of VO_2 nanoparticles[J]. Nanoscale, 2015, 7(44): 18686 - 18693.

[107] MARCHAND P, MAKWANA N M, TIGHE C J, et al. High - throughput synthesis, screening, and scale - up of optimized conducting indium tin oxides[J]. ACS Comb Sci, 2016, 18(2): 130 - 7.

[108] SCANLON D O. Defect engineering of $BaSnO_3$ for high - performance transparent conducting oxide applications[J]. Physical Review B, 2013, 87(16): 161201.

[109] ELOUALI S, BLOOR L G, BINIONS R, et al. Gas sensing with nano - indium oxides (In_2O_3) prepared via continuous hydrothermal flow synthesis[J]. Langmuir, 2012, 28(3): 1879 - 1885.

[110] GRUAR R I, TIGHE C J, SOUTHERN P, et al. A Direct and continuous supercritical water process for the synthesis of surface - functionalized nanoparticles[J]. Industrial & Engineering Chemistry Research, 2015, 54(30): 7436 - 7451.

[111] LüBKE M, MAKWANA N M, GRUAR R, et al. High capacity nanocomposite Fe_3O_4/Fe anodes for Li - ion batteries[J]. Journal of Power Sources, 2015, 291: 102 - 107.

[112] LUBKE M, JOHNSON I, MAKWANA N M, et al. High power TiO_2 and high capacity Sn - doped TiO_2 nanomaterial anodes for lithium - ion batteries[J]. Journal of Power Sources, 2015, 294: 94 - 102.

[113] JOHNSON I D, BLAGOVIDOVA E, DINGWALL P A, et al. High power Nb - doped $LiFePO_4$ Li - ion battery cathodes; pilot - scale synthesis and electrochemical properties[J]. Journal of Power Sources, 2016, 326: 476 - 481.

[114] JOHNSON I D, LOVERIDGE M, BHAGAT R, et al. Mapping structure - composition - property relationships in V - and Fe - doped $LiMnPO_4$ cathodes for lithium - ion batteries[J]. ACS Combinatorial Science, 2016, 18(11): 665 - 672.

[115] MAKWANA N M, TIGHE C J, GRUAR R I, et al. Pilot plant scale continuous hydrothermal synthesis of nano - titania; effect of size on photocatalytic activity[J]. Materials Science in Semiconductor Processing, 2016, 42: 131 - 137.

[116] LüBKE M, JOHNSON I, MAKWANA N M, et al. High power TiO_2 and high capacity Sn - doped TiO_2 nanomaterial anodes for lithium - ion batteries[J]. Journal of Power Sources, 2015, 294: 94 - 102.

[117] LüBKE M, SHIN J, MARCHAND P, et al. Highly pseudocapacitive Nb - doped TiO_2 high power anodes for lithium - ion batteries[J]. Journal of Materials Chemistry A, 2015, 3(45): 22908 - 22914.

[118] ZHANG Z C, BROWN S, GOODALL J B M, et al. Direct continuous hydrothermal synthesis of high surface area nanosized titania[J]. Journal of Alloys and Compounds, 2009, 476(1 - 2): 451 - 456.

[119] ROBINSON B W, TIGHE C J, GRUAR R I, et al. Suspension plasma sprayed coatings using dilute hydrothermally produced titania feedstocks for photocatalytic applications[J]. Journal of Materials Chemistry A, 2015, 3(24): 12680 - 12689.

[120] GRUAR R, TIGHE C J, REILLY L M, et al. Tunable and rapid crystallisation of phase pure Bi_2MoO_6 (koechlinite) and $Bi_2Mo_3O_{12}$ via continuous hydrothermal synthesis[J]. Solid State Sciences, 2010, 12(9): 1683 - 1686.

[121] WENG X, COCKCROFT J K, HYETT G, et al. High - throughput continuous hydrothermal synthesis of an entire nanoceramic phase diagram[J]. J Comb Chem, 2009, 11(5): 829 - 34.

[122] QUESADA - CABRERA R, WENG X L, HYET G, et al. High - throughput continuous hydrothermal synthesis of nanomaterials (part Ⅱ): unveiling the as - prepared $Ce_xZr_yY_zO_2$ - delta phase diagram[J]. Acs Combinatorial Science, 2013, 15(9): 458 - 463.

[123] BOLDRIN P, HEBB A K, CHAUDHRY A A, et al. Direct synthesis of nanosized $NiCo_2O_4$ spinel and related compounds via continuous hydrothermal synthesis methods[J]. Industrial & Engineering Chemistry Research, 2007, 46(14): 4830 - 4838.

[124] SLOSTOWSKI C, MARRE S, BASSAT J - M, et al. Synthesis of cerium oxide - based nanostructures in near - and supercritical fluids[J]. Journal of Supercritical Fluids, 2013, 84: 89 - 97.

[125] REVERóN H, AYMONIER C, LOPPINET - SERANI A, et al. Single - step synthesis of well - crystallized and pure barium titanate nanoparticles in supercritical fluids[J]. Nanotechnology, 2005, 16(8): 1137 - 1143.

[126] REVERON H, ELISSALDE C, AYMONIER C, et al. Continuous supercritical synthesis and dielectric behaviour of the whole BST solid solution[J]. Nanotechnology, 2006, 17(14): 3527 - 32.

[127] LEYBROS A, PIOLET R, ARIANE M, et al. CFD simulation of ZnO nanoparticle precipitation in a supercritical water synthesis reactor[J]. Journal of Supercritical Fluids the, 2012, 70(5): 17 - 26.

[128] DEMOISSON F, ARIANE M, PIOLET R, et al. Original supercritical water device for continuous

production of nanopowders[J]. Advanced Engineering Materials, 2011, 13(6): 487 - 493.

[129] MAURIZI L, BOUYER F, PARIS J, et al. One step continuous hydrothermal synthesis of very fine stabilized superparamagnetic nanoparticles of magnetite[J]. Chemical Communications, 2011, 47(42): 11706 - 11708.

[130] THOMAS G, DEMOISSON F, CHASSAGNON R, et al. One - step continuous synthesis of functionalized magnetite nanoflowers[J]. Nanotechnology, 2016, 27(13): 135604.

[131] MILLOT N, LE GALLET S, AYMES D, et al. Spark plasma sintering of cobalt ferrite nanopowders prepared by coprecipitation and hydrothermal synthesis[J]. Journal of the European Ceramic Society, 2007, 27(2): 921 - 926.

[132] MILLOT N, XIN B, PIGHINI C, et al. Hydrothermal synthesis of nanostructured inorganic powders by a continuous process under supercritical conditions[J]. Journal of the European Ceramic Society, 2005, 25(12): 2013 - 2016.

[133] GIROIRE B, MARRE S, GARCIA A, et al. Continuous supercritical route for quantum - confined GaN nanoparticles[J]. Reaction Chemistry & Engineering, 2016, 1(2): 151 - 155.

[134] AIMABLE A, XIN B, MILLOT N, et al. Continuous hydrothermal synthesis of nanometric $BaZrO_3$ in supercritical water[J]. Journal of Solid State Chemistry, 2008, 181(1): 183 - 189.

[135] AIMABLE A, AYMES D, BERNARD F, et al. Characteristics of LiFePO4 obtained through a one step continuous hydrothermal synthesis process working in supercritical water[J]. Solid State Ionics, 2009,180: 861 - 866.

[136] QIN X, WANG X H, XIANG H M, et al. Mechanism for hydrothermal synthesis of $LiFePO_4$ platelets as cathode material for lithium - ion batteries[J]. Journal of Physical Chemistry C, 2010, 114(39): 16806 - 16812.

[137] KIM M, SON W S, AHN K H, et al. Hydrothermal synthesis of metal nanoparticles using glycerol as a reducing agent[J]. Journal of Supercritical Fluids, 2014, 90: 53 - 59.

[138] YANG J X, LI Z J, GUANG T J, et al. Green synthesis of high - performance $LiFePO_4$ nanocrystals in pure water[J]. Green Chemistry, 2018, 20(22): 5215 - 5223.

[139] LIN L, WEN Y Q, O J K, et al. X - ray diffraction study of $LiFePO_4$ synthesized by hydrothermal method[J]. Rsc Advances, 2013, 3(34): 14652 - 14660.

[140] ADSCHIRI T, YOKO A. Supercritical fluids for nanotechnology[J]. Journal of Supercritical Fluids, 2018, 134: 167 - 175.

[141] WANG F D, RICHARDS V N, SHIELDS S P, et al. Kinetics and mechanisms of aggregative nanocrystal growth[J]. Chemistry of Materials, 2014, 26(1): 5 - 21.

[142] 魏浩. 超/亚临界水热制备锂离子电池正极材料磷酸铁锂[D]. 大连:大连理工大学, 2012.

[143] 宋续明, 毛志强, 赵亚平. 超临界水快速连续制备纳米磷酸铁锂正极材料[J]. 无机盐工业, 2012, 44(9): 59 - 62.

[144] 腰胜辉. 连续超临界水热合成磷酸铁锂的工艺基础研究[D]. 大连:大连理工大学, 2014.

[145] BAO L, XU G, WANG M. Controllable synthesis and morphology evolution of hierarchical $LiFePO_4$ cathode materials for Li - ion batteries[J]. Materials Characterization, 2019, 157.

[146] CHOI H, VERIANSYAH B, KIM J, et al. Continuous synthesis of metal nanoparticles in supercritical methanol[J]. Journal of Supercritical Fluids, 2010, 52(3): 285 - 291.

[147] CHAUDHRY A A, KNOWLES J C, REHMAN I, et al. Rapid hydrothermal flow synthesis and characterisation of carbonate - and silicate - substituted calcium phosphates[J]. Journal of Biomate-

rials Applications, 2013, 28(3): 448 - 461.
[148] MA C Y, CHEN M, WANG X Z. Modelling and simulation of counter - current and confined jet reactors for hydrothermal synthesis of nano - materials[J]. Chemical Engineering Science, 2014, 109: 26 - 37.
[149] SULTAN M A, PARDILHO S L, BRITO M, et al. 3D mixing dynamics in T - jet mixers[J]. Chemical Engineering & Technology, 2019, 42(1): 119 - 128.
[150] BOTHE D, STERNICH C, WARNECKE H J. Fluid mixing in a T - shaped micro - mixer[J]. Chemical Engineering Science, 2006, 61(9): 2950 - 2958.
[151] TAKAMI S, SUGIOKA K - I, TSUKADA T, et al. Neutron radiography on tubular flow reactor for hydrothermal synthesis: in situ monitoring of mixing behavior of supercritical water and room - temperature water[J]. Journal of Supercritical Fluids, 2012, 63: 46 - 51.
[152] HONG S A, KIM S J, CHUNG K Y, et al. Continuous synthesis of lithium iron phosphate ($LiFePO_4$) nanoparticles in supercritical water: effect of mixing tee[J]. Journal of Supercritical Fluids, 2013, 73: 70 - 79.
[153] FATIMA U, SHAKAIB M, MEMON I. Analysis of mass transfer performance of micromixer device with varying confluence angle using CFD[J]. Chemical Papers, 2020, 74(4): 1267 - 1279.
[154] FARAHINIA A, ZHANG W J. Numerical analysis of a microfluidic mixer and the effects of different cross - sections and various input angles on its mixing performance[J]. Journal of the Brazilian Society of Mechanical Sciences and Engineering, 2020, 42(4).
[155] KAWASAKI S - I, SUE K, OOKAWARA R, et al. Development of novel micro swirl mixer for producing fine metal oxide nanoparticles by continuous supercritical hydrothermal method[J]. Journal of Oleo Science, 2010, 59(10): 557 - 562.
[156] GIDDE R R, PAWAR P M. Flow feature and mixing performance analysis of RB - TSAR and EB - TSAR micromixers[J]. Microsystem Technologies - Micro - and Nanosystems - Information Storage and Processing Systems, 2020, 26(2): 517 - 530.
[157] XU J, CHEN X. A novel micromixer with fractal obstacles designed based on generalized Murray's law[J]. International Journal of Chemical Reactor Engineering, 2020, 18(3).
[158] CARAMAZANA P, DUNNE P, GIMENO - FABRA M, et al. A review of the environmental impact of nanomaterial synthesis using continuous flow hydrothermal synthesis[J]. Current Opinion in Green and Sustainable Chemistry, 2018, 12: 57 - 62.
[159] GRUAR R I, TIGHE C J, DARR J A. Scaling - up a confined jet reactor for the continuous hydrothermal manufacture of nanomaterials[J]. Industrial & Engineering Chemistry Research, 2013, 52 (15): 5270 - 5281.

第 7 章

超临界流体分离技术

由于超临界流体本身的特性，其在分离技术领域有着广泛的应用。超临界流体萃取技术是利用超临界流体溶解性能随温度、压力等参数变化的特性，实现物质分离提取的目的的一项技术，其广泛应用于食品、中药等领域；超临界流体清洗技术利用其对一些有机物质极强的溶解能力，从而实现对精密仪器等物件的清洗；超临界流体再生活性炭技术可以实现活性炭的高效再生，具有很好的研究前景。下面对这三种超临界流体分离技术进行详细的介绍。

7.1 超临界流体萃取技术

超临界流体萃取(supercritical fluid extraction，SFE)技术是一种新型分离技术，此技术具有溶解性能好、传质性能高、流动性能强及分子扩散系数大和萃取容量高等特点。在分离过程中，溶质的溶解度会随超临界流体萃取温度和压力的变化而产生巨大的变化。超临界流体萃取也因这些优异特性而广泛应用于食品、天然香料、中药、石油、环境等领域。

7.1.1 超临界流体萃取技术概述

超临界流体萃取技术是使用一种超临界流体作为萃取剂，将待萃取物质从混合物之中分离出来的萃取技术。这项技术主要利用超临界流体的溶解能力与其密度的关系而进行物质分离、提取和纯化。超临界流体的密度和液相相近，这使它的溶解能力与液体相当；黏度和气相相近，这使溶质在其中的扩散速度可为液体的 100 倍，这是超临界流体的萃取能力和萃取速度优于一般溶剂的原因[1]。

用作萃取剂的超临界流体应具备以下条件：①化学性质稳定，对设备没有腐蚀性，不与萃取物发生反应；②临界温度应接近常温或操作温度，不宜太高或太低；③操作温度应低于被萃取溶质的分解变质温度；④临界压力低，以节省动力费用；⑤对被萃取物的选择性高(容易得到纯产品)；⑥纯度高，溶解性能好，以减少溶剂循环用量；⑦货源充足，价格便宜，如果用于食品和医药工业，还应考虑选择无毒的气体。可以用来作为超临界萃取的溶剂很多，如 CO_2、N_2O、NH_3、$CClF_3$、C_4H_{10}、SF_6、C_2H_6、C_7H_{16} 等，表 7－1 列出了几种萃取剂的临界特性[2]。

表 7-1 超临界流体萃取剂的临界特性

流体名称	临界温度/℃	临界压力/MPa	临界密度/(g·cm^{-3})
CO_2	31.4	7.38	0.460
N_2O	36.5	7.17	0.451
NH_3	132.4	11.28	0.236
$CClF_3$	28.8	3.90	0.578
C_4H_{10}	10.0	3.80	0.228

一般来说，NH_3 的萃取温度范围较窄(133～150 ℃)，但极性较强，适合萃取极性化合物，如碱性氮化物等。但 NH_3 的溶解力很强，使用高压泵来压缩它是较危险的，因为它几乎能溶解泵的密封设施。C_2H_6 的极性较弱，应用不广泛。N_2O 具有和 CO_2 相似的性能，萃取温度范围为 36～150 ℃，极性中等，但 N_2O 有麻醉作用。

CO_2 主要有以下优点。

(1)CO_2 临界温度接近室温(31.4 ℃)，特别适合热敏性物质的萃取分离，可防止热敏性物质的氧化和降解，使高沸点、低挥发度、易热解的物质远在其沸点之下被萃取出来。

(2)CO_2 的临界压力(7.38 MPa)处于中等水平，对设备的要求不高，就目前工业水平而言，其临界状态一般易于达到。

(3)CO_2 具有化学惰性、不燃、无毒、无味、无腐蚀性等特性，且价格便宜、易于精制、易于回收。因此，超临界 CO_2 萃取无溶剂残留问题，属于环境无害工艺，被广泛应用于对药物、食品等天然产品的提取与纯化研究。

(4)超临界 CO_2 具有抗氧化灭菌作用，有利于保证和提高天然物产品的质量。

(5)超临界状态下 CO_2 能与众多非极性、弱极性溶质相混溶，而与大多数矿物无机盐、极性较强的物质(如糖、氨基酸、淀粉、蛋白质等)几乎不溶，在超临界 CO_2 萃取时它们就会留在萃取物中，从而实现不同成分的分离[3]。

因此，目前应用最广泛的超临界萃取溶剂是 CO_2。

7.1.2 超临界 CO_2 萃取技术的原理及特点

超临界流体萃取过程由萃取和分离两部分组成。超临界流体萃取过程的原理是利用超临界流体的溶解能力与密度的关系而进行的。

在超临界状态下，超临界流体对物料有较好的可渗透性和溶解能力，将超临界流体与待分离的物质充分接触，使其有选择性地把极性大小、沸点高低和分子量大小不同的成分依次萃取出来。然后借助减压、调温的方法使被萃取物质析出，从而达到分离提纯的目的。超临界流体的性质可以通过操作参数的变化来调节。在临界点附近，压力、温度的微小变化将会引起流体密度很大的变化，并相应地表现为溶解度的变化。因此，可以利用压力、温度的变化来实现萃取和分离的过程[4]。

超临界 CO_2 萃取技术的基本原理可利用图 7-1 来说明，该图描述了 CO_2 的对比压力-对比温度-对比密度的关系。对比压力、对比温度和对比密度分别指 CO_2 在某个条件下的压力、温度和密度与该物质临界压力、临界温度和临界密度之间的比值。图中对比密度为横坐标，对比压力为纵坐标，对比温度为参数。超临界 CO_2 萃取对应的对比压力 $p_r=1\sim6$、对比温度 $T_r=0.9\sim1.4$ 的流体具有很高的可压缩性，尤其在 $1.0<T_r<1.2$ 时，等温线在相当一段密度范围（$1.0\leqslant\rho_c<2.0$）内趋于平坦，即在此区域内压力或温度的微小变化都会导致流体密度产生显著的变化，从而使溶质在流体中的溶解度也产生显著的变化。当对比压力 $p_r>6$、对比温度 $T_r>1.4$ 时，超临界流体的密度受压力和温度变化的影响不大，但超临界流体的压缩性相应地变小[5]。

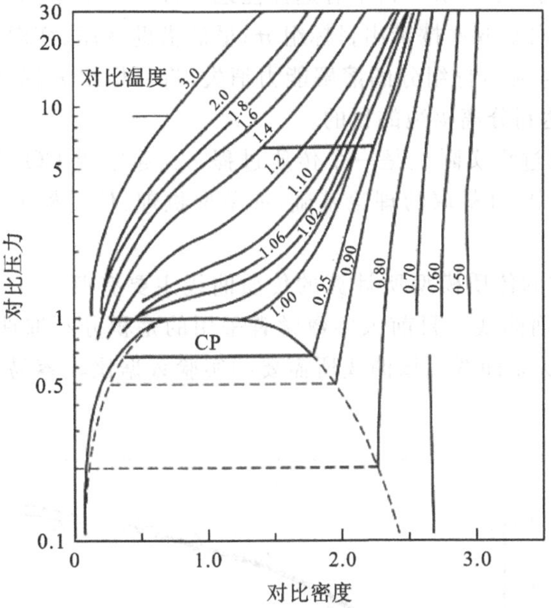

图 7-1　超临界 CO_2 萃取的对比压力-对比温度-对比密度关系图

超临界 CO_2 萃取工艺的设计就是利用超临界 CO_2 的密度对压力和温度变化的敏感特性，利用其在超临界状态下高度增强的溶解能力，在较高密度下实现对原料中某些组分（溶质）的有效萃取，然后再通过温度和压力的连续调节减小萃取剂的密度，从而降低其对溶质的溶解度，使溶剂与溶质（萃取物）得到有效分离。

超临界 CO_2 萃取技术主要有以下特点[4]。

(1)通常在温度接近室温时即可实现分离，有效地防止了热敏性物质的氧化和逸散。

(2)整个过程不需要添加有机溶剂，萃取物没有残留的溶剂物质，防止了提取过程中对人体有害物的存在和对环境的污染。

(3)萃取过程通过控制温度或压力来调节溶剂的溶解能力，增加了调节过程的灵活性和可操作性。

(4)由于超临界流体具有较高的密度、较低的黏度和较高的扩散系数，以及溶解能力随温度和压力变化的性质，因此萃取产率较高，且过程中能耗少。

(5)对于萃取原料中的极性物质，可通过添加共溶剂的方法来改变萃取溶剂的相行为，提高流体的溶解能力和选择性，同时也可降低流体的操作压力或减少溶剂的用量。

(6)溶剂萃取过程需额外的操作单元来脱除溶解，而超临界 CO_2 萃取过程可以做到在线分离，有效物质收率高。

(7)CO_2 属于不燃性气体，无味、无臭、无毒、安全性非常好；且价格便宜，纯度高，容易制取，在生产中可以重复循环使用，从而有效地降低了成本。

7.1.3 超临界 CO_2 萃取技术的传质过程及模型

超临界 CO_2 萃取的基本过程为：首先通过控制操作压力和温度，使 CO_2 升到超临界状态(即高于临界温度($T_c=31.4℃$)和临界压力($p_c=7.38MPa$))；然后将超临界 CO_2 与待分离的物质进行接触，使其从原料中有选择性地把极性大小不同、沸点高低不同和分子量大小不同的成分依次萃取并携带出目标组分；最后借助变压、变温等方法使超临界流体变成普通气体，使 CO_2 对目标组分的溶解能力消失，将目标组分释放出来，被萃取物质完全或基本析出，从而达到分离提纯的目的。

超临界 CO_2 萃取过程实际上是一个传质过程。在超临界 CO_2 萃取技术从实验室迈向规模化生产的过程中，对萃取的理论基础，如萃取机理、传质模型和过程模拟等方面的研究是非常有必要的。

超临界 CO_2 萃取的传质模型所计算的传质曲线主要有两种：①积分萃取曲线(见图 7-2)；②剩余浓度剖面曲线。目前大多数学者采用的是积分萃取曲线(萃取溶质收率 Y 与萃取时间 t 之间的关系曲线)，该曲线所需要的实验数据比较容易获得且与研究传质过程的目的更加接近。

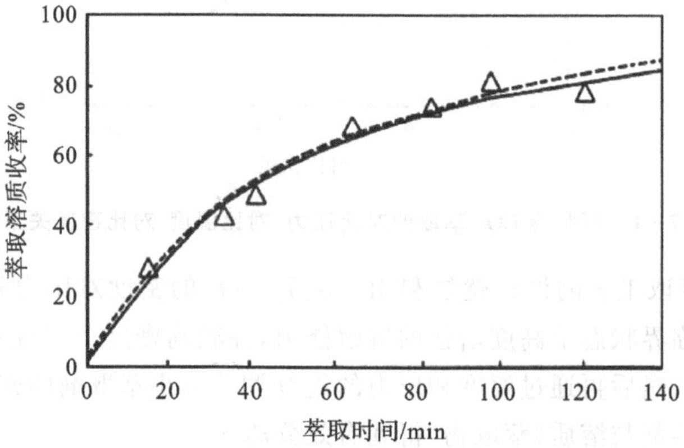

图 7-2 超临界 CO_2 萃取的积分萃取曲线[8]

计算传质曲线的传质模型主要有经验模型和理论模型，目前大多数是根据萃取过程和萃取床层中的微分质量平衡关系而建立的。该模型内萃取介质分为两相：一是固体相，即固体物料，溶质的载体；二是流体相，即溶解有溶质的超临界溶剂相。微分质量平衡模型一般是基于以下的前提假设而建立的。

(1)将萃取物视为单一化合物。

(2)床层中的温度、压力、溶剂密度和流率都是恒定不变的。

(3)溶剂在萃取釜入口处不含有溶质。

(4)固体床层的粒度和溶质的初始分散度都是均一的。

超临界 CO_2 萃取过程可以认为是固体颗粒填充在圆柱形的萃取床内，溶剂沿轴向通过床层，从固体表面带走可溶性的溶质的过程，如图 7-3 所示[5]。

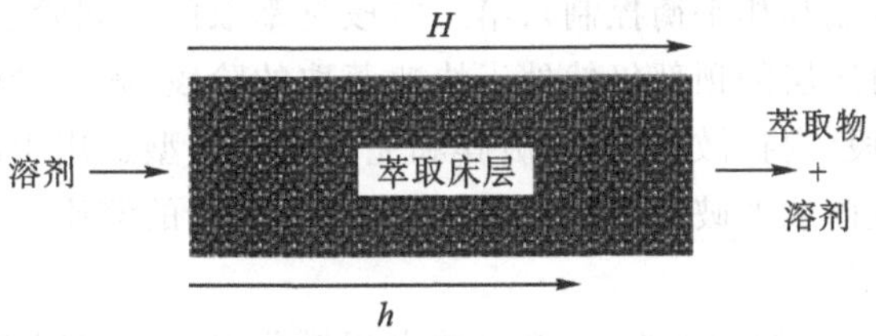

图 7-3　超临界 CO_2 萃取过程

萃取过程中，两相都充满了整个萃取床层。在上述前提下，固体相和流体相的质量平衡可以用下式来描述[8]：

$$\rho \varepsilon u \frac{\partial Y}{\partial h} - \rho D_{aY} \varepsilon \frac{\partial^2 Y}{\partial h^2} + \rho \varepsilon \frac{\partial Y}{\partial t} + \rho_s (1-\varepsilon) \frac{\partial X}{\partial t} - \rho_s D_{aX} (1-\varepsilon) \frac{\partial^2 X}{\partial h^2} = 0 \quad (7-1)$$

式中，$\rho \varepsilon u \frac{\partial Y}{\partial h}$ 为流体相质量输入与输出差值；$\rho D_{aY} \varepsilon \frac{\partial^2 Y}{\partial h^2}$ 为流体相质量轴向扩散；$\rho \varepsilon \frac{\partial Y}{\partial t}$ 为流体相质量累计速率；$\rho_s (1-\varepsilon) \frac{\partial X}{\partial t}$ 为固体相质量累计速率；$\rho_s D_{aX} (1-\varepsilon) \frac{\partial^2 X}{\partial h^2}$ 为固体相质量扩散。

由于上述模型求解较为困难，不同学者根据不同的物质结构特征，提出了不同的假设并对传质过程进行简化，形成了不同的微分传质模型，例如，两相模型、核心收缩浸取模型、破碎和完整细胞模型等。

两相模型假设在萃取过程中，流体相的传质速率由外部质量传递过程控制，固体相的传质速率由内扩散控制。模型通过系列简化处理后，可以分别得到仅考虑内扩散控制，仅考虑外扩散控制和同时考虑内、外扩散控制的 3 种数学模型的解析解。很多微分传质模型都用到了两相模型中扩散控制传质理论，并根据具体的模型假设加入一些其他的条件。如核心收缩浸取模型中固体内部的传质过程就用到了内扩散控制模型；破碎和完整细胞模型中的第三阶段也用到了扩散控制模型。

核心收缩浸取模型描述了不可逆的解吸附过程及此后的在多孔介质中的扩散过程。当溶质在未萃取的内核中的传递速率远小于其在外层已萃取部分的传递速率，或者溶质的浓度远远高于溶剂的溶解能力，则内层和外层之间就会产生一个明显的界面，如图 7-4 所示。内层核会随着萃取的过程逐渐缩小，这种现象可以用核心收缩浸取模型来计算。溶剂膜层的传质过程忽略内扩散传质阻力；固体内部的传质过程并不是简单的扩散，而是分为溶质富集的内核边界处的解吸附和在外部多孔介质中扩散两个过程，同时考虑轴向扩散。核心收缩浸取模型主要适用于被萃取植物种子中挥发油的传质的模拟，这是由于种子的含油量相对较高，而且挥发油各成分的性质较为相似，可以较好地符合该模型的假设。

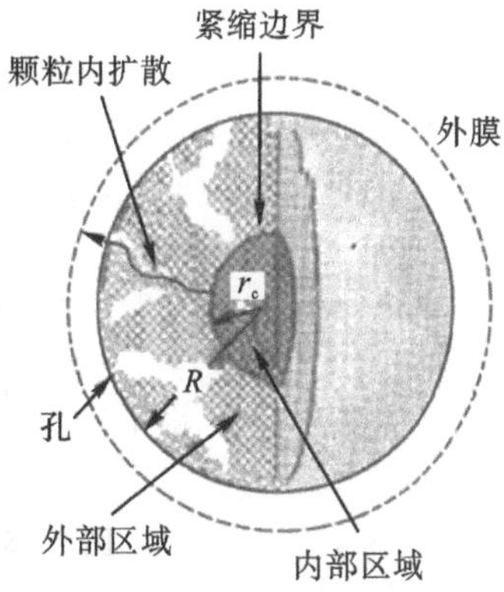

图 7-4　核心收缩浸取模型示意图[8]

破碎和完整细胞模型过程分为 3 个阶段：第一阶段是起始阶段，萃取速率恒定，萃取速率由溶剂膜层的传质阻力或溶剂的溶解能力所控制，反映了与溶剂直接接触的溶质的萃取过程(对流传质控制和相平衡控制);第二阶段是萃取的中间阶段,床层底部已经进入缓慢萃取阶段,而同时床层的顶部仍然处于快速萃取的阶段;第三阶段是萃取固体中较难接触的溶质的一个阶段(内扩散控制)。破碎和完整细胞模型适用于部分溶质易被溶剂萃取(如位于微粒的外表面或者破裂细胞中易被萃取)而其余的溶质位于深层的核心结构中难以被溶剂萃取的情形。

传质模型的发展对于超临界 CO_2 萃取技术规模化发展有着很大的意义,建立科学可靠的传质模型需要传质机理及基础数据研究的理论支持。随着新的模型化方法不断地被提出,必将会推动超临界 CO_2 萃取技术的工业化进程。

7.1.4 超临界 CO_2 萃取过程中的影响因素

1. 萃取压力

超临界流体的溶解能力与密度成正比,在临界点附近,压力稍有变化,其密度将产生相对大的变化。因此,对于许多固体或液体中的被萃取物而言,若被萃取物与溶剂不能无限互溶,则超临界流体的溶解能力与压力有明显的相关性,而且,不同萃取物受压力影响的范围不同。例如,萜类化合物在 9.1~12.2 MPa 就可以在 CO_2 中达到较高的溶解度,而中性油脂一般则需要 16.2 MPa 以上。

图 7-5 为萃取压力对白苏叶挥发油提取率的影响,当压力上升至 25 MPa 时提取率显著增加,这是因为在温度恒定时,增加超临界萃取压力,超临界 CO_2 流体的密度随之增大,溶解能力增大,故提取率随压力的增大而增大。继续加压,提取率反而有所下降,这是因为随着萃取压力的升高,传质速率降低,从而影响了 CO_2 的溶解能力,导致提取率下降,因此最佳压力选择 25 MPa 左右。而对于其他的萃取物,最佳压力则可能有所不同,例如,提取缩合单宁时的最佳压力在 35 MPa 左右[9]。

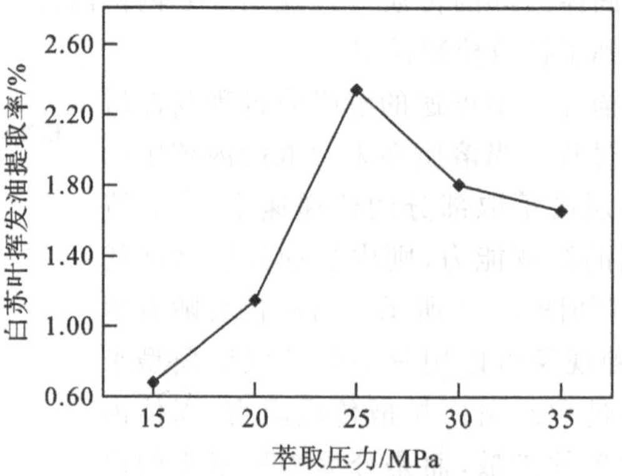

图 7-5 萃取压力对白苏叶挥发油提取率的影响[10]

2. 萃取温度

在恒定压力下,超临界流体的溶解性可能随萃取温度的变化而增加、不变或降低。这是由于温度升高,缔合机会增加,溶质的挥发性提高、扩散系数增大,但 CO_2 密度降低、携带物质的能力降低。因此,提取率的高低取决于此温度下何种状态占优势。当压力较高时,CO_2 密度很大,压缩性很小,升温引起的分子间距增大、分子间作用力减弱、分子热运动的加速、分子碰撞结合概率增加的总和对溶解度的影响不大;当压力较低时,升温引起的溶质蒸汽压升高，不足以抵偿 CO_2 流体溶解能力的下降，因而总的效果导致超临界流体中溶质浓度的降低。

对某种待萃取物来说，其存在着一个最佳压力条件下的最适萃取温度。图 7-6 为萃取温度对罗汉果渣油提取率的影响，当萃取温度在 35～45 ℃时，随着萃取温度的升高，罗汉果渣油的提取率呈上升的趋势，其中前半段上升的趋势比后半段快。当萃取温度超过 45 ℃时，罗汉果渣油的提取率有下降的趋势。分析可能原因：一方面，随着温度的升高，分子运动加快，CO_2 蒸汽压和扩散系数增大；另一方面，等压条件下，CO_2 流体的密度随着温度的升高而减小，这样就会造成其对油脂的溶解能力降低，在这两种因素的共同作用下，出现了上面的曲线变化。综合考虑，罗汉果渣油的最适萃取温度在 45 ℃左右。

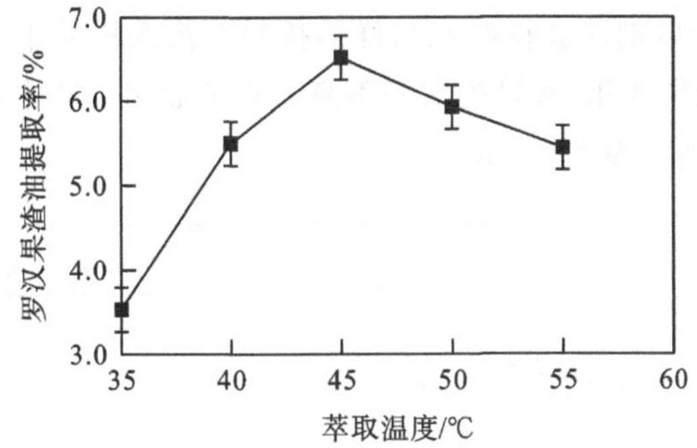

图 7-6　萃取温度对罗汉果渣油提取率的影响[11]

3. CO_2 流量

CO_2 流量可以明显地影响待萃取物的超临界萃取动力学。虽然在较低的 CO_2 流速下萃取可以达到平衡，但由于黏度一定时传质系数的限制，故提取率不高。而当 CO_2 流量增加时，超临界 CO_2 通过料层速度加快，与料液的接触搅拌作用增强，传质系数和接触面积都相应增加，促进了超临界 CO_2 的溶解能力。但 CO_2 流量过大时，超临界 CO_2 在釜内的停留时间相对减少，使溶质与溶剂 CO_2 来不及充分作用，导致 CO_2 耗量增加。所以在实际处理过程中，必须综合考虑，通过一系列试验选择合适的 CO_2 流量。

图 7-7 为 CO_2 流量对白苏叶挥发油提取率的影响，随着 CO_2 流量的升高，提取率上升，当流量达到 30 L/h 时，提取率达到最高，继续增大 CO_2 流量，提取率则会降低。因此，最佳的 CO_2 流量应选择 30 L/h。

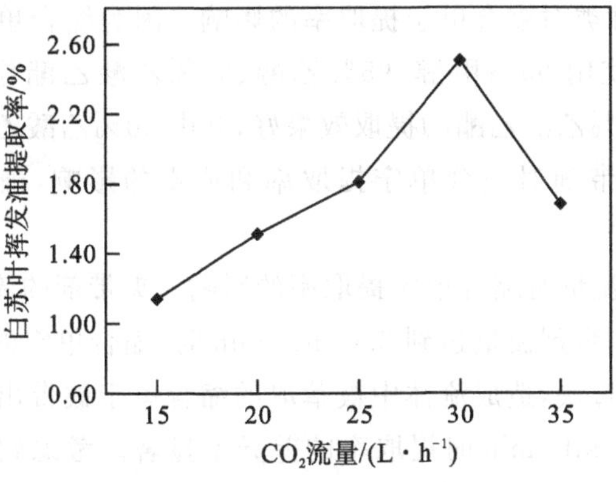

图 7-7　CO_2 流量对白苏叶挥发油提取率的影响[10]

4. 萃取时间

任何萃取过程都需要足够的停留时间。流量一定时，萃取初始，由于超临界 CO_2 与溶质未达到良好接触，萃取量较少；随着萃取时间延长，传质达良好状态，单位时间的萃取量增大，直至达其最大值；在此之后，由于萃取对象中待分离成分含量减少而使提取率逐渐下降。例如，在超临界 CO_2 萃取茶油时，提取初期提取率随时间的增加而增加，在 45 MPa、3～4 h 时，提取率达到其极限，再延续时间，则单位时间内萃取量无明显变化。

图 7－8 为萃取时间对缩合单宁提取率的影响，随着萃取时间增加，缩合单宁提取率呈先增加后趋于平稳的趋势，在 120 min 时，提取率增幅缓慢，提取率开始降低，这说明在 120 min 后，虽然流体萃取剂能够较好地与样品接触并渗入样品中，但萃取时间过长反而会促使缩合单宁结构发生变化，所以提取率不高。在工业化生产中，时间直接影响工作效率，所以最佳萃取时间确定为 120 min。

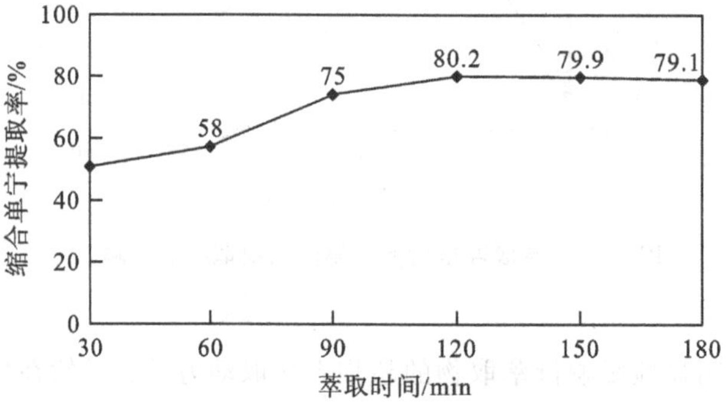

图 7－8　萃取时间对缩合单宁提取率的影响[9]

5. 夹带剂

夹带剂，又称携带剂或共溶剂等。由于 CO_2 是非极性物质，所以它对脂溶性物质有极大的溶解度，对极性物质溶解甚微。当被萃取物为极性物质时，可考虑加入极性的夹带剂。它的少量加入往往能明显改变超临界流体体系的相行为，特别是可以增大某些在超临界流体中溶解度很小的物质的溶解度，同时也可降低超临界流体的操作压力或减少超临界流体的用量。

图 7－9 为夹带剂种类对缩合单宁提取率的影响。因为缩合单宁具有极性，所以选用极性溶剂作为夹带剂，使用 95％甲醇、95％乙醇、95％乙酸乙酯作为夹带剂依次分别较 50％甲醇、50％乙醇、50％乙酸乙酯的提取效果好，其中 50％乙酸乙酯、95％乙酸乙酯的提取率最高，综合考虑夹带剂对缩合单宁提取率和成本的影响，确定 50％乙酸乙酯为夹带剂。

图 7－10 为夹带剂流量对缩合单宁提取率的影响。夹带剂的流量增大时，缩合单宁的提取率有所提高，但当夹带剂流量达到 3.0 mL/min 时，缩合单宁的提取率开始下降，这可能是因为夹带剂的流量过快，造成流体中被萃取的缩合单宁被带出，造成提取率降低。但是夹带剂流量为 2～3.5 mL/min 时提取率的差异不显著。考虑到成本问题，选择最佳的夹带剂流量为 2.0 mL/min。

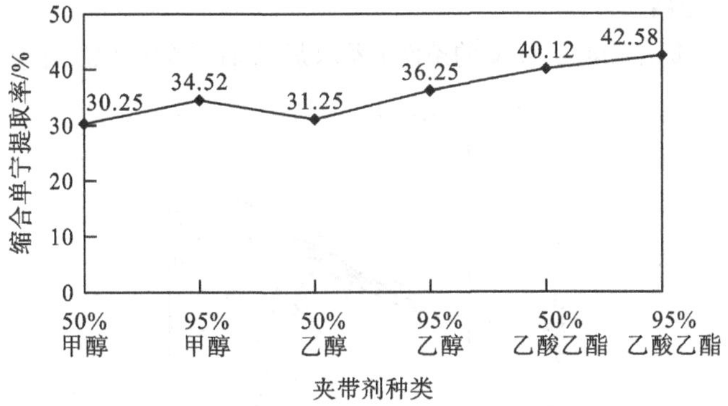

图 7-9 夹带剂种类对缩合单宁提取率的影响[9]

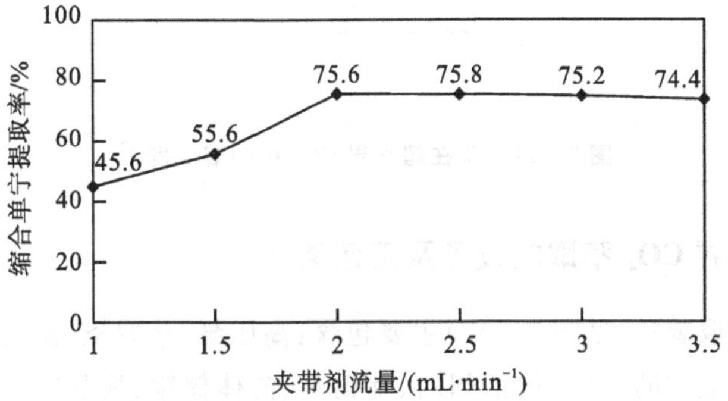

图 7-10 夹带剂流量对缩合单宁提取率的影响[9]

6.分离压力和分离温度

萃取后，就必须使超临界流体的密度降低，以便选择性地使萃取物在分离器中被分离出来。

分离压力：随着分离压力的降低，超临界 CO_2 的密度下降，从而使已溶解在其中的萃取物在进入分离釜后会因压力的降低而实现分离，但随着分离压力的降低，分离率更易趋向平衡。分离压力不同，萃取物的化学组分也会有一定的差异。对于用单级分离效果不佳的萃取物，应考虑进行两级甚至多级分离[2]。

分离温度：分离温度的选择取决于溶质在超临界流体中的溶解度与温度的关系。温度对溶质溶解度的影响受 2 个竞争因素制约：一是提高温度会使液体溶质的蒸汽压升高或固体溶质升华压增大从而使溶质在超临界流体中的溶解度也提高；二是提高温度同时也使超临界流体的密度下降从而会降低溶质在超临界流体中的溶解度。

以萘在超临界 CO_2 中的溶解度为例（见图 7-11），压力在 15 MPa 以上时，CO_2 的密度对温度不敏感，溶质的蒸汽压对溶质在超临界流体中的溶解度起主导作用。因而萘在超临界 CO_2 中的溶解度随温度的提高几乎呈线性增加。压力在 12 MPa 以下时，特别是在临界压力附近（7～8 MPa）时，温度的微小变化会导致密度的大幅度下降，此时密度对溶质在超临界流体中的溶解度起主导作用，溶质溶解度随温度的升高而下降。

因此，可以通过 2 种变温操作实现对萘的萃取。

(1)使萃取压力和分离压力均为 30 MPa，用 55 ℃的萃取温度和 32 ℃的分离温度进行萘的超临界萃取与分离。

(2)在压力为 8 MPa、温度为 32 ℃的条件下萃取萘,而后再等压、温度升至 42 ℃时进行分离。

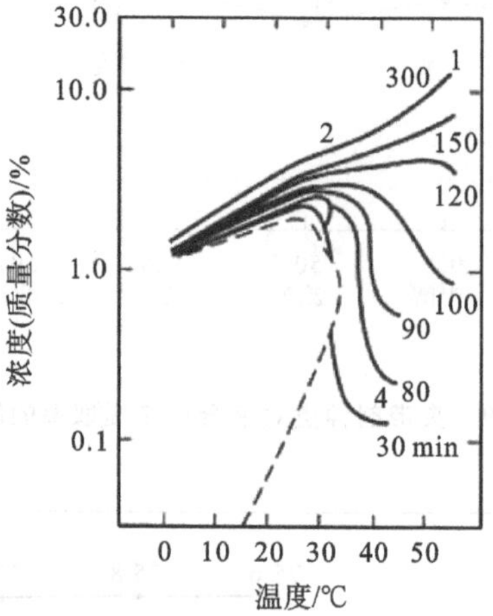

图 7-11　萘在超临界 CO_2 中的溶解度[5]

7.1.5　超临界 CO_2 萃取的设备及工艺类型

超临界流体萃取装置(见图 7-12)主要包含:高压泵、萃取釜、温度压力控制系统、分离釜和吸收器及其他辅助设备(包括阀门、辅助泵、流体储罐、换热器等)。在超临界流体萃取技术中,萃取装置的实现是重要环节,该装置涉及机械结构、电气控制、化工工艺等专业技术。在工业化生产中,对超临界萃取装置的要求较高,装置应具备连续装填物料及连续萃取的功能,能回收超临界流体进行循环使用,这在中小型装置中难以实现,因此对大型工业化萃取装置进行研发十分必要[12]。

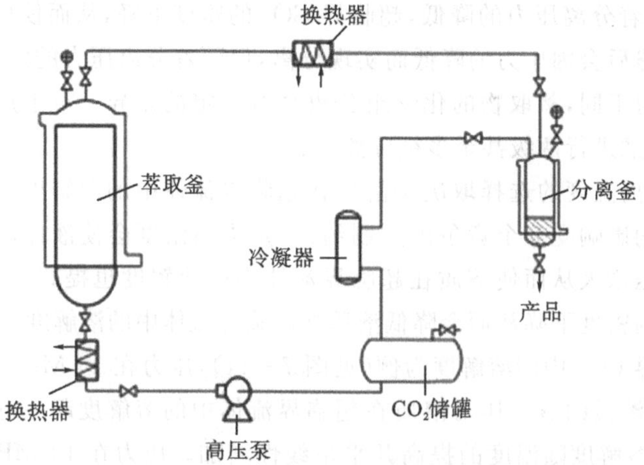

图 7-12　超临界流体萃取装置

超临界 CO_2 萃取工艺依分离条件不同,一般分为降压法、等压变温法和恒温恒压吸附法三种基本类型。

1. 降压法分离工艺

降压法分离工艺是依靠压力变化的萃取分离法，超临界 CO_2 在萃取器中萃取完毕后通过节流降压进入分离器，由于压力降低，CO_2 流体对被萃取物的溶解能力逐步降低，萃取物被析出，从而完成分离。

该工艺的流程如图 7－13 所示，将 CO_2 通过压缩机被压缩到萃取压力，然后进入萃取器。超临界 CO_2 在萃取器里面和固态或液态的原料接触，使溶解的溶质进入超临界 CO_2 中。溶解了溶质的超临界 CO_2 离开了萃取器后再通过降压膨胀阀节流膨胀（等焓过程）进入分离器中。由于压力降低导致被萃取的组分在流体中的溶解度降低，使其在分离器中析出。溶质由分离器下部取出，气体经过压缩机返回萃取器循环使用。

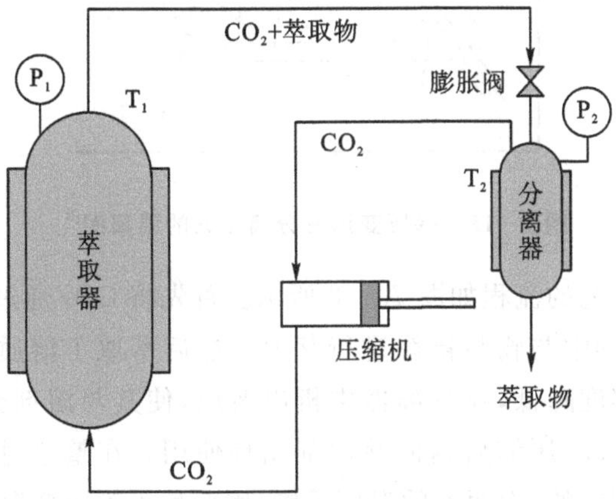

图 7－13　降压法分离工艺的流程图

上述流程的温熵（$T-s$）图如图 7－14 所示，图上过程应是 $1' \to 2' \to 3 \to 3' \to 4 \to 5 \to 1'$。用压缩机的优点在于经分离回收后的萃取剂不需冷凝成液体就可循环利用，但必须配置中间冷却系统以降低压缩过程所产生的大的温升。

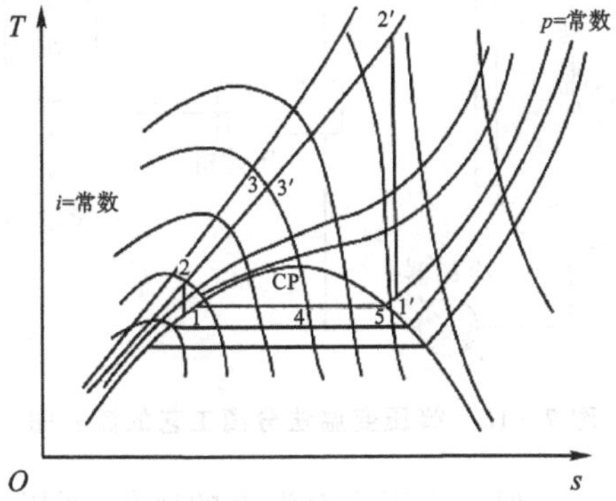

图 7－14　降压法分离工艺温熵图[5]

该方法操作简单，可以实现对高沸点、热敏性、易氧化物质接近常温的萃取，因此在萃取过程中较为常用。但其也存在着压力大、投资大、能耗较高的缺点。

2. 等压变温法分离工艺

等压变温法分离工艺是依靠温度变化的萃取分离法，其萃取和分离在同一压力下进行。超临界CO_2在萃取器中萃取完毕后，通过热交换变化温度。CO_2流体在特定压力下，溶解能力随温度的变化而变化，从而使溶质析出完成分离。由于分离温度对溶质溶解度的影响受2个竞争因素制约，因此对于不同条件下的分离可能会采用不同的操作方式。降温分离对应图7-15中的1→2过程，升温分离对应3→4过程。

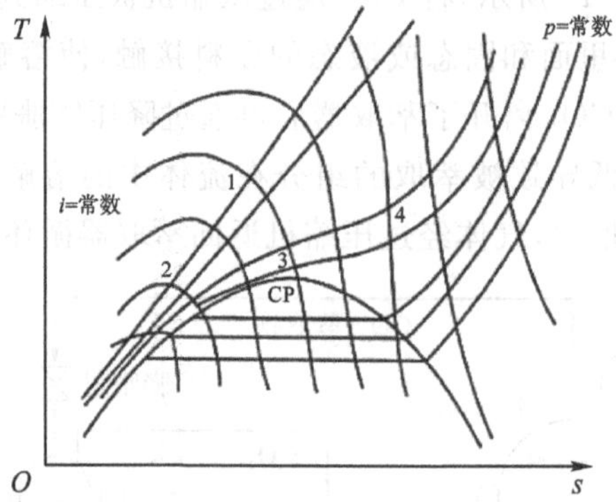

图7-15　等压变温法分离工艺的温熵图[5]

等压变温法分离工艺的流程如图7-16所示。首先将CO_2通过泵加压后送入冷却器降温，再将其送入萃取器中与物料接触进行萃取。然后萃取了溶质的流体经过加热器升温后使萃取组分的溶解度降低，在分离器中析出溶质，使其与溶剂分离，从分离器下部取出萃取组分。气体经冷却、压缩后返回萃取剂循环使用。在整个过程中萃取器端的压力和分离器端的压力是相等的，而两处的温度不同，因此称为等压变温法。

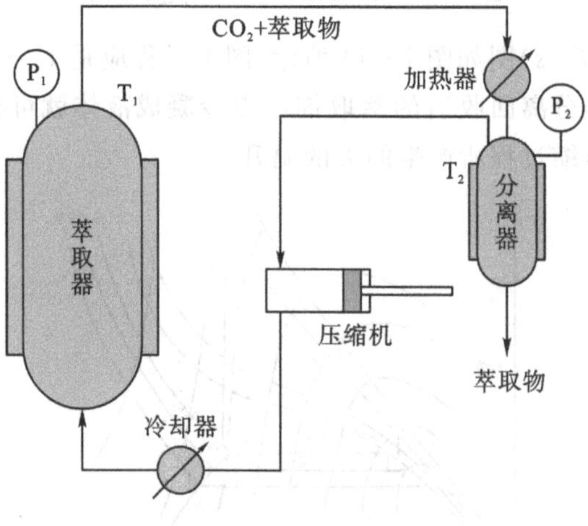

图7-16　等压变温法分离工艺的流程图

该方法压缩能耗相对较小，但是由于会有温度的变化，所以会对热敏性物质有一定的影响。

3. 恒温恒压吸附法分离工艺

恒温恒压吸附法分离工艺与前两种方法有所不同，该过程中不需要调节参数，萃取分离主要是利用可吸附溶质而不吸附萃取剂的吸附剂进行的。

该工艺的流程如图7-17所示。将CO_2通过泵加压后送入萃取器中与物料接触进行萃取，萃取后的流体进入分离器。在分离器中，萃取出的溶质被吸附剂吸附，并与萃取剂分离，从而完成萃取过程。气体经压缩(适当加压)后返回萃取器循环利用。在整个过程中萃取器端的温度和压力与分离器端的温度和压力均相同，分离过程由吸附剂进行吸附，因此称为恒温恒压吸附法。

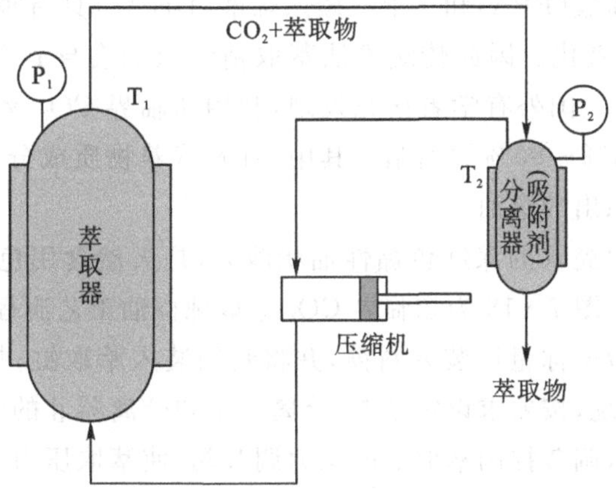

图 7-17　恒温恒压吸附法分离工艺的流程图

该工艺始终处于恒定的超临界状态，十分节能，但是需要特殊的吸附剂。该种方法常用于萃取产物中的有害成分和杂质的去除，而前两种方法常用于萃取产物为需要精制的产品。

7.1.6　超临界 CO_2 萃取技术的应用及进展

1. 在食品工业中的应用

超临界 CO_2 萃取技术在食品工业中有相当广泛的应用并且工艺流程日趋成熟。在欧美、日本等发达国家，依靠此技术大批量生产高纯度食品原辅料、食品添加剂，已成为工业需求。而我国对于超临界萃取技术在食品行业的应用也同样开展了一系列研究，在工业化生产的道路上逐步发展。

超临界 CO_2 萃取技术的典型应用之一就是从啤酒花中提取啤酒花浸膏。啤酒花也称蛇麻，是雌性啤酒花成熟时在叶和枝之间生成的籽粒。啤酒花中对酿酒有用的部分是挥发性油和软树脂中的律草酮。挥发油赋予啤酒特有的香气，而律草酮是造成啤酒苦味的重要物质。超临界 CO_2 萃取技术，可以使律草酮的提取率达 95%以上，并能得到安全、高品质、富含啤酒花风味物质的浸膏，因而成为最早实现工业化生产的超临界萃取技术之一。

超临界 CO_2 萃取技术的另一个典型应用就是从咖啡豆中脱除咖啡因。咖啡因是一种较强的中枢神经系统兴奋剂，富含于咖啡豆和茶叶中。因许多人饮用咖啡或茶时不喜欢咖啡因含量过高，而且从植物中脱除的咖啡因可作药用，常作为药物中的掺合剂，因此有必要从咖啡豆和茶叶中脱除咖啡因。超临界 CO_2 对咖啡因选择性高，同时还有较大的溶解性、无毒、不燃、廉价易得等优点，因此格外受人们的青睐[13]。

超临界 CO_2 萃取技术还可以用在天然色素的提取上，例如，番茄红素、β-胡萝卜素、辣椒红色素等的提取与分离。使用该工艺来生产辣椒红色素，具有纯度高、杂质少、溶残低、无异味、色泽更加鲜艳等特点，是辣椒红色素系列产品中的精品[14]。

超临界 CO_2 萃取技术在提取分离油脂方面也有很好的效果，可以分离鱼油、鱼肝油等动物油脂，以及沙棘籽油、葵花籽油、菜籽油、米糠油等植物油脂。在鱼油中富含多种有益脂肪酸——二十碳五烯酸(EPA)和二十二碳六烯酸(DHA)，具有很好的保健功能。鱼油性质不稳定，易分解易氧化。因此传统方法萃取精炼鱼油会导致鱼油高温降解、氧化酸败、有机溶剂残留等[15]。国外有学者研究发现，利用超临界 CO_2 萃取技术从鱼肉制品中萃取鱼油，能够得到80%～90%的油脂。其中，有效营养物质成分 EPA 和 DHA 的含量分别优于传统方法提炼出的鱼油[16]。

辣椒油是从辣椒中提取的深红色黏性油状液体，是天然食用色素，广泛应用于食品、药品和化妆品等行业。图 7-18 为超临界 CO_2 萃取辣椒油工艺流程示意图，该过程为：将满足粒度要求的干辣椒粉称量后装入料筒，并将料筒装入萃取缸；打开总电源，启动制冷系统，然后启动加热系统，按要求设定萃取、分离器Ⅰ和分离器Ⅱ的温度，直到温度达到所设定温度；启动高压泵，调节控制萃取缸的压力调节阀，使萃取压力达到设定压力，然后再调节控制分离器Ⅰ的调节阀，使分离器Ⅰ的压力达到设定压力，萃取开始，并开始计时；间隔一定时间，从分离Ⅰ和分离Ⅱ取出产品，称量，记录；直到分离器中几乎没有产品为止。萃取完成后，关闭冷冻机、泵及各种加热循环开关，关闭总电源。将萃取缸的压力泄至分离器，达平衡后，关闭前后阀门，打开放空阀，直到萃取缸内没有压力后，打开萃取缸，取出料筒，倒出残渣，结束萃取。

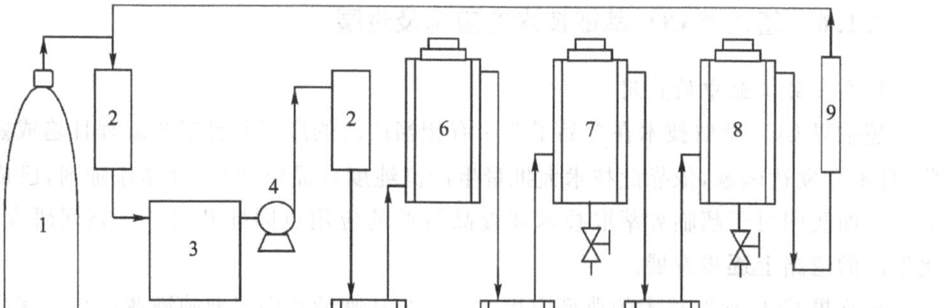

1—CO_2 钢瓶；2—净化器；3—冷箱；4—高压泵；5—加热器；6—萃取缸；
7—分离器Ⅰ；8—分离器Ⅱ；9—流量计。

图 7-18 超临界 CO_2 萃取辣椒油工艺流程示意图[17]

萃取辣椒油的最佳参数：萃取压力为 15 MPa 左右，萃取温度为 40 ℃左右，萃取时间为 2～3 h。

2.在天然香料工业中的应用

由于各种天然香料具有独特、自然、舒适的香气和香韵，非人工所能调制，所以天然香料的加工分离技术历来都强调保留各种天然香料特有的香韵，尽量减少分离过程对其香气成分的破坏和微量成分的丢失，以期制备具有天然香料、植物香气的浓缩香料产品。传统的方法大多需要热处理，加热可能造成天然香料中某些热敏性或化学不稳定性成分被破坏，因而会改变天然香料的独特香韵和风味。超临界 CO_2 萃取技术可使整个分离过程在常温下进行，特别适合于不稳定天然产物和生理活性物质的分离精制[18]。

超临界 CO_2 萃取技术可以对鲜花的芳香成分进行提取。多数鲜花中芳香成分含有不稳定物质，容易在加工过程中受热或氧化变质。由于超临界 CO_2 萃取可在室温下进行，因而对鲜花香料的提取具有很大的吸引力。国内一些学者通过超临界萃取技术提取并分析了吉林省珲春产冷香玫瑰和四季红玫瑰的挥发油成分，得出冷香玫瑰中含有 76 种挥发油成分，相似度在 65%以上的有 29 种；四季红玫瑰含有 78 种挥发油成分，相似度在 65%以上的有 19 种，并推测两种玫瑰挥发油成分的较大区别可能是两种玫瑰花香气不同的根本原因[19]。

超临界 CO_2 萃取技术可以对植物根、茎、叶的芳香成分进行提取。以香料植物根、茎、叶为原料的天然香料品种多、用量大、用途也极为广泛。当使用超临界 CO_2 萃取生姜净油时，采用最佳工艺条件所获得的生姜净油收率约 2.47%，香气纯正[20]。

超临界 CO_2 萃取技术还可以对水果的芳香成分进行提取。大部分水果中含有挥发性油和较多油脂成分，因此利用超临界 CO_2 萃取技术对水果中芳香成分的研究也很多。例如，柑橘果皮是一种非常重要且广受欢迎的天然香料。柑橘中的香精油主要由萜烯类、倍半烯萜类以及高级醇类、醛类、酯类组成。前两种烃类占香精油总量的 95%，氧化合物含量小于 5%，但后者却是香精油香气的主要来源[21]。超临界 CO_2 萃取技术可以提取出雪峰蜜橘果皮精油，雪峰蜜橘精油的成分以萜烯烃类化合物为主，醇类、醛类、酮类及酯类含量相对较少，精油的组分含量与超临界 CO_2 萃取法的提取条件具有相关性[22]。

3. 在中药领域中的应用

超临界 CO_2 萃取技术用于中草药有效成分的提取分离是目前医药领域最广泛的应用之一。与传统方法相比，超临界 CO_2 萃取仅需调整很少的参数就可实现中草药的提取，分离得到的有效成分纯度高、杂质少、无有机残留。近年来，已有大量的研究论文报道使用超临界 CO_2 萃取技术提取中草药中的有效成分，涉及中草药和天然植物至少超过 100 种，它们所含的活性成分总体分为 3 类：①分子量小、极性小的化合物，如挥发油等；②极性大、分子量适中的成分，如黄酮等；③极性大、分子量大的亲水性化合物，如皂苷及糖类等[23]。

超临界 CO_2 萃取技术可以对中药中挥发油类有效成分进行提取。作为植物体内的次生代谢物，挥发油具有较强的生物活性。水蒸气蒸馏法为挥发油传统提取工艺，存在很多缺点，包括提取温度高、提取时间较长、易破坏有效成分等。大部分挥发油在超临界流体中具有较好的溶解性，加上分子量较小，因此，可用此法萃取获得。利用超临界 CO_2 萃取技术从黄花蒿中提取青蒿素时，提取率可以超过 95%[24]。

超临界 CO_2 萃取技术可以对黄酮类有效成分进行提取。黄酮类成分属于一类低分子量的化合物，通常以游离态或苷的形式存在于植物液泡中。浸泡法、碱提酸沉法、水煎煮法为传统提取方法，但有费工费时、收率低的缺点。与上述传统方法相比，超临界 CO_2 萃取法具有萃取分离一步完成、操作简单、耗时短、提取率高等优点。丹参是临床常用的一种活血化瘀药物，丹参酮ⅡA 是一种有效的黄酮类活性物质。由于该物质具有水溶性，利用超临界 CO_2 萃取法提取该活性成分，一次性提取丹参酮ⅡA 的含量在 20%以上，水溶性有效成分的含量超过35%。与常规提取法相比，提取率是其2倍以上[25]。

超临界CO_2萃取技术可以对皂苷及多糖类进行提取。中药中的皂苷与多糖类化合物在抗肿瘤、抗凝血、抗腐蚀、降糖降脂、提高免疫力等方面具有良好的效果。苷类和糖类相对分子质量较大、羟基多、极性大。超临界CO_2萃取技术能有效萃取出黄芪中的黄芪甲苷、三七中的三七总皂苷、茯苓中的茯苓多糖、淮山中的淮山多糖，其提取率均高于醇提法[26]。

4.在石油工业中的应用

超临界CO_2流体在石油工业中的应用十分广泛，从油气藏勘查、开采再到石油化工行业都有应用，尤其是在油气开采中，使用超临界CO_2流体作为压裂液，能够提高油田开采效率和对枯竭油田的开采能力[27]。

超临界CO_2萃取技术可以应用在油气勘探过程中。地表石油天然气的化学勘探方法一般都以地表土壤、岩石作为工作介质，采用微量或者超微量测试方法，检测油气、伴生物的分布情况以及迁移过程中能够出现的衍生物，以此作为评判指标，判断深部是否存在油气藏。使用超临界CO_2流体进行油气勘探，应用CO_2在超临界状态下对样品介质特殊的穿透性能，能够快速萃取样本中的烃类物质。我国的胜利油田在勘探工作中就应用了超临界CO_2流体化学勘探方法，取得了理想的成果，为油气藏的勘查提供了重要线索。

超临界CO_2萃取技术广泛应用在油气开采过程中。可以用作钻井液、压裂液和驱油剂等。有试验证明应用超临界CO_2作为深度欠平衡钻井液是可行的，钻具内的CO_2处于超临界状态，其形状更加接近液体，为钻具提供足够的动力，提高了对枯竭油藏的开采能力。作为压裂液时，在超临界CO_2流体中加入发泡剂，制造超临界CO_2泡沫，改善CO_2超临界流体黏度不足的情况，发泡剂产生惰性氮气泡沫，提高了压裂体系黏度的同时不会对其造成破坏性影响。

5.在环境领域中的应用

近些年，人们对于环保的要求日益严格，发展环境污染治理的相关技术对于环境保护至关重要。超临界CO_2萃取技术可以用于土壤修复、处理核废料等领域，在环境污染治理中发挥着一定的作用。

超临界CO_2萃取技术可以用于土壤修复。土壤污染物多指脂溶性、不易降解的有机物，如多环芳烃(PAH)、多氯联苯(PCB)等，这些有机物具有很高的化学和生物稳定性，会造成持久性的环境污染。土壤被这些有机物污染后，可能产生地下水及地表水的次生污染，通过饮用水和食物链进入人体，从而对人类健康构成威胁[28]。传统的处理方法是用大量的水或有机溶剂进行萃取分离，但这种方法比较复杂、能耗大、容易造成二次污染。由于超临界CO_2独特的溶剂特性，使得它能够进入到多孔的被污染物中，使被萃取物溶解，达到有效分离的目的。因此，应用超临界CO_2萃取技术能够很有效地从固体物质中萃取出有机物，该过程不产生废液，也不会造成二次污染，是绿色的环境治理方法[28]。

超临界CO_2萃取技术也可以用于处理核废料。在核燃料生产过程中以及来自反应堆的乏燃料均会产生核废料，核废料中含有铀和钚等放射性金属离子。常用的核废料回收技术为溶剂萃取法(如 Purex 法)，这种方法工艺过程复杂、操作时间长、需要有毒的有机溶剂或酸碱溶液、会产生含放射性物质的二次废液。超临界CO_2萃取技术则可以有效克服上述传统工艺的缺点。但是由于金属离子不溶于超临界CO_2，因此不可以用纯超临界

CO_2 进行萃取。目前大多是采用先进的超临界 CO_2 螯合萃取技术，通过螯合剂修饰超临界 CO_2 从而有效地处理核废料，并且过程中可通过简单改变操作压力和温度来控制萃取速率和选择性，是应重点发展的前瞻性工艺[23,28]。

7.2　超临界 CO_2 清洗技术

超临界流体清洗技术是一门新型的绿色清洗技术，目前的主要研究方向是使用超临界 CO_2 对半导体、集成电路等精密仪器的清洗。在目前的半导体清洗工艺中，湿法化学清洗方法仍然占主导地位。化学清洗方法是利用化学溶剂，采用浸泡、机械擦洗、超声波清洗和旋转喷淋等多种不同方法，或加以组合的形式达到清洁目的的过程。随着半导体产业的飞速发展和技术节点的不断缩进，人们对硅片表面质量提出了更高的要求。加之新材料、新结构的不断出现，给传统的湿法化学清洗方法带来了严峻的挑战。同时湿法化学清洗方法耗水量大，大量使用化学试剂不仅浪费了大量资源，更给生态环境造成了巨大的破坏，其复杂的清洗流程也加大了半导体加工工艺的复杂性和成本。

为了满足半导体工艺的发展需求，人们对许多新型的清洗方法进行了大量的研究，以期获得更经济、更有效、更环保、更方便的清洗方法。以超临界 CO_2 为流体的清洗技术是克服以上缺点的最佳途径，超临界 CO_2 清洗技术已在日本等国开始研究，2007 年，超临界 CO_2 清洗技术被美国国家半导体发展战略定为在 2010 年进入实用阶段的新一代清洗技术，在硅片清洗和光刻版的清洗上，都明确列出了详细的发展规划。

7.2.1　超临界 CO_2 清洗技术的原理及特点

在超临界清洗中主要使用的溶剂为超临界 CO_2。超临界 CO_2 清洗是利用超临界 CO_2 对非极性有机化合物具有极强的溶解能力，能够有效地溶解油脂、有机氟化物、石油产品、切削油、指纹、碳氢化合物等常见污染物，以及其低黏度、低表面张力和高扩散系数(能够渗透到狭小的缝隙和孔洞之间)的特点，实现对复杂零部件和精密零部件清洗的一种工艺。超临界 CO_2 清洗流程如图 7-19 所示。为提高超临界 CO_2 的清洗和溶解能力，过程中还会添加清洗剂和助溶剂。助溶剂的作用是把不易溶于超临界 CO_2 的大质量分子有机聚合物分解为易溶的小质量分子有机聚合物，而清洗剂的作用则是把超临界 CO_2 无法清洗的金属、颗粒等部分溶解或从硅片上剥离。

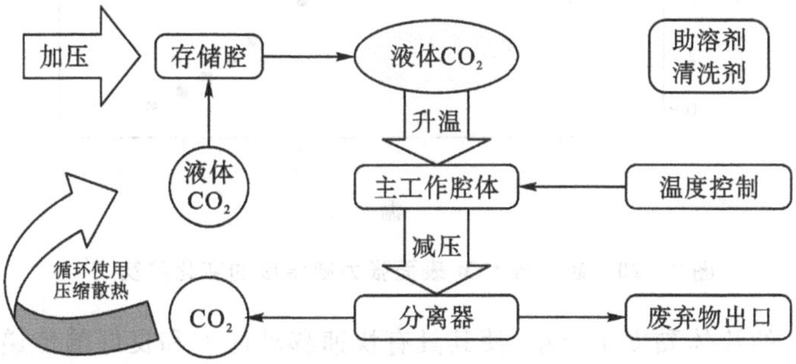

图 7-19　超临界 CO_2 清洗流程示意图[5]

超临界清洗的主要过程如下[29]：加压至临界压力后的液体 CO_2 与一定量助溶剂和清洗剂混合后进入加热室加热，温度上升到 32℃，此时 CO_2 达到超临界状态。将超临界 CO_2 送入主工作腔体对目标装置进行清洗，控制清洗时间与温度，最终完成清洗。停止加入助溶剂和清洗剂，继续通入超临界 CO_2，把带有助溶剂和清洗剂的 CO_2 全部冲入泄压室减压，过一定时间后关闭主工作腔体的入口和出口，加热主工作腔体，开启出口阀使得超临界 CO_2 在等温条件下缓慢降压，超临界 CO_2 沿着等温线气化，这时既不会产生液态，也不会产生气液的界面，当然也就不会产生表面张力，最后完成分离和目标装置的干燥过程。泄压室中的 CO_2 由于压力减小，因此溶解能力下降，助溶剂和清洗剂与 CO_2 分离析出，从而实现溶剂分离。而且，CO_2 经过降温压缩可循环使用。

超临界 CO_2 清洗主要依赖于其对溶质的溶解特性，即依赖于超临界 CO_2 的溶解度：超临界 CO_2 流体为非极性溶剂，对非极性有机化合物有极强的溶解能力。因此，其对有机类污垢有很好的清除效果，并且在加入夹带剂后对极性污垢也有一定的溶解能力。此外，超临界 CO_2 还具有一些优良特性，如低黏度、高扩散性、高密度等(见表 7-2)以及低的表面张力(见图 7-20)。

表 7-2 CO_2 物理性质对比

相态	扩散系数/($cm^2 \cdot s^{-1}$)	黏度/($Pa \cdot s$)	密度/($g \cdot cm^{-3}$)
气态	0.1	10^{-5}	10^{-3}
液态	10^{-5}	10^{-4}	0.7～1.4
超临界状态	10^{-3}	10^{-3}	0.6～1.0

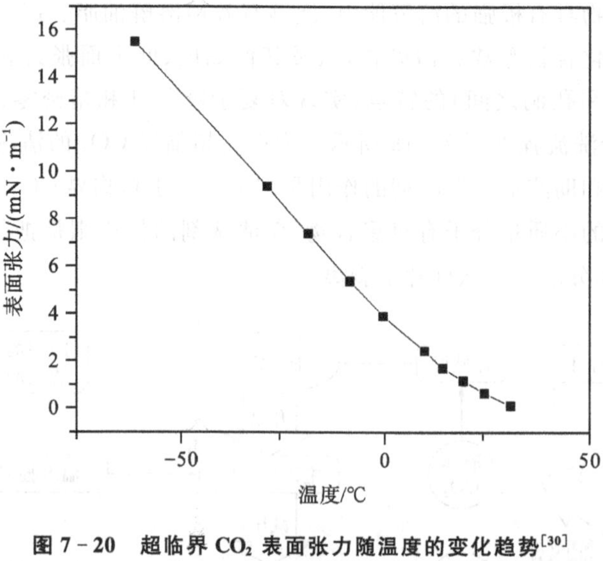

图 7-20 超临界 CO_2 表面张力随温度的变化趋势[30]

超临界 CO_2 的流体黏度十分小，使其具有快速移动能力和良好的传递性；较大的扩散能力和近似为 0 的表面张力使其可以进入到零部件的狭缝、微孔、微槽中进行清洗；超临界 CO_2 清洗可以使致密坚固的污垢层变得疏松，从而服务于后续清洗过程。

与传统的湿法化学方法相比，超临界 CO_2 清洗技术具有明显的优势[31]。

(1)传统清洗方法受清洗介质表面张力及黏度限制，很难有效彻底清洗微小孔隙。超临界 CO_2 表面张力非常小，近似为 0 的这个特性能弥补传统清洗技术的不足，突破传统清洗方法的瓶颈，有效清洗零部件的微孔及狭缝。

(2)超临界 CO_2 清洗是在室温(35～40 ℃)环境及 CO_2 气体包围下进行清洗的。CO_2 并不活泼，清洗过程中一般不会发生化学反应，被清洗零部件不会因氧化而发生腐蚀。

(3)CO_2 是清洁的清洗介质，清洗全过程对化学添加剂依赖小，助溶剂与清洗剂也是微量的，避免了过程中对人体的损害和对环境的污染。

(4)清洗和干燥过程合二为一。清洗完成后，超临界 CO_2 流经分离釜时，分离釜内低压使超临界 CO_2 与被清洗零部件立即分为两相而分开，不仅清洗效率得到提高而且自身能耗较少，经济成本低。

(5)温度和压力都能成为调节清洗过程的参数。在临界点附近，CO_2 密度受温度、压力变化的影响较大，利用这一点可控制零部件污染物的溶解度变化，通过调节压力或温度达到清洗目标，例如，温度固定，减小压力可使清洗物分离；清洗工艺流程短、耗时短。

(6)超临界 CO_2 清洗技术安全可靠、环保性好。CO_2 化学性质不活泼，无味、无毒、无色、安全性好，清洗人员不会受爆炸、燃烧、腐蚀及毒害的危险。在节约水资源的同时，减去了出水处理的步骤，更环保、节能。

(7)CO_2 价格低廉，来源广泛。例如，从工厂生产的副产物中回收 CO_2，可避免其被排到空气中，有利于助力“双碳”目标。

7.2.2　超临界 CO_2 清洗过程中的传质动力学

清洗过程的数学模型是利用热力学及传质过程的基本原理，从过程机理分析方面研究清洗过程的一种方法。在此基础上结合试验研究推出描述清洗过程一般规律的关系，并且，一个可靠的数学模型应该能够准确预测该过程在其他条件下的规律。因此，清洗过程的数学模型在工业清洗中非常实用，借助可靠的数学模型，能够将小型的实验室环境放大为工业规模的设备，从而减少大量的人力物力成本投入，降低工业化过程可能出现的风险。

超临界 CO_2 清洗过程的数学模型不是一组简单的数学关系，而是在对机理分析与试验探究的共同基础上依据一些科学定律得到的能反应过程内在关系的数学方程。目前对超临界 CO_2 清洗过程的数学模型研究主要有 3 种[32]：①经验模型；②以热量与质量传递类比为基础的模型；③以微分质量恒算方程为基础的数学模型。通过初始条件和边界条件解析微分质量恒算方程获得 CO_2 流体和介质中溶质浓度分布与时间的关系。

针对不同结构的固体，溶质在超临界 CO_2 清洗过程中的传质机理也不同，同时对应着不同的数学模型。

1. 核心收缩浸取模型

核心收缩浸取模型由 Poletto 等[33]提出。溶质借助机械力或毛细管力以凝聚体的形式存在于物体表面的孔中，并且孔中充满了部分饱和的溶剂。清洗过程可如下描述：超临界 CO_2 流体最初仅接触污垢外表面，可溶解组分被超临界 CO_2 溶解，内层可溶解组分则未被溶解，中间形成固态萃余物层。当污垢与超临界 CO_2 接触，超临界 CO_2 便沿孔隙向污垢内部扩散,其中的可溶解组分溶解于超临界 CO_2 中,然后扩散到污垢外表面,再以对流的方式传递到超临界 CO_2 主体中。对流体相微元高度和固相中单个球形粒子的清洗面做质量衡算得

$$\begin{cases}\dfrac{\partial C}{\partial t}+U_e\dfrac{\partial C}{\partial z^2}=D\dfrac{\partial C^2}{\partial z^2}-\dfrac{1-\varepsilon}{\varepsilon}\cdot\dfrac{\partial X}{\partial t}\\ \dfrac{\partial X}{\partial t}=\dfrac{2K_f}{R}[C-C_i(R)]\end{cases} \tag{7-2}$$

式中,C 为超临界 CO_2 中溶质的浓度;U_e 为超临界 CO_2 的轴向流速;D 为轴向扩散系数;X 为固体介质中溶质的平均浓度;R 为固体颗粒的外表面半径;K_f 为固体介质表面与流体间的对流传质系数;$C_i(R)$ 为颗粒外表面溶质的浓度;ε 为床层的空隙率;t 为清洗时间,s。

2. 基于传热类比的模型

将超临界 CO_2 清洗视为一个传热过程,假设溶质分布在颗粒内部,每个颗粒在介质中逐渐冷却,以此推出单个溶质在粒子内表面的衡算方程:

$$\frac{q}{q_0}=\left(\frac{6}{\pi}\right)\sum_{n-1}^{\infty}\frac{1}{n}\exp\left(\frac{-n^2\pi D_e}{r^2}\right) \tag{7-3}$$

式中,n 为整数;r 为粒子半径,m;D_e 为溶质在粒子内的扩散系数;q 为溶质在粒子内的浓度,kg/m^3;q_0 为溶质在粒子内的初始浓度,kg/m^3。

3. 传质计算

通常溶质都以化学、物理或机械的方式黏附在多孔基质中,可溶解组分必须先脱离污垢的束缚,然后沿孔隙扩散出来,最后进入清洗釜中的流体相中。整个清洗过程分为污垢内部的扩散过程和污垢表面的对流传质过程。当球形固体颗粒各向同性时,总传质量如下:

$$M=\frac{6V(1-E)(C_0-C_f)}{\pi^2}\sum_{n=1}^{\infty}\frac{1}{n^2}\left\{1-\exp\left[-\left(\frac{2nP}{d_p}\right)^2 Dt\right]\right\} \tag{7-4}$$

式中,M 为污垢颗粒内部可溶解组分的传质量,mol;V 为清洗釜的溶剂体积,m^3;E 为清洗釜内装填物料的空隙率;P 为清洗体系的总压力,MPa;n 为可溶解组分在污垢中物质的量,mol;C_0 为污垢中可溶解组分的原始含量,mol/m^3;C_f 为达到平衡时污垢中可溶解组分的剩余含量,mol/m^3;d_p 为污垢颗粒直径,m;D 为可溶解组分在污垢中的扩散系数,m^2/s;t 为传质时间,s。

当污垢中可溶解组分含量很高时,污垢表层的对流传质速率会影响到整体的传质过程,此时可以忽略污垢内部溶质的扩散速率,得到超临界 CO_2 流体相与固相的传质模型:

$$M=kst\Delta c \tag{7-5}$$

式中,k 为对流传质系数,m/s;s 为对流传质面积,m^2;Δc 为超临界 CO_2 中可溶解组分的平衡浓度,mol/m^3。

7.2.3 超临界 CO_2 清洗技术的影响因素

超临界 CO_2 的清洗效果一般通过污垢去除率或者清洗效率来表征,其定义为清洗过程洗去的污垢与清洗对象所含污垢总量之比。影响清洗效果的因素主要包括压力、温度、

夹带剂和时间。

1. 压力的影响

压力大小作为影响超临界 CO_2 清洗能力的关键因素之一，在改变超临界 CO_2 清洗能力方面发挥着巨大的作用。一般情况下，随着压力的增加，超临界 CO_2 的清洗能力会急剧上升，在临界压力附近这种现象更为明显。CO_2 流体的清洗能力与其压力的关系，可用超临界 CO_2 流体的密度来反映[34]，其清洗能力一般随密度的增大而增强。Stahl 等[35]指出当压力在 80～200 MPa 时，CO_2 流体中溶解物质的浓度与其密度成比。图 7－21 为 40 ℃时 CO_2 流体的密度与压力关系图。由图 7－21 可知，当压力处于 7～20 MPa 时，密度随压力的增加而增大得较为显著；压力大于 20 MPa 时，曲线趋于平缓，密度受压力的影响减小。总而言之，增加超临界 CO_2 流体压力具有提高其清洗能力的效果。

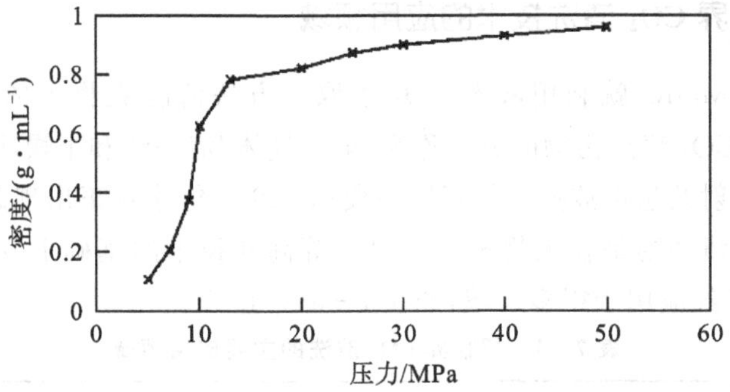

图 7－21　CO_2 密度-压力关系图(40 ℃)[34]

2. 温度的影响

相对于压力而言，超临界 CO_2 流体清洗能力受温度的影响要复杂得多。一般而言，随着温度的增加，CO_2 流体对物质的清洗能力会存在一个最低值，如萜类化合物香芹酮的最低点出现在 50～60 ℃[35]。首先这是因为温度对超临界 CO_2 密度有较大影响，密度会随着温度的升高而降低，从而导致流体的溶剂化效应降低，使 CO_2 流体的清洗能力下降；其次是温度对蒸汽压的影响，待清洗物的蒸汽压随温度升高而增大，使物质在超临界 CO_2 流体中的溶解度增大，从而使清洗能力提高；最终在这两项相反作用的影响下，清洗能力会出现最低点[34]。一般情况下，当温度处于最低点温度以下，密度的影响占主导地位，致使清洗能力呈下降趋势；但在最低点温度以上，蒸汽压作用就占主导地位，清洗能力将呈现上升的趋势。此外。温度升高还会导致流体黏度的降低，流动性和传质能力得到提升，也会对清洗起到促进作用。

3. 夹带剂的影响

超临界 CO_2 流体本身属于非极性物质，它对非极性或弱极性的清洗物有很好的清洗能力，但是对极性较强的清洗物清洗能力明显不足，这一劣势严重制约着该技术的实际应用。为了提高超临界 CO_2 流体的清洗能力，人们发现在流体中添加少量的第二种溶剂，有可能改变其原有的清洗能力，特别是对极性物质的清洗能力。这种第二溶剂被称为共溶剂，也称为提携剂或夹带剂[36]。夹带剂的加入可以大幅提高超临界 CO_2 流体对物质的清洗能力。

加入夹带剂对超临界 CO_2 流体的影响可归纳为以下 3 点[36]：①增加溶解度，从而增强清洗能力，有可能降低清洗过程中的操作压力；②通过选择适当的夹带剂，可能增多清洗过程中的分离要素；③引入夹带剂后，可能只改变温度就可以实现分离，而不必降压。但是夹带剂的作用机制至今尚不明确，现在主流的说法主要有两种：Dobbs 等[37-38]从极性上讨论了其作用，认为它的作用主要是化学缔合作用；Brunner 等[39]则认为夹带剂与待清洗物质之间存在氢键，加入夹带剂能增加溶解度，使清洗能力大为增强，从而使待清洗物质的分离因素也明显增大。

4. 时间的影响

时间对超临界流体的溶解能力本身没有影响，时间主要是通过增长超临界 CO_2 流体与待清洗物质的接触时间，从而提高超临界 CO_2 对待清洗物质的去除率。

7.2.4 超临界 CO_2 清洗技术的应用领域

早在 1977 年，Maffei 就利用液态 CO_2 萃取的方法清除衣物上的污迹；在 1991 年，Jackson 将超临界 CO_2 清洗污物的方法称为“浓缩气体”清洗法和干燥法，并且在清洗过程中使用了紫外线照射及超声波振荡等辅助手段；到 1994 年才真正出现超临界流体清洗技术。而超临界精密清洗则是在大规模集成电路等高新技术的基础上发展起来的。目前，超临界 CO_2 清洗已经应用于很多领域，如表 7-3 所示[40]。

表 7-3 超临界 CO_2 清洗的主要应用领域

应用领域	清洗对象
电子工业	印刷电路板、硅晶片、硬盘读写头、磁盘驱动器、半导体晶片、晶圆、光罩及其他微电子组件清洗
核工业	核材料表面清洗(有机污物、吸附水等)、放射性去污、核废料处理
国防工业	导弹的陀螺仪、仪表轴承、加速计、航空电子、卫星或登陆艇等航天组件、核电组件等清洗
废弃物处理	废弃物中非挥发性有机化合物成分去除，土壤净化，活性炭/触媒再生，有机毒物分离，废变压器的印制电路板处理等
食品行业	食用米、厨具、灶具、排油烟管道等清洗
精密机械工业	精密轴承、微细传动组件、燃油喷嘴、微型机电组件、铝合金/镁合金压铸件、触媒转化器及液压阀、液压泵及其他金属零件清洗；有机、弱极性污染物清洗，如切削油、润滑油、介电油、碳氢化合物、氟碳化物、酯、脂肪及蜡等
光学工业	激光镜片、隐形镜片、相机镜片、光纤组件、检测仪器、LCD 元件、平板显示器等光学元件清洗
医疗器材业	内视镜、心率调整器、血液透析管、导尿管及外科用具、人体植入物、缝合线、手术器械等清洗
纳米材料	纳米材料或组件、半导体元件的清洗，去光刻胶，低介电常数材料的干燥等

下面具体介绍较为常用的电子工业、核工业、精密机械工业及医疗器材业中超临界清

洗技术的研究情况。

1. 电子工业

随着电子工业的进步，无论是集成电路还是功效器件，都向着小尺寸方向发展，对硅片表面的洁净度要求也越来越高。硅片表面的污染物通常以原子、离子、分子、粒子或膜的形式按照化学或者物理吸附的方式存在于硅片表面或硅片自身的氧化膜中。传统电子元器件清洗可分为物理清洗和化学清洗，目前面临尺寸问题、材料问题和环保问题。超临界清洗技术被视为最有潜力取代现有清洗方式的技术。

Sousa 等[41]通过对微机电系统（microelectromechanical system，MEMS）及硅片的清洗，证明了超临界 CO_2 清洗相对于传统清洗对微器件造成的损伤是极低的。Ota 等[42]提出了一项新型的用于清洗高深宽比的半导体集成电路的沟槽和微孔的清洗工艺，采用超临界 CO_2 脉冲，即在 CO_2 临界点附近周期性地改变压力，使 CO_2 在超临界区和亚临界区周期性摆动，利用 CO_2 在临界点附近微小的压力改变即可产生较大密度变化的性质，去除沟槽和微孔中的微粒。实验结果表明，与传统化学清洗工艺对比，采用超临界 CO_2 脉冲清洗具有更高的颗粒去除率，可达90%左右。

国内，王磊等[43]公开了一种高温高压水辅助的超临界 CO_2 剥离光刻胶的装置及方法。用这种方法处理硅片，对硅片无损伤，清洗效率高，表面光洁。樊东黎[44]研发出了一种用超临界 CO_2 清除电子器械和光电产品上的油脂，熟料、聚合材料上的污染物，多孔金属表面污物，机加工和冲压件表面的油污等的方法。CO_2 和沉积下来的切削液等污物可回收再利用。

2. 核工业

利用超临界 CO_2 流体在超临界状态下易与待去除的放射性污染物接触，溶解其中的有害组分的性质，以其为介质分离放射性污染物，可以达到去污的目的。超临界 CO_2 清洗技术在核工业领域主要用于核材料表面清洗（如有机污物、吸附水等）、放射性去污、核废料处理等方面[46]。

超临界 CO_2 对材料表面残留污物具有较强的溶解能力。用超临界 CO_2 来处理铀，可以清除铀表面对抗腐蚀不利的污物（如冷却剂中含有的机油、吸附水、固体盐颗粒等）。而且清洗后，通过调节压力和温度使超临界 CO_2 与污物分离，不会产生污染环境的废物，具有极大的工程应用价值和环境保护意义[47]。

张广丰等利用超临界 CO_2 对铀机加工后切屑上残留的冷却液进行清洗，并通过称重结合化学分析法对清洗效果进行了评价。结果表明，超临界 CO_2 对铀切屑表面冷却液的清洗效果随着清洗时间的延长，清洗压力、温度的提高，流速的加大，清洗效果都能得到一定程度的提高。并且通过超声波辅助超临界 CO_2，可以提升清洗能力和效果，并使切屑表面的残留污物降到较低水平。随后通过红外光谱和拉曼光谱对清洗效果进行表征，发现超临界 CO_2 清洗能够去除铀表面大量冷却液粘污，但会有冷却液粘污的残留；而引入夹带剂甲醇、乙醇后，检测不到表面任何冷却液粘污，清洗效果得到进一步提升。

3. 精密机械工业

由于水溶液的表面张力大，因此常规清洗方法及设备很难有效清洗精密零部件的微孔及狭缝中的污物，且干燥过程复杂；而超临界 CO_2 具有低表面张力、强扩散性、高溶解性、强渗透性、可循环利用的特性，可以使溶剂在被清洗材料表面快速扩散并易于渗入微孔和微槽中，将污染物溶解，达到清洗目的。因而，超临界 CO_2 清洗技术在精密零部件的微孔及狭缝清洗中有良好的应用前景。

高公如等[49]研发了一种可同时实现超临界 CO_2 清洗、超声波振荡及零部件旋转清洗的精密零部件清洗设备，为超临界 CO_2 在精密零部件清洗领域的应用奠定了基础。雕刻辊广泛应用于印刷或膜耦合过程中，其表面由显微结构形成，在使用过程中，多余或溢出的粘接剂、油墨容易残留在雕刻辊上，使得雕刻辊的表面显微结构被杂质填满，清洗难度高。Porta 等[50]开发了一种基于使用超临界混合物（CO_2 和有机溶剂）清洁雕刻滚筒的新技术，考察了液体溶剂-超临界 CO_2 的各种组合以及操作压力、温度和停留时间等操作参数的影响。

4. 医疗器材业

作为医学领域重要组成部分的医疗器械产品，其常规灭菌显得尤为重要。应用于医疗器械产品的灭菌技术需保证产品安全且灭菌过程绿色环保。超临界 CO_2 的非反应性以及容易穿透底物的能力非常适合于灭菌，因此在医疗器械产品灭菌领域具有较大发展空间。

Zhang 等[51]研究了超临界 CO_2 对多种革兰氏阳性菌和阴性菌、细菌孢子及真菌的灭菌效果。Qiu 等[52]的研究结果表明超临界 CO_2 技术可与其他技术（如过氧乙酸灭菌剂）结合进行病毒灭活。White 等[53]报道了一种基于超临界 CO_2 的杀菌工艺的开发，该工艺能够在终端包装中实现细菌内孢子的快速灭活。此外，这一过程是温和的，因为灭活微生物的形态、超微结构和蛋白质结构保持不变。

7.3 亚/超临界水再生活性炭技术

活性炭作为一种吸附剂材料，具有极为发达的内部孔隙结构、较大的比表面积、较强的吸附能力等特点，目前在水处理领域应用广泛。但活性炭价格偏高，而且随着活性炭消耗量的增加，其应用过程中产生的废活性炭量也日益增多。如直接废弃不再利用，不仅会使水处理经济成本增加，还会二次污染环境。因此，活性炭再生技术具有较高的经济价值和环境价值。传统的活性炭再生方法主要是热再生法，但是该方法在再生过程中活性炭损失比较大，再生后炭的孔隙结构和表面性质发生改变，吸附效率降低，且再生过程中能耗较高[54-55]。

表 7-4 活性炭再生方法的优缺点比较

方法	优点	缺点
热再生法	再生效率高，再生时间短，通用性能好，无再生废液产生，再生彻底，对吸附质无选择性	再生过程中炭损失比较大，再生后炭的孔隙结构和表面性质发生改变，吸附效率降低；污染物氧化不完全会释放出有毒有害气体；设备复杂，费用较高
生物再生法	操作简单，费用较低，环境污染小	再生时间长，再生效率受水质和温度的影响大；针对性强，需要专门驯化特定的细菌；再生时间长；中间产物残留在活性炭微孔中，多次循环后再生效率降低；关于生物再生机理研究较少

续表

方法	优点	缺点
湿式氧化再生法	处理对象广泛，适于再生吸附质为难降解有机物的活性炭；反应时间短，再生效率稳定，再生开始后不需要另外加热	对于某些难降解有机物，可能产生毒性较大的中间产物；设备需耐腐蚀、耐高压，要求较高
化学药剂再生法	活性炭损失极少，可回收利用吸附质且回收率较高	再生率低，处理不当易造成二次污染；再生不完全，易导致微孔堵塞；某些化学药剂会腐蚀活性炭表面，破坏其结构
微波辐射再生法	加热快速均匀，温度控制高效准确；能耗低，再生后的活性炭微孔发达；微波对活性炭有良好的再生效果	有机物脱附过程是否产生其他中间产物尚不明确，缺少专业的微波加热再生装置
超声波再生法	能耗小，工艺设备简单，炭损失小，仅在局部施加能量	活性炭孔径大小对再生效率影响大，再生效率较低
电化学再生法	操作方便，再生效率高，污染小，多次再生效率降幅小	再生能耗较高，暂未实现工业化
超临界流体再生法	不改变吸附物原有的物化性质，损耗很小，再生效率高	最常用的超临界流体仅限于 CO_2，活性炭再生过程受到限制，仅处于研究阶段
光催化再生法	再生工艺简单，设备操作容易，能耗低	再生周期长，再生效果差，对光的条件要求较多

7.3.1 亚/超临界水再生活性炭技术的原理及特点

活性炭的表面吸附可分为物理吸附和化学吸附。物理吸附是由于吸附剂与吸附质分子之间的静电力或范德华力引起的，主要发生在活性炭去除液相和气相中的杂质的过程中。活性炭的多孔结构提供了大量的表面积，从而使其非常容易达到吸收收集杂质的目的。化学吸附是由于吸附剂表面与吸附质分子间的化学反应力导致的，活性炭不仅含碳，而且在其表面含有少量的化学结合、功能团形式的氧和氢，例如，羧基、羟基、酚类、内酯类、醌类、醚类等。这些表面上含有的氧化物或络合物可以与被吸附的物质发生化学反应，从而与被吸附物质结合聚集到活性炭的表面。活性炭的吸附正是上述两种吸附综合作用的结果[56]。

废活性炭亚/超临界水再生技术是将废活性炭置于亚/超临界水中，利用亚/超临界水优异的溶剂性能，对活性炭进行再生的一种技术。亚/超临界水的特殊性质决定了它用于再生活性炭的可能性。例如，超临界水对非极性物质烷烃、中等极性物质包括多环芳烃和多氯联苯、醛类、酯类、醇类、有机杀虫剂和脂肪等均为良好的溶剂[57]。超临界水对吸附态的液相有机物分子的可溶解性与对活性炭固体的不溶解性构成了该技术方法的基础。

亚/超临界水是一种优异的萃取溶剂，高温下的亚/超临界水进入活性炭内部的微孔，可以将吸附在活性炭表面的吸附质萃取出来；同时另一部分有机物会发生分解反应，生成小分子物质脱附出来；该反应在还原性氛围中进行，避免了活性炭的损失。在萃取的同时，亚/超临界水还可以清理活性炭内部的微孔，使其恢复吸附性能。此外，亚/超临界水可以减少解吸过程中的传质阻力，增加活性炭的再生效率。

亚/超临界水的密度、黏度和表面张力都随温度的升高而降低，使得它的动力学性质得以改善，对多孔固体有较强的穿透力。依据超临界萃取原理，在工艺上可以建立亚/超临界再生活性炭的基本过程，即利用亚/超临界水作为溶剂，将吸附在活性炭上的有机物扩散与溶解于超临界之中。根据具体情况，在工艺安排上可以实现间歇操作或连续操作。超临界流体可以一次性利用，也可以循环使用。显然，在实际应用中，循环式连续操作更为合理。

通过理论分析与实验结果，已证明亚/超临界水再生法优于传统的活性炭再生法，表现在以下方面。

(1)再生效果好，亚/超临界水不改变活性炭的原有结构，在吸附性能方面可以保持与新鲜活性炭一样。

(2)在亚/超临界水再生过程中，活性炭几乎无任何损耗。

(3)萃取出的有机物在亚/超临界水中发生水热气化反应，部分有机物转化为气体，减少了二次污染。

(4)亚/超临界再生设备占地面积小，操作周期短并且节约能源。

7.3.2 亚/超临界水再生活性炭技术的反应特性

在亚/超临界水再生活性炭中，常以再生速率和再生效率(相同条件下，再生后活性炭的吸附容量与新炭吸附容量的比值)为衡量再生性能的指标。影响再生速率和再生效率的因素主要有操作条件、再生次数以及吸附质的结构和性质等。

1.操作条件

一般来说，密度的增加有利于提高溶质在超临界流体中的溶解度，但黏度的增加则可能对扩散速率起副作用。亚/超临界水在某些条件下的物性参数如表 7-5 所示。从表中可以看出，亚/超临界水的性质与常态水的性质有很大的差异，随着温度的升高，水的相对介电常数逐渐减小，有机物更容易溶解在水中；此外，相间传质是一个动力学过程，再生速率还要受到超临界水和活性炭之间的扩散速率的影响。随着温度的升高，水的黏度逐渐降低，高温下的超临界水的黏度与过热蒸汽的黏度接近，对多孔固体有较强的穿透力，使得它的动力学性质得以改善。因此，超临界水容易进入微孔，进而溶解微孔的堵塞物。

表 7-5 不同温度、压力条件下水的性质

物性	常态水	亚临界水	超临界水		过热蒸汽
温度/℃	25	250	400	400	400
压力/MPa	0.1	5	25	50	0.1
密度/($kg \cdot m^{-3}$)	997	800	167	578	0.32
相对介电常数	78.5	27.1	5.9	10.5	1
离子积常数	14	11.2	19.4	11.9	—
比焓/($kJ \cdot kg^{-1}$)	105	1086	2579	1874	3279
黏度/($mPa \cdot s$)	0.89	0.11	0.03	0.07	0.02
导热系数/[$mW \cdot (m \cdot K)^{-1}$]	608	620	160	438	55

2. 再生次数

Salvador 等[58]在温度为 300 ℃、压力为 12 MPa 的亚临界水中对活性炭进行了再生。从图 7-22 和表 7-6 可以看出再生后再生效率基本不变，或再生效率略有一点提高，原因可能是通过水或溶解的气体，或者在高温下通过水更好地清洗炭的孔隙，促进污染物溶液的渗透。Salvador 等的实验研究表明再生没有显著改变活性炭的结构性质，只是真密度和孔容略有增加；第一次再生后酚的吸附达到最大，多次再生稍有降低，而对染料的再生不存在这种现象。造成这种现象的原因可能是第二次及以后的再生，酚不能完全洗脱，有一部分残留在了孔隙中，并且酚与活性炭之间既有物理吸附又有化学吸附，而化学吸附的一部分可能残留在炭中；再生使活性炭的 pH 值降低，这可能导致活性炭吸附能力的降低，但是研究发现结果并非如此。这是因为活性炭的吸附性在很大程度上取决于酚的芳香环的 π 电子与炭表面官能团的相互作用，因此再生带来的结构变化比活性炭表面微小的酸碱变化更重要[59]。

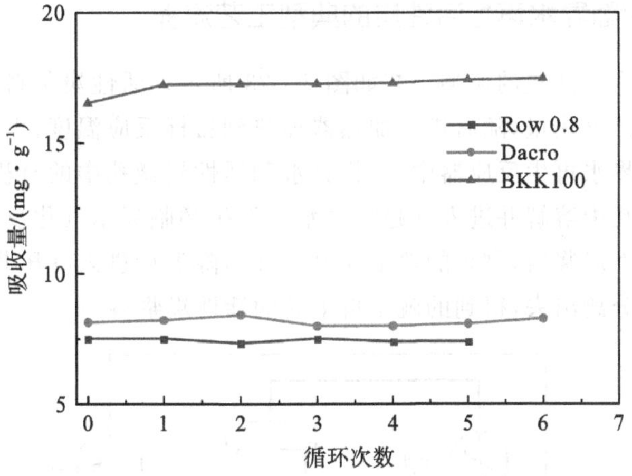

图 7-22 3 种活性炭再生后的吸附量变化

（Row 0.8、Dacro、BKK100 为 3 种商业活性炭名）

表 7-6 活性炭对 6 种污染物吸附后的再生效率

物质	再生次数					
	1	2	3	4	5	6
苯酚	100	103	101	104	100	
4-硝基苯酚	108	104	105	93	108	101
阿特拉津	102	101	102	103	98	103
呋喃丹	101	100	102	100	102	101
天狼星红	101	104	97	98	99	101
橙黄 Ⅱ	96	101	100	—	—	—

Utrilla 等的实验研究表明活性炭在亚临界水(350 ℃、15 MPa)中的再生效率非常高，

当原始炭在使用前用亚临界水处理时，观察到其孔隙度的发展有明显的改善，因此，吸附能力增加。在连续的再生周期中，邻氯苯废气的吸附量略有下降，这是因为部分邻氯苯废气被强吸附，没有完全从炭表面去除[60]。

3. 吸附质的结构和性质

关于亚/超临界水再生活性炭的报道中曾提到约十余种有机吸附质的解吸情况，其中研究比较详细的主要有苯、甲苯、乙酸、乙酸乙酯、苯酚、滴滴涕、菲和萘等。不同的吸附质解吸效果不同。如果从吸附质的分子结构来考虑，可以总结出以下规律：①碳氢化合物、低极性和相对分子质量低的脂溶性物质在比较低的压力下就可以被萃取出来；②如果化合物中含有极性官能团，则萃取相对困难；③对于混合物，如果其中各成分之间的相对分子质量、饱和蒸汽压和极性有很大的差别，可以分别选择萃取；④吸附质为混合物时，一般对于其中任一吸附质的再生效率和再生速率几乎没有影响，因此可根据单一物质的再生效率来估计混合物的再生效率。

7.3.3 亚/超临界水再生活性炭的典型工艺流程

亚超临界水再生活性炭的典型工艺如图 7－23 所示。活性炭浆料通过高压泵升压后再通过回热器回收部分热量，随后进入加热器加热到目标反应温度，再生温度主要通过加热器控制。在超临界水再生反应器中，超临界水和活性炭微孔中的有机物充分接触反应，吸附质从活性炭微孔中溶解并进入到超临界水中发生超临界水气化反应。反应后的流体进入回热器加热活性炭浆料，剩余的热量通过冷却器降温后进入降压装置降压，随后通过旋风分离器将气体分离出去，得到的就是再生后的活性炭浆料。

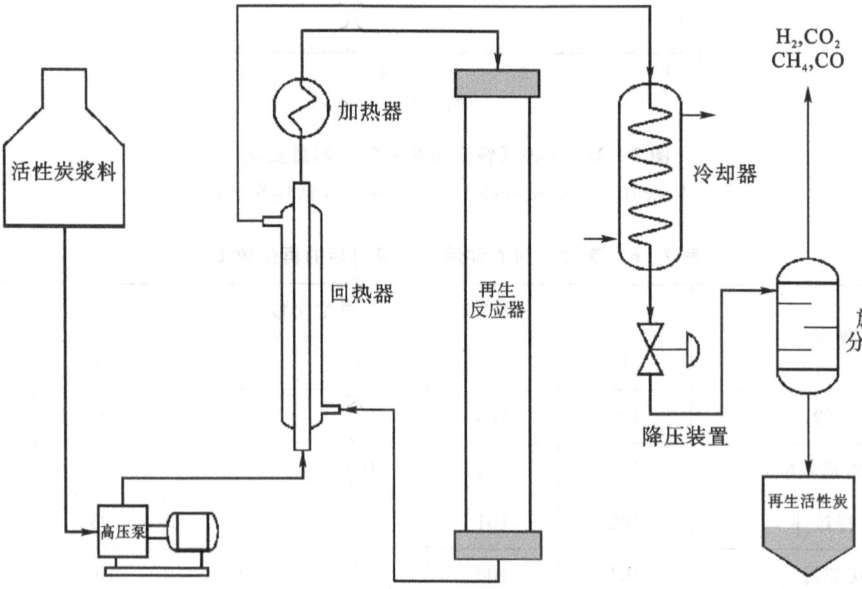

图 7－23　亚/超临界水再生活性炭的典型工艺流程图

7.3.4 亚/超临界水再生活性炭的应用前景及展望

随着环境保护意识的不断深化和提高，推行清洁生产和环境治理，实施可持续发展已在全球范围内形成共识。在这一背景之下，环境保护向着高新技术发展已成为一种趋势。研究结果证明，利用亚/超临界水再生活性炭具有巨大的技术和经济优势。一旦该技术实现工业化生产，必将推动活性炭在污染控制工程中的应用，并产生巨大的环境效益、经济效益和社会效益。

参考文献

[1]李丙林. CO_2 超临界萃取工艺优化及其测控技术研究[D]. 长春：长春工业大学，2019.

[2]赵丹，尹洁. 超临界流体萃取技术及其应用简介[J]. 安徽农业科学，2014，42(15)：4772－4780.

[3]张红英，姚元虎，颜雪明. 超临界流体萃取分离技术及其应用[J]. 首都师范大学学报(自然科学版)，2016，37(6)：50－53.

[4]郭红丽. 超临界 CO_2 萃取技术[J]. 内蒙古石油化工，2012，38(11)：107.

[5]李淑芬，张敏华. 超临界流体技术及应用[M]. 北京：化学工业出版社，2014.

[6]王伟，卢佳. 超临界流体 CO_2 萃取技术的研究与分析[J]. 价值工程，2012，31(13)：35.

[7]薛菲，王健，郭凯蕾. 超临界 CO_2 流体萃取技术的应用研究[J]. 化工管理，2019(11)：114－115.

[8]贾冬冬，李淑芬，吴希文，等. 超临界 CO_2 萃取植物挥发油的传质模型[J]. 化工学报，2008(3)：537－543.

[9]袁英良，唐丹，鲁英，等. 响应面法优化超临界 CO_2 萃取红豆草缩合单宁工艺技术研究[J]. 中国饲料，2021，(21)：36－41.

[10]齐富友，蹇顺华，刘吟，等. 白苏叶挥发油超临界 CO_2 萃取工艺优化、成分分析及抗氧化活性研究[J]. 食品与机械，2021，37(12)：142－148.

[11]王文成，饶建平，张远志，等. 超临界 CO_2 萃取罗汉果渣油工艺研究及其油脂成分分析[J]. 中国油脂，2017，42(1)：125－129.

[12]黄沅玮. 超临界流体萃取技术及其在植物油脂提取中的应用[J]. 食品工程，2020，(3)：12－15.

[13]朱廷风，廖传华，黄振仁. 超临界 CO_2 萃取技术在食品工业中的应用与研究进展[J]. 粮油加工与食品机械，2004(1)：68－70.

[14]高荣海，邓玉霞，魏永忠，等. 超临界 CO_2 萃取技术在食品工业中的应用[J]. 农业科技与装备，2010(3)：60－62.

[15]李雪萌，姜宝杰，张雅，等. 超临界 CO_2 萃取技术在食品中的应用[J]. 粮食与油脂，2020，33(1)：18－20.

[16]袁美兰，温辉梁，傅升. 超临界流体萃取在油脂工业中的应用现状[J]. 粮油食品科技 2004，12(1)：36－38.

[17]黄美英，赖庆轲，李廷真，等. 超临界 CO_2 萃取辣椒油的工艺条件优化研究[J]. 应用化工，2012，41(4)：633－636.

[18]廖传华. 超临界 CO_2 萃取技术在天然香料工业中的应用与研究进展[J]. 香料香精化妆品，2003(1)：27－32.

[19]王淑敏，刘春明，邢俊鹏，等. 玫瑰花中挥发油成分的超临界萃取及质谱分析[J]. 质谱学报，2006，27(1)：45－49.

[20]李薇，李昶红，银董红. 超临界二氧化碳萃取生姜净油[J]. 精细化工，2004，21(11)：812－814.

[21]冯海芬，陈平，卢昕，等. 超临界 CO_2 萃取植物天然香料的研究进展[J]. 安徽化工，2009，35(2)：6－8.

[22]夏湘，赵良忠，谭宝秀，等. 雪峰蜜桔果皮精油组分与 CO_2 超临界萃取工艺条件的相关性研究[J]. 食品科学，2008，29(5)：222－226.

[23]韩布兴. 超临界流体科学与技术[M]. 北京：中国石化出版社，2005：219－255.

[24]钱国平，杨亦文，吴彩娟，等. 超临界 CO_2 从黄花蒿中提取青蒿素的研究[J]. 化工进展，2005，24(3)：286－290.

[25]朱勇,曹平平,卜令雷.超临界 CO_2 萃取技术在中药有效成分提取中的研究[J].东方食疗与保健,2016(6):132-132.
[26]邓巧玉,江姗,陈誉丹,等.超临界二氧化碳萃取技术在中药领域的应用进展[J].中国药业,2020,29(17):1-5.
[27]李敏洁.超临界二氧化碳萃取在石油工业中的应用探究[J].当代化工,2016,45(5):954-956.
[28]姚明辉,徐巧莲,刘润杰,等.土壤修复与重金属回收中的超临界二氧化碳萃取技术[J].环境工程,2011(S1):282-288,326.
[29]高超群,李全宝,刘茂哲,等.绿色二氧化碳超临界清洗设备[J].微细加工技术,2008(4):50-52.
[30]JASPER J J. The surface tension of pure liquid compounds[J]. Journal of Physical and Chemical Reference Data, 1972, 1(4): 841-1010.
[31]宁召宽.超声波辅助超临界 CO_2 零部件清洗装置研制[D].青岛:青岛科技大学,2014.
[32]余跃.再制造毛坯典型污垢的密相 CO_2 清洗技术研究[D].大连:大连理工大学,2018.
[33]POLETTO M, REVERCHON E. Comparison of models for supercritical fluid extraction of seed and essential oils in relation to the mass-transfer rate[J]. Industrial & Engineering Chemistry Research, 1996, 35(10): 3680-3686.
[34]张镜澄.超临界流体萃取[M].北京:化学工业出版社,2000.
[35]STAHL E, GERARD D. Solubility behaviour and fractionation of essential oils in dense carbon dioxide[J]. Perfumer & Flavorist, 2012.
[36]廖传华,周勇军.超临界流体技术及其过程强化[M].北京:中国石化出版社,2007.
[37]DOBBS J M, JOHNSTON K P. Selectivities in pure and mixed supercritical fluid solvents[J]. Industrial & Engineering Chemistry Research, 1987, 26(7): 1476-1482.
[38]DOBBS J M, WONG J M, LAHIERE R J, et al. Modification of supercritical fluid phase behavior using polar cosolvents[J]. Industrial & Engineering Chemistry Research, 1987, 26(1): 56-65.
[39]BRUNNER G, PETER S. On the solubility of glycerides and fatty acids in compressed gases in the presence of an entrainer[J]. Separation Science and Technology, 1982, 17(1): 199-214.
[40]张传杰,银建中,胡大鹏,等.MEMS、半导体和精密机械的超临界清洗技术[J].清洗世界,2007,23(5):34-41.
[41]SOUSA M, MELO M J, CASIMIRO T, et al. The art of CO_2 for art conservation: a green approach to antique textile cleaning [J]. Green Chemistry, 2007, 9(9): 943-947.
[42]OTA K, TSUTSUMI A. Supercritical CO_2-pulse cleaning in deep microholes [J]. Journal of Advanced Mechanical Design, Systems, and Manufacturing, 2008, 2(4): 619-628.
[43]王磊,景玉鹏.高温高压水辅助的超临界二氧化碳剥离光刻胶的装置及方法:中国,201010241985.9[P/OL].2012-02-08.
[44]樊东黎.用超临界液体二氧化碳清洗零件[J].热处理,2012,27(5):62.
[45]陈海焱,苑国琪,胥海伦,等.超临界流体在放射性去污中的应用[J].原子能科学技术,2004,38(3):275-278.
[46]刘英杰,黄勇,景显东,等.超临界 CO_2 清洗技术的应用研究进展[J].低温与特气,2021,39(1):1-4,16.
[47]杨维才,张广丰,汪小琳,等.超临界二氧化碳清洗铀样品技术研究[J].核化学与放射化学,2004(1):29-33.
[48]张广丰,杨维才,王明栋,等.夹带剂对超临界 CO_2 去除铀表面冷却液粘污的影响[J].核化学与放射化学,2010,32(5):311-314.

[49]高公如，韩斌，张学春等. 超声波辅助超临界 CO_2 清洗精密零部件设备设计[J]. 农业装备与车辆工程，2013，51(3)：42 - 44.
[50]PORTA G D, VOLPE M, REVERCHON E. Supercritical cleaning of rollers for printing and packaging industry[J]. The Journal of Supercritical Fluids, 2006, 37: 409 - 416.
[51]ZHANG J, DAVIS T A, MATTHEWS M A, et al. Sterilization using high - pressure carbon dioxide[J]. The Journal of Supercritical Fluids, 2006, 38(3): 354 - 372.
[52]QIU Q - Q, LEAMY P, BRITTINGHAM J, et al. Inactivation of bacterial spores and viruses in biological material using supercritical carbon dioxide with sterilant[J]. Journal of Biomedical Materials Research Part B: Applied Biomaterials, 2009, 91B(2): 572 - 578.
[53]WHITE A, BURNS D, CHRISTENSEN T W. Effective terminal sterilization using supercritical carbon dioxide[J]. Journal of Biotechnology, 2006, 123(4): 504 - 515.
[54]林冠烽，牟大庆，程捷，等. 活性炭再生技术研究进展[J]. 林业科学，2008，44(2)：150 - 154.
[55]吴奕. 活性炭的再生方法[J]. 化工生产与技术，2005，12(1)：20 - 23.
[56]漆新华，庄源益. 超临界流体技术在环境科学中的应用[M]. 北京：科学出版社，2005.
[57]唐婧，杨秀培，黄小梅，等. 粉末活性炭对苯酚废水的吸附研究[J]. 广东化工，2013，40(14)：16 - 18.
[58]SALVADOR F, JIMÉNEZ C S. A new method for regenerating activated carbon by thermal desorption with liquid water under subcritical conditions[J]. Carbon, 1996, 34(4): 511 - 516.
[59]JING Z F, FENG C C, MA X R, et al. Mechanical evolution of bubble structure and interactive migration behaviors of two particles in flowing wet foam[J]. Journal of Rheology, 2022, 66(2): 349 - 364.
[60]RIVERA - UTRILLA J, FERRO - GARCíA M A, BAUTISTA - TOLEDO I, et al. Regeneration of ortho - chlorophenol - exhausted activated carbons with liquid water at high pressure and temperature [J]. Water Research, 2003, 37(8): 1905 - 1911.

第 8 章

亚/超临界流体循环技术

超临界流体循环技术应用广泛，如超临界水循环技术常用于火力发电厂中，超临界二氧化碳循环技术常用于余热回收等领域，本章主要对超临界水及超临界二氧化碳循环技术进行详细介绍。

8.1 超(超)临界水发电系统

超(超)临界机组在高效环保方面有很大的优势，已成为国内外现代发电技术应用与深入研究的主流。我国以煤为主的资源禀赋，决定了煤电在相当长时期内仍将承担保障我国能源电力安全的重要作用。从我国国情出发，发展超(超)临界机组有利于降低我国平均供电煤耗，有利于电网调峰的稳定性和经济性，有利于保持生态环境、提高环保水平。

8.1.1 超(超)临界水发电系统概述

为应对全球气候变化，我国提出 2030 年前碳排放达到峰值、2060 年前实现碳中和的目标。为了实现节能减排的目的，提高发电效率和减少污染物的排放已刻不容缓。对燃煤发电机组而言，采用高参数大容量机组是提高机组发电效率的有效手段之一。先进超(超)临界水发电系统的核心优势就在于低碳、高效、清洁。

1. 超(超)临界机组概况

超临界机组是指其主蒸汽压力和温度超过水临界点的发电机组，目前常规超临界机组蒸汽参数一般为 24.2 MPa/538 ℃/566 ℃或 24.2 MPa/566 ℃/566 ℃。超超临界机组是指其主蒸汽压力超过 25 MPa、温度超过 566 ℃的发电机组。目前国外超超临界机组参数为初压 24.1～31.0 MPa、主蒸汽/再热蒸汽温度 580～600 ℃/580～610 ℃，国内超超临界机组参数为初压 25.0～26.5 MPa、主蒸汽/再热蒸汽温度 600 ℃/600 ℃[1]。

通常而言，火电机组随着蒸汽参数的提高，机组效率不断增加。根据实际运行的燃煤机组统计结果：亚临界机组(17 MPa/538 ℃/538 ℃)的净效率为 37%～38%，一般超临界机组(24 MPa/538 ℃/538 ℃)的净效率为 40%～41%，超超临界机组(30 MPa/566 ℃/566 ℃/566 ℃)的净效率为 44%～45%。从供电煤耗来看，亚临界机组为 330～340 g/(kW·h)，超临界机组为 310～320 g/(kW·h)，超超临界机组则为 290～300g/(kW·h)[2]，不同参数燃煤发电机组的热效率和煤耗如表 8-1 所示。

表 8-1　不同参数燃煤发电机组的热效率和煤耗

参数名称	蒸汽温度/℃	蒸汽压力/MPa	热效率/%	煤耗/[g·(kW·h)$^{-1}$]
中温中压	435	3.5	24	480
高温高压	500	9	33	390
超高压	535	13	35	360
亚临界	545	17	38	324
超临界	566	24	41	300
超超临界	600	27	43	284
700 ℃超超临界	700	35	>46	210

2. 超(超)临界机组的特点

对火力发电而言,关键在于发展大容量、高参数、高效率、低污染的先进燃煤发电技术。从我国国情、技术水平和发展趋势等方面综合考虑,积极开发超超临界技术、同时配套开发烟气排放污染物控制技术是实现我国燃煤发电可持续发展的根本保证,超临界机组具有以下几大特点[3]。

(1)热效率高,煤耗低,超临界机组比亚临界机组可降低热耗约 2.5%,由此降低了燃料消耗和大气污染物的排放量。

(2)超临界状态下为单相流动,流动特性稳定,没有汽水分层和在中间集箱分配不均的困难,回路比较简单。

(3)超临界参数锅炉水冷壁管道内单相流体阻力比亚临界汽包锅炉双相流体阻力低。

(4)超临界压力下工质的导热系数和比热比亚临界的高,比体积和流量比亚临界的小,故超临界参数锅炉水冷壁管内径较细;汽轮机的叶片可以缩短,汽缸可以变小,可降低重量与成本。

(5)超临界压力锅炉采用汽水分离器,内部装置简单,制造布置容易。

(6)启动、停炉快。超临界压力锅炉允许增减负荷的速度快,启动、停炉时间短。一般在较高负荷(80%~100%)时,其负荷变动率可达 10%/min。

(7)超临界参数锅炉的水质要求较高,使水处理设备费用增加,例如,蒸汽中铜、铁和二氧化硅等固形物的溶解度是随着蒸汽比重的减小而增大的,因而在超临界压力下,即使温度不高,铜、铁和二氧化硅等的溶解度也很高,为防止锅炉蒸发受热面及汽轮机叶片上结垢,超临界参数锅炉需进行 100%的凝结水精处理[4]。

3. 超(超)临界水发电技术的发展

世界上超(超)临界水发电技术的发展过程大致可以分成以下 3 个阶段[5]。

第一个阶段,从 20 世纪 50 年代开始,以美国、德国和苏联等为代表。1949 年苏联就安装了第一台超超临界直流锅炉试验机组,机组参数为 29.4 MPa/600 ℃(12 t/h)。当时的起步参数就是超超临界参数,但随后由于机组运行可靠性的问题,在经历了初期超超临界参数后,从 20 世纪 60 年代后期开始,美国超临界机组大规模发展时期所采用的参数均降低到常规超临界参数。直至 20 世纪 80 年代,美国超临界机组的参数基本稳定在这个水平。此时,美国投运超临界机组达 166 台,苏联投运机组达 187 台。

第二个阶段,大约是从 20 世纪 80 年代初期开始。由于材料技术的发展,尤其是锅炉和汽轮机材料性能的大幅度改进,以及对电厂水化学方面认识的深入,克服了早期超临界机组所遇到的可靠性问题。同时,美国对已投运的机组进行了大规模的优化及改造,可靠性和可用率指标已经达到甚至超过了相应的亚临界机组。通过改造实践,形成了新的结构和新的设计方法,大大提高了机组的经济性、可靠性、运行灵活性。其间,美国又将超临界技术转让给日本[通用电气(GE)→东芝(Toshiba)、日立,西屋→三菱],联合进行了一系列新超临界电厂的开发设计。这样,超临界机组的市场逐步转移到了欧洲及日本,涌现出了一批新的超临界机组。

第三个阶段,大约是从 20 世纪 90 年代开始进入了新一轮的发展阶段。这也是世界上超超临界机组快速发展的阶段,即在保证机组高可靠性、高可用率的前提下采用更高的蒸汽温度和压力。其主要原因在于国际上环保要求日益严格,同时新材料的开发成功和常规超临界技术的成熟也为超超临界机组的发展提供了条件。主要以日本(三菱、东芝、日立)、欧洲(西门子、阿尔斯通)的技术为主。

为进一步降低能耗和减少污染物排放,改善环境,在材料工业发展的支持下,各国的超(超)临界机组都在朝着更高参数的技术方向发展。当前世界主要经济体正在开展的 700 ℃等级先进超超临界技术研发过程,可以认为是超(超)临界技术发展的第四阶段[2]。

截至 2020 年,我国纳入中电联统计的超临界及以上燃煤机组共 547 台,其中已投产的超超临界机组已达 160 余台,1000 MW 及以上的超超临界机组超过 110 台[6]。其中大量自主研发的 620 ℃高效超超临界及二次再热机组已成功投产运行,使我国高参数火电技术达到了世界先进水平[7]。

国电泰州电厂 3 号机组为我国首台也是世界首台百万千瓦超超临界二次再热机组,2015 年投运,机组参数为 31 MPa /600 ℃/610 ℃/610 ℃[8]。我国新建超超临界机组参数多数为:一次再热机组 28 MPa/600 ℃/600 ℃或 28 MPa/600 ℃/620 ℃,二次再热机组 31 MPa/620 ℃/620 ℃[8]。目前,也正在开展 30～37 MPa/700 ℃以上高超超临界机组的研究[9]。

8.1.2 超临界水发电循环的原理

1. 超临界机组水循环过程

水在超临界机组中的循环过程如下:首先水通过省煤器进入锅炉水冷壁,然后在锅炉水冷壁内加热升温生成饱和蒸汽,之后流经过热器,继续被烟气加热而变为过热蒸汽,经主蒸汽管送入汽轮机,冲转汽轮机后带动发电机发电,同时会将一部分蒸汽从汽轮机某个中间级抽出,分别送入回热加热器和除氧器,供回热给水和加热除氧。做功后蒸汽进入凝汽器被冷却成凝结水,该凝结水经低压回热加热器后进入除氧器,再经给水泵,高压加热器又回到锅炉中,完成一个完整的循环,如图 8-1 所示。一般而言,进除氧器的热水,水温不超过 90 ℃,以避免造成过大的热损失和产生危险热应力。另外,600 MW 锅炉省煤器的进口烟气温度为 595 ℃、出口烟气温度为 378 ℃;省煤器的进口给水温度为 281 ℃,出口给水温度为 317 ℃。

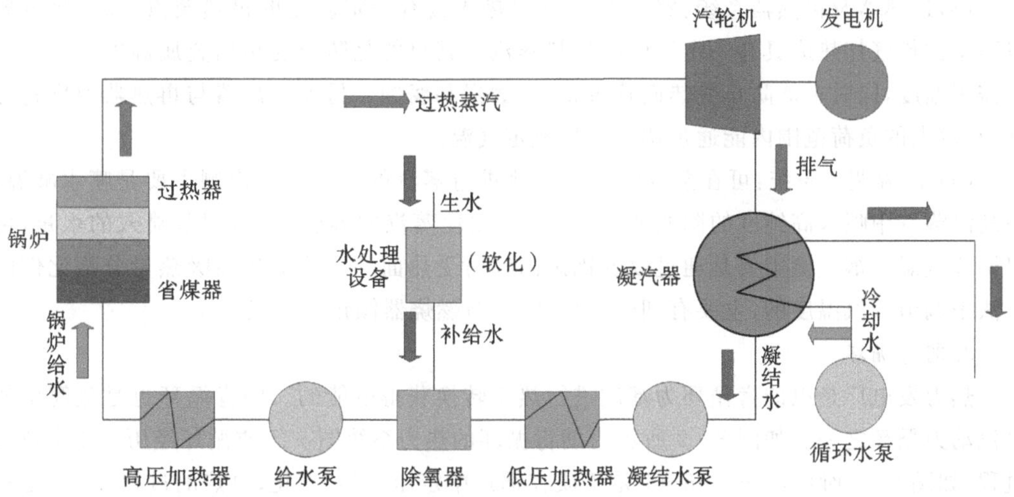

图 8-1　超临界机组水汽循环流程图

2.超临界机组的水汽系统

火电厂热力系统通常由若干个相互作用、协调工作并具有不同功能的子系统组成，主要有蒸汽中间再热系统、给水回热系统、对外供热系统、废热利用系统、蒸发器系统、旁路系统、疏水系统、过热器及再热器系统和汽温调节系统等。

(1)蒸汽中间再热系统：将汽轮机高压缸膨胀做功后的蒸汽，送入锅炉的再热器进行再加热，使之过热到与主蒸汽温度相近或相等，然后再送回汽轮机的中、低压缸继续膨胀做功。其目的是降低排汽湿度，提高乏汽干度。采取中间再热，正确地选择再热压力后，可提高循环热效率约 4%～5%。

(2)给水回热系统：从汽轮机某中间级抽出一部分蒸汽，送到给水加热器中对锅炉给水进行加热。这部分回热用抽汽做的功没有冷源损失，是提高火电热经济性的主要措施之一，超临界机组通常采用 7～8 级回热加热系统。

(3)对外供热系统：根据热用户所需压力和温度，适当提高汽轮机排汽压力，利用做过功的乏汽向发电厂周围用户供热。其可使汽轮机的冷源损失得到有效利用，从而显著提高热电联供系统的综合利用效率。

(4)废热利用系统：回收电厂中排汽、排水热量。其目的是减少工质和热量损失，主要包括汽轮机轴封冷却器、自然循环汽包炉的连续排污扩容器和排污水冷却器。

(5)蒸发器系统：采用蒸发器以生产电厂锅炉补给水。用汽轮机的中间抽汽加热软化水并使之蒸发，生成的二次蒸汽在回热系统中冷却凝结成水作为补给水，为使蒸汽在凝汽器内凝结成水，还必须不断用循环水泵将冷却水送入凝汽器中的冷凝管内进行热交换。

(6)旁路系统：使锅炉产生的蒸汽全部或部分绕过汽轮机或过热器，经减温减压后直接排入凝汽器或大气。其功能是保证锅炉最低负荷的蒸发量，使锅炉和汽轮机能独立运行，在冲转前维持主、再热蒸汽参数达到预定水平，以满足各种启动方式的需要，同时在冲转前建立汽水冲洗循环，以免汽轮机受到侵蚀，另外在汽轮机启停或甩负荷时可供厂用汽。

(7)疏水系统：用于排除蒸汽设备及管道中的凝结水和水容器的溢流水。它可保证各设备的正常工况并减少热力系统中的工质损失。

(8)过热器及再热器系统：将饱和蒸汽加热成具有一定温度的过热蒸汽，以及将汽轮机高压缸排气加热成具有一定温度的再热蒸汽。其目的是防止受热面金属温度超过材料的需用温度，同时也能防止受热面管束积灰、磨损和腐蚀。另外过热器与再热器温度特性好，在较大的负荷范围内能通过调节维持额定气温。

(9) 汽温调节系统：可在蒸汽侧和烟气侧进行蒸汽的调节。蒸汽侧主要是喷水减温，在高温蒸汽中喷入高纯度的除盐水，水滴的汽化使蒸汽的温度降低，调节喷入的水量，可以调节汽温。烟气侧主要是通过改变锅炉内辐射受热面和对流受热面吸热量分配比例的方法来调节蒸汽温度的，主要有烟气再循环、调节燃烧器倾角等方式[10]。

3. 朗肯循环

热力发电厂是以朗肯循环为基础进行热工转换获得电能的。朗肯循环也是最简单的蒸汽动力循环之一。如图 8-2 所示为朗肯循环的热力系统图。工质循环经历了 4 个热力过程，如图 8-3 所示，4→5→6→1 是工质在锅炉中定压预热、汽化、过热的过程，1→2 是蒸汽在汽轮机中等熵膨胀做功的过程；2→3 是排汽在凝汽器中定压放热的过程；3→4 是凝结水在水泵中等熵压缩的过程[11]。

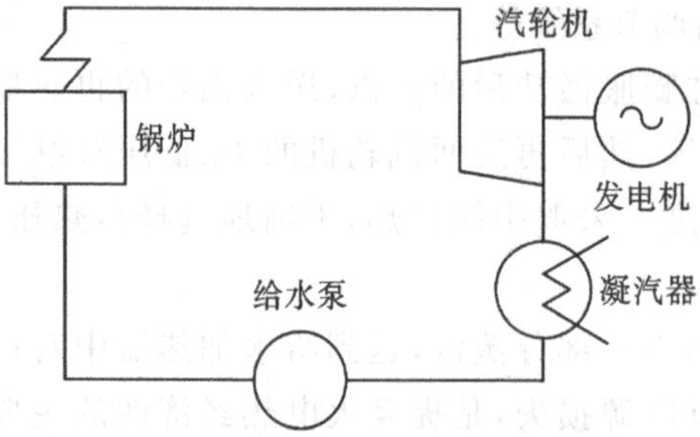

图 8-2 朗肯循环热力系统图

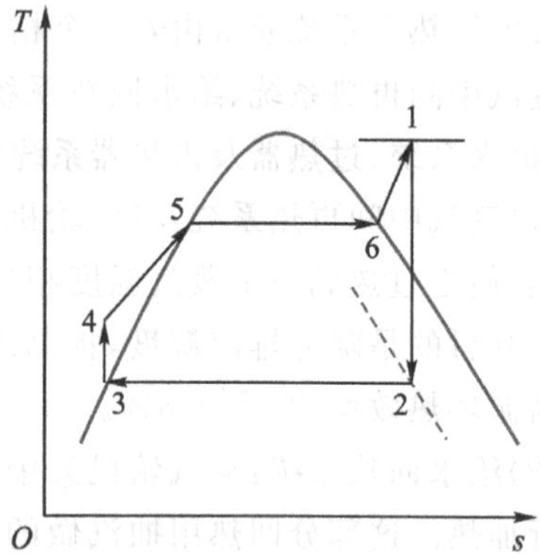

图 8-3 朗肯循环温熵图

朗肯循环热效率 η_t 表示 1 kg 蒸汽在汽轮机中产生的理想功 ω_t（理想循环做功量）与理想循环吸热量 q_1 之比，即

$$\eta_t = \frac{\omega_t}{q_1} = \frac{q_1 - q_2}{q_1} = 1 - \frac{q_2}{q_1} = 1 - \frac{T_{2av}}{T_{1av}} \tag{8-1}$$

式中，ω_t 为理想循环做功量，kJ/kg；q_1 为理想循环吸热量，kJ/kg；q_2 为理想冷源损失，kJ/kg；T_{2av} 为平均放热温度，K；T_{1av} 为平均吸热温度，K。

朗肯循环热效率也可如下式计算：

$$\eta_t = \frac{\omega_t}{q_1} = \frac{(h_0 - h_{ca}) - (h'_{tw} - h'_c)}{h_0 - h'_{tw}} \tag{8-2}$$

式中，h_0，h_{ca} 分别为蒸汽在汽轮机中等熵膨胀的初焓、终焓，kJ/kg；h'_c，h'_{tw} 分别为凝结水焓及锅炉给水焓，kJ/kg。

当初压 p 小于 10 MPa 时，泵功忽略不计，即 $h'_c = h'_{tw}$，此时

$$\eta_t = \frac{\omega_t}{q_1} = \frac{h_0 - h_{ca}}{h_0 - h'_{tw}} \tag{8-3}$$

一般情况下，朗肯循环的热效率为 40%～50%。

理想循环的热效率反映了理想循环冷源损失的大小，冷源损失越大，则循环热效率越低。要想提高循环热效率，就要降低冷源损失。

根据热量法的分析，发电厂的主要损失是由于汽轮机冷源损失而引起的，根据㶲方法分析此损失是由于不可逆过程的存在而造成的。综合以上两种分析方法的结论，提高发电厂热经济性，可从如何降低冷源损失和如何减少不可逆损失两个方向寻求办法。

8.1.3 提高超临界水循环发电效率的方法

提高热力发电厂热经济性可以从两个方面着手，一是改变蒸汽参数，包括提高蒸汽初参数和降低蒸汽终参数；二是改变热力循环的形式，包括给水回热循环、蒸汽中间再热循环、热电联合生产、燃气-蒸汽联合循环[9]，本节从超临界水循环发电角度，对改变蒸汽参数、给水回热加热和蒸汽中间再热进行详细介绍[12]。

1. 提高蒸汽初参数、降低蒸汽终参数

提高蒸汽初参数、降低蒸汽终参数可以明显地提高发电厂的热经济性，现代火力发电机组均向高参数、大容量方向发展。

1)蒸汽初参数对发电厂热经济性的影响

(1)蒸汽初参数对循环热效率的影响。在其他条件不变的情况下，单独提高蒸汽的初压或初温，都可以提高循环过程的平均吸热温度，使循环热效率提高，如图 8-4、图 8-5 所示。当主蒸汽压力大于 31 MPa，主蒸汽温度高于 600 ℃时，主蒸汽压力每提高 1 MPa，机组热耗率降低 0.13%～0.15%，主蒸汽温度每提高 10 ℃，机组热耗率降低 0.25%～0.3%[8]。

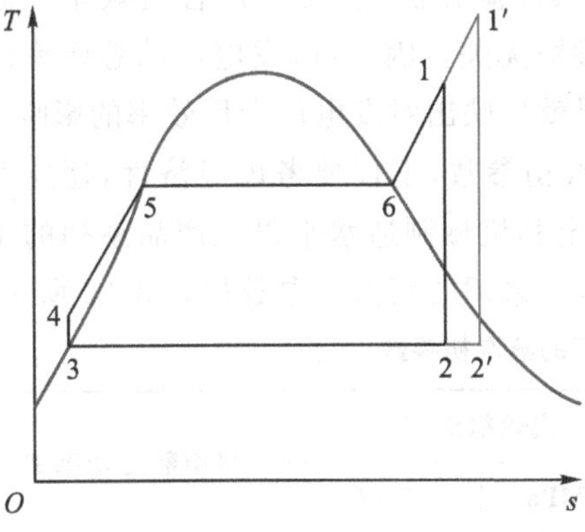

图 8-4 初温对朗肯循环热效率的影响

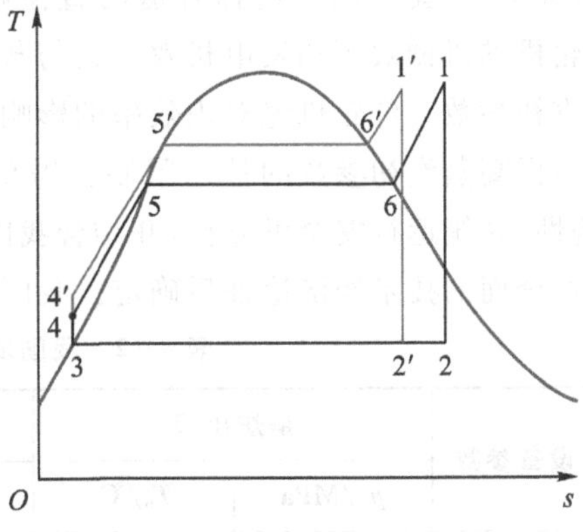

图 8-5 初压对朗肯循环热效率的影响

(2)蒸汽初参数对汽轮机相对内效率的影响。当蒸汽初参数改变时，汽轮机中某些损失(如漏汽损失、湿汽损失等)会发生变化。使汽轮机相对内效率改变，其中影响最显著的是汽轮机高压级的漏汽损失和末几级的湿汽损失。

汽轮机的漏汽损失取决于通流部分的相对间隙，即通流部分绝对间隙与叶片高度的比值，绝对间隙的大小只取决于制造和装配精度的要求，不同的汽轮机可以有相同的绝对间隙。故漏汽损失只与叶片高度有关，叶片高度越高，漏汽损失越小，一般来说，汽轮机最初几级叶片高度很小，漏汽损失较大；汽轮机的湿汽损失主要取决于汽轮机末几级蒸汽的湿度。

当其他条件不变而提高蒸汽初温时，进入汽轮机的蒸汽比体积增大，容积流量增加，所需叶片高度增加，使漏汽损失减少，同时还使汽轮机末几级蒸汽湿度减小，湿汽损失减小。因此，提高初温使汽轮机的相对内效率提高。

当其他条件不变而提高蒸汽初压时，进入汽轮机的蒸汽比体积减小，容积流量减小，所需叶片高度降低，使漏汽损失增大。若采用部分进汽时，将导致鼓风损失及斥汽损失增加。初压提高还使汽轮机末几级湿度增大，湿汽损失增大。所以，提高初压会使汽轮机相对内效率降低。

在实际应用时，蒸汽的初压和初温是配合选择的，在采用较高初压的同时也应采用较高的初温，以保证汽轮机排汽湿度不超过最大允许值。此时，促使汽轮机相对内效率提高和降低的因素同时起作用，而初压的影响更大，所以，提高蒸汽初参数，汽轮机的相对内效率会降低。

(3)蒸汽初参数对全厂效率的影响。蒸汽初参数对汽轮机绝对内效率的影响与机组容量有关。“高参数必配大容量”，这是因为初参数提高对不同容量机组的相对内效率的影响不同，若小容量机组采用高参数，蒸汽比体积和质量流量都小，工作叶片更短，高压部分的漏汽损失和叶片端部损失将增加较多，汽轮机相对内效率会显著降低，并超过循环热效率的提高，从而导致汽轮机绝对内效率降低。同时，提高初参数还增加设备和系统的投资成本。而对于大容量机组，由于进汽流量很大，叶片高度较大，采用高参数使相对内效率降低得较少，低于循环热效率的提高，使汽轮机绝对内效率提高。

从热平衡的角度来看，锅炉效率与蒸汽参数无关，我们可以按照一定的排烟温度和燃烧效率，采用不同大小尺寸的受热面，设计出参数不同而效率相同的锅炉，管道效率与蒸汽参数无关，只要正确地选择管道的直径和隔热保温方法，就可保证管道效率一定。另外，汽轮机的机械效率和发电机效率也与蒸汽参数无关。因此，由发电厂的总效率计算式知，蒸汽初参数对汽轮机绝对内效率的影响效果就反映出对发电厂全厂效率的影响效果。

(4)提高蒸汽初参数的技术限制。提高蒸汽初参数，不仅要考虑经济性，还应考虑技术经济性、系统运行安全可靠性，并结合我国冶金和机械制造水平以及产品系列的实际情况，通过全面的技术经济论证后确定。我国发电厂采用的蒸汽初参数如表 8-2 所示。

表 8-2　我国发电厂的蒸汽初参数

级别/设备参数	锅炉出口		汽轮机进汽		机组额定功率 P_c/MW
	p_b/MPa	T_b/℃	p_0/MPa	T_0/℃	
中参数	3.92	450	3.43	435	6,12,25
高参数	9.9	540	8.83	535	50,100
超高参数	13.83	540/540	13.24	535/535	125
			12.75		200
亚临界参数	16.77	540/540	16.18	535/535	300
	18.27	40/540	16.67	537/537	300,600

续表

级别/设备参数	锅炉出口		汽轮机进汽		机组额定功率 P_c/MW
	p_b/MPa	T_b/℃	p_0/MPa	T_0/℃	
超临界参数	25.3	541/569	24.2	538/566	600
超超临界参数	27.46	605/603	26.25	600/600	1000
	32.4	623/623	31	620/620	1000

提高初温可以显著地提高机组效率，但却使投资成本增加，还带来一些技术难题，在高温条件下，钢的强度极限、屈服点及蠕变极限都显著降低，且高温下金属易氧化，钢的金相结构易发生变化，会降低金属的强度。目前普遍采用的珠光体钢，允许温度范围在500～565 ℃。

提高初压，除使设备壁厚和零件质量增加外，还会使汽轮机末几级蒸汽湿度明显增大，这将加剧对叶片的侵蚀，并发生冲击现象，影响设备的使用寿命及安全运行，大型机组上采用蒸汽中间再热可解决提高初压受汽轮机末几级蒸汽湿度的限制。从表 8－2 中可以看出，超高参数以上机组随着容量的不断增大，所采用的蒸汽温度基本上没有升高，而蒸汽初压增加得较快就是这个缘故。

2)蒸汽终参数对发电厂热经济性的影响

(1)排汽压力对机组热经济性的影响。循环放热过程是等温等压过程，在其他条件不变的情况下，降低排汽压力可以显著地降低循环过程的平均放热温度，使循环热效率明显增加，如图 8－6 所示。对于超高参数的汽轮机，排汽压力每降低 0.981 kPa，循环热效率可提高 0.5%～0.7%，对于亚临界参数 600 MW 的汽轮机，循环热效率可相应提高 0.5%。

降低排汽压力，将使汽轮机末几级蒸汽湿度增大，湿汽损失增加。另外，由于排汽比体积显著增大，在一定的汽轮机排汽面积下，末级余速损失增加得非常快，使汽轮机相对内效率下降。因此只有适当降低排汽压力，才能使汽轮机绝对内效率提高，从而使发电厂的热经济性提高。

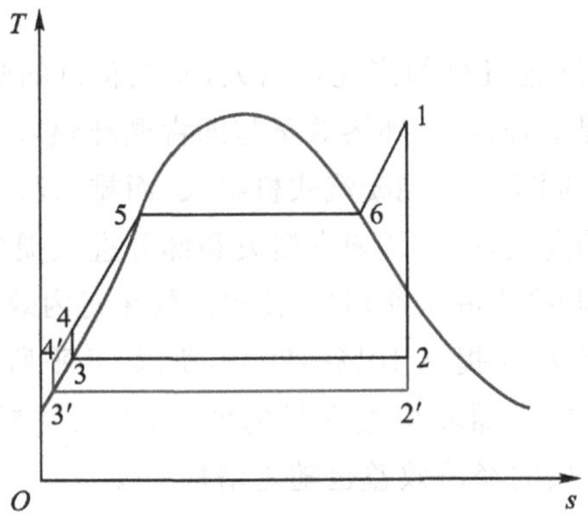

图 8－6　排汽压力对朗肯循环热效率的影响

(2)排汽压力对发电厂经济性的影响。当排汽压力降低时,排汽比体积增加得很快,需要增加末几级叶片的高度和排汽口尺寸,才能适应排汽容积流量的增加,此时,汽轮机低压部分的质量和造价、凝汽器的尺寸及造价都要增加,冷却水量也要增大,使冷却水泵的投资及耗电量增加。因此,合理的排汽压力不仅要考虑热经济性,还应考虑汽轮机、凝汽器和冷却水系统等投资成本和运行费用,通过全面的技术经济比较来确定。我国大型凝汽式机组设计排汽压力为0.0049～0.0054 MPa。

(3)降低排汽压力的限制。降低排汽压力受当地自然条件和技术条件的限制。从自然条件来看,排汽压力不可能低于当地冷却水温 t_1 对应的饱和压力,一般在0～35 ℃范围内变化。从技术条件来看,排汽压力与冷却水量和换热面积有关,冷却水量不可能无限大,冷却水进出口之间必然存在温度差 Δt,一般在6～11 ℃。换热面积也不可能无限大,则蒸汽凝结水和换热器出口冷却水之间必然存在端差 δt,在3～10 ℃范围内变化。由此可见,排汽压力下对应的饱和温度为

$$t_c = t_1 + \Delta t + \delta t \tag{8-4}$$

排汽压力对应的饱和温度就决定了排汽压力的大小和凝汽器的真空值。

2.给水回热加热

1)给水回热加热的意义和应用

给水回热加热是利用汽轮机抽汽在回热加热器中对锅炉给水进行加热,如图8-7所示。这一方面使进入锅炉的给水温度升高,提高了工质在锅炉中的平均吸热温度;另一方面由于进入凝汽器排汽量减少,从而减小了冷源损失。

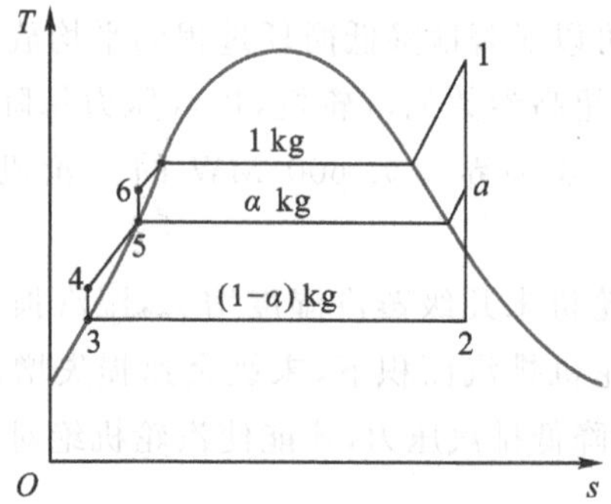

图8-7　给水回热加热温熵图

采用给水回热加热后,汽轮机总的汽耗量增大,而汽轮机的热耗率和煤耗率是下降的。因此在其他条件相同的情况下,回热循环热效率与朗肯循环热效率相比有显著提高。另外,给水回热的机组总进汽量比同功率的纯凝汽式机组大,而排入凝汽器的蒸汽量较少,这不仅增大了机组高压部分叶片的高度,减少了漏汽损失和部分进汽损失,而且改善了低压部分的工作条件,减少了湿汽损失和排汽的余速损失,使机组的相对内效率也得以提高。

给水回热可使机组效率相对提高10%～20%,所以,几乎所有的机组均采用给水回热加热,以提高电厂的热经济性。随着机组容量的增大,参数的提高,所采用的给水温度和回热加热级数相应提高,回热的经济效益也随之增加[13]。

2)给水回热过程主要参数

影响给水回热过程热经济性的主要参数有回热级数 Z、回热加热分配 $\Delta h'$ 和给水最终

加热温度 t_{fw}。只有正确地选择这些参数，才能获得最佳的回热效果[14]。

(1)回热级数 Z。将给水加热到给定的温度可以采用 2 种不同的方法，一是用单级高压抽汽一次加热给水至给定温度，二是用若干级不同压力的抽汽逐级加热给水至给定温度，而对于相同的给水最终加热温度来说，所需的抽汽量与抽汽级数几乎无关，因为计算表明，不同的抽汽压力下每千克蒸汽凝结放热量都差不多。所以在维持机组功率不变的条件下，采用多级回热，可利用较低压力的抽汽对给水进行分段加热，使抽汽做功量增加、凝汽做功量减少，从而减少冷源热损失，使机组的热经济性提高。

图 8-8 为在不同回热加热级数下回热循环热效率与给水温度的关系。由图可见，随着回热级数的增加，循环热效率不断提高，而效率的相对提高值逐渐减少，同时级数的增加却使设备投资增加，系统复杂，且影响运行的安全可靠性。因此采用过多的级数是不利的，具体的级数要通过技术经济比较来确定。

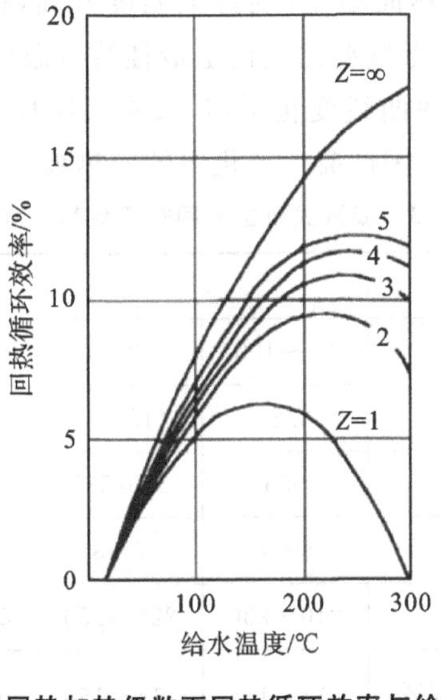

图 8-8 不同回热加热级数下回热循环效率与给水温度的关系

(2)回热加热分配 $\Delta h'$。当回热级数和给水温度一定时，给水总加热量在各级加热器之间可以有不同的分配方案，其中必然存在着一种最佳分配方法，使回热的热经济效果最好。常用的分配方法有等焓升分配法、几何级数分配法、等焓降分配法等，虽然这些分配方法是在不同的简化和假定条件下得到的，但计算结果差别并不大，通常工程上采用等焓升分配法。等焓升分配法是将给水在加热器中的总焓升量平均分配到各级加热器中，此时每一级加热器的给水焓升为

$$\Delta h' = \frac{h'^{0}_{b} - h'_{c}}{Z+1} = \frac{h'_{fw} - h'_{c}}{Z} \tag{8-5}$$

式中，h'^{0}_{b} 为锅炉工作压力下的饱和水焓，kJ/kg。

(3)给水最终加热温度 t_{fw}。①理论上的最佳给水温度。在回热级数一定时，提高给水温度，可提高循环的平均吸热温度，从而提高回热的热经济性。但若过分提高给水温度，则会使抽汽做功量减少，凝汽做功量增加，冷源热损失增加，反而降低回热的热经济性，因而存在一个最佳给水温度，使回热的热经济效益达到最大值。这样的给水温度称为理论

上最佳给水温度。理论上最佳给水温度与回热级数、给水回热分配有密切联系。最佳给水温度是最佳回热分配的结果，若采用等焓升分配法，由于在低温范围内，水的焓约等于水温的 4.187 倍，则最佳给水温度为

$$t_{fw}=t_c+Z\Delta t=t_c+\frac{Z(t_b^0-t_c)}{Z+1} \tag{8-6}$$

式中，t_c 为凝结水的温度，℃；t_{fw} 为理论上最佳的给水的温度，℃；Δt 为以等焓升分配法计算出的给水在每一加热器的温度升高量，℃；t_b^0 为锅炉工作压力下的饱和水温度，℃。

由图 8-8 可以看出：回热级数越多，最佳给水温度也越高。

②经济上最有利的给水温度。给水温度的选择，不仅要考虑热经济性，还应考虑投资经济性，通过综合比较各方面的经济效果以确定经济上最有利的给水温度。从技术经济角度来看，提高给水温度，若不降低锅炉效率，不使排烟温度升高，就需要增大锅炉尾部受热面。增加投资，若锅炉的受热面不变，则排烟温度升高，排烟热损失增大，锅炉效率降低。显然经济上最有利的给水温度要比理论上最佳给水温度低。并且由图 8-4 知，在最佳给水温度附近，回热循环效率曲线变化平缓，故在实际应用中，给水温度可取略低于最佳值，对热经济性的影响很小。国产凝汽式机组的回热级数和给水温度如表 8-3 所示。

表 8-3　凝汽式机组的回热级数和给水温度

参数		数值				
电功率	P_e/MW	50～100	200	125	300	300～600
进汽参数	p/MPa	8.83	12.75	13.24	16.18	16.18
	T/℃	535	535/535	550/550	535/535	550/550
回热级数	Z/级	6～7	7～8	7～8	7～8	7～8
给水温度	T_{tw}/℃	210～230	220～250	247～275	247～275	247～275
效率相对增长	$\Delta\eta=\frac{\eta_t^h-\eta_t}{\eta_t}$/%	11～13	14～15	16～17	16～17	16～17

注：η_t^h 为回热循环热效率。

3. 蒸汽中间再热

1)蒸汽中间再热及其应用

蒸汽中间再热是将蒸汽从汽轮机高压缸引出一部分排汽进入再热器中再热，当温度提高后再引回汽轮机中继续膨胀做功的过程，其热力系统简图如图 8-9 所示。

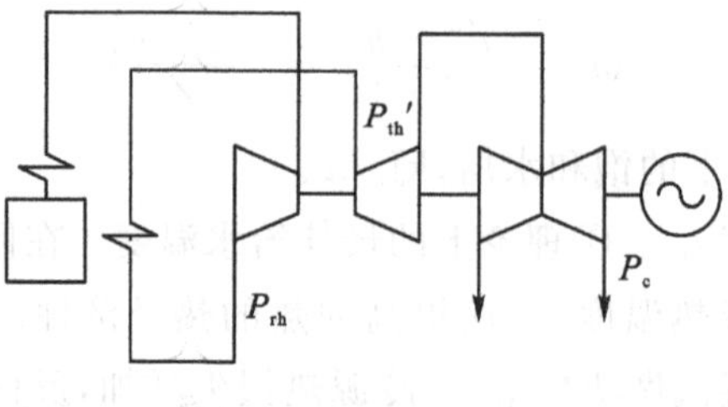

图 8-9　蒸汽中间再热机组的热力系统图

由图 8-10 所示的理想再热循环温熵图可知，蒸汽中间再热降低了汽轮机的排汽湿度，为大容量机组进一步提高蒸汽初参数创造了条件，同时也提高了机组的相对内效率，若蒸汽中间再热参数选择得合理，还可提高循环热效率。一般一次中间再热，可使机组的热经济性相对提高 5%以上。因此超高参数以上机组普遍采用蒸汽中间再热，以提高机组的热经济性[15]。二次再热与一次再热相比，其热效率一般提高 1.3%～1.5%，而机组造价要高 10%～15%，机组投资一般约占电厂总投资的 40%～50%左右，经折算电厂投资约提高 4%～6.8%，由此可见二次再热所带来的总体经济性并不明显。

蒸汽中间再热可以利用锅炉的高温烟气、新蒸汽及中间再热介质来加热蒸汽，而以烟气再热蒸汽法效果较好。烟气再热蒸汽法是将汽轮机高压缸做过功的蒸汽，引至安装在锅炉烟道中的再热器中进行再热，之后送回汽轮机低压缸继续做功。由于蒸汽是通过再热蒸汽管道往返于锅炉房与汽轮机房之间的，所以中间再热带来了一些不利的影响。首先是蒸汽在管道中流动，产生压力降，使再热热经济效益减少约 1.0%～1.5%；其次是再热器及再热管道中储存有大量蒸汽，一旦汽轮机甩负荷，若不及时采取措施，会引起汽轮机超速。为了保证机组的安全，在采用烟气再热蒸汽法的同时，汽轮机必须配置灵敏度高和可靠性好的调节系统，并增设必要的旁路系统。

2)蒸汽中间再热参数

如图 8-10 所示，由于再热改变了吸热过程的平均吸热温度，因而改变了循环热效率。在蒸汽初参数相同的条件下，只有当附加循环平均吸热温度（T_{fav}）高于基本循环平均吸热温度（T_{lav}）时，才会使再热附加循环效率大于基本循环效率，保证整个循环热效率的提高。而附加循环平均吸热温度的高低取决于再热参数的选择。再热参数包括再热温度、再热压力和再热压损，都直接影响着再热循环热经济性的高低。

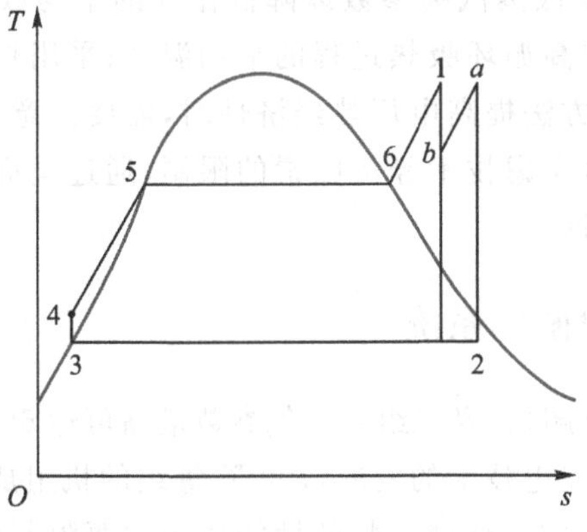

图 8-10　蒸汽中间再热温熵图

(1)再热温度。在其他条件不变的情况下，提高再热蒸汽温度，可使再热附加循环的热效率提高，因而提高了再热循环的热效率，同时降低了汽轮机的排汽湿度，对相对内效率也有良好的影响。所以再热温度的提高对热经济性总是有利的。再热温度每提高 10 ℃，可提高再热循环热效率 0.2%～0.3%，但却受到金属材料性能的限制。用烟气一次再热时，一般取再热温度等于蒸汽的初温。

(2)再热压力。改变再热压力，对循环热效率有两种不同方向的影响，在再热温度 t_{rh} 一定时，若提高再热压力，一方面提高了附加循环热效率 η_t，使再热循环热效率 η_{rh} 提高；另一方面亦降低了附加循环的吸热量 q_1，使其对提高再热循环热效率 η_{rh} 的作用减小。此外还必须考虑再热压力 p_{rh} 上升时汽轮机末几级蒸汽湿度会加大，湿气损失增加，汽轮机的相对内效率降低，由于这些相互矛盾的因素在同时起作用，因此必然存在一个最佳的再热压力，使再热循环热效率 η_{rh} 达到最大值。当再热温度等于蒸汽初温时，最佳再热压力约为蒸汽初压的18%～26%，当再热前有回热抽汽时，取18%～22%；再热前无回热抽汽时，取22%～26%。

(3)再热压损。再热蒸汽在通过再热器和往返管道时，因流动阻力而造成的压力损失称为再热器的压损 Δp_{rh}。减少再热压损可提高机组的热经济性，但需要加大管径，增加金属消耗量和投资费用。通常取 Δp_{rh} 为高压缸排汽压力的8%～12%，再热参数的选择必须进行严格的技术经济比较后确定。中间再热机组的再热蒸汽参数如表8-4所示。

表8-4　中间再热机组的再热蒸汽参数表

汽轮机型号	冷段参数		热段参数	
	压力/MPa	温度/℃	压力/MPa	温度/℃
N125-13.24/550/550	2.55	331	2.29	550
N200-12.75/535/535	2.45	313	2.06	535
N300-16.18/550/550	3.48	328	3.11	550
N600-16.18/535/535	2.53	316.5	3.2	535

综上所述，提高超临界水循环发电效率可以采用以下方法：提高蒸汽初参数以提高循环吸热过程的平均温度；降低蒸汽终参数以降低循环的平均放热温度；采用给水回热加热，采用蒸汽中间再热以提高循环吸热过程的平均温度；采用热电联合生产和燃气-蒸汽联合循环方法。采用这些方法提高电厂热经济性时，需要注意不能孤立地去追求提高电厂的热经济性，而必须综合考虑技术经济因素的限制，通过全面的技术经济论证后，才能确定某项技术措施的可行性。

8.2　超临界 CO_2 动力循环系统

目前以水为工质的超(超)临界机组主蒸气参数最高可达600 ℃、31 MPa，再热蒸汽温度可达620 ℃。随着燃煤发电技术的发展，700 ℃等级的机组成为下一步的目标。然而，随着水蒸气温度与压力的提升，金属材料的性能成为主要限制因素。当水蒸气温度接近700 ℃时，水蒸气对材料腐蚀严重，无法保证生产安全。在这个背景下，找到一种可代替的循环变得至关重要。

超临界 CO_2(supercritical CO_2，scCO_2)具有临界参数低(31.4 ℃、7.38 MPa)、容易达到、化学性质稳定、对于系统管道和设备腐蚀损耗较小、密度较大、黏度低、压缩比低、传热性能好等优点，使超临界 CO_2 动力循环可以获得较高的循环效率，且热源温度越高，超临界 CO_2 循环的优势越明显。

近年来，众多研究人员与机构均对超临界 CO_2 动力循环在发电领域的应用进行了研究，本节主要从超临界 CO_2 动力循环系统的起源与发展、超临界 CO_2 动力循环的原理与优点、超临界 CO_2 动力循环的影响参数、超临界 CO_2 动力循环布置及参数优化、超临界 CO_2 动力循环的应用进行介绍。

8.2.1 超临界 CO_2 动力循环系统的起源与发展

超临界 CO_2 动力循环采用布雷顿循环，以超临界 CO_2 作为循环工质进行热功转化，产生电能。最早由 Sulzer 于 1950 年提出，后由学者 Feher 于 1967 年重新提起，并于 1970 年研发 150 kW 规模的系统样机。

迄今为止，超临界 CO_2 动力循环可分为开式和闭式布雷顿循环两类[16-17]，开式布雷顿循环的工质不在循环内部反复利用，而是经过透平做功后排入环境或者余热吸收系统，开式循环最具代表性的就是燃气轮机，其循环非常简单，仅需要压缩机、燃烧器、透平就可以构成循环。闭式布雷顿循环由于工质在循环内部反复利用，故在工质选择上灵活性更高，可用氮气、氦气、二氧化碳等，同时热源适应性也更好，在核能、太阳能、生物质等领域都有应用[18]。与开式循环不同的是，闭式循环需要在热源处吸收热源放热，而不是像开式循环一样燃烧后直接进入燃气轮机，故热源形式存在差异，闭式循环的主蒸汽温度通常在 500 ℃到 900 ℃不等[16]。

目前，中国、美国、韩国、日本等国家和地区的研究机构对超临界 CO_2 动力循环进行了广泛的研究，并尝试将其应用到核能发电、太阳能发电和化石能发电等各个领域[19-21]，研究内容如表8－5所示。总而言之，当前学者们在超临界 CO_2 动力循环的结构形式、循环热力性能优化、与多种热源形式结合等方面开展了大量的理论与模拟研究[22-24]。

表 8－5　超临界 CO_2 动力循环研究情况[25-26]

研究人员/机构	研究内容
Iverson	在 780 kW 的实验系统上，对超临界 CO_2 动力循环太阳能发电系统进行了深入的实验研究，采用了超临界 CO_2 碳动力循环能提高系统的循环效率，尤其是当透平入口工质温度高于 600 ℃时，效果更为明显
Harvego	通过 UniSim 软件对核电中采用的带分流再压缩的超临界 CO_2 动力循环系统进行了计算研究，分析结果显示：当反应堆出口温度在 550～850 ℃时，系统的循环效率约为 40%～52%
桑迪亚国家实验室	建立了首个超临界 CO_2 布雷顿发电循环实验系统；测试了 125 kW 超临界 CO_2 透平及压气机的性能
美国国家可再生能源实验室	开展了 10 MW 超临界 CO_2 透平研究项目
东芝公司	开发的超临界 CO_2 循环火力发电系统，完成了燃气轮机燃烧器燃烧实验
诺尔斯原子能实验室	水冷反应堆应用的带有 2 个透平的简单回热循环
应用能源研究所	建造了一个小型超临界 CO_2 循环试验设施

8.2.2 超临界 CO_2 动力循环的原理及优点

1. 超临界 CO_2 动力循环的原理

超临界 CO_2 动力循环以超临界 CO_2 为工质，超临界 CO_2 吸热后进入透平中推动扇叶做功，然后通过回热、冷却、压缩等过程，完成功热转换。超临界 CO_2 动力循环主要设备包括热源、透平、发电机、压缩机、冷却器、回热器等。

简单超临界 CO_2 动力循环过程温熵图及循环简单结构图如图 8－11 所示。在循环过程中，超临界 CO_2 首先经过压缩机升压（1→2），然后经过回热器加热（2→3），在热源中升温（3→4），随后进入透平中做功（4→5），超临界 CO_2 膨胀做功后进入回热器加热冷 CO_2（5→6），然后进入冷却器冷却（6→1）并再次进入压缩机，如此循环往复。

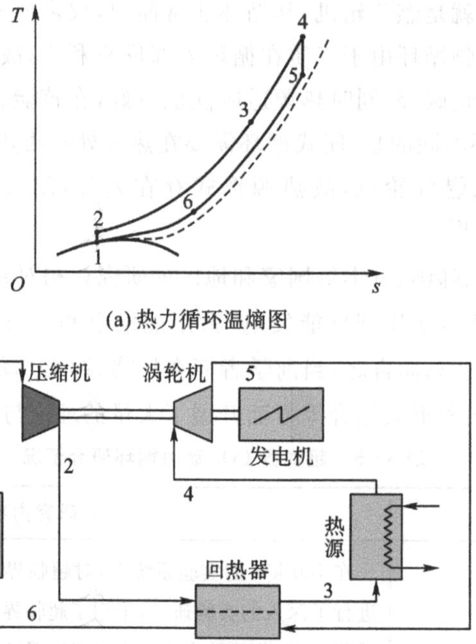

(a) 热力循环温熵图

(b) 循环简单结构图

1—压缩机入口；2—压缩机出口；3—回热器冷流体出口；4—涡轮机入口；
5—涡轮机出口；6—回热器热流体出口。

图 8－11 简单超临界 CO_2 动力循环温熵图及循环简单结构图[22]

在简单回热循环基础上添加低温回热器和辅压缩机设备，可形成再压缩循环，其循环结构图和温熵图如图 8－12 所示。超临界 CO_2 在透平中膨胀做功（4→5）后流经高温回热器低压侧（5→6）和低温回热器低压侧（6→1′），随后被分流为两部分：一部分气体进入冷却器冷却（1′→1），被主压缩机压缩（1→2）后进入低温回热器高压侧回热（2→2′）；另一部分流体不经冷却器，直接进入辅压缩机（1′→2′），这部分流体压缩之后与低温回热器出口流体混合进入高温回热器高压侧回热（2′→3）。混合后的流体再进入热源吸热（3→4），完成循环。进入辅压缩机部分流体的质量占总流体质量的比例为分流比 α。

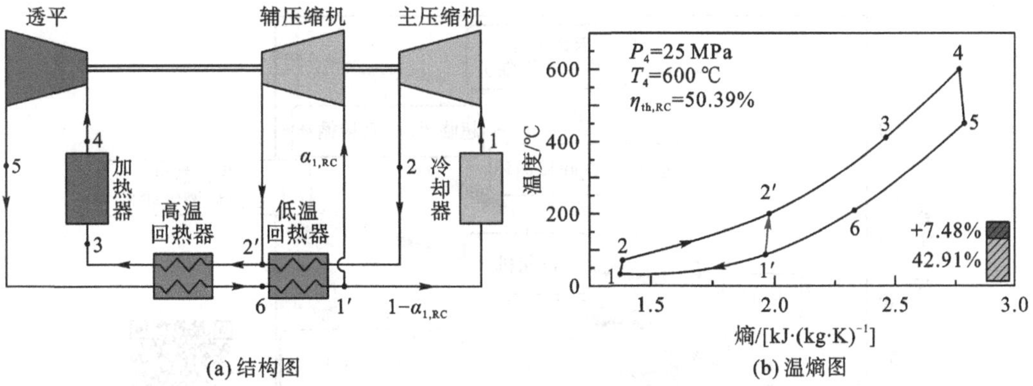

图 8-12　再压缩循环结构图及再压缩循环温熵图[27]

典型再压缩循环中最小压力为 7.8 MPa、最大压力为 25 MPa、最小温度为 32 ℃、最大温度为 550 ℃，其循环效率可达到 46.5%[22]，当最大温度上升至 600 ℃的，其循环效率提升至 50.39%[27]。超临界 CO_2 再压缩动力循环是当前主要研究的结构，其在 500～600 ℃的温度区间内，从布局结构、边界条件的复杂性、循环的效率、循环装置实验室验证性实验等方面都具有明显的优势。

2. 超临界 CO_2 动力循环的优点

动力循环的评价标准为循环效率 η，根据热力学第二定律，在高温热源 T_1 和低温热源 T_2 之间工作的循环，其循环效率为

$$\eta \leqslant 1-\frac{T_2}{T_1} \tag{8-7}$$

式中，η 为循环效率；T_1 为高温热源温度；T_2 为低温热源温度。在相同高温热源 T_1 和低温热源 T_2 下，卡诺循环效率最高，$\eta = 1-\frac{T_2}{T_1}$，其他循环越接近卡诺循环则效率越最高。

各典型循环和热源下的循环效率随主蒸汽温度的变化趋势如图 8-13 所示，其中，各典型循环包括有机朗肯循环、蒸汽朗肯循环（汽轮机）、空气布雷顿循环（燃气轮机）、联合循环燃气轮机以及超临界 CO_2 直接布雷顿循环和间接布雷顿循环。以朗肯循环为例，主蒸汽进口温度 T_1 升高，意味着平均吸热温度上升，由式(8-7)可知循环效率升高。当主蒸汽进口温度从 600 ℃上升到 800 ℃时，超临界 CO_2 布雷顿循环的循环效率可从 40%上升至 58%左右，不断接近卡诺循环，且高于相同条件下其他循环的效率。由此可知，随着进口蒸汽温度升高，超临界 CO_2 布雷顿循环具有相对较高的效率的优势更加明显。

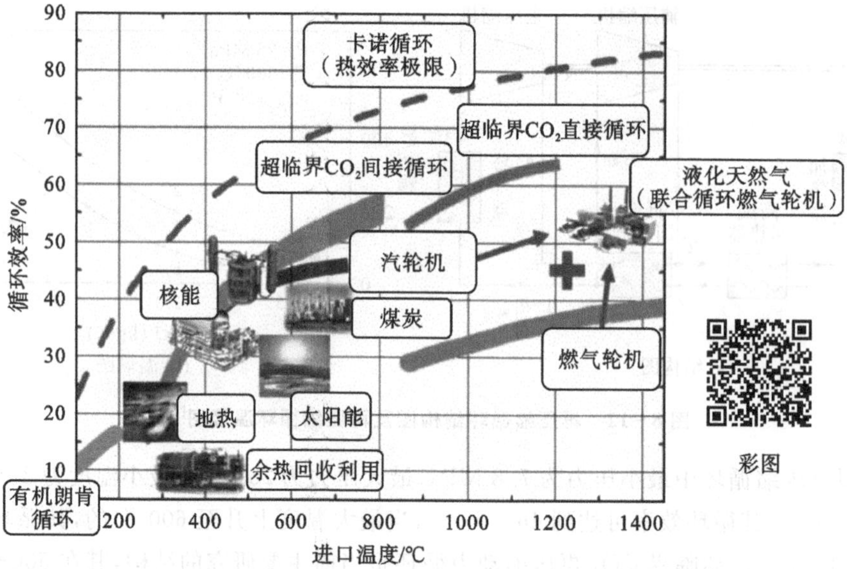

彩图

图 8-13　各类循环的循环效率随主气温度参数的变化趋势[20]

临界点是气液共存的最高温度和压力状态，常作为热力性质计算的参考状态[28]。文献[29]给出的 CO_2 临界参数是目前最精准的实验值：临界温度（304.128±0.0150）K，临界压力（7.3773±0.0030）MPa，临界密度（467.6±0.6）kg/m³。在超临界 CO_2 循环中，CO_2 始终保持在超临界状态，其特殊的物理性质是循环的优异性能的原因。

CO_2 在不同压力下密度和比热容随温度的变化如图 8-14 所示。由图 8-14(a)可知，当温度超过临界点时，密度会急剧下降。然而，在相同温度压力下，CO_2 比 He、N_2 密度大得多。例如，压力为 7.5 MPa、温度为 36 ℃的情况下，CO_2 密度为 261.4 kg/m³，高于同温度、压力下的 N_2 密度 81 kg/m³、He 密度 11.3 kg/m³；在高温下，CO_2 密度也高于水蒸气密度。超临界 CO_2 较大的密度有效地降低了压缩机的耗功，使超临界 CO_2 循环的循环效率高于其他工质的循环效率。同时，较大的密度也使得各设备的尺寸减小，系统整体结构紧凑。

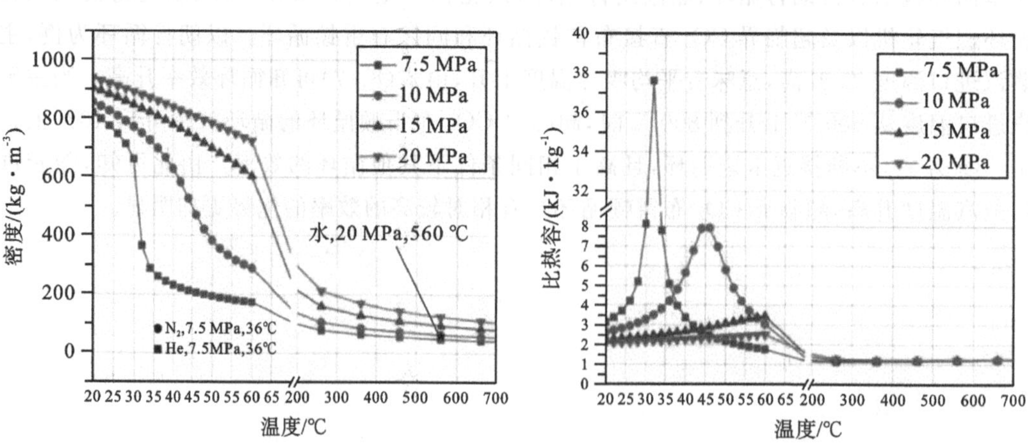

(a) 密度随温度变化　　(b) 比热容随温度变化

图 8-14　不同压力下 CO_2 密度和比热容随温度的变化趋势[30]

CO_2 在超临界条件下，同时具有气体和液体的两种特性，从而形成一种均匀相的流体现象。此时，CO_2 密度远大于气体，接近于液体，而黏度远低于液体，因此，超临界 CO_2 具有良好的传热性能[23]。拟临界点定义为超临界压力下比热容值最大的一点，拟临界点附近称为大比热区。由图 8-14(b)可知，CO_2 在其临界点或拟临界点附近有一个非常大的比热峰值，这也表明 CO_2 在该区域具有很大的传热能力。然而，由于超临界 CO_2 高压时的比热容大于低压时的比热容，会导致超临界 CO_2 循环的换热器存在夹点问题，即高温低压工质温度需下降很多以换取低温高压工质较小的温升。再压缩循环中设立辅压缩机，对低压工质进行分流，可有效缓解夹点问题。

此外，在超临界 CO_2 循环中，也会出现传热恶化的现象。Liu 等[31]在自然循环系统中研究了浮升力和流动加速对超临界 CO_2 传热的影响，实验压力为 7.45～10.19 MPa，质量流量为 235～480 kg/(m^2·s)，热通量为 10.5～96 kW/m^2。在实验过程中出现了明显的传热恶化现象，且随着热通量增大，传热恶化现象逐渐向入口段移动，浮升力造成的影响大于流动加速项造成的影响。文献[23]对超临界 CO_2 换热实验进行总结，发现传热恶化出现的原因是超临界 CO_2 的复杂物性变化，浮升力和流动加速项会对超临界 CO_2 的传热产生影响。

总而言之，超临界 CO_2 具有密度较大、黏度低、比热大、传热性能好等特点[32]，使得超临界 CO_2 动力循环具有压缩机效率高、功耗低，透平和换热设备结构紧凑等优点，在不出现传热恶化的前提下，超临界 CO_2 循环效率高于其他循环，且随着高热源温度升高，优势更加明显。

8.2.3　超临界 CO_2 动力循环的影响参数

超临界 CO_2 动力循环具有在宽广的热源温度范围内可达到较高的热效率的优势，为进一步提高循环效率，研究人员从参数优化方面进行了研究：研究人员利用 Fortran、Python、EES、MATLAB 及 Aspen Plus 等语言和软件对分流比 α，主压缩机入口压力(P_1)、主压缩机入口温度(T_1)、透平入口温度(T_4)和透平入口压力(P_4)等参数对循环效率的影响进行了研究。

1. 主压缩机入口压力(P_1)

主压缩机入口压力(P_1)、主压缩机入口温度(T_1)、透平入口温度(T_4)和透平入口压力(P_4)一旦确定，循环的热效率上限基本就确定了，但在再压缩循环中，要达到最佳循环效率受以上参数与分流比 α 共同影响[33]。

超临界 CO_2 动力循环的主压缩机入口压力 P_1 高于 CO_2 临界压力，对于超临界 CO_2 再压缩动力循环，P_1 与分流比 α 耦合，对循环功率产生了影响。赵庆等[34]对某百千瓦功率级别的超临界 CO_2 再压缩动力循环的发电效率受 T_1、P_1 以及分流比 α 的影响进行了研究。其中，当 T_4 为 420 ℃、T_1 为 32 ℃时，不同 P_1 下，系统发电效率随分流比的变化规律如图 8-15 所示。可看出，当 P_1 在 7.8～9.0 MPa 范围内变化时，发电效率随分流比 α 先小幅增加后大幅降低，即存在一个最佳分流比 α，使得发电效率达到该条件下的最大值。例如，当 P_1 为 9.0 MPa，随着分流比 α 增大，发电效率由 14%上升至 15%左右，而分流比 α 大于 0.40 时，发电效率逐渐降低。

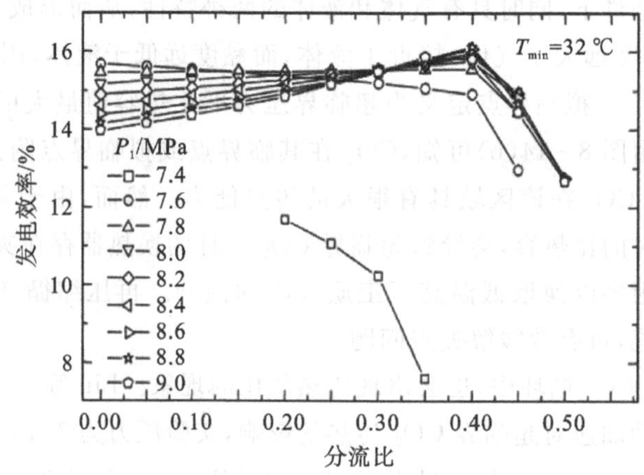

图 8-15　T_4=420 ℃、T_1=32 ℃时，不同 P_1 下系统发电效率随分流比的变化规律[34]

张一帆等[33]更直观地给出了分流比为 0.21、0.31 和 0.41 时循环效率随主压缩机入口压力(P_1)的变化趋势，如图 8-16 所示。系统 P_1 为 7.6 MPa、P_2 为 20 MPa 时，最佳分流比为 0.41，此时循环效率达到 47.74%。而随着 P_1 升高，系统循环效率出现单调下降和先下降再上升、最后单调下降两种情况。P_1 由 7.6 MPa 上升至 9.6 MPa 的过程中，系统最佳分流比 α 逐渐偏离 0.41，故系统循环效率下降；而当分流比 α 为 0.21 或 0.31 时，随着 P_1 增大，低温回热器的换热效能逐渐降低，高温回热器的换热效能逐渐上升至保持不变，故总回热器效能随着 P_1 先下降再上升，最后下降，从而导致循环效率随 P_1 先下降再上升，最后下降。

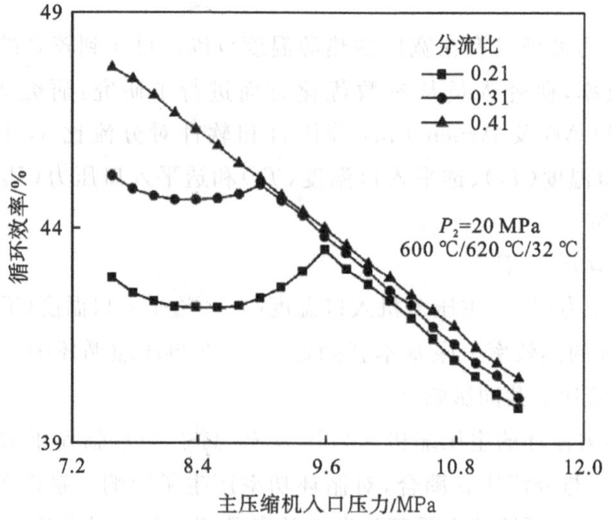

图 8-16　不同分流比下系统循环效率随主压缩机入口压力的变化规律[33]

2.主压缩机入口温度(T_1)

超临界 CO_2 循环中的主压缩机入口温度 T_1 上升意味着系统平均温度上升。由卡诺循环热效率公式可知，平均放热温度上升，则循环热效率下降。因此，在冷源符合条件时，主压缩机入口温度 T_1 应当尽量地低。

此外，T_1 与 P_1 之间相互配合，才能达到最佳效率。在图 8－15 中可看出，当 P_1 为 7.4 MPa和 7.6 MPa 时的发电效率低于 P_1 在 7.8～9.0 MPa 范围内的发电效率，这证明了在 T_1 一定时，存在一个恰当的 P_1 范围，使发电效率达到最佳。针对这一超临界 CO_2 再压缩动力循环，赵庆等[34] 指出，为保证高发电效率，$T_1=32$ ℃时，$P_1 \geqslant 7.8$ MPa；$T_1=33$ ℃时，$P_1 \geqslant 8.0$ MPa；$T_1=36$ ℃时，$P_1 \geqslant 8.6$ MPa。

3. 透平入口压力(P_4)

透平入口压力 P_4 对于循环效率的提升受到分流比 α 的影响。由于再压缩动力循环中的分流比 α 与透平入口压力 P_4 之间存在配合的关系，单纯地升高透平入口压力 P_4 并不一定能提高系统的循环效率，只有当两者相互配合，合理取值时，系统才能达到更高的循环效率。例如，文献[33]给出了 $P_1=7.6$ MPa，主/再热蒸汽温度为 600 ℃/620 ℃、$T_1=32$ ℃时，不同分流比下，透平入口压力对系统循环效率的影响，如图 8－17 所示。可看出，随着 α 的增大，系统的循环效率不再是单调递增，而是先升高后下降的。

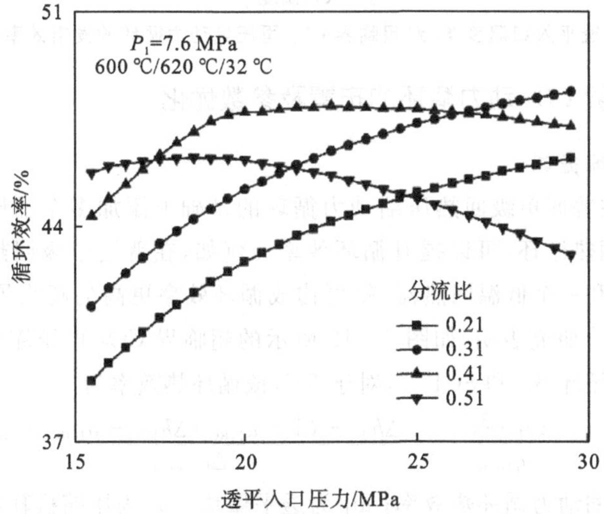

图 8－17　$P_1=7.6$ MPa、主/再热蒸汽温度为 600 ℃/620 ℃、$T_1=32$ ℃时，不同分流比下，循环效率随透平入口压力的变化规律[33]

以 α 为 0.41 为例，当透平入口压力低于 20 MPa 时，随着透平入口压力的升高，工质参数提升有利于系统循环效率的提高，透平入口压力达到 20 MPa 时，系统最佳分流比等于此时的分流比(0.41)，循环效率达到最大(47.74%)；继续升高透平入口压力，系统的最优分流比 α 减小，而此时若系统仍然保持分流比为 0.41，会使系统的循环效率降低，且降低的幅度大于工质参数提高带来的循环效率提高幅度。

4. 透平入口温度(T_4)

由卡诺循环热效率公式可知，透平入口温度 T_4 的提升意味着吸热温度上升，循环效率也会随之上升。透平入口温度 T_4 对超临界 CO_2 再压缩动力循环的发电效率的影响如图 8－18 所示。当透平入口温度 T_4 由 500 ℃提高到 660 ℃时，系统的发电效率由 40.58% 提高到 48.56%，提高了 7.98 个百分点，发电标准煤耗率也随之降低 43.03 g/(kW・h)。可见，透平入口温度每提高 10 ℃，发电效率提升约 0.5%，且随着透平入口温度的升高，发电效率的提高趋势有所降低。

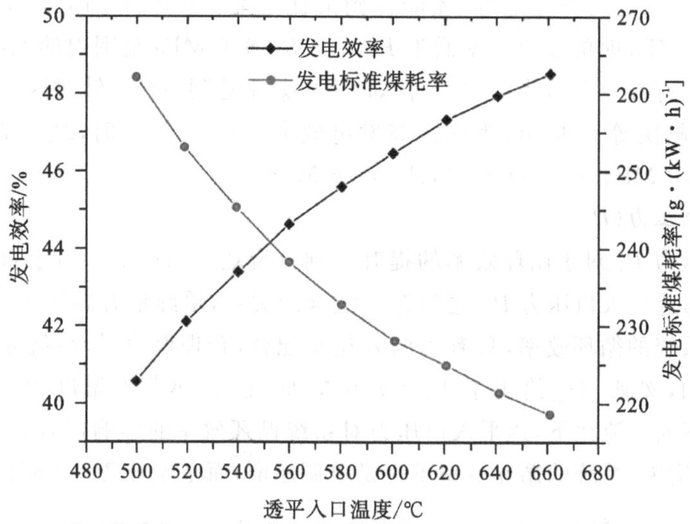

图 8-18　透平入口温度 T_4 对超临界 CO_2 再压缩动力循环的发电效率的影响[35]

8.2.4　超临界 CO_2 动力循环的布置及参数优化

1. 多级回热压缩循环

理论上，通过在普通单级回热压缩动力循环的基础上添加多个辅压缩机和低温回热器，构成多级压缩回热循环，可以提升循环效率。例如，在普通单级回热压缩动力循环中添加一个辅压缩机和一个低温回热器，就可构成循环效率更高的超临界 CO_2 再压缩动力循环。孙恩慧等[24,27]研究表明，如图 8-12 所示的超临界 CO_2 再压缩动力循环(RC)，可拆解为两个单回热循环 SC 和 SC1[27]，对于 RC，该循环热效率为

$$\eta_{th,RC}=\frac{w_T-w_C}{q_{Heater}}=\frac{\Delta h_T-(1-\alpha_{1,RC})\Delta h_{MC}-\alpha_{1,RC}\,\Delta h_{AC1}}{\Delta h_{Heater}} \tag{8-8}$$

式中，$\eta_{th,RC}$ 为再压缩动力循环热效率；w_T 为透平做功；w_C 为压缩机耗功；q_{Heater} 为工质在加热器中的吸热量；Δh_T 为透平前后工质焓降，$\Delta h_T=h_4-h_5$；$\alpha_{1,RC}$ 为辅压缩机分流比，定义为流过辅压缩机的工质流量占总工质流量的比例；Δh_{MC} 为主压缩机出口与进口之间的焓差，$\Delta h_{MC}=h_2-h_1$；Δh_{AC1} 为辅压缩机出口与进口之间的焓差，$\Delta h_{AC1}=h_2'-h_1'$；Δh_{Heater} 为加热器出口与进口之间的焓差，$\Delta h_{Heater}=h_4-h_3$。

当循环运行参数如表 8-6 所示时，循环热效率 $\eta_{th,RC}=50.39\%$。

将 RC 拆解为 SC 和 SC1 两个单回热压缩动力循环。SC 可看作 $1-\alpha_{1,RC}$ 的工质从透平流出，流经高温回热器低压侧、低温回热器低压侧、冷却器，由主压缩机压缩后依次流经高温回热器高压侧和低温回热器高压侧，在加热器中被加热后，进入透平做功；SC1 可看作 $\alpha_{1,RC}$ 的工质从透平流出，流经与 SC 相同的高温回热器低压侧和低温回热器低压侧(该低温回热器相当于 SC1 的冷却器)，随后被辅压缩机压缩，依次流经高温回热器高压侧和低温回热器高压侧，在加热器中被加热后，进入透平做功。

SC 循环热效率为[27]

$$\eta_{th,SC}=\frac{(1-\alpha_{1,RC})(\Delta h_T-\Delta h_{MC})}{(1-\alpha_{1,RC})(\Delta h_T-\Delta h_{MC}+\Delta h_{Cooler})}=\frac{\Delta h_T-\Delta h_{MC}}{\Delta h_{Heater}} \tag{8-9}$$

式中，Δh_T 为透平出口与进口单位质量工质的焓差，即为透平输出功；Δh_{MC} 为主压缩机出口与进口单位质量工质的焓差，即为压缩机耗功；Δh_{Cooler} 为冷却器进口与出口单位质量工质的焓差，即为单位质量工质向环境中放热量；由热力学第一定律可知，输入系统能量等于输出系统能量，故加热器出口与进口单位质量工质的焓差为 $\Delta h_{Heater} = \Delta h_T - \Delta h_{MC} + \Delta h_{Cooler}$，即为单位质量工质在加热器中的吸热量。

循环参数为 25 MPa/600 ℃时，SC 循环热效率 $\eta_{th,SC} = 42.91\%$。

表 8-6　超临界 CO_2 再压缩布雷顿运行参数[27]

参数	数值
透平进口温度 T_4/℃	600
透平进口压力 P_4/MPa	25
主压缩机进口温度 T_1/℃	32
主压缩机进口压力 P_1/MPa	7.6
压缩机等熵效率 $\eta_{C,s}$/%	89
透平等熵效率 $\eta_{T,s}$/%	93
回热器端点温差 ΔT_R/%	10

SC1 循环中，$\alpha_{1,RC}$ 的工质通过低温回热器放热，但热量被 SC 中 $1-\alpha_{1,RC}$ 的工质吸收，未向环境散热。根据循环热效率公式

$$\eta_{th} = 1 - \frac{q_2}{q_1} \tag{8-10}$$

式中，q_2 为向环境的放热量；q_1 为吸热量。

由于 $q_2 = 0$，故 SC1 的循环效率为 $\eta_{th,SC1} = 100\%$。

从以上分析可知，RC 循环通过在 SC 循环上叠加了一个效率为 100%的 SC1 循环获得了比单独的 SC 循环更高的效率。理论上，在一个 SC 循环上叠加多个单回热压缩循环 SC1、SC2，…，SC$n-1$ 构成如图 8-19 所示的 n 级回热压缩循环，本质上是在一个单回热循环上添加了 $n-1$ 个效率为 100%的单回热循环，可以提高循环效率，循环热效率可表示为[27]

$$\eta_{th,nC} = \frac{\left(1-\sum_{i=1}^{n-1}\alpha_{i,nC}\right)(\Delta h_T - \Delta h_{MC}) + \sum_{i=1}^{n-1}\left[\alpha_{i,nC}(\Delta h_T - \Delta h_{AC_i})\right]}{\left(1-\sum_{i=1}^{n-1}\alpha_{i,nC}\right)(\Delta h_T - \Delta h_{MC} + \Delta h_{Cooler}) + \sum_{i=1}^{n-1}\left[\alpha_{i,nC}(\Delta h_T - \Delta h_{AC_i})\right]} \tag{8-11}$$

式中，$\eta_{th,nC}$ 表示 n 级回热压缩循环的循环效率；$\alpha_{i,nC}$ 表示 n 级回热压缩循环中流经辅压缩机 i 的流量份额；Δh_{AC_i} 为辅压缩机 i 的出口与进口焓差；Δh_T 为透平出口与进口单位质量工质的焓差，即为透平输出功；Δh_{MC} 为主压缩机出口与进口单位质量工质的焓差，即为压缩机耗功；Δh_{Cooler} 为冷却器进口与出口单位质量工质的焓差，即为单位质量工质

向环境中的放热量。

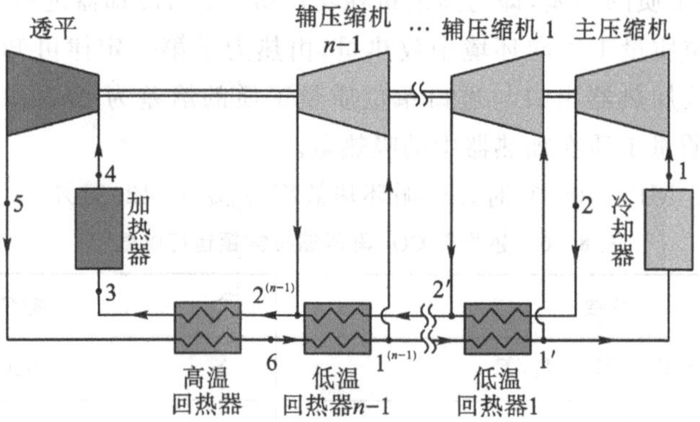

图 8-19　n 级回热压缩循环示意图[27]

与 $n-1$ 级回热压缩循环相比，n 级回热压缩循环的热效率增量为[27]

$$\eta_{\mathrm{th},n\mathrm{C}}-\eta_{\mathrm{th},(n-1)\mathrm{C}}=\frac{\alpha_{n-1,n\mathrm{C}}(1-\alpha_{n-2,(n-1)\mathrm{C}})(\Delta h_{\mathrm{T}}-\Delta h_{\mathrm{AC}(n-1)})\Delta h_{\mathrm{Cooler}}}{q_{\mathrm{Heater},n\mathrm{C}}q_{\mathrm{Heater},(n-1)\mathrm{C}}} \tag{8-12}$$

式中，$q_{\mathrm{Heater},n\mathrm{C}}$ 为 n 级回热压缩循环工质在加热器中的吸热量；$q_{\mathrm{Heater},(n-1)\mathrm{C}}$ 为 $(n-1)$ 级回热压缩循环工质在加热器中的吸热量。

但是，效率不可能无限提升。若要构建新的一级回热压缩循环，要同时满足 2 个条件[27]：

(1)透平出口温度与末级压缩机的高压侧出口温度之差大于等于回热器端差 ΔT_{R}。当 $T_5-T_{2(n-1)}=\Delta T_{\mathrm{R}}$ 时，由低温回热器 $n-1$ 低压侧工质焓降 $h_5-h_{1(n-1)}$ 释放的热量可刚好将高压侧工质从温度 $T_{2(n-2)}$ 加热至 $T_{2(n-1)}$，此时系统中无需设置高温回热器。

(2)由 n 级回热压缩循环的热效率增量公式(8-12)可知，当 $\Delta h_{\mathrm{T}}-\Delta h_{\mathrm{AC}(n-1)}$ 为正时，n 级回热压缩循环的热效率大于 $n-1$ 级回热压缩循环热效率，可成功建立 n 级回热压缩循环；若为负值，则 n 级回热压缩循环的热效率小于 $n-1$ 级回热压缩循环热效率，不能建立 n 级回热压缩循环。

2. 其他循环布局

为提高超临界 CO_2 动力循环效率，众多研究都集中在优化超临界 CO_2 动力循环结构上，除再压缩循环外，在简单回热循环基础上设计出中间冷却循环、再热循环、再压缩循环、预压缩循环、部分冷却循环、双压缩循环。循环结构图如图 8-20 所示。

据报道，各循环的循环效率大致在 40% 左右，如简单回热循环的循环效率可达 40.4%、中间冷却循环的循环效率可达 37.0%、再热循环的循环效率可达 37.5%、双压缩循环的循环效率可达 39.0%，而预压缩循环、部分冷却循环的循环效率分别达到了 43.5%、46.1%[22]。

此外，在再压缩循环的基础上添加再热，构成再热再压缩动力循环，理论上可以实现等温膨胀做功，从而增大循环功。一次再热再压缩循环温熵图如图 8-21 所示。单位工质质量透平输出技术功为

$$w_{\mathrm{t}}=(h_1-h_2)+(h_3-h_4) \tag{8-13}$$

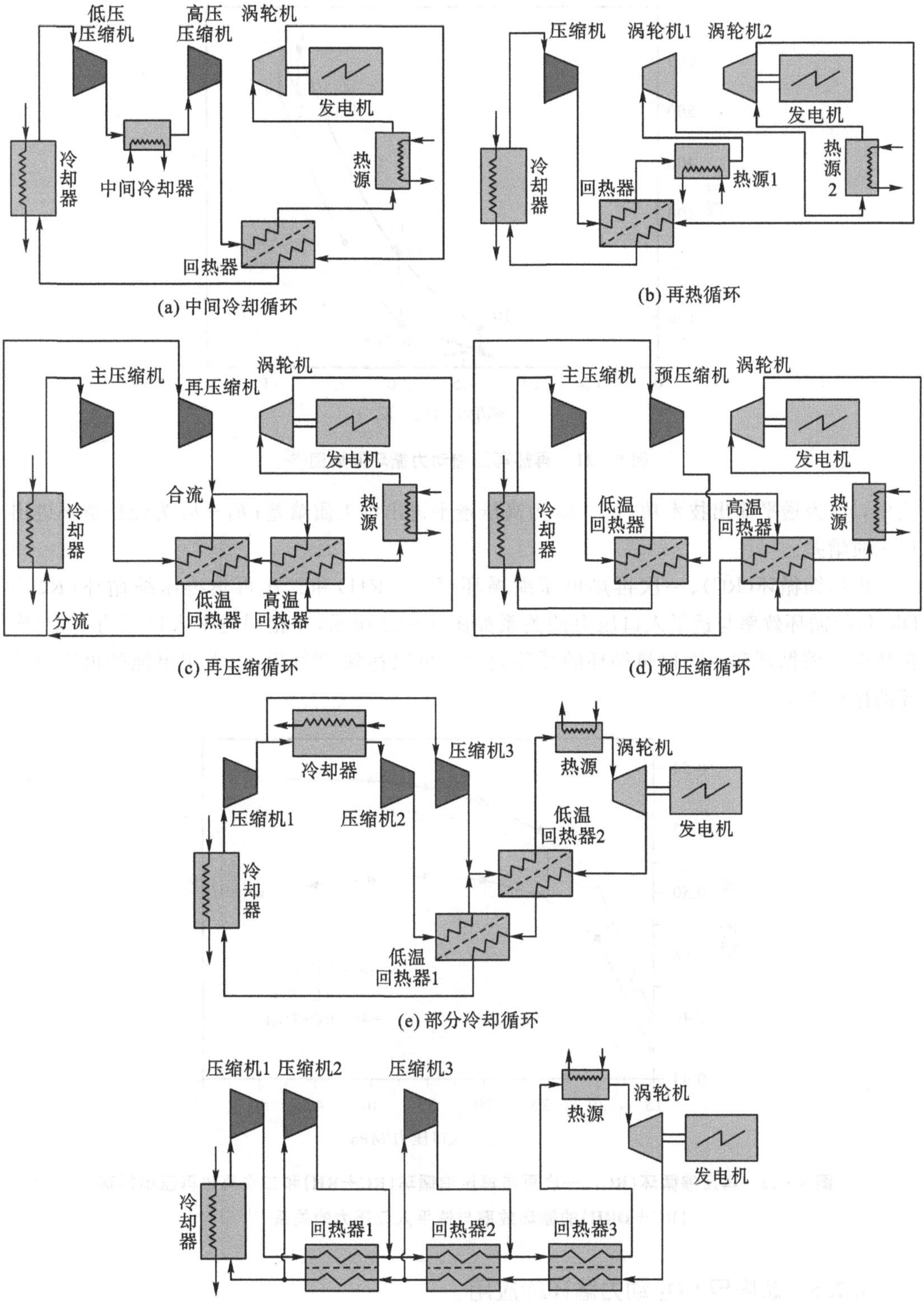

(a) 中间冷却循环　(b) 再热循环　(c) 再压缩循环　(d) 预压缩循环　(e) 部分冷却循环　(f) 双压缩循环

图 8 - 20　各种典型超临界 CO_2 循环布局[22]

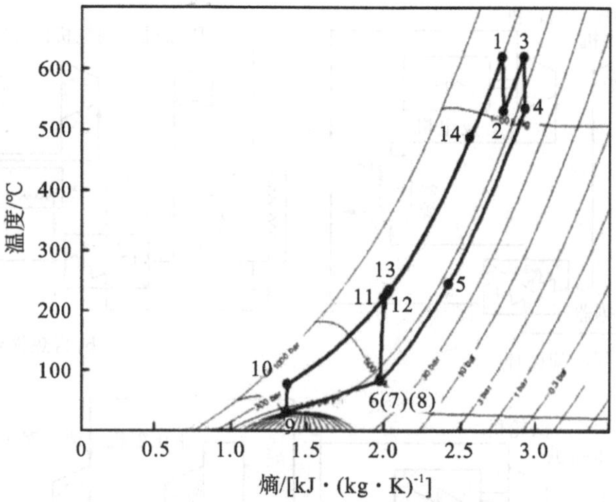

图 8-21 再热再压缩动力循环温熵图[35]

式中，w_t 为透平输出技术功；h_1-h_2 为高压透平进出口工质焓差；h_3-h_4 为低压透平进出口工质焓差。

再压缩循环(RC)、一次再热再压缩循环(RC+RH)和二次再热再压缩循环(RC+DRH)的循环效率与透平入口压力的关系如图 8-22 所示，在相同透平入口压力下，二次再热再压缩循环和一次再热循环的循环效率均可以达到 52%以上，大于单纯的再压缩循环的循环效率。

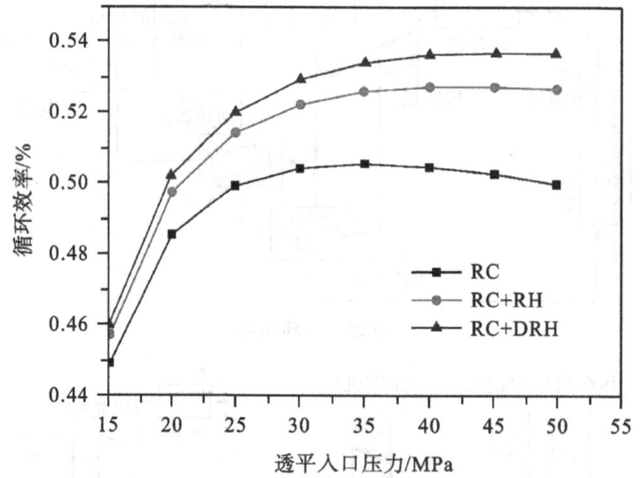

图 8-22 再压缩循环(RC)、一次再热再压缩循环(RC+RH)和二次再热再压缩循环(RC+DRH)的循环效率与透平入口压力的关系[24]

8.2.5 超临界 CO_2 动力循环的应用

超临界 CO_2 动力循环适用于核能、燃煤、废气/废热回收、可再生能源等领域，在将来具有替代或部分替代水蒸气朗肯循环的潜力。

1. 核能领域应用

第四代核反应堆是当前核电领域研究的重点。目前，实际上广泛使用氦气动力循环作为反应堆冷却循环，然而氦气循环需要在很高的循环热源温度才能达到比较高的循环效率，同时，由于运行温度高，对于反应堆的材料及设计要求很高。根据文献[36]可知，在400～750 ℃范围内，相比于水蒸气朗肯循环和氦气动力循环，超临界 CO_2 作为第四代核反应堆的循环工质具有更高的循环效率。以氦气为工质的动力循环，只有工质温度超过700 ℃，才能达到 50%以上的循环效率。而 CO_2 工质温度约为 550 ℃的情况下，超临界 CO_2 动力循环的热效率可上升至 52%～57%[37]。

对于钠冷快堆，超临界 CO_2 循环可以用温和的钠-二氧化碳反应代替剧烈的钠-水反应，提高了安全性。美国阿贡国家实验室和西班牙卡米亚斯大主教大学集中研究了核能超临界 CO_2 循环[38]，将超临界 CO_2 循环与氦气循环和水蒸气循环进行了比较，发现当堆芯出口温度高于 550 ℃时，再压缩超临界 CO_2 循环是合适的。由于热源温度范围较窄，超临界 CO_2 循环易于优化和控制[39]。

2. 化石燃料发电领域应用

超临界 CO_2 循环也被认为是燃煤电厂提高热效率的一种很有前途的替代循环，各种电厂供应商和运营商，包括美国普惠发动机公司(Pratt & Whitney Rocketdyne，PWR)和法国电力公司(EDF)正在研究应用于燃煤电厂的超临界 CO_2 循环设计。中国西安热工研究院针对燃烧化石燃料的火电站设计了 5 MW 化石燃料超临界 CO_2 发电循环，该循环采用带有一次再热的再压缩循环结构，净效率可达 33.49%[40]。该循环系统于 2021 年 12 月份投入测试，机组采用主蒸汽温度为 600 ℃，净效率可达发电效率比蒸汽机组上升了 3～5 个百分点。

Allam 循环是通过气体燃料与氧气在燃烧室内燃烧放热，直接加热超临界 CO_2 的一种动力循环。其循环流程如图 8-23 所示，气体燃料与氧气在充满超临界 CO_2 的燃烧室中燃烧，直接加热超临界 CO_2，循环中的最高压力可达 30 MPa、最高温度可达 1100 ℃、循环效率预计为 51%～64%[41]。此外，由于燃料和氧气在超临界 CO_2 氛围下燃烧，无 NO_x 排放影响。2016 年，8 River 等公司在美国得克萨斯州建造了现存最大的 50 MW 天然气示范电厂，发电净效率可达 58.9%。

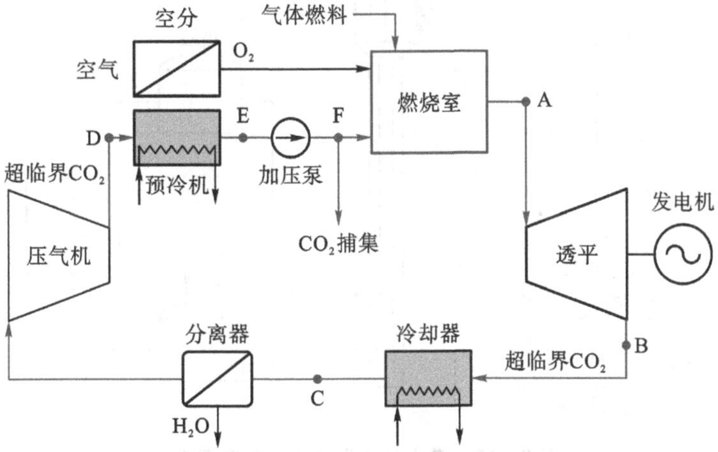

图 8-23　Allam 循环流程图[41]

3. 余热回收领域应用

超临界 CO_2 循环可联合其他循环，利用其他循环的余热作为热源，进行发电。目前 F 级的重型燃气轮机燃气温度可达 1400 ℃，在透平内做功后的工质经余热锅炉实现余热回收，其联合循环效率可达 57%[42]。Echogen 公司(美国)于 2012 年建造了 7.3 MW 余热发电厂，系统采用 EPS100 机组(见图 8-24)，以工业级 CO_2 为工作介质，入口废气温度为 532 ℃，流量为 68 kg/s，余热输入功率为 33.3 MW。该机组证实了超临界 CO_2 循环在预热回收利用领域的可行性。

图 8-24 EPS100 机组照片[43]

4. 光热发电领域应用

塔式光热发电系统示意图如图 8-25 所示，其中太阳光被镜场反射、聚焦于吸热器上，吸热器内的熔融盐等储热介质通过换热设备加热动力循环中的工质，使工质在循环系统

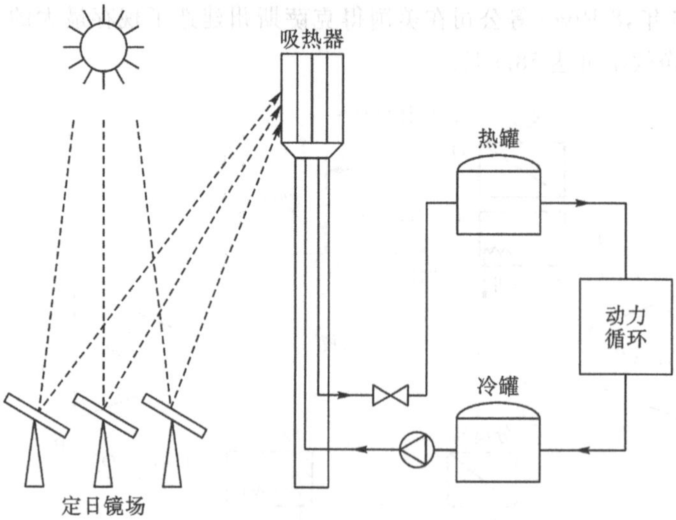

图 8-25 塔式光热发电系统示意图[45]

中推动透平做功，产生电能。2013 年，美国国家可再生能源实验室对超临界 CO_2 循环应用于塔式太阳能电站进行了研究。对于集中式太阳能光热发电的应用，直接式超临界 CO_2 循环具有更高的全局效率，但蓄热成本增加；间接式超临界 CO_2 循环由于存在各种热损失，效率较低。太阳能的波动性对精细控制和系统运行提出了挑战。Binotti 等[44]的研究表明，中间冷却循环塔式系统的全年运行效率最高，可达 18.4%。在中国，首航高科正在对首航敦煌 10 MW 塔式光热电站进行改造，其开发的超临界 CO_2 光热发电技术 10 MW级机组将应用于改造后的热电站中。

8.3　跨临界 CO_2 循环系统

近代以来，CFC、HFC 和 HCFC 等氟利昂系列制冷剂，被大量应用于空调制冷领域。氟利昂类制冷剂中的氯原子扩散至大气后，会对臭氧层造成严重的破坏，对地球生态环境造成恶劣的影响。1987 年，蒙特利尔协议规定了 R12 等 CFC 在制冷工质中被禁用。目前应用比较多的是 R134a 制冷剂，但其使地球变暖的能力是 CO_2 的 1200 倍。从对环境的长期影响来看，人们迫切需要找到一种对环境友好的制冷剂。CO_2 作为制冷剂具有独特的优势，以其作为工质的跨临界 CO_2 循环系统受到了各界关注，在制冷、空调、热泵等各领域得到广泛的研究与应用。

8.3.1　跨临界 CO_2 循环系统的起源与发展

热泵空调被广泛应用于日常生产生活中，以冷库制冷为例，制冷剂通过膨胀机形成低压低温介质，在蒸发器内吸收室内低温环境（冷库）中的热量，随后进入压缩机被压缩至高温高压状态，在冷凝器内向室外高温环境冷凝放热，随后再被膨胀机膨胀到低压低温状态，如此循环往复形成了制冷循环。空调制热工况则是制冷剂向室内高温环境放热，从室外低温环境中吸热。制冷剂是空调热泵系统的关键一环，理想状态下制冷剂在系统中循环利用，然而，现实的空调系统不可避免地会遇到制冷剂泄漏现象，泄漏到环境中的制冷剂会对环境产生严重的影响。

ODP(ozone depleting potential)和 GWP(global warming potential)被用来表示气体对臭氧层的破坏程度和对大气温度的影响程度，ODP 为消耗臭氧潜能值，数值越大，影响越大；GWP 为全球增温潜能值，数值越大，影响越大。常用的制冷剂的 ODP 值和 GWP 值如表 8-7 所示，CO_2 的 ODP 值为 0，GWP 值为 1。CO_2 具有安全性高、来源广泛、容积制冷量大、压比低、黏度小、导热性好、与普通润滑剂和结构材料相兼容、价格便宜、维护成本低等优势，因此 CO_2 作为制冷剂，在制冷、空调、热泵等各领域再次得到广泛的研究。由于 CO_2 经历了亚临界到超临界的转变过程，其循环可称为跨临界 CO_2 循环。

跨临界 CO_2 循环以 CO_2 为工质，CO_2 流经蒸发器、节流阀或膨胀机、气体冷却器和压缩机，经历从亚临界到超临界的转变过程，实现制冷或制热。前国际制冷学会主席 Lorentzen 教授首先提出了跨临界 CO_2 循环系统，随后在其搭建的跨临界 CO_2 汽车空调循环系统中证明了其制冷能力与以 R12 为工质的循环系统相当。至今为止，国内外的研究人员对跨临界 CO_2 循环的布置优化及变工况循环特性进行了研究，发展了带回热器、中

间冷却器的跨临界 CO_2 双级压缩循环模型，优化了循环参数，提高了系统性能系数(coefficient of preformance,COP)。在实际应用方面，跨临界 CO_2 循环被广泛应用在热泵供热、超市制冷和汽车空调循环系统中。

表 8-7 常用的制冷剂的 ODP 值和 GWP 值

制冷剂名称	ODP 值	GWP 值
R11	1.0	1500
R12	1.0	4500
R13	1.0	13900
R134a	0	1300
CO_2	0	1

8.3.2 跨临界 CO_2 循环的原理及特点

最简单的跨临界 CO_2 循环由压缩机、气体冷却器、蒸发器、节流阀等部件组成，简称 SCV 循环，其循环结构如图 8-26(a)所示。在简单循环中，CO_2 超临界状态在冷凝器内向外界散热，通过节流阀节流至亚临界状态，CO_2 以亚临界状态在蒸发器内吸热，之后进入压缩机内升压至超临界状态。

对于制冷循环，其评价标准为 COP，定义为制冷量与消耗能量的比值。对于最简单的跨临界 CO_2 循环来说，其循环过程如图 8-27 中 $1 \to 2 \to 3 \to 4_h \to 1$ 所示。循环过程中，单位质量压缩机耗功量为

$$w = h_2 - h_1 \tag{8-14}$$

气体冷却器单位质量工质放热量为

$$q_1 = h_2 - h_3 \tag{8-15}$$

蒸发器内单位质量工质制冷量为

$$q_2 = h_1 - h_{4_h} \tag{8-16}$$

性能系数为

$$\text{COP} = \frac{q_2}{w} = \frac{h_1 - h_{4_h}}{h_2 - h_1} \tag{8-17}$$

简单循环中节流损失较大，导致跨临界 CO_2 循环系统的效率较低。为减少节流损失，提高 COP，人们采取用膨胀机代替节流阀，回收膨胀功的手段，发明了跨临界 CO_2 膨胀机循环，简称 SCE 循环，其循环结构如图 8-26(b)所示。

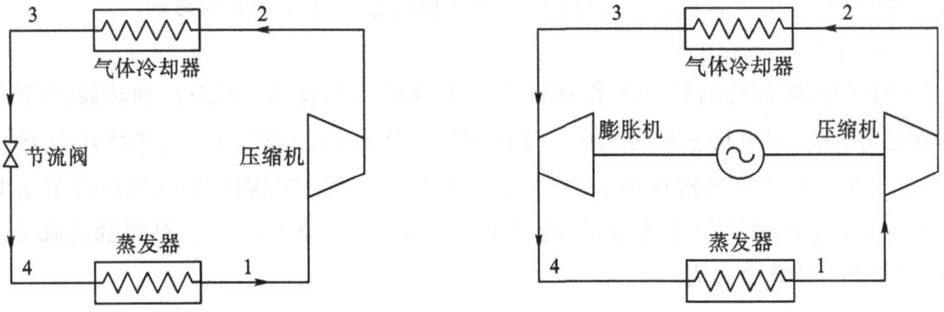

(a) 跨临界CO_2循环系统流程图　　(b) 跨临界CO_2膨胀机循环系统流程图

图 8-26　跨临界 CO_2 循环系统流程图和膨胀机循环系统流程图[46-47]

跨临界 CO_2 循环温熵图如图 8-27 所示，其中 $1\rightarrow 2_s\rightarrow 3\rightarrow 4_s\rightarrow 1$ 为理想膨胀机循环，$1\rightarrow 2\rightarrow 3\rightarrow 4\rightarrow 1$ 为实际膨胀机循环，$1\rightarrow 2\rightarrow 3\rightarrow 4_h\rightarrow 1$ 为实际节流阀循环。可看出，跨临界 CO_2 制冷循环的吸热、放热过程分别在亚临界区和超临界区进行，亚临界区的吸热过程和常规循环一样，而放热过程则在超临界压力区进行。在超临界压力区的等压放热过程中，CO_2 的温度不断变化，不再是常规循环中的冷凝过程。跨临界 CO_2 循环具有以下几个特点。

(1)因为跨临界 CO_2 循环没有普通制冷循环中的两相冷凝过程发生，故跨临界 CO_2 循环中的冷凝器被称为气体冷却器。

(2)超临界状态下，CO_2 压力与温度间的关系不再如饱和状态下一一对应，即压力与温度无关联，系统可以承受较大的压降，为通过提高气冷器内压力而提升系统 COP 提供了可能性[48]。

(3)超临界状态下的高温 CO_2 放出显热，其温度不断下降，气体冷却器外换热介质可以被加热至很高温度[49]。

(4)CO_2 单位容积制冷量大于常规制冷剂，因此，跨临界 CO_2 中压缩机、换热器、系统管路尺寸等部件体积大幅下降[49]。

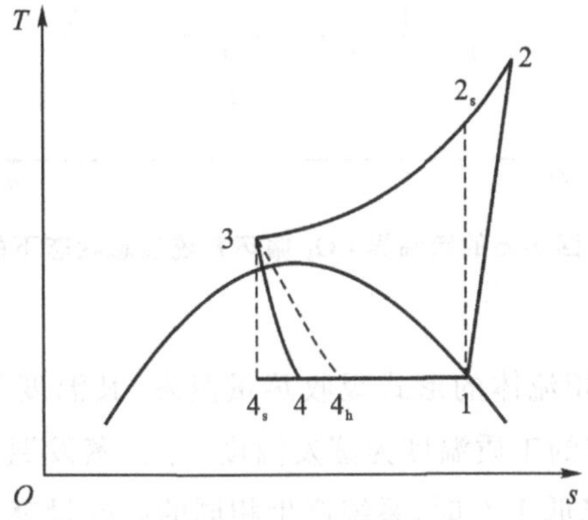

图 8-27　跨临界 CO_2 循环温熵图[50]

8.3.3　跨临界 CO_2 循环的影响参数

为提高跨临界 CO_2 循环系统的 COP，研究人员分别研究了气体冷却器内压力(P_2)、蒸发温度(T_1)、气体冷却器出口温度(T_3)、压缩机效率对循环效率的影响。

1. 气体冷却器内压力(P_2)

以带有回热器的跨临界 CO_2 循环系统为例,系统由蒸发器、压缩机、回热器、气体冷却器和节流阀组成,理想状态下的 $\lg P-h$ 图如图 8-28 所示。当气体冷却器内压力 P_2 上升时,系统制冷量 q_2 和压缩机耗功 w 均增加。当 P_2 上升到一定程度时,系统制冷量 q_2 的增大量不足以补偿压缩机的耗功增量,此时系统 COP 达到最大值[50]。对应的跨临界 CO_2 循环的 COP 的计算公式为

$$\mathrm{COP}=\frac{q_2}{w}=\frac{h_1-h_4}{h_2-h_1}=\frac{h_1-h_3}{h_2-h_1} \tag{8-18}$$

根据状态方程与热力学关联式,上式对冷却压力 P_2 求偏导,有

$$\frac{\partial \mathrm{COP}}{\partial P_2}=\frac{-\left(\dfrac{\partial h_3}{\partial P_2}\right)(h_2-h_1)-\left(\dfrac{\partial h_2}{\partial P_2}\right)(h_1-h_3)}{(h_2-h_1)^2} \tag{8-19}$$

当上式为 0 时,即

$$-\left(\frac{\partial h_3}{\partial P_2}\right)(h_2-h_1)=\left(\frac{\partial h_2}{\partial P_2}\right)(h_1-h_3) \tag{8-20}$$

$$\frac{\dfrac{\partial h_2}{\partial P_2}}{h_2-h_1}=-\frac{\dfrac{\partial h_3}{\partial P_2}}{h_1-h_3} \tag{8-21}$$

可得到最优冷却压力。

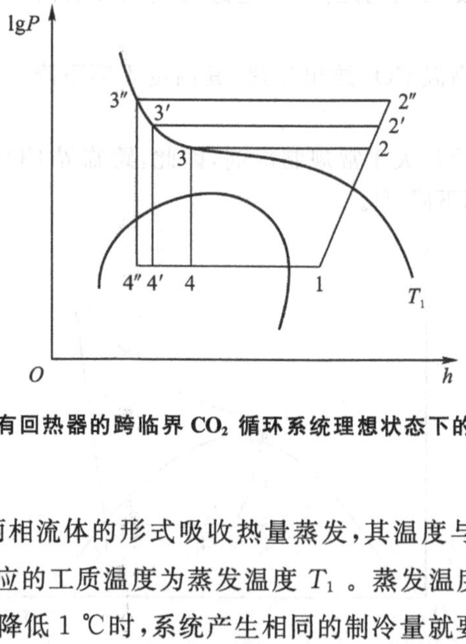

图 8-28 带有回热器的跨临界 CO_2 循环系统理想状态下的 $\lg P-h$ 图[50]

2. 蒸发温度(T_1)

CO_2 在蒸发器内以两相流体的形式吸收热量蒸发,其温度与压力在饱和曲线上一一对应,即在蒸发压力下对应的工质温度为蒸发温度 T_1。蒸发温度 T_1 对于跨临界 CO_2 循环的 COP 影响很大,T_1 降低 1 ℃时,系统产生相同的制冷量就要多耗能 4%左右[51]。单级压缩循环和双级压缩循环的 COP 随蒸发温度变化的曲线如图 8-29 所示。随着 T_1 上升,跨临界 CO_2 循环系统的 COP 逐渐上升。当蒸发温度从−40 ℃上升至 0 ℃时,单级压缩循环 COP 由 0.9782 上升至 2.648,双级压缩循环 COP 由 1.289 上升至 3.466。总之,提高蒸发温度对提高循环系统的 COP 具有积极作用。

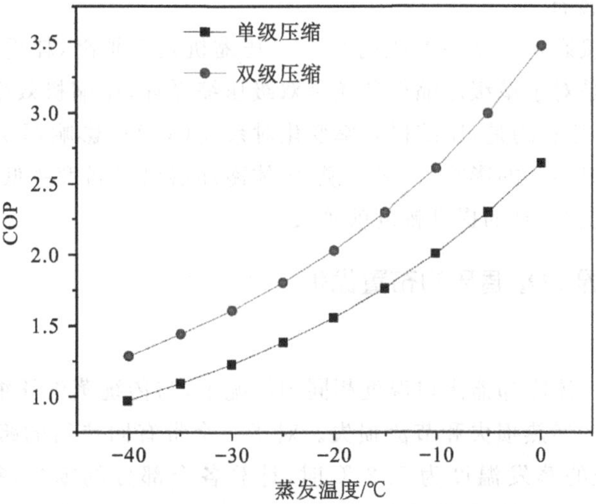

图 8-29　单级压缩循环和双级压缩循环 COP 随蒸发温度的变化曲线[51]

然而，实际循环中的 T_1 不能无限提升，从㶲损失的角度分析，当 T_1 上升，循环各过程的㶲损失减小，但系统输入㶲也随之减小，相对于整个过程的㶲损失减小量，系统输入㶲减小量相对更多，所以整个循环㶲效率下降。

3. 气体冷却器出口温度（T_3）

当气体冷却器出口温度 T_3 上升时，循环系统 COP 逐渐降低。武孟等[46]提供了不同压缩机效率下，系统 COP 与气体冷却器出口温度 T_3 之间的关系，如图 8-30 所示。当压缩机效率为 0.7 时，若气体冷却器出口温度由 32 ℃上升至 46 ℃，COP 则由 3.52 下降至 1.75。其原因可分为两个方面：一方面由于气体冷却器出口温度上升，循环制冷量却下降；另一方面，气体冷却器出口温度上升，压缩机耗功大幅上升，两者导致系统 COP 下降。由此可知，降低气体冷却器出口温度，可以提高系统 COP。与蒸发温度不同，气体冷却器出口温度不可能一直降低，其受到冷却介质入口温度的限制。

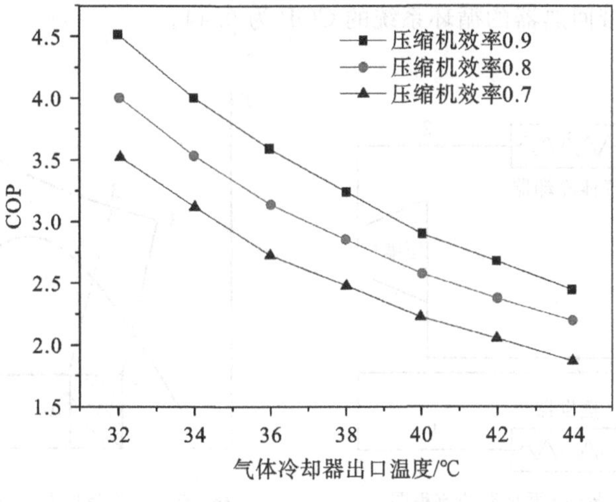

图 8-30　不同压缩机效率下系统 COP 随气体冷却器出口温度的变化曲线[46]

4. 压缩机效率影响

压缩机效率直接影响了循环系统的 COP。压缩机效率越高，耗更少的功可以获得相同的制冷量。无论是对于单级压缩循环还是双级压缩循环，压缩机效率上升，都会导致系统 COP 上升。值得注意的是，压缩机效率变化对系统 COP 的影响幅度受到气体冷却器出口温度和蒸发温度等参数的影响，一般来说，气体冷却器出口温度越低，蒸发温度越高，压缩机效率提升对系统 COP 的提升幅度就越大。

8.3.4 跨临界 CO_2 循环的布置优化

1. 采用膨胀机

在蒸发温度和气体冷却器出口温度相同的情况下，与传统蒸汽压缩循环相比，跨临界 CO_2 循环具有较大的换热损失和节流损失。对于一个带有回热器的跨临界 CO_2 循环，在典型工况下，当系统的蒸发温度为 7.2 ℃时，计算各个部分的损失，得出最大能量损失 41.5%是由节流损失引起的，气体冷却器引起的损失占 31.4%[50]。

在跨临界 CO_2 循环系统中，节流损失是系统中能量损失的主体，用膨胀机代替节流阀，不仅可以减小系统节流损失，还可以将膨胀机与压缩机同轴相连，回收膨胀功。带膨胀机的跨临界 CO_2 循环系统如图 8－26(b)所示，其循环流程如图 8－27 中的 1→2→3→4→1 所示。采用膨胀机的循环的 COP 会比节流阀的循环的 COP 高出 30%[46]。

2. 添加回热器

在跨临界 CO_2 循环系统中添加回热器后流程图和温-熵图如图 8－31 所示。与普通循环不同的是，从蒸发器流出的工质在进入压缩机前先进入回热器，温度从 T_1 被加热到 $T_{1'}$，气体冷却器出口工质从 T_3 被冷却到 $T_{3'}$。添加回热器后，系统循环制冷量增加了 Δq，但同时由于进入压缩机的制冷剂蒸汽存在过热，使得压缩机耗功也增加了 Δw。此种结构也被称为具有内部热交换器的跨临界 CO_2 循环[52-54]。研究人员对带有回热器和不带有回热器的结构进行了研究，结果发现在所有工况下，带回热器循环的制冷量和 COP 均明显高于不带回热器循环的[55]。具体地，在其中一个工况中，带回热器的循环系统的 COP 为 1.53，而不带回热器的循环系统的 COP 为 0.44。

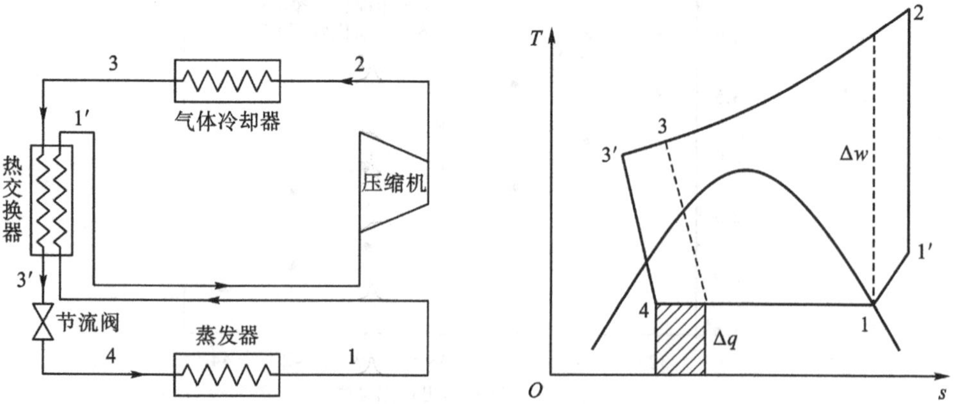

(a) 带回热器跨临界CO_2循环系统流程图　　(b) 带回热器跨临界CO_2循环系统温熵图

图 8－31　带回热器跨临界 CO_2 循环系统流程图及温熵图[46]

3. 采用双级压缩

双级压缩有利于减少压缩机压缩过程中气体的熵增，减小不可逆损失。跨临界 CO_2 双级压缩循环系统流程图和温熵图如图 8－32 所示。工质 CO_2 经低压压缩机压缩后进入一级气体冷却器冷却，随后进入高压压缩机中压缩，又被二级气体冷却器冷却。双级压缩循环最优 COP 均高于单级压缩循环，平均提高约 14%左右[46]。此外，在双级压缩循环基础上添加回热器，用膨胀机代替节流阀，可进一步提高 COP。

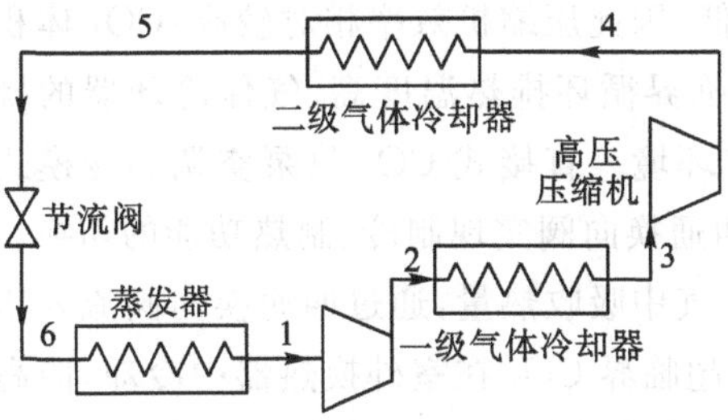

(a) 跨临界CO_2双级压缩循环系统流程图

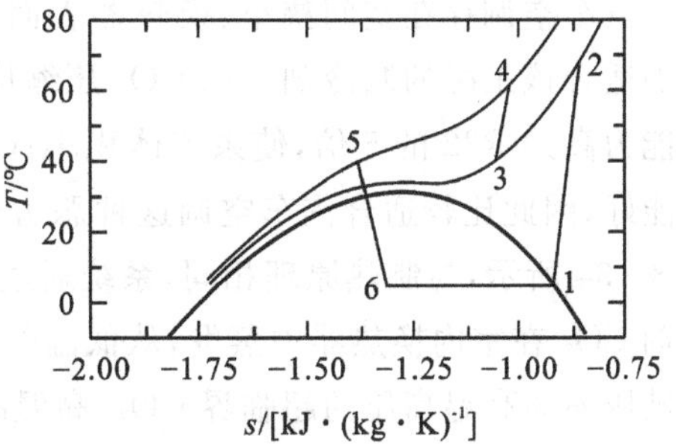

(b) 跨临界CO_2双级压缩循环系统温熵图

图 8－32　跨临界 CO_2 双级压缩循环系统流程图和温熵图[46-47]

8.3.5　跨临界 CO_2 循环的应用

1. 热泵系统

在传统的亚临界热泵循环中，工质的临界点限制了热量的传递，无法在高于临界点温度的高温下进行传递，而且，温度接近临界点温度时，蒸发焓降低，导致系统的加热能力下降[56]。而跨临界 CO_2 热泵循环的气体冷却器内压力温度均大于临界点压力温度，使传热可以在超临界状态下进行，获得更好的传热能力[57]。根据用途，CO_2 跨临界热泵可分为干燥热泵、热水热泵、供暖热泵等。

直接式 CO_2 热泵空调制热模式如图 8－33 所示，制冷剂 CO_2 在室外换热器中蒸发，从低温的室外环境中吸收热量，通过四通换向阀流入压缩机被压缩为高温高压的超临界 CO_2，高温高压的超临界 CO_2 在室内换热器中冷却，向高温室内环境释放热量，再进入膨胀阀中膨胀，成为低温低压的 CO_2，如此循环往复，实现制热功能。

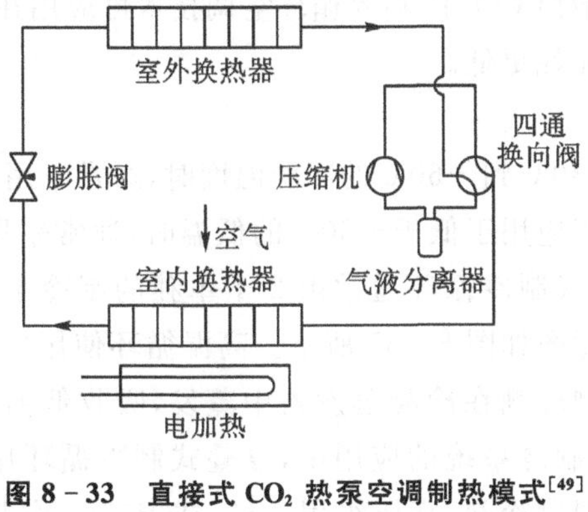

图 8－33　直接式 CO_2 热泵空调制热模式[49]

1997 年以来，挪威科技工业研究所(SINTEF)Neks 等相继对热泵热水器的特性、循环系统设计进行了理论分析与实验研究。Neksa 等还研究了热泵热水器的应用。目前我国在 CO_2 跨临界热泵系统领域的研究仍处在初级阶段，诸多学者都对其进行了研究，发现以周围空气为热源时，CO_2 跨临界热泵系统全年运行的平均供热 COP 值可达 4.0，与传统电加热或燃煤系统相比，可以节省 75%的能量[58]。

2. 汽车空调系统

汽车空调存在空间狭小、换热器表面容易积灰、换热工质易于泄漏等问题，亟需找到更加适合该工况的制冷剂。而 CO_2 压缩比非常低，因此压缩机效率相对较高；CO_2 体积制冷能力高达 R22 的 5 倍，使系统体积小；CO_2 跨临界循环排热温度高、气体冷却器的换热性能好，因此比较适合汽车空调这种恶劣的工作环境。直接式 CO_2 热泵空调制冷模式如图 8-34 所示，与制热原理相同，系统通过切换四通换向阀实现制冷、制热功能的切换。冷却剂 CO_2 在室内换热器中蒸发，从低温的室内空气中吸收热量，通过四通换向阀流入压缩机被压缩为高温高压的超临界 CO_2，高温高压的超临界 CO_2 在室外换热器中冷却，向高温室外环境释放热量，再进入膨胀阀中膨胀，成为低温低压的 CO_2，如此循环往复，实现制冷功能。

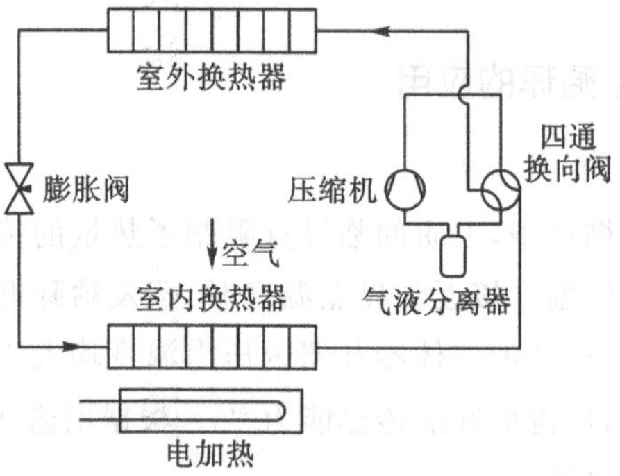

图 8-34 直接式 CO_2 热泵空调制冷模式[49]

目前，上海交通大学、西安交通大学以及清华大学等单位均对 CO_2 跨临界循环进行了研究，涉及理论基础、系统设计、车辆行业、换热性能、压力能回收方法、商超应用、热泵热水应用等领域，其中，西安交通大学宋昱龙等[49]对 CO_2 跨临界循环在汽车空调系统领域的应用现状进行了综述，指出 CO_2 跨临界循环空调技术可应用在乘用车、客车及轨道车辆上，并且比常规汽车空调能耗更低。

3. 复叠式制冷循环

当制冷系统应用于－30℃到－60℃的冷源温度时，通常采用 R22、R134a、R404A 等中温制冷剂作为制冷剂，但当应用于低于－60℃的低温时，通常采用中温制冷剂和低温制冷剂的复叠制冷系统。复叠式制冷循环通常由 2 个单独的制冷系统组成，分别称为高温循环及低温循环，其循环示意图如图 8-35 所示。高温循环使用中温级制冷剂，低温循环使用低温级制冷剂，中温级制冷剂在冷凝蒸发器中蒸发，吸收低温级制冷剂的热量，向高温环境放热。在工业和商业制冷系统的应用中，复叠式制冷循环用以满足较低的制冷温度需求。此时，CO_2 用作低温制冷剂，高压级用 NH_3 或 R134a 作制冷剂。与其他低压制冷剂相比，即使处在低温，CO_2 的黏度也非常小，传热性能良好。一些欧洲的超市已经使用 CO_2 作为低温级制冷剂，建立起了复叠式制冷循环。

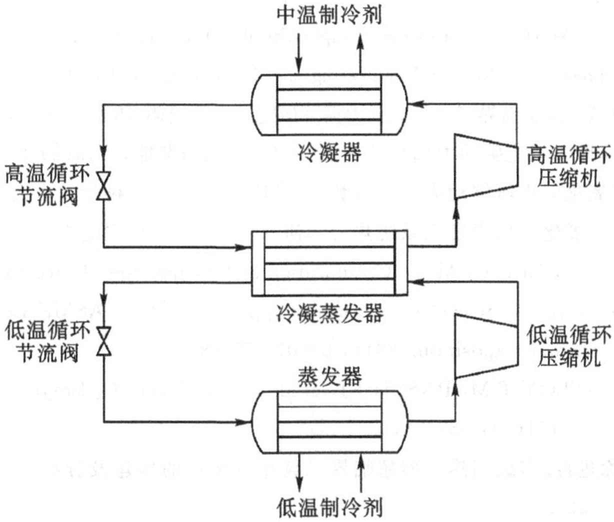

图 8-35　复叠式制冷循环系统

参考文献

[1]张勇，甄静. 700 ℃超超临界发电技术进展[J]. 化工装备技术，2014，35(6)：61-64.

[2]何维，朱骅，刘宇钢. 超超临界发电技术展望[J]. 能源与环保，2019，41(6)：77-81.

[3]樊晋元. 700 ℃超超临界锅炉的参数设计与过程特性研究[D]. 北京：华北电力大学，2017.

[4]陈震，黄兴德，张祎. 超(超)临界机组典型水汽品质控制途径[J]. 净水技术，2011，30(5)：63-66.

[5]白龙. 超超临界燃煤发电技术[J]. 科技视界，2015(13)：250.

[6]华能玉环电厂国产首台 1000 MW 超超临界工程[J]. 高科技与产业化，2021，27(6)：39.

[7]王婷，郭馨，殷亚宁. 浅析 700 ℃超超临界锅炉关键技术[J]. 电站系统工程，2021，37(6)：15-17.

[8]李少华，刘利，彭红文. 超超临界发电技术在中国的发展现状[J]. 煤炭加工与综合利用，2020，2：65-70.

[9]毛健. 提高发电厂电气设备运行效率的途径与方法分析[J]. 时代农机，2017，44(3)：21-22.

[10]李长海，党小建，裴胜. 超临界机组试运期间水汽品质的改善[J]. 陕西电力，2014，42(3)：63-66.

[11]彭斌，刘帅，刘慧鑫，等. 不同工质对有机兰金循环低温余热发电系统性能的影响研究[J]. 热力发电，2022，51(2)：43-48.

[12]杨金福，张忠孝，韩东江. 新型超临界参数燃煤发电系统结构设计技术[J]. 发电技术，2019，40(6)：555-563.

[13]王昌朔. 回热抽汽给水泵汽轮机优化配置及控制研究[D]. 南京：东南大学，2019.

[14]李涛. 600 MW 超临界火电机组给水回热系统改造及分析[J]. 电气技术，2018，19(7)：78-82.

[15]马魁元. 超超临界二次再热机组节能优化探讨[J]. 电站系统工程，2021，37(1)：63-64.

[16]MCDONALD C F. Helium turbomachinery operating experience from gas turbine power plants and test facilities[J]. Applied Thermal Engineering，2012，44：108-142.

[17]OLUMAYEGUN O，WANG M，KELSALL G J F. Closed-cycle gas turbine for power generation：A state-of-the-art review[J]，2016，180(15)：694-717.

[18]AL-ATTAB K A，ZAINAL Z A. Externally fired gas turbine technology：a review[J]. Applied

Energy, 2015, 138: 474 - 487.

[19]赵文升,王雅倩,付文峰,等.超临界二氧化碳动力循环夹点问题研究[J].工程热物理学报[J],2020,41(8):1870 - 1876.

[20]AHN Y, BAE S J, KIM M, et al. Review of supercritical CO_2 power cycle technology and current status of research and development[J]. Nuclear Engineering and Technology, 2015, 47(6): 647 - 661.

[21]徐进良,刘超,孙恩慧,等.超临界二氧化碳动力循环研究进展及展望.热力发电[J],2020(10):1 - 10.

[22]冯岩,王绩德.超临界二氧化碳动力循环研究综述[J].能源与节能,2019(2):97 - 100.

[23]黄雯旭.超临界二氧化碳再压缩动力循环参数分析[D].合肥:中国科学技术大学,2018.

[24]孙恩慧.超高参数二氧化碳燃煤发电系统热力学研究[D].北京:华北电力大学,2020.

[25]HARVEGO E A, MCKELLAR M G. Optimization and comparison of direct and indirect supercritical carbon dioxide power plant cycles for nuclear applications[C]//ASME International Mechanical Engineering Congress and Exposition. 2011, 54907: 75 - 81.

[26]IVERSON B D, CONBOY T M, PASCH J J, et al. Supercritical CO_2 Brayton cycles for solar - thermal energy[J], 2013, 111(4): 957 - 970.

[27]李航宁,孙恩慧,徐进良.多级回热压缩超临界二氧化碳循环的构建及分析[J].中国电机工程学报,2020,40(S1):211 - 221.

[28]YANG F, LIU Q, DUAN Y, et al. Crossover multiparameter equation of state: general procedure and demonstration with carbon dioxide[J]. Fluid Phase Equilibria, 2019, 494: 161 - 171.

[29]DUSCHEK W, KLEINRAHM R, WAGNER W. Measurement and correlation of the (pressure, density, temperature) relation of carbon dioxide Ⅱ. Saturated - liquid and saturated - vapour densities and the vapour pressure along the entire coexistence curve[J]. The Journal of Chemical Thermodynamics, 1990, 22(9): 841 - 864.

[30]WU P, MA Y, GAO C, et al. A review of research and development of supercritical carbon dioxide Brayton cycle technology in nuclear engineering applications[J]. Nuclear Engineering and Design, 2020, 368:1 - 23.

[31]LIU G, HUANG Y, WANG J, et al. Effect of buoyancy and flow acceleration on heat transfer of supercritical CO_2 in natural circulation loop[J]. International Journal of Heat and Mass Transfer, 2015, 91: 640 - 646.

[32]叶侠丰,潘卫国,尤运,等.超临界二氧化碳布雷顿循环在发电领域的应用[J].电力与能源,2017,38(3):343 - 347.

[33]张一帆,王生鹏,刘文娟,等.超临界二氧化碳再压缩再热火力发电系统关键参数的研究[J].动力工程学报[J],2016,36(10):827 - 833.

[34]赵庆,陶志强,唐豪杰,等.超临界二氧化碳循环系统工艺参数设计研究[J].中国电机工程学报,2020,40(11):3557 - 3566.

[35]赵世飞,王为术,刘军.1000 MW超临界二氧化碳燃煤发电系统热力学性能分析[J].热力发电,2020,49(12):9 - 16.

[36]梁墩煌,张尧立,郭奇勋,等.核反应堆系统中以超临界二氧化碳为工质的热力循环过程的建模与分析[J].厦门大学学报(自然版),2015,54(5):608 - 613.

[37]赵新宝,鲁金涛,袁勇,等.超临界二氧化碳动力循环在发电机组中的应用和关键热端部件选材分析[J].中国电机工程学报,2016,36(1):154 - 162.

[38]PEREZ - PICHEL G D, LINARES J I, HERRANZ L E, et al. Thermal analysis of supercritical CO_2 power cycles: Assessment of their suitability to the forthcoming sodium fast reactors[J]. Nuclear En-

gineering and Design，2012，250：23 - 34.

[39]DOSTAL V，HEJZLAR P，DRISCOLL M J. The Supercritical Carbon Dioxide Power Cycle：Comparison to Other Advanced Power Cycles[J]. Nuclear Technology，2006，154(3)：283 - 301.

[40]LI H，ZHANG Y，YAO M，et al. Design assessment of a 5 MW fossil - fired supercritical CO_2 power cycle pilot loop[J]. Energy，2019，174：792 - 804.

[41]章建徽，张子君，胡羽，等. 关于超临界 CO_2 - Allam 循环及燃烧的研究进展[J]. 中国电机工程学报，2019,39(14):4172 - 4189.

[42]BOYCE M. Gas turbine engineering handbook[M]. Gas turbine engineering handbook，1982.

[43] https://www.echogen.com/our - solution/product - series/eps100/.

[44]BINOTTI M，ASTOLFI M，CAMPANARI S，et al. Preliminary assessment of sCO_2 cycles for power generation in CSP solar tower plants[J]. Applied Energy，2017，204.

[45]杨竞择，杨震，段远源. 超临界二氧化碳动力循环塔式光热系统及光伏-光热混合系统运行性能分析[J]. 热力发电，2020(10)：93 - 100.

[46]武孟. 二氧化碳跨临界循环特性及系统控制研究[D]. 长沙：中南大学，2009.

[47]杨俊兰. CO_2 跨临界循环系统及换热理论分析与实验研究[D]. 天津：天津大学，2005.

[48]MA Y，LIU Z，TIAN H. A review of transcritical carbon dioxide heat pump and refrigeration cycles[J]. Energy，2013，55：156 - 172.

[49]宋昱龙，王海丹，殷翔，等. 跨临界 CO_2 蒸气压缩式制冷与热泵技术综述[J]. 制冷学报，2021，42(2)：1 - 24.

[50]吕静. 二氧化碳跨临界循环及换热特性的研究[D]. 天津：天津大学，2005.

[51]孙建军. 二氧化碳跨临界两级压缩制冷系统性能研究[D]. 天津：天津商业大学，2019.

[52]KIM S G，KIM Y J，LEE G，et al. The performance of a transcritical CO_2 cycle with an internal heat exchanger for hot water heating[J]. International Journal of Refrigeration，2005，28(7)：1064 - 1072.

[53]MA Y，LIU Z，HUA T J E. A review of transcritical carbon dioxide heat pump and refrigeration cycles[J]. Energy，2013，55(15)：156 - 172.

[54]CHEN Y，GU J. The optimum high pressure for CO_2 transcritical refrigeration systems with internal heat exchangers[J]. International Journal of Refrigeration，2005，28(8)：1238 - 1249.

[55]丁国良，黄冬平，张春路. 跨临界二氧化碳汽车空调特性分析[J]. 制冷学报，2001(3)：17 - 23.

[56]KIM M H，PETTERSEN J，BULLARD C W. Fundamental process and system design issues in CO_2 vapor compression systems[J]. Progress in Energy and Combustion Science，2004，30(2)：119 - 174.

[57]AUSTIN B T，SUMATHY K. Transcritical carbon dioxide heat pump systems：a review[J]. Renewable & Sustainable Energy Reviews，2011，15(8)：4013 - 4029.

[58]徐洪涛，袁秀玲，李国强，等. 跨临界循环二氧化碳在热泵型热水器中的应用研究[J]. 制冷学报，2001(3)：12 - 16.

第 9 章

超临界流体技术的其他应用

9.1 超临界水热提质技术

全球对于石油资源的需要持续上涨，大量轻质油被开采利用，导致了重质油的相对产量在上升。这意味着，要想满足日益增长的轻质油需求，必须对性质低劣的重质油进行改质。而热加工改质则是目前对于重质油分子结构调控的一种高效、简易的方式。但是，因传统热加工受制于扩散对反应动力学的约束，仍存在着较大的缺陷，保证不了产品的质量和生产效率。

超临界水作为一种对环境友好并且对轻烃组分具有良好溶解扩散能力的优良溶剂，在重油改质过程中有广泛应用。超临界水的引入不仅可以达到强化传质的目的，对热裂化机理产生影响，而且可以改变反应过程中体系的相结构，促使体系相行为从液-液两相向微乳体系甚至是拟均相转变，为开发新的重油加工工艺提供了可能。

9.1.1 超临界水在重油提质过程中的作用特性

当水的温度和压力均处于其临界点（$T_c=374.15$ ℃、$p_c=22.12$ MPa）以上时，水的极性大幅度降低，介电常数降到 2 左右，此时其性质与碳氢化合物接近，对轻烃组分、芳香烃和轻烃气体有较好的溶解度，能够实现气体、液体和有机固体之间的互溶。表 9-1 给出了水在不同条件下的部分理化性质。

表 9-1 不同条件下水的理化性质

项目	普通水	亚临界水	超临界水		过热蒸汽
温度 T/℃	25	250	400	400	400
压力 p/MPa	0.1	5	25	50	0.1
密度 ρ/(g·cm^{-3})	0.997	0.80	0.17	0.58	0.0003
介电常数 ε	78.5	27.1	5.9	10.5	约 1
pK_w	14.0	11.2	19.4	11.9	—
比热容 C_p/(kJ·kg^{-1}·K^{-1})	4.22	4.86	13.0	6.8	2.1

续表

项目	普通水	亚临界水	超临界水		过热蒸汽
黏度 μ/(mPa・s)	0.89	0.11	0.03	0.07	0.02
热导率 λ/(mW・m^{-1}・K^{-1})	608	620	160	438	55

1. 亚/超临界水的伪酸性行为

亚/超临界水虽然是中性的，但在不同条件下可以表现出类似于酸或碱催化剂的特性，因此亚/超临界水环境有利于多种反应的进行，而无需使用酸或碱催化剂。例如，在不加酸的情况下，增加水合氢离子浓度，使亚临界水成为硝基芳香族化合物水解的酸性催化剂。这种现象可以归因于当水接近超临界区域时，水的离子常数(K_w)的急剧变化，与标准条件下的 K_w 值相比，增加的 K_w 值(即降低的 pK_w 值)有助于水合氢离子和氢氧根离子浓度的增加，这为在超临界水环境中进行酸/碱催化反应提供了可能。例如，在标准条件下，K_w 值为 10^{-14}，而在 573 K 和 34.5 MPa 时，K_w值为 10^{-11}，即[H_3O^+]值为 3×10^{-7}，pH 值为 6.52。

2. 超临界水的溶剂化能力

烃类在超临界水中反应时，溶解度是另一个重要的性质。事实上，重油提质应用中超临界水的溶解度及其萃取行为与介电常数和汉森(Hansen)溶解度参数有关。

众所周知，介电常数是极性的量度。在密度不变的情况下，介电常数会随着温度的升高而降低，这是由于水的氢键网络被破坏所致。在整个超临界区域，随着水密度的降低，介电常数会下降。以 298 K 和 0.1 MPa 的水为例，其介电常数为 78，而 713 K 的超临界水在 20～35 MPa 的压力范围内的介电常数为 1.45～3.15。因此，水逐渐从极性液体变为非极性液体，成为碳氢化合物等有机化合物的良好溶剂。例如，环已烷等碳氢化合物在高温高压下与水接触时，当温度接近临界温度并高于临界温度时，相界开始消失，环已烷和水混合物可变为均混相，表明超临界水的极性下降。

Hansen 溶解度是溶剂的内聚能密度的平方根($MPa^{0.5}$)，也可以用来解释溶解度行为。Hansen 溶解度由色散力、极性相互作用和氢键组成。研究表明，压力升高引起的 Hansen 溶解度升高，不利于提高稠油采收率。

3. 超临界水的氢转移作用

早期的研究普遍认为超临界水除在反应体系中起到溶剂和分散剂的作用外还可作为供氢剂。然而近年来越来越多的研究结果对这一说法提出了挑战。可以想象，倘若超临界水在重油改质体系中起着供氢剂的作用，那必然会有大量对应的氢氧根自由基进入到反应产物中。但事实上通过分析产物的分子结构，并未在其中发现有大量的含氧基团，这就证明了水并不能供氢。

超临界水并不能为反应供氢，但又的确能通过同位素跟踪法检测到水中的氢原子转移到了产物中，那么这种结果是怎么造成的呢？超临界水的氢转移作用可以很好地解释这一看似矛盾的现象：在反应过程中的确有一部分水是以氢活性自由基和氢氧根活性自由基的形式存在的，但这一部分自由基并未与大分子碎片结合钝化而是发生了氢转移和自由基传递反应。正是由于水形成的氢活性自由基和氢氧根活性自由基增加了反应体系中活性自由基的含量，使得不容易发生链引发反应的大分子物质在氢活性自由基和氢氧根活性自由基的不断攻击下较容易地发生断键反应生成了活性较高的大分子自由基碎片，从而加速了油砂沥青的改质速率提高了改质效果。通过在不同介质中对油砂沥青进行改质后发现：以超临界水为介质和以 N_2 为介质所获得的改质产物在组成上并没有明显区别，只是在原料的转化率上前者较后者高出了 8 个百分点。这一结果说明了超临界水并未参与反应而只是通过氢转移作用提高了反应的速率和重油改质效果。

9.1.2 超临界水处理重油过程中的相行为

深入研究重油-水混合体系的相行为，有助于更好地理解整个过程的反应机理、控制反应速率、预测平衡速率及反应条件对转化率和产品分布的影响，预测重油-水混合体系的理化性质，从而对现有的工艺进行优化或设计新的工艺。

1. 烃-水系统的相图

研究者对不同种类烃类化合物在亚、超临界水体系中的相行为进行了系统的研究，并且将烃-水系统分为Ⅱ型和Ⅲ型，如图 9-1 所示。通过大量的实验研究发现，对于临界温度高于水的烃类化合物主要遵循Ⅱ型相行为，其中气-液临界线的终点与水、烃的临界点相连。对于临界温度低于水（或者是水和烃的混合体系）的烃类来说，相行为一般遵循的是Ⅲ型。Brunner[3] 认为，高分子量的烃类相行为遵循的是Ⅲ型曲线，因此即使是在高水密度的条件下也很难溶解。Stevenson 等[5] 通过研究十二烷-水、角鲨烷（C_{30} 的烷烃）-水的混合体系也得到了类似的结果，在高水密度和高压条件下液-液相分界线开始出现。

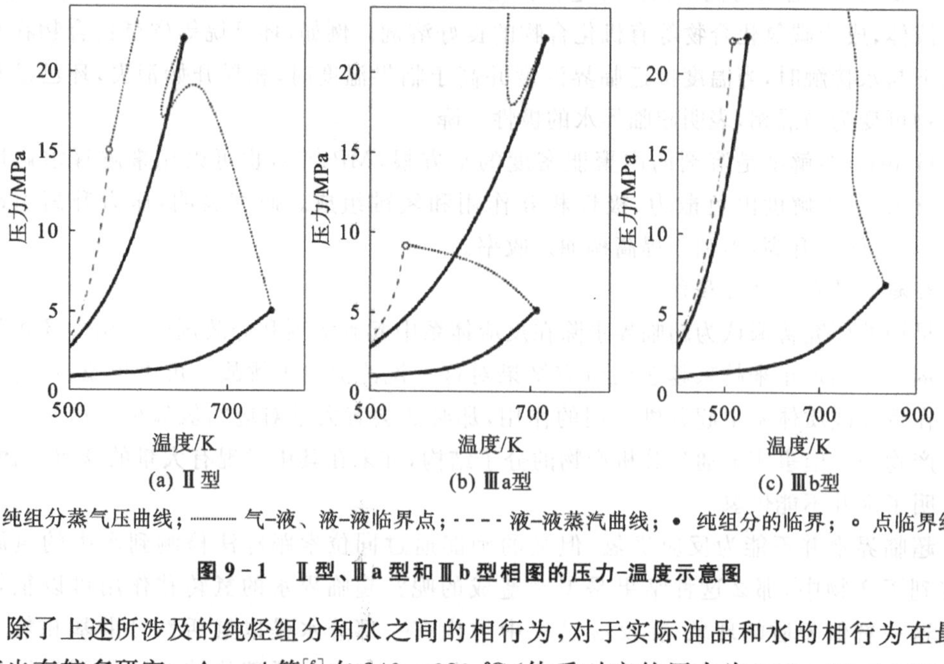

(a) Ⅱ型　(b) Ⅲa型　(c) Ⅲb型

——纯组分蒸气压曲线；┈┈ 气-液、液-液临界点；- - - - 液-液蒸汽曲线；• 纯组分的临界；∘ 点临界终点。

图 9-1　Ⅱ型、Ⅲa 型和Ⅲb 型相图的压力-温度示意图

除了上述所涉及的纯烃组分和水之间的相行为，对于实际油品和水的相行为在最近几年也有较多研究。Amani 等[6] 在 249～380 ℃（体系对应的压力为 4.2～35.7 MPa）的温度范围内对 Athabasca 沥青-水（沥青的质量分数为 9.2%～96.6%）的混合体系进行了研究，根据 Van Konynenburg 等[2]对于二元相图的分类，该混合体系的相行为同样符合Ⅲ型相图。

2. 超临界水-重油的相行为

在使用超临界水处理重油时，研究者认为超临界水的引入对改善水-油相行为至关重要。超临界流体的引入更多是通过相结构差异引起组分扩散，进而导致组分分布的差异，从而改变重油裂化动力学，因此正确理解相结构成为成功考察裂化行为的关键。Morimoto 等[7]采用萃取的方法对超临界水和沥青质的混合性能进行了研究，发现两者的混溶性会受到介电常数和 Hanson 溶解度参数的控制。更重要的是，通过 Hanson 溶解度参数（Hansen solubility parameter，HSP）可以预测沥青质和水形成均相互溶的条件，超临界水的静态介电常数大于 2.2，HSP 氢键组分小于 10 $MPa^{0.5}$。Bai 等[8]通过研究渣油和聚乙烯在亚、超临界水体系中的热解反应，发现在无搅拌的间歇反应器中体系的相行为发生了显著的变化。整个体系的相态从液-液-固的三相逐渐变成部分互溶的液-固两相。Liu 等[9]通过研究水密度对渣油在超临界水中的热裂化行为，发现随着水密度的不断增加，整个反应体系相行为从部分互溶的两相向拟均相转变。图 9-2 给出了整个体系的相结构，从图9-2中可以看出，整个体系可以分为 3 个部分，分别是拟均相、完全不互溶的两相和部分互溶的两相，并且揭示了水油比的改变对部分互溶体系的影响；随着水油比的增加，部分互溶体系的温度范围变窄。

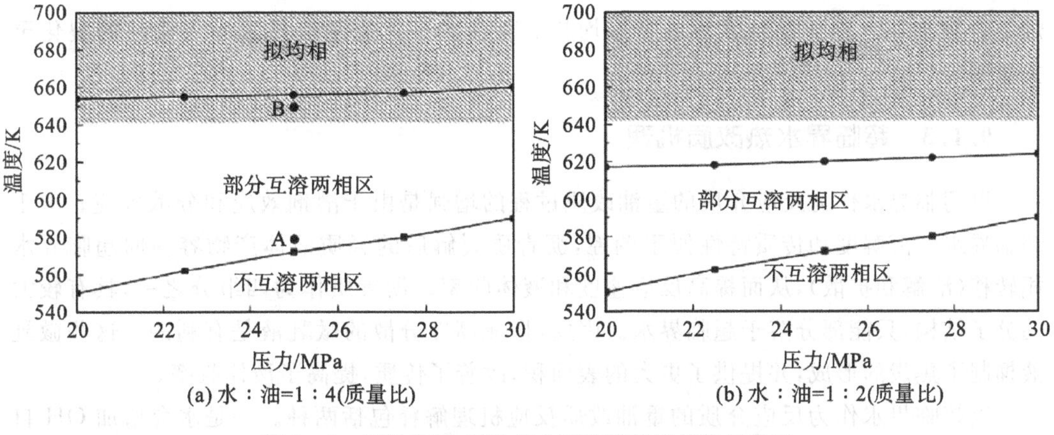

图 9-2　渣油在亚、超临界水环境下的相结构示意图

Liu 等[10]系统研究了重油在高压 N_2 或者超临界水环境下的热裂化反应，并且明确提出了相行为的转变过程。如图 9-3 所示，反应过程中整个体系的相行为从部分互溶的两相行为转变成水包油的微乳相，在剧烈的搅拌下进一步表现出拟均相行为。除了实验研究，也利用 Aspen 软件[10]对重质油在亚、超临界水的相行为进行了研究。从图 9-3 可以看出，沥青质在水相构成的连续介质中高度分散，与此同时沥青质形成的芳香族自由基快速扩散到水相中，起到了提高液收抑制生焦的目的。

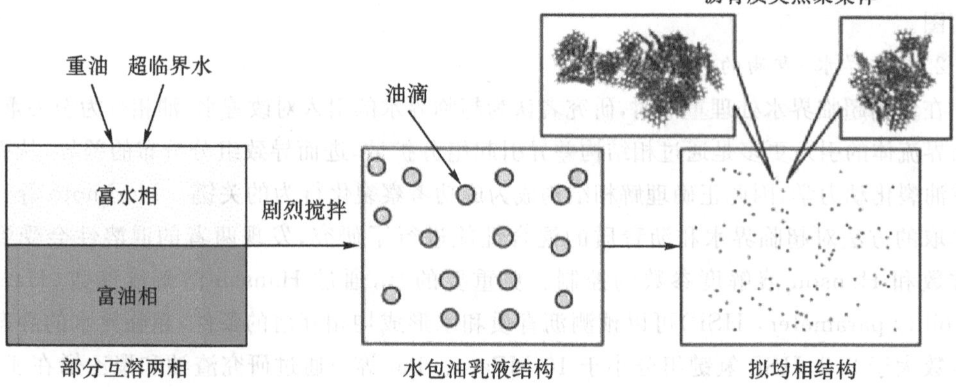

图 9-3 超临界水环境下重油减黏的相结构示意图

Cheng 等[11]根据在间歇搅拌釜中得到的实验结果，发现沥青质只能部分溶解在超临界水中，并形成微乳结构。TAN 等[78]通过对重油在超临界水中的集总反应动力学进行研究，认为在高水密度、剧烈搅拌和高水油比的条件下重油/超临界水能够形成以超临界水为连续相、以沥青质为代表的重芳烃形成的超分子聚集体为分散相的拟均相。在上述相行为中，乳液或者拟均相的形成对于重油裂化具有重要意义。因为此时重油的裂化被转移至超临界水相，与此同时，油液滴或者重芳烃超分子聚集体可能会导致芳烃缩合被加速。因此确认乳液或者拟均相的存在对于优化超临界水介入重油的裂化至关重要。

9.1.3 超临界水热改质机理

以超临界水作为反应介质的重油改质过程的增强是由于溶剂效应和分散效应。由于超临界水的溶解度和传质特性便于调控，沥青质裂解后的轻质液体产物容易向超临界水相转移(溶解和扩散)，从而提高反应速度和液体收率。沥青质作为四组分之一，具有较大的分子结构，只能部分溶于超临界水。因此，形成高度分散的微乳液是有利的。这些微乳液抑制了焦炭的形成，并提供了更大的表面积，改善了传质，提高了液体收率。

以超临界水作为反应介质的重油改质反应机理解释包括两种。一是水会增加 OH 自由基的浓度。这些自由基提高反应速率，降低产物的分子量，增加液体收率。除了 OH 自由基形成的反应机理外，更普遍接受的反应机理是形成的 CO 经过水气变换反应产生氢气，然后生成的氢与自由基发生反应，增加了低分子量产物的产率。

超临界水抑制结焦作用方面，通常认为沥青质在热反应过程中会裂化为芳烃和小的沥青质片段，由于这些小的沥青质碎片的受氢能力与初始沥青质不同，一部分裂化产物会和水产生的原位氢结合生成软沥青，而另一部分则发生缩合反应生成新的沥青质和焦炭[12-14]。Vilcaez 等[15]实现了连续流动反应器中重质烃在超临界水中的完全溶解，进而对裂化机理和生焦机理提出了新的见解。认为由于超临界水对重组分有一定的溶解性，促使生焦前体克服了传质方面的限制从油相中进入到超临界水相中，从而对沥青质的生焦起到抑制作用，并且抑制程度和萃取程度成正相关，具体的过程如图 9-4 所示。

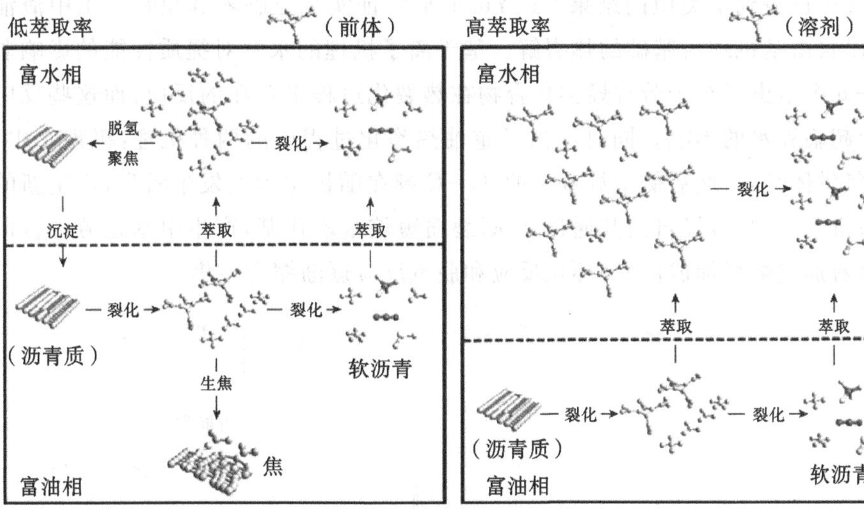

图 9-4　抑制结焦的机理示意图[15]

饱和烃的热裂化反应机理一般认为是自由基反应机理，如图 9-5 所示。C—C 键断裂反应和 β-断裂反应作为单分子反应，在热裂化过程中受亚、超临界水的影响不大[16-19]。而异构化反应、脱氢反应和加成反应等则一定程度上会受到亚、超临界水的影响。在异构化反应过程中，首先是含有自由基的碳碳链发生扭曲，然后自由基和碳链之间发生氢原子转移。氢原子转移反应和加成反应涉及自由基的攻击和转移，因此一般在其他反应物形成过渡态时进行，并且与生成的自由基活性有关。

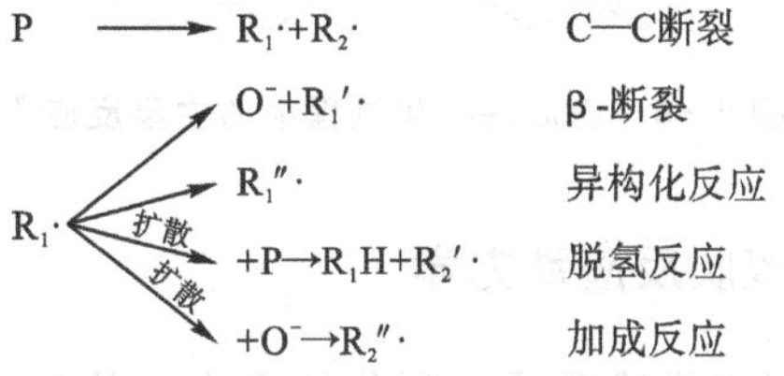

图 9-5　烃类的热裂化反应机理[19]

自由基反应不是由基元反应的反应动力学决定的，而是由自由基的扩散动力学决定的。烃自由基的扩散动力学很难通过实验进行测定，但可以通过分子动力学模拟对这一过程进行测定。Yuan 等[19]基于从头算(ab initio)分子动力学计算方法对烃自由基在温度为 300～400 ℃、水密度为 0.1～0.8 g/cm^3 的条件下的扩散能力和反应活性进行了模拟。结果表明，在接近液相的高水密度条件下，其相态点远离液相平衡线，水分子在烃自由基周围会形成团簇结构。并且，烃自由基和水分子团簇之间的部分电子交换促使超临界水环境下烃自由基的活性出现一定程度的下降，更容易发生C—C 键断裂反应和 β-断裂等单分子反应，而不容易发生异构化和烯烃参与的加成反应等双分子反应，至此可以证明，烃类的裂解路线在超临界水的参与下发生了改变。因此，分子动力学模拟技术在预测亚、超临界条件下烃类自由基的溶剂化结构时是一个强有力的工具。

用分子动力学模拟在温度为 380～440 ℃、水密度为 0.05～0.20 g/cm^3 的条件下的间歇式反应釜中也得到了类似的结果[9]。Yuan 等[20]证实了亚临界和超临界水中渣油的提质主要为以自由基机理为基础的热裂解。基于离子机理的水解对提质性能的影响非常有限。图 9-6 中给出了对于芳香烃类化合物在热裂化过程中存在的反应,而这些反应可能会受到亚/超临界水的影响。同时提出了重油热裂化过程中的两种机理:机理 1 中,芳烃自由基与氢供体结合,然后侧链烷基上的 C—C 键在随机位置上发生断裂,产生新的芳烃和饱和烃;机理 2 中,芳烃自由基通过 β-断裂缩短烷基取代基,产生甲基化芳烃自由基和短烯烃,接着通过烯烃加成反应、环化反应和脱氢反应逐渐缩合生焦。

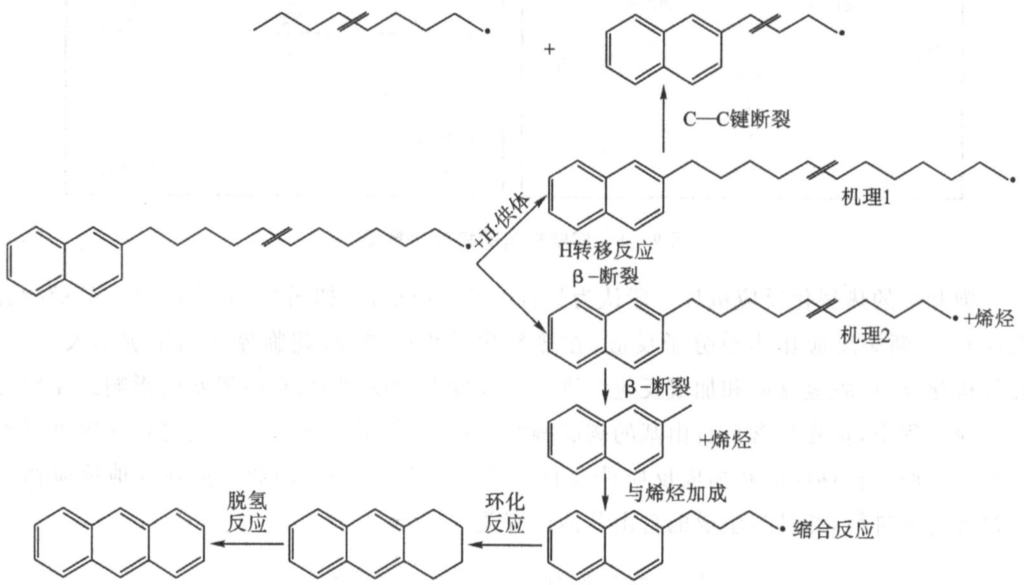

图 9-6 渣油热裂化过程中的主要反应[9]

9.1.4 超临界水热改质反应动力学

裂化动力学不仅可以用来描述重质油裂化体系内在的反应规律,预测产物分布和主要产物的性质,更可以优化反应过程,对工业应用起到了一定的指导作用。超临界水的引入会导致体系的相态、传质环境以及重质油中各组分分布产生极大变化,但是对于超临界水存在条件下重油的热裂化过程来说,超临界水可以近似地被看作是惰性介质,因此现在大多数的文献报道中都是以传统介质环境下重质油的热裂化动力学模型为基准进行校正的。在传统的重质油裂化动力学研究中,应用较多的模型主要包括单步法模型、结构导向模型和集总模型,相比较而言,集总动力学模型因其简洁实用而被广泛采用。重质油裂化反应过程中存在的反应网络如图 9-7 所示。

重质油及其裂化产物的集总策略的划分主要有两种依据:一种是根据产物馏程划分,该方法有助于实际应用;另一种则是根据产物分子结构的性质进行划分,该方法更偏向于对反应机理的考察。不同的集总策略对应着不同的反应网络拓扑结构,进而可以得到不同的反应动力学模型。对于重油热裂化的集总动力学模型,Singh 等[21]已经进行了详细的归纳总结。对于超临界水条件下重油的热裂化反应来说,由于超临界水的加入会对反应体系的相行为产生很大影响，可以形成部分互溶的水油两相结构、微乳体系和拟均相体系，集总反应动力学模型因其简单方便而被广泛应用在超临界水参与条件下重油裂化动力学的研究中。

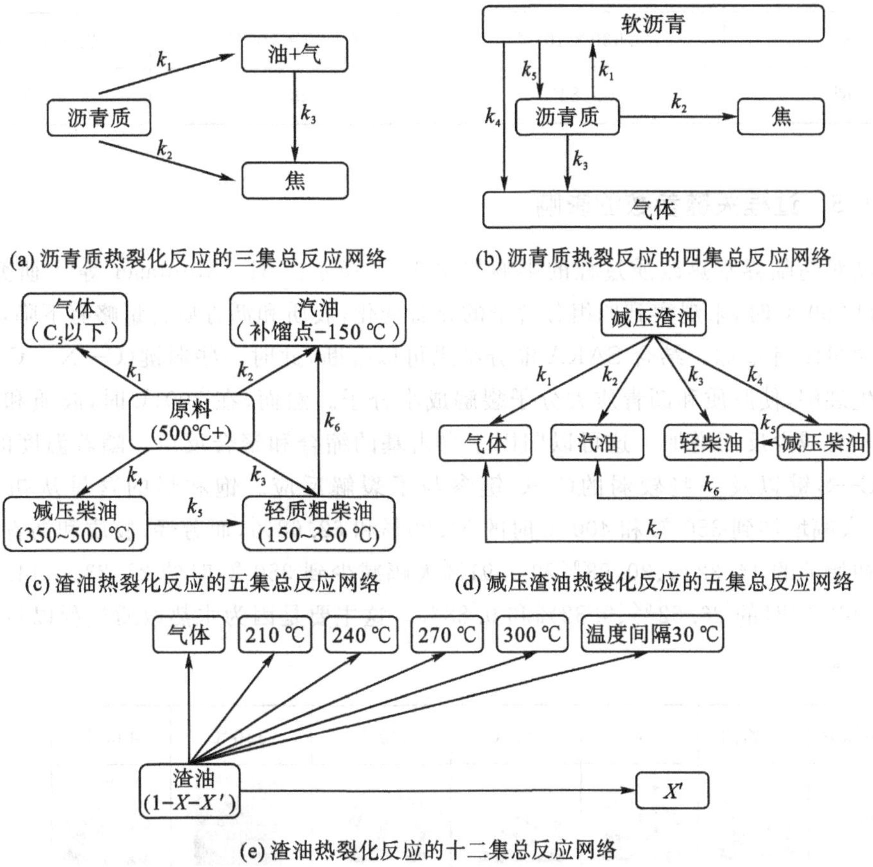

图 9－7　重质油热裂化集总反应网络

以 Li 等[22]提出的沥青质热裂化反应的四集总反应网络为例，超临界流体中沥青质的改质符合一级动力学，考虑沥青质转化为气体、软沥青和焦炭的平行反应，软沥青转化为气体的连续反应，以及焦炭转化为气体的二次反应，可以很好地预测产物数据，如图 9－7(b)所示。四集总反应网络的一级动力学的速率常数和皮尔逊相关系数检验(R^2)汇总在表9－2中。

表 9－2　四集总反应网络的速率常数

速率常数	400 ℃	425 ℃	450 ℃
k_1	3.565×10^{-3}	5.043×10^{-3}	5.894×10^{-3}
k_2	7.495×10^{-4}	1.496×10^{-3}	6.761×10^{-3}
k_3	5.859×10^{-3}	8.348×10^{-3}	9.099×10^{-3}
k_4	1.577×10^{-3}	3.241×10^{-3}	2.613×10^{-17}

续表

速率常数	400 ℃	425 ℃	450 ℃
k_5	1.474×10^{-3}	7.372×10^{-4}	4.725×10^{-4}
k_6	7.539×10^{-14}	6.289×10^{-13}	2.007×10^{-2}
R^2	0.9849	0.9888	0.9527

9.1.5 过程关键参数的影响

温度对超临界水热改质过程的影响如图 9-8 所示。Al-Muntaser 等[23]研究发现，200 ℃和 250 ℃时，未观察到四组分含量的显著变化，胶质和沥青质含量略有下降，饱和烃和芳烃含量略有增加。结合 SARA 馏分结果可以推断，此时一些弱键(C—N 、C—S 等)可能发生裂解，使胶质和沥青质大分子裂解成小分子。然而，在 300 ℃时，胶质和沥青质的含量没有减少反而增加。这可以归因于自由基的缩合和聚合反应。随着温度的升高，更多的C—S 键以及一些较弱的C—C 键参与了裂解反应。饱和烃的含量从初始油的 28.79%大幅增加到 350 ℃和 400 ℃时的 54.99%和 62.68%，而芳烃、胶质和沥青质的含量则从初始油的 44.32%、20.98%和 5.91%大幅减少到 350 ℃时的 27.23%、14.92%和 2.86%，400 ℃时的 26.62%、9.82%和 0.88%。这主要是因为水热改质过程以自由基反应为主[24]。

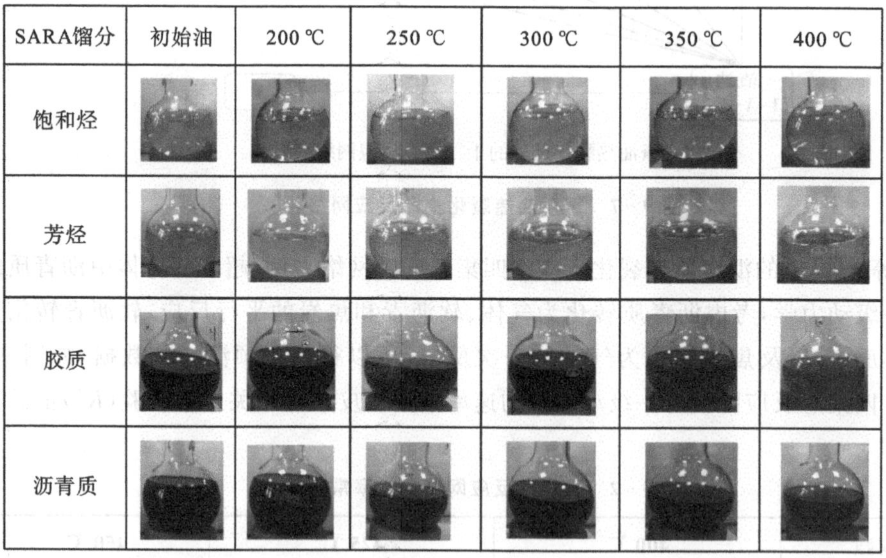

SARA馏分
初始油
200 ℃
250 ℃
300 ℃
350 ℃
400 ℃
饱和烃
芳烃
胶质
沥青质

彩图

图 9-8 亚临界水、近临界、超临界水温度条件下原油改质产物对比

Li 等[25]研究表明，随着反应时间的延长，气体和焦炭产率的百分比都在不断增加，而剩余沥青质的变化趋势相反。反应后，气体和焦炭的最大值分别为 28.77%和 48.94%，剩余沥青质的最小值为 14.60%。软沥青的收率在 45 min 内升高至 10.31%，然后随着反应时间的延长而降低。这一现象与软沥青在极端条件下裂解成气体和聚合成焦炭密切

相关[26]。

Hosseinpour 等[27]采用二氧化硅负载氧化铁纳米颗粒作为多相催化剂，研究了水的供氢能力。结果表明，催化裂化过程中水的氢贡献率(35%)比非催化裂化(16%)增加了 2 倍以上，生成的焦炭的质量分数为 18.9%。

Sato 等[28]研究表明，超临界水＋HCOOH 分解沥青的沥青质转化率和焦炭产率均高于单纯超临界水分解。超临界水＋H_2、超临界水＋CO、甲苯和四氢萘也可进行沥青的分解，并发现超临界水＋HCOOH 促进了沥青质的分解，抑制了焦炭的生成。

Hosseinpour 等[29]基于响应面法(response surface methodology，RSM)对超临界水稠油改质优化了关键工艺参数，包括温度、水、甲酸、催化剂(赤铁矿氧化铁纳米颗粒)含量和反应时间。优化模型表明，相比于超临界水、甲酸和催化剂的直接作用，温度对高位热值的影响更明显；而时间和温度对超临界水的隐效应对硫元素的转化起主导作用。由于超临界水在烃重整和水气变换过程中的活性氢释放导致了更大的产物转化率。催化剂的存在显著抑制了焦炭的形成，促进了杂原子的去除。尽管超临界水的化学作用是提供活性氢，但改性的溶剂化和分散性能使轻质油相混合得更好，从而减少了焦炭的生成。在温度、反应时间、水/减压渣油、甲酸/减压渣油和催化剂/减压渣油分别为 500℃、75 min、1 g/g、1 g/g 和 0.1 g/g 的条件下，可获得改质后油的最佳高位热值和硫元素转化率。

9.1.6　超临界水热提质技术的应用

近年来，随着交通运输工具的不断发展，世界对轻质油产品的需求持续增长，而对重质油产品的需求已经下降。但是，相比而言，高硫原油和重质原油与开采原油之比已逐渐提高。此外，由于担心石油资源枯竭，需要开发用于提升低价值重质烃馏分的品质的技术，从而制备高附加值的轻质油产品和石化原料馏分。重质油改质的方法有常规的裂化、加氢裂化、催化裂化、蒸汽裂化等。但是，上述这些转化方法通常需要利用高温、高氢气压等这样极端的操作条件，并且需要使用具有弱酸性载体的加氢催化剂以防止形成焦化物。为了克服这些缺点，世界各国已经开始研究新的重质油改质的方法，如使用超临界技术对重质油品进行改质。在重质油改质中应用的超临界技术主要包括在反应中使用超临界溶剂，也包括加入氧化剂或者供氢溶剂等。

1. 韩国 SK 新技术株式会社——在裂化反应中使用超临界溶剂

韩国 SK 新技术株式会社、延世大学产学研协力团提出了在活性炭催化剂的存在下，使重质烃馏分与超临界的含二甲苯溶剂接触，从而将所述重质烃馏分加氢裂化，其中含二甲苯溶剂含有质量分数至少为 25%的间二甲苯的芳香族溶剂，重质烃馏分的加氢裂化是在3～15 MPa 的氢气压力下进行的。反应所采用的活性炭催化剂是经硫酸处理的活性炭催化剂。其中，活性炭催化剂包含质量分数为 0.1%～30%的助催化剂，助催化剂包含选自第ⅠA 族金属、第ⅦB 族金属和第Ⅷ族金属中的至少一种金属。基于活性炭催化剂的总质量，上述助催化剂的质量分数为 5%～15%。重质烃馏分的加氢裂化反应在固定床反应器、流化反应器或浆式反应器中进行。具体的步骤是通过将重质烃馏分引入反应区，在活性炭催化剂和超临界的含二甲苯溶剂的存在下将所述重质烃馏分加氢裂化，从而获得加氢裂化产物；将所述加氢裂化反应产物转移至分馏器中，从而分离和回收低沸点目标烃馏分；将未被分离、未被回收的组分转移至提取器，从而将这些组分分离成循环组分和排放组分，并将所述循环组分转移至所述反应区。

该方法通过使用含二甲苯溶剂，可以提高高附加值烃馏分，特别是中间馏分的回收率，可以根据所用的催化剂调整高附加值烃馏分，如中间馏分和石脑油的产率。此外，本发明的加氢裂化方法的优点在于：即使在低氢气压力下也能够将低附加值重质烃馏分有效地转化成高附加值重质烃馏分。

2. 美国雪佛龙公司——*使用超临界水参与反应过程的提质*

美国雪佛龙公司通过使用超临界水与烃油在具有毛细管通路的毛细管混合器中混合，以形成油与超临界流体的液滴分散体，在超临界流体条件下于反应区中使上述分散体进行反应，并持续足以使提质反应发生的停留时间从而形成反应产物，最后将反应产物分离成气体、水和提质的烃相。其中，超临界水的条件包括从水的临界温度即374 ℃一直到1000 ℃，优选374～600 ℃，最优选374～400 ℃的温度；从水的临界压力即3205 psi① 一直到10000 psi，优选3205～7200 psi，最优选3205～4000 psi的压力。毛细管混合器的设计可实现优越的混合，从而将油分散到超临界流体中而没有明显的压降。必须在毛细管混合器内维持高的速度以降低油滴尺寸，从而增强油分散并改善传质。较小的毛细管尺寸可产生较高的油速从而形成较小的液滴尺寸，且因此增强油向超临界水相中的分散。混合器内的高速度还防止该混合器的潜在可能的堵塞。混合器内毛细管－100的内径约为0.01～0.1英寸②。使毛细管－100位于主管－104内，并通过注射管102将超临界流体注入到该主管中。注射管可与主管以0°(使得超临界流体沿着与油流动相同的方向注入)和90°(使得超临界流体沿着垂直于油流动的方向注入)的角度相交。

事实上，使用超临界水对重油提质的技术在2006—2007年美国的相关专利申请中已经公开，这次雪佛龙公司的技术是将水和烃油在具有毛细管通路的毛细管混合器中混合再进行反应。从而有效避免焦化和裂化反应，提高了液体收率。

3. 沙特阿拉伯公司——*在使用超临界水提质时加入氧化剂*

沙特阿拉伯公司提出了在超临界水提质重油的过程中加入氧化剂的方法。该方法使加热的重油流与加热的水进料在混合区域混合，以形成重油/水混合物，其中重油/水混合物处于超临界水条件下；向加热的氧化剂流加入重油/水混合物，以形成反应混合物，其中加热的氧化剂流处于超临界水条件下；将反应混合物引入反应区域，使反应混合物经受超临界水的操作条件，使得反应混合物中的部分烃经过裂化，以形成高品质的混合物，该反应区域基本不含外供催化剂；从反应区域去除高品质的混合物，冷却，并使高品质的混合物减压成经冷却的高品质的混合物；使经冷却的高品质的混合物分离成气体流和液体流；使液体流分离成高品质的油和回收的水。

该方法不使用外供催化剂或者外供氢源，氧化剂是加热的氧气、空气、过氧化氢、有机

①1 psi≈6.895 kPa。

②1 英寸＝2.54 cm。

过氧化物、无机过氧化物、无机超氧化物、硫酸、硝酸或其组合。在一个实施方案中，加热的氧化剂流具有质量分数约为 0.1%～75%的含氧物质。优选含氧物质的质量分数约为 1%～50%，更优选含氧物质的质量分数约为 5%～25%。通过该方法，能够简化精炼方法，防止焦炭积累，不需要复杂的设备或者焦炭除去系统。

4. 中国石油化工股份有限公司——使用超临界的供氢溶剂进行重油改质

中国石油化工股份有限公司与其旗下的抚顺石油化工研究院提出了一种重油改质方法，包括将重油原料与供氢溶剂混合，供氢溶剂包括四氢萘或十氢萘，重油原料与供氢溶剂的混合质量比为 1∶10～1∶0.5，重油原料与供氢溶剂的混合物在压力为 20～40 MPa、温度为 300～500 ℃的条件下处理 0.2～5 h，处理产物分离出固体杂质后进行分馏处理；在反应体系中加入水，水的加入量可以为重油原料质量的 0.1～10 倍。

该重油改质方法在供氢溶剂的超临界状态或近临界状态条件下进行，提高了供氢溶剂与重油中结焦前身物的溶合效果和反应效果，降低了结焦倾向，同时增强了反应效果，提高了脱除杂质的能力，可以处理更劣质的重油原料。供氢溶剂和水同时使用，可以达到协同配合的效果，使供氢溶剂在反应状态下可以部分恢复供氢能力，减少供氢溶剂的用量，提高反应效果。该方法先后在连续搅拌槽反应器和间歇釜式反应器中进行。其后，该公司又提出在悬浮床加氢裂化条件下加入均相催化剂再实施上述方法。

以上列举了近年来几种典型的使用超临界技术对重质油进行改质的技术，从以上分析可以看出，国内外对于该技术的研究重点不同，但是都是围绕降低焦炭积累、增加轻质馏分收率、改善工艺条件或设备而进行的，这对今后我国生产清洁油品具有重要的意义。

9.2　超临界干燥技术

超临界流体干燥技术是利用超临界流体的特性而开发的一种新型干燥方法。现阶段较为常用的干燥技术有烘烤干燥、空气干燥、常温干燥等。这些干燥方法在使用过程中往往容易致使物料团聚，进而使被干燥材料的基础粒子变粗、材料整体比表面积下降、孔隙率降低[30]。

超临界流体干燥技术是一种在干燥介质处于临界温度和临界压力状态时完成材料干燥的技术。近年来，作为一种新型的干燥技术，超临界流体干燥技术发展得较快，如今已在气凝胶干燥、饱水文物干燥等诸多领域得到应用。

9.2.1　超临界干燥技术的基本原理

超临界干燥(supercritical fluid drying，SCD)技术，可简单定义成用超临界流体将固体材料或水性悬浮液中的液体(一般是水或置换水后的有机溶剂)移除的过程[31]。由于常规的干燥方法中，气液表面张力的存在，使得孔结构的材料在干燥过程中孔道容易塌陷，得不到高性能产品。超临界干燥技术的步骤是把干燥介质加热加压到临界条件以上，待气液界面消失、表面张力几乎为零，利用介质流体在超临界状态下溶解能力强、黏度小、扩散系数大等特性，使待干燥物质中分散介质直接转化为无气液相区别的流体而被抽提掉。

此干燥过程可以消除表面张力及毛细管力的作用，较好地保护孔道结构的完整。一般来说，超临界干燥技术多数应用于有细微结构的多孔材料，如树枝状结构的老化硅凝胶（为了制得气凝胶）、微电机装置的微小设备（为了生产微电机系统）、细胞壁（为了制备用于扫描电镜的生物样本）等。

依据干燥过程中所用的超临界溶剂的不同，可以将超临界干燥分为超临界有机溶剂干燥（supercritical organic solvent drying，SCOD）、超临界气体干燥（supercritical gas drying，SCGD）、超临界混合溶剂干燥（supercritical mixture solvent drying，SCMD）、超临界萃取－干燥（supercritical gas extraction－drying，SCGED）、超临界喷雾干燥（SCF－assisted spray－drying/atomization，SASD）[32]。各干燥方式的典型过程如图 9－9 所示。

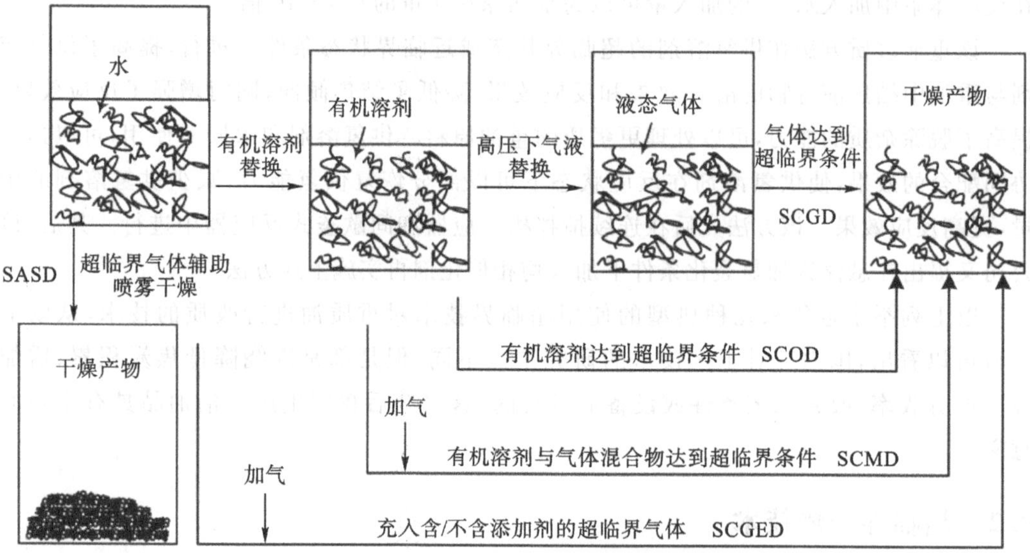

图 9－9 不同超临界干燥方式的典型过程[32]

1. 超临界有机溶剂干燥（SCOD）

超临界有机溶剂干燥过程是先将有机溶剂（如甲醇、乙醇、正丁醇等）与待干燥物质置于高压干燥釜中，然后在有机溶剂的超临界条件下保持一段时间后，缓慢降压除去孔道结构中的溶剂，最终获得干燥产品。超临界有机溶剂干燥过程相图如图 9－10 所示，图中可见有机溶剂直接由液相进入超临界相而不经过气液边界，从而避免了表面张力对待干燥物质中的精细结构带来的破坏。早在 1931 年，Kistler[33] 研究了超临界乙醇干燥制备气凝胶，即超临界有机溶剂干燥。张广延[34] 用超临界乙醇流体干燥二氧化硅醇凝胶制得二氧化硅超细粉体，并在操作条件为温度 265 ℃、压力 7.5 MPa 时，得到了很好的效果。但是，因为大多数有机溶剂的临界温度较高（乙醇为 243.0 ℃、正丁醇为 287.0 ℃），所以超临界有机溶剂干燥过程操作温度较高、能耗大、危险性高。

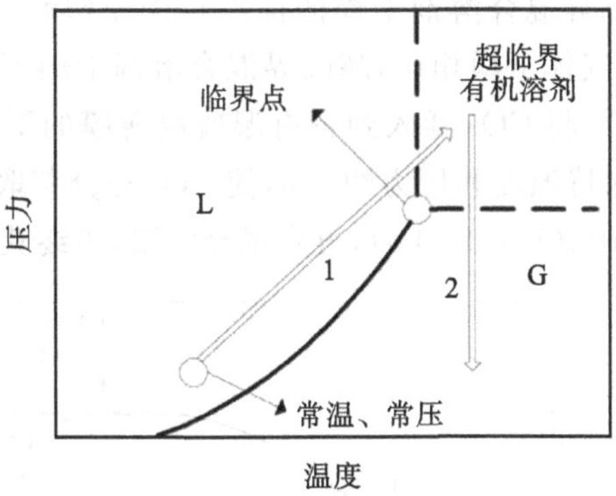

图 9-10 超临界有机溶剂干燥过程相图[32]

2. 超临界气体干燥(SCGD)

超临界气体干燥过程是将待干燥物质置于充满液态 CO_2 的高压釜中一段时间,使得液态 CO_2 充分置换凝胶中的溶剂,然后调节温度和压力直至 CO_2 的临界点以上,保持一段时间后缓慢降压到常压以获得干燥产品。超临界气体干燥过程相图如图 9-11 所示,图中可见溶剂的气液边界未被越过,因而超临界气体干燥也能够较好地保持待干燥物质的精细结构。

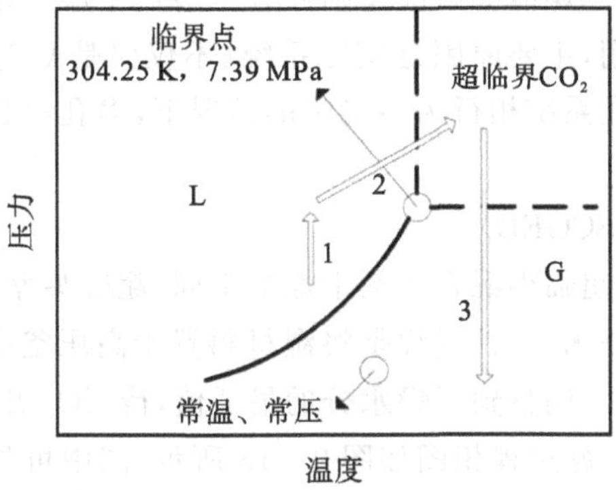

图 9-11 超临界气体干燥过程相图[32]

Rolison 等[35]用液体 CO_2 置换凝胶中的丙酮制得中孔复合凝胶和气凝胶。Namatsu[36]提出了一种超临界干燥的方法,用于防止干燥时清洗液的表面张力造成样品结构的坍塌:将待干燥的基质和样品(用水浸泡和冲洗过)放置在一个槽中,并加入表面活性剂。将液态 CO_2 通入槽中,基质浸泡在加入了表面活性剂的液态 CO_2 中,升温升压至 CO_2 的超临界状态,干燥完全后,降压降温至 CO_2 常态。吕文生等[37]应用虹吸-蒸发-冷凝对 CO_2 进行循环的原理,设计并建造制了一套 CO_2 自循环的设备,用于干燥(即无泵自循环干燥机),并将该设备应用于干燥二氧化硅凝胶,结果表明该设备可以达到很好的应用效果。

然而,这两个烦琐的溶剂交换步骤通常需要非常长的时间,特别是低温下用 CO_2 替换有机溶剂的过程。

3. 超临界混合溶剂干燥(SCMD)

超临界混合溶剂干燥过程是先将有机溶剂与待干燥物质混合均匀后置于高压釜中,持续通入 CO_2 使有机溶剂膨胀,然后萃取,直到 CO_2 与溶剂混合物到达临界区以上,当 CO_2 几乎变纯时系统缓慢降压至常压以获得干燥产品,过程相图如图 9-12 所示。和超临界有机溶剂干燥相比，超临界混合溶剂干燥的优点在于操作温度低（约 40 ℃），减少了操作和设备费用。和超临界气体干燥相比，超临界混合溶剂干燥不需要置换有机溶剂，缩短干燥时间。Kawakami 等[38]将 CO_2 通入到置有湿凝胶薄膜的干燥容器中，升压升温分别至 16.0 MPa、80.0 ℃。保持温度和压力约 1 h，使 CO_2 充分萃取湿凝胶薄膜中的乙醇，然后在 80.0 ℃下降压至 1 atm(101325 Pa)，再降温至室温，最终获得干燥产品。

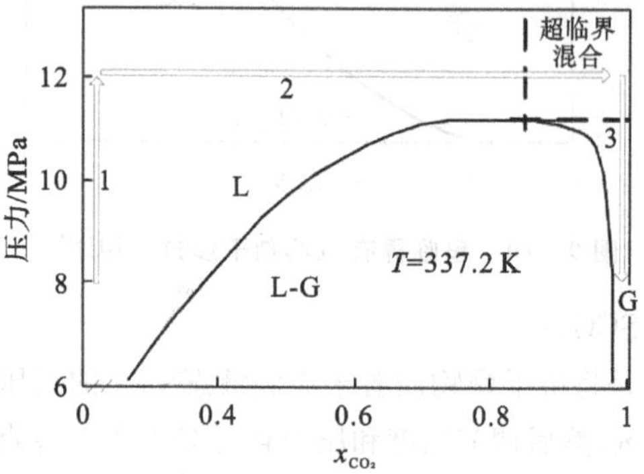

图 9-12　超临界混合溶剂干燥过程相图[32]

尽管超临界混合溶剂干燥能够解决超临界有机溶剂干燥和超临界气体干燥存在的问题，该工艺尚未被广泛应用，主要原因是实际系统（不仅仅是 CO_2 和有机溶剂的二元混合物）的相行为的复杂性。在系统相行为不确定的情况下，多孔材料的超临界混合溶剂干燥具有很高的失败风险。

4. 超临界萃取-干燥(SCGED)

与超临界气体干燥和超临界混合溶剂干燥都不同，超临界萃取-干燥是一个真正的超临界萃取过程（溶剂一般是水）。其过程是将湿材料置于高压釜中，持续通入 CO_2（有时含共溶剂），将釜内温度和压力调整到干燥水分的最适值，待 CO_2 几乎变纯时，缓慢降压获得干燥材料。超临界萃取-干燥过程相图如图 9-13 所示，图中可见过程中存在气液两相共存状态，因此不能保证精细结构的完整。通常超临界萃取-干燥需要加入添加剂或表面活性剂以提高水在 CO_2 中的溶解度，减小气液界面的表面张力，阻止材料结构的坍塌。超临界萃取-干燥无需置换水分，但若没有添加剂，干燥时间相对很长。Davis 等[39]采用超临界 CO_2 来循环干燥含过量水分的有机材料。在干燥釜中，水从饱和的超临界 CO_2 中分离出来，而 CO_2 又回到萃取室中呈超临界状态，从而形成了一个循环干燥工序。

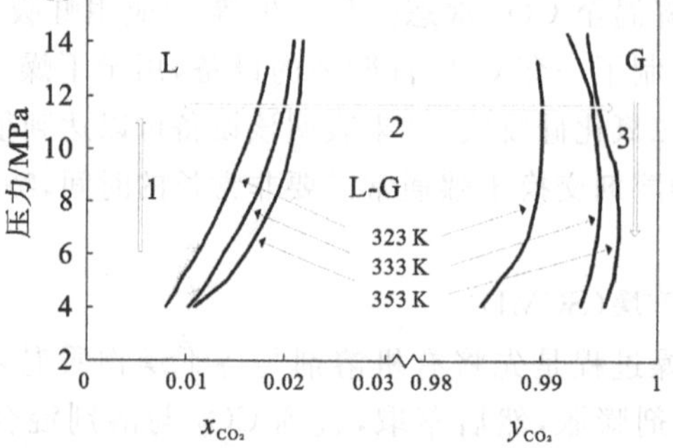

图 9-13　超临界萃取-干燥过程相图[32]

5.超临界喷雾干燥(SASD)

超临界喷雾干燥结合了高压流体辅助雾化与超临界流体的特性,更有利于颗粒的形成与干燥。这里主要介绍超临界喷雾干燥法处理水溶液或者悬浮液。超临界喷雾干燥过程是先制备混合物,然后用雾化设备对混合物从高压到低压进行喷雾干燥,获得干燥颗粒。目前在超临界喷雾干燥法的基础上已提出一些改善方法。Li 等[40]提出了可调节喷嘴前后压力的 SAS -雾化(SAS - A)法。该方法的优势在于排放的 CO_2 可进行回收,并且喷嘴后压力较高,在干燥过程中可保持材料的原有结构。

6.超临界流体干燥介质选择

对于不同材料的超临界流体干燥过程,选择合适的介质流体非常关键。理想的超临界干燥介质应具备下面几个条件:①对干燥对象或者制得的产物呈惰性,以保护干燥对象,保证产率与纯度;②具有尽可能低的临界温度与压力,使其对设备的要求不过于苛刻;③从经济安全的角度考虑,选择的介质应不可燃、无毒、低价。目前超临界干燥已采用的介质流体有乙醇、甲醇、异丙醇、异丁醇、苯、CO_2、水。这些溶剂各有优缺点,有机溶剂具有较低的临界温度和压力,但因大多数为可燃物,且较容易脱水碳化,使氧化物中混合少量碳。CO_2 价格低,临界温度低,但在临界温度以上,CO_2 对水的溶解能力大大降低,严重影响了脱水效果。水虽然价格便宜、安全,但它具有较高的临界温度和压力,而且在临界温度以上水对常温常压下不溶的氧化物呈现出高几倍的溶解能力。

国内外学者在研究醇凝胶的超临界干燥过程时一般采用将溶剂预加压到一定压力(或直接达到超临界压力)然后再升温的方式进行超临界干燥,或者采用低碳醇这类介质流体进行高温超临界干燥。常用的低碳醇有乙醇,临界温度为 243.4 ℃,临界压力为 6.38 MPa。表 9 - 3 列出了常见流体的临界参数。

表 9 - 3　常见流体的临界参数

化合物	临界温度 T_c/℃	临界压力 p_c/MPa	临界密度 ρ/(kg·m^{-3})
二氧化碳	31.4	7.38	448
甲醇	240.5	7.99	272
乙醇	243.4	6.38	276
异丙醇	235.3	4.76	273
正丙醇	263.5	5.16	275
苯	288.9	4.89	302
水	374.2	22.12	344

在众多的超临界流体干燥介质中,CO_2 已经被认为是普通有机溶剂的绿色替代品,称为低温超临界干燥。从表 9 - 3 也可以看出,CO_2 临界温度 T_c 为 31.4 ℃接近室温,降低了操作温度;临界压力 p_c为 7.38 MPa,相对不高;临界密度 ρ 为 448 kg/m^3,溶解能力强;加上其价廉易得,具有不燃性,无毒,对干燥氧化物气凝胶又具有化学惰性,适用于工业大规模生产。

9.2.2 超临界干燥技术的特点与优势

常规的干燥技术，如常温干燥、烘烤干燥、微波干燥、真空干燥、冷冻干燥等，在干燥过程中会不可避免地造成物料团聚，且由于溶剂表面张力形成强烈的毛细管作用，会导致物料原有结构被破坏，带来基础粒子变粗、比表面积急剧下降、孔隙大量减少甚至结构塌陷等问题。相比之下，超临界干燥作为一种新型的干燥技术，有着其他干燥方法无法比拟的特点与优势[30]。

(1)在超临界环境下进行干燥，无液相表面张力；干燥过程温和，避免了干燥应力对物质结构的破坏，保持了物料原有的结构与状态。

(2)超临界流体扩散系数高，故干燥速率快。

(3)干燥溶剂的脱除在高压下进行，过程兼有杀菌作用。

(4)超临界流体对于相对分子量大、沸点高的难挥发性物质具有很高的溶解度，且条件温和，适用于热敏性物质的干燥。

(5)操作方便、参数易于控制。

近几年来，作为一种新型的干燥工艺，超临界流体干燥技术发展得很快，迄今已有多项成果应用于工业化生产，如抗生素等医药品的干燥、气凝胶制备，以及食品和药品原料中菌体的处理等。

9.2.3 超临界干燥技术研究

1. 干燥动力学

干燥动力学是研究干燥过程中除湿量与各种支配因素之间的关系。干燥速率是干燥动力学研究的一个重要参数。影响干燥速率的因素有很多，比较重要的有[41]：①湿物料的性质及形状；②湿物料的初始和最终湿含量；③湿物料本身的温度；④干燥介质的温度和湿度；⑤干燥介质的流动速度；⑥干燥器的结构；⑦干燥介质与湿物料的接触情况等。

目前，干燥动力学研究主要是对薄层干燥(薄层干燥是指 20 mm 以下的物料层表面完全暴露在相同的环境条件下进行的干燥过程，它是研究深床干燥特性的基础)曲线的数学模拟，得到薄层干燥方程。薄层干燥方程有很多种，一般可分为理论方程、半理论方程、半经验方程和经验方程[42]。

薄层干燥的理论方程，又叫扩散方程，是由菲克定律推导出来的，形式复杂，应用不方便，推导过程只考虑了湿物料的内扩散阻力，误差较大。半理论方程是理论方程的简化形式，实际应用比较方便，但误差也比较大。半经验方程是在刘易斯(Lewis)模型的基础上，结合干燥动力学试验建立起来的，精度较高，得到了广泛的应用；特别是 Page 方程对很多种物料的薄层干燥都有较好的适应性。经验方程是直接根据实验数据建立的湿分比与干燥时间之间关系的表达式，其应用范围有限[43]。

2. 影响因素

衡量超临界干燥的技术指标主要有水分比和干燥速率。

水分比(moisture ratio，MR)，用于表示一定干燥条件下物料还有多少水分未被干燥去除，可以用来反映物料干燥速率的快慢，其值可通过下式计算：

$$\mathrm{MR}=(M_t-M_e)/(M_0-M_e) \tag{9-1}$$

式中，M_t 为 t 时刻的含水率，%；M_e 为平衡含水率，%；M_0 为初始含水率，%。

由于 M_e 难以测定，为了简化计算，通常用 $\mathrm{MR}=M_t/M_0$ 代替上式计算水分比的值。

干燥速率（v）采用单位时间内的水分比差值来表示，采用下式计算：

$$v=\frac{\Delta \mathrm{MR}}{\Delta t} \tag{9-2}$$

式中：v 为干燥速率，h^{-1}；ΔMR 为相邻两次测定的水分比差值；Δt 为相邻两次测量的时间间隔，h。

影响超临界干燥效果的影响因素主要有温度、压力、待干燥溶剂、流速与干燥时间等[44]。

超临界流体是通过调节温度和压力来达到超临界状态的，温度压力对样品的干燥效果起着决定性作用。温度和压力影响着流体的密度，而一般情况下，超临界流体的密度越大，对溶质的溶解效果越好。特别是在临界点附近，密度对温度和压力的变化格外敏感。

超临界干燥的实质是：干燥对象中的溶剂溶于超临界状态下的 CO_2，通过 CO_2 不断地通入和排出，试样中的溶剂也被流经的超临界 CO_2 带出，残余的 CO_2 在泄压的过程中挥发出来，完成干燥过程。因此，溶剂在 CO_2 中的溶解度对干燥的效果有很大的影响。通常，根据相似相溶性的原理，超临界 CO_2 是非极性流体，其更适合于溶解非极性溶剂，并且对于具有更大分子量或极性较强的溶剂更难溶。根据经验，对于具有相同结构的化合物，溶解度随着蒸汽压的增大而提高。也就是说，相同类型的溶剂，挥发性越好，其干燥效果越好。

超临界 CO_2 流体的流速和干燥时间对干燥效果也有重大影响。由于 CO_2 溶解能力有限，一定量的 CO_2 流体只能溶解一定的溶剂，为保证溶剂被完全萃取完，需要足够多的 CO_2。一方面可以增加 CO_2 气体流量，但 CO_2 流量过大后，萃取来不及完成，势必会造成 CO_2 的浪费；另一方面可以适时延长干燥时间，确保干燥完成。

此外，影响干燥效果的还有保压时间、泄压速率等参数。

9.2.4　超临界干燥技术的应用

自 Kistler[33] 最早在 1931 年提出高温超临界有机溶剂干燥法并用于凝胶的干燥以来，直到 1985 年 Tewari 等[45] 首次使用 CO_2 作为干燥介质，使得操作温度大大降低并提高了设备的安全可靠性，超临界流体干燥技术逐步走向了实用化阶段。经过几十年的研究与发展，其应用不限于凝胶类物质的干燥，还用于抗生素等医药品的干燥和食品、药品原料中菌体的处理等，采用的干燥介质主要有超临界有机溶剂和超临界 CO_2，不同的工艺对产品的质量会产生不同的影响。

1. 气凝胶干燥

气凝胶由气体取代液体在凝胶中的位置制作而成，因其形貌特征又被称为冻结的烟雾（frozen smoke）、固态的烟雾（solid smoke）、固态的空气（solid air）等。如表 9－4 所示，气凝胶具有密度低、孔隙率高、隔热、耐温等特点，在吸附剂、航天、环保等方面具有很高的应用价值。

表 9-4 气凝胶性能参数

参数	数值
导热率/[W·(m·K)$^{-1}$]	0.012～0.016
密度/(mg·cm^{-3})	0.16
比表面积/(m^2·g^{-1})	400～1000
孔隙率/%	90～99.8
气体占比/%	99
可承受温度/℃	−200～650

常规的气凝胶干燥方法在干燥气凝胶过程中易造成被干燥材料的基础粒子变粗、比表面积降低、孔隙率下降等后果。而通过超临界流体干燥技术干燥的气凝胶材料不会产生这样的问题。

以采用 CO_2 作为干燥介质对溶胶-凝胶法制得的醇凝胶进行超临界干燥来获得气凝胶为例，首先将醇凝胶置于超临界干燥的高压容器中，通过控温器将其温度降至 4～6 ℃；其次向高压容器内通入 CO_2，随着 CO_2 气体的不断通入，达到气-液两相平衡，其中下层是液态 CO_2，此时凝胶中的乙醇溶剂逐步被液态 CO_2 所取代；然后以一定的速率升温，液体 CO_2 的压力首先达到临界压力，继续升温，通过释放少量 CO_2，保持压力不变，最终达到预先所选择的临界温度，即达到临界状态；最后在临界状态下保持一定时间，使凝胶孔隙中 CO_2 液体全部转化为临界流体，在保持临界温度不变的情况下，通过排泄阀缓慢地释放出 CO_2 流体，直至达到常压为止。在 CO_2 流体释放过程中，体系点沿着临界等温线变化，临界流体不会逆转为液体，因而可在无液体表面张力的条件下将凝胶分散相驱除，当温度降至室温时，即制得气凝胶。目前，气凝胶的制备多采用这种超临界干燥方法。

Cheng 等[46]公开了一种用超临界 CO_2 干燥法制备具有高比表面积和高孔体积的无机氧化物气凝胶的制备过程。相宏伟等[47]以无机盐 $ZrOCl_2 \cdot 8H_2O$ 为原料，用超临界流体干燥技术制得了大孔体积、高比表面积的 ZrO_2 气凝胶超细粉，并获得了保持材料原始织构的制备参数。

2.饱水文物干燥

挖掘的出土文物因在地下埋藏时间较久，内部含有较多水分，并且由于地下环境和微生物的长时间作用，使之受到不同程度的侵蚀，有些腐蚀严重。如果不能够及时将文物中所含的水分去除，表面含有细菌的文物在空气中长时间暴露就会遭到腐蚀。因此，为了满足出土文物的陈列或考古需求，通常需要将这些文物脱水并保存在干燥的环境中。传统的饱水文物的干燥方法存在文物处理周期长、脱水过程文物易崩塌、干燥过程易使文物龟裂、干燥过程易引入外来杂质以及易对文物造成永久性破坏等问题[48]。超临界流体干燥是饱水文物脱水干燥的新技术，超临界流体干燥技术用于饱水文物脱水处理具备如下优势[49]。

(1)因超临界状态下不存在表面张力，消除了干燥过程中的干燥应力，避免了脱水过程中文物的崩塌。

(2)超临界流体干燥技术的使用有效地缩短了饱水文物干燥的时间，使其脱水效率得到了提高。

(3)经浸渍填充后干燥的文物表面色泽很暗，有些表面有吸湿返潮现象。超临界流体干燥避免了因填充剂引起的文物外观僵硬、颜色变深等缺陷，同时也消除了文物中因引入外来物质而产生的潜在危害。

(4)传统干燥方法前期填充剂的长时间浸渍，会在浸渍液中滋生各种细菌，当文物被完全脱水干燥后，将有部分杀菌剂残留在文物上。而超临界干燥使用的甲醇溶剂能抑制细菌生长，在超临界条件下就能杀菌消毒，不再需要额外的条件和操作。

目前，超临界干燥技术已经应用在小型饱水竹木器、饱水竹木漆器[50]、“南海一号”船体构件[51]等文物上，取得了非常好的效果。如图 9－14 与图 9－15 的对比可以看出，超临界干燥条件下饱水文物的收缩率低，且木质文物基本恢复木材本色，效果良好。

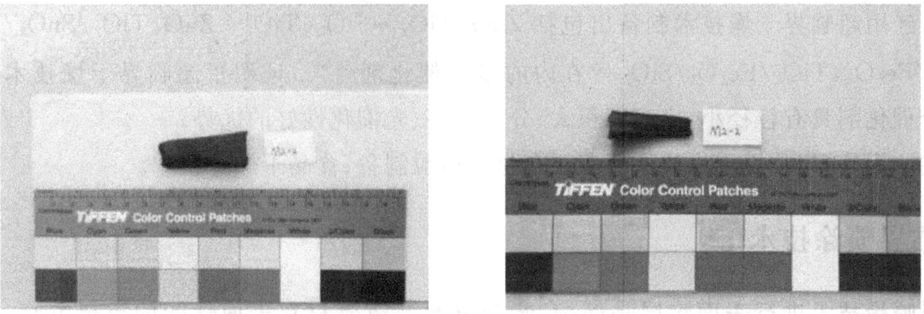

彩图

(a) 干燥前　　(b) 干燥后

图 9－14　出土饱水文物自然干燥前后[50]

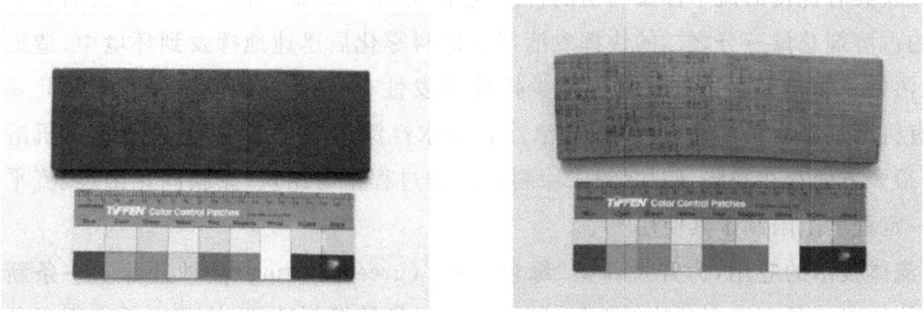

彩图

(a) 干燥前　　(b) 干燥后

图 9－15　出土饱水文物超临界干燥前后[50]

3. 医用材料制备

纳米药物具有提高难溶性药物的溶出度、降低难溶性药物对胃肠道的刺激性反应的优点，在药物传递领域具有广阔的应用前景。超临界流体干燥技术作为一种新型、绿色、环保新技术在水难溶性药物纳米颗粒的制备过程中得以应用。通过超临界流体干燥技术制备得到的纳米颗粒相较于其他传统制备技术制备得到的纳米颗粒具有粒径小、有机溶剂残留少、形貌可控性高等优点[52]。

田金法[53]提出了两种新的喷雾干燥技术，包括快速膨胀超临界溶液技术和超临界反萃剂技术。设计并制造了相应设备并使用超临界 CO_2 喷雾干燥技术成功制备了多种微米及纳米级生化医药微粒。斯黎明[54]介绍了超临界流体干燥制粒技术在药物制粒过程中的制粒原理及其在制粒过程中制粒体积及颗粒度可控的优势。

4. 催化剂制备

微孔催化剂多使用溶胶-凝胶法进行制备，但用该方法制备多孔催化剂存在干燥时气-液界面上表面张力致使固体体积收缩并发生开裂、碎化，最终导致微孔结构被破坏的问题[54]。超临界流体干燥技术对微孔催化剂进行干燥时，因超临界流体的界面表面张力接近于零，能够避免被干燥对象体积收缩破碎，保证催化剂在干燥前后内部形态结构不发生变化，且催化剂不会发生团聚、凝结[55]。因此，超临界流体干燥技术在制备纳米级催化剂上具有很大优势。

目前已经用超临界干燥技术制备出包括 ZnO、TiO_2-SiO_2、TiO_2-ZnO、$TiO_2/SnO_2/SiO_2$、TiO_2/Fe_2O_3，$TiO_2/Fe_2O_3/SiO_2$ 等在内的多种催化剂[56-60]，证明了超临界干燥技术制得的复合催化剂具有粒径小、比表面积大、分散性好、光催化性好的优势。

除上述应用外，超临界干燥技术还应用在超细微粒制备、食品干燥等领域。

9.3 超临界喷涂技术

用涂料喷涂技术进行表面涂层是保护、装饰材料及改善材料表面性能的重要方法。目前广泛采用的喷涂工艺为空气喷涂和高压无气喷涂，工艺过程均为采用挥发性有机溶剂将涂料稀释后，通过喷枪喷雾形成涂层。其中挥发性有机溶剂的主要作用是调节涂料的黏度，使漆膜具有优良的流平性及均衡的挥发速率，是不可或缺的配料之一。然而在喷涂过程中，约占溶剂总量三分之二的快挥发溶剂在涂料雾化后迅速地挥发到环境中，造成严重的环境污染。涂料工业一直致力于减少排放挥发性有机物(VOC)。为了克服此缺点，一些非有机溶剂型涂料如粉末涂料、电泳涂料和水性涂料应运而生，但这些非有机溶剂型涂料在很多方面存在缺陷，例如，粉末涂料在运输过程中易结块、涂膜固化困难、流平性能差等，一定程度上限制了其使用[61]。

超临界流体技术的应用，为开发新型“绿色涂料”(green coating)品种开辟了一条新路。超临界流体由于具有许多独特的性质，特别是它优良的溶剂性能，使其广泛应用于分离及反应等工业过程。用超临界流体替代涂料中的挥发性有机溶剂，以减少对环境的污染是一种新的思路，实验证明用超临界流体进行喷涂不仅可以有效降低黏度、减少有机溶剂的用量、消除对环境的污染，而且还可提高产品的质量和外观效果，是十分有前途的一种新兴方法。常规涂料与超临界喷涂涂料的组成对比如图 9-16 所示，超临界喷涂显著减少了挥发性有机溶剂的使用。

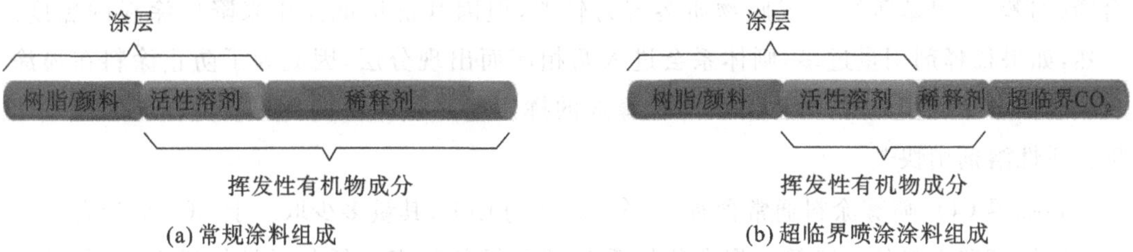

图 9-16　常规涂料与超临界喷涂涂料成分对比

9.3.1　超临界 CO_2 喷涂的定义

为了获得较好的喷雾效果和形成坚固、均匀的固体涂层，涂料的溶剂必须是由具有不同挥发能力的溶剂组成的混合溶剂。若从溶剂的挥发能力来分，溶剂可分为快挥发性溶剂和慢挥发性溶剂。占溶剂量 2/3 的快挥发性溶剂，使得涂料具有较低的黏度，便于喷雾，它们在喷成雾状的涂料接触到固体表面之前就迅速地从雾滴中挥发了；剩下的慢挥发性溶剂和聚合物一起被喷到需要涂覆的固体表面，并且由于黏度高而不易流动，慢挥发性溶剂在涂料的干燥过程中逐渐挥发，控制着涂料雾滴的聚并和膜的形成，最终得到均匀、光滑和牢固的涂料膜。

由于超临界 CO_2 具有独特的溶剂性能，并能溶胀聚合物，所以可以用超临界 CO_2 代替传统溶剂型涂料中的快挥发性溶剂，被称为超临界 CO_2 喷涂[62]。传统涂料的 30%～70%的有机溶剂可以被超临界 CO_2 取代，在超临界 CO_2 涂料中通常含有 10%～50%的 CO_2。由于超临界 CO_2 在涂料成膜之前就很快挥发了，对涂料的流平不起什么作用。因此，在超临界 CO_2 涂料中慢挥发性溶剂仍应保留。

适于作溶剂的超临界流体很多，但是一些溶解能力良好的极性溶剂难以工业化。如 N_2O 易爆，NH_3 不仅超临界温度高，而且有腐蚀性与毒性。而超临界 CO_2 则是一种比较理想的溶剂，这是因为 CO_2 的超临界状态易达到，且具有无毒、无味、不燃、价廉、易得等特点[61]。

9.3.2　超临界 CO_2 喷涂的基本原理

1. 超临界喷雾涂料体系的组成

涂料溶液是一个非常复杂的体系，但可以简单地看成是固体物质（如聚合物、颜料和填充料等）溶解或分散于液体溶剂之中。而液相溶剂由活性溶剂与稀释剂组成，因此涂料可以看成是由成膜物质、活性溶剂和稀释剂 3 个主要成分组成的体系。

主要成膜物质是能形成涂膜的高分子树脂，是决定涂膜性质的主要因素。它在涂料的储存和运输期内不发生明显的物理和化学变化；在涂装成膜后能在特定的条件下形成所需要的固化膜层。颜料是分散于涂料中的，成膜后仍为悬浮于基料的微细不溶固体，颜料的主要目的是给涂料提供颜色和不透明性。有的涂料中是不含有颜料的，称为清漆。

活性溶剂通常为含氧的化合物，如酮、醇、酯等，不仅能溶解成膜物质、降低黏度，而且能为涂料喷涂过程提供良好的成膜流平性能，但往往价格较高。而稀释剂通常为烃类化合物(如苯、二甲苯等),对成膜物质溶解力较差,但因其价格低而用来降低涂料的黏度。当然,如果稀释剂用量过多,则体系会进入两相区而出现分层,因此为了防止涂料在喷涂成膜过程中出现相分层,活性溶剂与稀释剂的挥发度必须相协调。一般稀释剂的挥发速度比活性溶剂稍快[63]。

超临界 CO_2 喷雾涂料通常含有 10%～50%的 CO_2,其量多少取决于 CO_2 对聚合物体系的溶解度和涂料的黏度等。聚合物体系测试包括各种高中低分子量的树脂(如各种商用油漆和清漆)。色料测试包括二氧化钛[64]、碳黑、有机蓝、铝粉、碳酸钙、硅等。通过国外资料发现,大部分用于常规涂料的高聚物都可用于超临界流体涂料体系。传统涂料组成中的 30%～70%,甚至 50%～80%的挥发性溶剂被超临界 CO_2 所取代。由于超临界 CO_2 在喷涂过程中迅速气化,因而它只是取代了活性溶剂和稀释剂中的高挥发成分。这部分溶剂在涂料成膜之前就很快挥发掉了,对涂层的流平不起什么作用。因此,在超临界 CO_2 涂料中的挥发性溶剂仍应保留。理论上,它与传统的喷雾涂料的低挥发性溶剂组分应该相同。

超临界 CO_2 的溶解度比烃类溶剂高几倍,对成膜液(成膜物质与低挥发性有机溶剂的溶液)的溶解度最大可达 50%,因而两相区的面积相对较小。即使超临界 CO_2 稍有过量也不至于影响涂层的质量。因为超临界 CO_2 迅速气化,涂料的最后成膜流平固化过程总是远离两相区的,体系变化途径与传统涂料的变化对比如图 9－17 所示。

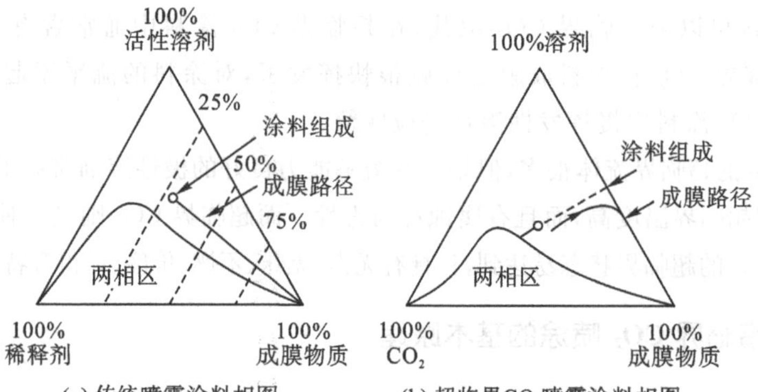

(a) 传统喷雾涂料相图　　(b) 超临界 CO_2 喷雾涂料相图

图 9－17　传统喷涂与超临界 CO_2 喷涂成膜相图对比[65]

2. 喷涂工艺与条件

超临界 CO_2 喷涂工艺如图 9－18 所示。超临界 CO_2 喷涂工艺与传统压缩空气喷涂方式相似,只是压缩空气与成膜液不相溶,而超临界 CO_2 与成膜液可以均匀溶解,雾化效果更好。其喷涂过程大致为:超临界 CO_2 与成膜液按比例混合,然后加压至超临界态后,通过喷嘴喷出,由于压力的急剧降低,溶液中的 CO_2 处于强烈的过饱和态,强烈雾化蒸发,使溶液均匀成膜附着在被喷涂物体表面。较高的温度有利于降低喷涂液的黏度(通常低于 50 mPa・s),但 CO_2 的溶解能力也随之降低了。因此应选用一个最适宜的温度,而喷涂压力一般为 8.5～11 MPa。

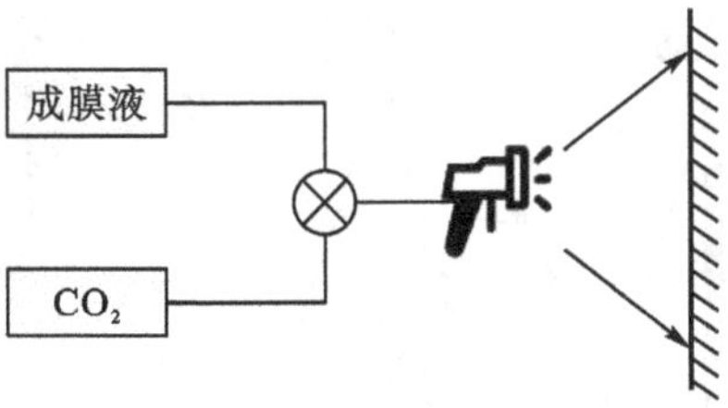

图 9-18　超临界 CO_2 喷涂工艺图[66]

李冬旭等[67]进行超临界 CO_2 用于酚醛清漆喷涂的研究时设计了一套超临界 CO_2 喷涂装置，如图 9-19 所示。各管路均缠有加热带起保温作用；高压视窗便于观察混合后的涂料状态。该装置较为清晰完整地展示了超临界 CO_2 喷涂系统需要的基本装置，体现了喷涂过程的基本环节。

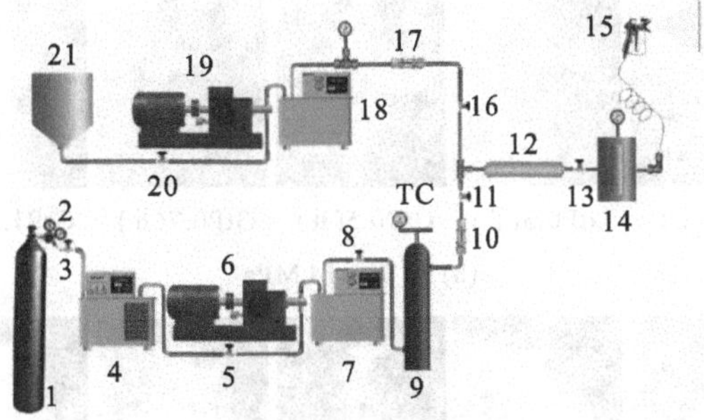

1—CO_2 气瓶；2—减压阀；3，5，8，11，13，16，20—阀门；4—低温恒温槽；6，19—柱塞泵；7，18—超级恒温水浴；9—缓冲罐；10，17—单向阀；12—静态混合器；14—高压视窗；15—喷枪；21—涂料罐。

图 9-19　超临界 CO_2 喷涂装置流程[67]

3. 雾化原理

超临界喷涂工艺原理[68]与传统的压缩空气喷涂相似，但压缩空气与成膜液不相溶，只是均匀地分散。而超临界 CO_2 能与成膜液成为均相的溶液，雾化效果好且消除了空气中的水分、油分等影响涂层质量的问题。

在高压无气喷涂中，虽然也没有空气的影响，但喷涂液的雾化是靠高速喷射液所产生的剪切力克服了喷涂液的表面张力所产生的，其雾化粒子较粗（70～150 μm）。超临界流体喷涂中使涂料雾化的是被压缩的 CO_2 的膨胀力，它不受表面张力的制约，雾化粒子细微（20～50 μm），喷涂扇面均匀且较宽，可以说超临界流体喷涂工艺集中了高压无气喷涂和压缩空气喷涂的长处，并克服了它们的不足之处。

对于超临界 CO_2 喷雾的形式已有学者进行了相关研究[69]，图 9-20 展示了不同 CO_2 含量下喷雾形状的不同。定义气漆比（gas-to-paint ratio，GtP）为喷嘴中 CO_2 气体流量（g/min）与成膜物质流量（g/min）之比。图 9-20(a)表明随着 CO_2 含量的增加，喷雾逐渐由刚性较强的密集液柱过渡到了均匀雾化的悬铃型喷雾。

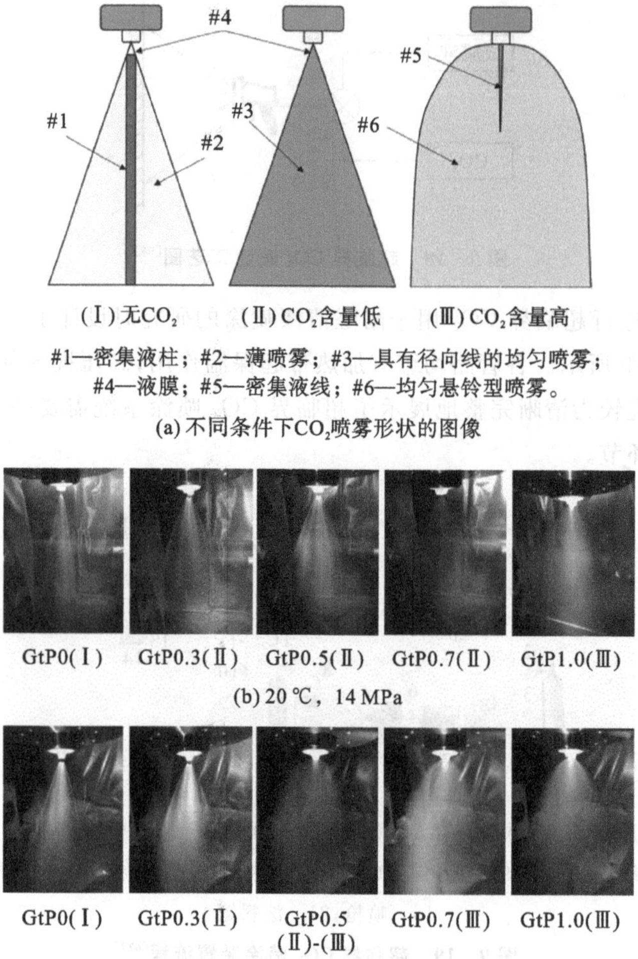

#1—密集液柱；#2—薄喷雾；#3—具有径向线的均匀喷雾；
#4—液膜；#5—密集液线；#6—均匀悬铃型喷雾。

(a) 不同条件下CO_2喷雾形状的图像

(b) 20 ℃，14 MPa

(c) 40 ℃，14 MPa

彩图

图 9-20 不同条件下的 CO_2 喷雾形状[69]

释放出来的 CO_2 还可形成屏障，有利于隔离空气中的湿气、氧气和灰尘，减少喷雾过程中对潮气的吸收，从而降低喷涂操作对环境湿度的要求。

喷涂液离开喷嘴后，压力瞬间消失，溶解在喷涂液中的超临界 CO_2 处于过饱和状态。CO_2 的急剧解析产生了一种强大的膨胀力，从而导致激烈的雾化。由于 CO_2 解吸气化，喷涂液在离开喷嘴很短的距离内温度迅速降至室温，如图 9-21 所示。这种快速冷却是有利的，因为它减少了喷雾过程中有机溶剂的挥发损失，而使有机溶剂的蒸发集中在涂层固化阶段，这样有利于溶剂的回收，也减少了污染。

依据涂料中 CO_2 含量的不同，喷雾的形成有不同的机理[69]。无 CO_2 条件下的雾化机理如图 9-22(a)所示。喷射的液体受到来自高压环境的高速射流的惯性力和在与静止流体的界面处发生的沿相反方向作用的剪切力，喷出的液体按照液膜、液柱、液丝、液滴的顺序进行雾化。这种发生在界面的雾化现象传递到液体中心，从而产生整体雾化。这种雾化机制也称为“剪切”雾化，在各种雾化中均有所体现，它是由涂料压力导致的，不论是否添加 CO_2 均会存在此种机理导致的雾化。

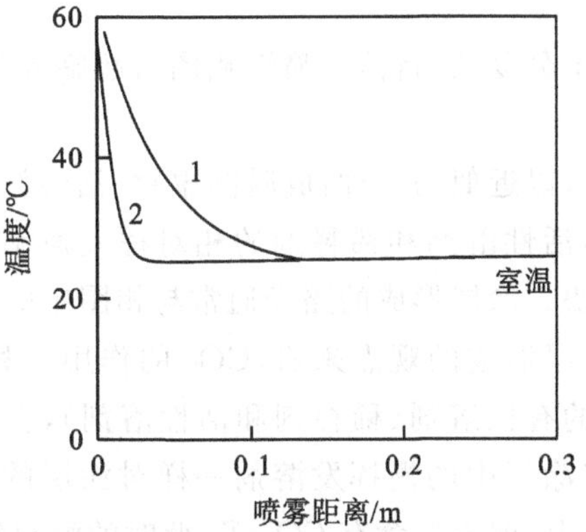

1—传统喷雾涂料；2—超临界喷雾涂料。

图 9-21　喷涂过程中喷涂液温度变化图[63]

图 9-22(b)显示了低 CO_2 含量条件下的雾化机制。在高压环境中，高压 CO_2 溶解在涂料中，形成均相。由于涂料喷出后温度降低，且 CO_2 含量较低，导致喷出的液滴黏度较高，溶解在喷射流体中的 CO_2 的析出受到抑制，因此在喷嘴附近的喷雾中能观察到液膜。上述剪切雾化效应加之液滴中 CO_2 的析出对雾化的促进导致液膜随后又消失。由于 CO_2 析出发生在喷嘴喷射后的无界空间中，因此 CO_2 的体积膨胀对液滴速度的增加没有太大贡献。

图 9-22(c)显示了高 CO_2 含量条件下可能的雾化机制。由于 CO_2 含量过高，部分 CO_2 不能溶解在涂料中，与 CO_2 饱和涂料形成液-液（或液-超临界）两相流体，形成类似乳状液的准均相。雾化过程中，未溶解在涂料中的高压 CO_2 可能引起快速的体积膨胀，从而导致 CO_2 气体射流速度的快速增加同时伴随液滴速度的增加，从而促进雾化并减小液滴尺寸。CO_2 含量较高时，特别是在适度加热条件下，由过量 CO_2 体积膨胀引起的高速射流雾化机制成为主导。

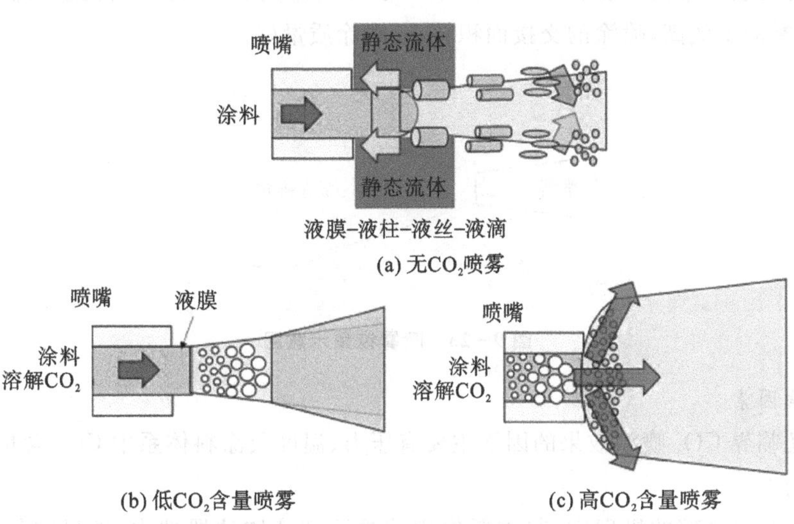

图 9-22　超临界 CO_2 喷涂雾化机理[69]

4. 成膜机理

涂料涂层的形成机理十分复杂，将传统喷涂相图与超临界喷涂相图进行对比，结果如图 9－17 所示。

常规涂料的主要成分可以近似为 3 种：成膜高聚物、活性溶剂和稀释剂。为了避免在施工和成膜时出现相分层，活性溶剂和稀释剂的相对挥发速率必须相协调。一般稀释剂的挥发速度比活性溶剂稍快。涂层形成的路径通常与相图中的两相边界平行。

对于超临界相图，从涂层形成的观点来看，CO_2 的作用与稀释剂类似，它在涂层形成的过程中可以替代大部分的有机溶剂（稀释剂和活性溶剂），在喷涂或者施工之后可以马上挥发，因此它不像保留在涂层中的慢挥发溶剂一样对涂层的成膜和流平性有影响。理论上，一旦涂料沉积在物质上，就不再含有 CO_2 了，此时的涂料组成与传统喷涂的相同。

因为 CO_2 从喷涂液中挥发得特别快，涂层的形成路径远离两相区，与传统喷涂有很大的不同。

9.3.3 超临界喷涂技术的影响因素

1. 评价指标

1）雾化粒子大小

在一定的雾化粒子粒径范围内，粒子的大小将影响喷涂效果，涂料喷涂后的覆盖效果，以及涂膜形成后的平整性、光泽度等。例如，白色磁漆的雾化粒子为 125～200 μm 时，涂膜厚度达到 25 μm，就可获得洁白无瑕的涂膜；而雾化粒子为 300～460 μm 时，表面斑瑕不匀，只有在涂膜厚度达 30～35 μm，方可达到同样的外观[70]。

一般采用直接测量法（如印痕法、浸渍法）、间接测量法等获得一定量雾化颗粒的尺寸，进行统计计量后作为雾化粒子大小的表征。

2）喷雾锥角

喷涂时从喷嘴出来的涂料在运动过程中形成喷雾流，其形状为锥体，喷雾外包络线之间的夹角称为喷雾锥角 θ，如图 9－23 所示[71]。喷雾锥角越大，涂料的覆盖面积就越大，相对来说，喷雾的工效高，喷涂的交接面积较小，喷涂质量好。

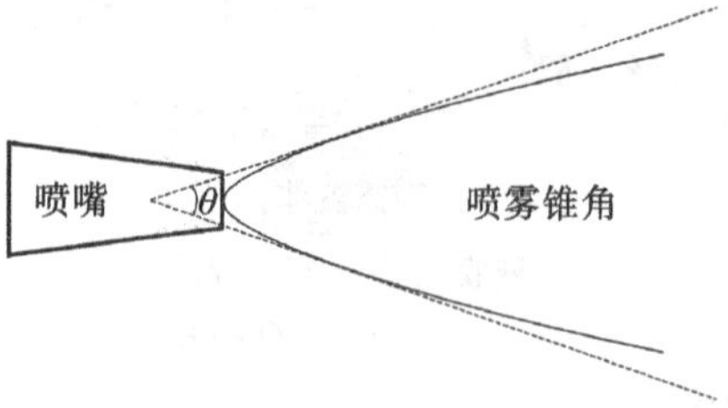

图 9－23 喷雾锥角示意图

2. 影响因素

影响超临界 CO_2 喷涂效果的因素主要有压力、温度及涂料体系中 CO_2 含量等[62,72]。

1）压力

在液体喷射破碎的机理中，起主要作用的是运动液体的惯性力、外界空气阻力、液体涂料的黏性力和表面张力。空气阻力的作用是使喷射液体流和分裂出的较大液滴扭曲变形,在流体和空气的相对速度作用下产生摩擦,把由于液流内部扰动而形成的、凸出于液流表面的部分撕裂掉,使其脱离液流主体分散开,在液体表面张力下形成液滴。液体涂料的黏性力和表面张力则抗拒扭曲变形、阻止分裂,力图维持液流和液滴的完整。显然,只有当空气阻力的作用大于液流和液滴的黏性力和表面张力形成的内力时才会发生分裂,这种分裂一直进行到液滴具有的内力重新与空气阻力平衡为止。因此当压力增大时,喷出的液流表面与空气之间的相对速度较大,就产生了较大的气动压力和摩擦效应,使液滴被分裂成更小的液滴。

棚泽等给出以下式子来估算雾化粒子的平均直径(d_s):

$$d_s = 70.5\frac{d_c}{u_0}\left(\frac{\sigma}{\rho_f}\right)^{0.25}\sqrt{g}\left[1+3.31\frac{v_f\sqrt{g}}{\sqrt{\sigma\rho_f d_c}}\right] \tag{9-3}$$

式中,d_c 为喷孔直径;u_0 为涂料初速度;ρ_f 为流体的密度;σ 、v_f 分别为液体的表面张力和运动黏度;g 为重力加速度。

根据式(9-3)可得:压力越大,液体喷出时的速度越大,雾化粒子粒径越小,雾化效果越好。在超临界 CO_2 为快挥发溶剂的喷涂中,雾化粒子的大小还与 CO_2 的减压解吸产生的膨胀力有关,可以预见由超临界 CO_2 喷涂所得的雾化粒子粒径在相同条件下将比纯机械雾化的小。

压力对喷雾锥角的影响为压力越大,喷雾锥角越大。压力越大,液体离开喷嘴时的湍流状态越显著,导致体系内部的扰动更加激烈,从而形成更大的喷雾锥角 θ。根据席凯特(Sitkei)对孔式喷嘴传统喷涂过程的喷雾锥角 θ 给出了经验公式[73]:

$$\theta = 3\times10^{-2}\left(\frac{d_c}{l}\right)\left(\frac{\rho_c}{\rho_f}\right)^{0.1}Re^{0.7} \tag{9-4}$$

式中,d_c 为喷孔直径;l 为喷孔长度;ρ_f 、ρ_c 分别为液体和空气的密度;Re 为喷嘴孔道内的雷诺数。

压力增大,流出喷孔液体的流速增大,使涂料液的湍流状态更加激烈,则 Re 增大,从而造成喷雾锥角 θ 增大。压力对喷雾锥角的影响同压力对雾化粒子大小的影响趋势也是相同的,其根本是压力增大时液体离开喷嘴的速度也会增大,导致更加激烈的湍流状态,形成良好的雾化效果。

2)温度

陈书芳[72]探究温度对超临界 CO_2 喷涂时雾化粒子大小和喷雾锥角大小的影响结果分别如图 9-24 和图 9-25 所示。

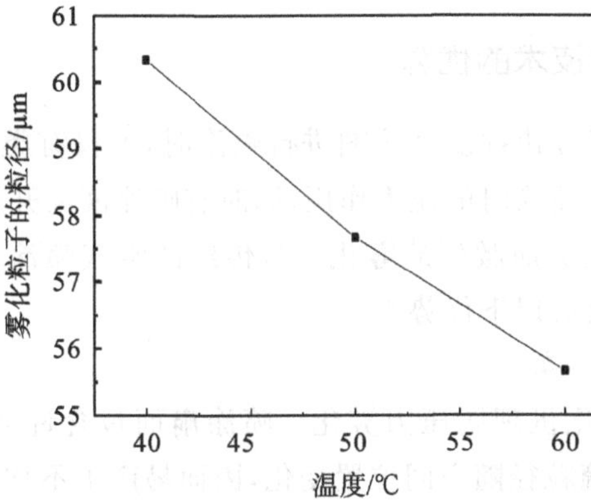

图 9-24　温度对雾化粒子大小的影响[72]

温度越高,雾化粒子越小。温度对雾化粒子大小有影响主要是因为温度对涂料的黏度有很大影响,温度越高,涂料的黏度越小,涂料黏性力和表面张力变小,空气阻力的作用大于涂料的黏性力和表面张力形成的内力而产生扭曲变形,而使液滴被分裂成更小的液滴。

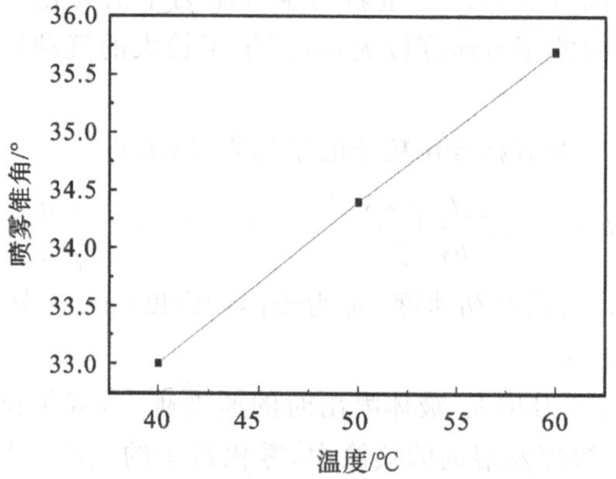

图 9-25　温度对喷雾锥角的影响[72]

温度越高,喷雾锥角越大。这可能是因为温度越高,涂料的黏度越小,雾化要克服的黏性力越小。由式(9-4)可知,温度升高,黏度减小,*Re* 与流体的黏度成反比,则 *Re* 增大,即导致离开喷嘴时的脉动作用越明显,使得喷射的液滴更加向外扩散雾化,从而形成较大的喷雾锥角。

3)CO_2 含量

CO_2 含量增加,雾化粒子变小。喷涂过程中,CO_2 含量的影响表现在 2 个方面:一方面是 CO_2 含量的增加使体系的黏度降低;另一方面是 CO_2 在离开喷嘴时减压解吸,体积剧烈膨胀,CO_2 含量增加,体积膨胀得越大,产生的膨胀力也将越大,CO_2 膨胀力将使涂料更好地雾化细小的液滴。

CO_2 含量越大,喷雾锥角越大。CO_2 在离开喷嘴的一瞬间减压解吸,体积剧烈膨胀,会产生强大的膨胀力,这种膨胀力是无方向的,使得涂料向四周扩展,可促进雾化粒子沿着与喷孔垂直的方向展开,从而形成较大的喷雾锥角。同时随着 CO_2 含量的增加,涂料的黏度变小,雾化过程要克服的涂料液的黏性力变小,喷雾锥角变大。

9.3.4　超临界喷涂技术的优势

用超临界 CO_2 代替部分快挥发性溶剂进行喷涂时,不仅有类似于热喷涂时的温度作用,还有类似于高压无空气喷涂时的压力作用,同时有喷涂液离开喷嘴时 CO_2 解吸产生的膨胀力的作用,从而会导致更加激烈的雾化。与传统的空气喷涂和高压无空气喷涂工艺相比,超临界喷涂技术还具有以下优势[62]。

1. 成膜质量和转换效率高

高压无空气喷涂的雾化机理属压力雾化。喷涂扇面包含许多喷射流,形成的雾滴粒径较大(70～150 μm),雾滴粒径随空间位置变化,因而易产生不均匀的涂层[74]。空气喷涂工艺是利用压缩空气在喷枪喷嘴中加速,在喷嘴帽中形成负压将涂料溶液吸出后,依靠高速气流对液膜的剪切作用实现雾化的工艺，属气动雾化。其雾化效果较好，雾滴粒径小，但分散性大，压缩空气中含有水分、尘土等杂质使涂膜质量降低，有机溶剂消耗量大，对环境污染严重。而超临界 CO_2 喷涂工艺主要是利用溶解在涂料液中的超临界 CO_2 在喷嘴出口减压后快速膨胀所产生的膨胀力，使液膜破碎，实现雾化的工艺，同时，超临界 CO_2 喷涂也具有压力雾化的作用。超临界 CO_2 快速膨胀，其体积增大数百倍，对液膜所产生的膨胀力要远大于传统喷涂工艺中的剪切力，因而雾化效果更好，雾滴粒径空间分布均匀，雾滴粒径小、分散性小。因此，超临界 CO_2 喷涂工艺不但可减少有机溶剂的用量，降低涂料对环境的污染，而且还可获得比传统工艺更高的成膜质量。

2. 使用成本低，经济效益明显

超临界 CO_2 喷涂工艺可用 CO_2 替代 30%～70%的有机溶剂，CO_2 价廉易得(可利用合成氨生产、天然气及其他工业过程中回收得到的大量的廉价 CO_2 副产物[74])，而有机溶剂价格昂贵。传统的空气喷涂工艺由于大流量空气(空气量与涂料量之比约为 2000[75])的携带，使得喷涂时涂料颗粒飞散损失严重，而超临界 CO_2 喷涂工艺由于不使用气流雾化，飞散损失小得多。另外超临界 CO_2 喷涂工艺无过度喷涂，转换效率高，例如，Senser 所进行的对比性试验研究表明，每喷涂 25 μm 的固体涂层，超临界 CO_2 喷涂工艺可以比空气喷涂节省 37%的涂料[76]。因此，超临界 CO_2 喷涂工艺的经济效益非常可观。

3. 工艺转化性好

超临界 CO_2 喷涂的工作压力在高压无空气喷涂设备的工作压力范围内，所需温度也不高，在热喷涂的范围内。传统溶剂型涂料的无空气喷涂技术已很成熟，该设备已被广泛采用，超临界 CO_2 喷涂设备与该喷涂设备有很多类似之处。因此，在无空气喷涂设备上做不大的改装就能实现超临界 CO_2 喷涂工艺。

9.3.5　超临界喷涂的应用

在众多的超临界流体中，超临界 CO_2 最适合用作涂料稀释剂，因为 CO_2 的超临界温度较低，临界压力也在现有无空气喷涂设备的使用范围之内，所以无需增加新设备。在喷涂工艺中，使用超临界 CO_2 能使喷雾器产生理想的雾化和成膜效果。制造以超临界 CO_2 为稀释剂的涂料时，能降低传统涂料中大量的挥发性有机物，适用于所有从热塑性和热固性聚合物喷枪喷出的涂料[77]。

喷枪喷出的涂液通常含有 10%～50%的超临界 CO_2，具体含量取决于涂料的固体成分、颜料的特性、涂料在 CO_2 中的溶解度及喷涂的温度和压力等因素。在喷涂过程中，涂料需要加热到超临界温度以上，同时还须补偿 CO_2 变为气体所产生的致冷效应。更高的温度有利于降低涂料的黏度，但同时也会降低 CO_2 的溶解能力。因此，喷涂温度一般控制在 40～70 ℃，喷涂压力控制在 8.0～12.0 MPa。普通涂料的黏度通常为 0.5～5 Pa・s，而被溶解在超临界 CO_2 中的涂料的黏度可以降到 0.05 Pa・s 以下，其喷涂质量自然更加优异。

超临界流体喷涂工艺在改善涂层外观和性能以及控制成本方面都表现出令人满意的效果，其应用前景非常广阔。表 9－5 展示了超临界流体(SCF)喷涂工艺在商业应用上的优势[61]。

表 9-5 不同涂料采用超临界流体(SCF)喷涂工艺和传统喷涂工艺在商业应用上的比较

涂料	适用范围	一次喷涂的涂层厚度/pm		涂装效率		固体含量		SCF 溶剂挥发量	SCF 喷涂的成本	SCF 喷涂的其他特点
		传统喷涂	SCF 喷涂	传统喷涂	SCF 喷涂	传统喷涂	SCF 喷涂			
可塑性氨基甲醇乙酯面漆	汽车的塑料部件	<380	380	—	提高	—	—	达到排放标准	下降	涂层外观较好，溶剂坑、橘皮和酸腐蚀得到改善
可塑性丙烯酸面漆	汽车保险杠和仪表系统	250	380	63%	83%	—	—	下降 75%	下降	下陷和橘皮现象减少，涂层外观好，光泽度高
TPO 塑料粘接促进剂	塑料部件	—	76	28%	38%	7%	20%	下降 77%	下降	橘皮现象减少，涂层更光滑，涂料用量下降 75%
聚酯底漆	汽车成型部件	—	—	—	10%	—	67%	—	28%	涂装步骤由 2 个减少为 1 个，涂料用量减少 34%
丙烯酸漆	汽车的转动轮	—	—	30%	54%	—	—	下降 75%	27%	原材料成本下降 75%，废物处理成本下降 75%
乙醇漆	重型设备	—	—	45%	70%	—	增加	下降 60%	22%	去掉 1 个喷涂室和 1 个涂装步骤，废物处理成本下降 65%
有机硅涂料	金属烘箱	—	—	—	23%	20%	64%	下降 89%	下降	涂料用量下降 75%，不再需要焚化过程

参考文献

[1]ZAFARANI-MOATTAR M T, SARMAD S. Measurement and correlation of phase equilibria for poly(ethylene glycol) methacrylate+alcohol systems at 298.15 K[J]. Journal of Chemical & Engineering Data, 2005, 50(1): 283-287.

[2]VAN KONYNENBURG H P, SCOTT R L. Critical lines and phase equilibria in binary van der waals mixtures[J]. Philosophical Transactions of the Royal Society A: Mathematical, Physical and Engineering Sciences, 1980, 298(1442): 495-540.

[3]BRUNNER E. Fluid mixtures at high pressures: Ⅸ. phase separation and critical phenomena in 23 (n-alkane+water)mixtures[J]. Journal of Chemical Thermodynamics, 1990, 22(4): 335-353.

[4]BRUNNER E, THIES M C, SCHNEIDER G M. Fluid mixtures at high pressures: phase behavior

and critical phenomena for binary mixtures of water with aromatic hydrocarbons[J]. The Journal of Supercritical Fluids, 2006, 39(2): 160 - 173.

[5]STEVENSON R L, LABRACIO D S, BEATON T A, et al. Fluid phase equilibria and critical phenomena for the dodecane - water and squalane - water systems at elevated temperatures and pressures [J]. Fluid Phase Equilibria, 1994, 93: 317 - 336.

[6]AMANI M J, GRAY M R, SHAW J M. Phase behavior of Athabasca bitumen+water mixtures at high temperature and pressure[J]. The Journal of Supercritical Fluids, 2013, 77: 142 - 152.

[7]MORIMOTO M, SATO S, TAKANOHASHI T. Effect of water properties on the degradative extraction of asphaltene using supercritical water[J]. Journal of Supercritical Fluids, 2012, 68: 113 - 116.

[8]BAI F, ZHU C C, LIU Y, et al. Co - pyrolysis of residual oil and polyethylene in sub - and supercritical water[J]. Fuel Processing Technology, 2013, 106: 267 - 274.

[9]LIU Y, FAN B, ZHU C C, et al. Upgrading of residual oil in sub - and supercritical water: an experimental study[J]. Fuel Processing Technology, 2013, 106: 281 - 288.

[10]LIU J, XING Y, CHEN Y X, et al. Visbreaking of heavy oil under supercritical water environment [J]. industrial & engineering chemistry research, 57(3): 867 - 875.

[11]CHENG Z M, DING Y, ZHAO L Q, et al. Effects of supercritical water in vacuum residue upgrading[J]. Energy & Fuels, 2009, 23(3): 3178 - 3183.

[12]KOZHEVNIKOV I V, NUZHDIN A L, MARTYANOV O N. Transformation of petroleum asphaltenes in supercritical water[J]. Journal of Supercritical Fluids, 2010, 55(1): 217 - 222.

[13]RAHMANI S, MCCAFFREY W, GRAY M R. Kinetics of solvent interactions with asphaltenes during coke formation[J]. Energy & Fuels, 2001, 16(1): 177 - 182.

[14]SATO M, GOTO M, HIROSE T. Supercritical fluid extraction on semibatch mode for the removal of terpene in citrus oil[J]. Industrial & Engineering Chemistry Research, 1996, 35(6): 528 - 533.

[15]VILCAEZ J, WATANABE M, WATANABE N, et al. Hydrothermal extractive upgrading of bitumen without coke formation[J]. Fuel, 2012, 102: 379 - 385.

[16]DEPEYRE D, FLICOTEAUX C. Modeling of thermal steam cracking of n - hexadecane[J]. Industrial & Engineering Chemistry Research, 1991, 30(6): 1116 - 1130.

[17]DEPEYRE D, FLICOTEAUX C, CHARDAIRE C. Pure n - hexadecane thermal steam cracking [J]. Industrial & Engineering Chemistry Process Design and Development, 1985, 24(4): 1251 - 1258.

[18]KHORASHEH F, GRAY M R. High - pressure thermal cracking of n - hexadecane [J]. Industrial & Engineering Chemistry Research, 1993, 32(9): 1853 - 1863.

[19]YUAN P Q, ZHU C C, LIU Y, et al. Solvation of hydrocarbon radicals in sub - CW and SCW: an ab initio MD study [J]. Journal of Supercritical Fluids, 2011, 58(1): 93 - 98.

[20]YUAN P - Q, ZHU C - C, LIU Y, et al. Solvation of hydrocarbon radicals in sub - CW and SCW: an ab initio MD study [J]. The Journal of Supercritical Fluids, 2011, 58(1): 93 - 98.

[21]SINGH J, KUMAR S, GARG M O. Kinetic modelling of thermal cracking of petroleum residues: a critique [J]. Fuel Processing Technology, 2012, 94(1): 131 - 144.

[22]LI N, YAN B, XIAO X - M. Kinetic and reaction pathway of upgrading asphaltene in supercritical water [J]. Chemical Engineering Science, 2015, 134: 230 - 237.

[23]AL - MUNTASER A A, VARFOLOMEEV M A, SUWAID M A, et al. Hydrothermal upgrading of heavy oil in the presence of water at sub - critical, near - critical and supercritical conditions [J]. Journal of Petroleum Science and Engineering, 2020, 184: 106592.

[24]YAN T, XU J, WANG L, et al. A review of upgrading heavy oils with supercritical fluids [J]. RSC Advances, 2015, 5(92): 75129 - 75140.

[25]LI N, ZHANG X, ZHANG Q, et al. Reactivity and structural changes of asphaltene during the supercritical water upgrading process [J]. Fuel, 2020, 278: 118331.

[26]LIU X - Q, QU H, YANG J - Y, et al. Visbreaking of heavy oil in supercritical benzene [J]. Energy & Fuels, 2019, 33(2): 1074 - 1082.

[27]HOSSEINPOUR M, FATEMI S, AHMADI S J. Deuterium tracing study of unsaturated aliphatics hydrogenation by supercritical water in upgrading heavy oil. Part II: hydrogen donating capacity of water in the presence of iron(Ⅲ) oxide nanocatalyst [J]. The Journal of Supercritical Fluids, 2016, 110: 75 - 82.

[28]SATO T, MORI S, WATANABE M, et al. Upgrading of bitumen with formic acid in supercritical water [J]. The Journal of Supercritical Fluids, 2010, 55(1): 232 - 240.

[29]HOSSEINPOUR M, SOLTANI M, NOOFELI A, et al. An optimization study on heavy oil upgrading in supercritical water through the response surface methodology (RSM) [J]. Fuel, 2020, 271: 117618.

[30]刘松,景显东,刘英杰,等.超临界流体干燥技术的应用研究进展[J].低温与特气,2021,39(2):1 - 5.

[31]吕文生.两种二氧化硅产品的超临界二氧化碳干燥[D].厦门:厦门大学,2012.

[32]ZHENG S, HU X, IBRAHIM A - R, et al. Supercritical fluid drying: classification and applications [J]. Recent Patents on Chemical Engineering, 2010, 3(3): 230 - 244.

[33]KISTLER S S. Coherent Expanded Aerogels and Jellies [J]. Nature, 1931, 127(3211): 741 - 741.

[34]张广延. CO_2 超临界干燥制备 SiO_2 超细粉体的研究[D].北京:北京化工大学,2004.

[35]ROLISON D R, MORRIS C A, ANDERSON M L, et al. Mesoporous composite gels an aerogels: US, 09/541,024 [P/OL]. 2002 - 12 - 10.

[36]NAMATSU H. Supercritical drying method and supercritical drying apparatus: US, 6576066B1 [P/OL]. 2003 - 06 - 10.

[37]吕文生,邢路,袁东平,等.无泵自循环干燥机的研制及应用[Z].第十一届全国化学工艺学术年会论文集,2011:62 - 64.

[38]KAWAKAMI N, FUKUMOTO Y, INOUE K, et al. Method and apparatus for making aerogel film: US, 09/577,028 [P/OL]. 2002 - 04 - 02.

[39]DAVIS M W, BOBIER J E. Method for drying organic material employing a supercritical carbon dioxide process: U. S. Patent Application 11/726,112 [P/OL]. 2007 - 9 - 27.

[40]LI J, RODRIGUES M, PAIVA A, et al. Vapor - liquid equilibria and volume expansion of the tetrahydrofuran/CO_2 system: application to a SAS - atomization process [J]. The Journal of Supercritical Fluids, 2007, 41(3): 343 - 351.

[41]张常松.罗非鱼片的超临界 CO_2 干燥特性研究[D].湛江:广东海洋大学,2011.

[42]赵学伟.稻谷薄层干燥及吸湿性研究进展[J].粮食流通技术,2002(1):24 - 28.

[43]王宝和.干燥动力学研究综述[J].干燥技术与设备,2009,7(2):6.

[44]张咪.GAP 基纳米复合含能材料的制备及性能研究[D].太原:中北大学.

[45]TEWARI P H, HUNT A J, LOFFTUS K D. Ambient - temperature supercritical drying of transparent silica aerogels [J]. Materials Letters, 1985, 3(9): 363 - 367.

[46]CHENG C P, IACOBUCCI P A, WALSH E N. Non - aged inorganic oxide - containing aerogels and their preparation: US, 06/685,698 [P/OL]. 1986 - 10 - 28.

[47]相宏伟,钟炳,彭少逸,等.制备参数对 ZrO_2 气凝胶超细粉织构和结构性质的影响[J].燃料化学学报,1994,(2):125-130.
[48]梁永煌,满瑞林,倪网东,等.超临界 CO_2 萃取干燥技术及其在饱水文物脱水中的研究进展[J].应用化工,2010,39(3):437-440.
[49]KAYE B, COLE-HAMILTON D J, MORPHET K. Supercritical drying: a new method for conserving waterlogged archaeological materials [J]. Studies in Conservation, 2000, 45(4): 233-252.
[50]方北松.饱水竹木质文物超临界干燥脱水技术预研究[J].江汉考古,2014(S1):74-79.
[51]穆磊,赵巨岩,刘生东,等.超临界 CO_2 流体干燥海洋出水木质文物的实验研究[J].文物保护与考古科学,2020,32(6):55-60.
[52]刘克.超临界二氧化碳技术制备纳米药物颗粒的研究[D].北京:北京化工大学,2015.
[53]田金法.超临界二氧化碳喷雾干燥技术制备微米及纳米生化医药颗粒[C].2001 中国药学会学术年会大会报告集,2001:922-923.
[54]斯黎明.超临界流体技术及其在中药生产中的应用[J].医药工程设计,2004(5):11-13.
[55]计伟荣,王建辉.超临界流体技术在纳米催化剂制备中的应用[J].浙江工业大学学报,2006(6):593-598.
[56]张敬畅,高炜,曹维良,等.超临界流体干燥法制备纳米 ZnO 的研究[J].材料科学与工艺,2002(3):251-255.
[57]张敬畅,李青,曹维良.超临界流体干燥法制备纳米 TiO_2-ZnO 复合催化剂及其对苯酚降解的光催化性能[J].催化学报,2003(11):831-834.
[58]张敬畅,高玲玲,曹维良.纳米 TiO_2-SiO_2 复合光催化剂的超临界流体干燥法制备及其光催化性能研究[J].无机化学学报,2003(9):934-940.
[59]张敬畅,李青,曹维良.超临界流体干燥法制备纳米 TiO_2-SnO_2-SiO_2 复合光催化剂及其光催化性能研究[J].无机化学学报,2004,(6):725-730.
[60]张敬畅,李青,曹维良.超临界流体干燥法制备 TiO_2/Fe_2O_3 和 $TiO_2/Fe_2O_3/SiO_2$ 复合纳米粒子及光催化性能[J].复合材料学报,2005(1):79-84.
[61]魏子栋,谭君,殷菲.超临界 CO_2 涂料及涂装技术[J].电镀与精饰,2000(2):1-5.
[62]李娟.超临界 CO_2 为溶剂型丙烯酸涂料快挥发性溶剂喷涂的初步研究[D].福州:福州大学,2005.
[63]徐金龙.超临界流体与溶质相互作用及在涂料基体中相行为研究[D].北京:北京化工大学,2002.
[64]BOCQUET J F, CHHOR K, POMMIER C. A new TiO_2 film deposition process in a supercritical fluid [J]. Surface and Coatings Technology, 1994, 70(1): 73-78.
[65]林春绵.超临界 CO_2 在涂料及喷涂工艺中的应用[J].浙江工业大学学报,1995(3):242-247.
[66]WHITE T. Economic solution to meeting VOC regulations [J]. Metal Finishing, 1991, 89(4): 55-58.
[67]李冬旭,银建中.超临界二氧化碳用于酚醛清漆喷涂的研究[J].应用科技,2019,46(6):96-100.
[68]Lewis J, Argyropoulos J N, Nielson K A. Supercritical carbon dioxide spray systems[J]. Metal Finishing, 2000, 98(6): 254-262.
[69]KAWASAKI S-I, SAKURAI Y, FUJII T. Study on atomization mechanism in spray coating of organic paint mixed with high-pressure carbon dioxide as a diluting solvent [J]. The Journal of Supercritical Fluids, 2022, 179: 105408.
[70]宋维.涂料雾化状况对静电喷涂效果的影响[J].表面技术,2000(1):47-48.
[71]李幼鹏.柴油机原理[M].大连:大连理工大学出版社,1992.
[72]陈书芳.醇酸清漆 SC-CO_2 喷涂工艺研究及光催化自洁涂料制备[D].福州:福州大学,2006.
[73]魏象仪.内燃机燃烧学[M].大连:大连理工大学出版社,1992.

[74]陈五平.无机化工工艺学(1)[M].北京:化学工业出版社,1981.

[75]冯立明.涂装工艺与设备[M].北京:化学工业出版社工业装备与信息工程出版中心,2004.

[76]魏子栋,谭君,殷菲.超临界 CO_2 涂料及涂装技术[J].电镀与精饰,2000(2):1-5.

[77]魏子栋,董海文.超临界流体在涂料中的应用[J].1996(4):35-36.

[78]TAN X C, LIU Q K, ZHU D Q, et al. Pyrolysis of heavy oil in the presence of supercritical water: the reaction kinetics in different phases[J]. AIChE Journal, 2015, 61(3):857-866.

第 10 章

超临界流体环境材料腐蚀

材料腐蚀是指材料与环境之间发生作用而导致材料的破坏或变质的现象。我国每年因腐蚀造成的损失高达 3 万亿元，而在美国每人平均每年要承担 1100 美元的腐蚀损失。装备材料腐蚀不仅仅会造成重大的经济损失，很多突发、意想不到的腐蚀失效问题还可能引起灾难性事故。超临界流体处于高温高压特殊状态，服役于超临界流体环境中的装备面临着更为严重的腐蚀失效风险。

如前文所述，超临界水具有优异的物化特性，其应用已遍及能源、环境、新材料、化工等领域。相对于其他常见的超临界流体，如超临界二氧化碳、超临界乙醇等，超临界水具有更高的临界温度、临界压力，以及相对更强的侵蚀性。超临界水环境中有关装备制造用材的腐蚀是超临界水在各个领域中应用的关键共性问题。无论是大型超临界火电技术的发展，还是核电上轻水堆向超临界水冷堆的升级革新，都面临着热力工质参数升高所引发的高温超临界水中受热面腐蚀加剧问题。超临界水气化技术是利用超临界水的特殊性质，在不加入氧化剂的前提下，将反应物泵入超临界水气化反应器使其热解气化，以制取高热值气体如氢气、甲烷和一氧化碳等的技术[1]。其不仅可以直接气化石油、煤等化石燃料[2]，还可以在处理污泥、油泥、有机废水等有机废物的过程中获取可燃气体[3]。然而，无论化石燃料还是各类有机废弃物，其往往皆含有多种无机盐；此外，物料中卤素、硫、磷等杂原子在超临界水气化反应过程中极可能产生无机酸，从而形成还原性复杂超临界水体系，加剧该体系下相关设备的腐蚀损伤[4]。对于超临界水氧化处理有机污染物体系，氧化剂(通常为空气或者纯氧)的存在使其成为氧化性超临界水体系，进一步加剧了该体系下装备结构材质的腐蚀，其已成为当前制约超临界水氧化技术大规模工业化发展的关键问题[4-5]。

典型超临界水应用领域的关键装备腐蚀环境如表 10-1 所示。

表 10-1　典型超临界水应用领域的关键装备腐蚀环境

应用领域	腐蚀环境组分
超临界电站机组	超临界水，10^{-9} 级溶解氧，去离子水，去氧
超临界水气化	超临界水，有机物，大量无机盐杂质
超临界水氧化	超临界水，有机物，高浓度氧化剂，大量无机盐

为了便于理解，本章所述超临界水是指去离子水或含 10^{-9} 级溶解氧的超临界水，超临界水体系是指含有高浓度溶解氧、有机物等复杂的以超临界水为主的环境，超临界水环境是指以超临界水为主的由各组分所形成的环境。

10.1 超临界水环境典型用材及其分类、特性

超临界水环境典型用材主要包括低合金钢、铁素体-马氏体钢、奥氏体不锈钢、镍基合金、贵金属、钽和铌、陶瓷等。随着服役超临界水温度的不断提高，低合金钢、铁素体-马氏体钢、奥氏体不锈钢、镍基合金依次成为超临界（或近超临界）水体系有关装备制造的主体材料。为保证服役的安全性能，复杂超临界水体系（指含有无机盐、有机废弃物、氧化剂等一种或者一种以上的超临界水环境）中服役的装备往往采用奥氏体不锈钢、镍基合金、贵金属、钽和铌等材料进行制造。超临界水环境中典型材料的当前/潜在应用领域、基本特性分别介绍如下。部分典型材料的化学成分如表 10－2 所示。

10.1.1 低合金耐热钢(Cr≤3%，Mo≤1%)

在火电厂锅炉中低合金耐热钢大量应用于承压部件，尤其是过热器、再热器的低温区域以及水冷壁，在联箱和管道中也比较常见。对于低合金耐热钢，一般要求温度在 450℃ 以下、有着良好的抗拉强度(120 MPa)，焊接性能要求在焊后无需进行热处理，优异的抗烟气腐蚀性能可以通过堆焊或喷涂获得，抗蒸汽氧化特性良好。

低合金耐热钢的典型钢种及最高使用温度为 15Mo≤530 ℃、12CrMo≤540 ℃、15CrMo≤540 ℃、12Cr1MoV≤580 ℃、15Cr1Mo1V≤580 ℃、10CrMo910≤580 ℃，还有其他典型钢种如 T12、T2、T22、T23、T24 等。

低合金耐热钢中的 P2、12Cr1MoV 等长期以来都作为锅炉的主要材料。之后日本住友金属株式会社在 T22(2.25Cr1Mo)钢的基础上吸收了我国 G102(12Cr2MoWVTiB)钢的优点改进研发了 T/P23 钢，将 T22 钢的碳含量从 0.08%～0.15%降至 0.04%～0.10%，以 W 取代部分 Mo 并添加 Nb、V 提高了蠕变强度。同时，欧洲也开发了 T/P4，通过 V、Ti、B 的多元微合金化来提高蠕变性能，由于其碳含量降低，加工性能和焊接性能优于 G102 钢，可以焊前不进行预热，焊后不进行热处理。在 550 ℃时 T23 钢的许用应力接近 T91 钢，而在 600 ℃时 T23 钢的蠕变强度要比 T22 钢高 93%，与 G102 钢相当。T24 钢是在 T22 钢的基础上改进的，增加了 V、Ti、B 含量，减少了碳含量，提高了蠕变断裂强度。T23 和 T24 这两种钢具有优异的焊接性能，无需焊后热处理即可将接头硬度控制在 350～360 HV_{10} 以下。T23、T24 钢是超临界、超超临界锅炉水冷壁的最佳选择材料，并可应用于壁温小于 600 ℃的过热器、再热器管，P23 钢可以用于壁温小于 600 ℃的联箱，这两种钢可取代 10CrMo910、12Cr1MoV 等材料作为亚临界机组的高温管道和联箱，降低壁厚。

低合金耐热钢由于其碳含量低，因而碳化物相应地减少，钢中不易产生珠光体球化、珠光体石墨化，有利于组织的稳定性。低合金耐热钢保持 α 铁的体心立方结构，其内合金元素的扩散速率远小于 γ 相 Fe－Cr 合金。

表 10-2　典型材料的化学成分(质量分数)

单位:%

材料牌号	C	Si	Mn	P	S	Ni	Cr	Cu	Mo	V	Nb	N	B	Al	Ti	Fe	其他
12CrMoV	0.08~0.15	0.17~0.37	0.40~0.70	—	—	—	0.30~0.60	—	0.25~0.35	0.15~0.30	—	—	—	—	—	余量	V:0.15~0.30
T22	0.05~0.15	≤0.50	0.30~0.60	≤0.025	≤0.025	—	1.90~2.60	—	0.87~1.13	—	—	—	—	—	—	余量	—
T91	0.08~0.12	0.20~0.50	0.30~0.60	≤0.020	≤0.010	≤0.40	8.00~9.50	—	0.85~1.05	0.18~0.25	0.06~0.10	0.03~0.07	—	≤0.04	—	余量	V:0.18~0.25
HCM12A	0.07~0.14	≤0.50	≤0.70	≤0.02	≤0.01	≤0.50	10.00~12.50	0.30~1.70	0.25~0.60	0.15~0.30	0.04~0.10	0.04~0.10	≤0.005	≤0.04	—	余量	W:1.50~2.50
TP304H	0.04~0.10	≤0.75	≤2.00	≤0.045	≤0.030	8.00~10.50	18.00~20.00	—	—	—	—	—	—	—	—	余量	—
TP347H	0.04~0.10	≤0.75	≤2.00	≤0.040	≤0.030	9.00~13.00	17.00~20.00	—	—	—	0.06~0.10	—	—	—	—	余量	—
TP347HFG	0.07~0.13	≤0.6	≤0.30	≤0.030	≤0.030	9.0~13.0	17.00~19.00	—	—	—	0.80	—	—	—	—	余量	—
Super304H	0.07~0.13	≤0.30	≤1.00	≤0.040	≤0.010	7.50~10.50	17.00~19.00	2.50~3.50	—	—	0.30~0.60	0.05~0.12	0.001~0.010	0.003~0.030	—	余量	—
HR3C	0.04~0.10	≤0.75	≤2.00	≤0.030	≤0.030	17.00~23.00	24.00~26.00	—	—	—	0.20~0.60	0.15~0.35	—	—	—	余量	—
NF709	≤0.10	≤1.00	≤1.50	—	—	22.0~28.0	19.0~23.0	—	1.00~2.00	—	0.10~0.40	0.10~0.25	0.002~0.010	—	≤0.20	余量	—

续表

材料牌号	C	Si	Mn	P	S	Ni	Cr	Cu	Mo	V	Nb	N	B	Al	Ti	Fe	其他
Tempaloy A-3	0.03 0.10	≤1.00	≤2.00	≤0.040	≤0.030	14.5 16.5	21.0 23.0	—	—	—	0.50～ 0.80	0.10 0.20	0.001～ 0.005	—	—	余量	—
Save 25	0.10	0.10	1.00	—	—	18.0	23.0	3.50	—	—	0.45	0.20	—	—	—	余量	W:2.5
Inconel 600	0.07	0.24	0.26	0.009	<0.001	余量	14.97	0.15	—	—	—	—	—	0.27	0.004	8.26	—
Incoloy 800	≤0.10	≤1.00	≤1.50	≤0.030	≤0.015	30.0～ 35.0	19.0～ 23.0	—	—	—	—	—	—	—	—	余量	—
Incoloy 825	≤0.025	≤0.5	≤1.0	—	—	38.0～ 46.0	19.5～ 23.5	1.5～ 3.0	2.5～ 3.5	—	—	—	—	≤0.2	0.6～ 1.2	余量	Co≤1.0
Inconel 625	0.1_{max}	0.50_{max}	0.50_{max}	0.015_{max}	0.015_{max}	58.0_{min}	20.0～ 23.0	—	8.0～ 10.0	—	3.15～ 4.15(+Ta)	—	—	0.4_{max}	0.4_{max}	5.0_{max}	Co:0.1_{max}
Inconel 690	0.023	0.07	0.23	0.006	0.002	余量	30.39	0.02	—	—	—	—	—	0.22	0.26	8.88	—
Inconel 718	0.08	0.35	0.35	0.015	0.015	50～55	17.0～ 21.0	0.30	2.8～ 3.30	—	4.75～ 5.50		0.006	0.20～ 0.8	0.65～ 1.15	余量	Mg:0.01 Co:1.00
HR6W	≤0.10	≤1.0	≤1.50	—	—	余量	21.5～ 24.5	—	—	—	0.10～ 0.35	≤0.02	0.0005～ 0.006	—	0.05～ 0.20	20.0～ 27.0	W:6.0～ 8.0

1. T22 钢

T22 钢是 ASME SA213(SA335)规范材料，我国 GB 5310—1995 将其列入。在 Cr-Mo 钢系列中，它的热强性能比较高，同一温度下的持久强度和许用应力甚至比 9Cr1Mo 钢还要高，因此其在国外火电、核电和压力容器上都得到了广泛的应用。但其技术经济性不如我国的 12Cr1MoV 钢，因此在国内的火电锅炉制造中用得较少，只是在用户要求时才给予采用(特别是按 ASME 规范设计制造时)。该钢对热处理不敏感，有较高的持久塑性和良好的焊接性能。T22 小口径管主要用作金属壁温在 580 ℃以下的过热器和再热器的受热面管等，P22 大口径管则主要用于金属壁温不超过 565 ℃的过热器联箱、再热器联箱和主蒸汽管道。

2. 12Cr1MoV 钢

12CrMoV 钢和 12Cr1MoV 钢都是珠光体型耐热钢，其中 12Cr1MoV 钢比 12CrMoV 钢的 Cr 含量相对高一些，具有更高的抗氧化性及热强性，蠕变极限与持久强度值很接近，并在持久拉伸的情况下具有更高的塑性。12Cr1MoV 钢的工艺性与焊接性良好，但焊前需预热至 300 ℃，焊后需进行去应力处理。12Cr1MoVG 是 GB 5310—1995 的纳标钢，是耐高温、耐高压的材料，是国内高压、超高压、亚临界电站锅炉过热器、集箱和主蒸汽导管广泛采用的钢种，其化学成分和力学性能与 12Cr1MoV 板材基本相同，总合金含量在 2%以下，为低碳、低合金的珠光体型热强钢。其中的 V 能与 C 形成稳定的碳化物 VC，可使钢中的 Cr 与 Mo 优先固溶存在于铁素体中，并减慢了 Cr 和 Mo 从铁素体到碳化物的转移速度，使钢在高温下更为稳定。此钢的合金元素总量仅为国外广泛使用的 2.25Cr1Mo (T22)钢的一半，但 580 ℃下 10 万 h 的持久强度却比后者高 40%；而且其生产工艺简单，焊接性能良好，只要严格进行热处理工艺，就能得到满意的综合性能和热强性能。电站实际运行表明：12Cr1MoV 主蒸汽管道在 540 ℃下安全运行 10 万 h 后，仍可继续使用。其大口径管主要用作蒸汽参数为 565 ℃以下的集箱、主蒸汽导管等，小口径管用于金属壁温为 580 ℃以下的锅炉受热面管等。

10.1.2　铁素体-马氏体耐热钢(9%～12%Cr 系列钢)

Cr 含量在 9%～12%范围内的铁素体-马氏体耐热钢，用于制作锅炉的许多部件，如锅炉管、联箱和管道等。铁素体-马氏体钢在高温时为 γ+α(或 δ)两相状态，快冷时发生 γ-M 转变，铁素体仍被保留；常温组织为马氏体和铁素体，由于成分及加热温度的不同，组织中的铁素体量可在百分之几至百分之几十的范围内变化。锅炉用马氏体耐热钢，要求在运行温度下组织稳定性、焊接性能良好、A_{c1} 温度较高以及Ⅳ型裂纹敏感性较低、抗蒸汽氧化和抗疲劳性能良好等。这类耐热钢的典型钢种有 T/P91、T/P92、E911、T/P122 等。

20 世纪 80 年代美国研发了 T/P91 钢，它属于 9%Cr 钢，综合性能较好，目前我国将其广泛应用在了亚临界和超临界机组中。T/P92(NF616)钢是在 T/P91 钢的基础上通过以 W 取代部分 Mo 而得到的新型钢种；E911 钢是欧洲生产的一种合金，其结构和高温性能与 T/P92 钢非常接近。T122 钢也是在 HCM12 钢的基础上提高 W 含量、降低 Mo 含量，此外还加入了 1%Cu 而研发的 12%Cr 钢，这样就不会出现 δ 铁素体，韧性也进一步得到了提高。T/P92、E911 和 T/P122 的性能相对于 T/P91 都有所改进，可将这 3 种钢用于蒸汽温度小于 620 ℃的超超临界机组的联箱和高温蒸汽管道。温度超过 620 ℃，9%Cr 钢的抗氧化能力会显著下降，因此只能用 12%Cr 系列钢或奥氏体钢。

之后在 T/P92、E911 和 T/P122 这 3 种铁素体-马氏体耐热钢的基础上提高 W 的含量并加入 Co，研发了 NF45 和 Save12 等性能更好的马氏体耐热钢，预计可以在 650 ℃下使用。Save12 钢包括 2%Co 和 3%W，其 Ta 和 Nb 的含量较 HCM12A 钢少。铁素体热强钢的现状及发展趋势如图 10-1 所示。

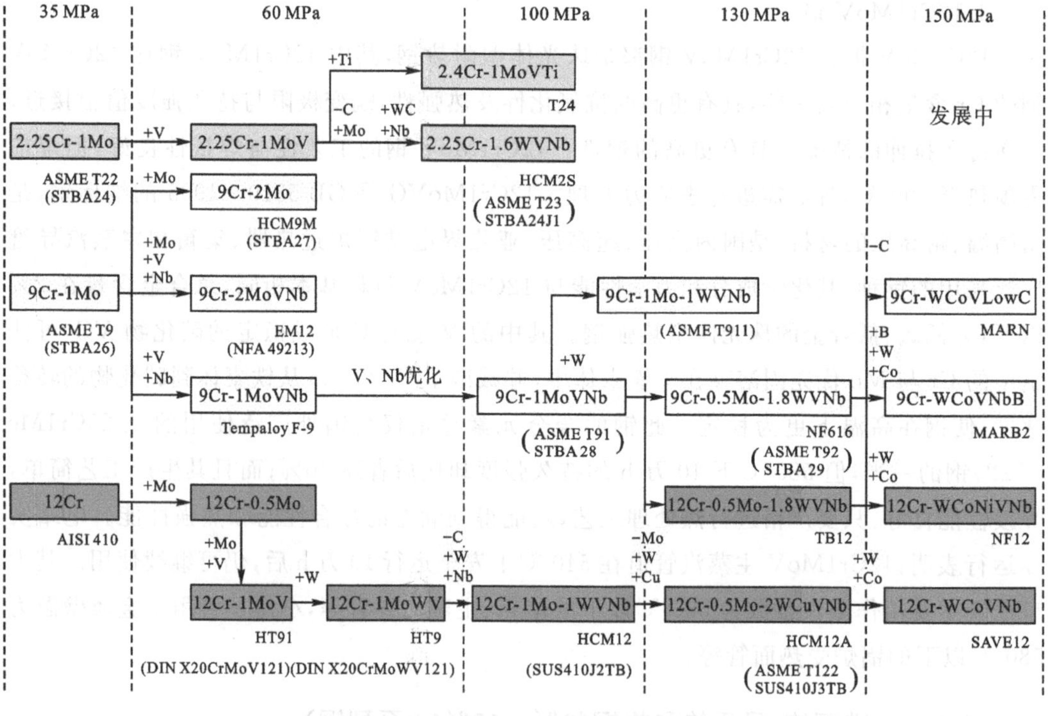

图 10-1　铁素体热强钢的发展过程

总的来说，铁素体-马氏体钢在 600 ℃下工作的蠕变强度从 60 MPa 发展到 130 MPa 经历了 4 个阶段。阶段一是向 9%Cr、12%Cr 钢中加入 Mo、V 和 Nb；阶段二是控 C，并继续加入 Nb 和 V；阶段三是用部分 W 取代 Mo；阶段四是加入更多的 W 和 Co[6]。W、Co、Mo 的加入主要起固溶强化的作用，V、Nb 通过形成碳化物起沉淀强化的作用。在长期蠕变和回火的过程中 V 还能形成 VN，其比 VC 析出相具有更佳的强化效果。Cr 起固溶强化的作用，提高材料的蠕变强度；同时对抗氧化和抗腐蚀也具有重要作用。Ni 可以提高材料韧性但会降低蠕变强度，用 Cu 替代少量 Ni 可以提高蠕变强度。C 能形成碳化物沉淀，但考虑到焊接的需要，其加入量需受到限制。B 元素进入 $M_{23}C_6$ 结构并偏聚在 $M_{23}C_6$ 晶界处，降低了 $M_{23}C_6$ 的长大程度，可以提高 VN 的形核率，从而提高材料的持久强度。Co 是奥氏体稳定剂，回火时可提高材料的回火稳定性，同样可提高回火时碳化物的形核率；

同时，由于 Co 不同于合金碳化物，提高了 C 的活动能力，可以减缓在二次硬化的钢中合金碳化物的长大。

1. T/P91 钢

T/P91 钢是美国能源部委托橡树岭国家试验室（Oak Ridge national laboratory，ORNL）与燃烧工程公司（combustion engineering，CE）联合研究的用于快速中子增殖反应堆计划的钢材，T/P91 钢是在 9Cr1Mo 钢的基础上改进并研发的一种新的 9Cr1Mo 钢，这种新钢种综合了早期 9% Cr 和 12% Cr 钢的性能，有良好的焊接性。该钢是在 T9（9Cr1Mo）钢的基础上，在限制碳含量上下限、更加严格控制 P 和 S 等残余元素含量的同时，添加了微量 N（0.030%～0.070%）以及微量的强碳化物形成元素（0.18%～0.25% V 和 0.06%～0.10% Nb），以达到细化晶粒要求，从而形成的新型铁素体型耐热合金钢。从技术和经济的角度分析，这种钢与 EM12 钢比，Mo 含量减少了一半，Nb、V 含量也较低。1982 年橡树岭国家试验室进行了对比试验，发现这种改进的 9Cr1Mo 钢优于 EM12 钢和 F12 钢。1983 年美国 ASME 认可了这种钢为 T91、P91，即 SA213 - T91、SA335 - P91。1987 年法国瓦卢瑞克公司针对 T91、F12 和 EM12 钢进行比较评估研究，也认为 T91、P91 钢有明显优点，强调要从 EM12 钢转为使用 T91、P91 钢。20 世纪 80 年代末，德国也从 F12 钢转向了使用 T91、P91 钢。我国于 1995 年将该钢列入到 GB 5310 标准中，牌号定为 10Cr9Mo1VNb；而国际标准 ISO/DIS 9329 - 2 将其列为 X10CrMoVNb9 - 1。

因 T/P91 钢含 Cr 量（9%）较高，所以其抗氧化、抗腐蚀性能、高温强度及非石墨化倾向均优于低合金钢，元素 Mo（1%）的作用主要是提高高温强度，并抑制铬钢的热脆倾向；与 T9 钢相比，其改善了焊接性能和热疲劳性能，并且其在 600 ℃时的持久强度是 T9 钢的 3 倍，同时保持了 T9 钢的优良的抗高温腐蚀性能；与奥氏体不锈钢相比，其膨胀系数小、热传导性能好、有较高的持久强度，经试验，其在 593 ℃下工作 10 万 h 的持久强度能达到 100 MPa。故其具有较好的综合力学性能、时效前后的组织和性能稳定、具有良好的焊接性能和工艺性能、具有较高的持久强度、抗氧化性和韧性。T91 钢可用于壁温小于 600 ℃的过热器、再热器管，P91 钢可用于壁温小于 600 ℃的联箱和蒸汽管道。正回火态下强度水平 $\sigma_s \geqslant 415$ MPa，$\sigma_b \geqslant 585$ MPa，塑性 $\delta \geqslant 20$。

在 P91 钢的基础上用 W 替代 Mo 形成的 NF616（T/P92）钢有更高的许用应力，可以在 620 ℃下运行。E911 是一种欧洲生产的合金，其结构和高温强度与 NF616 钢非常接近。

2. HCM12A 钢

HCM12A 钢是日本住友和三菱重工共同开发的 12%Cr 高合金马氏体钢。HCM12 钢是在 HT91 钢的基础上研发的，由于 HT91 钢的焊接性能较差，故通过降低 HT91 钢的 C 含量来提高焊接性，并添加 W、V、Nb，由此得到了 HCM12 钢，它属于 δ-铁素体/马氏体钢，HCM12 钢焊接性能优异，它所制造的水冷壁无需进行焊后热处理。HCM12 钢比 HT91 钢具有更高的蠕变强度、抗氧化性能和抗腐蚀性能，HCM12 钢适用于 24.2 MPa/566 ℃/566 ℃超临界机组的过热器、再热器高温段、汽水分离器、主汽再热汽管道。但该钢中质量分数高达30%的δ铁素体使其加工较困难，且当温度高于550 ℃时蠕变强度将大幅度降低[7]。在HCM12钢的基础上，进一步调整成分，提高W含量至2%左右，降低Mo含量至0.25%～0.60%，还加入1%左右的Cu和微量N、B，形成以W为主的W-Mo复合固溶强化、N的间隙固溶强化、Cu相和碳氮化物的弥散沉淀强化等多种强化，从而研发了12% Cr的低碳合金耐热钢T122，由于是在HCM12钢的基础上研发的，故又称为HCM12A钢。T122钢的蠕变强度进一步提高，伴随着δ-铁素体的消失，T122钢的韧性更好，且T122钢除了具有HCM12钢的功能外，更适用于620℃以下的厚壁部件。

10.1.3 奥氏体耐热钢

从承压蠕变极限的角度看，T91钢的温度极限约为600 ℃，NF616、HCM12A和E911钢也只能承受620 ℃的温度极限。当温度高于620 ℃时，需要用奥氏体耐热钢。奥氏体耐热钢是基体为奥氏体组织的耐热钢，在600 ℃以上有较好的高温强度和组织稳定性，主要用于制作过热器、再热器。奥氏体耐热钢的典型钢种主要包括TP304H、TP321H、TP316H、TP347H、TP347HFG、Super304H、HR3C等。所有奥氏体钢都可以看作是在18Cr8Ni(AISI 302)基础上发展起来的，分为15%Cr、18%Cr、20%～25%Cr和高Cr-高Ni四类。15%Cr钢由于抗腐蚀性较差，尽管强度很高但很少被应用。18%Cr钢可应用在普通蒸汽条件下，其包括TP304H、TP321H、TP316H和TP347H，这四种钢中强度最高的是TP347H钢。在TP347H钢的基础上通过特殊热处理和热加工达到更细的晶粒度等级8级以上，可以得到TP347HFG细晶钢，TP347HFG钢相较于TP347H钢来说，蠕变强度、抗氧化特性和过热器管的稳定性都有所提高，目前在国外的超超临界机组得到了大量应用。通过对TP304钢进行Ti、Cu、N合金化可以得到18Cr10NiNbTi (Tempaloy A-1)和18Cr9NiCuNbN (Super 304H)钢。这两种钢的强度都比TP304H钢高，而且经济性也好。

20%～25%Cr钢和高Cr-高Ni钢抗腐蚀和抗蒸汽氧化特性较好，但因价格过于昂贵而限制了其的使用。最新开发的20%～25% Cr钢包括25Cr20NiNbN(TP310NbN)、20Cr25NiMoNbTi(NF709)、22Cr15NiNbN (Tempaloy A-3)和更高强度级别的22.5Cr18.5NiWCuNbN(SAVE 25)钢，这些钢是通过奥氏体稳定元素N、Cu取代Ni来降低成本的，都具有优异的高温强度和相对低廉的成本。图10-2展示了奥氏体耐热钢的发展过程。奥氏体耐热钢的晶体结构为面心立方结构，这类钢含有较多扩大γ区和稳定奥氏体的元素(如C、N、Ni、Mn)，在高温时为均为γ相，冷却时由于M_s点在室温以下，所以在常温下具有奥氏体组织。

1. TP304H钢

TP304H钢是ASME SA-213标准中的成熟钢种，为含有较多Cr和Ni的奥氏体不锈钢；我国GB 5310—1995中的1Cr18Ni9与该钢类似。该钢具有良好的组织稳定性，较高的持久强度、抗氧化性能，同时具有良好的弯管和焊接工艺性能等加工性能。但对晶间腐蚀和应力腐蚀较为敏感；且由于合金元素较多，容易产生加工硬化，使切削加工较难进行；其热膨胀系数高，导热性差。

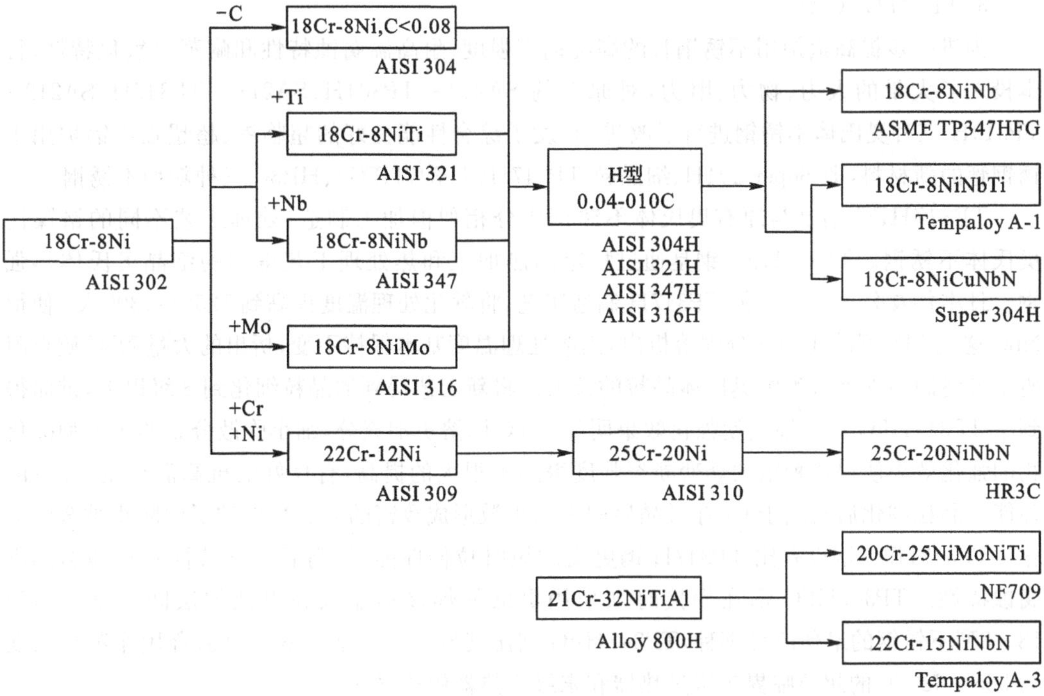

图 10-2　奥氏体耐热钢演变图

2. TP347H 钢

TP347H 钢也是 ASME SA-213 中的钢号，为铬镍铌奥氏体不锈钢。我国 GB 5310—1995 将该钢列入其中，牌号为 1Cr19Ni11Nb，此钢也为成熟钢种。其中 Cr 的主要作用是提高钢的抗氧化性能和耐腐蚀性能，Ni 的作用主要是改善钢的工艺性能和提高钢的热强性，Mn 的作用主要是强化金属基体固溶体，Nb 的作用主要是提高钢的热稳定性。由于该钢是用铌稳定的奥氏体钢，故其具有较好的抗晶间腐蚀性能、较高的持久强度、良好的组织稳定性和较好的抗氧化性能，此外还具有良好的弯管和焊接性能；其综合性能优于 TP304H 钢。但由于合金元素较多，与 TP304H 钢一样，容易产生加工硬化，使切削加工较难进行；其热膨胀系数高，导热性差，故在与异种钢焊接并在高温下使用时，须考虑两种材料的膨胀系数和高温强度匹配问题。TP347H 钢管性能优良，主要用于制造亚临界、超临界压力参数的大型发电锅炉的高温过热器、高温再热器、屏式过热器的高温段以及各种耐高温高压的管件等部件；对于承压部件，最高工作温度可达 650 ℃；对于抗氧化部件，其最高抗氧化使用温度可达 850 ℃。但由于其具有奥氏体钢的缺点，此种耐热钢用于制作承压部件时，同样有可能在某种程度上，被 T92 钢和 HCM12A 钢部分替代。焊接时必须进行背面充氩保护，以防止焊缝根部氧化烧损和影响现场施工，特别是锅炉临检时的焊接质量及进度。管子材料 SA-213TP347H 焊接材料最好采用 E347H-16、ER347H 钢。

目前，600 MW 亚临界受热面仅有少部分管段采用 TP347H 钢，而超临界机组锅炉内的末级过热器管、高温再热器管等大多采用 TP347H 奥氏体不锈钢来替代 T91 马氏体耐热钢，以提高管子承受高温的能力。

3. TP347HFG 钢

为进一步提高锅炉用不锈钢管的高温蠕变强度、耐高温腐蚀特性和耐蒸汽氧化特性，日本投入了大量的人力、物力、财力，对原有的 SA213 - TP304H、SA213 - TP347H、SA213 - TP310H 三种奥氏体不锈钢进行了改进，开发了综合性能良好的超临界、超超临界锅炉用不锈钢管的新材料，即 Super 304H、细晶粒 TP347H(TP347HFG)、HR3C 三种新型不锈钢。

TP347HFG 钢是与原有奥氏体不锈钢成分相似但加工制造、处理工艺不同的铬镍铌奥氏体不锈钢。TP347HFG 钢是通过特定的热加工和热处理工艺得到的细晶奥氏体热强钢。日本住友公司通过改善 TP347H 制造工艺，将软化处理温度提高到 1250～1300 ℃，使得 NbC 这类 MX 型碳化物充分固溶析出，固溶处理温度基本保持不变，析出的大量 NbC 质点阻碍了最终固熔处理过程中奥氏体晶粒的长大。将新工艺得到的晶粒细化到 8 级以上，进而得到了 TP347HFG 钢。细晶使强化效果明显，NbC 固溶更加充分，细小弥散分布的 MX 型碳化物的强化效果使得这种钢的蠕变断裂强度得到了很大的提高，有良好的抗高温蠕变、疲劳的性能。晶粒细化后有利于 Cr 穿过晶界向表面扩散形成致密的 Cr_2O_3 保护层而防止被蒸汽氧化。TP347HFG 钢也有比 TP347H 钢更高的短时拉伸性能、抗高温氧化特性和抗高温蒸汽腐蚀特性。TP347HFG 钢在焊接时须采用更低的焊接热输入和更低的层间温度。作为 18 - 8型不锈钢的最佳改良钢种，TP347HFG 钢比其他 18 - 8 型不锈钢更适合用作蒸汽温度为 565～620 ℃的超超临界末级过热器和末级再热器候选材料。

4. Super 304H 钢

20 世纪 80 年代末，日本住友和三菱重工在 TP304H 钢的基础上，适当地降低了 Mn 的上限含量，并分别加入了 3%Cu、0.45%Nb 以及微量的 N，开发了出一种新型奥氏体不锈钢 Super 304H，其公称成分为 0.1C - 18Cr - 9Ni - 3Cu - Nb - N。其中 Cu 的主要作用是提高该钢的蠕变断裂强度，在蠕变中 Cu 的富集相在奥氏体钢 Super 304H 基体中微细分散析出，产生沉淀强化作用，从而大幅度提高材料的蠕变断裂强度；Nb 和 N 元素的主要作用是在钢中形成 NbC、NbN 和 NbCrN 等，同样产生沉淀强化作用，从而提高钢的高温强度和持久塑性，得到高的许用应力。其塑性与 TP304H 钢相当，许用应力比 TP304H 钢高约 20%，高温下蠕变断裂强度比 TP304H 钢高约 20%，是 18Cr8Ni 型奥氏体不锈钢最优异的钢种。目前已经纳入日本 MITI 标准，2000 年 3 月已经由 ASME code case 2328 予以确认，并于 2008 年列入 ASME SA - 213M 标准，UNS 号为 S30432。同时，该钢也列入了我国 GB 5310—1995 标准中。目前世界范围内生产该钢的只有日本住友和德国 DMV 钢管公司[8]

Super 304H 钢的最高使用蒸汽温度为 620 ℃[9]。Super 304H 钢的持久强度高、组织稳定性好、抗蒸汽氧化性能较好、耐蚀性能好，且其焊接性能和冷热加工性能与奥氏体钢 TP347H 相当、几乎与细晶粒的 TP347HFG 钢相同。Super 304H 钢具有较好的性价比，价格上比 TP347H 钢高约 9%，但管子壁厚比 TP347HFG 减薄约 20%，大大减少了钢的消耗量，性价比较高。Super 304H 钢焊接时熔敷金属应选择与母材成分相同且杂质含量低的焊接材料或镍基焊接材料，否则容易出现焊接裂纹、接头腐蚀和焊缝脆化等现象。理论上 Inconel 82 和 Inconel 625 焊丝都可用于 Super 304H 钢的焊接，原则上焊后无需进行热处理。

Super304H 钢在日本电站锅炉过热器、再热器上的应用较为广泛，其在日本火力发电厂主要用于制造超(超)临界锅炉过热器和再热器的高温段等部件。在我国该钢种也有较为广泛的应用，如华能玉环电厂、华能德州电厂和禹州电厂二期等。目前，我国使用的

Super 304H 钢均由国外进口。该钢由于其性能优良，从经济性和可靠性来看，它都是今后超(超)临界机组锅炉中过热器和再热器钢管的重要的主力品种材料。表 10-3 为对部分 18Cr8Ni 奥氏体钢许用应力的比较。

表 10-3 18Cr8Ni 奥氏体钢许用应力比较

温度/℃	TP304H/MPa	TP347H/MPa	TP347HFG/MPa	Super 304H/MPa
550	92	112	121	112/128
600	64	91	108	108/121
650	42	54	66	78/78

5. HR3C 钢

HR3C(25Cr20NiNbN)钢是日本住友将 Nb、N 合金元素添加到 TP310 钢内复合而得到的一种新型奥氏体耐热钢。在 ASME 标准中，HR3C 钢的材料牌号为 SA312 - TP310NbN，在日本 JIS 标准中，其牌号为 SUS310JITB。由于 18 - 8 型(TP304H 或 TP347H 等)钢在含硫较多的环境中没有足够的耐蚀性，而 TP310 型钢有足够的耐蚀性，但持久强度和许用应力较低，所以研制开发了高 Cr 高 Ni 的奥氏体不锈钢 HR3C。为了提高 TP310 钢的高温性能，则需要对钢材进行强化。强化机理主要是利用钢中 NbCrN 化合物、含 Nb 的碳氮化物以及 $M_{23}C_6$ 的析出使钢具有更高的高温使用强度。由于在钢服役过程中析出了 NbCrN，所以 HR3C 钢的蠕变断裂强度得到了提高。同时加入微量的 N 可以抑制 σ 相的形成，从而改善了 HR3C 钢的韧性。HR3C 钢的拉伸性能、持久强度都比常规的 18 - 8 型不锈钢及 Super 304H 钢高，但塑性比常规的 18 - 8 型不锈钢低；由于 HR3C 钢的高 Cr 含量，其抗氧化性和高温抗腐蚀性能都要比常规的 18 - 8 型不锈钢好；HR3C 钢的组织稳定性好，并且许用应力相对于 TP310H 钢有很大的提高。HR3C 钢在焊接时的焊接材料选用 Inconel 82 或 Inconel 625 两种，HR3C 钢与 Super 304H 等奥氏体钢一样，原则上不要求进行焊后热处理。HR3C 钢的综合性能比 TP300 系列奥氏体钢(TP304H、TP321H、TP347H)中的任何一种都更为优良。所以钢材的向火侧抗烟气腐蚀和内壁抗蒸汽氧化能力都不足时可使用 HR3C 钢。由于 HR3C 钢良好的高温使用性能，因此，其在超临界及超超临界机组中具有广泛的应用前景，其主要用于制造超临界压力参数的大型发电锅炉或循环流化床锅炉温度不超过 700 ℃的高温过热器、高温再热器、屏式过热器的高温段以及各种耐高温、高压、高硫、高氯环境腐烛的管件等。目前，华能玉环电厂在超超临界机组中使用了 HR3C 钢作为末级再热器管材[10]。

6. NF709 钢

NF709(20Cr25NiMoNbTi)钢也为 20%～25%Cr 钢，是日本新日铁在 Alloy 800H 钢的基础上改进完善成分，严格控制杂质，并采用复合-多元的强化手段研制而成的，专用于超超临界机组锅炉的新型奥氏体不锈钢，现主要在日本电站锅炉的过热器和再热器上试运行。

NF709 钢中的 Ni、Cr 含量较多，此外还加入了 Mo、Nb、Ti、N 和 B。在 NF709 钢管中由于提升了 Cr、Ni 含量，增强了钢的奥氏体稳定性，阻止了金属间化合物的形成，同时也提高了抗蒸汽氧化性及高温抗腐蚀性，Cr 含量的增加也改善了钢的抗烟灰腐蚀能力；N - Mo 形成的复合固溶强化，Nb - Ti 碳氮化物的弥散沉淀强化，以及 B 的晶界强化，提高了钢管的高温持久强度;Nb-Ti 的加入弱化了晶间沉淀作用,提高了材料的冲击韧性;在钢中加入 Ti 能形成稳定的碳化物 TiC,因而避免了 $Cr_{23}C_6$ 在晶界上析出而引起晶间腐蚀的可能。

NF709 钢管各方面均优于常规的 18-8 型奥氏体不锈钢,使用温度可达 700 ℃,尤其 NF709 钢管的屈服强度和抗拉强度都比常规的 18-8 型不锈钢高得多,塑性也相当好。在蠕变温度范围内,该钢的持久强度大大提高,许用应力比 TP347H(SA-213)钢高出 30%以上。在高温下,该钢的蒸汽抗氧化性以及高温抗腐蚀性能大大优于 17-14CuMo 钢和 TP347H 钢,生成的氧化层相当薄且更为紧密。未来 NF709 钢可用于制造参数为 34.4MPa、649 ℃/593 ℃/593 ℃的超超临界锅炉的过热器和再热器及各种耐高温、高压或腐蚀的管件等。

7. Tempaloy A-3 钢

Tempaloy A-3 钢为日本 NKK 公司基于 Alloy 800H 钢所研发的一种新型奥氏体耐热钢种。在 Tempaloy A-3 钢中,Ni 含量较少,但加入了较高的 Nb、部分 N 和微量 B 等强化元素。Nb、N、B 元素的加入,可在钢中起到 N 的固溶强化、Nb 的沉淀强化或其他碳氮化物的析出强化等作用。通过高温固溶处理及运行时效的作用,该钢中出现细小、稳定、不易长大的 NC、NbN、M_2C,提高了钢的持久强度;同时由于该钢 Cr 含量的提高,其抗氧化与抗腐蚀性能优于常规的 18-8 型耐热钢。Tempaloy A-3 钢管的许用应力在 600 ℃以下时高于 Super 304H 钢管而低于 HR3C 钢管,在 600 ℃以上时低于 HR3C 钢管和 Super 304H 钢管。由于 Tempaloy A-3 钢管的 Cr、Ni 含量均低于 HR3C 钢管,因此 Tempaloy A-3 钢管与 HR3C 钢管相比具有一定的价格优势,同时其抗蒸汽氧化性能显著优于现有的 18-8 系列细晶奥氏体不锈钢 TP347HFG[11],且其抗腐蚀性较好、贵重的 Ni 元素较少,可以在对耐高温腐蚀有较高要求的场合下应用[12]。

8. Save 25 钢

Save 25[13]钢是日本住友于 1997 年研制成功的锅炉耐热钢,是在镍基合金 HR6W 的基础上降低 Ni、W 的含量,添加 Cu、Nb 和 N 而制成的,该钢的高温持久强度与 HR6W 钢相当,同时降低了材料的成本。其强化特点是加入 1.5%W 和 0.2%N 形成固溶强化,析出相强化有 $M_{23}C_6$、Nb(C、N)、Z 相及富 Cu 相强化。该钢中没有 Cr_2N 和 π 相,许用应力在 200～750 ℃的温度范围内均大于 HR3C 钢,高温抗腐蚀性能与 HR3C 钢相当。Save 25 钢的时效冲击韧性明显优于 HR3C 钢,高温性能也比 HR3C 钢好,这是因为随着时效时间的延长,Save 25 钢在时效后晶界 $M_{23}C_6$ 从连续网状慢慢转变为沿晶界颗粒状分布[14]。目前 Save 25 钢在日本已经应用于超超临界电站锅炉,用 Save 25 钢替代 HR3C 钢将有广泛的应用前景。

10.1.4 镍基合金

镍基合金是以元素镍(Ni)为基础的固溶体。尽管镍基合金一般含有大量(有时高达 50%)的其他合金元素,镍基合金中的镍元素仍然保持着面心立方晶格结构(FCC)。由于 FCC 的结构,镍基合金具有优异的延展性、柔韧性和可塑性。镍合金容易焊接。镍基合金按主要性能可分为镍基耐蚀合金、镍基耐热合金、镍基耐磨合金、镍基精密合金与镍基形状记忆合金等。从化学成分的角度来看,耐腐蚀镍基合金可以归纳为商业纯镍、镍铜合金、镍钼合金、镍铬钼合金和镍铬铁合金。纯镍在商业上的主要应用是处理高浓度烧碱溶液(碱金属)。最早获得应用(1905 年美国生产)的是镍铜(Ni-Cu)合金,又称蒙乃尔合金

(Monel 合金,Ni70 - Cu30),镍铜合金在还原性介质中耐蚀性优于镍,而在氧化性介质中耐蚀性又优于铜,它在无氧和氧化剂的条件下,是耐高温氟气、氟化氢和氢氟酸的最好的材料之一,主要用于处理纯氢氟酸(包括 Monel 400(N04400)等合金)。镍钼合金主要指 B 型哈氏合金,主要在还原性介质腐蚀的条件下使用,是专门开发的耐受任何浓度和温度的溶解性盐酸腐蚀的合金,是除了昂贵金属外最好的耐热盐酸合金之一,该合金的型号主要有 B - 2(N10665)、Hastelloy B - 3(N10675)等。镍铬钼主要指哈氏合金 C 系列,该合金兼有 Ni - Cr 合金、Ni - Mo 合金的性能,主要在氧化-还原混合介质条件下使用。这类合金在高温氟化氢气中,在含氧和氧化剂的盐酸、氢氟酸溶液中,以及在室温下的湿氯气中耐蚀性良好,工业上常见的是哈氏合金 C - 276,现在先进的有 Inconel 686、Nicrofer 5923、C - 2000和 Inconel 625 等合金。镍铬铁合金主要在氧化性介质条件下使用,能够抗高温氧化和抗含硫、钒等气体的腐蚀,其耐蚀性随铬含量的增加而增强,但与镍铬钼合金相比耐腐蚀性不强,但价格不贵,因此工业上应用广泛,主要包括 Inconel 600(N06600)、Incoloy 825(N08825)和 Incoloy 800 等合金。因为镍更容易掺杂进其他金属,故镍基合金具有很高的耐腐蚀性,在大多数环境中镍合金比最先进的不锈钢都要好。耐蚀合金可耐各种酸腐蚀和应力腐蚀。镍基合金由于具有高的强度和硬度及耐磨损性能,兼具优良耐蚀性和高温稳定性,已在航空航天、核电、火电和石油化工等领域获得了广泛应用。镍基合金中起主要强化作用的是扁椭圆状 γ''相(Ni_3Nb),起辅助强化作用的是 γ'(Ni_3AlTi)。通常,γ''相不稳定,当温度为 780～980 ℃时,γ''相会转变为其平衡 δ 相(Ni_3Nb)。同时,δ 相还可以直接从过饱和固溶体的晶界和孪晶界非均匀性析出。由于 δ 相与 γ''相具有相同的化学成分,当 δ 相的析出含量增多时,γ''相的含量将随之减少,这会导致镍基合金的基体强度降低。几种常见镍基合金介绍如下。

1. Incoloy 825 合金

Incoloy 825 合金的主要化学成分为 43Ni - 21Cr - 30Fe - 3Mo - 2.2Cu - 1Ti,它既属于耐高温合金也属于耐腐蚀合金,主要合金元素有铬、镍、钼、铜、铝、钛、铁等。铬元素主要提高合金抗氧化性能,其他元素主要强化晶粒和晶界[15]。Incoloy 825 合金在 600～1000 ℃温度范围内有比较高的机械应力和良好的稳定性。该合金是钛稳定化处理的全奥氏体镍铁铬合金,并添加了铜和钼,是一种通用的工程合金,在氧化和还原环境下都具有抗酸腐蚀和抗碱金属腐蚀的性能。高镍成分使合金具有有效的抗应力腐蚀开裂性。其在各种介质中的耐腐蚀性都很好,如盐酸、硫酸、磷酸、硝酸、有机酸、氢氧化钠、氢氧化钾等溶液。与普通的奥氏体相比,由于镍元素含量高使得合金耐应力腐蚀开裂性能较好,而且还有很好的耐点腐蚀和缝隙腐蚀性能。Incoloy 825 合金能被有效地用作耐热和耐蚀材料。

2. Inconel 600 合金

Inconel 600 合金是一种 Ni - Cr 合金,Cr 含量为 14%～17%,该合金在高温下有极佳的耐氧化性能,属于高级耐热合金,而且对各种酸和碱环境具有极佳的耐腐蚀性,可以广泛地被使用在腐蚀环境中。Inconel 600 合金的性能类似于稳定的奥氏体不锈钢,较高的镍含量使得合金对还原性环境有一定的抗腐蚀特性,对于碱性溶液的腐蚀也具有极高的耐受性,而合金中的铬则在较弱的氧化环境下具有抗腐蚀特性,对蒸汽和蒸汽、空气、碳的氧化物的混合气体有抵抗力,但在含有硫的高温气体环境中则会被腐蚀。由于该合金的镍含量相当高,所以对氯离子应力腐蚀断裂有优异的耐蚀性能,而且在高温下还有着很好的抗蠕变断裂强度，机械性能良好，在零度以下也有良好的韧性，在高温时对碳化有极佳的抵抗力，对氧化也有良好的抵抗力，所以长期以来此合金被用于热处理工业领域。Inconel 600 合金的焊接性能与标准奥氏体不锈钢一样，可以采用标准的电阻焊和熔化焊。目前，有大量的焊条和焊丝可以用来焊接，在焊缝附近会产生紧密的氧化物，只可以打磨去除。另外，焊接时最好采用惰性气体保护焊。该合金可应用于核反应堆、核电成套设备，腐蚀性碱金属的生产和使用，高温环境下使用的其他部件以及热交换器。

3. Inconel 625 合金

Inconel 625 合金为单一奥氏体组织，在各种温度下具有良好的组织稳定性和使用可靠性。Inconel 625 为面心立方晶格结构。在约 650 ℃下保温足够长时间后，将析出碳颗粒，且不稳定的四元相将转化为稳定的 Ni_3(Nb，Ti)斜方晶格相。固溶强化后镍铬矩阵中的钼、铌成分将提高材料的机械性能，但塑性会有所降低。Inconel 625 合金在很多介质中都能表现出极好的耐腐蚀性。其在氯化物介质中具有出色的抗点蚀、缝隙腐蚀、晶间腐蚀和侵蚀的性能，具有很好的耐无机酸腐蚀性(如硝酸、磷酸、硫酸、盐酸等)，同时在氧化和还原环境中也具有耐碱和有机酸腐蚀的性能，具有有效的抗氯离子还原性应力腐蚀开裂性能。其在海水和工业气体环境中几乎不产生腐蚀，对海水和盐溶液具有很高的耐腐蚀性，在高温时也一样。且其具有良好的加工性和焊接性，焊接过程和焊后均无敏感性，在静态或循环环境中都具有抗碳化和氧化性，耐含氯的气体腐蚀。Inconel 625 合金可用作烟气脱硫系统中的吸收塔、再加热器、烟气进口挡板、风扇(潮湿)、搅拌器、导流板以及烟道等的材料。

4. Inconel 690 合金

Inconel 690 合金是一种主要用于压水堆核电站蒸汽发生器传热管材料的合金(化学)，是蒸汽发生器的核心技术。Inconel 690 合金具有优良的抗晶间腐蚀和抗晶间应力腐蚀开裂的能力。压水堆核电站蒸汽发生器传热管用材料经过了一个发展历程，包括 304 奥氏体不锈钢、Inconel 600 合金、Incoloy 800 合金和 Inconel 690 合金。对 Inconel 600 合金服役中的腐蚀失效研究表明，晶间腐蚀和晶间应力腐蚀开裂是主要问题。Inconel 690 合金作为压水堆核电站蒸汽发生器传热管的材料，从 20 世纪 90 年代投入使用以来还没有发现破损的有关报道。我国已经运行的压水堆核电站机组中，只有秦山一期使用了 Incoloy 800 合金，秦山二期、大亚湾和岭澳核电站都使用了 Inconel 690 合金作为蒸汽发生器传热管的材料。大部分在建和规划中的压水堆核电站也都采用了 Inconel 690 合金作为蒸汽发生器传热管的材料。

5. HR6W 钢

HR6W 钢是日本住友开发研制的新型奥氏体不锈耐热钢，主要用于 700 ℃下的超超临界锅炉过热器和再热器。其公称合金成分为 0.08C - 23Cr - 43Ni - 7W - 0.1Ti - 0.2Nb，在 700 ℃的高温下，HR6W 钢的蠕变断裂强度与镍基合金十分接近，其具有稳定的高蠕变断裂强度，有着良好的蠕变断裂延性，且有较好的蠕变疲劳特性。HR6W 钢比 18Cr8Ni 奥氏体不锈钢具有更好的耐腐蚀性。HR6W 不锈钢管属高 Cr 高 Ni 奥氏体耐热不锈钢，适合采用热输入量小的焊接方法，因此，对接焊全部采用手工氩弧焊焊接。焊接时为了防止根部背面焊缝的氧化，在手工氩弧焊打底时的第一、第二层，对内壁通入气，进行背面保护[16]。HR6W 不锈钢管在焊接时采用不预热焊。其具有良好的机械加工性和焊接性，适用于锅炉集管。

6. Incoloy 800 合金

Incoloy 800 合金是一种镍铁铬耐蚀合金，主要化学成分为 32Ni－21Cr－45Fe－Ti，C 含量不超过 0.1%，另还含少量的 Mn、Si、Cu、Al、Ti 等金属元素。由于其镍含量达 32%，使 Incoloy 800 合金对氯致应力腐蚀断裂和 σ 相析出而使合金变脆皆具有良好的抵抗力。在 Incoloy 800 合金的基础上提高 C 的含量就形成了 Incoloy 800H 合金，在 Incoloy 800H 合金的基础上加入 1.00% 的 Al＋Ti，一般可以在 593 ℃下使用。Incoloy 800H/AT 合金一般在对抗蠕变和应力腐蚀断裂要求很高的 593 ℃以上的温度下应用。在固溶处理状态下，Incoloy 800H/AT 有出众的抗蠕变和应力断裂性能。Incoloy 800 合金如果在 538～760 ℃范围内加热时间过长，则在合金的晶界会析出铬的碳化物，让合金出现敏化现象。在高温环境下该合金仍具有较高的强度，并具有极优的抗氧化能力和抗渗碳能力。高含量的铬和镍使 Incoloy 800 合金对氧化和碳化有良好的抵抗力。该合金可以使用钨极惰性气体保护焊(gas tungsten arc welding，GTAW)或熔化极惰性气体保护电弧焊(metal inert－gas arc welding，MIG)等焊接方法进行焊接，目前有大量的焊条和焊丝可以用来焊接Incoloy 800 合金。Incoloy 800 合金的焊缝附近会产生紧密的氧化物，只可以打磨去除。该合金的退火处理温度一般为 982～1038 ℃，目的主要是细化晶粒。Incoloy 800H/AT 的热处理温度一般为 1121～1177 ℃，除软化材料的目的之外，还有使材料的晶粒长大，改善材料的抗蠕变和应力断裂性能的目的。Incoloy 800 合金最典型的应用是在高温下用作焚烧炉元件、石化重整装置、加氢裂化管件和常规电厂及核电站的过热蒸汽处理设备等的材料。Incoloy 800 合金一般在 600 ℃以下的温度范围内使用，若用在更高温度，且对蠕变性能有要求时，建议使用 Incoloy 800H/AT。

10.1.5　其他材料

一般把金、铂、钛看作非常稳定的贵金属，不易被氧化，化学性质稳定，能较长时间地保持其性能。贵金属中金的硬度很低，具有良好的韧性和可锻性。金的化学活性很低，在大气和潮湿的环境中也不会起变化，在高温中金不与氢、氮、硫和碳起反应，但会因掺入杂质而变脆，如在金中掺入砷、铅等都会改变金的韧性和延展性。金还很容易被磨损，变成极细的粉末。铂是由自然铂、粗铂矿等矿物熔炼而成的。铂具有延展性，易于机械加工，化学性质稳定性较强，还具有很强的抗氧化性能。钛的密度高于铝而低于铁、铜、镍，但强度是金属里面最高的，钛中杂质的存在，对其机械性能影响极大，特别是间隙杂质(氧、氮、碳)可大大提高钛的强度，显著降低其塑性。钛强度高、耐蚀性好、耐热性高，但在较高的温度下，可与许多元素和化合物发生反应。钛作为结构材料所具有的良好机械性能，就是通过严格控制其中适当的杂质含量和添加合金元素而达到的。尽管这些贵金属性能较好但也不能用作结构材料。之后人们试图采用贵金属作衬里。Dyer 等的研究结果表明，金衬里在含过氯化氨的酸性环境中的腐蚀速度非常快，在含过氯化氨的碱性溶液中却较稳定。总体来说，钛在超临界水中表现出了较好的耐腐蚀性[17]。

陶瓷有着较高的熔点，强度较高，耐高温，并且有高硬度、高断裂韧性、高热导性能。在超临界水中，大多数陶瓷也是不稳定的。美国麻省理学院的研究人员在实验了许多种陶瓷材料之后发现，只有 ZrO 和 Al_2O_3 在温度为 600 ℃、压力为 25 MPa 的条件下的纯水中较为稳定。在温度为 465 ℃、压力为 25 MPa 的条件下，在 0.44 mol/kg 氧及 0.05 mol/kg 盐酸环境中做实验时，

Boukis 等发现 BN、B_4C、TiB_2 及 Y_2O_3 发生解体，SiC 和 Si_3N_4 基的陶瓷失重达 90%，腐蚀相对不严重的是 Al_2O_3 和 ZrO 基的陶瓷。将陶瓷暴露在 300～650 ℃的 Trimsol 中，Garcia 等发现以钛基体涂覆的多层钛化物陶瓷在 120～180 h 内没有很明显的腐蚀现象[17]。

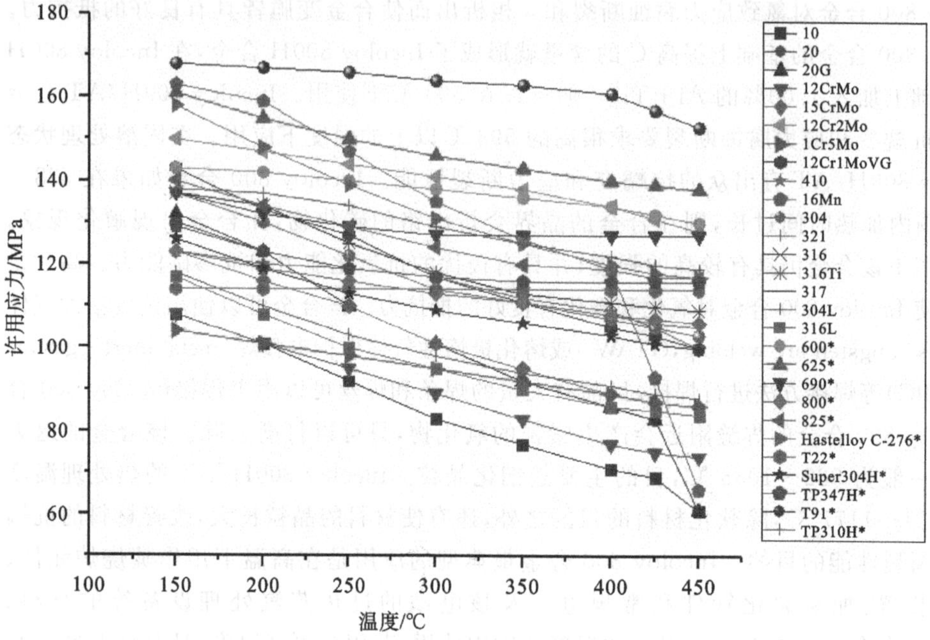

(a) 450 ℃及以下温度区间

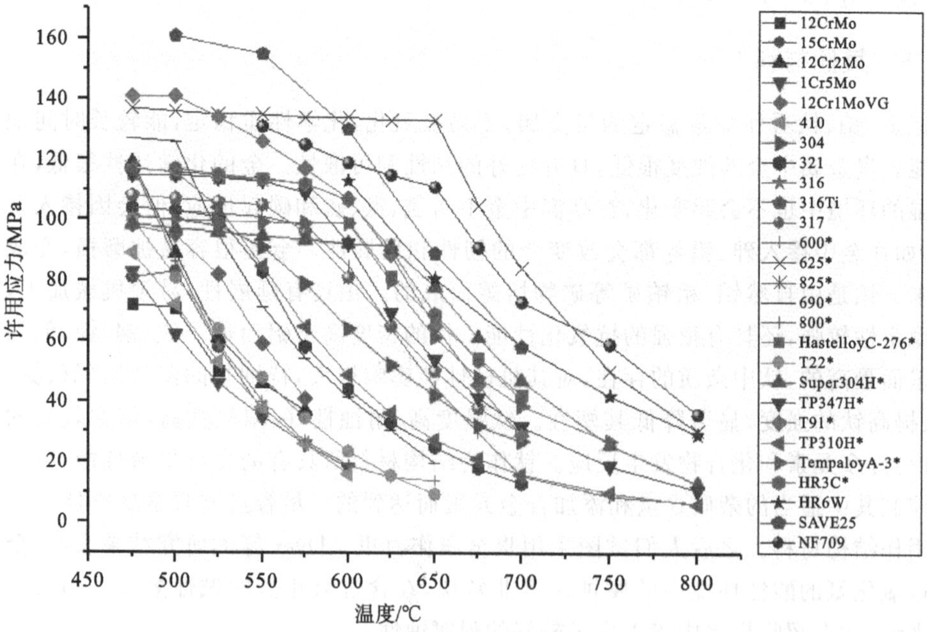

(b) 475 ℃及以上温度区间

图 10－3　常用材质的许用应力图

（＊标志数据来源于 ASME 标准；其他常规合金数据来自中国国家标准，新型合金数据源自可得网络公开资料）

彩图

10.2　超临界水体系典型金属材料的腐蚀特性

低合金耐热钢、马氏体耐热钢、不锈钢、镍基合金、贵金属、陶瓷等材料在亚/超临界水中的腐蚀行为已得到了较为广泛的研究。研究表明，尽管奥氏体耐热钢的抗腐蚀能力很强，但其在含盐超临界水环境中的耐蚀性仍差强人意。不同种类的镍基合金可以适应于某一特定的亚/超临界水体系，没有一种高温耐热镍基合金可以适用于任何亚/超临界水体系。陶瓷材料在含无机酸的超临界水氧化环境中耐氧化性能较差（ZrO_2 和 Al_2O_3 基的陶瓷腐蚀相对较轻）。表 10-4 列出了超临界水环境下一些典型元素在铁/镍基合金中的作用。

表 10-4　超临界水环境下一些典型元素在铁/镍基合金中的作用

元素	作用
Ni	提高高温机械强度，增强抗氧化、卤化腐蚀能力，增强抗应力腐蚀开裂的能力
Cr	增强抗氧化、硫化、水腐蚀能力
Mo	提高高温机械强度，增强抗点蚀和抗应力腐蚀开裂的能力
Fe	降低材料的成本
C	提升材料的高温强度
Nb	提高高温强度，增强抗点蚀能力
Ti	提高材料的耐晶间腐蚀性能
W	增强抗点蚀和抗应力腐蚀开裂的能力，增强机械强度

金、铂、钛贵金属非常稳定，虽不能用作结构材料，但可考虑用作容积衬里，用钛作衬里的不锈钢反应器对超临界水具有较好的耐腐蚀性能，可以节省反应器材料，缺点是造价太高。此外，金衬里在含过氯化氨的酸性环境中的腐蚀速度也非常快。当然各国的学者针对其他的元素如铌、钛、锆和钽在超临界水氧化条件下都进行了大量的腐蚀研究工作。研究表明，在亚临界条件下，钛、铌和钽均能形成稳定的氧化物，表现出优异的抗腐蚀能力，而锆在超临界水中比在亚临界水中具有更大的溶解度。

10.2.1　低合金耐热钢及马氏体钢

超临界水下的合金腐蚀，对于大型热力发电系统以及各种超临界水反应系统都是一个基础腐蚀问题。从 2005 年起就有国内外学者对超临界水中耐热钢（包括马氏体钢与奥氏体钢）以及镍基合金的氧化特性不断地进行实验研究[18-25]。总体上看，相对于奥氏体耐热钢及镍基合金，低合金耐热钢及马氏体钢的腐蚀速率相对较快。

对于暴露于 400～600 ℃范围内脱氧超临界水中的典型铁素体-马氏体钢，例如 T91、P92、HCM12A、NF616 等型号的钢，其腐蚀表面氧化物颗粒尺寸、堆积致密度往往随着暴露时间的增长而增加。Li 等[26]借助扫描电子显微镜、原子力显微镜、拉曼光谱、X 射线衍射分析仪、激光拉曼光谱仪等多种检测手段，详细研究分析了 T91 钢表面腐蚀形貌及组分随暴露时间的演变过程。从图 10-4 能看出，T91 钢暴露于 540 ℃超临界水中 1 h 后，表面覆盖了一层粒径近似 1 μm 的立方体状富铁氧化物颗粒。该富铁氧化物的堆积密度随着暴露时间从 1 h 延长到 10 h 而不断增加，但其粒径无明显变化。在暴露时间为 10 h、20 h时，试样表面皆出现了直径约 4 μm 的菜花状富铁氧化物颗粒；暴露时间为 20 h 时，该菜花状颗粒的分布密度较大，如图 10－4 (b)、(c)所示。这些菜花状颗粒可能是由氧化物颗粒晶界、空洞等缺陷处优先快速形成的新氧化物衍化而来的[27]。值得注意的是，暴露时间为 20 h 时部分氧化物颗粒中出现了小孔；当暴露时间增加至 40 h 时，菜花状氧化物颗粒消失，氧化层中空洞的孔径增大；暴露时间进一步延长到 120 h 时，之前观察到的表面空洞消失，表现为常见的腐蚀外层表面形貌特征。

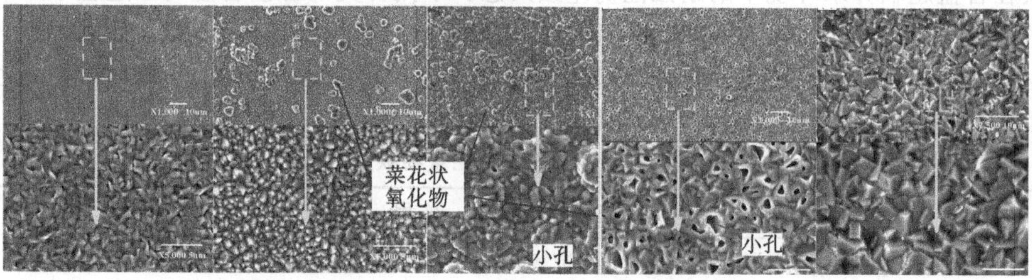

图 10－4　T91 钢表面扫描电镜图随暴露时间的变化[26]

低合金钢及铁素体-马氏体钢氧化后形成的完整氧化膜通常为三层结构：等轴小粒径 Fe_3O_4 和 $FeCr_2O_4$ 构成的氧化膜内层；部分富铬氧化物与未氧化基体晶粒组成的扩散层；由垂直于试样表面的柱状晶及少量存在于内/外层界面处的细小晶粒构成的外层，外层组分主要为 Fe_3O_4[23-25]。在 600 ℃超临界水(含溶解氧 25×10^{-9})中暴露 1026 h 时，典型马氏体钢 HCM12A 的腐蚀层截面及其元素分布如图 10－5 所示。氧化膜的形成过程：开始

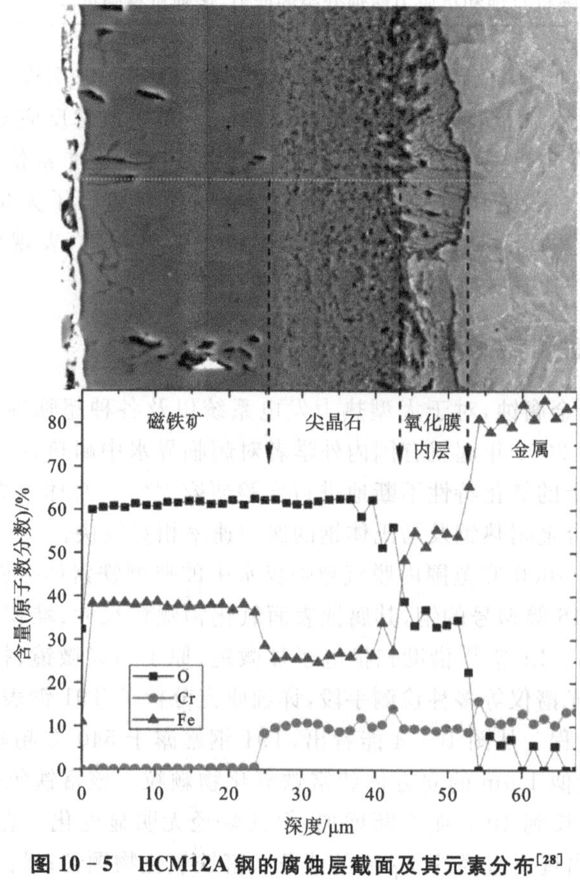

图 10－5　HCM12A 钢的腐蚀层截面及其元素分布[28]

时氧吸附在金属表面，与向外扩散的铁反应形成外层。氧化膜外层由于从金属原始表面向外生长，不受约束，从而主要由较大的柱状 Fe_3O_4 晶粒构成。

铁素体-马氏体钢 P91 在 550 ℃超临界水中暴露 1000 h 后，氧化膜外层、内层、扩散层的厚度依次为 12 μm、8 μm 和 5 μm[29]。对于在超临界水下暴露 336 h 的 HCM12A 钢，其氧化膜外层的厚度随着暴露温度的升高而增加，500 ℃时为 7.2 μm，600 ℃时为 26.2 μm；其氧化膜内层由超细等轴晶粒组成，最大厚度依次为 5.4 μm 和 17.9 μm；扩散层厚度分别为 1.3 μm 和 10.8 μm[30]。以 8.63%Cr 含量的铁素体-马氏体钢为例，图 10-6 给出了其氧化膜总厚度与温度、暴露时间的关系[31]。随着暴露时间从 400 h 增加到 700 h，氧化膜总厚度迅速增加；暴露时间继续延长至 1000 h 阶段，氧化膜总厚度的增加速率逐渐减小。550～650 ℃的温度范围内 3 个暴露时间下氧化膜总厚度与温度皆近似成正比，但当温度从 650 ℃上升至 700 ℃时氧化膜总厚度的增加比例略微下降。此外，图 10-6 还呈现出一个有趣的现象：在温度分别为 550 ℃、700 ℃下，当暴露时间从 700 h 增加到 1000 h 时，氧化膜总厚度的增加几乎可以忽略；然而中等温度如 600 ℃、650 ℃时，在相同的暴露时间段内，氧化膜总厚度明显增加，这可能是中等温度下所形成的氧化膜的孔隙率较高[18,20]导致的。

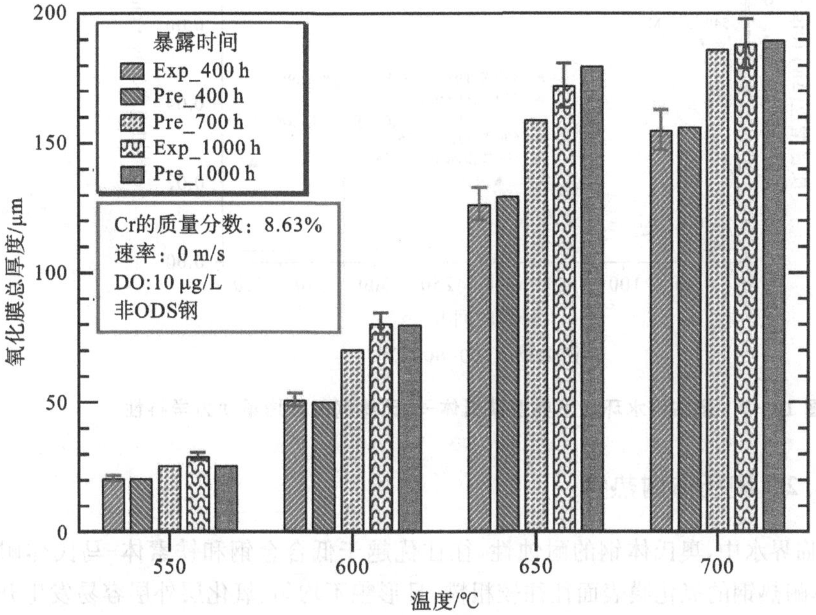

图 10-6　8.63%Cr 含量的铁素体-马氏体钢的氧化膜总厚度随温度与暴露时间的变化规律[31]

从腐蚀增重动力学角度来看，超临界水中铁素体-马氏体钢的氧化动力学遵循近抛物线规律，如图 10-7 所示。随着暴露时间的延长，其氧化过程可以分为 3 个阶段，即快速氧化阶段、稳态生长阶段以及这两者之间的过渡阶段[26]，在这 3 个阶段内腐蚀增重速率分别表现为显著下降、缓慢下降、趋于一个常数。更多腐蚀动力学数据见文献[28,32-33]。

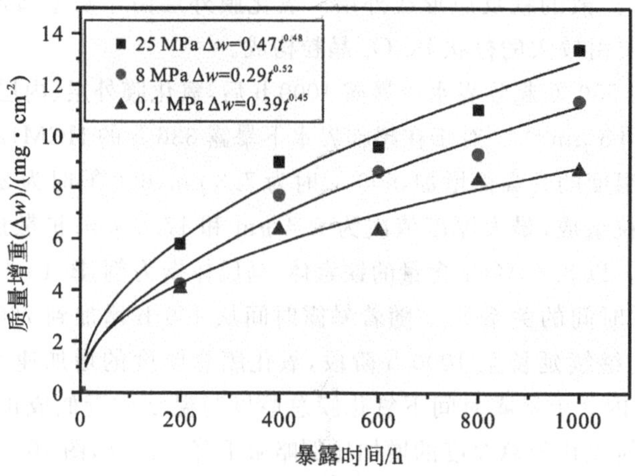

(a) T22钢，600 ℃[34]

彩图

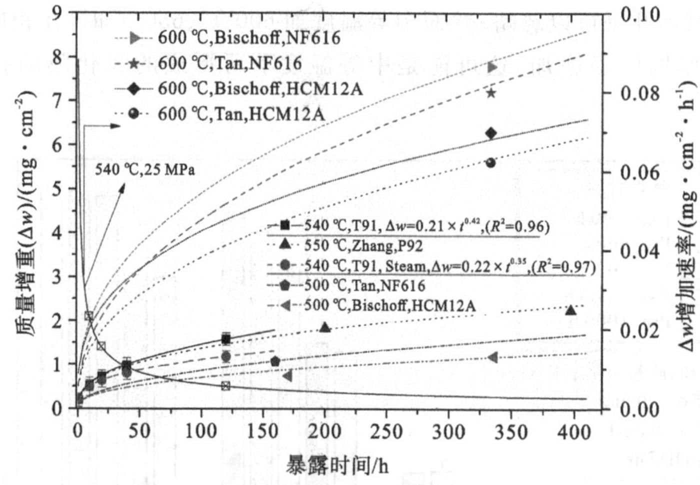

(b) T91钢，500~600℃[26]

图 10-7　超临界水环境下典型铁素体-马氏体钢氧化增重动力学特性

10.2.2　奥氏体耐热钢

在超临界水中，奥氏体钢的耐蚀性，往往优越于低合金钢和铁素体-马氏体耐热钢。然而，奥氏体耐热钢的氧化膜表面往往较粗糙，且形貌不均匀、氧化层外层容易发生开裂剥落现象[24-26]。图 10-8 给出了典型奥氏体钢 TP347H 在 540 ℃环境下暴露 7 h、14 h、35 h 后的腐蚀表面形貌[36]。在 3 种暴露时间下，富铬氧化膜内层的表面都散乱地分布着立方体状富铁氧化物颗粒。富铁氧化物颗粒随着暴露时间的延长而增长；由于暴露时间(35 h)有限，富铁氧化物颗粒之间尚未融合构成完整的氧化膜外层[36]。

图 10-9 给出了 TP347H 钢分别在 390 ℃、465 ℃、540 ℃、580 ℃下，在 25 MPa 或 17 MPa的超临界水/高温蒸汽中暴露 40 h 后的腐蚀形貌图。可以看出，在压力为25 MPa，温度分别为 580 ℃、540 ℃、465 ℃的超临界水中，TP347H 钢的氧化膜呈现出双层结构特征，其中细晶粒富铬氧化物紧密堆积，构成了腐蚀层内层；腐蚀外层比较疏松，由立方体状富铁氧化物颗粒构成。随着实验温度从 465 ℃升高至 580 ℃，立方体状富铁氧化物颗粒

当量直径由约 0.5 μm 增加到了近似 1.5 μm。

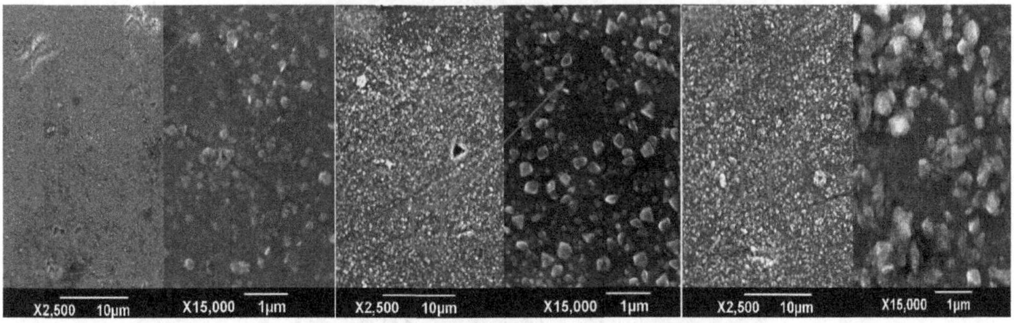

(a) 7 h (b) 14 h (c) 35 h

图 10-8 TP347H 钢腐蚀表面形貌随暴露时间的演变

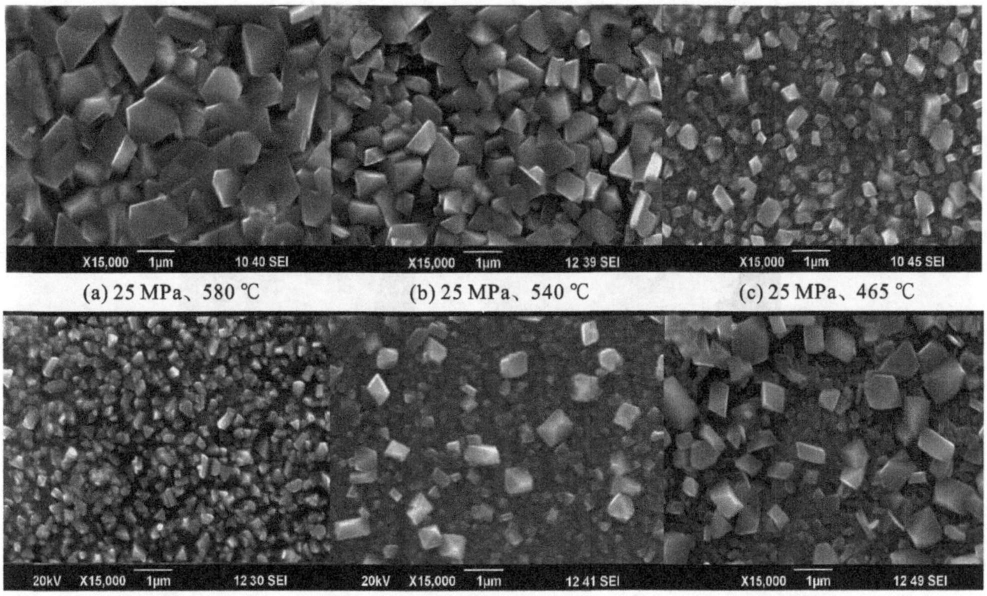

(a) 25 MPa、580 ℃ (b) 25 MPa、540 ℃ (c) 25 MPa、465 ℃

(d) 25MPa、390 ℃ (e) 17MPa、390 ℃ (f) 17MPa、540 ℃

图 10-9 TP347H 钢暴露 40 h 后表面形貌对温度、压力的依赖特征

奥氏体不锈钢的氧化膜外层主要成分为 Fe_3O_4。来自奥氏体钢基体的铁，向外迁移穿越由富铬尖晶石相构成的氧化膜内层，并与外界氧(来自水分子、氧气等)发生反应，进而生成氧化膜外层。总的来说，超临界水中奥氏体钢的氧化膜通常呈现出双层或者三层结构：内层为 Fe-Cr 尖晶石相，外层为磁铁矿层，赤铁矿单独组成最外层或者以氧化物颗粒的形式分散于磁铁矿外层的表面[24,37-38]，如图 10-10(a)所示。需要注意，部分研究结果表明，若腐蚀暴露前对奥氏体钢进行喷丸等表面硬化处理，则腐蚀后其表面可能仅形成以 Cr_2O_3 为主的富铬氧化膜，如图 10-10(b)。

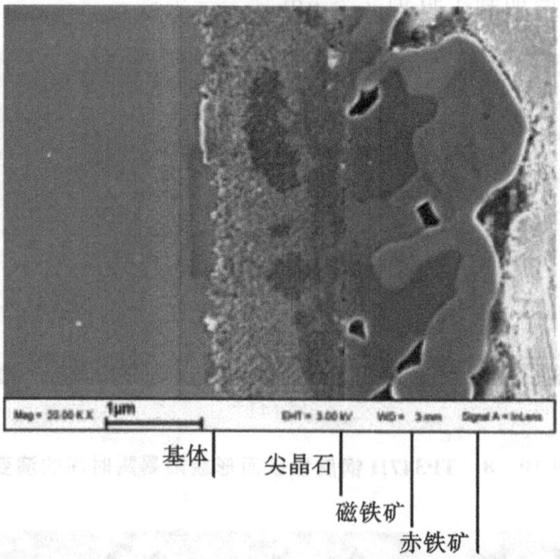

(a) 800H钢，500 ℃、溶解氧25×10^{-9}、505 h[28]

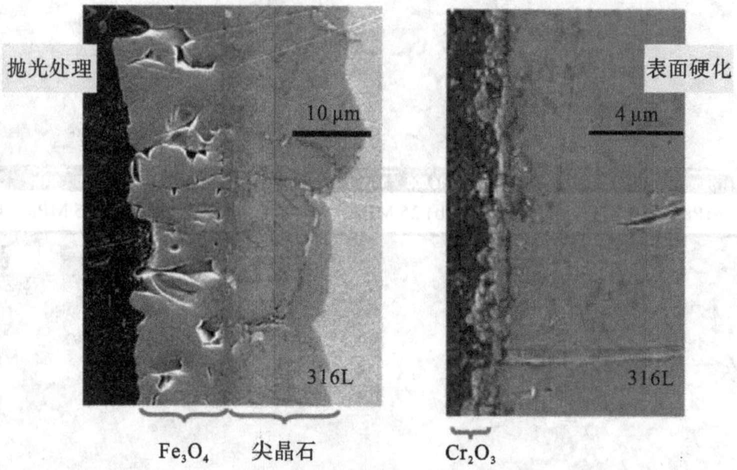

(b) 316L钢，600 ℃、335 h[39]

图 10－10　超临界水中典型奥氏体耐热钢的腐蚀层结构

与铁素体-马氏体耐热钢类似，超临界水中奥氏体钢的腐蚀过程也同样可以分为快速、过渡、扩散控制 3 个阶段。图 10－11 给出了典型奥氏体钢 TP347H 分别在温度为 580 ℃、540 ℃、465 ℃的超临界水环境中，早期氧化过程的动力学数据及其拟合曲线。当温度为 465 ℃且暴露时间少于 56 h 时，TP347H 钢的腐蚀过程近似遵循线性钢的腐蚀动力学，即在当前暴露时间内，TP347H 钢仍主要处于快速氧化阶段；而温度为 540 ℃和 580 ℃时，当前暴露时间内腐蚀过程已基本经历了 3 个阶段，整体遵循近似抛物线规律[36]。

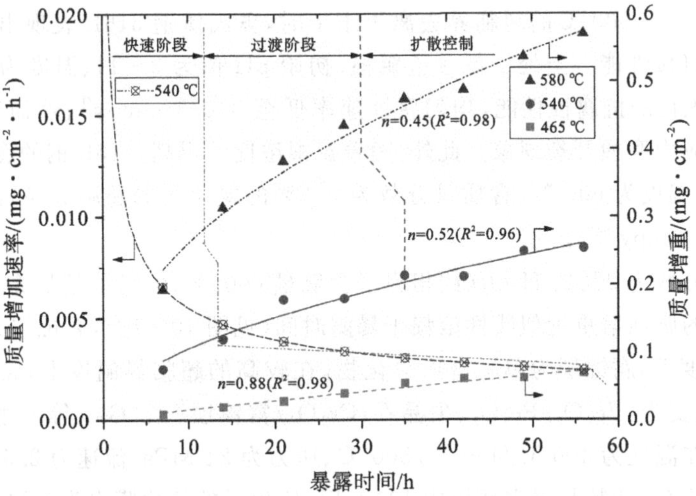

图 10-11　奥氏体钢 TP347H 的腐蚀的阶段划分及腐蚀动力学特性

相对于铁素体-马氏体耐热钢，奥氏体钢在腐蚀起始阶段表面氧化膜的 Cr 含量较高，这是因为奥氏体钢基体中 Cr 含量较高，与基体中其他合金元素相比，Cr 对氧的亲合力最大、在基体中扩散速率最快。当早期富 Cr 氧化膜生成后，奥氏体不锈钢的腐蚀速率更是急剧下降，因此在相同的暴露环境下，相对于铁素体-马氏体耐热钢，奥氏体耐热钢往往进入扩散控制阶段的时间更早。316L、D9、800H 等其他典型奥氏体钢的腐蚀动力学特性数据如图 10-12 所示。

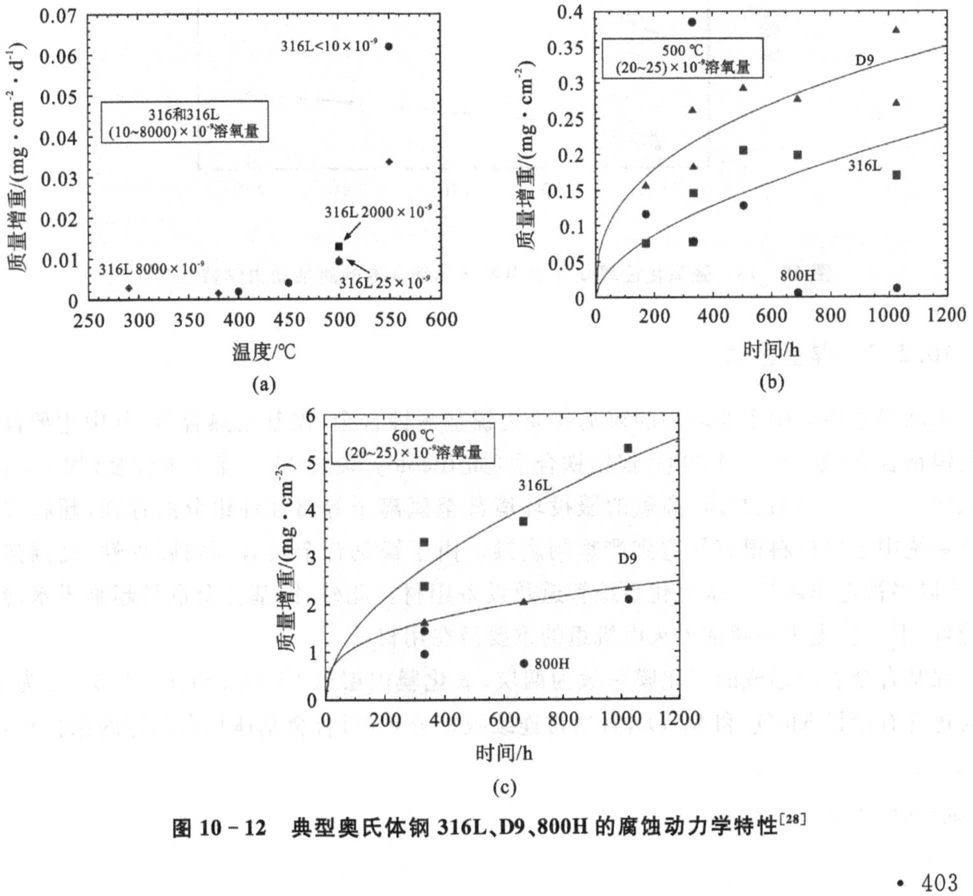

图 10-12　典型奥氏体钢 316L、D9、800H 的腐蚀动力学特性[28]

当暴露在 300～500 ℃的超临界去离子水中时，奥氏体钢 316L 表现出了优良的抗均匀腐蚀性能与机械性能。当处于低含量氯根、初始 pH 值为 2～11、温度为 500 ℃的条件下，316L 钢有优良的抗腐蚀性能，均匀腐蚀速率低至 0.035 mmpy①；然而当 pH＞12 时，易出现明显的应力腐蚀开裂现象。此外，随着氯根浓度的提高，316L 钢的腐蚀速率也大大提高。例如，在温度为 600 ℃、含质量分数为 0.3%的氯化物的超临界条件下，316L 钢的失重速率达 50 mmpy[40]。

在含质量分数为 2%的 H_2O_2（约相当于含氧量 6000×10^{-6}）的超临界水环境中，奥氏体不锈钢 316 的腐蚀增重近似线性依赖于暴露时间（见图 10－13），腐蚀层几乎无保护性。在 350 ℃的温度下，腐蚀层为单层富铬氧化物，在较高的超临界温度下，腐蚀层为双层结构，由外至内主要为：Fe_2O_3/Fe_3O_4、尖晶石/Cr_2O_3/富镍层[41]。Gao 等[42]指出，奥氏体不锈钢 316 暴露在温度为 400 ℃/450 ℃/500 ℃、压力为 24 MPa、流速为 2.5 mL/min、含质量分数 2%的 H_2O_2 的超临界水环境中 100 h 后，所生成的氧化膜也为双层结构，富含铁的膜外层较疏松，富含铬和铁的膜内层较致密。

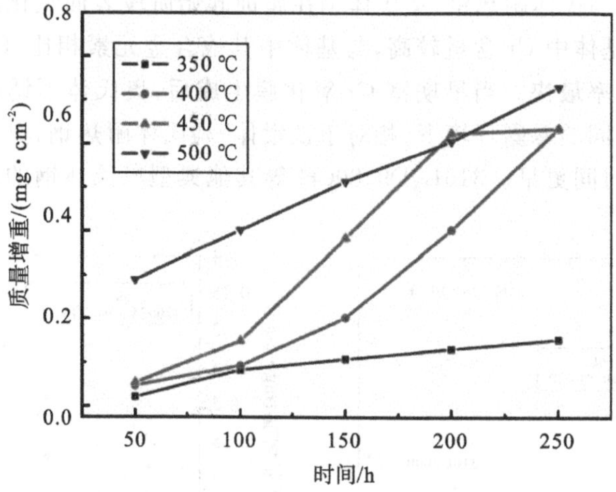

图 10－13　强氧化性超临界水中奥氏体钢 316 的腐蚀动力学特性[41]

10.2.3　镍基合金

超临界水环境中主要应用的镍基合金为镍基耐蚀合金、镍基耐热合金，其中主要涉及的是镍铬合金（如 Inconel 690）、镍铬铁合金（如 Incoloy 800、825）、镍铬钼合金（如 Inconel 625、600）。由于高温、高压、高氧的服役环境甚至氯离子等腐蚀性组分的存在，超临界水氧化系统中金属材料很容易遭到严重的腐蚀。由于镍基合金具有高耐腐烛性、高温热强性，所以多被选作超临界水氧化系统管道及设备用材。此外，镍基合金也是超临界水冷核反应堆、下一代先进超超临界火电机组的重要潜在用材。

镍基合金表面形成的氧化膜一般为两层，氧化膜内层以 Cr_2O_3、$Ni(Cr,Fe)_2O_4$ 为主，有时还含有少量 MoO_2 和 MoO_3，且通常连续致密分布，对合金基体具有较好的保护作用，

①1 mpy＝0.0254 mm/a。

从而可以增强合金的抗氧化性。氧化膜外层则往往由 Ni(Cr,Fe)$_2$O$_4$、NiO 等组成，一般而言氧化膜外层往往是疏松、零散堆积的氧化物颗粒，因而通常对合金基体缺乏保护性。在近纯超临界水中，镍基合金腐蚀增重变化往往极小，有时还可能呈现出微量的腐蚀失重，其耐蚀性能通常优于奥氏体耐热钢[43]。Chang 等[44]指出，超临界水中镍基合金 Inconel 625的氧化膜为双层结构：在 600 ℃下暴露 1000 h 后，Ni(Cr,Fe)$_2$O$_4$ 构成了氧化膜外层，纳米级厚的连续氧化膜内层的主要组分为 Ni(Cr,Fe)$_2$O$_4$ 及 Cr$_2$O$_3$，如图 10－14(a)所示；在 400 ℃下暴露 600 h 后，连续氧化膜内层的主要组分为 Ni(Cr,Fe)$_2$O$_4$，NiO 颗粒构成了氧化膜外层，如图 10－14(b)所示。

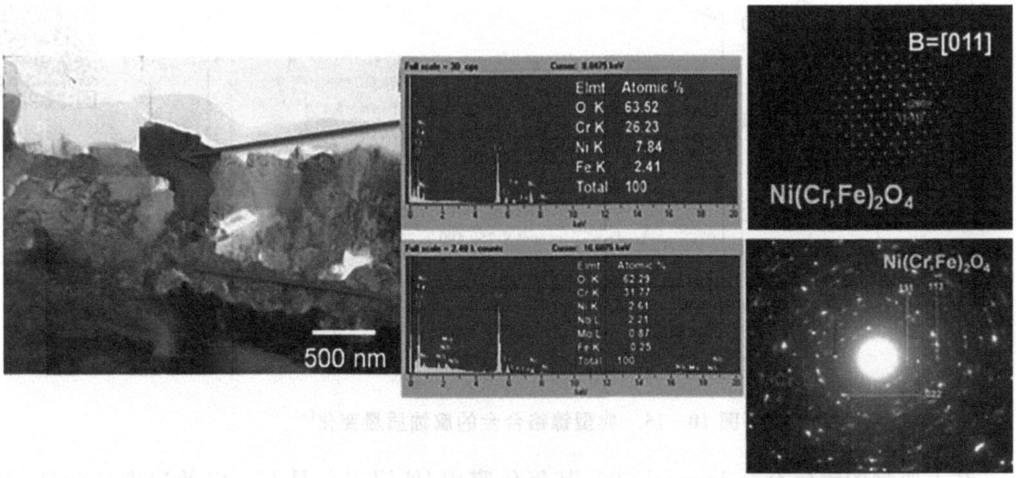

(a) 600 ℃、1000 h

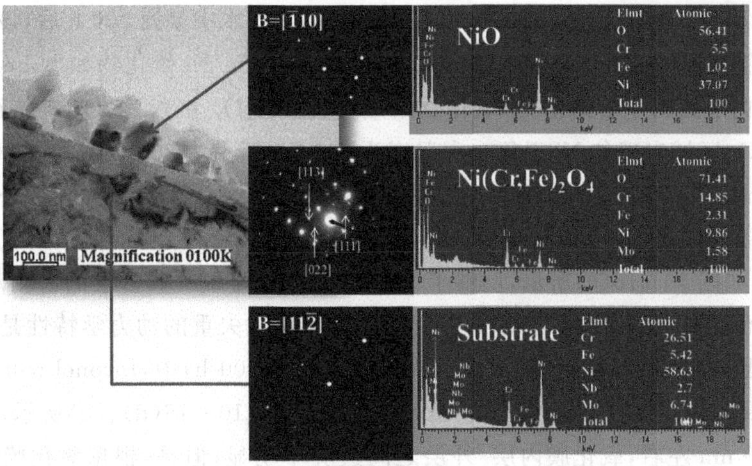

(b) 400 ℃ 、600 h

图 10－14　超临界水中镍基合金 Inconel 625 的腐蚀层结构及组分[44]

镍铬合金、镍铬铁合金在超临界水中的腐蚀动力学特性可参考图 10－15，其给出了随暴露时间增加，典型镍铬合金 Inconel 690、镍铬铁合金 Inconel X－750 试样的质量变化曲线[45]。从图中可以看出，在温度为 600 ℃、压力为 25 MPa、氧含量为 8×10^{-6} 的条件下，Inconel 690 合金的单位面积质量随时间的延长却减少，表现为腐蚀失重，失重速率在氧化开始阶段较为迅速，且在暴露 400 h 后趋于缓和；然而，在温度为 500 ℃、压力为 25 MPa、溶解氧量$<10\times10^{-9}$的条件下，Inconel X－750 合金的腐蚀增重与时间正相关。在较低温度($<$550 ℃)、10^{-9}级别低含量溶解氧的条件下，Inconel 690 合金的单位面积质量震荡上升；随着温度升高至 600 ℃、溶解氧量提高至 8×10^{-9}，则 Inconel 690 合金出现了明显腐蚀失重现象，表明温度、溶解氧量的升高可能促进了镍铬合金 Inconel 690 的腐蚀及腐蚀产物的脱落。

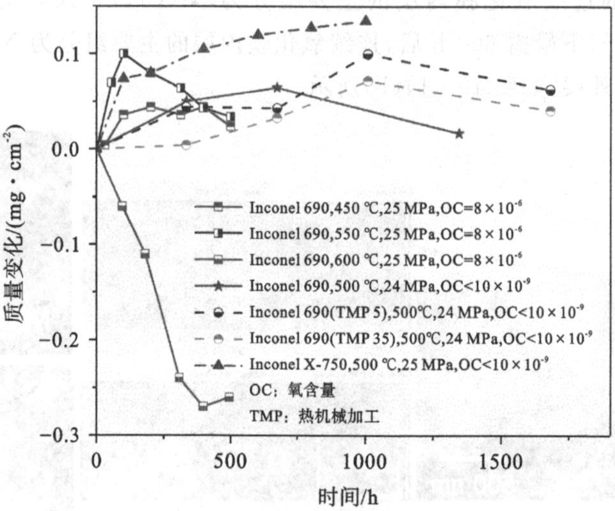

彩图

图 10－15　典型镍铬合金的腐蚀质量变化[45]

对于典型的镍铬合金 Inconel 690，其氧化膜内/外层组分具有一定的温度依赖性，如图 10－16 所示[45]。图 10－16(a)给出了在 550 ℃超临界水中暴露 500 h 后，该合金的氧化膜结构及合金元素分布。氧化膜外层疏松，组分主要为 Fe/Ni 氧化物如 $NiFe_2O_4$ 尖晶石、NiO；氧化膜内层致密主要由富 Cr 氧化物组成，包括 Cr_2O_3 和 $NiCr_2O_4$ 尖晶石。此外，实验还发现富 Cr 区域出现贫 Ni 现象。在温度为 600 ℃、压力为 25 MPa、加氢超临界水环境下暴露 335 h 后，Inconel 690 合金氧化膜内层厚度均匀(约 500 nm)，氧化膜外层出现部分剥落，厚度不规则如图 10－16(b)所示；当暴露时间从 335 h 延长至 1740 h，氧化膜外层完全剥落消失，如图 10－16(c)所示，反映了 Inconel 690 合金氧化膜外层的易剥落性，这与图 10－15 中该合金在高温、高氧、长暴露时间下表现为腐蚀失重的动力学特性是吻合的。在 400 ℃相对低温的超临界水环境(加氢超临界水、暴露 1000 h)中，Inconel 690 合金的氧化膜内层和金属基体中均出现了细小的 Cr_2O_3 颗粒，如图 10－16(d)、(e)所示。此时，氧化膜很薄，仅 10 nm 左右，氧化膜内层/外层之间边界不明显；但是，根据氧化膜的微观结构及成分进行评估可得，氧化膜内层主要为 Cr_2O_3、外层主要由 $NiFe_2O_4$ 构成。

部分典型镍铬钼合金在超临界水、强氧化性超临界水体系中的动力学特性如图 10－17 所示。在除氧或者溶解氧量为 10^{-6} 级水平及以下的超临界水环境下，低钼含量的典型铁铬钼合金 Inconel 718 和 Inconel 625 在类似超临界水条件下具有相似的腐蚀动力学特性，即 500℃时合金的单位面积质量随暴露时间震荡变化，其时而表现为增重，时而表现为失重；在更高温度如 600 ℃下，表现为腐蚀增重，单位面积增重量随暴露时间的延长而缓慢增加。然而，对于高钼含量的典型铁铬钼合金 C－276，始终整体表现为腐蚀增重；相同暴露时间下，当温度从 500 ℃增加到 600 ℃，哈氏合金 C－276 的腐蚀增重显著增加，这是由于较高温度促进了合金中金属元素以及氧化膜中金属阳离子、氧负离子的迁移。在当前除氧或者溶解氧量为 10^{-6} 级水平及以下的相似超临界水环境下，哈氏合金 C－276 的抗腐蚀性能弱于 Inconel 718 和 Inconel 625 合金。然而，在 600 ℃的超临界水中，哈氏合金 C－276 与 Inconel 625 合金具有相似的氧化膜结构。例如，在 600 ℃、25 MPa 的超临界水下暴露 1000 h 后，哈氏合金 C－276 表面氧化膜的外层和内层组分，也分别为 NiO、Cr_2O_3/$NiCr_2O_4$。

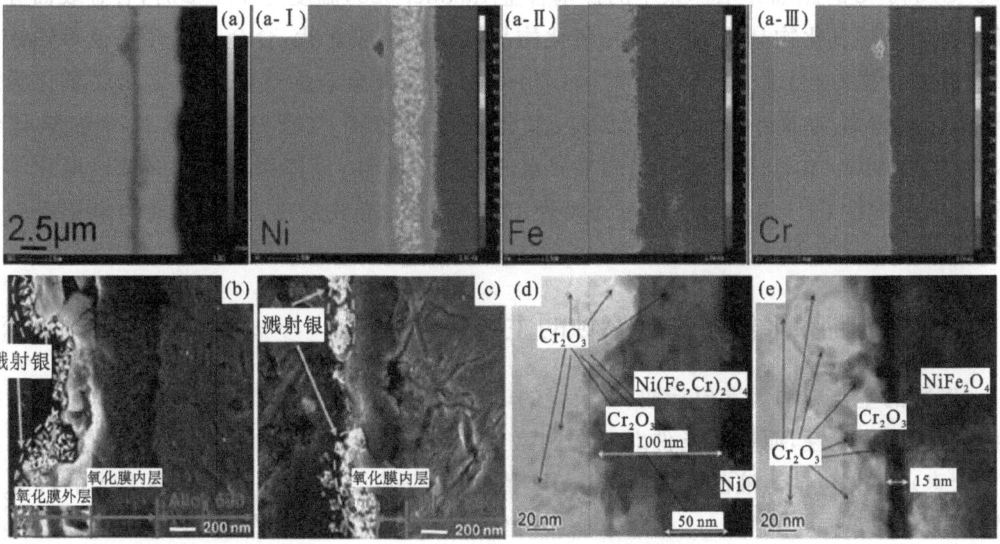

图 10－16　超临界水环境中 Inconel 690 合金的氧化膜结构[45]

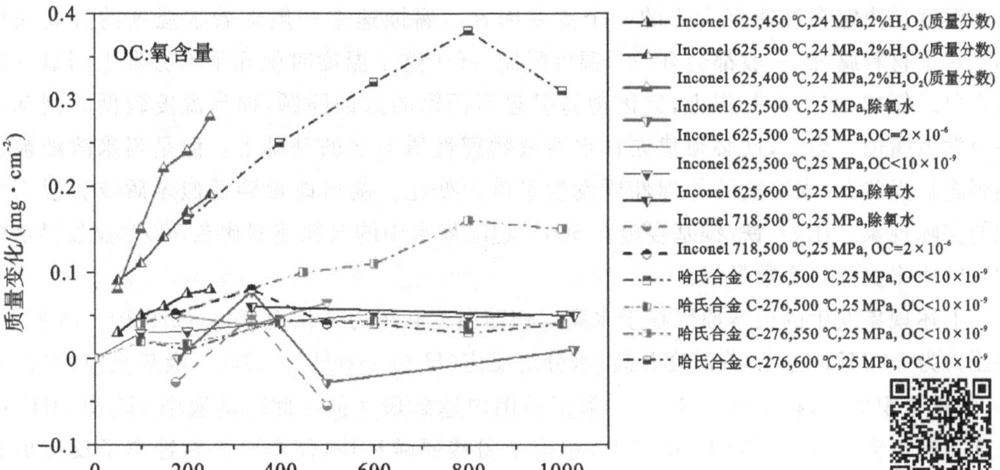

彩图

图 10－17　典型镍铬钼合金的质量变化[45]

在富含双氧水(质量分数为 2%)或者具有高溶解氧量的强氧化性超临界水体系中，镍基合金 Inconel 625 呈现出了不同于除氧或者溶解氧量为 10^{-6} 级水平及以下的超临界水环境下的腐蚀特性。在 400～500 ℃温度范围内，皆表现为腐蚀增重，且腐蚀增重量随暴露时间(0～200 h)的延长而增大，如图 10-17 所示。对于暴露在含质量分数为 2%的 H_2O_2、温度为 400 ℃/450 ℃/500 ℃的强氧化性超临界水环境中的镍基合金 Inconel 625，在相同暴露时间下，温度为 400 ℃时其腐蚀增重量最大，450 ℃时腐蚀增重量反而最小。此外，相对于除氧或者低溶解氧量的超临界水条件，高溶解氧或双氧水含量的超临界水条件下腐蚀更严重，这是因为溶液中氧促进了镍铬钼合金的腐蚀。

从腐蚀产物形貌及组分上看，对于暴露在含质量分数为 2%的 H_2O_2、温度为 400 ℃/450 ℃/500 ℃的超临界水体系中的镍基合金 Inconel 625，温度为 400 ℃时，合金表面分布着细小的等轴氧化物晶粒；450℃时，氧化物晶粒呈棒状或片状，合金表面几乎被等轴棒状氧化物完全覆盖；温度升高到 500 ℃时，Inconel 625 合金表面产物呈现出双层氧化膜结构，氧化膜内层为较小的 Cr_2O_3 晶粒，氧化膜外层主要为疏松的较大尺寸的氧化物 $Ni(OH)_2/NiO$。由于 400 ℃低温超临界水的高密度特性，该体系下合金腐蚀以电化学过程为主，保护性 Cr^{3+} 组分可能以可溶解性 Cr^{6+} 组分的形式浸出，致使形成的氧化膜内层 Cr_2O_3 极薄且不连续，但在 450 ℃/500 ℃下形成了连续、相对较厚的 Cr_2O_3 层[46]。

10.3 亚超临界水体系影响腐蚀的主要环境因素

腐蚀的主要影响因素包括酸、碱及盐的电离度，气体、腐蚀性产物的溶解度，以及保护性氧化膜的稳定性，而环境条件对这些因素的作用大小起决定性作用。关键性的环境条件(因素)，主要包括溶液的密度、温度、pH 值、电化学电位及其内侵蚀性阴离子的种类与浓度。

10.3.1 温度

温度是决定腐蚀速率大小的一个重要因素。腐蚀速率一般随着水温度的升高而增加。对于材料腐蚀，一般都会有一个温度限制，低于这个温度时就几乎不会发生明显的腐蚀现象。例如，在 100 ℃以上，氯化物易引起不锈钢的点蚀问题，而当温度较低时则基本不会发生腐蚀。当然，这必须建立在水溶液物理性质不变的基础上。但是当水溶液被加热到超临界状态，水溶液的物理性质发生了巨大变化。就可能得到看似矛盾或者说不合理的实际现象。比如，铁/镍基合金在500℃超临界水中的腐蚀速率比在300℃亚临界水中的腐蚀速率要低几个数量级。

上述现象发生的根本原因在于水离子积随温度和压力变化而变化，如图 10-18 所示。在压力为 24 MPa 时，随着温度升高，水分解反应($H_2O \Longrightarrow H^+ + OH^-$，吸热反应)平衡右移，水离子积增大，在 240～280 ℃的温度范围内达到最大值。此时溶液中 H^+ 和 OH^- 的浓度相当于常温条件下的 10 倍以上，相当于弱酸弱碱环境，使得金属腐蚀离子反应更容易进行。据有关研究表明，对于温度小于 300 ℃的亚临界水系统，铁/镍基合金腐蚀速率增大和温度上升近似成指数关系，该过程中以电化学腐蚀为主，腐蚀速度非常快，这是大多数金属材料在亚临界水区域腐蚀更为严重的原因。若温度再继续升高，水的介电常数降低成为影响离子积的主要因素，溶剂开始大规模缔合，水的离子积急剧降低，远小于常温条件下的值，则该工况下氢离子和氢氧根离子浓度很低，化学腐蚀将占主要地位。

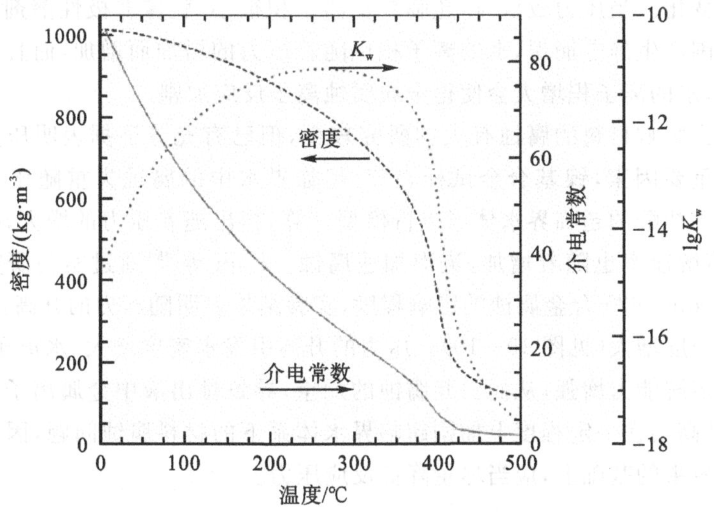

图10-18　水的密度、介电常数及离子积随温度的变化规律

温度的升高也会影响腐蚀性物质(盐、无机酸)的电离度、溶解度,进而影响腐蚀过程。对于强酸如盐酸、硝酸和硫酸而言,其在常温下可以完全电离;然而,随着温度的升高达到超临界水状态时,它们几乎都是以未电离的分子形式存在的。H_3PO_4 呈现出基本类似的行为,NaCl、NaOH 亦如此[47]。因此,含无机盐/酸的亚临界水体系中材料腐蚀速率往往显著高于超临界水体系。

此外,温度过高还易诱发材料的晶间腐蚀。通常认为晶界碳化铬的生成而引发晶间贫铬,是造成晶间腐蚀的重要原因。高温铁铬镍奥氏体中碳的溶解度是较大的,对于常用的不锈钢而言,它们的碳含量可以达到0.08%。在高温条件下溶解了碳的奥氏体不锈钢迅速冷却到室温时,碳元素就会以饱和形式固溶。但若再加热到适当温度并保温足够时间,过饱和的碳往往倾向于以碳化铬的形式沉淀出来,导致不锈钢晶界附近贫铬。镍基合金的碳含量通常在0.02%~0.15%范围内,然而高镍合金中碳的溶解度很低,所以往往即使在固溶温度下合金也能在晶界析出 M_7C_3 型碳化物,有晶间腐蚀倾向。大量研究表明,奥氏体钢及镍基合金的晶间腐蚀敏感温度为600~900 ℃。当温度高于900 ℃时,在奥氏体合金中碳的溶解度较高,不会发生碳析出并以碳化物形式沉淀下来。温度低于600 ℃时,即使有过饱和碳的析出,其向晶界扩散的速率也很低,这可以保证金属材料的长期可靠性。而当温度处于600~900 ℃时,就会导致过饱和碳的析出,且碳等杂质会快速扩散至晶界,消耗晶界处的铬,引发晶界贫铬区的形成,从而可能导致晶间腐蚀。

因此,对于超临界水氧化处理反应器,其设计温度不应太低,以尽可能地避免发生电化学腐蚀占优的快速腐蚀,考虑到反应器内压力的波动,建议反应器内温度应高于490 ℃。但是温度也不应太高,最好低于600 ℃以提高反应器的可靠性。

10.3.2　压力

压力同样是控制水物理性质(比如密度、浓度、介电常数和离子积)的一个关键因素,但相对于温度,压力影响相关腐蚀研究并不多。超临界水的密度、介电常数和离子积皆随压力的增减而变化。当压力较低时，超临界水离子积很小，就像非极性溶剂一样。压力增加使得离子周围产生静电崩塌，水的离子积也随着压力的增加而增加，而且可能超过常温水中的离子积，水的离子积增大会使得金属腐蚀离子反应加剧。

尽管与压力影响材料的腐蚀有关的研究较少，但已有充分证据表明压力的增高是加速腐蚀的一个重要因素，镍基合金试样在亚/超临界水中的腐蚀失重随压力的升高而加剧。有学者对含盐酸的超临界水体系进行模型计算，指出随着压力的增大，盐酸的电离度增加，金属的溶解速率也随着增加，进而加速腐蚀。Fujii 等[48]通过实验研究了在超临界水中压力对 Inconel 625 合金腐蚀的影响程度，实验结果表明随压力的升高，排出液中溶解性金属离子的浓度增大(见图 10－19)。压力的升高引发水密度增大、水离子积升高，使水对合金元素的溶解能力增强，从而引起腐蚀的加重，导致排出液中金属离子浓度增高。总而言之，压力升高会在一定程度上加剧超临界水体系下的材料腐蚀问题，因此在保证超临界水处理工艺效果的基础上，应当尽量降低反应压力。

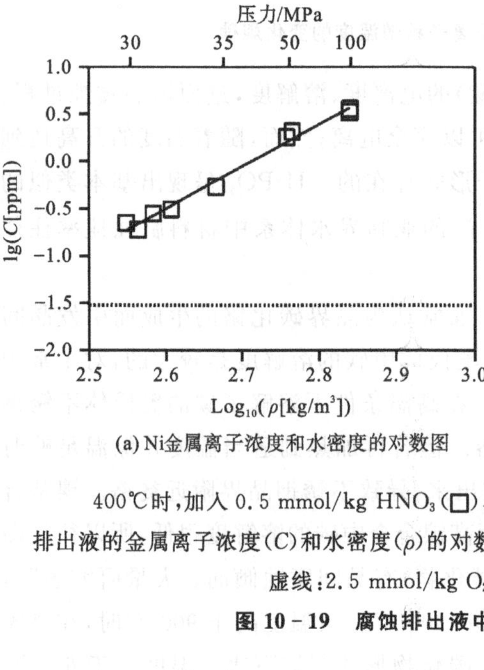

(a) Ni金属离子浓度和水密度的对数图

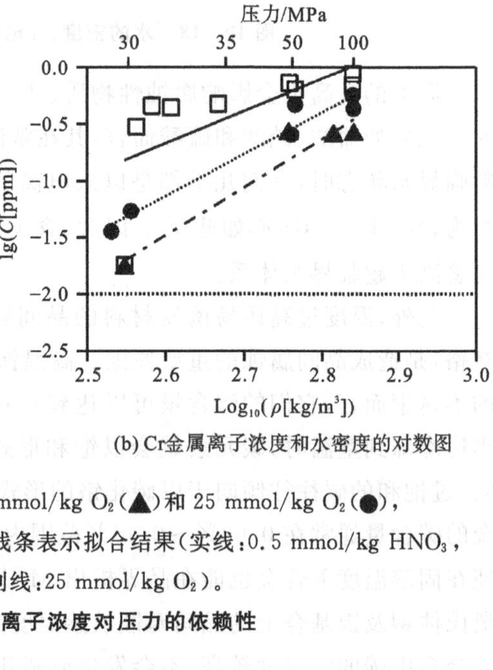

(b) Cr金属离子浓度和水密度的对数图

400℃时，加入 0.5 mmol/kg HNO_3(□)、2.5 mmol/kg O_2(▲)和 25 mmol/kg O_2(●)，排出液的金属离子浓度(C)和水密度(ρ)的对数图；线条表示拟合结果(实线：0.5 mmol/kg HNO_3，虚线：2.5 mmol/kg O_2，点划线：25 mmol/kg O_2)。

图 10－19　腐蚀排出液中金属离子浓度对压力的依赖性

10.3.3　pH 值

环境 pH 值是影响材料腐蚀的最重要的因素之一。较高或较低的环境 pH 值都会导致化学溶解过程的发生。对于典型铁、镍和铬的氧化物，同样条件下三价铬氧化物的抗溶解能力最强，镍的氧化物是最弱的。有关实验研究表明中性和微碱性的溶液对铁/镍/铬氧化物的溶解度是最小的。对于 Inconel 600 合金在 283 ℃高压水溶液中金属流失的情况，实验表明，在 pH＝7 下测试的排出液中金属元素的浓度是 pH＝10 下的数千倍，溶液为弱碱性时金属的腐蚀流失量较低。温度为 350 ℃时，镍基合金 Inconel 625 反应器分别在碱性、中性、酸性氧化条件下的金属离子流失浓度监测实验表明[49]，在含 NaCl、溶解氧的高压 350℃碱性溶液中，合金腐蚀得最轻，添加 NaOH 后，Ni 的流失率降低为中性条件下的 1/100，Cr 和 Mo 的流失率相应降低为之前的 1/10。主要缓蚀原因是碱性条件能保护合金表面 NiO，进而实现 NiO 对金属合金的保护。大量研究表明，通过添加 NaOH 将溶液 pH 值控制在 11～12 时，通常可以显著降低合金中金属元素的流失，但是会使六价铬化合物的富集度增加。在溶液环境氧化性不强的情况下，pH 值增加往往可以使铬/镍氧化物的稳定性增加；然而对于氧化性较强的介质，pH 值增加有利于镍氧化物的稳定性，但会使铬的稳定性下降，使其以溶解性六价铬的形式流失。

在 300 ℃高温高压水体系中，NiO/$Ni(OH)_2$ 稳定区域的 pH 值范围为 5～11，富铬钝化膜成分（Cr_2O_3/CrOOH）稳定区域的 pH 范围为 2.5～7.1。从铬、镍固态产物稳定性的角度出发，考虑高温高压水溶液 pH 值与常温环境下 pH 值的关系，可以推断以富铬镍基合金为主要用材的高温高压水系统，其常温下理想抗腐蚀 pH 值范围为 6.5～8.5。

10.3.4　电化学腐蚀电位

当一个金属或者合金的电化学腐蚀电位高于某个临界值（钝化电位下限值）时，该材料才能被氧化形成相对稳定的氧化膜，将此时所处的状态称为材料钝化。当电化学腐蚀电位低于上述临界值时，则会经历一个所谓的主动溶解的过程。当电化学腐蚀电位高于某一临界值（钝化电位上限值）时，金属钝化状态也会消失，而发生超钝化溶解，因此该电位又被称为过钝化电位。金属的钝化状态代表着金属表面氧化物是稳定的，可以形成稳定的氧化膜。一般来说，当金属被致密性氧化膜保护时，可以认为它处于钝化状态。例如，铬在钝化状态时是以三价铬的形态存在的，三价铬化合物的溶解度通常极低。在铬和铬合金服役过程中，固态三价铬的混合物[$Cr(OH)_3$、CrOOH、Cr_2O_3]往往会覆盖在材料表面而形成保护层。

如果电化学势低于钝化电位下限值，就难以形成稳定的 Cr(Ⅲ)化合物，故而不会形成稳定的氧化膜，这时铬很可能发生溶解并以二价铬离子形式存在。Fe、Ni、Ti 等一些金属在较低的化学势下，也会发生类似的主动化学溶解现象。然而，如果材料电化学腐蚀电位不断增加，超过钝化电位上限值，也会导致钝化态的消失，材料进入过钝化溶解状态，此时铬形成了可溶或者可挥发的六价化合物，比如铬酸根（CrO_4^{2-}）、重铬酸根（$Cr_2O_7^{2-}$）、铬酸氢根（$HCrO^{4-}$）以及超临界水条件下的挥发性 H_2CrO_4。随着温度的增加，金属铬的钝化电位上限值是减小的，从而增加了铬在高温水中形成三价铬保护层的难度。类似地，还有金属钼和钴及其有关合金。为了抑制氧化膜溶解，需要寻找保持铬等类似金属氧化物稳定的最佳电化学势区间。

对于室温下的钛、铌或钽等贵金属，即使工作电位高达 100 V，也不会发生过钝化溶解。在这种情况下，其氧化物是完美的绝缘体，而且水氧化引起的氧释放反应也会被抑制。因此，钛、铌或钽这些金属在高氧化环境中具有很强的抗腐蚀性能。但是随着温度升高，氧化膜的性能将发生变化，所以室温下腐蚀特性并不能代表高温下的情况，在室温下具有强耐蚀性的氧化物，在高温下却不一定具有类似性能。

随着高温高压水中溶解氧含量的增加，水溶液的氧化能力也增加，电化学势升高，往往不利于保护性氧化物如 Cr_2O_3 的稳定，如图 10－20 所示。对于处理有机废物的超临界水氧化反应体系，其内氧分压往往比空气中氧分压高两个数量级，这是超临界水氧化反应体系中服役材料腐蚀风险高的重要原因。温度升高，铬发生过钝化溶解即 Cr(Ⅲ)转化为 Cr(Ⅵ)的临界电化学势（也就是钝化电位上限值）降低；此外，相同温度下，碱性条件下的铬过钝化电位低于酸性条件下的。

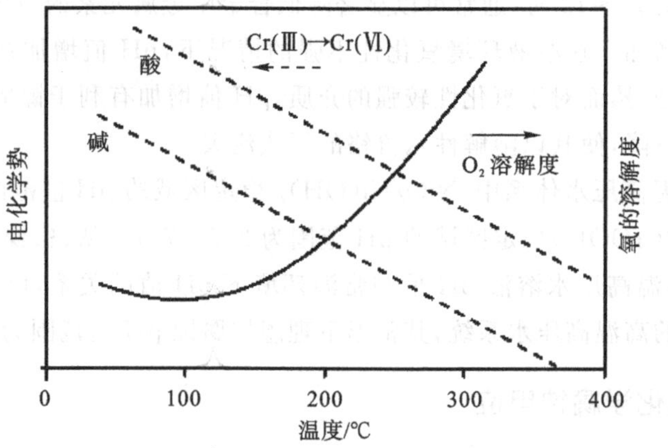

图 10-20　高温高压水中氧溶解度及 Cr(Ⅲ)向 Cr(Ⅵ)转化临界电化学电位对温度的依赖性

10.3.5　阴离子种类

阴离子对不同腐蚀过程的影响，可以是促进也可以是抑制，这主要取决于它们如何与金属的氧化物保护层相互作用。超临界水环境下阴离子 OH^- 起钝化作用，一定浓度的 OH^-(对应常温下溶液 pH 值<12)有利于金属表面保护膜的形成，但是过高浓度的 OH^- 易导致保护膜中有效抗腐蚀元素 Cr 与 Mo 发生过钝化溶解。亚临界水或高密度超临界水中，Cl^- 易被耐热钢及镍基合金表面的氧化膜吸附，膜中 O^{2-} 很容易被 Cl^- 替代，形成可溶性氯化物，使钝化膜遭到破坏从而加剧金属腐蚀。NO_3^-、SO_4^{2-} 通常无诱发氧化膜破裂的不利影响，但是 SO_4^{2-} 可能导致盐沉积问题，继而引发盐垢下腐蚀。在低密度超临界水环境中，当 Cl^-、NO_3^-、SO_4^{2-} 以无机酸分子形式存在时，同样会加剧服役金属材质的腐蚀。

阴离子对腐蚀过程的影响一般有以下几种可能。

(1)氧化膜局部破坏：在高温水中，卤化物、氯化物、溴化物和碘化物中一般会诱发这种局部腐蚀，但对于氟化物并不常见。其他阴离子如硫化物或亚硫酸盐，也可能导致氧化膜的局部破坏。这种局部腐蚀(如点蚀、应力腐蚀开裂)是极其危险的，因为它的发生是随机的，且腐蚀速率高。

(2)腐蚀产物溶解速率：对于由扩散控制的腐蚀过程，其反应速率由初始腐蚀产物的溶解率所决定。例如，镍基 Inconel 625 合金在含 HCl 和 HNO_3 的氧化溶液中的腐蚀实验表明，在较高的亚临界温度下，Inconel 625 合金在相同温度范围内均发生均匀腐蚀，但腐蚀速率却相差一个数量级。这可能是因为腐蚀产物 $Ni(NO_3)_2$ 的溶解度比 $NiCl_2$ 的溶解度高。

(3)阴离子作为氧化剂：在高温水溶液中硝酸盐是一种强氧化剂，其会加剧金属的腐蚀问题。对于硫酸根这样的阴离子，它在高温水中也可以作为强氧化剂。在高温高压水体系中，热力学上将有利于形成硫化物、亚硫酸盐或单质硫，进而可能诱发金属的快速活性溶解。对于高温硫酸盐溶液中铬和镍的腐蚀过程，溶解的金属表面会形成硫化物薄膜。

(4)通过掺杂来强化氧化膜：部分阴离子掺杂进入镍基合金的氧化膜，可以增强氧化膜的稳定性，进而提高合金的抗腐蚀能力。实验证明，碳酸盐、磷酸盐、氟化物和氢氧根在高温溶液中皆具有这样的良好作用，这些阴离子可以多大程度地抑制其他卤化物的有害特性，将是未来一个重要的研究方向。表 10－5 概述了不同无机离子对高温高压水环境材料腐蚀形成的潜在影响。

表 10－5　不同无机离子对高温高压水环境材料腐蚀形成的潜在影响[50]

离子	腐蚀行为	腐蚀作用影响
F^-	形成金属离子弱配合物，降低腐蚀产物的稳定性	均匀腐蚀，晶间腐蚀
Cl^-、Br^-	渗透并破坏氧化物	强烈的局部腐蚀：点蚀和应力腐蚀开裂（在有氧化物存在的情况下）
SO_3^{2-}、SO_4^{2-}、$S_2O_3^{2-}$	高温条件下具有氧化性，生成 S^{2-} 和 S^0	强烈的均质降解和均匀腐蚀
S^{2-}	高温水中具有还原性	析氢腐蚀，应力腐蚀开裂
NO_3^-	强氧化性，腐蚀产物易溶解	强烈的均匀腐蚀
CO_3^{2-}、PO_4^{3-}	低溶解性腐蚀产物	抑制腐蚀
OH^-	低溶解性腐蚀产物	抑制腐蚀
H^+	保护性氧化物的溶解性增强	强烈的均匀腐蚀

10.3.6　亚/超临界腐蚀水体系下的腐蚀机理对比

对于亚/超临界水体系，随着温度升高，水的密度及介电常数皆不断下降，合金腐蚀机理由电化学腐蚀转变为化学腐蚀，腐蚀层形成机制也发生了转变。已有研究表明，水密度约为 100 kg/m³ 是亚/超临界水体系中电化学腐蚀/化学腐蚀的近似分界点，其中高密度水（亚临界水及密度高于 100 kg/m³ 的超临界水）体系，以电化学腐蚀为主；低密度（小于 100 kg/m³）超临界水体系，化学腐蚀占优。在不纯金属或合金与电解质溶液接触时发生电化学腐蚀，而在材料与氧化剂接触时就会发生化学腐蚀。电化学腐蚀中腐蚀介质具有较高的密度及介电常数，以支撑电化学电荷转移过程；化学腐蚀中腐蚀介质的密度及介电常数较小，腐蚀介质中带电离子几乎无法存在。电化学腐蚀与化学腐蚀往往同时发生，且电化学腐蚀的速率快、危害更重。

铁/镍基合金在高密度超临界水体系下腐蚀层的形成遵循混合模型，而在低密度超临界水体系下腐蚀层的形成符合固态生长机制。混合模型和固态生长机制的对比如表 10－6 所示。

表 10－6　铁/镍基合金在不同超临界水体系生长机制的对比

腐蚀层形成机制	内层生长过程	外层生长过程
混合模型（高密度）	O^{2-} 向内扩散至氧化物/合金基体界面，生成富铬氧化物，腐蚀层内层增厚	金属阳离子向外扩散，穿越腐蚀层内层，进入溶液，继而以氧化物/氢氧化物的形式沉淀析出，形成腐蚀层外层
固态生长机制（低密度）		金属阳离子扩散至腐蚀外层表面，形成氧化物，致使外层增厚

10.4 亚/超临界水体系典型腐蚀机制

10.4.1 腐蚀层生长过程及定量描述

在高温高压水环境中，合金表面形成的氧化膜是其抗腐蚀能力大小的关键。一层致密、稳定、连续的氧化膜不仅可以抑制合金元素从基体向表面扩散的速率，还可以阻隔溶解氧和侵蚀性离子对合金基体的侵害，进而抑制腐蚀。在超临界水氧化处理有机废物系统中，高浓度溶解氧、无机盐结晶沉积、腐蚀介质高速流动以及固体颗粒磨蚀作用等都会影响氧化膜的生长过程以及稳定性。因此，探究相关体系下材料的腐蚀防护机制及措施之前，必须首先明确高温高压水环境中氧化膜的生长机制。

1. 腐蚀层生长过程

Macdonald 等借助电化学噪音测试评估分析了超临界水体系下不锈钢 304 的腐蚀行为[51]，并指出低密度超临界水环境下氧化物的溶解度可以忽略，以化学腐蚀(chemical corrosion, CC)为主；然而，高密度超临界水中主要发生电化学腐蚀(electrochemical corrosion, EC)，其与氧化膜内阳离子向溶液中释放(实质上为阳离子跨相界面传递)、阳离子沉淀为氧化膜/氢氧化物有着十分紧密的联系。通常认为 100～200 kg/m^3 是决定腐蚀机制是否占优的水密度分界点。Li 等[52]通过磷酸盐标记实验，得到 400 ℃氧化性超临界水体系(水密度约为 167 kg/m^3)下铁/镍基合金表面氧化膜外层的形成为阳离子沉淀过程，而 600 ℃工况(水密度约 70 kg/m^3)下氧化膜外层的形成似乎并不受阳离子沉淀行为的影响，进而提出 100 kg/m^3 很可能是决定氧化膜外层形成的水密度分界点，其对应的25 MPa 下临界温度约为 470 ℃。也就是说，对于超临界水体系，当其密度高于 100 kg/m^3 时氧化膜外层增厚主要源自阳离子的释放(对应氧化物/氢氧化物的沉淀)；反之，其依赖于阳离子在膜内的固态迁移过程。具体来说，对于亚临界水环境或者高密度超临界水体系，合金表面氧化膜的形成、生长可以用混合模型，即 Robertson 模型(解释膜内层生长)和 Winkler 模型(描述膜外层形成)的结合版[53-54]来解释。Robertson 模型和 Winkler 模型皆主要利用了扩散原理，Robertson 模型是从基体及氧化膜内不同金属元素扩散速率差异性角度进行分析的，而 Winkler 模型是从不同氧化物形成自由能的角度出发的，前者很好地解释了氧化膜内层富 Cr、外层富 Fe 的现象，后者阐述了氧化膜外层氧化物颗粒较粗大、膜内层粒径较小的起因。该模型认为氧化膜内层增厚为固态生长机制，氧化膜内层的生长前沿位于基体/氧化膜界面，氧离子向内传递并为水穿过氧化膜内微小孔洞达到该界面提供所需氧；而水溶液中金属阳离子的沉淀引发膜外层生长[53]。混合模型的解释已得到高温高密度水环境下铁/镍基合金腐蚀特性相关研究工作者的普遍认可[53-55]。

2. 描述高密度水体系氧化膜生长的点缺陷模型

基于"钝化现象源自钝化膜生长速率与损伤速率的动态平衡"这一认识以及上文所述氧化膜生长混合模型"氧化膜内层内发生点缺陷固态迁移过程，其扮演着阻挡离子迁移、减缓腐蚀速率的角色，又被称为阻挡层(barrier layer, BL/bl)；外层(outer layer, OL/ol)为阳离子沉淀所形成的氧化物或者氢氧化物，其通常多孔、水分子可穿透"，1981 年 Macdonald 等提出点缺陷模型(point defect model, PDM)[56-57]，其现已发展至第三代 PDM

Ⅲ。该模型假定阳离子间隙、阳离子空位、氧空位 3 种点缺陷在金属/钝化膜界面(m/f)、阻挡层/水相环境界面(f/e)处产生与湮灭，建立了相应的界面反应、f/e 界面膜损伤反应以及各反应的动力学方程，如图 10－21 所示。图中，$x=0$ 为膜内外层界面；金属/钝化膜界面处为 $x=L$，L 代表钝化膜阻挡层(内层)的厚度。界面反应 R_1 为金属阳离子空位消耗反应，R_4 表示氧化膜阻挡层/外层界面处金属阳离子空位的生成，R_2 代表金属阳离子间隙的生成，R_5 表示氧化膜阻挡层内金属阳离子间隙的湮灭，R_3 体现了氧化膜向内生长的本质过程(即氧负离子空位的生成)，R_6 表示氧化膜阻挡层/外层界面处氧负离子空位的湮灭。

基体 | 氧化膜阻挡层(内层)，$MO_{\chi/2}$ | 氧化膜外层 | 溶液

$(R_1)\ m + V_M^{\chi'} \xrightarrow{k_1} M_M + v_m + \chi e'$　　$(R_4)\ M_M \xrightarrow{k_4} V_M^{\chi'} + M^{\delta+} + (\delta-\chi)e'$

$(R_2)\ m \xrightarrow{k_2} M_i^{\chi+} + v_m + \chi e'$　　$(R_5)\ M_i^{\chi+} \xrightarrow{k_5} M^{\delta+} + (\delta-\chi)e'$

$(R_3)\ m \xrightarrow{k_3} M_M + \frac{\chi}{2} V_{\ddot{O}} + \chi e'$　　$(R_6)\ V_{\ddot{O}} + H_2O \xrightarrow{k_6} O_O + 2H^+$

$(R_7)\ MO_{\chi/2} + \chi H^+ \xrightarrow{k_7} M^{\delta+} + \frac{\chi}{2} H_2O + (\delta-\chi)e'$

$x=L$　　　　$x=0$

$V_M^{\chi'}$ —金属阳离子空位；$M_i^{\chi+}$ —金属阳离子间隙；$V_{\ddot{O}}$ —氧空位；v_m—基体内金属原子空位；O_O / M_M —阻挡层内晶格氧/晶格金属离子；χ —阻挡层内金属阳离子平均价态；$M^{\delta+}$ —溶液中阳离子。

图 10－21　钝化膜界面处点缺陷生成与湮灭及膜溶解示意图[57]

图 10－21 中各界面反应的速率常数为

$$k_i = k_i^0 \exp(a_i V)\exp(b_i L_{bl})\exp(c_i \mathrm{pH}),\quad i=1,2,\cdots,7 \tag{10-1}$$

式中，k_i^0 为标准速率常数；a_i、b_i、c_i 为传输系数；V 为施加电压，V；L_{bl}为膜阻挡层厚度，cm；pH 为水相体系 pH 值。k_i^0、a_i、b_i、c_i 的定义如表 10－7、表 10－8 所示。

表中 $\gamma = F/(RT)$，$K=\varepsilon\gamma$；其中 F 为法拉第常数，96485.33 C/mol；R 为摩尔气体常数，8.314 J/(mol·K)；T 为热力学温度，K；ε 为膜内电场强度，V/cm。表中 α、β 分别表示膜/环境界面处电势降对 V、pH 的依赖性；α_i 为界面反应 i 的传递系数，表示反应 i 的过渡态相对于初始态的电荷转移程度 $(0<\alpha_i<1)$。

图 10－21 中界面反应 R_1、R_2、R_4、R_5、R_6 是氧化物晶格守恒的，而反应 R_3 产生晶格单元 $[M_M\ (V_O)_{\chi/2}]$、反应 R_7 消耗晶格单元 $[M_M\ (O_O)_{\chi/2}]$，因此反应 R_3 与 R_7 是非晶格守恒的。反应 R_3 表示钝化膜向金属基体内部的生长，反应 R_7 反映钝化膜的溶解破坏过程，则钝化膜的净生长速率可表示为钝化膜生长速率与破坏速率的差值。

$$\frac{dL}{dt} = \Omega k_3 - \Omega k_7\ (C_{H^+}/C_{H^+}^0)^n \tag{10-2}$$

式中，Ω 为阻挡层中单位摩尔金属阳离子所形成氧化物的体积，cm^3/mol；C_{H^+}、$C_{H^+}^0$ 为溶液中氢离子浓度、标准氢离子浓度，mol/L；n 为反应 R_7 对相对氢离子浓度 $C_{H^+}/C_{H^+}^0$ 的动力学级数。

当钝化膜生长达到稳态时，存在 $dL/dt=0$，即钝化膜生长与溶解破坏过程达到动态平衡，此时钝化膜厚度为

$$L=\frac{1}{\varepsilon}\left\{1-\alpha-\left[\frac{\alpha\alpha_7}{\alpha_3}\left(\frac{\delta}{\chi}-1\right)\right]\right\}V+\frac{1}{\varepsilon}\left\{\frac{2.303n}{\alpha_3}-\beta\left[\frac{\alpha\alpha_7}{\alpha_3}\left(\frac{\delta}{\chi}-1\right)\right]\right\}\mathrm{pH}+\frac{1}{\alpha_3\chi\varepsilon\gamma}\ln\left(\frac{k_3^0}{k_7^0}\right) \tag{10-3}$$

依据图 10－21 中的界面反应，PDM Ⅲ 给出了金属腐蚀钝化电流密度（单位为 $\mathrm{A/cm^2}$），如下：

$$I=F[\chi k_1C_v^L+\chi k_2+\chi k_3+(\delta-\chi)k_4+(\delta-\chi)k_5C_i^0+(\delta-\chi)k_7\ (C_{H^+}/C_{H^+}^0)^n] \tag{10-4}$$

式中，C_v^L 为基体/膜界面处金属阳离子空位浓度，$\mathrm{mol/cm^3}$；C_i^0 为膜阻挡层/环境界面处金属阳离子间隙浓度，$\mathrm{mol/cm^3}$。

此外，根据式(10－4)所蕴含的 $I-F$ 关系，可获得钝化膜法拉第阻抗，进而 Macdonald 等建立了基于 PDM 的阻抗模型[58-59]，实现了对稳态钝化膜电化学阻抗谱的机理性分析，提取系列界面反应动力学参数。PDM 已被广泛且成功地用于描述常温常压乃至高密度超临界水相体系下氧化膜的生长、破裂等过程[60-62]以及诊断钝化膜的微观特性[58-59,63-65]。

3. 超临界水体系金属/合金氧化膜生长及诊断理论

关于低密度超临界水中耐热钢表面氧化膜的生长机制，国内外学者已得到了较为统一的认识，即与气相氛围下相似，氧化膜增厚遵循固态生长机制。膜内层的生长归结为载氧体（OH^-、O^{2-}、H_2O 等）向内传递，部分产生于合金/氧化膜界面的金属阳离子穿越氧化膜内层，向氧化膜外层供给并促使其不断生长[66-68]；膜内层为保护层，通过阻碍其内阴离子、阳离子的迁移，实现膜底层合金基体氧化速率的显著降低[67,69-70]。

对于 25 MPa 下的超临界水，当温度由 380 ℃升高至 500 ℃时，水密度由 600 $\mathrm{kg/m^3}$ 以上下降至 100 $\mathrm{kg/m^3}$ 以下。密度在 100 $\mathrm{kg/m^3}$ 以上为高密度超临界水，反之则为低密度超临界水。超临界水体系下合金腐蚀过程的本质为：低密度环境下氧化物溶解度可以忽略，以化学腐蚀为主；高密度超临界水中主要发生电化学腐蚀[51]。考虑到超临界水体系下双重腐蚀机制，Li 等[32]在图 10－21 所示第三代点缺陷模型物化的基础上，耦合低密度超临界水体系下合金腐蚀的微观过程，从原子层面出发，提出并建立了超临界水体系金属腐蚀点缺陷理论（SCW－point defect model，SCW－PDM），其基本物化基础如图 10－22 所示。该理论同时兼顾高低密度超临界水环境下的电化学/化学腐蚀 2 种机制，考虑了所有潜在的界面原子/分子尺度过程，并建立了简单实用的基于腐蚀微观过程的氧化膜生长动力学模型，拓展了经典 PDM 模型，丰富了高温氧化理论。

超临界水体系下，导致金属与合金腐蚀的常见氧化剂为氧气或水。考虑到产生氧气的水分解反应一直处于动态平衡，即使水为氧化剂，亦可将腐蚀过程“假想”为水分解所生成的 O_2 致使氧化膜形成。某些超临界水体系下合金氧化膜具有 3 层结构：扩散层、内层、外层。扩散层实质上是沿晶界“伸入”基体的局部氧化膜内层生长前沿，其与富铬氧化膜内层共同扮演着阻碍阴/阳离子扩散、保护合金基体的角色，可被统称为阻挡层。因而，超临界水体系下所有铁/镍基合金表面氧化膜皆可以被看作 2 层结构：阻挡层、外层[32]。如图 10－22 所示，超临界水体系金属腐蚀点缺陷理论的基本物化基础中，反应 R_3、R_9、$R_{9'}$、R_{10} 是晶格非守恒的，其致使界面的迁移，而其他反应为晶格守恒反应[71]。

合金基体 | 阻挡层（$MO_{\chi/2}$） | 外层（$MO_{\delta/2}$） | 超临界水

$$(R_1)\ m + V_M^{\chi'} \xrightarrow{k_1} M_M + v_m + \chi e' \qquad (R_4)\ M_M + \frac{\delta}{4}O_2 + \chi e' \xrightarrow{k_4} V_M^{\chi'} + MO_{\delta/2}$$

$$(R_{4'})\ M_M \xrightarrow{k_{4'}} V_M^{\chi'} + M^{\delta+}(aq) + (\delta-\chi)e'$$

$$(R_2)\ m \xrightarrow{k_2} M_i^{\chi+} + v_m + \chi e' \qquad (R_5)\ M_i^{\chi+} + \frac{\delta}{4}O_2 + \chi e' \xrightarrow{k_5} MO_{\delta/2}$$

$$(R_{5'})\ M_i^{\chi+} \xrightarrow{k_{5'}} M^{\delta+}(aq) + (\delta-\chi)e'$$

$$(R_3)\ m \xrightarrow{k_3} M_M + \frac{\chi}{2}V_O^{\cdot\cdot} + \chi e' \qquad (R_6)\ V_O^{\cdot\cdot} + 1/2O_2 + 2e' \xrightarrow{k_6} O_O$$

$$(R_7)\ V_O^{\cdot\cdot} + H_2O + 2e' \xrightarrow{k_7} O_O + H_2$$

$$(R_8)\ V_O^{\cdot\cdot} + H_2O \xrightarrow{k_8} O_O + 2H^+$$

$$(R_9)\ MO_{\chi/2} + \left(\frac{\delta-\chi}{4}\right)O_2 \xrightarrow{k_9} MO_{\delta/2}$$

$$(R_{9'})\ MO_{\chi/2} + \chi H^+ \xrightarrow{k_{9'}} M^{\delta+} + \frac{\chi}{2}H_2O + (\delta-\chi)e'$$

$$(R_{10})\ MO_{\delta/2} + \left(\frac{\theta-\delta}{4}\right)O_2 \xrightarrow{k_{10}} MO_{\theta/2}\ (d)$$

$x = L\ (L_{bl})$　　　$x=0$　　　$x=-L_{ol}$

$V_M^{\chi'}$—阳离子空位；$M_i^{\chi+}$—阳离子间隙；$V_O^{\cdot\cdot}$—氧空位；O_O—阻挡层晶格氧；$MO_{\chi/2}$、$MO_{\delta/2}$—膜阻挡层氧化物、外层氧化物；O_2—超临界水环境中的氧气；$MO_{\theta/2}$(d)—膜外层氧化物溶解或者二次氧化产物。

图 10-22　氧化膜界面处缺陷产生与湮灭以及晶胞消耗与生成的微观反应

若以 $\Delta G_{R,i}^0$ 为参考温度 T_0 下界面反应 R_i（$i=1,2,\cdots,10$）的标准吉布斯自由能变化值，k_i^0、k_i^{00}、$k_i^{00'}$ 分别代表基本界面反应 R_i 的标准速率常数、基础速率常数、标准基础速率常数，则所有基本界面反应的速率常数通式如下，其中其他相关参数的定义如表 10-7、表 10-8 所示。

$$k_i = k_i^0 \exp(a_i V)\exp(b_i L_{bl})\exp(c_i \mathrm{pH}) \tag{10-5}$$

$$k_i^{00} = k_i^{00'} \exp\left(-\frac{\alpha_i \Delta G_{R,i}^0}{R}\left(\frac{1}{T}-\frac{1}{T_0}\right)\right) \tag{10-6}$$

表 10-7　界面反应速率常数中参数的定义及各反应的重要性[32]

反应	a_i /V^{-1}	b_i /cm^{-1}	c_i	不同超临界水中重要性	
				低密度①	高密度
$(R_1)m+V_M^{\chi'} \xrightarrow{k_1} M_M+v_m+\chi e'$	$\alpha_1\chi\gamma(1-\alpha)$	$-\alpha_1\chi\gamma\varepsilon$	$-\alpha_1\chi\gamma\beta$	√√	√√
$(R_2)m \xrightarrow{k_2} M_i^{\chi+}+v_m+\chi e'$	$\alpha_2\chi\gamma(1-\alpha)$	$-\alpha_2\chi\gamma\varepsilon$	$-\alpha_2\chi\gamma\beta$	√√	√√

续表

反应	a_i /V^{-1}	b_i /cm^{-1}	c_i	不同超临界水中重要性	
				低密度①	高密度
$(R_3)\ m \xrightarrow{k_3} M_M + \frac{\chi}{2} V_O^{\cdot\cdot} + \chi e'$	$\alpha_3 \chi\gamma(1-\alpha)$	$-\alpha_3 \chi\gamma\varepsilon$	$-\alpha_3 \chi\gamma\beta$	√√	√√
$(R_4)\ M_M + \frac{\delta}{4} O_2 + \chi e' \xrightarrow{k_4} V_M^{\chi'} + MO_{\delta/2}$	0	0	0	√√	√
$(R_{4'})\ M_M \xrightarrow{k_{4'}} V_M^{\chi'} + M^{\delta^+}(aq) + (\delta-\chi) e'$	$\alpha_{4'}\delta\gamma\alpha$	0	$\alpha_{4'}\delta\gamma\beta$	√	√√
$(R_5)\ M_i^{\chi+} + \frac{\delta}{4} O_2 + \chi e' \xrightarrow{k_5} MO_{\delta/2}$	0	0	0	√√	√
$(R_{5'})\ M_i^{\chi+} \xrightarrow{k_{5'}} M^{\delta^+}(aq) + (\delta-\chi) e'$	$\alpha_{5'}\delta\gamma\alpha$	0	$\alpha_{5'}\delta\gamma\beta$	√	√√
$(R_6)\ V_O^{\cdot\cdot} + 1/2O_2 + 2e' \xrightarrow{k_6} O_O$	0	0	0	√√	√√
$(R_7)\ V_O^{\cdot\cdot} + H_2O + 2e' \xrightarrow{k_7} O_O + H_2$	0	0	0	√√	√
$(R_8)\ V_O^{\cdot\cdot} + H_2O \xrightarrow{k_8} O_O + 2H^+$	$2\alpha_8 \gamma\alpha$		$2\alpha_8 \gamma\beta$	√	√√
$(R_9)\ MO_{\chi/2} + \left(\frac{\delta-\chi}{4}\right) O_2 \xrightarrow{k_9} MO_{\delta/2}$	0	0	0	√	√
$(R_{9'})\ MO_{\chi/2} + \chi H^+ \xrightarrow{k_{9'}} M^{\delta^+} + \frac{\chi}{2} H_2O + (\delta-\chi) e'$	$\alpha_{9'}\gamma(\delta-\chi)\alpha$		$\alpha_{9'}\gamma(\delta-\chi)\beta$	√	√√
$(R_{10})\ MO_{\delta/2} + \left(\frac{\theta-\delta}{4}\right) O_2 \xrightarrow{k_{10}} MO_{\theta/2}(d)$	0	0	0	√②	√√

①高低密度超临界水的水密度临界值为 0.1～0.2 g/cm^3[51]；

②当膜外层表面氧化物发生二次氧化时，反应 R_{10} 的重要性变得突出。

1)氧化膜生长理论

(1)氧化膜阻挡层(内层)生长动力学模型。氧化物晶胞中亚晶格上空位可以被看作真实的组元，因此氧化膜阻挡层中最小单元包括［$M_M\ (O_O)_{\chi/2}$］、［$M_M\ (V_O)_{\chi/2}$］、［$V_M\ (O_O)_{\chi/2}$］。生成或者消耗上述最小单元的界面反应，将导致界面(金属基体/阻挡层、阻挡层/外层、外层/环境界面)的移动，因而被称为“晶格非保守”反应；反之，被称为“晶格保守”反应，其不涉及上述任何界面的变化。对于阻挡层，反应 R_3、R_9 及 $R_{9'}$ 是晶格非保守的：R_3 表示生成氧负离子空位，引发基体/阻挡层界面处阻挡层向内生长，R_9 与 $R_{9'}$ 导致阻挡层/环境界面处阻挡层破坏。因此，阻挡层净生长速率可以表示为[32]

$$\frac{\mathrm{d}L_{\mathrm{bl}}}{\mathrm{d}t} = \Omega k_3 - \Omega\left(k_9 C_{\mathrm{O}}^{q} + k_{9'} C_{\mathrm{H}^+}^{h}\right) \tag{10-7}$$

式中，Ω 为阻挡层氧化物 $MO_{\chi/2}$ 的摩尔体积，cm^3/mol；q 和 h 分别为阻挡层/外层界面处阻挡层破坏反应对溶解氧量动力学级数和对氢离子浓度的动力学级数；其他参数的定义同上文。

将式(10-5)中 k_3 表达式代入式(10-7)，整理积分，可获得氧化膜阻挡层生长的动力学模型[32]：

$$L_{\mathrm{bl}}(t) = \left(L_{\mathrm{bl}}^{0} - \left(\frac{1}{b_3}\right)\ln\left[1 + \left(\frac{A'}{C_{\mathrm{bl}}}\right) e^{b_3 L_{\mathrm{bl}}^{0}} \left(e^{-b_3 C_{\mathrm{bl}} t} - 1\right)\right] - C_{\mathrm{bl}} t\right) \rho_{0,\mathrm{bl}}/\rho_{\mathrm{bl}} \tag{10-8}$$

式中，L_{bl}^{0} 为 $t=t_0$ 时阻挡的层初始厚度，且有

$$A'=\Omega k_3^0\exp[a_3(V+\Delta V)]\exp(c_3\mathrm{pH}) \tag{10-9}$$

$$C_{\mathrm{bl}}=\Omega(k_9C_{\mathrm{O}}^{g}+k_{9'}C_{\mathrm{H^+}}^{h}) \tag{10-10}$$

式中，a_3、b_3、c_3 的定义如表 10-7 所示；考虑到阻挡层内少量孔隙的存在，式(10-8)右侧乘以系数 $\rho_{0,\mathrm{bl}}/\rho_{\mathrm{bl}}$，该系数为阻挡层理论密度和实际密度的比值；$C_{\mathrm{bl}}$ 代表阻挡层破坏速率，高、低密度超临界水体系下其可分别被简化为 $\Omega k_{9'}C_{\mathrm{H^+}}^{h}$ 与 $\Omega k_9C_{\mathrm{O}}^{g}$ 。

表 10-8　13 个基本界面反应的标准速率常数 k_i^0[32]

反应	k_i^0	k_i^{00}	单位
$(\mathrm{R_1})\,\mathrm{m}+\mathrm{V}_{\mathrm{M}}^{\chi'}\xrightarrow{k_1}\mathrm{M_M}+\mathrm{v_m}+\chi\mathrm{e}'$	$k_1^{00}\exp\left(-\dfrac{\alpha_1\chi F\varphi^0}{RT}\right)$	$k_1^{00'}\exp\left[-\dfrac{\alpha_1\Delta G_{R,1}^0}{R}\left(\dfrac{1}{T}-\dfrac{1}{T_0}\right)\right]$	$\dfrac{\mathrm{cm}}{\mathrm{s}}$
$(\mathrm{R_2})\,\mathrm{m}\xrightarrow{k_2}\mathrm{M}_{\mathrm{I}}^{\chi+}+\mathrm{v_m}+\chi\mathrm{e}'$	$k_2^{00}\exp\left(-\dfrac{\alpha_2\chi F\varphi^0}{RT}\right)$	$k_2^{00'}\exp\left[-\dfrac{\alpha_2\Delta G_{R,2}^0}{R}\left(\dfrac{1}{T}-\dfrac{1}{T_0}\right)\right]$	$\dfrac{\mathrm{mol}}{\mathrm{cm^2\cdot s}}$
$(\mathrm{R_3})\,\mathrm{m}\xrightarrow{k_3}\mathrm{M_M}+\dfrac{\chi}{2}\mathrm{V_{\ddot{O}}}+\chi\mathrm{e}'$	$k_3^{00}\exp\left(-\dfrac{\alpha_3\chi F\varphi^0}{RT}\right)$	$k_3^{00'}\exp\left[-\dfrac{\alpha_3\Delta G_{R,3}^0}{R}\left(\dfrac{1}{T}-\dfrac{1}{T_0}\right)\right]$	$\dfrac{\mathrm{mol}}{\mathrm{cm^2\cdot s}}$
$(\mathrm{R_4})\,\mathrm{M_M}+\dfrac{\delta}{4}\mathrm{O_2}+\chi\mathrm{e}'\xrightarrow{k_4}\mathrm{V}_{\mathrm{M}}^{\chi'}+\mathrm{MO}_{\delta/2}$	k_4^{00}	$k_4^{00'}\exp\left[-\dfrac{\alpha_4\Delta G_{R,4}^0}{R}\left(\dfrac{1}{T}-\dfrac{1}{T_0}\right)\right]$	$\dfrac{\mathrm{mol}}{\mathrm{cm^2\cdot s}}$
$(\mathrm{R_{4'}})\,\mathrm{M_M}\xrightarrow{k_{4'}}\mathrm{V}_{\mathrm{M}}^{\chi'}+\mathrm{M}^{\delta+}(\mathrm{aq})+(\delta-\chi)\mathrm{e}'$	$k_{4'}^{00}\exp\left(\dfrac{\alpha_{4'}\delta F\varphi^0}{RT}\right)$	$k_{4'}^{00'}\exp\left[-\dfrac{\alpha_{4'}\Delta G_{R,4'}^0}{R}\left(\dfrac{1}{T}-\dfrac{1}{T_0}\right)\right]$	$\dfrac{\mathrm{cm}}{\mathrm{s}}$
$(\mathrm{R_5})\,\mathrm{M}_{\mathrm{I}}^{\chi+}+\dfrac{\delta}{4}\mathrm{O_2}+\chi\mathrm{e}'\xrightarrow{k_5}\mathrm{MO}_{\delta/2}$	k_5^{00}	$k_5^{00'}\exp\left[-\dfrac{\alpha_5\Delta G_{R,5}^0}{R}\left(\dfrac{1}{T}-\dfrac{1}{T_0}\right)\right]$	$\dfrac{\mathrm{cm}}{\mathrm{s}}$
$(\mathrm{R_{5'}})\,\mathrm{M}_{\mathrm{I}}^{\chi+}\xrightarrow{k_{5'}}\mathrm{M}^{\delta+}(\mathrm{aq})+(\delta-\chi)\mathrm{e}'$	$k_{5'}^{00}\exp\left(\dfrac{\alpha_{5'}\delta F\varphi^0}{RT}\right)$	$k_{5'}^{00'}\exp\left[-\dfrac{\alpha_{5'}\Delta G_{R,5'}^0}{R}\left(\dfrac{1}{T}-\dfrac{1}{T_0}\right)\right]$	$\dfrac{\mathrm{cm}}{\mathrm{s}}$
$(\mathrm{R_6})\,\mathrm{V_{\ddot{O}}}+1/2\mathrm{O_2}+2\mathrm{e}'\xrightarrow{k_6}\mathrm{O_O}$	k_6^{00}	$k_6^{00'}\exp\left[-\dfrac{\alpha_6\Delta G_{R,6}^0}{R}\left(\dfrac{1}{T}-\dfrac{1}{T_0}\right)\right]$	$\dfrac{\mathrm{cm}}{\mathrm{s}}$
$(\mathrm{R_7})\,\mathrm{V_{\ddot{O}}}+\mathrm{H_2O}+2\mathrm{e}'\xrightarrow{k_7}\mathrm{O_O}+\mathrm{H_2}$	k_7^{00}	$k_7^{00'}\exp\left[-\dfrac{\alpha_7\Delta G_{R,7}^0}{R}\left(\dfrac{1}{T}-\dfrac{1}{T_0}\right)\right]$	$\dfrac{\mathrm{cm}}{\mathrm{s}}$
$(\mathrm{R_8})\,\mathrm{V_{\ddot{O}}}+\mathrm{H_2O}\xrightarrow{k_8}\mathrm{O_O}+2\mathrm{H^+}$	$k_8^{00}\exp\left(\dfrac{2\alpha_8F\varphi^0}{RT}\right)$	$k_8^{00'}\exp\left[-\dfrac{\alpha_8\Delta G_{R,8}^0}{R}\left(\dfrac{1}{T}-\dfrac{1}{T_0}\right)\right]$	$\dfrac{\mathrm{cm}}{\mathrm{s}}$
$(\mathrm{R_9})\,\mathrm{MO}_{\chi/2}+\left(\dfrac{\delta-\chi}{4}\right)\mathrm{O_2}\xrightarrow{k_9}\mathrm{MO}_{\delta/2}$	k_9^{00}	$k_9^{00'}\exp\left[-\dfrac{\alpha_9\Delta G_{R,9}^0}{R}\left(\dfrac{1}{T}-\dfrac{1}{T_0}\right)\right]$	$\dfrac{\mathrm{mol}}{\mathrm{cm^2\cdot s}}$
$(\mathrm{R_{9'}})\,\mathrm{MO}_{\chi/2}+\chi\mathrm{H^+}\xrightarrow{k_{9'}}$ $\mathrm{M}^{\delta+}+\dfrac{\chi}{2}\mathrm{H_2O}+(\delta-\chi)\mathrm{e}'$	$k_{9'}^{00}\exp\left(\dfrac{\alpha_{9'}(\delta-\chi)F\varphi^0}{RT}\right)$	$k_{9'}^{00'}\exp\left[-\dfrac{\alpha_{9'}\Delta G_{R,9'}^0}{R}\left(\dfrac{1}{T}-\dfrac{1}{T_0}\right)\right]$	$\dfrac{\mathrm{cm}}{\mathrm{s}}$
$(\mathrm{R_{10}})\,\mathrm{MO}_{\delta/2}+\left(\dfrac{\theta-\delta}{4}\right)\mathrm{O_2}\xrightarrow{k_{10}}\mathrm{MO}_{\theta/2}(\mathrm{d})$	k_{10}^{00}	$k_{10}^{00'}\exp\left[-\dfrac{\alpha_{10}\Delta G_{R,10}^0}{R}\left(\dfrac{1}{T}-\dfrac{1}{T_0}\right)\right]$	$\dfrac{\mathrm{mol}}{\mathrm{cm^2\cdot s}}$

(2)氧化膜外层生长速率模型。氧化膜外层生长途径主要有两条，第一条为金属阳离子穿越膜阻挡层至阻挡层/环境界面处，并向外层供给，第二途径为经反应 $\mathrm{R_9}$ 与 $\mathrm{R_{9'}}$ 氧化膜阻挡层向膜外层转化。对于前者，低密度超临界水体系下主要通过反应 $\mathrm{R_1}$ 和 $\mathrm{R_4}$、$\mathrm{R_2}$ 和 $\mathrm{R_5}$ 两对反应实现金属阳离子向外迁移；而在高密度超临界水环境中，则需 $\mathrm{R_1}$ 与 $\mathrm{R_{4'}}$、$\mathrm{R_2}$ 和 $\mathrm{R_{5'}}$ 两对界面反应的配合才能实现。反应 $\mathrm{R_{10}}$ 描述了氧化膜外层的破坏速率。阻挡层内金属阳离子向外输送是氧化膜外层生长速率的限制步骤，尽管反应 $\mathrm{R_1}$ 与 $\mathrm{R_2}$ 为金属阳离子供给反应，但是反应 $\mathrm{R_4}$ 与 $\mathrm{R_{4'}}$、$\mathrm{R_5}$ 与 $\mathrm{R_{5'}}$ 的动力学直接控制氧化膜外层的生长速率，即

$$\frac{\mathrm{d}L_{\mathrm{ol}}}{\mathrm{d}t}=\Omega_{\mathrm{ol}}(k_4C_{\mathrm{O}}^{n}+k_{4'}+k_5C_{\mathrm{O}}^{n}C_{\mathrm{M_i}}^{0}+k_{5'}C_{\mathrm{M_i}}^{0}+k_9C_{\mathrm{O}}^{g}+k_9{}'C_{\mathrm{H^+}}^{h}-k_{10}C_{\mathrm{O}}^{r})\rho_{0,\mathrm{ol}}/\rho_{\mathrm{ol}} \tag{10-11}$$

式中，Ω_{ol} 为膜外层氧化物 $\mathrm{MO}_{\delta/2}$ 的摩尔体积，$\mathrm{cm^3/mol}$，其为常数，由具体氧化物组分所决

定；r 为氧化膜外层/环境界面处反应 R_{10} 对环境中溶解氧量的反应级数；$\rho_{0,ol}$、ρ_{ol} 分别为氧化膜外层的理论密度、实际密度，g/cm^3，考虑到氧化膜外层的多孔性，往往有 $\rho_{0,ol}>\rho_{ol}$。

金属阳离子空位、氧空位、金属阳离子间隙 3 类点缺陷的浓度均由图 10－22 中基本界面微观过程的动力学所决定，而反应动力学主要由标准速率常数、传递系数、反应物浓度及其反应级数所决定。在稳态或准稳态工况下，氧化膜各界面处缺陷浓度一定程度上维持恒定。也就是说，任一类型点缺陷在阻挡层内外侧界面处的该点缺陷产生与湮灭速率间存在相等关系。因此氧化膜外层的生长速率可以变形为

$$\frac{dL_{ol}}{dt}=\Omega_{ol}(k_1C_{V_M}^{L_{bl}}+k_2+k_9C_O^q+k_{9'}C_{H^+}^h-k_{10}C_O^r)\rho_{0,ol}/\rho_{ol} \tag{10-12}$$

(3)低密度超临界水体系下合金氧化增重[32]。同气相环境类似，低密度超临界水体系下钢及合金表面氧化膜的生长为固态过程，不涉及任何溶解过程，至少可以认为低密度超临界水体系下氧化物的溶解几乎可以忽略不计。针对暴露于 500 ℃超临界水中的铁素体-马氏体钢 P92，Yi 等[73]发现理论评估所得氧化膜内总氧量为 2.89 mg，该数据非常接近于实测 P92 钢氧化增重量(约 3 mg)。总的来说，低密度超临界水体系下合金氧化增重，主要由氧化膜中晶格氧引起，即从 O_2、H_2O 以及水相离子如 OH^- 中捕获氧的界面反应引起了合金的增重。忽略低密度超临界水体系下相对次要的界面反应，如界面反应 $R_{4'}$、$R_{5'}$、R_8 和 $R_{9'}$，可得

$$\frac{d\Delta w}{dt}=MW_O\left(\frac{\delta}{2}k_4C_O^n+\frac{\delta}{2}k_5C_O^nC_{M_i}^0+k_6C_O^mC_{V_O}^0+k_7C_{H_2O}^mC_{V_O}^0+\frac{\delta-x}{2}k_9C_O^q+\frac{\theta-\delta}{2}k_{10}C_O^r\right) \tag{10-13}$$

式中，MW_O 为氧原子的摩尔质量，g/mol，此时反应 R_{10} 代表膜外层表面氧化物的二次氧化。

此外，结合式(10－7)、式(10－11)分别给出的 dL_{bl}/dt 和 dL_{ol}/dt，氧化增重速率还可以表示为

$$\frac{d\Delta w}{dt}=r_{bl}\rho_{bl}\frac{dL_{bl}}{dt}+r_{ol}\rho_{ol}\frac{dL_{ol}}{dt} \tag{10-14}$$

式中，r_{bl}、r_{ol} 分别为膜阻挡层、外层氧化物的氧质量百分比。

(4)阻挡层“等体积”生长。大量研究表明，对于金属及合金的高温氧化，氧化膜阻挡层通常向金属基体方向生长，而阻挡层/外层界面往往一直位于金属的初始表面，该现象在高温水环境[74]、超临界水体系[22]下合金氧化研究中被普遍观测到，如图 10－23 所示。该现象被 Li 等[32]定义为膜阻挡层“等体积”生长，其宏观上意味着膜阻挡层恰恰等于被腐蚀掉的金属基体的体积。在阻挡层向内生长时，似乎系统“知道”基体/阻挡层界面处应以阳离子向外传输的形式失去多少金属，在该界面处应保留多少金属。也就是说，穿越氧化膜阻挡层向外迁移的金属阳离子通量与向内流入的氧离子通量之间必须存在某一适当的比率，以使得阻挡层/外层界面始终保持固定，位于合金暴露前的原始表面。在合金高温气相(空气、氧气、高温蒸汽等)氧化领域也时常观察到该现象。然而，这种约束关系从未在现有高温氧化理论中被报道过。

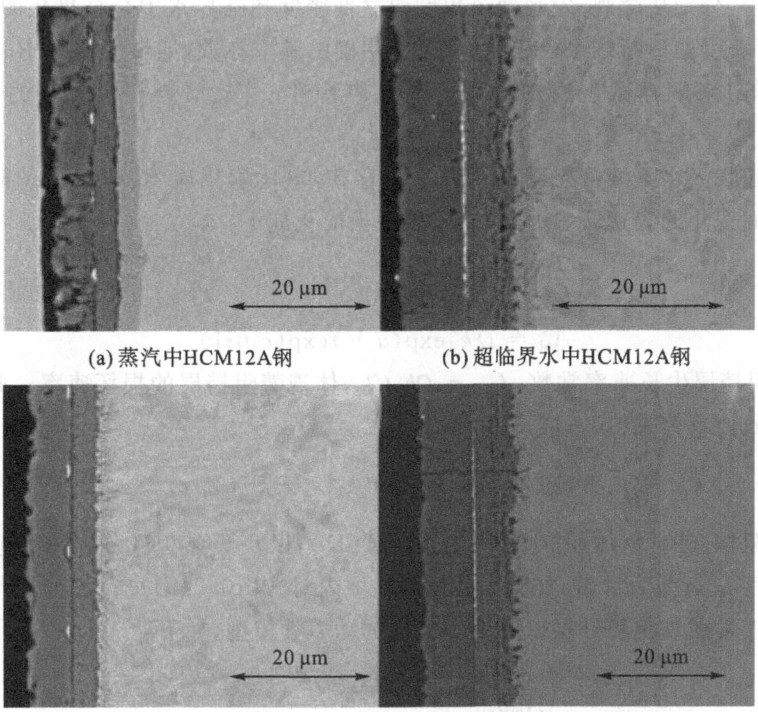

(a) 蒸汽中HCM12A钢 (b) 超临界水中HCM12A钢

(c) 蒸汽中NF616钢 (d) 超临界水中NF616钢

图 10-23 温度为 500 ℃的不同体系下,纳米钯线所标记的耐热钢暴露 6 周后的腐蚀层截面图

Li 等[32]认为,氧化膜阻挡层(内层)"等体积生长"的本质是阻挡层的生长速率等于金属基体的消耗速率,即 $dL_m/dt = dL_{bl}/dt$,由此得到

$$k_1 C_{V_m}^{L} + k_2 + k_3 = \mathrm{PBR}(k_3 - k_9 C_O^0) \qquad (10-15)$$

式中,PBR 为 Pilling - Bedworth 比率,表示所生成氧化物与被氧化金属的体积比为 Ω_{bl}/Ω_m,各氧化物的 PBR 理论计算值如表 10-9 所示。如果阻挡层内氧化物为 n-型半导体且阻挡层不会转变为外层,则有 $k_1 C_{V_m}^{L} \ll k_2$ 且 $k_9 = 0$,此时存在

$$k_2 = (\mathrm{PBR} - 1)k_3 \qquad (10-16)$$

对于迄今尚未被充分认识的反应 R_2、R_3 速率常数的取值,式(10-16)提供了重要的约束条件。

表 10-9 目标氧化物 PBR 理论评估值

氧化物	FeO	Fe_3O_4	Fe_2O_3	$FeCr_2O_4$	Cr_2O_3	NiO	$NiCr_2O_4$
PBR 值	1.76	2.10	2.15	2.05	2.01	1.70	2.06
氧化物	$NiFe_2O_4$	Al_2O_3	SiO_2	CuO	Cu_2O	TiO_2	Ti_2O_3
PBR 值	2.13	1.29	1.88	1.78	1.68	1.78	1.51

2)原子尺度动力学模型的推导与应用

超临界水体系下合金腐蚀点缺陷模型,从原子层面阐述了金属及合金表面氧化膜生长的微观界面反应及缺陷迁移过程。Li 等[32]在构建超临界水体系金属表面氧化膜生长理论的基础上，分别从微观、宏观两个角度建立低密度超临界水中合金氧化的动力学诊断模型，并用所获得的诊断结果（系列物理意义明确的基本参数，如反应 $R_1 \sim R_{10}$ 的速率常数与传递系数等）来解释微观腐蚀过程与氧化膜特性，以及预测相应合金的长周期腐蚀行为。

低密度超临界水下溶液态阳离子几乎不存在，电化学反应 $R_{9'}$ 可以被忽略，因此阻挡层厚度随时间变化的表达式(10－8)可以被适当简化如下：

$$L_{bl}(t) = \left\{L_{bl}^0 - \left(\frac{1}{b_3}\right)\ln\left[1 + \left(\frac{A_{bl}}{C_{bl}}\right)e^{b_3 L_{bl}^0}\left(e^{-b_3 C_{bl} t} - 1\right)\right] - C_{bl} t\right\}\rho_{0,bl}/\rho_{bl} \quad (10-17)$$

$$A_{bl} = \Omega k_3^0 \exp(a_3 V)\exp(c_3 \mathrm{pH}) \quad (10-18)$$

式中，A_{bl}为阻挡层生长速率常数；$C_{bl} = \Omega k_9 C_O^q$，体现着阻挡层的损坏速率。此时，氧化膜外层的净生长速率等式(10－12)变为

$$\frac{dL_{ol}}{dt} = \Omega_{ol}(k_1 C_{V_M}^{L_{bl}} + k_2 + k_9 C_O^q - k_{10} C_O^r)\rho_{0,ol}/\rho_{ol} \quad (10-19)$$

考虑到阻挡层的“恒体积”生长限定式(10－15)，以及低密度超临界水环境可以假定氧化膜外层密度 ρ_{ol}近似为常数，在整个暴露时间 t 内对式(10－19)进行积分，可以得到以暴露时间为自变量的氧化膜外层以厚度为目标的动力学模型，如下：

$$L_{ol}(t) = \left(\frac{A_{ol}}{A_{bl} b_3}\right)\ln\left[A_{bl} e^{b_3 L_{bl}(t)} - C_{bl}\right] - C_{ol} t + D_{ol} \quad (10-20)$$

式中，A_{ol}为膜外层生长速率常数；C_{ol}为膜外层损坏速率常数；D_{ol}为外层初始厚度，三者定义式如下：

$$A_{ol} = \Omega_{ol}(\mathrm{PBR} - 1)k_3^0 \exp(a_3 V)\exp(c_3 \mathrm{pH})\rho_{0,ol}/\rho_{ol} \quad (10-21)$$

$$C_{ol} = \Omega_{ol}\left[(\mathrm{PBR} - 1)k_9 C_O^q + k_{10} C_O^r\right]\rho_{0,ol}/\rho_{ol} \quad (10-22)$$

$$D_{ol} = -\left(\frac{A_{ol}}{A_{bl} b_3}\right)\ln(A_{bl} e^{b_3 L_{bl}^0} - C_{bl}) + (\mathrm{PBR} - 1)L_{bl}^0 \quad (10-23)$$

至此，获得了低密度超临界水体系下分别针对氧化膜阻挡层与外层的原子级厚度动力学模型[32]，分别为式(10－17)与式(10－20)，其微观过程清晰、物理意义明确。因此，可以实验所得合金氧化膜阻挡层、外层的厚度数据为研究对象，一是数值优化上述膜厚动力学模型，提取相关微观反应的基本参数值，从而实现金属与合金氧化动力学的原子级诊断；二是直接拟合上式获得表观动力学参数(L_{bl}^0、b_3、A_{bl}、C_{bl}、A_{ol}、C_{ol}、D_{ol})，得到膜厚度的宏观动力学方程。

暴露于 25 MPa、500 ℃超临界水中的铁素体-马氏体钢 HCM12A 的氧化膜厚度实测数据以及基于优化后模型所得膜厚计算值，如图 10－24(a)所示。其显示了实验结果与所构建的动力学模型计算值间良好的一致性，从现象上说明了可以通过优化所构建的膜厚动力学模型来描述超临界水体系下合金腐蚀动力学的有效性。表 10－10 给出了优化所得到的超临界水体系下腐蚀点缺陷模型中关键基本参数的取值，基本参数的详细论述参见文献[32]。

表 10-10　氧化膜厚度动力学模型优化所得基本参数

符号	名称	数值	说明
T/℃	温度	500	已知
DO/(mg・L^{-1})	溶解氧量	0.025	已知
pH	pH 值	11	评估[76]
α	阻挡层/外层界面极化率	0.78	假设[56]
α_2	传递系数	0.11	优化
α_3	传递系数	0.12	优化
α_9	传递系数	0.16	优化
α_{10}	传递系数	0.15	优化
k_2^{00}/(mol・cm^{-2}・s^{-1})	基本速率常数	8.93×10^{-12}	优化
k_3^{00}/(mol・cm^{-2}・s^{-1})	基本速率常数	8.00×10^{-12}	优化
k_9^{00}/(mol・cm^{-2}・s^{-1})	基本速率常数	8.59×10^{-10}	优化
k_{10}^{00}/(mol・cm^{-2}・s^{-1})	基本速率常数	3.08×10^{-10}	优化
$k_9^{00}C_O^q$/(mol・cm^{-2}・s^{-1})	—	2.40×10^{-13}	优化
$k_1C_{CV}^L$/(mol・cm^{-2}・s^{-1})	平均速率常数	5.32×10^{-14}	计算
k_2/(mol・cm^{-2}・s^{-1})	平均速率常数	1.04×10^{-11}	计算
k_3/(mol・cm^{-2}・s^{-1})	平均速率常数	9.32×10^{-12}	计算
β	阻挡层/环境界面处电势降对 pH 值的依赖性	−0.005	假设[59]
V/V	等效腐蚀电位	0.59	优化
ε/(V・cm^{-1})	膜内电场强度	1.12×10^2	优化
ρ_{bl}/(g・cm^{-3})	阻挡层平均密度	5.01	优化
ρ_{ol}/(g・cm^{-3})	外层平均密度	4.99	优化
PBR	平均 Pilling - Bedworth 比率	2.16	优化
n、m、q、r	界面反应对氧摩尔浓度的动力学级数	0.5	假设[77]

氧化膜阻挡层和外层的厚度动力学模型(10-17)和(10-20)不仅可以用作优化腐蚀点缺陷模型以提取基本参数的目标函数,而且还可以直接用于拟合实验数据以获得宏观动力学参数(L_{bl}^0、b_3、A_{bl}、C_{bl}、A_{ol}、C_{ol}、D_{ol})。根据 Behnamian 等[78]所报道的 500 ℃超临界水环境中不锈钢 316L 分别暴露 500 h、5000 h、10000 h 和 20000 h 后氧化膜厚度数据,模型(10-17)和(10-20)拟合结果如图 10-24(b)所示。曲线拟合所得的不锈钢 316L 宏观动力学参数值如表 10-11 所示,表中还列出了 500 ℃、25 MPa 超临水环境中铁素体-马氏

体钢 HCM12A 表面氧化膜生长的宏观动力学参数值，它们是依据优化所得腐蚀点缺陷模型中的基本参数(见表 10－10)计算而来的。

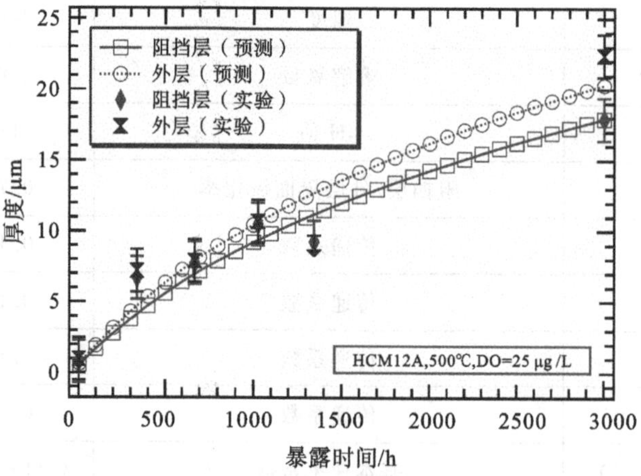

(a) 500 ℃下铁素体-马氏体钢HCM12A

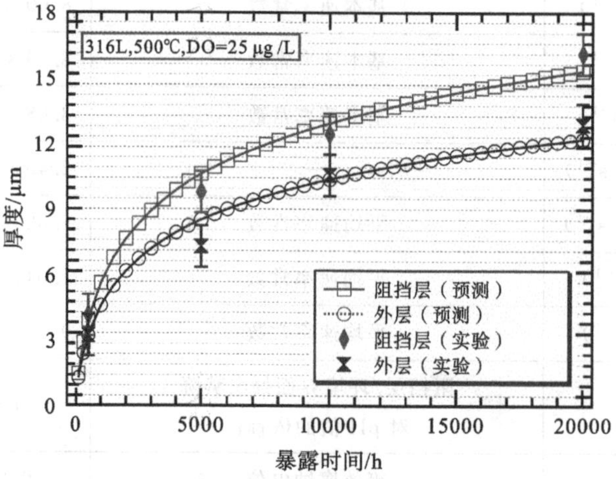

(b) 500 ℃下奥氏体钢316L

图 10－24　代表性耐热钢膜厚实测值和动力学模型优化结果的对比

表 10－11　代表性钢种膜厚动力学方程的参数取值

动力学参数		钢种及工况	
符号	单位	500 ℃下 HCM12A (基于表 10－10)	500 ℃下 316L
L_{bl}^0	cm	4.98×10^{-5}	1.01×10^{-7}
b_3	cm^{-1}	-6.08×10^{2}	-7.81×10^{2}
A_{bl}	$cm\cdot s^{-1}$	3.15×10^{-10}	4.03×10^{-10}
C_{bl}	$cm\cdot s^{-1}$	3.66×10^{-12}	2.56×10^{-12}
A_{ol}	$cm\cdot s^{-1}$	3.66×10^{-10}	3.28×10^{-10}

续表

动力学参数		钢种及工况	
符号	单位	500 ℃下 HCM12A（基于表 10 - 10）	500 ℃下 316L
C_{ol}	$cm \cdot s^{-1}$	4.25×10^{-12}	2.04×10^{-12}
D_{ol}	cm	-4.18×10^{-2}	-7.83×10^{-3}

依据低密度超临界水体系下合金氧化增重速率表达式(10 - 14)，对暴露时间进行积分；接着，将氧化膜阻挡层厚度动力学模型(10 - 17)与氧化膜外层厚度动力学模型(10 - 20)代入积分结果，即可得到以“氧化增重”为因变量的低密度超临界水体系下合金氧化增重原子级动力学模型[32]如下：

$$\Delta w = P_1 - P_2 \ln\left[1+\frac{P_3}{P_4}e^{\frac{P_1}{P_2}}\left(e^{\frac{-P_4}{P_2}t}-1\right)\right]+\frac{P_5P_2}{P_3}\ln(P_3e^M-P_4)-(P_4+P_6)t+P_7 \tag{10-24}$$

式中：

$$M=\frac{P_1}{P_2}-\ln\left[1+\frac{P_3}{P_4}e^{\frac{P_1}{P_2}}\left(e^{\frac{-P_4}{P_2}t}-1\right)\right]-\frac{P_4}{P_2}t \tag{10-25}$$

$$P_1 = r_{bl}\rho_{0,bl}L_{bl}^0 \tag{10-26}$$

$$P_2=\frac{r_{bl}\rho_{0,bl}}{b_3}=-\frac{r_{bl}\rho_{0,bl}}{\alpha_3\chi\gamma\varepsilon} \tag{10-27}$$

$$P_3 = r_{bl}\rho_{0,bl}A_{bl} = r_{bl}\rho_{0,bl}\Omega k_3^0\exp(a_3V)\exp(c_3\mathrm{pH}) \tag{10-28}$$

$$P_4 = r_{bl}\rho_{0,bl}C_{bl} = r_{bl}\rho_{0,bl}\Omega k_9C_O^q \tag{10-29}$$

$$P_5 = r_{ol}\rho_{ol}A_{ol} = r_{ol}\rho_{0,ol}\Omega_{ol}(\mathrm{PBR}-1)k_3^0\exp(a_3V)\exp(c_3\mathrm{pH}) \tag{10-30}$$

$$P_6 = r_{ol}\rho_{ol}C_{ol} = r_{ol}\rho_{0,ol}\Omega_{ol}\left[(\mathrm{PBR}-1)k_9C_O^q+k_{10}C_O^r\right] \tag{10-31}$$

$$P_7=-\frac{P_5P_2}{P_3}\ln(P_3e^{\frac{P_1}{P_2}}-P_4)+P_1 \tag{10-32}$$

事实上，在某种程度上，P_3 和 P_5 分别反映了由阻挡层向内生长、外层增厚所引起的氧化增重速率。低密度超临界水体系下合金氧化增重原子级动力学模型(10 - 24)的应用此处不再赘述，感兴趣的读者可以参考文献[32]。

尽管基于原子尺度腐蚀微观过程的氧化膜厚度动力学模型(10 - 17)和(10 - 20)以及氧化增重动力学模型(10 - 24)的建立，是基于低密度超临界水体系下的合金腐蚀点缺陷理论。然而，其所反映的腐蚀过程本质为：氧化膜阻挡层向内生长，于基体/膜界面处产生氧空位，该界面处产生的金属阳离子穿越氧化膜阻挡层向外迁移引发氧化膜外层增厚。初步的文献调研分析发现，该微观腐蚀过程似乎存在于绝大多数腐蚀体系[57,59,70,79-80]。因此，Li 等[32]所建立的微观过程清晰且物理意义明确的金属/合金氧化增重动力学模型、氧化膜厚度动力学模型有望被直接应用于描述高温空气、高温蒸汽、混合气体氛围、液态金属等各类环境下铁/镍合金的高温腐蚀问题。

10.4.2 高盐高氧超临界水环境下的合金腐蚀机理

在超临界氧化过程中，会产生高温、高压、高氧浓度、高盐的强腐蚀性环境，高盐、高氧的环境往往会进一步加剧有关设备和材料的腐蚀问题。在高盐、高氧的条件下合金表面氧化物形态通常会发生显著的改变，并在不同的腐蚀条件下呈现出不同的形貌。以典型的镍基合金 Inconel 625、Incoloy 825 和哈氏合金 C－276 为例[81]，在 450 ℃、25 MPa 的超临界水中暴露 60 h，当 O_2＝111200 mg/L，Cl^-＝5100 mg/L 时，Inconel 625 和哈氏合金 C－276均呈现出均匀的腐蚀形貌；Incoloy 825 则呈现出严重的点腐蚀形貌，且其表层氧化物的脱落现象最严重。保持溶解氧浓度不变，氯离子浓度降低为 Cl^-＝115 mg/L 时，Incoloy 825 合金现象表层氧化膜表现出较少的脱落，所有合金都覆盖着均匀的氧化层，表现出均匀的腐蚀形貌；哈氏合金 C－276 也会在这个条件下呈现出最低的腐蚀速率。当 O_2＝15 mg/L，Cl^-＝5100 mg/L 时，Incoloy 825、Inconel 625 合金和哈氏合金 C－276 在超临界水高含盐条件下均表现出较好的抗腐蚀能力，腐蚀速率均小于 2.0 mm/a，而在高含氧和高含盐的实验条件下，则表现出最高的腐蚀速率。镍基合金在氧和盐的共同作用下呈现出比单一条件更为严重的腐蚀形貌，这表明氧气和无机盐对镍基合金的腐蚀有协同促进作用。

在含氯盐的腐蚀条件下，氯离子会破坏腐蚀产物的稳定性，因为氯离子具有较高的氧化电位，能从合金元素中夺取电子，而合金元素则转变为可溶解性的高价态。由于无机盐和腐蚀产物在超临界水中几乎不溶，因此相比亚临界条件，超临界水条件下无机盐的攻击性较弱且腐蚀产物的溶解性较低[82-83]。图 10－25 呈现了镍基合金分别在含氧、含盐和含氧且含盐 3 种不同的腐蚀环境中的腐蚀机理[81]。氧化剂和氯盐在超临界或亚临界水条件下具有协同腐蚀作用，原因是氧化剂能加速氧化膜的形成，而氯离子则能导致氧化膜破解分离，造成内部无保护的基体暴露在腐蚀介质中，从而形成腐蚀的循环[84-85]。

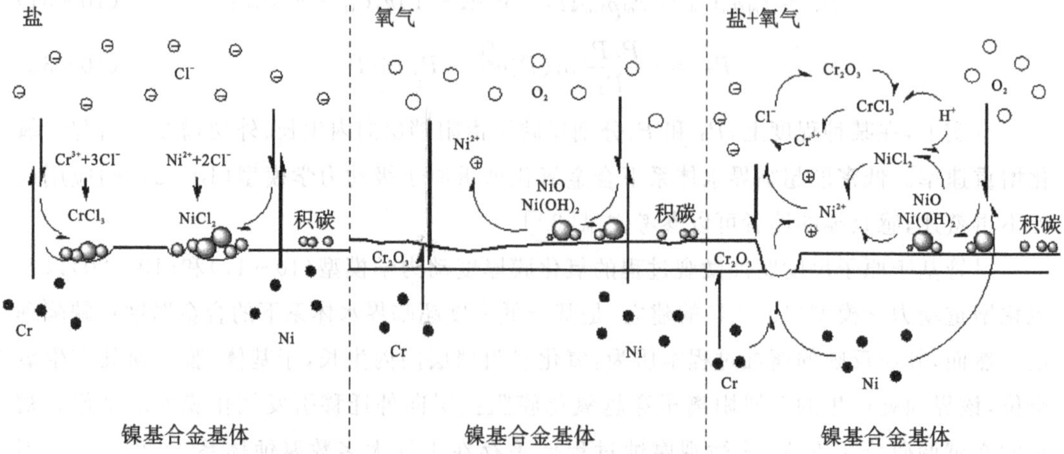

图 10－25 镍基合金分别暴露在含盐、含氧和含盐且含氧条件下的腐蚀机理分析[81]

10.5　超临界水处理系统腐蚀防控技术

对于超临界水技术应用有关系统，潜在可用的腐蚀防控技术手段包括喷丸处理、选择具有良好抗腐蚀性能的衬里材料、选择具有抗腐蚀性能的涂层、加入适量碱性物质以中和腐蚀性酸、控制氧含量以及在物料预处理阶段去氯等。对于能源、环保、材料合成等领域，目前在研究或者应用的超临界水氧化、超临界水热燃烧、超临界水气化、超临界水热合成、超临界水循环发电等有关超临界流体技术中，前三者以处理或者利用有机废物或燃烧为目标，可以合并为超临界水处理系统。由于有机废物或燃烧等组分的复杂多样性，超临界水处理系统，尤其是超临界水氧化系统往往面临着更为严重的设备腐蚀风险。本节将重点以超临界水处理系统中潜在腐蚀最为严重的超临界水氧化处理有机废物系统为对象，探讨超临界水处理系统可用或者已被应用实施的腐蚀防控技术措施。

采用超临界水氧化法处理有机废弃物时，反应发生于高温、高压和强氧化性的强腐蚀性环境，而且再加上废物本身成分的复杂性及侵蚀性（无机盐、酸等存在或者在反应过程中生成），使得反应器及后续设备管道的用材极易发生快速腐蚀，甚至可能诱发点蚀等局部腐蚀。因此，这对于超临界水氧化反应设备的材料耐腐蚀、耐高温和机械强度要求极高，这是对材料的一个挑战，是超临界水氧化技术发展需要迫切解决的问题，目前已成为限制该技术大规模产业化应用的关键问题。针对超临界水氧化条件下材料腐蚀问题的研究，国际上最早可追溯到 20 世纪 80 年代。我国从 20 世纪 90 年代后期也开展了主要耐腐蚀合金在超临界水氧化环境下的耐腐蚀性试验[17-19]。

10.5.1　工艺段选材

超临界水氧化处理废物系统的工作温度一般在 400～600 ℃的范围内，物料进入反应器之前的升温和流出反应器后的降温过程中也都存在较高的腐蚀风险，所以超临界水氧化系统的腐蚀及防护问题必须结合其工艺流程，考虑从室温升温至 600 ℃，再降温至近似常温的系统全流程潜在材料腐蚀过程。目前，研究的材料主要包括镍基合金、铁基合金、陶瓷复合材料、钛合金、锆合金、贵金属、钽和铌。通过大量的研究发现任何一种材料都不能承受所有超临界水氧化条件下的腐蚀，每种超临界水氧化条件下都有其特定的最适用材料[5,88-89]。国内外主要研究学者有德国卡尔斯鲁厄研究所的 Kritzer、Boukis，美国麻省理工学院的 Mitton、Latanision，加拿大英属哥伦比亚大学的 Asselin，日本先进工业科学与技术研究院的 Fujisawa，韩国延世大学的 Lee、Son，西安交通大学的王树众、李艳辉，东华大学的马承愚，以及中国科学院金属研究所的韩恩厚等。

通过对超临界水氧化条件材料腐蚀相关研究文献中的选材情况进行总结归纳[90]，可以得知镍基合金在目前的腐蚀研究材料选择频率最高，占所有材料的 46 %；其次为铁基不锈钢，占 21.8 %；钛合金占 14.5 %的比例为第三高，如图 10 - 26 所示。在镍基合金中 Inconel 625 占 34.2%，为镍基合金中使用频率最高的材料；其次为哈氏合金 C - 276 占 25.0%；Inconel 600 合金和哈氏合金 G - 30 分别占 3.9%和 5.3%。超临界水氧化条件下材料使用特点，如表 10 - 12 所示。

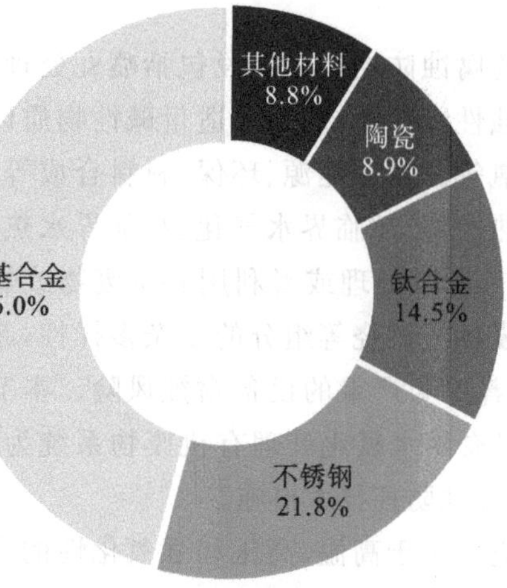

(a) 不同种类材料的被研究频次占比

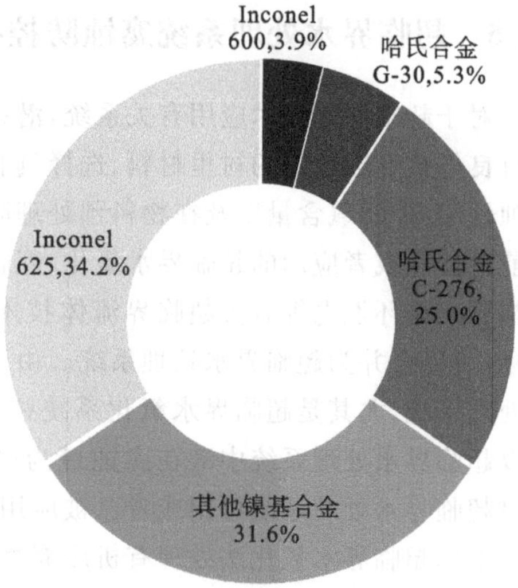

(b) 不同镍基合金在被研究镍基合金中的频次占比

图 10-26　超临界水氧化腐蚀文献中的选材情况

表 10-12　超临界水氧化条件下材料使用特点[90-91]

材料	优点	缺点
316 L 钢	廉价、易加工	不耐杂原子腐蚀
Inconel 625 合金	高温、高强度、超临界条件下耐蚀	亚临界条件下抗腐蚀性弱
哈氏合金 C-276	亚临界条件下抗蚀能力强	高温机械强度弱，抗氧化能力较弱
钛及钛合金	亚临界、超临界条件下均耐蚀	高温机械强度弱
铌、钽、锆	抗腐蚀能力强	机械强度弱，可考虑内衬
铂等贵金属	抗腐蚀能力强	价格昂贵，不易大量使用
陶瓷	良好的惰性，耐蚀	难加工，不耐杂原子腐蚀

通过对各材料在超临界水氧化条件下的腐蚀行为特点进行总结分析，对超临界水氧化系统的选材给出建议，以期能缩小材料的选择范围，指导实际设计工作。如图 10-27 所示为超临界水氧化系统工艺的选材建议。

结合第 3 章中超临界水氧化技术典型工艺，由图 10-27 可知整个超临界水氧化系统可被分割为 7 部分，分别是氧气预热管路、低温物料预热管路、亚临界物料加热管路、超临界物料加热管路、反应器、蒸汽输运管路和气液分离单元。主要根据系统流程进行温度参数及水质参数的分区分质完成选材。

(1)氧气预热管路。氧气预热管路适用的条件为 25 MPa、-183～300 ℃，该管路将会以较高的流速输送氧气，因此可选择含铜的合金材料如蒙乃尔 400，这样可以防止在高压、高流速的条件下氧气与材料内部所含的碳进行反应引发事故。

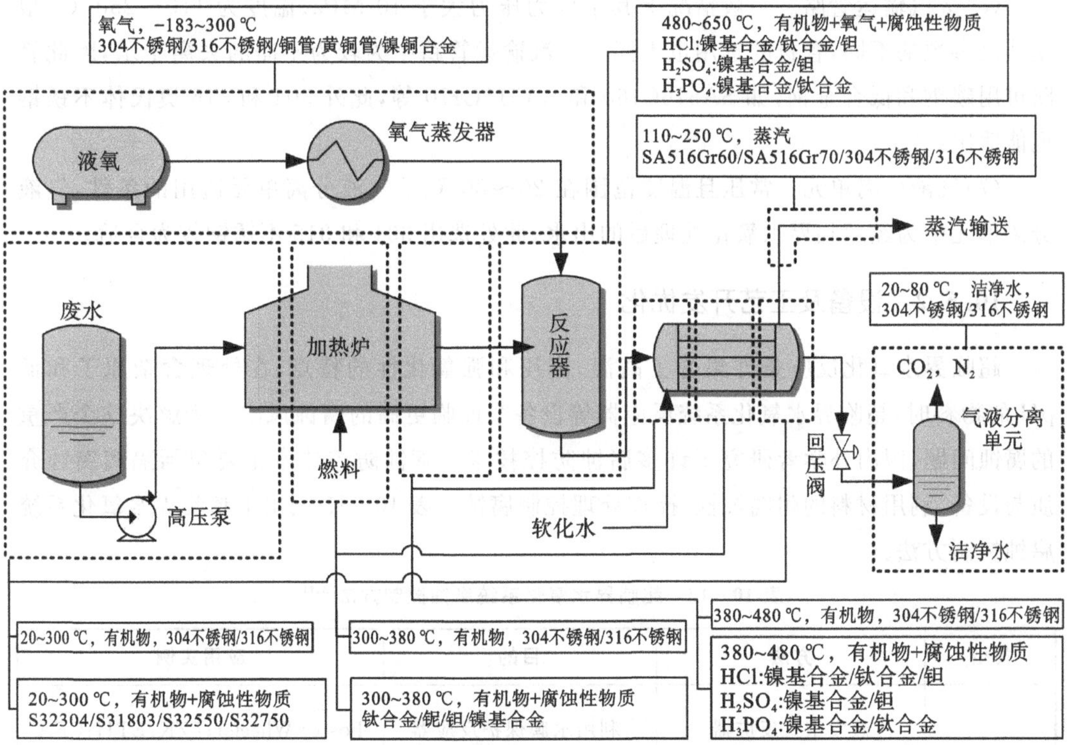

图 10－27　超临界水氧化系统工艺选材建议

(2)低温物料预热管路。低温物料预热管路适用的条件为 25 MPa、20～300℃，当该管路中物料不含卤素元素等腐蚀成分时，管材可选用奥氏体不锈钢 304、316 和 316L。但是当物料中含有卤素元素时，管材则应选用双相不锈钢 S32304、S31803、S32550 和 S32750，在温度低于 300 ℃时双相不锈钢对卤素元素有较好的耐蚀性。

(3)亚临界物料加热管路。25 MPa、300～380 ℃是该管路适用的条件。当管路中物料不含卤素元素等腐蚀成分时，管材可选用奥氏体不锈钢 304、316 和 316L。当物料中含有卤素元素时，管材则应选用钛合金、铌、钽和镍基合金。但是钛合金、铌和钽通常只适用作内衬。

(4)超临界物料加热管路。25MPa、380～480 ℃是超临界物料预热管路适用的条件，当管路中的物料不含卤素元素等腐蚀成分时，管材可选用奥氏体不锈钢 304 和 316。当物料中含有 HCl 时，管材可选用镍基合金、钛合金和钽；当物料中含有 H_2SO_4 时，管材可选用镍基合金和钽；当物料中含有 H_3PO_4 时则应选用镍基合金和钛合金。但是钛合金和钽通常只适用作内衬。

(5)反应器。25 MPa、480～650 ℃是超临界水反应器的通常反应条件，当反应器里有物料和氧气时，腐蚀介质和氧气会协同腐蚀反应器，此时反应器的腐蚀就会加剧。当物料中含有 HCl 时，管材可选用镍基合金、钛合金和钽；当物料中含有 H_2SO_4 时，管材可选用镍基合金和钽；当物料中含有 H_3PO_4 时则应该选用镍基合金和钛合金。但是钛合金和钽通常只适用作内衬。

(6)蒸汽输运管路。一般情况下其条件为压力大于 10 MPa、温度为 110～250 ℃，根据蒸汽参数的不同，管材的选用也不同。蒸汽输运管路中为较为干净的去离子水，因此管路可用碳钢和低合金钢，如 SA516Gr60 和 SA516Gr70 等，此外 304 和 316 奥氏体不锈钢也能适用。

(7)气液分离单元。常压且温度范围在 20～80 ℃是气液分离单元适用的条件，气液分离单元中为经超临界水氧化处理后的出水，此处选用 304 和 316 不锈钢较为合适。

10.5.2 设备及工艺开发优化

超临界水氧化反应条件集合了高温、高压和强氧化性的特点，在处理含杂原子和低 pH 的物料时，超临界水氧化系统反应器等设备会面临更高的腐蚀风险。为解决这个严重的腐蚀问题，国内外学者研究了许多腐蚀防控技术。腐蚀防控技术主要包括隔离腐蚀介质与设备、利用材料的耐腐蚀性、操作处理控制腐蚀。表 10－13 列出了超临界水氧化系统腐蚀控制方法。

表 10－13 超临界水氧化系统腐蚀控制方法[5,91]

类型	方法	目的	应用实例
隔离腐蚀介质与设备	蒸发壁式反应器	利用水膜保护反应器	Foster Wheeler；FZK；ETH；CEA
	流动固相吸附氧化反应	固体相吸附腐蚀介质	SRI International；MHI
	旋流式反应器	利用旋流作用使反应流体离开反应器壁	Barber
利用材料的耐腐蚀性	使用耐腐蚀材料构建系统	耐腐蚀材料制造系统	Kritzer
	内衬（耐蚀或牺牲性）	耐腐蚀材料制造内衬	Modar；GA；Chematur；Los Alamos；FZK；CEA
	涂层（耐腐蚀性材料）	耐腐蚀性涂料	Modar；GA
操作处理控制腐蚀	预中和	加碱	Modar；GA；Foster Wheeler
	低温预热	保护预热系统	Modar；GA；Foster Wheeler
	稀释腐蚀性介质浓度	将高腐蚀性废水与低腐蚀性废水掺混	GA
	流体稀释降温	反应器出口流体加入冷却水，迅速降温和稀释	Modar；GA；Forter Wheeler；Chematur
	最优化操作参数	降低反应的苛刻性	见 10.3 节
	避免腐蚀性介质	限制腐蚀性的物料进料	MODEC；HydroProcessing；EcoWaste Technologies；GA
	预处理去除腐蚀介质	在反应器前进行预处理	Modar

第一类腐蚀控制方法为将腐蚀介质与设备隔离开，诸如蒸发壁反应器、流动固体吸附氧化反应及旋流式反应器。蒸发壁反应器主要是采用水膜保护反应器，蒸发壁位于反应核心区域与反应承压壁之间，从外侧渗入的洁净流体在蒸发壁内侧形成干净水膜，隔离腐蚀性成分和承压壁；还可以利用在反应过程中形成强吸附能力的固体将完成氧化反应的组分吸附在固体表面，从而起到隔离氧化反应与反应承压器壁的作用；旋流式反应器也通过机械作用在反应器内部形成内旋流，使流体远离反应器器壁。

第二类腐蚀控制方法是利用材料的耐蚀性，包括选用耐蚀材料构建设备系统，增强系统的抗腐蚀性；选用低机械强度高耐蚀性的材料作为内衬，该内衬具有阻隔高腐蚀性流体的作用；可选用耐腐蚀性和绝热涂层，除了有阻隔腐蚀性流体的同时还具有隔绝热量降低器壁温度的作用。

第三类操作处理控制并降低腐蚀，包括预中和、低温预热、稀释腐蚀性介质浓度、流体直接稀释降温、最优化操作参数（温度、压力、初始 pH 值的优化方法见本教材“10.3”节）、避免腐蚀性介质进料及通过预处理去除腐蚀介质。该类技术主要通过技术手段降低反应苛刻度和从物料中去除腐蚀介质。

参考文献

[1]KRUSE A. Hydrothermal biomass gasification[J]. The Journal of Supercritical Fluids, 2009, 47(3): 391 - 399.

[2]BASU P, METTANANT V. Biomass gasification in supercritical water—a review[J]. International Journal of Chemical Reactor Engineering, 2009, 7(1):1542 - 6580.

[3]YESODHARAN S. Supercritical water oxidation: an environmentally safe method for the disposal of organic wastes[J]. Current Science - Bangalore, 2002, 82(9): 1112 - 1122.

[4]VADILLO V, SANCHEZ - ONETO J, RAMON PORTELA J, et al. Problems in supercritical water oxidation process and proposed solutions[J]. Industrial & Engineering Chemistry Research, 2013, 52(23): 7617 - 7629.

[5]MARRONE PA, HONG G T. Corrosion control methods in supercritical water oxidation and gasification processes[J]. The Journal of Supercritical Fluids, 2009, 51(2): 83 - 103.

[6]GROVER D J. Modeling water chemistry and electrochemical corrosion potential in boiling water reactors [R]. 1996.

[7]张涛，郝丽婷，田峰，等. 700 ℃超超临界火电机组用高温材料研究进展[J]. 机械工程材料，2016，40(2)：1 - 6.

[8]李新梅，邹勇，张忠文，等. 新型耐热钢 Super 304H 高温时效后的组织与性能[J]. 材料工程，2009(5)：38 - 42.

[9]范文标. 超(超)临界机组氧化皮产生的原因及防治措施[J]. 华电技术，2011，33(3)：1 - 4.

[10]殷尊，蔡晖，刘鸿国. 新型耐热钢 HR3C 在超超临界机组高温服役、25000 h 后的性能研究[J]. 中国电机工程学报，2011，31(29).

[11]唐丽英，王博涵，周荣灿，等. Tempaloy A - 3 锅炉钢管在 650 ℃的蒸汽氧化试验研究[J]. 热力发电，2014，43(09)：102 - 107.

[12]李刚. 近年由 ASME 规范批准锅炉用新型奥氏体耐热钢管[J]. 锅炉制造，2018(4)：39 - 43.

[13]程世长，刘正东，包汉生. 700 ℃超超临界火电机组锅炉合金进展[Z]. 第九届电站金属材料学术年会论文集. 成都. 2011.

[14]龙毅，彭碧草. SAVE25 钢高温时效性能研究[J]. 锅炉技术，2015，46(z2)：12 - 18.

[15]丁兆奇. Incolocy 825 镍基合金热变形行为和热加工性研究[D]. 太原：太原科技大学，2020.

[16]卢征然，王炯祥，陈亮. 700 ℃超超临界锅炉用钢 HR6W 焊接接头性能的试验研究[J]. 锅炉技术，2015，46(3)：53 - 56.

[17]韩恩厚. 超临界水环境中材料的腐蚀研究现状[J]. 腐蚀科学与防护技术，1999(1)：53 - 56.

[18]BISCHOFF J, MOTTA A T. Oxidation behavior of ferritic - martensitic and ODS steels in supercritical water[J]. Journal of Nuclear Materials, 2012, 424(1 - 3): 261 - 276.

[19]BISCHOFF J, MOTTA A T. EFTEM and EELS analysis of the oxide layer formed on HCM12A exposed to SCW[J]. Journal of Nuclear Materials, 2012, 430(1 - 3): 171 - 180.

[20]BISCHOFF J, MOTTA A T, Comstock R J. Evolution of the oxide structure of 9CrODS steel exposed to supercritical water[J]. Journal of Nuclear Materials, 2009, 392(2): 272 - 279.

[21]BISCHOFF J, MOTTA A T, Comstock R J, et al. Corrosion of ferritic - martensitic steels in steam compared to supercritical water[J]. Transactions of the American Nuclear Society, 2010, 102: 804 - 805.

[22]BISCHOFF J, MOTTA AT, Eichfeld C, et al. Corrosion of ferritic - martensitic steels in steam and supercritical water[J]. Journal of Nuclear Materials, 2013, 441(1 - 3): 604 - 611.

[23]REN X, SRIDHARAN K, ALLEN T R. Corrosion of ferritic - martensitic steel HT9 in supercritical water[J]. Journal of Nuclear Materials, 2006, 358(2 - 3): 227 - 234.

[24]HANSSON A N, DANIELSEN H, GRUMSEN F B, et al. Microstructural investigation of the oxide formed on TP 347HFG during long - term steam oxidation[J]. Materials and Corrosion, 2010, 61(8): 665 - 675.

[25]HANSSON A N, KORCAKOVA L, HALD J, et al. Long term steam oxidation of TP 347H FG in power plants[J]. Materials at High Temperatures, 2005, 22(3 - 4): 263 - 267.

[26]LI Y H, WANG S Z, SUN P P, et al. Investigation on early formation and evolution of oxide scales on ferritic - martensitic steels in supercritical water[J]. Corrosion Science, 2018, 135: 136 - 146.

[27]HELONG H, ZHANGJIAN Z, MING L, et al. Study of the corrosion behavior of a 18Cr - oxide dispersion strengthened steel in supercritical water[J]. Corrosion Science, 2012, 65: 209 - 213.

[28]WAS G S, AMPORNRATA P, GUPTAA G, et al. Corrosion and stress corrosion cracking in supercritical water[J]. Journal of Nuclear Materials, 2007, 371: 176 - 201.

[29]YIN K, QIU S, TANG R, et al. Corrosion behavior of ferritic/martensitic steel P92 in supercritical water[J]. The Journal of Supercritical Fluids, 2009, 50(3): 235 - 239.

[30]TAN L, REN X, ALLLEN T R. Corrosion behavior of 9%- 12% Cr ferritic - martensitic steels in supercritical water[J]. Corrosion Science, 2010, 52(4): 1520 - 1528.

[31]LI Y H, XU T T, WANG S Z, et al. Predictions and analyses on the growth behavior of oxide scales formed on ferritic - martensitic in supercritical water[J]. Oxidation of Metals, 2019, 92(1): 27 - 48.

[32]LI Y H, MACDONALD D D, YANG J, et al. Point defect model for the corrosion of steels in supercritical water: Part Ⅰ, film growth kinetics[J]. Corrosion Science, 2019: 108280.

[33]LI YH, XU T T, WANG S Z, et al. Modelling and analysis of the corrosion characteristics of ferritic - martensitic steels in supercritical water[J]. Materials, 2019, 12(3): 409.

[34]ZHANG N Q, YUE G Q, LV F B, et al. Oxidation of low - alloy steel in high temperature steam and supercritical water[J]. Materials at High Temperatures, 2017, 34(3): 222 - 228.

[35]LI Y H, WANG S Z, SUN P P, et al. Early oxidation of Super 304H stainless steel and its scales stability in supercritical water environments[J]. International Journal of Hydrogen Energy, 2016, 41(35): 15764 - 15771.

[36]LI Y H, WANG S Z, SUN P P, et al. Early oxidation mechanism of austenitic stainless steel TP347H in supercritical water[J]. Corrosion Science, 2017, 128: 241 - 252.

[37]HOLCOMB G R. High Pressure steam oxidation of alloys for advanced ultra - supercritical conditions [J]. Oxidation of Metals, 2014, 82(3 - 4): 271 - 295.

[38]RPDRIGUEZ D, CHIDAMBARAM D. Oxidation of stainless steel 316 and nitronic 50 in supercritical and ultrasupercritical water[J]. Applied Surface Science, 2015, 347: 10 - 16.

[39]SARRADE S, FéRON D, ROUILLARD F, et al. Overview on corrosion in supercritical fluids[J]. The Journal of Supercritical Fluids, 2017, 120: 335 - 344.

[40]KIM Y S, MITTON D B, LATANISION R M. Corrosion resistance of stainless steels in chloride containing supercritical water oxidation system[J]. Korean Journal of Chemical Engineering, 2000, 17(1):58 - 66.

[41]SUN M C, WU X Q, ZHANG Z E, et al. Oxidation of 316 stainless steel in supercritical water[J]. Corrosion Science, 2009, 51(5): 1069 - 1072.

[42]GAO X, WU X Q, ZHANG Z E, et al. Characterization of oxide films grown on 316L stainless steel exposed to H_2O_2 - containing supercritical water[J]. Journal of Supercritical Fluids, 2007, 42(1): 157 - 163.

[43]BEHNAMIAN Y, MOSTAFAEI A, KOHANDEHGHAN A, et al. A comparative study of oxide scales grown on stainless steel and nickel - based superalloys in ultra - high temperature supercritical water at 800 ℃[J]. Corrosion Science, 2016, 106: 188 - 207.

[44]CHANG K H, HUANG J H, YAN C B, et al. Corrosion behavior of alloy 625 in supercritical water environments[J]. Prog Nucl Energy, 2012, 57: 20 - 31.

[45]GUO S W, XU D H, LIANG Y, et al. Corrosion characteristics of typical Ni - Cr alloys and Ni - Cr - Mo alloys in supercritical water: a review[J]. Industrial & Engineering Chemistry Research, 2020, 59(42): 18727 - 18739.

[46]SUN M C, WU X Q, ZHANG Z E, et al. Analyses of oxide films grown on alloy 625 in oxidizing supercritical water[J]. Journal of Supercritical Fluids, 2008, 47(2): 309 - 317.

[47]KRITZER P. Die korrosion der nickel - basis - legierung 625 unter hydrothermalen bedingungen [D]. Forschungszentrum Karlsruhe, 1998.

[48]FUJII T, SUE K, KAWASAKI S. Effect of pressure on corrosion of Inconel 625 in supercritical water up to 100 MPa with acids or oxygen[J]. Journal of Supercritical Fluids, 2014, 95: 285 - 291.

[49]KRITZER P, BOUKIS N, DINJUS E. Corrosion of alloy 625 in aqueous solutions containing chloride and oxygen[J]. Corrosion, 1998, 54(10): 824 - 834.

[50]KRITZER P. Corrosion in high - temperature and supercritical water and aqueous solutions: a review [J]. The Journal of Supercritical Fluids, 2004, 29(1 - 2): 1 - 29.

[51]GUAN X, MACDONALD D D. Determination of corrosion mechanisms and estimation of electrochemical kinetics of metal corrosion in high subcritical and supercritical aqueous systems[J]. CORROSION, 2009, 65(6): 376 - 387.

[52]LI Y H, JIANG Z H, WANG S Z, et al. Formation mechanism of the outer layer of duplex scales on stainless steels in oxygenated supercritical water[J]. Materials Letters, 2020, 270: 127731.

[53]LISTER D H, DAVIDSON R D, MCALPINE E. The mechanism and kinetics of corrosion product release from stainless - steel in lithiated high - temperature water[J]. Corrosion Science, 1987, 27 (2): 113 - 140.

[54]TAPPING R L, DAVIDSON R D, MCALPINE E, et al. The composition and morphology of oxide - films formed on type - 304 stainless - steel in lithiated high - temperature water[J]. Corrosion Science, 1986, 26

(8): 563 - 576.

[55]KUANG W, WU X, HAN E H, et al. The mechanism of oxide film formation on alloy 690 in oxygenated high temperature water[J]. Corrosion Science, 2011, 53(11): 3853 - 3860.

[56]CHAO C Y, LIN L F, MACDONALD D D. A point defect model for anodic passive films: Ⅰ. film growth kinetics[J]. Journal of The Electrochemical Society, 1981, 128(6): 1187 - 1194.

[57]MACDONALD D D. The history of the point defect model for the passive state: a brief review of film growth aspects[J]. Electrochimica Acta, 2011, 56(4): 1761 - 1772.

[58]SHARIFI - ASL S, TAYLOR M L, LU Z, et al. Modeling of the electrochemical impedance spectroscopic behavior of passive iron using a genetic algorithm approach[J]. Electrochimica Acta, 2013, 102: 161 - 173.

[59]MACDONALD D D, SUN A, PRIYANTHA N, et al. An electrochemical impedance study of alloy - 22 in NaCl brine at elevated temperature: Ⅱ. Reaction mechanism analysis[J]. Journal of Electroanalytical Chemistry, 2004, 572(2): 421 - 431.

[60]MACDONALD D D. On the existence of our metals - based civilization: I. phase - space analysis[J]. Journal of The Electrochemical Society, 2006, 153(7): B213 - B224.

[61]MACDONALD D D, URQUIDI - MACDONALD M. Theory of steady - state passive films[J]. Journal of The Electrochemical Society, 1990, 137(8): 2395 - 2402.

[62]MACDONALD D D. The point defect model for the passive State[J]. Journal of The Electrochemical Society, 1992, 139(12): 3434 - 3449.

[63]LU P, KURSTEN B, MACDONALD D D. Deconvolution of the partial anodic and cathodic processes during the corrosion of carbon steel in concrete pore solution under simulated anoxic conditions [J]. Electrochimica Acta, 2014, 143: 312 - 323.

[64]YANG J, LI Y H, MACDONALD D D. Effects of temperature and pH on the electrochemical behaviour of alloy 600 in simulated pressurized water reactor primary water[J]. Journal of Nuclear Materials, 2020, 528: 151850.

[65]YANG J, LI Y H, XU A N, et al. The electrochemical properties of alloy 690 in simulated pressurized water reactor primary water: effect of temperature[J]. Journal of Nuclear Materials, 2019, 518: 305 - 315.

[66]ZHANGh N Q, XU H, LI B R, et al. Influence of the dissolved oxygen content on corrosion of the ferritic - martensitic steel P92 in supercritical water[J]. Corrosion Science, 2012, 56: 123 - 128.

[67]WAS G S, TEYSSEDYRE S, JIAO Z. Corrosion of austenitic alloys in supercritical water[J]. Corrosion, 2006, 62(11): 989 - 1005.

[68]ZHU Z L, XU H, JIANG D F, et al. Influence of temperature on the oxidation behaviour of a ferritic - martensitic steel in supercritical water[J]. Corrosion Science, 2016, 113: 172 - 179.

[69]ZHANG Q, TANG R, YIN K J, et al. Corrosion behavior of hastelloy C - 276 in supercritical water [J]. Corrosion Science, 2009, 51(9): 2092 - 2097.

[70]VISWANATHAN R, SARVER J, TANZOSH J M. Boiler materials for ultra - supercritical coal power plants - stearnside oxidation[J]. Journal of Materials Engineering and Performance, 2006, 15 (3): 255 - 274.

[71]MACDONALD D D. Passivity - the key to our metals - based civilization[J]. Pure & Applied Chemistry, 1999, 71(6): 951 - 978.

[72]YIN K J, QIU S Y, TANG R, et al. Corrosion behavior of ferritic/martensitic steel P92 in supercritical water[J]. Journal of Supercritical Fluids, 2009, 50(3): 235 - 239.

[73]YI Y, LEE B, KIM S, et al. Corrosion and corrosion fatigue behaviors of 9cr steel in a supercritical water condition[J]. Materials Science and Engineering: A, 2006, 429(1-2): 161-168.
[74]CASTLE J E, MANN G M W. The mechanism of formation of a porous oxide film on steel[J]. Corrosion Science, 1966, 6(6): 253-262.
[75]TAN L, REN X, ALLEN T R. Corrosion behavior of 9-12% Cr ferritic-martensitic steels in supercritical water[J]. Corrosion Science, 2010, 52(4): 1520-1528.
[76]MACDONALD D D. Understanding the Corrosion of metals in really hot water[J]. PowerPlant Chemistry, 2013, 6(15): 400-443.
[77]LIU C, MACDONALD D D, MEDINA E, et al. Probing corrosion activity in high subcritical and supercritical water through electrochemical noise analysis[J]. Corrosion, 1994, 50(9): 687-694.
[78]BEHNAMIAN Y, MOSTAFAEI A, KOHANNDEHGHAN A, et al. Corrosion behavior of alloy 316L stainless steel after exposure to supercritical water at 500℃ for 20000h[J]. The Journal of Supercritical Fluids, 2017, 127: 191-199.
[79]SUN L, YAN W P. Estimation of oxidation kinetics and oxide scale void position of ferritic-martensitic steels in supercritical water[J]. Advances in Materials Science and Engineening, 2017: 1-12.
[80]BACKHAUS-RICOULT M, DIECKMANN R. Defects and cation diffusion in magnetite (Ⅶ): diffusion controlled formation of magnetite during reactions in the iron-oxygen system[J]. Berichte der Bunsengesellschaft für physikalische Chemie, 1986, 90(8): 690-698.
[81]TANG X Y, WANG S Z, XU D H, et al. Corrosion behavior of Ni-based alloys in supercritical water containing high concentrations of salt and oxygen[J]. Industrial & Engineering Chemistry Research, 2013, 52(51): 18241-18250.
[82]HATAKEDA K, IKUSHIMA Y, SAITO N, et al. Corrosion on continuous supercritical water oxidation for polychlorinated biphenyls[J]. International Journal of High Pressure Research, 2001, 20(1-6): 393-401.
[83]BOUKIS N. Corrosion phenomena on alloy 625 in aqueous solutions containing hydrochloric acid and oxygen under subcritical and supercritical conditions[C]. //Corrosion/97 Conference Papers, 1997(10).
[84]SON S H, LEE J H, LEE C H. Corrosion phenomena of alloys by subcritical and supercritical water oxidation of 2-chlorophenol[J]. The Journal of Supercritical Fluids, 2008, 44(3): 370-378.
[85]KONYS J, FODI S, HAUSSELT J, et al. Corrosion of high-temperature alloys in chloride-containing supercritical water oxidation systems[J]. Corrosion, 1999, 55(1): 45-51.
[86]陈娟娟,杨海真.超临界水氧化中设备腐蚀的研究现状[J].四川环境,2007(2):101-104.
[87]张丽,韩恩厚,关辉,等.超临界水氧化环境中材料腐蚀的研究现状[J].材料导报,2001(5):8-10.
[88]KRITZER P, BOUKIS N, DINJUS E. Factors controlling corrosion in high-temperature aqueous solutions: a contribution to the dissociation and solubility data influencing corrosion processes[J]. The Journal of supercritical fluids, 1999, 15(3): 205-227.
[89]ELIAZ N, MITTON D B, LATANISION R M. Review of materials issues in supercritical water oxidation systems and the need for corrosion control[J]. Trans Indian Inst Metals, 2003, 56(3): 305.
[90]TANG X Y, WANG S Z, QIAN L L, et al. Corrosion properties of candidate materials in supercritical water oxidation process[J]. Journal of Advanced Oxidation Technologies, 2016, 19(1): 141-157.
[91]黄晓慧,王增长,崔文全,等.超临界水氧化过程中的腐蚀控制方法[J].工业水处理,2013,(12):6-10.

第 11 章

亚/超临界水环境中无机盐的结晶沉积特性

超临界水技术是近几年来化工行业研究的热点。按照对超临界水的应用，可将其分为超临界反应、超临界溶剂，或两者兼而有之。例如，利用超临界水氧化反应技术处理高浓度难降解有机废水、煤的超临界水气化制氢、超临界水热合成技术制备纳米材料等。超临界水作为新的反应介质和溶剂，具有广阔的应用发展前景。

超临界水氧化技术在处理高浓度难降解有机废水时具有去除率高、反应速度快、无二次污染等独特的优势。由于废水本身含有的及在反应过程中产生的大量无机盐在超临界水中的溶解度极低，会从水中析出、结晶，不断地沉积在设备表面造成堵塞，限制超临界水氧化技术的工业化发展。为了能更好地理解和解决无机盐在超临界水氧化系统中的堵塞问题，其溶解、结晶、沉积等行为特性和机理已成为国内外学者重点关注的科学问题。本章系统、客观地总结了近些年盐沉积问题的研究内容和重点，梳理了超临界水氧化环境特征下无机盐及其沉积堵塞问题的概况，回顾了目前无机盐在亚/超临界水中各行为的特性和机理的相关研究，初步分析了部分盐在亚/超临界水中的溶解、结晶、沉积和熔融特性等，介绍了避免无机盐结垢、沉积从而引起超临界水氧化系统堵塞的技术方法，并对后续的研究进行了展望。

11.1　亚/超临界水环境中无机盐的结晶和沉积堵塞问题

11.1.1　无机盐结晶和沉积堵塞问题的技术背景

亚/超临界水相关研究与运用比较广泛，其中最为主要的领域是超临界发电技术、亚/超临界水氧化技术、超临界水气化技术、超临界水液化过程、超临界水热合成技术等。这些技术在应用过程中总是会有各类盐的存在，且总是会在一定的温度、压力条件下析出、结晶、成垢，严重影响亚/超临界水技术的发展和应用，因此关于无机盐防垢、除垢技术的研究与开发一直是能源、环境领域的重点、难点和热点。

其中超临界发电技术已被广泛应用，而锅炉给水中常常含有一定量的钙、镁离子，锅炉运行期间，一些钙、镁盐的溶解度随给水温度的升高而降低，当达到一定浓度时，就会从水中析出，沉淀，附着在锅炉内表面上，随着厚度的增加成为水垢，进而会降低锅炉的传热效率，影响锅炉的安全运行并缩短锅炉寿命，大大降低锅炉运行的经济性，所以对水垢的清除和预防是必须的。经过长期的研究，现已开发了一套完整的防垢、除垢技术，比如给水预处理、定期排污、机械除垢、化学除垢等，其可以很好地实现对水垢的预防和清除。

而对于环保领域中废物废水的处置，被广泛关注的超临界水氧化法则面临着无机盐结晶、沉积带来的问题，亟待解决。1994 年美国生态废物技术公司建成了世界第一套商业化超临界水氧化系统。此后，美国、日本、韩国、瑞典等国家和地区不断涌现了一批超临界水氧化商业装置，主要用于处理炸药废水、食品工业废水等有机废水及城市污泥等。当前，欧美、日本等均已实现超临界水氧化技术的商业化应用，但在我国仍发展缓慢，一些科学和技术问题仍未彻底解决。西安交通大学技术团队经 20 余年的持续攻关，已建成我国首套 3 t/d 的超临界水氧化技术示范装置，并于 2014 年在国内首次实现该技术的商业化运行[1]。然而，由于如煤(石油)化工废水、农药废水、医药废水、印染废水等高浓度、高盐的有机废水和城市/工业污泥中普遍存在的无机盐，使超临界水氧化技术的工业化面临设备腐蚀和盐沉积堵塞这两大挑战。目前，国外一些已商业化运行的装置因处理高盐废水带来的盐沉积问题而被迫停运。

其含有的大量无机盐在超临界水中的溶解度极低，会导致无机盐大量析出为晶体颗粒并倾向于聚集并附着在换热器或反应器内表面，从而阻止热量传递到外表面或从外表面向内传递。当不控制结晶成核、长大、聚集时，将会堵塞输送管道和反应器，最终迫使超临界水氧化装置停机、清洗[2]，严重影响了超临界水氧化装置运行的可靠性和经济性，甚至直接导致了国外一些商业化装置不再运行[3]。因此了解、明确无机盐在超临界水氧化处理过程中的沉积特性及机制，对于解决超临界水氧化系统运行过程中的盐沉积问题以及设备和管路堵塞问题有重大意义，从而能推进超临界水氧化商业化装置的长期稳定化运行。

11.1.2　超临界水装置中无机盐结晶和沉积堵塞问题的研究进展

近 20 年来，美国的通用原子能公司和福斯特惠勒有限公司，瑞典的国际化工集团和加拿大的北美工程和构造函数有限公司等企业及研究所针对盐沉积问题开展了大量研究。

亨斯迈公司自 1994 年以来一直在得克萨斯州开展商业化民用废物处理[4]，处理量可达 29 t/d，采用长 200 m 的管式反应器，在 25～28 MPa 和 540～600 ℃下运行。但这个用来处理民用废物的商业化工厂不适合处理高氯含量和含盐废物。在福斯特惠勒有限公司的支持下，美国桑迪亚国家实验室在蒸发壁式反应器中处理美国陆军的含有聚芳烃和盐的染料废物[5]。在加拿大，英属哥伦比亚大学与北美工程和构造函数有限公司合作建造了一个超临界水氧化技术试验工厂，已经成功完成了对 2,4 -二硝基酚的处理研究，研究主要集中在超临界水中的传热传质、盐溶解度、沉积和减缓，以及反应管腐蚀[6-11]。1998 年以来，德国的卡尔斯鲁厄研究中心开发测试了一种薄膜冷却的双区反应器，对其用冷水冲洗可以避免多孔的内管盐沉积[12]。

除了有商业化运行装置的企业之外，关于超临界水氧化系统中盐堵塞问题还有美国麻省理工学院[13-19]、美国桑迪亚国家实验室[20]、法国环境与能源管理局[21-22]、日本先进工业科学与技术研究院[23]、俄罗斯科学院普通与无机化学研究所[24-27]、荷兰特温特大学[9,28-29]、瑞士能源与材料循环实验室[30-32]和西安交通大学[33-35]等大学和研究机构进行了长期的研发工作。经过20多年的研究开发，获得了一些常见无机盐在亚/超临界水中的相平衡特性、溶解特性、结晶特性、沉积特性和熔融特性等宏观性质，同时也对盐沉积问题的防控技术进行了研发，主要是通过开发预脱盐技术、新型反应器技术、盐结晶抑制技术及盐沉积层脱除技术来解决这一沉积造成的堵塞问题的。

11.2 无机盐-水体系的分类

11.2.1 根据常态水中无机盐的溶解度分类

一般来说，无机盐分为两类：可溶性和不溶性。不溶盐是在正常条件下溶解度低的固体盐颗粒(如沙子、黏土主要由二氧化硅、氧化铝和氧化铁等组成)。它们被废液带入亚/超临界水中，难以溶解，在重力作用下沉降并淤积在底部，而不粘在管道和设备壁上。相反，可溶性盐是在常态条件下具有高溶解度的无机盐，但在超临界温度和压力[36]下急剧下降。由于它们的高黏度，容易在超临界水中成核并黏附在金属表面，堵塞管道和其他设备。除此之外，还有一类是微溶盐，在20 ℃下的溶解度为0.01%～0.1%(如硫酸钙、硫酸镁和碳酸镁)，一般在亚临界条件(<200 ℃)下几乎全部析出，容易对亚临界水条件下的设备和管道造成危害。

11.2.2 根据系统组分进行分类

根据系统组分，无机盐-水体系可分为二元体系、三元体系和更高体系[37-39]。

1.二元盐-水体系

在溶液体系中，将单一无机盐与水的混合物称为二元盐-水体系。根据二元盐-水体系的相行为特性，无机盐可以分为Ⅰ型和Ⅱ型；这取决于它们在盐结晶过程中的临界行为(即固相析出和结晶)是否能在饱和溶液[40]中被观察到。在超临界条件下，Ⅰ型盐可以连续溶解在饱和溶液中而不表现出任何临界行为，而Ⅱ型盐在饱和溶液中表现出临界行为。

Marshall在比较Ⅰ型盐和Ⅱ型盐时，认为前者通常比后者在超临界水中更容易溶解，并根据本标准对大多数无机盐进行了分类(见表11-1)[41]。此外，Valyashko还根据盐水系统的行为趋势对其进行了分类(见表11-1)，并报告了与Marshall相一致和互补的结果[42]。此外，Valyashko发现这两种盐的溶解度行为可能与熔点温度大致相关，尽管有相当多的重叠；他还总结了Ⅰ型盐的熔化温度在1000 ℃以下，而Ⅱ型盐的熔化温度在700 ℃以上的定律。

2.三元盐-水及多元盐-水体系

类似地，三元盐-水体系即为两种无机盐与水的三元混合溶液。除了目前已确定的二元相图外，还需要三元盐水体系。与水临界点附近溶解度的划分一样，三元盐水体系也分为三种类型。Valyashko根据二元盐水体系的边界行为对三元体系进行了分类[43]。然而，由于Ⅰ-Ⅱ和Ⅱ-Ⅱ型盐的混合，三元盐水体系更加复杂和多变。因此，需要获得更多的相行为数据来进一步分析这些系统。

表 11－1　Marshall 和 Valyashko 关于Ⅰ型盐和Ⅱ型盐的分类

分类标准	Ⅰ型盐	Ⅱ型盐
根据 Marshall 的分类[41]	$LiClO_4$	Li_2SO_4
	$NaCl$, $NaBr$, NaI, $NaNO_3$, Na_2SeO_4	Na_2SO_4, Na_2CO_3, Na_3PO_4
	KCl, KBr, KI, KNO_3, $KBrO_3$, KIO_3, K_2CrO_4, $KReO_4$	K_2SO_4
	NH_4Cl, NH_4Br, $(NH_4)_2SO_4$	
	$MgCl_2$, MgI_2	
	$CaCl_2$	
	$SrCl_2$, $SrBr_2$, $Sr(NO_3)_2$	
	$BaCl_2$, $BaBr_2$, $Ba(NO_3)_2$	
	$MnCl_2$	
	$FeCl_2$	
	$ZnCl_2$	
	$CdCl_2$, $CdCr_2$, CdI_2, $Cd(ClO_4)_2$	
	$HgCl_2$	
	$TiCl$, Ti_2SO_4	
	$PbCl_2$, $PbBr_2$	
根据 Valyashko 的分类[42]	KF, Rb, FCsF	LiF, NaF
	LiCl, LiBr, LiI	LiF
	NaCl, NaBr, NaI	NaF
	K_2CO_3, Rb_2CO_3	Li_2CO_3, $NaCO_3$
	Rb_2SO_4	Li_2SO_4, Na_2SO_4, K_2SO_4, $KLiSO_4$
	Na_2SeO_4	Li_2SiO_3, Na_2SiO_3
	K_2SiO_3	Li_3PO_4, Na_3PO_4
	K_3PO_4	CaF_2
	$CaCl_2$, $CaBr_2$, CaI_2	SrF_2
	$SrCl_2$, $SrBr_2$	BaF_2
	$BaCl_2$, $BaBr_2$	

若 3 种无机盐与水混合，则其体系称为四元盐水体系。以此类推，n 元盐水体系即为 $n-1$ 种无机盐与水的混合物，统称为多元盐水体系。但对于三元以上的多元盐水体系，还无法根据其相行为特性进行分类，因为目前关于三元盐-水体系的研究数据还很有限，难以推演至更多元体系中。并且由于二元相图发展得不完全，对三元相行为的研究尚未取得显著进展。

11.3 无机盐在亚/超临界水中的行为特性

11.3.1 亚/超临界条件下无机盐-水体系的相图及相平衡特性

1. 二元盐-水体系的相图及相平衡特性

在超临界条件下，Ⅰ型盐可以连续溶解在饱和溶液中而不表现出任何临界行为（固体结晶析出行为），即使具备了很高的过饱和度，其依然能够溶解于液相中形成密相溶液，而不发生结晶成核现象[13,24,49-50]。相比之下，Ⅱ型盐在饱和溶液中则表现出了临界行为，即一旦超过溶解度就会以固相形式析出，由于导致其析出的过饱和度条件较低，因此其多以非均质成核的方式在壁面上结晶[13]。

在上述分类中，氯化钠是Ⅰ型盐非常好的例证，与其他无机盐相比，其具有更高的溶解度，而在亚/超临界水中没有显示临界行为。从 25 MPa 下 H_2O - NaCl 的二元相图（图 11-1）中可以看出，NaCl 具备典型的Ⅰ型盐的行为特征，可以用实验数据[51]验证。在亚临界区，NaCl 的溶解度随温度升高而增大。气-液两相区的下限为水的临界点，理论上超临界区上限保持在 450 ℃不变。当温度低于 450 ℃时，溶液保持气-液两相平衡。在此过程

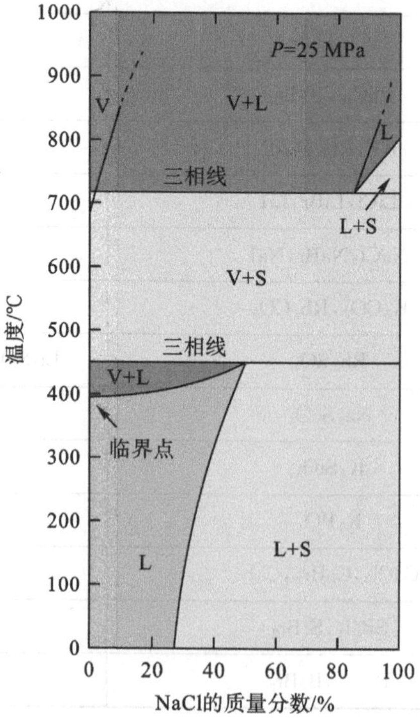

彩图

L—液相；V—气相；S—固相。

图 11-1 NaCl - H_2O 在 25 MPa 下的二元图[13]

中，NaCl 以饱和状态存在于这两相区域中，没有析出。但当温度超过 450 ℃这一气-液-固三相点时，NaCl 开始析出，体系处于超临界水-固体盐颗粒两相状态。因此，根据结晶理论，在不受外界干扰的情况下，NaCl 在流体中以均相成核的方式结晶。

硫酸钠是一种典型的Ⅱ型盐，在亚/超临界水中溶解度低。其临界行为发生在其溶解度曲线与临界固相曲线的交点，可以在超临界条件下产生简单的沉淀行为，与 NaCl－H_2O 的相图不同，Na_2SO_4－H_2O 的相图没有三相平衡线(见图 11－2)。在饱和溶液中，Na_2SO_4 在亚临界区溶解度先增大(0～40 ℃)，再稳定(40～220 ℃)，然后逐渐减小(220～374 ℃)。在超临界区，Na_2SO_4 的溶解度显著降低，并能观察到Ⅱ型盐的典型特征。一旦浓度超过溶解度，由于过饱和条件较低，盐会通过非均相成核析出[24]。

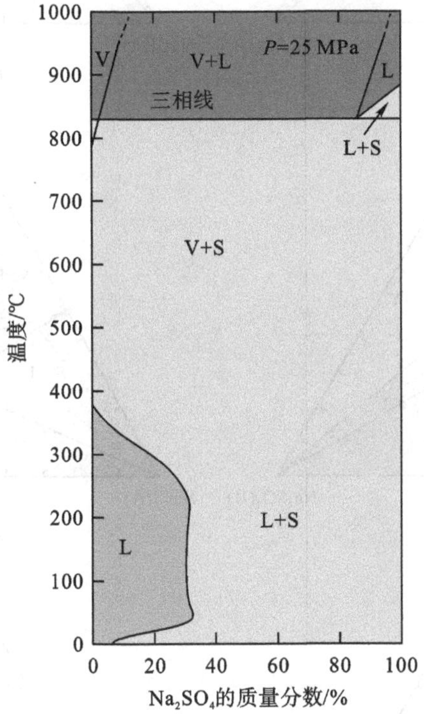

L—液相；V—气相；S—固相。

图 11－2　Na_2SO_4－H_2O 在 25 MPa 下的二元图[24]

2. 三元盐-水体系的相图及相平衡特性

除二元盐-水体系相图之外，众多学者也对三元 Na_2SO_4－NaCl－H_2O 体系有了重要的了解，并确定了其三元相图[44](见图 11－3)。这些研究发现，在 300～500 ℃的温度下加入 NaCl 时，Na_2SO_4 的饱和溶解度显著增加。从相图的亚临界区可以看出，Na_2SO_4 的溶解度随温度的升高而逐渐增加，这与 NaCl 溶解度的变化趋势一致。在温度小于 450 ℃的超临界条件下，盐晶体没有出现固相区。当温度超过 450 ℃时，NaCl 和 Na_2SO_4 不发生固体沉淀。这些现象表明，Na_2SO_4－NaCl－H_2O 体系的基本特征与 NaCl－H_2O 体系的基本特征一致。因此可以确定添加Ⅰ型盐会减缓Ⅱ型盐的结晶和沉积[24,52]。类似的研究长期在俄罗斯国家重点实验室 Valyashko 的团队中进行，他们成功获得了 NaCl－$BaCl_2$－

H_2O 等三元体系的相平衡特性和相图。

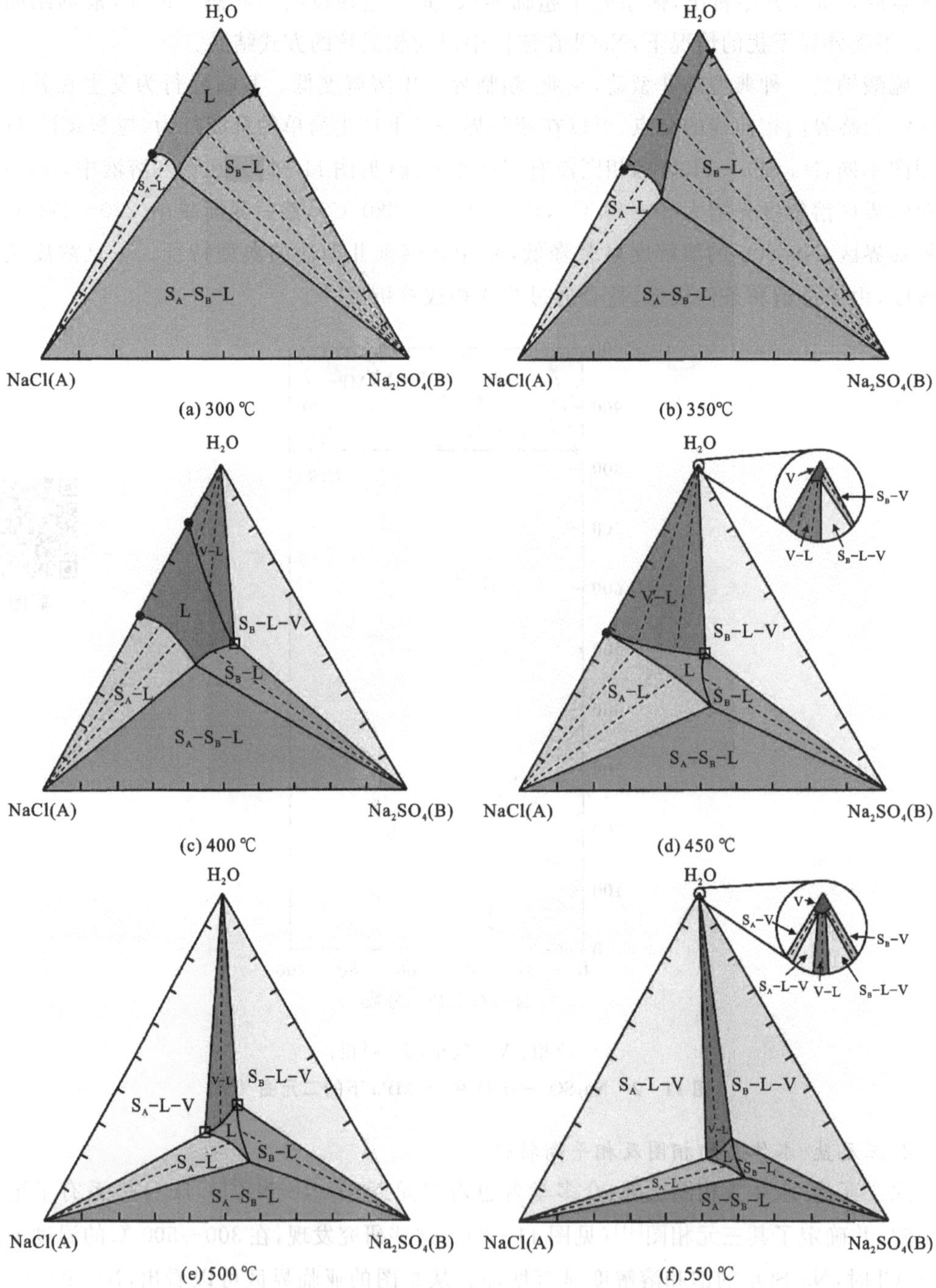

L—液相；V—气相或超临界水相；S_A、S_B—纯固相。

●Bischoff and Pitzer(1989)，Linke(1958)

▲Ravich and Borovaya(1964)，Schroeder et al.(1935)

□Ravich et al.(1953)

图 11-3　25 MPa 下 Na_2SO_4-NaCl-H_2O 体系的等温相图[44]

彩图

11.3.2 亚/超临界水中无机盐的溶解特性

1. 二元盐-水体系中无机盐的溶解特性

无机盐在亚/超临界水中的溶解度是决定其在盐水体系中相行为的关键因素，也是决定无机盐能否在亚/超临界水中结晶和沉积的最有力判据。大量学者研究并综述了各类无机盐在亚/超临界水中的溶解度数据。本书在此基础上，总结和补充了各种无机盐在亚/超临界水中的溶解度数据。由于溶解度测量的温度和压力条件不同，密度代表了温度和压力对盐溶解度的综合影响(见表 11－2 和图 11－4)。

表 11－2 无机盐在亚/超临界水中溶解度的文献数据

无机盐	温度/℃	压力/MPa	密度/(g·L^{-1})	溶解度/(mg·L^{-1})	N[a]	参考文献
NaCl	400～550	1.4～10.3	4.2～39.1	0.003～2.8	48	[53]
	450～550	10～25	28.1～89.9	0.9～101.0	10	[54]
	350～400	9～12	35.2～51.0	11.6～118.8	14	[55]
	381～411.5	17.1～23.5	76.9～177.1	87.2～5084.3	40	[56]
	294.8～500	10～25	67.7～738.7	31.6～19954.3	57	[57]
	450～515	25	85.8～108.8	61.2～125.1	29	[22]
KCl	370～400	9～12	33.4～47.8	8.5～62.3	9	[55]
	393～406	17.9～24.2	81.5～164.3	0.07～1.4	66	[58]
LiCl	388～419	19.6～23.6	88.8～141.8	0.3～0.9	58	[58]
$MgCl_2$	393～395	19.4～22.8	98.1～142.6	0.06～0.21	22	[59]
$CaCl_2$	396～414	18.8～23.3	74.6～131.5	0.03～0.11	46	[59]
Na_2SO_4	319.0～362.0	25	580.9～704.7	11352.5～171110.5	10	[60]
	311.3/347.8	25	632.3～721.6	27213.7～151404.2	2	[61]
	306.8～326.0	25	690.1～730.4	78420.6～168300.6	3	[62]
	308.8/319.9	25	726.4/703.7	50802.1/100456.2	2	[62]
	324.0～366.9	25	557.5～694.8	9060.2～81748.1	3	[63]
	330.5～360.12	25	588.3～679.5	9799.7～55127.9	3	[64]
	307.2/325.2	25	729.6/692.1	173439.8/100715.0	2	[65]
	310.4～353.8	25	612.6～723.3	18525.2～153474.7	4	[66]
	325.3～370.0	25	540.4～691.8	1887.6～87663.7	3	[67]
	320～450	11.30～99.20	465.3～799.1	4971.4～379957	37	[68]

续表

无机盐	温度/℃	压力/MPa	密度/$(g\cdot L^{-1})$	溶解度/$(mg\cdot L^{-1})$	N[a]	参考文献
Na_2SO_4	307.8～367.8	25	552.9～728.4	6472.2～162939.6	11	[69-70]
	344/367	25	648.2/560.0	100000/30000.3	2	[54]
	321～368	20～25	551.9～689.7	49998.08～199992.32	8	[71]
	350～375	19～30.5	506.5～589.7	9230.0～29678.0	13	[72]
	310～380	25	450.8～724.1	3551～205531.88	8	[73]
	391～505	25	88.4～514.3	0.4～9900.2	7	[7]
	355～410	25	145.3～608.4	4005.53～29678.0	19	[74]
	360～380	25	450.7～589.3	3500.3～29300.3	3	[75]
	321～365	20～25	567.2～699.1	50000.0～200000.0	8	[46]
	343/363	25	576.5～648.2	100000/30000.3	2	[16]
	382～397	24.3～24.6	161.0～342.9	4.0～849.4	6	[8]
	370～450	18.0～26.4	68.8～552.8	0.17～14315.0	22	[75]
K_2SO_4	179～357	2.08～18.99	555.9～889.4	38976～263610	13	[62]
	200～506	9.58～98.00	435.0～910.7	9918～599082	53	[76]
	373.5～382.2	25	408.4～517.2	20010～59856	5	[16]
$MgSO_4$	381.0～401.4	18.8～23.3	103.7～196.1	1.46～13.73	14	[77]
$Al_2(SO_4)_3$	346/374	22.1/15	626.3/72.3	553.3～303.5	2	[78]
$NaNO_3$	450～525	24.8～30.6	82.7～152.3	293～1963	14	[79]
	390.1～406.83	17.26～23.22	77.0～156.1	139.4～2323.9	43	[58]
KNO_3	475	24.6～30.2	95.6～129.5	433～746	3	[79]
	401～409	20.1～24.0	96.0～160.2	249.7～1796.5	41	[58]
$LiNO_3$	475	24.6～30.2	95.6～129.2	433.0～2167.0	3	[79]
	390～406	18.32～23.66	87.1～145.9	157.3～1604.9	39	[58]
Na_2CO_3	450	24.1/27.6	103.0/128.1	26.0～66.0	2	[74]
	324.9～362.2	25	580.0～692.6	14469.1～69834.4	4	[27]
	378.3～437.7	24.2～25.0	116.5～446.0	38.2～5279.9	14	[8]
	322.3～492.0	21.1～33.0	151.2～714.7	20.1～59794.6	23	[80]
Na_2HPO_4	395～407	21.0～23.2	105.3～142.2	78.08～627.46	6	[81]

续表

无机盐	温度/℃	压力/MPa	密度/($g \cdot L^{-1}$)	溶解度/($mg \cdot L^{-1}$)	N[a]	参考文献
NaH_2PO_4	398.3～421.5	20.3～24.2	92.1～137.5	163.20～794.4	6	[81]
K_2HPO_4	400～450	24.9～30.9	122～224	1.7～416.3	11	[82]
K_3PO_4	374.2～478	27.3～30.1	150.6～553.6	45.0～60100.0	12	[80]
CuO	57～551	7.6～41.9	76.0～989.8	0.016～0.76	77	[83]
	299.8～449.8	27.9～28.2	131.4～748.2	0.104～0.64	7	[84]
PbO	250.0～450.1	25.9～34.3	114.7～825.6	78.3～1840.5	17	[84]
KOH	423～525	22.1～30.4	71.8～152.1	61.1～594.7	16	[82]

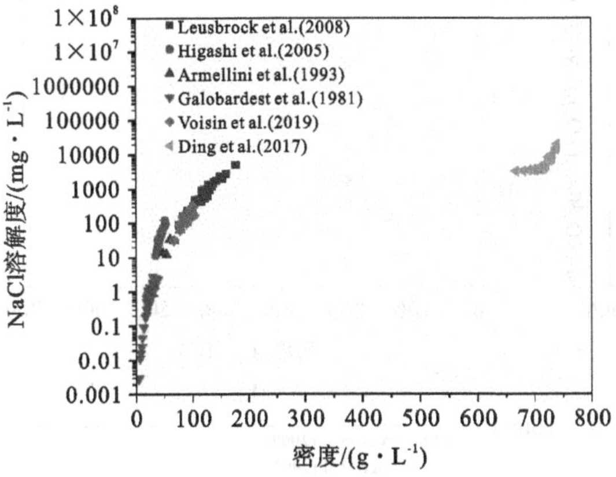

(a)

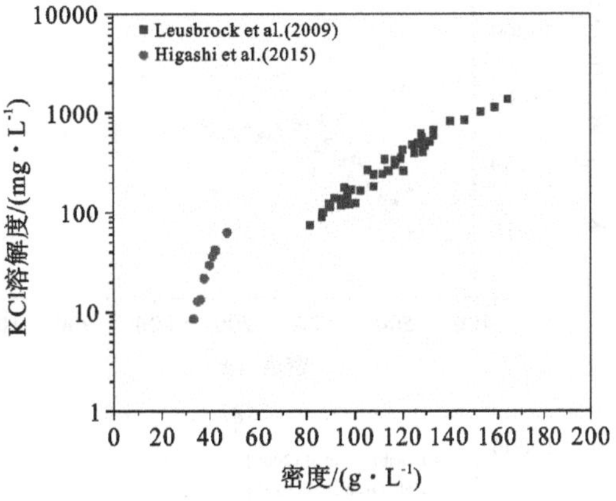

(b)

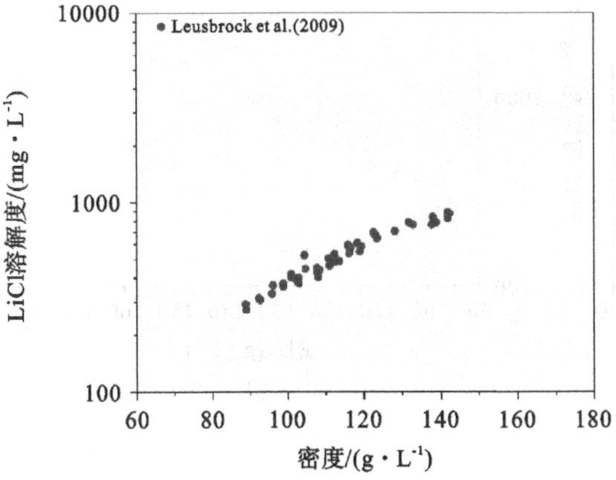

(c)

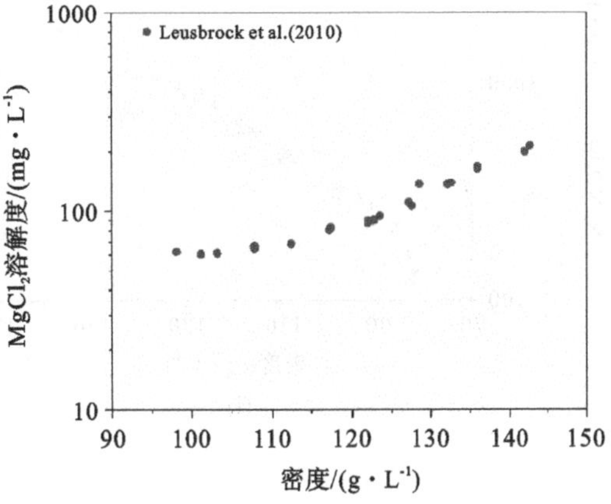

(d)

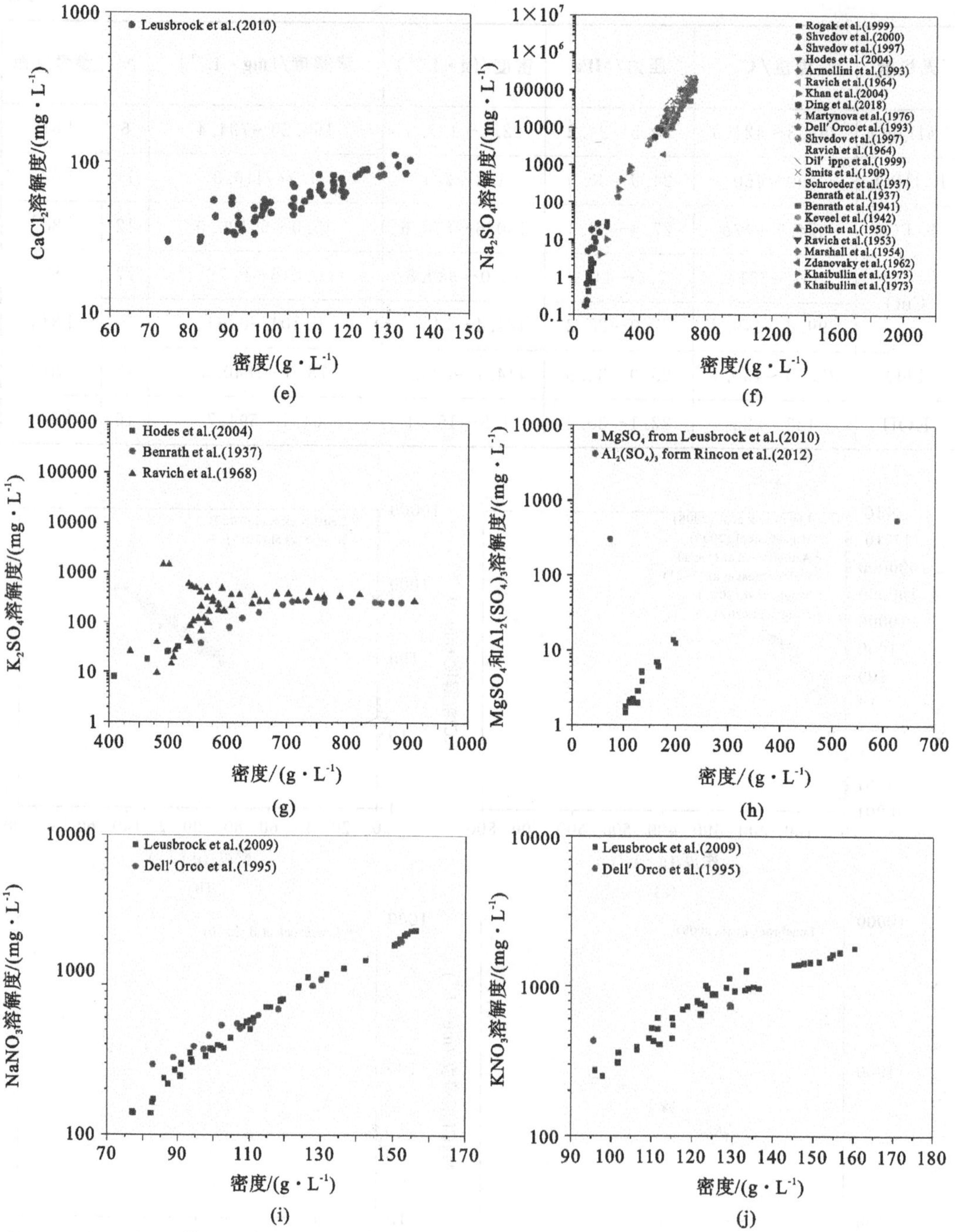
Leusbrock et al.(2010)
$CaCl_2$溶解度/(mg·L^{-1})
密度/(g·L^{-1})
(e)
Rogak et al.(1999)
Shvedov et al.(2000)
Shvedov et al.(1997)
Hodes et al.(2004)
Armellini et al.(1993)
Ravich et al.(1964)
Khan et al.(2004)
Ding et al.(2018)
Martynova et al.(1976)
Dell' Orco et al.(1993)
Shvedov et al.(1997)
Ravich et al.(1964)
Dil' ippo et al.(1999)
Smits et al.(1909)
Schroeder et al.(1937)
Benrath et al.(1937)
Benrath et al.(1941)
Keveel et al.(1942)
Booth et al.(1950)
Ravich et al.(1953)
Marshall et al.(1954)
Zdanovaky et al.(1962)
Khaibullin et al.(1973)
Khaibullin et al.(1973)
Na_2SO_4溶解度/(mg·L^{-1})
密度/(g·L^{-1})
(f)
Hodes et al.(2004)
Benrath et al.(1937)
Ravich et al.(1968)
K_2SO_4溶解度/(mg·L^{-1})
密度/(g·L^{-1})
(g)
$MgSO_4$ from Leusbrock et al.(2010)
$Al_2(SO_4)_3$ form Rincon et al.(2012)
$MgSO_4$和$Al_2(SO_4)_3$溶解度/(mg·L^{-1})
密度/(g·L^{-1})
(h)
Leusbrock et al.(2009)
Dell' Orco et al.(1995)
$NaNO_3$溶解度/(mg·L^{-1})
密度/(g·L^{-1})
(i)
Leusbrock et al.(2009)
Dell' Orco et al.(1995)
KNO_3溶解度/(mg·L^{-1})
密度/(g·L^{-1})
(j)

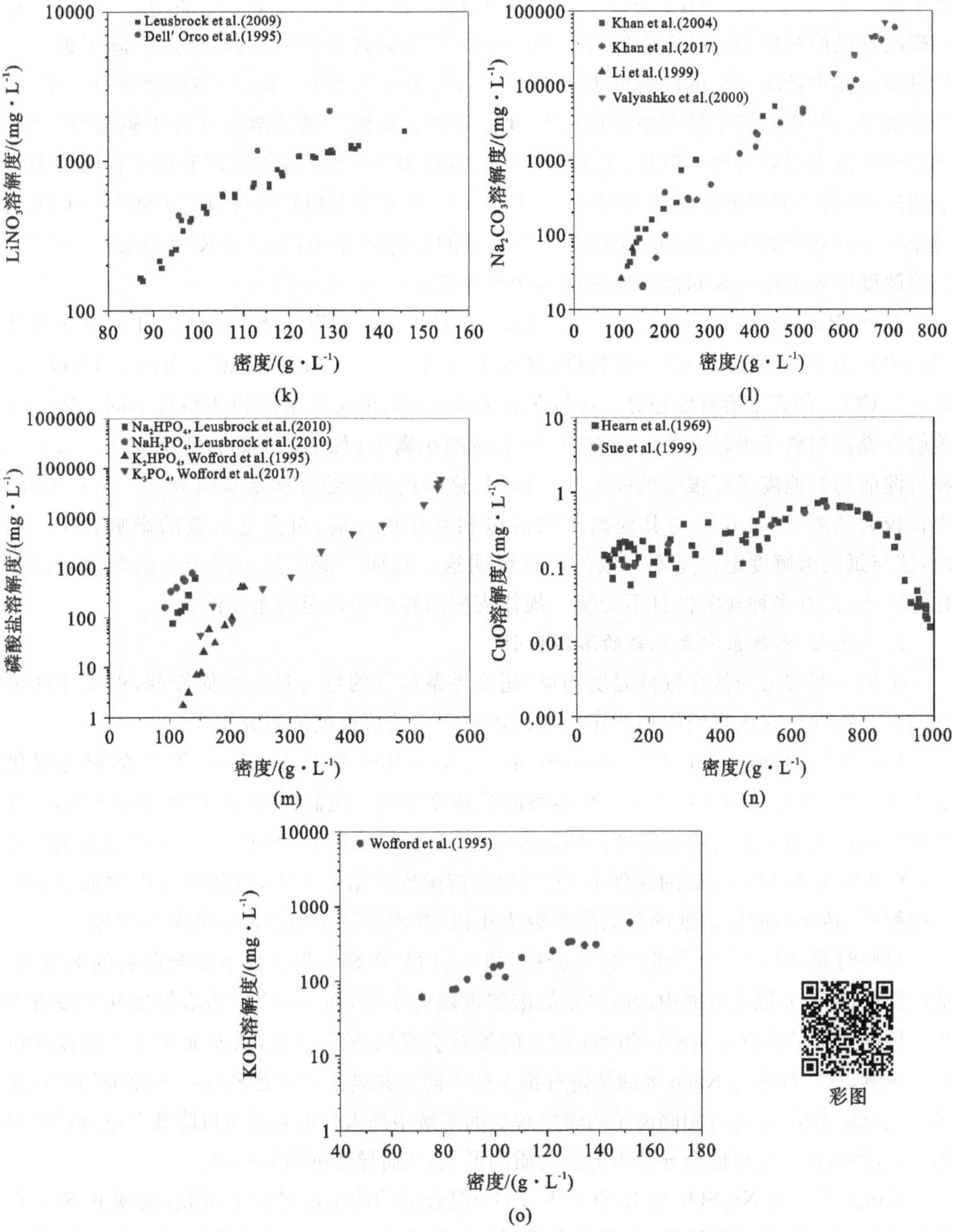

彩图

图 11-4　无机盐在亚/超临界水中的溶解度数据[85]

不同的溶解度测试结果显示了明显的重复性，无机盐的溶解度随超临界区域密度的降低而降低。当碱金属阳离子发生变化而阴离子保持不变时，一些氯盐（如 NaCl、KCl 和 LiCl）的溶解度非常相似，但碱土盐（如 $CaCl_2$ 和 $MgCl_2$）的溶解度略低。同样，硝酸盐（如 $NaNO_3$、KNO_3 和 $LiNO_3$）的溶解度也相似，而不依赖于反阳离子。与其他盐相比，$NaNO_3$ 和 NaCl 在亚/超临界水中的溶解度最高，但在超临界区域，随着温度的升高，其溶解度缓慢下降。在 500 ℃、25 MPa 条件下，其溶解度降至 200 mg/L 以下[40]。相比之下，硫酸盐和碳酸盐的溶解度开始时非常低，在 300～440 ℃的测量范围内，其溶解度下降了近 4 个数量级。其中，Na_2SO_4 的溶解度大于 Na_2CO_3，但小于 K_2SO_4。同时，磷酸盐对自由基、酸水解水平及其反阳离子具有很大的溶解度依赖性。磷酸二氢的溶解度大于磷酸氢，磷酸钠的溶解度大于磷酸钾。但是，关于其他盐的信息很少。结果表明，对于具有相同反阳离子的盐，阴离子的溶解度顺序为：$NO_3^- > Cl^- > H_2PO_4^- > HPO_4^{2-} > PO_4^{3-} > SO_4^{2-} > CO_3^{2-}$。对于具有相同阴离子的盐，其溶解度随阳离子的变化顺序为：$Na^+ > K^+ > Mg^{2+} > Ca^{2+}$。该溶解度序列可作为未知盐溶解度值的初步评价。

此外，Reimer 等[86]研究了 3 种 Ⅰ 型盐（K_2CO_3、Na_2HPO_4、K_2HPO_4）和 3 种 Ⅱ 型盐（Na_2SO_4、K_2SO_4、$MgSO_4$）的溶解特性，发现了阳离子 $K^+ > Na^+ > Mg^{2+}$、阴离子 $HPO_4^{2-} > SO_4^{2-} > CO_3^{2-}$ 的离子溶解度趋势。这与众多文献研究结果所总结的趋势略有不同。Reimer 等解释说这与离子半径有关。一方面，单电荷的小离子（如 Na^+）离子半径小，因此，它们在沉淀前与其他离子有很强的静电相互作用，这是由离子缔合和聚集引起的。另一方面，半径较大的离子（如 K^+）与其他离子的静电相互作用较弱，对介电常数的影响较小。然而，这与氯的溶解度定律是不一致的。这说明这一规律不能广泛应用于盐的溶解度的变化。因此，具有多种盐溶性且不受统一规律支配的数据集是至关重要的。

2. 三元盐-水体系中无机盐的溶解特性

虽然一些常见的盐在较低温度的亚/超临界条件下的行为是众所周知的，但关于两种盐的混合物的行为或它们的相互作用如何影响它们的溶解度的研究很少。

Keevil[63]、Sourirajan 等[87]、Ravich 等[68]、Armellini 等[45]和 Hong 等[50]的研究提供了 NaCl、Na_2SO_4 和 NaCl - Na_2SO_4 体系的溶解度数据。他们证实，随着温度的升高，引入 Ⅰ 型盐可以增加 Ⅱ 型盐的溶解度。Cohen 等[108]研究了 $BaCl_2$ - NaCl - H_2O 系统在温度为 530 ℃和压力为 150 MPa 的条件下，无机盐的溶解度。结果表明，氯化钠可以增加氯化钡的溶解度，转换后的溶解度的负温度系数为正值，并消除了饱和溶液中的临界现象。

早些时候，Khan 等[8,29]研究了 Na_2SO_4 和 Na_2CO_3 在超临界条件下混合前后的溶解度。他们发现，在三元混合溶液中，Na_2SO_4 的溶解度略有下降，而 Na_2CO_3 的溶解度几乎没有变化。根据共离子效应，Na_2SO_4 和 Na_2CO_3 的混合会导致 Na^+ 过量，从而加速可溶性盐的沉淀。显然，这一理论与 Khan 等的结论有很大的不同。共离子效应是勒夏特列原理的直接结果。该原理指出，在含有相同离子的弱电解质的溶液中加入强电解质可以降低弱电解质的解离度，这种沉淀平衡可能会导致不溶性物质的形成，从而导致沉积的增加。

Tang 等[34]对 Na_2SO_4 与 K_2SO_4（K_3PO_4）混合后的溶解度进行了研究，发现 K_2SO_4 存在时，Na_2SO_4 的溶解度降低，在低流体密度时，随着 K_2SO_4 浓度的增加，Na_2SO_4 的溶解度进一步降低。这可以用共离子效应来解释。相反，K_3PO_4 的加入增加了 Na_2SO_4 的溶解度，K_3PO_4 浓度的增加进一步增大了 Na_2SO_4 的溶解度，使沉积减少。这些结果表明，添加 K_3PO_4 可以提高盐的流动性，抑制颗粒的聚集[77]。磷酸盐在 100℃以下作为阻垢剂，其阻垢效果可以通过螯合机制、阈值效应机制、晶格畸变机制和分散机制来解释。因此，本书推测磷酸盐的抗干扰性可以有效地控制盐在超临界水体系中的溶解度和沉积。

由于共离子效应，可溶性较低的盐在溶液中与另一种盐共享一个共离子时，其溶解度降低。此外，研究还提到，Na_2SO_4 与 NaCl 混合后，使前者的溶解度增加了，这与共离子效应的原理是不一致的。Voisin 等[21]在 2019 年报道了多相体系（如 Na_2SO_4 – NaCl – H_2O）对盐溶解度的影响。在 370～380 ℃，混合物的沉淀温度低于纯 Na_2SO_4，这可以用共离子效应来解释。然而，这些结果与 Na_2SO_4 – NaCl – H_2O 相图不符（见图 11 – 3），说明进一步的研究是必要的。在 380 ℃以上，在 NaCl 的气-液区（见图 11 – 1），Na_2SO_4 浓度稳定在比纯 Na_2SO_4 溶解度高 10 倍的值，说明体系中出现了致密的盐水相。这种致密的相可能会溶解一些 Na_2SO_4 固体晶体，阻止其完全沉淀。

11.3.3　亚/超临界水中无机盐的结晶特性

1. 无机盐的结晶机制

在超临界条件下，无机盐的电离和水化能力大大减弱，溶解度大大降低，结晶沉淀成固体颗粒。然而，这种现象可以完全逆转，当温度降低时，固体盐可以重新溶解在水中。然而，这种可逆性使得盐团聚体很难恢复，也很难测量晶体颗粒的性质，包括它们的微形貌、组成、结构和尺寸分布。

在亚/超临界水环境下，盐的结晶机制可分为两类：第一类是体相流体中的均质结晶，在不受外来颗粒或底物诱导的情况下，无机盐在块状流体中的浓度梯度扩散限制下，沿轴向饱和度增加的方向自发成核。当体积流体的饱和度达到一定水平时，就会发生均匀成核，如图 11 – 5(a)所示。当晶核相互碰撞并发生二次成核时，它们逐渐长大并聚集形成更大的晶体，易于在重力作用下沉积。Ⅰ型盐以氯化钠为代表，通常遵循这一机制结晶和沉积。然而，在实际操作条件下，湍流和加热的设备壁会导致这些盐在壁上成核。第二类是表面非均相结晶，如图 11 – 5(b)所示，是指无机盐离子在表面发生非均相成核的过程。在分子间作用力和固-液界面张力的作用下，通过分子扩散-对流过程形成沉积层。同时，由于壁面受热，流体在壁面附近的溶解度降低，形成横向浓度梯度，进一步促进壁面成核结晶。这一机理概括了Ⅱ型盐（如硫酸钠）在亚/超临界水中的结晶和沉积过程。

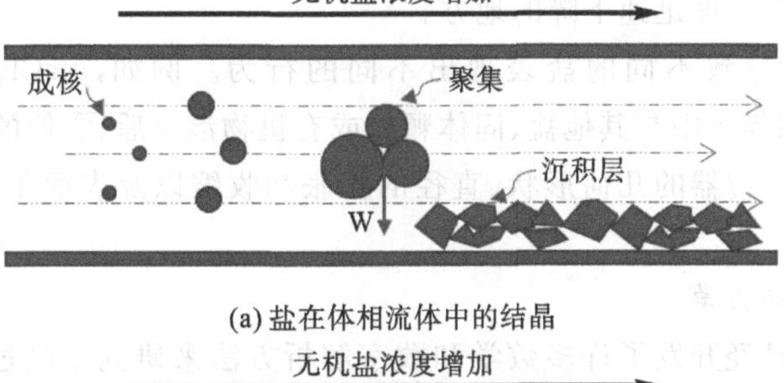

(a) 盐在体相流体中的结晶

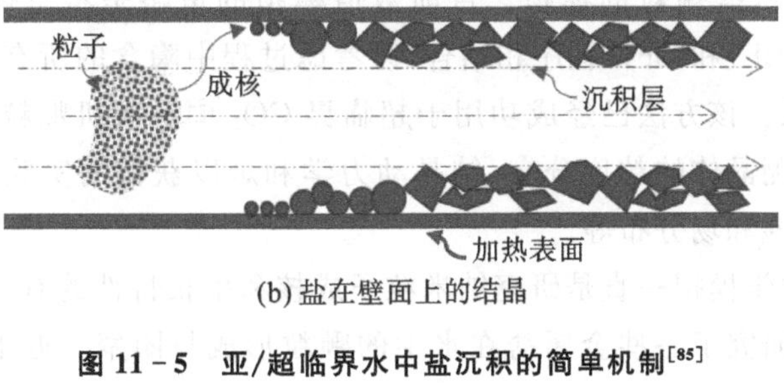

(b) 盐在壁面上的结晶

图 11 – 5　亚/超临界水中盐沉积的简单机制[85]

与直接在壁面上结晶相比，体相液体中的盐结晶对系统的危害较小，因为前者会导致管道和设备堵塞，这是严重的安全隐患。因此，深入了解盐的成核演化规律，在理论上是防止壁面结晶的前提，是开发控制堵塞的关键技术的前提。在壁面结晶初期，壁面与无机盐之间的相互作用是附着在表面的颗粒与到达流体/固体界面的新污染物之间存在的作用力。相关的力包括引力、范德瓦耳斯力和静电力[88]。长距离的吸引力作为接触的基础，帮助盐离子运输到墙壁上。盐沉积和表面结垢的基本过程有3种[88]。

(1)无机盐通过靠近壁面的边界层扩散和转移，以晶核和晶体颗粒的形式输送到流体中。

(2)沉淀的无机盐黏附在表面形成沉积层。

(3)由于流动剪切力，流体携带一些沉积物离开表面。

结果表明，盐的沉积动力学取决于盐的成核是在体积流体中形成还是在壁面形成。根据均匀形核理论，粒子的形成取决于过饱和、表面张力和扩散参数。如果流体温度被加热到临界点以上，就会产生过饱和溶液，驱动盐的成核和结晶。盐分子的成核或盐离子在沉淀前向壁上扩散均可降低过饱和。颗粒盐的形成，取决于颗粒大小和雷诺数，可能转移到壁面，造成结晶结垢。

2. 影响无机盐成核结晶的过程参数

亚/超临界水系统中的盐结晶是多变量的，取决于以下参数：

(1)流体温度，影响流体密度、盐的输送和扩散。

(2)流体压力，影响流体密度。

(3)流体密度，影响水和盐的性质以及它们之间的相互作用。

(4)流体 pH 值，影响某些盐的电离平衡、溶解度和熔点。

(5)流体动力学，即速度、湍流、流态和流型对盐的沉积起重要作用。例如，速度的快速变化、突然的膨胀或收缩以及弯道内的流场分布对增加结垢和侵蚀的敏感性都很重要。

(6)运行时间，包括盐层初始成核、生长、聚集、沉积和老化的时间，影响盐层的形貌。盐沉积常发生在盐溶解度迅速下降的地方。

(7)流体组成，导致不同的盐表现出不同的行为。例如，$NaCl$、Na_2SO_4、Na_2CO_3、$CaSO_4$ 等在亚/超临界水中与其他盐、固体颗粒或有机物混合后，它们的行为会不同。

(8)几何形状，反应器的几何形状、直径的膨胀和收缩以及表面条件对盐层的堆积起重要作用。

3. 无机盐结晶动力学

几十年来人们已经开发了许多数学和数字解析方法来研究结晶过程，却鲜少有人致力于超临界水中无机盐颗粒的模拟。目前数值模拟的策略是将总体平衡方程(proton balance equation，PBE)和 CFD 程序相结合，以考虑过程中隐含的所有现象：热力学、流体动力学、成核和生长。该方法已经成功用于超临界 CO_2 中的有机颗粒合成。通过对结晶模型的建立可以预测晶体的粒度分布、结晶动力学和难以获得的实验信息，例如，成核时间、温度场分布、过饱和场分布等。

其中，分子动力学模拟一直是研究纳米粒子成核和生长特性的有效方法之一[89-90]，已经有几个团队模拟研究了一些金属盐在水中的颗粒形成与团聚。近年来，超临界水中无机盐结晶动力学的研究开始得到了较大的发展。Hovland 等的实验和计算机模拟验证了由于临界海水的地下沸腾造成的 NaCl 聚集[91-92]。Reagan 等在压力为 25 MPa、温度为 727 ℃的条件下，用质量分数为 21%的 NaCl 研究溶液中离子的缔合过程，观察到在(12～18)$\times 10^{-12}$ s 时间内，离子缔合作用发生在高阳离子体系中[16]。Zhang 等[93]采用分子动力学模拟方法研究了 Na_2CO_3 颗粒在超临界水中的生长过程，引入结合能和径向分布函数(radial distribution function，RDF)来分析水和 Na_2CO_3 的相互作用机理。讨论了温度和压力对 Na_2CO_3 颗粒分布以及离子碰撞率的影响。

从上述研究结论分析发现随着温度的增大，密度逐渐减小，盐的成核速率增大，反之盐颗粒的生长速度则增大，这表明了盐颗粒成核和长大不同的动力学规律。除了上述动力学的研究外，还有学者进行了结晶颗粒的聚集、破碎过程的模拟研究。Voisin 等[21]最初对 Na_2SO_4 - H_2O 体系在管式反应器内的结晶过程进行了模拟，选择了扩散均匀的初级成核和生长模型，与反应器中发生的机理非常吻合，模拟结果显示整个粒度分布具有较大的多分散性。后来，Voisin 等假设 Na_2SO_4 在亚/超临界水中均相成核，非尺寸依赖型增长，遵循经典成核理论、布朗运动聚集和对称破裂机制，基于上述 Na_2SO_4 结晶的成核和增长模型，增加开发了聚集和破碎项的模型。

11.3.4　亚/超临界水中无机盐的沉积特性

无机盐颗粒的沉积过程主要是受重力作用而降落在壁面上，其在亚/超临界水中的运动介于常态下水力输送和气力输送固体颗粒两种物理过程之间。不溶性固体颗粒的运动状态主要受体相流体流速的影响，当高于临界沉降速度时以悬浮运动的方式流出，避免沉积和堵塞。这与可溶性盐沉积过程的内在机理和规律不同，对其过程的研究和模拟可为固体颗粒沉积分布和速率的预测奠定理论基础，并且通过流速控制避免沉积的发生，具有极大的研究意义和应用价值。

已经有研究人员建立了多种数值模型来计算和预测各种盐的沉积过程。对于不同形式的实验装置和物理模型，存在不同的温度分布和流场分布，一般包括大空间自然对流、釜内自然对流、管内强制对流和逆流罐内的混合对流等。

关于大空间自然对流，Hovland 等[94]利用分子模型检验了在超过 2800 m 深度的海水中获得的特殊超临界条件下的盐析理论。海水的超临界条件发生在压力和温度高于纯水的情况下，即正常海水在 30 MPa、405 ℃时，这个压力相当于海水深度约 2800 m。他们的数值模拟结果表明，随着温度的升高，出现了两个现象：第一，氧-氢峰高度降低，这与氢键强度直接相关；第二，在高温下缺乏任何长程结构。这意味着氢键网络恶化，水基本上表现为非极性流体，失去了以离子形式溶解盐的能力。

对于管内强制对流，有研究人员[28]开发的轴向盐层厚度剖面的预测模型发现沉积很可能仅限于盐层-溶液界面。Chan 等通过实验发现进料流在超临界时的盐溶解度极度下降，导致 Na_2SO_4 快速沉淀，在大多数测试运行中，反应器在约 30 min 内堵塞[24]。

对于釜内自然对流，Hodes 等提供了含有超临界水的 Na_2SO_4 从近临界水中到加热棒上的实验沉积速率数据，他们发现，加热棒上形成的 K_2SO_4 结构清晰可见，而 Na_2SO_4 沉积时未见明显的树枝状结构[30-31]。仅沉积 10 min 后，形成的盐层厚度与加热棒半径大致相当，说明了超临界水氧化期间可能发生的结垢问题较严重。值得注意的是，K_2SO_4 很容易用手指从加热棒上取下来。然而，Na_2SO_4 一般必须用机械方法除去，除非用自来水疏松[85]。

对于逆流罐内的混合对流，Oh 等在逆流罐式反应器中通过数值计算获得了湍流盐粒子的运动轨迹，他们发现，盐颗粒在受重力和惯性下落的过程中，可能被反应器顶部的循环来流所夹带，形成混合对流[54]。但本书在建模的过程中没有考虑无机盐在反应器顶部的沉积。

事实上，除无机盐晶体与体相流体或壁面间的传热和传质过程外，超临界水氧化降解污染物的过程通常处于有机物氧化反应与无机盐物理相变共同存在的环境，涉及多元（无机盐-有机物-水-气）、多相（气-固-超临界水）、多场（浓度场-温度场-流场）耦合的复杂作用。其中，无机盐的体相流体和壁面结晶分别会导致流体湍流度和壁面污垢热阻的增大，通过对温度场和流场的改变影响反应过程，而反应过程又会通过相场的改变影响无机盐的相行为。但目前研究获得的这些模型均未同时考虑有机物氧化放热反应过程中流场、温度场、浓度场的协同作用及分子扩散影响。

11.3.5 亚/超临界水中无机盐的熔融特性及熔盐热液形成机制

受常压无水条件下熔盐的溶解能力及多元盐等低共熔物熔融特性的启发，如果采用硝酸盐（如 $NaNO_3$、KNO_3 等），磷酸盐（如 Na_2HPO_4、NaH_2PO_4 等）、氢氧化物（如 NaOH、KOH 等）等其中一种低熔点盐，可以使另一种或多种盐熔融/溶解于它们之中，或使与其混合的盐的熔点降低至某一温度，而实现共同熔融。如果超临界水氧化体系中的多元盐能够在较低温度共熔形成熔融态流体，可随着物料流一起流出系统，从而有效避免无机盐的结晶、沉积，这对从根本上解决其堵塞问题具有重大的指导意义。然而因为强大和昂贵的技术问题，熔盐很少用于连续流动系统。

这种熔盐热液的混合体系更多地在地球化学界被研究和报道，包括 $MgSO_4$[97-98]、UO_2SO_4[99]、$CdSO_4$[100]、$LiSO_4$[101]、$ZnSO_4$[102]等。学者们利用可视化实验装置和原位拉曼光谱观察到了液-液不混溶现象。但在超临界水技术的应用背景下，关于常见的无机盐熔融行为及其对盐沉积抑制作用的研究却很少。

多元盐的共熔特性在常态条件下的研究已经十分充分了，但在超临界水条件下的研究报道却几乎没有。最早在 1997 年 McBrsyer 等的专利首次提到，加入 $NaNO_3$、KNO_3、NaOH、KOH 等低熔点盐可降低混合盐共熔温度，使其保持流体状态，可避免反应器堵塞[103]。Hazlebeck 的专利也提到磷酸盐的加入可抑制反应器中沉积盐的积聚。但这也仅局限于提出思路，他们既没有报道相关的研究，也没有报道这一方法的实际应用案例[104]。直到近几年，Reimer 和 Vogel 用高压差示扫描量热仪（HP - DSC）发现了 Na_2SO_4 - Na_2HPO_4 - H_2O 和 K_2SO_4 - K_2HPO_4 - H_2O 体系在升温过程中的熔融吸热峰的阶梯状信号，证明了这两组硫酸盐和磷酸氢盐的混合盐存在低共熔现象[86]。直到 2020 年，关于 HyMoS 的发现才被 Voisin 等在 2020 年报道了，他们发现了 NaOH 在超临界水中的熔融现象，并探究了熔融 NaOH 对沉积 Na_2SO_4 的溶解作用，证明了向超临界水氧化系统中注入低熔点盐可清除已形成的盐沉积物的可能性[105]。这也是另一种解决清除已形成的盐沉积层问题的思路，虽然没有涉及关于混合盐在超临界水氧化环境中的原位共同行为的研究。

虽然关于超临界水氧化过程中多元盐共存条件下的熔融过程中低共熔现象这一假说尚未被证实探明，但现在少有、已有的研究报道仍然可以为其提供理论基础。西安交通大学王树众教授研究团队研究了 Na_2HPO_4、NaCl、Na_2HPO_4/NaCl 混合盐在亚/超临界水中的行为特性，发现 Na_2HPO_4、Na_2HPO_4/NaCl 混合盐均在水中发生了熔融行为，且 Na_2HPO_4/NaCl 混合盐的共熔点均低于 Na_2HPO_4 和 NaCl 在常压无水状态下的熔点。

经过分析认为，因为水分子和无机盐离子的排列，导致亚/超临界水中无机盐的熔点低于其在常压无水状态下的熔点。而低共熔这一现象也遵循这一机理。当在纯溶液内加入其他盐，可能导致各无机盐之间互相交叉排列，且因离子大小、电荷等属性不同，排列更加混乱，从而导致混合物熔点进一步降低。通过对无机盐-水体系升温过程中的相平衡研究，本书发现纯盐组分或者二元盐组分，甚至是多元盐组分如果要在亚/超临界水中熔融为液相，必须同时满足 2 个条件：一是溶液过饱和导致盐离子析出，二是温度达到熔点以上[106]。

目前，关于多元盐与亚/超临界水形成熔盐热液的机理存在 2 种可能。一种是类似于 Viosin 等报道的熔盐溶解机理（见图 11－6），即具有较低熔点的无机盐可能会在低温区域先形成熔盐，随着温度升高而逐渐溶解/熔化过饱和析出的高熔点的无机盐，从而形成一个混合的熔盐热液体系。类比到常态条件下的多元盐熔融，这一先后熔融的过程将会被表示为 DSC 曲线上两个不同的熔融吸热峰。

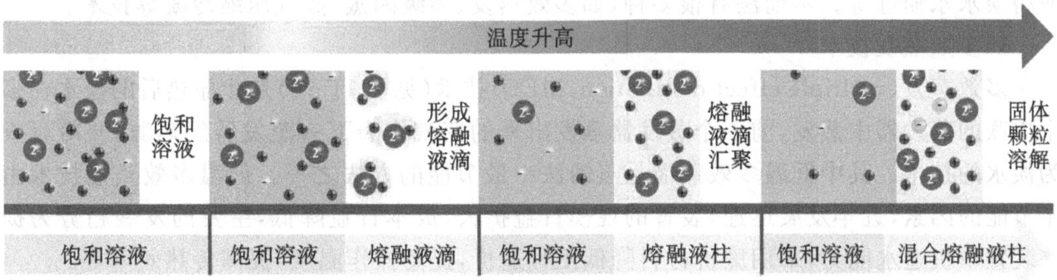

图 11－6　熔盐溶解机理示意图

另一种是二元或多元盐同时熔融的机理，即低熔点盐会降低与其共存的其他盐的熔点（见图 11－7），从而在某一温度同时熔融[106]。因为盐在亚/超临界水中熔融的顺序无法被原位检测，因此也无法证明混合盐是同时发生的熔融，还是低熔点盐先发生熔融后，高熔点盐熔融或溶解在它里面。后面的研究工作可以对这 2 种可能的机理进行验证和完善。

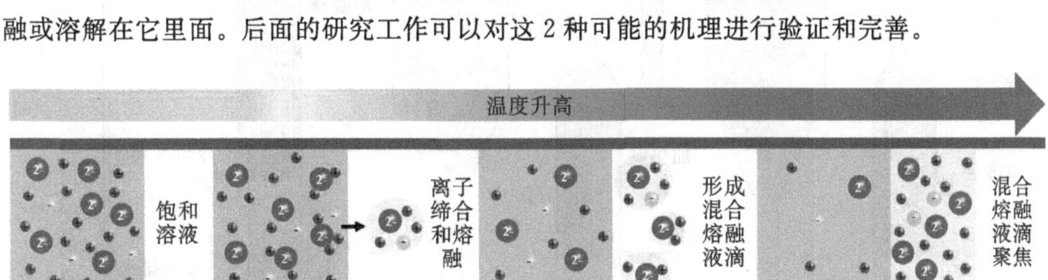

图 11－7　共同熔融机理示意图

西安交通大学王树众教授团队在用连续式超临界水氧化装置处理草甘膦废水的过程中没有观察到无机盐沉积和系统堵塞的现象，并且在出水中回收了更多的盐。经过简单的分析，发现草甘膦废水经过超临界水氧化反应产生了大量的Na_2HPO_4，其无水化合物的熔点低至250 ℃，并与NaCl在更低的温度下共熔形成了液态的熔盐。这印证了关于熔盐热液形成的猜想，为从根本上解决亚/超临界水反应过程中无机盐结晶和沉积堵塞问题提供了重要的理论分析和实验验证基础。

11.4 亚/超临界水中无机盐结晶沉积的防控技术

为了预防、控制由于无机盐结晶和沉积引起的设备、管道堵塞的问题，其总体途径包括预处理脱盐技术、反应器防盐沉积技术、抑制盐沉积形成技术、盐沉积层脱除技术等。

11.4.1 预处理脱盐技术

预处理脱盐技术包括蒸馏法、膜分离法、离子交换法、冷却结晶法等预脱盐技术。

1. 蒸馏法

蒸馏法是一种最古老、最常用的脱盐方法。目前工业废水的蒸馏法脱盐技术基本上是从海水脱盐淡化技术基础上发展而成的。蒸馏法就是把含盐的水加热使之沸腾蒸发再把蒸汽冷凝成淡水的过程。蒸馏法是最早采用的淡化法，其优点是结构简单、操作容易、所得淡水水质好等。蒸馏法有很多种，如多效蒸发、多级闪蒸、蒸气压缩冷凝等技术。

1)多效蒸发技术

多效蒸发(multiple effect distillation，MED)技术(见图11-8)是让加热后的盐水在多个串联的蒸发器中蒸发，前一个蒸发器蒸发出来的蒸汽作为下一蒸发器的热源，并冷凝成为淡水的技术。其中低温多效蒸馏是蒸馏法中最节能的方法之一。低温多效蒸馏技术由于节能的因素，近年发展迅速，装置的规模日益扩大，成本日益降低，主要的发展趋势为提高装置单机造水能力，采用廉价材料降低工程造价，提高操作温度，提高传热效率等。

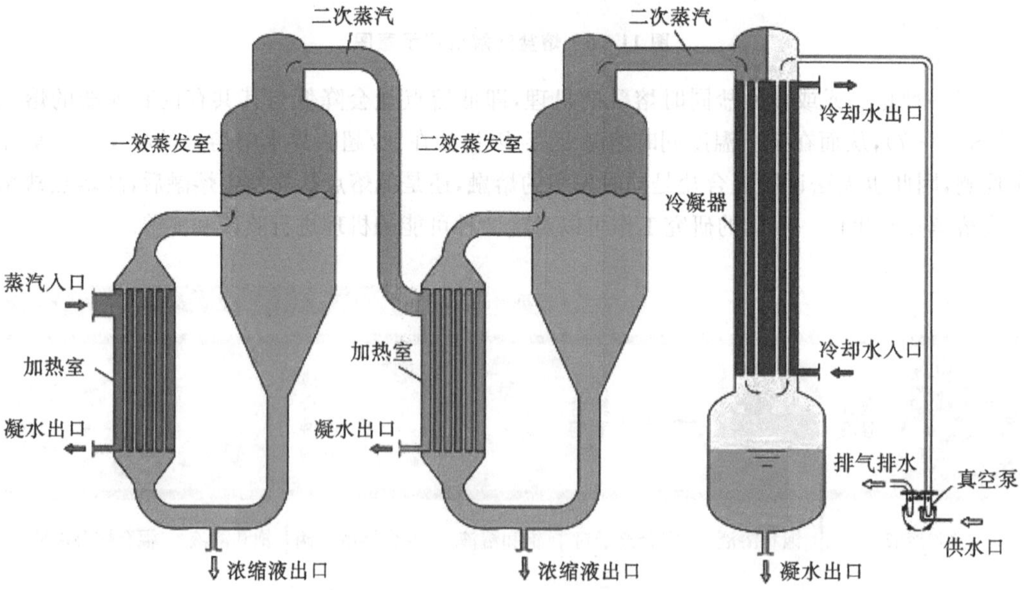

图11-8 多效蒸发技术的流程示意图

2)多级闪蒸技术

以海水淡化为例，将原料海水加热到一定温度后引入闪蒸室，由于该闪蒸室中的压力控制在低于热盐水温度所对应的饱和蒸汽压的条件下，故热盐水进入闪蒸室后即成为过热水而急速地部分气化，从而使热盐水自身的温度降低，所产生的蒸汽冷凝后即为所需的淡水。多级闪蒸(multi-stage flashing，MSF)技术(见图 11-9)就是以此原理为基础，使热盐水依次流经若干个压力逐渐降低的闪蒸室，逐级蒸发降温，同时盐水也逐级增浓，直到其温度接近(但高于)天然海水温度。

多级闪蒸技术是海水淡化工业中较成熟的技术之一，是针对多效蒸发结垢较严重的缺点而发展起来的。多级闪蒸技术一经问世就得到应用和发展，具有设备简单可靠、运行安全性高、防垢性能好、操作弹性大以及可利用低位热能和废热等优点，适合于大型和超大型淡化装置，并主要在海湾国家使用。

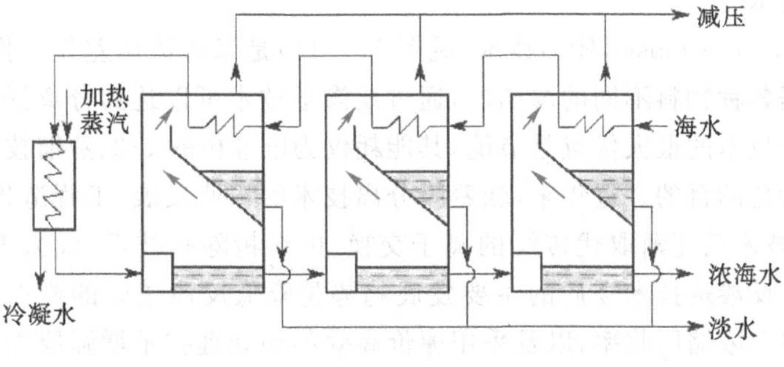

图 11-9　多级闪蒸技术的流程示意图

3)蒸汽压缩冷凝技术

蒸汽压缩冷凝(vapor compression，VC)(见图 11-10)脱盐的过程是将盐水预热后，进入蒸发器并在蒸发器内部分蒸发，所产生的二次蒸汽经压缩机压缩提高压力后引入蒸发器的加热侧，蒸汽冷凝后作为产品水引出，如此实现热能的循环利用。当其作为循环冷却水脱盐回收工艺时，可使冷却水中的有害成分得到浓缩排放，并使 95%以上的排污水以

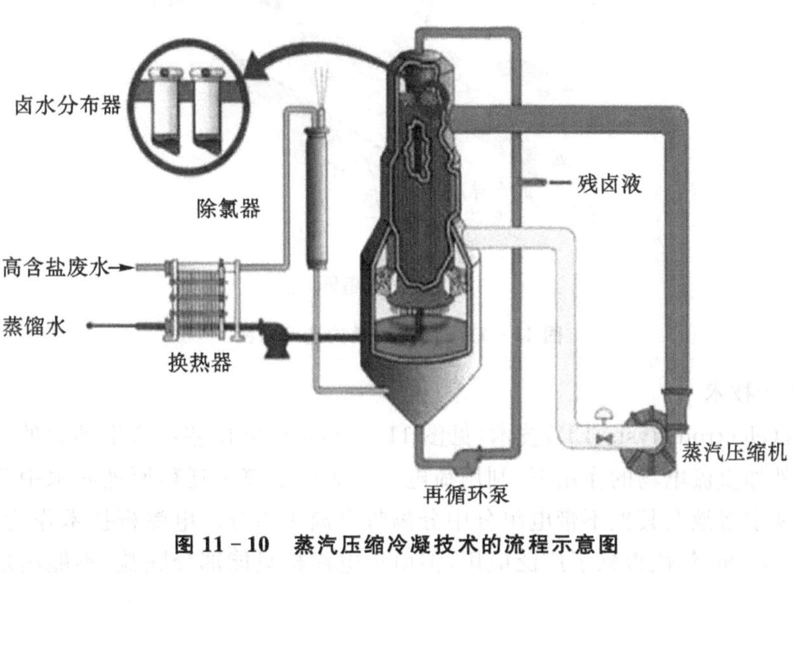

图 11-10　蒸汽压缩冷凝技术的流程示意图

冷凝液的形式得到回收，作为循环水和锅炉补充水返回系统。这种工艺对设备材质的要求极高，运行中需消耗大量的热量，存在一次性投入和运行费用极高的缺点，只可能在特别缺水的地区的发电厂中采用。

上述蒸馏脱盐法虽已广泛用于海水淡化工业，但对于含有机物的废水来说，其中的大量有机物将在降解之前被蒸发而出，会对有机废水的处理效果有所折损，使其无法达到对废水无害化处理的标准，并增加可能的二次处理装置。除此之外，在经蒸馏脱盐后残留的母液中，经浓缩的无机盐在亚/超临界水环境中的结晶和沉积堵塞问题会更加严重。

2.膜分离法

近40年来，膜分离技术已迅速发展成为工业循环冷却水系统中旁流处理中最重要、最广泛采用的新型高效节能分离单元技术之一，反渗透、电渗析、纳滤等膜分离技术相继发展，成为集成处理技术系统中的关键技术，简述如下。

1)反渗透技术

反渗透(reverse osmosis，RO)技术(见图11-11)是以渗透压差作为推动力的一类膜分离过程。依据各种物料不同的渗透压，通过反渗透技术可以达到分离提取、纯化与浓缩的目的。反渗透技术的最大优点是节能，其能耗仅为电渗析的1/2、蒸馏技术的1/40，而且能够达到深度除盐的目的。近年来，随着膜分离技术的快速发展，工程造价和运行成本持续降低，反渗透技术已逐渐取代传统的离子交换、电渗析除盐技术，成为工业水系统中首选的除盐技术。反渗透技术今后的主要发展趋势是降低反渗透膜的操作压力，提高反渗透系统纯水产率和浓缩回收率，以及采用廉价高效的预处理技术增强膜组件抗污能力等。尤其近年来，在电厂循环冷却水脱盐回用领域，集成膜工艺已成为主要的发展方向，其中“UF＋RO”双膜工艺已成为电厂深度除盐的主导技术。

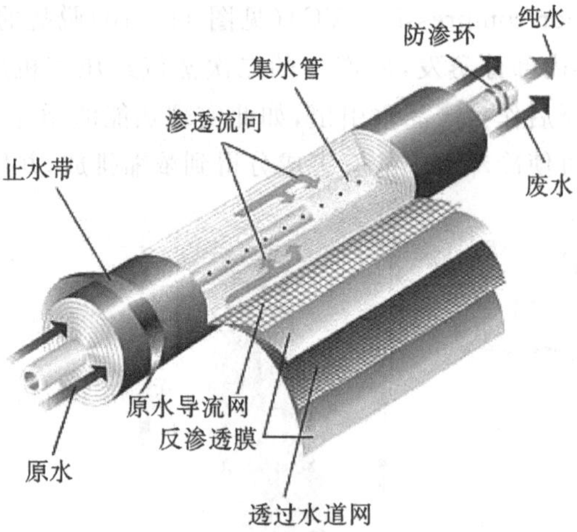

图11-11　反渗透膜构造示意图

2)电渗析技术

电渗析(electrodialysis，ED)技术(见图11-12)是以电位差作为推动力的一类膜分离过程，即在外加直流电场的作用下，利用荷电离子膜的反离子迁移原理使水中阴阳离子做定向迁移，从水溶液及其他不带电组分中分离带电离子组分。电渗析技术作为脱盐技术，在20世纪70～90年代得到了广泛应用，但由于电渗析只能部分除盐，不能满足许多工业领域的深度除盐需求且电耗高。因此,近年来已逐渐被反渗透技术所替代。

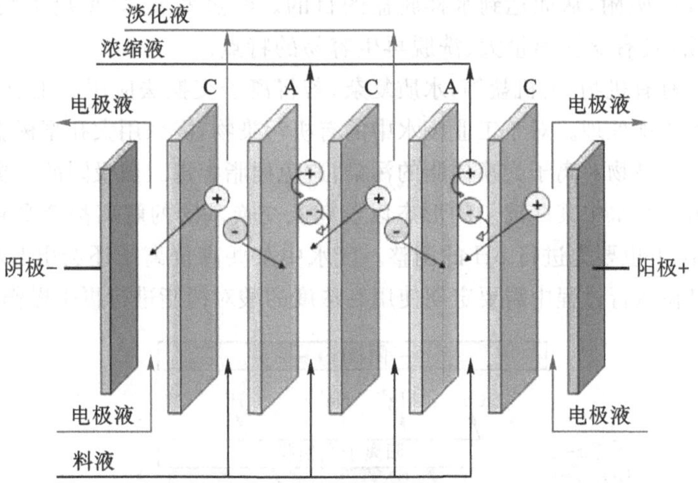

图 11-12　电渗析装置示意图

3)纳滤技术

与反渗透技术相比,纳滤技术(见图 11-13)的操作压力较低(0.5 ～ 1.0 MPa),节能效果显著。因此纳滤技术又称低压反渗透技术,是介于反渗透技术和超滤技术的一种亲水性膜分离过程,是适宜分离分子量为 200～1000 Daltons(1 Daltons＝1.65×10^{-24} g)、分子大小约为1 nm的溶解组分的膜工艺。由于纳滤膜具有松散的表面层结构,存在氨基和羧基两种正负基团,具有离子选择性,一价离子可基本完全透过,对二价和高价离子具有较高截留率,可去除约 80%的总硬度、90%的色度和几乎全部浊度及微生物,因此,纳滤的软化功能近年来受到了重视,在工业循环冷却水的排污水回用处理中具有良好的应用前景。

膜分离法经常与蒸馏法组合使用,已成熟应用于海水淡化工业。但对于高浓度有机废水,其中含有的有机物高分子易造成膜的堵塞,大大减少膜的寿命,使该技术的经济性显著降低。

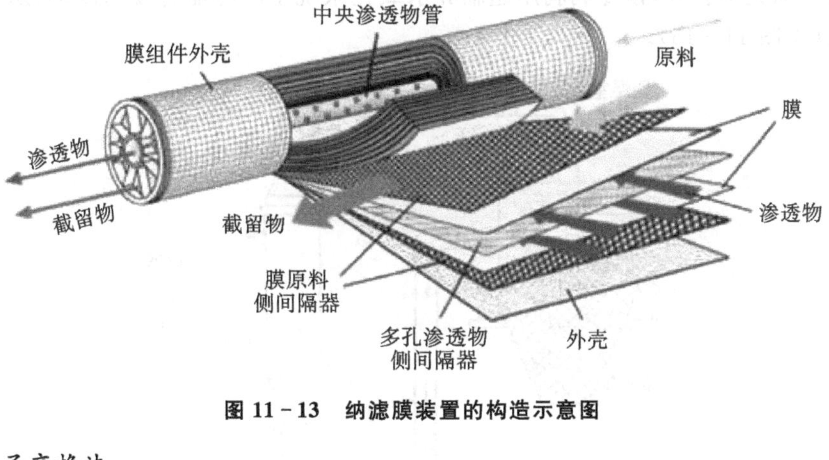

图 11-13　纳滤膜装置的构造示意图

3. 离子交换法

离子交换法借助于固体离子交换剂中的离子与稀溶液中的离子进行交换,以达到提取或去除溶液中某些离子的目的,是一种属于传质分离过程的单元操作(见图 11-14)。

离子交换是可逆的等当量交换反应，交换树脂（纤维）中的阴阳离子官能团可以与水中的阴阳离子发生交换吸附，从而达到水样脱盐的目的。经过发展，新型离子交换树脂（纤维）已经被广泛应用，具有交换容量大、洗脱再生容易的特点。

工业废水含有有机物、无机盐等，水质复杂，若将离子交换法应用于工业废水处理中，通常需要进行额外的预处理。对于工业废水中的有机污染物，需采用大孔型树脂对有机污染物进行吸附以减少污染物对离子交换树脂的污染，避免树脂中毒。被吸附的有机物则仍需做进一步的氧化处理。废水中某些离子的形态以及树脂交换基团的解离都会受到废水 pH 的影响，因此必要情况下也要先进行 pH 的调整。废水中某些高价离子还会引起树脂中毒（影响树脂机能），所以在运行过程中需要定期使用高浓度的酸对树脂进行再生操作。

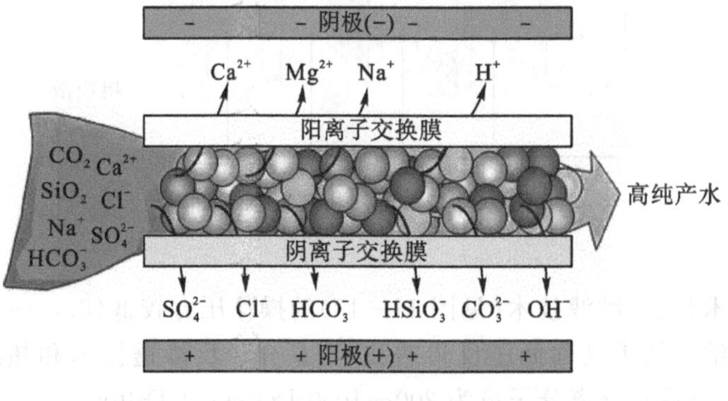

图 11-14 离子交换法的脱盐工作原理

4. 冷却结晶法

在较高温度时使溶液达到饱和状态，这样在温度降低后，物质的溶解度下降，溶液中会析出这种物质的晶体。冷却热饱和溶液法用来结晶溶质随温度的变化其溶解度变化较明显的物质（蒸发溶剂结晶法用来结晶溶质随温度的变化其溶解度变化不明显或基本无变化的物质）。工业上，此法常与浓缩联合使用，先浓缩溶液，然后使用冷却热饱和溶液结晶法，得到该溶质的结晶，然后离心，再得到此种溶质。关于该技术在有机废水中的应用曾被西安交通大学公开，该专利利用超临界水氧化系统中的冷能将废水冷却，从而分离去除无机盐（见图 11-15）。

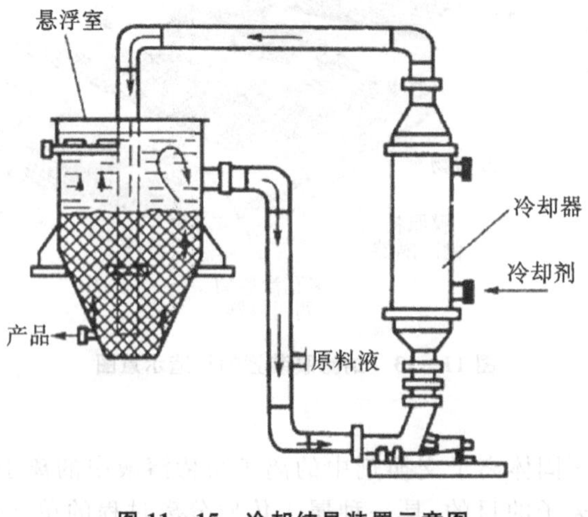

图 11-15 冷却结晶装置示意图

11.4.2　反应器防盐沉积技术

反应器结构设计是超临界水氧化商业化的决定性因素[107]，因为需要克服反应器腐蚀和盐沉积引起的堵塞问题。防止反应器堵塞的特殊反应器结构包括逆流釜式反应器、蒸发壁式反应器、逆流釜式蒸发壁反应器、逆流管式反应器、冷壁式反应器、离心反应器等。

1. 逆流釜式反应器

逆流釜式反应器在竖直方向上部是超临界氧化区，下部是亚临界溶解区（见图 11-16）。在超临界条件下析出的盐依靠重力、惯性等作用沉降到反应器底部的亚临界区重新溶解，然后从反应器底部出口排出。脱盐后的反应流体逆流从反应器顶部出口流出[14,33,108]，从而实现在反应器中进行脱盐的目的。但是由于细颗粒盐的低沉降速度，加之反应器内强烈的垂直扰动，可能导致盐在反应器上部超临界区的器壁上结块。

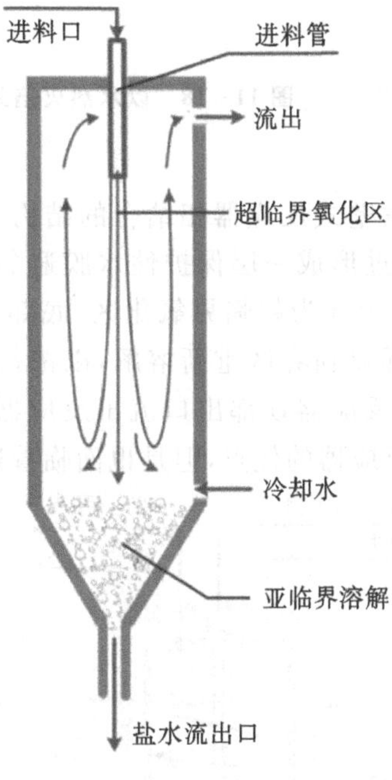

图 11-16　逆流釜式反应器[33]

2. 蒸发壁式反应器

蒸发壁式反应器[109-112]由承压壁和多孔蒸发壁组成，通过向夹层泵入洁净的水，在多孔蒸发壁内表面形成一层保护性水膜，冲刷、稀释或溶解超临界条件下析出的盐颗粒，从而避免盐沉积到反应器内壁面上，有效解决了盐沉积引起的工程堵塞问题（见图 11-17）。同时可以避免腐蚀性物质接触反应器内壁面，降低反应器的腐蚀速率，保证了超临界水氧化装置长期连续的安全运行。然而蒸发壁水的引入会降低反应流体的温度，稀释反应流体，对反应温度有显著的影响[113]，且这种影响是负面的，会降低反应器的处理能力，导致低的系统能量回收效率[114]，而引入高温蒸发壁水需要消耗大量的预热能量（见图 11-18）[33]。

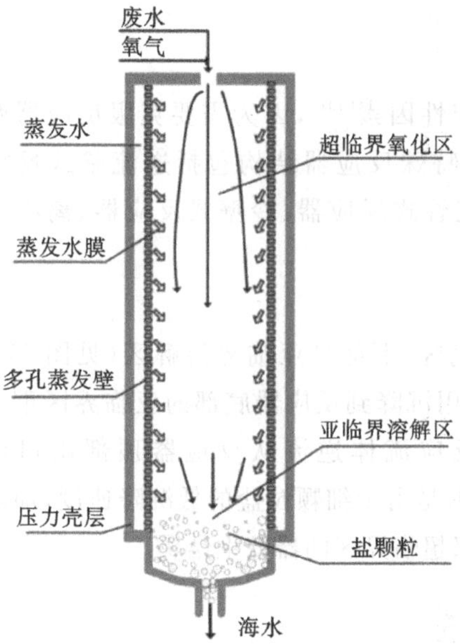

图 11-17　蒸发壁式反应器[33]

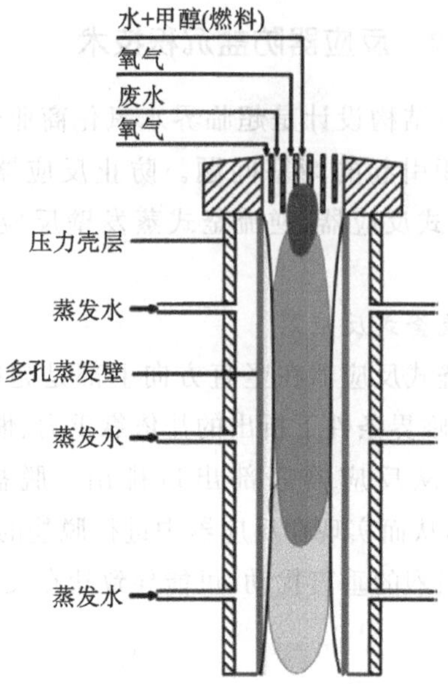

图 11-18　以水热火焰为内热源的蒸发壁式反应器[115]

3. 逆流釜式蒸发壁反应器

采用逆流釜式反应器与蒸发壁式反应器相结合的结构方式，逆流釜式蒸发壁反应器由承压壁和多孔蒸发壁组成，通过形成一层保护性水膜避免盐沉积和反应器腐蚀的问题(见图 11-19)[33, 116]。该反应器上部为超临界氧化区，底部为亚临界溶解区，超临界条件下析出的盐颗粒落入反应器底部亚临界区重新溶解，以浓盐水的形式从反应器底部出口流出，脱盐后的反应流体逆流从反应器顶部出口流出反应器。该型反应器在结构上耦合了逆流釜式反应器和蒸发壁式反应器的优点，但是也面临着这两种反应器共有的缺点。

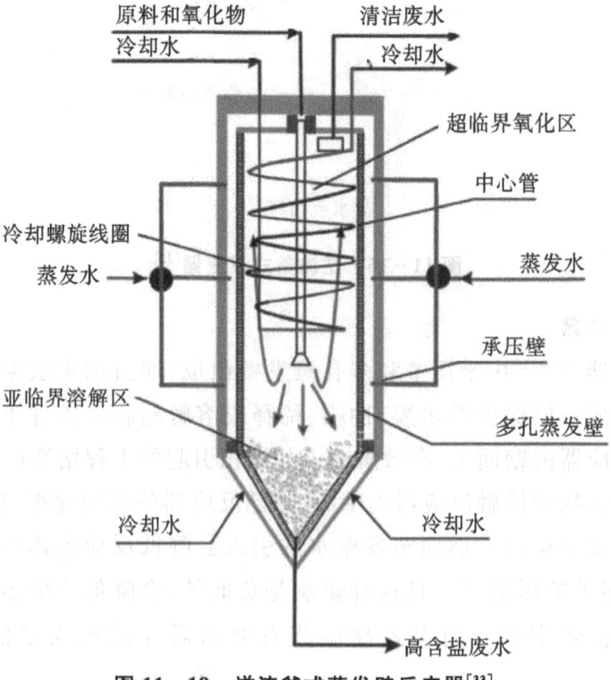

图 11-19　逆流釜式蒸发壁反应器[33]

4. 逆流管式反应器

利用盐在亚临界条件下溶解而在超临界条件下基本不溶解这一特性，对管式反应器进行分区，一段是超临界区，一段是亚临界区，通过调控装置使流体在管内间隔性地逆向流动，超临界区和亚临界区进行相应的转换，冲洗沉积的盐(见图 11－20)[14]。但是，反应器温度在亚临界温度和超临界温度之间不断地变化，反应器材质会产生热应力，从而影响反应器的寿命。

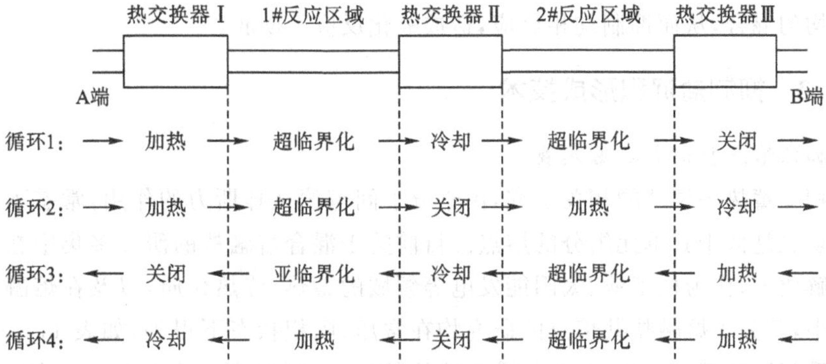

图 11－20　逆流管式反应器[33]

5. 冷壁式反应器

冷壁式反应器分成承压壁和非承压壁，通过向夹层引入一股低温洁净水去冷却非承压壁，使其内表面处于亚临界温度(见图 11－21)[117]。因此，析出的盐颗粒在亚临界温度下会重新溶解，不会沉积在反应器的非承压壁上，避免了盐沉积引起的反应器堵塞。因为正常的冷流体比热流体的密度高，外围的流体比中心区域温度要低，此种反应器可承受高达 70 MPa 的压力[117]，承受温度范围为 700～850 ℃。在使用冷壁式反应器时，冷流体的温度需要根据盐的溶解度曲线以及壁面换热来确定。但是较低的冷壁温度可能影响反应，造成壁面处的物料反应不彻底。

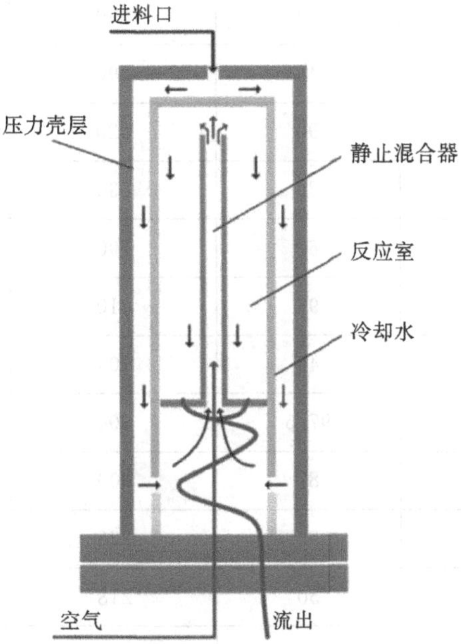

图 11－21　冷壁式反应器[118]

6. 离心反应器

进料被注入高速离心机中后因高速旋转产生超临界压力，然后再被加热到超临界状态；氧化剂被注入后开始与进料反应，通过离心作用分离反应生成的盐或进料中本来含有的盐[14,119]。这种反应器不利于进料的快速均匀混合和反应，若各组分(水、物料、氧化剂、燃料)未被充分预热或单独预热后混合，使浓度分布不均匀，进料很难在旋转的离心反应器中实现均匀混合，从而抑制均相反应，造成氧化反应不彻底。

11.4.3 抑制盐沉积形成技术

1. 投加低熔点盐形成共熔热液

借鉴相变蓄热等领域的相关研究，由于分子间范德瓦耳斯力的作用，常态下多元无机盐的共熔点总是低于其单元组分的熔点。目前关于混合熔融盐的研究多集中在电解提取金属的电解质上，作为核工业、太阳能发电等领域的蓄热、传热介质，以及在熔融盐燃料电池等技术中，其关于熔融盐共熔点的研究均在常压、固相状态下得到，如表 11－3 所示，从表中可以看到两种混合盐的共熔点低于纯盐的熔点，同时高熔点的盐与低熔点的盐(如 KNO_3、$NaNO_3$、NaOH、KOH 等)的混合物具备低熔点特性。

表 11－3 典型二元盐类体系的数据

I	I 型盐熔点/℃	I 型盐占比/%	共熔点温度/℃	Ⅱ型盐	Ⅱ型盐熔点/℃
NaCl	797	35	675	Na_2SO_4	881
NaCl	798	50	663	KCl	775
NaCl	801	62	638	Na_2CO_3	860
NaCl	800	95	295	$NaNO_3$	325
KCl	778	29	690	K_2SO_4	1074
KCl	740	45	590	K_2CO_3	770
KCl	790	90	320	KNO_3	330
Na_2SO_4	883	20	830	K_2CO_3	1076
Na_2SO_4	883	60	790	Na_2CO_3	820
Na_2SO_4	883	97	310	$NaNO_3$	310
Na_2CO_3	854	45	704	K_2CO_3	896
Na_2CO_3	854	97.5	304	$NaNO_3$	310
Na_2CO_3	850	87	300	NaOH	321
K_2CO_3	896	96	326	KNO_3	336
$NaNO_3$	308	50	218	KNO_3	339
NaOH	318	50	185	KOH	318

鉴于这些研究成果的大量应用，本书推测其在亚/超临界水条件下依然具备这一特性，同时伴随着分子间作用力的减弱，混合盐的共熔点进一步降低，这为抑制超临界水氧化体系中的无机盐结晶提供了可能。但目前还未发现在超临界条件下的相关研究报道。只有 McBrayer 等[103]的专利提到，通过向反应器中加入 $NaNO_3$、KNO_3、NaOH、KOH 等低熔点盐与反应器中生成的易沉积的盐共熔，形成的共混物的熔点低于反应器内的温度，从而保持了流体状态，避免了反应器的堵塞。Hazlebeck 等[104]也发布了专利，将磷酸盐作为添加剂与进料一起添加到反应器中，磷酸盐可使易沉积的盐通过反应器而不堵塞，抑制反应器中沉积盐的积聚。Lee 等[120]在研究 $NaNO_3/NaNO_2$ 对超临界氧化的氧化作用中，发现在流程中引入 $NaNO_3$ 等除盐步骤缓解了堵塞问题，流动反应器实验的结果还证明了引入除盐步骤会引起处理时间显著延长。

在西安交通大学王树众教授团队用连续式超临界氧化小试装置处理草甘膦废水的过程中没有观察到无机盐沉积和系统堵塞的现象，并且在出水中回收了所有甚至更多的盐。经过简单的分析，发现草甘膦废水经过超临界氧化反应产生了大量的 Na_2HPO_4，其无水化合物的熔点低至 250℃，这初步地印证了关于熔盐热液形成的猜想，为从根本上解决亚/超临界水反应过程中无机盐结晶和沉积堵塞问题提供了重要的理论分析和实验验证基础[106]。

2. 投加固体颗粒定向诱导体相结晶

研究显示，使用不溶性颗粒（如沙子、二氧化硅、陶瓷、沸石、金属氧化物等）作为结晶核心对无机盐结晶进行定向诱导，使无机盐在体相流体中成核，抑制其在壁面上结晶是一种可行的思路。一方面提供盐结晶成核的固体表面，以便结晶盐颗粒沉积在上面，减少其在壁面的黏附及沉积，无化学作用；另一方面在流体运输过程中，固体颗粒具有冲刷、磨蚀的作用，可去除已经附着、沉积在壁面的盐。

据报道，与此原理类似的晶种技术已经成功地应用到海水淡化的蒸发器操作中，Bukda 等用 $BaSO_4$ 作晶种来析出预处理海水中的 $CaSO_4$。Frederick 等在蒸发造纸废液时，用 $CaCO_3$作晶种来析出处理液中的 $CaSO_4$，以改善蒸发器的结垢。Bansal 等[121]研究了 $CaSO_4$ 微粒及 Al 颗粒作为晶核对平板换热器中 $CaSO_4$ 结晶定向诱导的作用。

除了固体颗粒定向诱导盐结晶成核的作用之外，Mori 等[122]还采用颗粒磨蚀除垢的方法研究了水平环隙管上已结垢的铜换热面上 $CaSO_4 \cdot 2H_2O$ 垢的脱除问题。发现移除速率随总颗粒负载量的 0.8 次方下降，且受颗粒浓度、颗粒粒径及流速的影响，同时颗粒的加入，可显著地增大对流传热系数。

但目前尚未发现超临界水中可溶性无机盐结晶的定向诱导规律的相关研究，无法判断有机废水和污泥中常见钠、钾盐的结晶位置主要是在壁面还是体相流体中。仅有 AH Mehta等发布了关于超临界水氧化系统中此类控制措施的专利，将不黏性固体颗粒注入物料中，具有惰性（如沙子、二氧化硅、陶瓷）、催化性（如沸石、金属氧化物、贵金属）的固体颗粒可提供可移动的大表面积，使盐更可能地黏附在颗粒上而不是在反应器壁面或其他部件上，然后将附着的盐与颗粒一起运输并流出反应器。颗粒也冲刷反应器壁，从而除去任何可能达到壁面的盐[123]。

3. 盐颗粒高速悬浮流动

由图 11－22 所示，颗粒在水流中受浮力 F_f、上举力 F_L、水流拖曳力 F_D 和重力的综合作用，当水流拖曳力小于颗粒所受的阻力时，则会发生沉降，从而堆积在管道及设备中形成淤塞。而流速对颗粒在流体中的运动状态起着关键性作用，如图 11-22 所示，费祥俊汇总其之间的规律发现：①当固体颗粒较粗、流速较低时，固体颗粒没有开始运动，床面保持固定，该区域称为固定床区；②当流速增加，一定大小的床面颗粒进入运动状态，颗粒以推移运动为主，也有少量悬移运动，称为移动床区；③当流速进一步增大，大部分颗粒进入悬移运动，但仍有一部分或小部分颗粒做推移运动，该区域称为非均匀悬浮区；④当流速很高时，全部固体颗粒都做悬移运动，该区域称为充分悬浮区，在这一区内，流动特性近似于均质流，但均质流是指在低流速下也能保持颗粒在浆液中的均匀分布而不分选。

大量研究证明高流速可以保证固体盐颗粒在流体中有很好的悬浮特性，只有当流速达到某一数值后，大部分的颗粒才能够处于悬浮流动的状态，而这一流速的大小取决于一系列的参数，如流体中固体颗粒的尺寸、浓度，流体的黏度以及管道的直径和结构等。

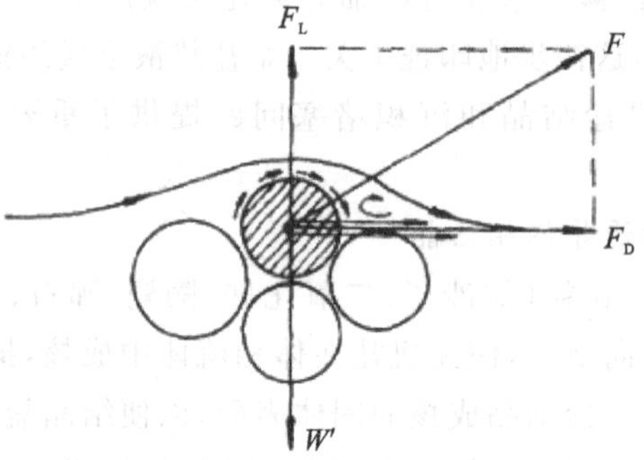

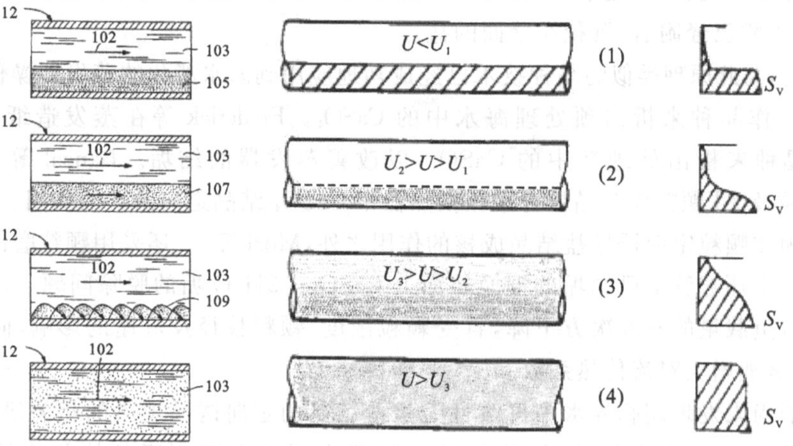

图 11-22 颗粒在水中的流动运输状态[124]

这种方法已被 Modell 等[125]利用，并且主要适用于具有相对较高比例的含不黏性盐的物料。依据“颗粒必须保持悬浮状态，直到流出物冷却后重新溶解，或直到它们可以被除去”的原则，Modell 等[125-127]设计开发了管式反应器，固体在超临界条件下的流速为 1～5 m/s，可满足悬浮流动。瑞典国际化工集团也采用了这种高速的方法（使侵蚀最小化），以避免超临界水氧化工艺设计中的结垢和堵塞。

但这种方法的缺点是反应器长度必须相应地增加以保持停留时间。慕尼黑工业大学和 Modec 公司曾与一个制药公司采用 200 m 管状反应器来高流速输送颗粒，通过这种管式反应器(长度为 200 m、反应时间为 1 min、流速为 3.33 m/s、管径为 20 mm)，实现了物料的高速流动。General Atomics 公司的项目报告里则明确指出在采用超临界部分氧化技术进行生物质浆料的处理系统中，应用 Durand 方程[128]来确定这个速度是否足以保持木材颗粒被夹带在液体流中[129]：

$$v_L = F_L \sqrt{2gD \frac{(\rho_s - \rho_L)}{\rho_L}}$$

式中，v_L 为输送流体的临界流速，m/s；D 为管直径，m；g 为重力加速度，9.81 m/s^2；ρ_s 为固体的密度，kg/m^3；ρ_L 为输送流体的密度，kg/m^3；F_L 为与粒径和固体体积分数 C_v 等有关的速度系数，固体的粒径和输送流体中固体体积分数 C_v 可在线算图中查得。

4. 低紊流均相沉积

正如上文所述，若要控制盐发生均相成核，可使盐只在体相流体中沉积从而避免壁面上的沉积和堵塞。Hydroprocesing LLC 公司在专利中提到[130]，通过控制操作条件可使盐只在流体(bulk fluid)中沉积，这是因为在流体中沉积的盐是通过均相成核形成的，均相成核的晶体不易沉积在设备及管道表面上，而非均相成核容易在壁面上沉积、聚集。而这一目标通常是通过维持系统中盐溶液的流动状态为层流和低湍流而实现的。对比 Kawasaki 等[23]和 Schubert 等[30]分别在管式和罐式反应器中对 NaCl 结晶现象的研究结论，发现不同湍流程度对其结晶速度有很大的影响。

为了确保盐不在反应器壁上或在进料注射的表面上成核，必须使混合流体的湍流最小化。因此，建议进料和水的速度足够低以保持层流或低湍流条件(与大多数超临界水氧化操作方案鼓励的物料组分的初始高度湍流混合相反)。为了达到所需的条件，将分开加压和预热的进料、水和氧化剂流同轴地送入管式反应器入口的混合器中。采用这种方法，通过周围环形的超临界水流将进料最初包含在容器的中心。最外层环境中的氧化剂必须通过扩散水才能到达有机物料，但因为超临界水的有利的质量传递性质，使氧化剂的扩散和混合变得容易。

5. 表面处理

大量超临界水氧化系统和其他热力系统实际应用案例显示，无机盐在有外界热量输入的加热炉和换热器内的沉积、堵塞程度总大于其他区域[14]。因此，鉴于大多数无机盐在亚临界水中的高溶解度，有不少机构致力于蒸发壁式反应器和冷壁式反应器的研究和开发，试图通过对反应器壁面进行降温而避免无机盐的沉积和附着，这些内容已经在 Marrone等[14]的综述报告中进行了详细的介绍。

Herz 等[131]提出表面光滑处理可抑制 $CaSO_4$ 在壁面的结垢。Chandler 等研究发现 Na_2SO_4 和 Na_2HPO_4 的结晶对表面粗糙度不敏感[132]。Muller - Steinhagen[133]对减轻结垢的物理方法进行了综述，也认为表面粗糙度为污垢的形成提供了理想的核化点。他还认为将电抛光不锈钢蒸发管用于泵和造纸工业中，可大大减少结垢。

有学者常常利用离子注入和涂层的方法进行金属表面的改性，使其具备表面能低、表面张力小、黏附力小的特点，从而抑制无机盐在金属表面的沉积和附着，还可以防止腐蚀。杨传芳等[134]以离子注氮的表面改性技术，制备了低表面能、无热阻的紫铜基表面，并研究了

$CaCO_3$ 结晶垢在该表面上的结垢诱导期，发现该表面能延长结垢诱导期 0.5～1 倍以上。Muller - Steinhagen 等[135]采用离子注入 SiF^{3+} 的技术，在不锈钢表面上制备了低表面能的合金表面，对池式沸腾下 $CaSO_4$ 的结垢行为进行了研究。结果发现，该表面与不锈钢表面相比，能大大减少污垢的发生。Yang 等[136]自组装的单层低表面能涂层 Cu/DSA（copper-docosanoic acid）SAMs 可延长 $CaCO_3$ 污垢形成的诱导期，从而可降低污垢的形成。

此外，有学者研究表明在壁面施加电场可增强亚临界条件下水的极性，使其处于更高能量的游离状态，可包围溶液中的正负离子，有效阻止钙、镁离子与酸根离子的结合，从而抑制其在壁面结垢[137]，而对于常见的氯化物和硫酸盐等可溶盐在超临界条件下的研究还未见报道。1945 年，比利时的 Vermeiren 首次成功地应用磁处理技术，发明并申请了磁水器专利，开创了水的外场处理先河。半个世纪以来，各种防垢的外场处理技术应运而生，诸如静电处理[137]、高能电子辐射处理[138]、电子处理[139]和超声处理[140]等。

6. 极高的系统运行压力

正如前面所讨论的，由于超临界水条件下的低密度导致了无机盐极低的溶解度。然而当压力接近非常高的值时，许多盐的溶解度再次增加。这是因为增加压力，便增加了超临界水的密度，从而使一些氢键和极性作用增加，在 69～137.9 MPa 时很多盐部分溶解。因此，如果利用这些非常高的压力，在保持超临界条件的同时，盐的沉淀问题基本上可以避免。

Foy 等[141-142]报道洛斯阿拉莫斯国家实验室最近使用了这种方法来处理高盐浓度的物料，工作条件是 450 ℃、103.4 MPa，较低的温度进一步地提高了盐在水中的溶解度。但关于极度提高压力和适当降低温度两个操作对盐溶解度的影响作用哪一个更明显并没有分析报道。

另一个实际的例子是德国的卡尔斯鲁厄研究中心在 426 ℃，50.0 MPa 条件下，对含卤化有机物的工业垃圾场的渗滤液水进行了超临界水氧化处理，结果显示 91％的盐安全地通过了系统。但其同样也采用了较低的反应温度来加强无机盐的溶解[143]。

现有报道没有显示高压操作条件会对废有机物进料和氧化剂的溶解度产生抑制，但是理论上讲，由于它们具有与盐在水中相反的溶解性质，高压会导致氧化剂和废有机物的溶解度降低，且会使腐蚀问题增加。因此应该仔细选择操作压力以实现高的氧化效果和达到足够的盐溶解度水平。还有一个显著的问题是，鉴于管道和设备的强度需求，极高的压力意味着极大的壁厚，从而增加了装置金属材料的耗量，恶化系统经济性。

7. 化学阻垢剂

除了上述物理方法，化学法也常用于结垢的抑制，包括软化法、酸处理法、碳化稳定法及阻垢剂的应用等。软化法是从消除水溶液中成垢离子的角度来达到防垢的目的，其费用较高，适用于对水质要求较高的场合。酸处理法是向水中加入硫酸使生成溶解度较大的 $CaSO_4$，以减少溶解度较小的 $CaCO_3$ 的生成，从而达到抗垢的目的。碳化稳定法是向水中通入 CO_2 生成 $Ca(HCO_3)_2$ 以控制 $CaCO_3$ 的生成。软化法常用于预处理阶段，酸处理法和碳化稳定法可造成设备腐蚀，不再被广泛使用。而阻垢剂由于其高效、经济等特点，在国内外冷却水处理中得到了广泛的应用。

关于阻垢剂的研究和应用常见于阻垢剂对传统热力系统中钙、镁垢的抑制作用，其作用的机理可分为 4 种类型[48-52]：第一种为低剂量效应，指把几个 10^{-6} 级的阻垢剂投加到水中，可将比按化学计量比高得多的钙离子稳定在水中，其特点是阻垢剂的阴离子和金属阳离子不按化学计量发生螯合作用，但却抑制了金属离子和水中阴离子结合产生沉淀物；第二种为分散作用，是阴离子型或非离子型的聚合物与水中胶体颗粒吸附，增加了这些带负电胶粒的负电性，使它们稳定地处于分散状态；第三种是晶格畸变作用，在盐的微小晶体的生长过程中，若晶体吸附阻垢剂并掺杂在晶格的点阵当中，或吸附在晶体的界面上，就会使晶体不能严格按照晶格排列正常成长，使晶格发生畸变，或者使大晶体内部的应力增大，导致晶体破裂，这些畸变了或破碎了的晶体变成软垢，易被水流冲走，可以防止沉积成垢；第四种是螯合作用，不论有机或无机阻垢剂，它们溶于水中后，都能夺取水中的钙、镁等阳离子，形成稳定的水溶性螯合物。由于螯合作用会生成可溶性螯合物，可将更多的钙、镁离子稳定在水中，这相当于增加了微溶盐的溶解度，从而减少了生成过饱和溶液的可能性。

常用的阻垢剂有天然有机高分子阻垢剂、聚磷酸盐、水溶性低分子量聚合物、有机磷类阻垢剂等[144-145]。最早使用和研究的阻垢剂是一些天然产物即所谓的森林产品，如淀粉、纤维素、单宁、磺化木质素等天然有机高分子化合物，它们主要起分散作用，一般用量较大，性能较不稳定，且在较高的温度和压力下易于分解，从而减弱了对污垢的分散能力。自从人工合成有机物被开发成功后，部分天然有机物已逐渐被取代。

常用的聚磷酸盐主要是六偏磷酸钠$(NaPO_4)_6$和三聚磷酸钠$(NaP_3O_{10})_3$。聚磷酸盐在水中易水解成正磷酸根，从而导致难溶磷酸钙的生成。如果它存在在换热表面上，则将转化成坚硬难除的羟基磷灰石，加重结垢，另外聚磷酸盐常会引起微生物的繁殖生长因为其丰富的磷。

在合成水溶性聚合物阻垢分散剂及有机磷问世后，单独用聚磷酸盐作为阻垢剂有逐渐下降的趋势。但由于它具有来源方便的优点，以及较好的缓蚀性能，目前在国内外缓蚀方面仍有广泛应用。在结垢不严重或生产要求不太高的情况下亦可单独用聚磷酸盐控制结垢。水溶性低分子量聚合物溶于水能电离产生羧基负离子和相应的阳离子，所以又称其为聚电解质。作为阻垢剂，其性能与分子量的大小和官能团的性质有关。其中以聚丙烯酸及其衍生物、聚马来酸酐和水解聚马来酸酐较为常用。

与无机聚磷酸盐相比，有机磷阻垢剂具有良好的化学稳定性，不易水解和降解，能耐较高的水温。有机多元磷酸在水溶液中可以解离出酸根离子。解离后的酸根离子能和许多金属形成稳定的螯合物。另一类含磷有机阻垢剂是磷酸酯类，它们是醇类和磷酸脱水缩合而形成的磷酸酯化合物。用作阻垢剂的有磷酸一酯、磷酸二酯、焦磷酸酯、羟乙基化的磷酸酯和羟乙基化焦磷酸酯。但使用较多的还是多元醇磷酸酯类，例如，六元醇磷酸酯等。

磷酸酯类阻垢剂的化学稳定性也较无机聚磷酸盐要高，但低于有机多元磷酸。有机多元磷酸和有机磷酸酯对动物和鱼类的毒性都是极低的，但磷酸酯类还易生物降解，因此目前基本解决了此类阻垢剂向环境排污的问题。但由于含磷化合物能促进菌藻滋长，以及环境保护要求日趋严格，从长远看，这类阻垢剂的使用将会受到限制。但由于其优良的阻垢性能，至少在今后很长一段时期内，上述阻垢剂在工业上的使用都是普遍的。

在传统的工业生产过程中，由于水质条件的复杂化，往往需要对结垢、腐蚀和菌藻生长进行同时控制，因而阻垢剂在使用时，常常是多种配合使用。

11.4.4 盐沉积层脱除技术

1. 机械刷

机械刷是输送机械装置到反应器的底部去清除沉积在反应器器壁上的盐的方法，机械刷(生铁)间隔一段时间需要进行清洗，频率取决于进料盐沉积的速率。对于含有多种不同无机化合物和木炭的固体，Modell 给出冲洗频率范围是 15 min～20 h，刷子的种类取决于产生的盐或固体的种类和硬度，有金属丝或钢毛刷、金属或橡胶球、金属或泡沫圆柱体[146]。康科[147]开发了一种气枪，通过管道中的流体对小刷子进行定期清理。专利中也提出了使用这种技术在线去除超临界水氧化系统中的堵塞[148]。这种技术可以成为超临界水氧化系统中除垢的好工具，但被清洁的管道应该具有均匀的直径且在内侧没有任何焊接突起，同时因为刷子会产生阻力，所以机械刷必须产生足够的压力降，以便提供足够的推力。

2. 旋转刮刀

旋转刮刀类似于机械刷，是一种利用机械方式清除沉积在反应器壁面上的盐的方法。一个或多个金属刀片(和转动轴相连)被定位在柱形反应器的轴上，当旋转时刀片可以去除沉积的盐，这种方法允许的最大程度的除盐，取决于刀片和壁面的公差。持续的旋转可以避免盐沉积引起的堵塞，旋转频率取决于盐沉积的速率和盐的自然属性。

Huang[147]描述了一种专门为 Modar 逆流式反应器设计的刮刀。刮刀叶片轴向固定并从反应器容器的上部超临界区域延伸到下部亚临界盐水区域。从超临界区域的容器壁上脱落的盐沉积物通过重力落入亚临界盐水中，在那里它们再溶解。Hazlebeck 等提出了一种用于垂直管式反应器中的旋转刮刀的类似设计，作为通用原子公司(GA)超临界水氧化反应器和工艺专利中一种可能的盐控制方法[36]。在为美国海军建造的用于处理船上废物的超临界水氧化反应堆系统的测试过程中，通用原子公司已经使用并展示了旋转刮刀(Elliott 等[149])。Nauflett 等[150]提出了用于超临界水氧化反应器的刮板装置的另一种变型，他们的专利描述了一个带有旋转中心轴的水平衬里反应器，以螺旋形式安装在轴上的挡板允许轴以类似于螺旋输送器的方式起作用，这有助于使沉降盐移动通过反应器。

3. 亚临界水正反冲洗

对盐沉积的周期性清洗，最早应用于逆流管式反应器的设计，但也可用于任何种类的反应器或设备、管道等。一般采用的清洗液体是被加压的亚临界水，其可使已沉积的盐颗粒重新溶解于水中，通过反复的正反流动将沉积的盐颗粒带出系统。一般清洗的频率取决于系统进料的种类和盐颗粒形成长大的速率和属性，清洗的间隔时间满足条件：壁面盐沉积已足够影响过程流体和高效的氧化反应。

虽然应用这种冲洗控制技术的最直接的方法是在切换到洗涤液之前使反应器脱机，但这种方法可能会导致不希望出现的停机时间。为了避免这种停机，Bond 等[151-153]已经在通用原子公司和 Abitibi - Price 公司共同指定的一系列专利中开发了另一种冲洗顺序。他们的方法涉及使用两个(或更多)并联反应器。当一个反应器在超临界条件下在线处理进料时，另一个反应器被冲洗以除去盐沉积物。Chan 等已经尝试了将这种技术用于 $CaSO_4$ 沉积物的去除。通过将流体温度降低到 320℃(对应于质量分数为 20%的 $CaSO_4$ 的溶解度)，积聚的盐重新溶解在本体流体中[126]。因此，通过将反应器的受影响部分的温度降低 100℃，盐可以作为盐水流重新溶解和去除。这种技术似乎对实验室实验去除堵塞物很有用。但是在商业工厂中使用类似的技术将需要复杂的阀门和监测设备系统来自动切换以去除堵塞并且并行地处理流入物。

参考文献

[1]XU D, WANG S, TANG X, et al. Design of the first pilot scale plant of China for supercritical water oxidation of sewage sludge[J]. Chemical Engineering Research & Design, 2012, 90(2): 288 - 297.

[2]MARRONE P A, HODES M, SMITH K A, et al. Salt precipitation and scale control in supercritical water oxidation—part B: commercial/full - scale applications[J]. Journal of Supercritical Fluids, 2004, 29(3): 289 - 312.

[3]HODES M, MARRONE P A, HONG G T, et al. Salt precipitation and scale control in supercritical water oxidation—part A: fundamentals and research[J]. Journal of Supercritical Fluids, 2004, 29(3): 265 - 288.

[4]MCBRAYER R, GRIFFITH J, GIDNER A. Operation of the first commercial supercritical water oxidation industrial waste facility[C]. Proceedings of the Int Conf Ox Tech for Water and Wastewater Treatment, 1996.

[5]SHAW R W, DAHMEN N. Destruction of toxic organic materials using super - critical water oxidation: current state of the technology[J]. Springer Netherlands, 2000: 452 - 465.

[6]GAIRNS S A, JOUSTRA J. Apparatus for the self - cleaning of process tubes [Z]. US, 1999.

[7]ROGAK S N, TESHIMA P. Deposition of sodium sulfate in a heated flow of supercritical water[J]. AIChE Journal, 1999, 45(2): 240 - 247.

[8]KHAN M, ROGAK S. Solubility of Na_2SO_4, Na_2CO_3 and their mixture in supercritical water[J]. The Journal of Supercritical Fluids, 2004, 30(3): 359 - 373.

[9]KHAN M, ROGAK S. Deposition of Na_2CO_3 in supercritical water oxidation systems and its mitigation[J]. 2003 ECI Conference on Heat Exchanger Fouling and Cleaning: Fundamentals and Applications, 2004(8): 359 - 373.

[10]PREZ I V, ROGAK S, BRANION R. Supercritical water oxidation of phenol and 2, 4 - dinitrophenol[J]. The Journal of Supercritical Fluids, 2004, 30(1): 71 - 87.

[11]ASSELIN E, ALFANTAZI A, ROGAK S, et al. Case study of the failure of supercritical water oxidation reactor tubing during the treatment of 2, 4 - DNP with ammonium sulphate [M]. Environmental Degradation of Materials and Corrosion Control in Metals, 2003.

[12]SCHMIEDER H, ABELN J. Supercritical water oxidation: state of the art[J]. Chemical Engineering & Technology: Industrial Chemistry - Plant Equipment - Process Engineering - Biotechnology, 1999, 22(11): 903 - 908.

[13]HODES M, MARRONE P A, HONG G T, et al. Salt precipitation and scale control in supercritical water oxidation—part A: fundamentals and research[J]. The Journal of Supercritical Fluids, 2004, 29(3): 265 - 288.

[14]MARRONE P A, HODES M, SMITH K A, et al. Salt precipitation and scale control in supercritical water oxidation—part B: commercial/full - scale applications[J]. The Journal of Supercritical Fluids, 2004, 29(3): 289 - 312.

[15]MARRONE P A. Supercritical water oxidation—current status of full - scale commercial activity for

waste destruction[J]. The Journal of Supercritical Fluids, 2013, 79: 283 - 288.

[16]HODES M, GRIFFITH P, SMITH K A, et al. Salt solubility and deposition in high temperature and pressure aqueous solutions[J]. AIChE Journal, 2004, 50(9): 2038 - 2049.

[17]HODES M, SMITH K, HURST W, et al. Solubilities and deposition rates in aqueous sulfate solutions at elevated temperatures and pressure[J]. Submitted to Int J Heat Mass Transfer, 2002: 2038 - 2040.

[18]HODES M, SMITH K A, GRIFFITH P. A natural convection model for the rate of salt deposition from near - supercritical, aqueous solutions[J]. J Heat Transfer, 2003, 125(6): 1027 - 1037.

[19]MARRONE P A, HONG G T. Corrosion control methods in supercritical water oxidation and gasification processes[C]. Proceedings of the Corrosion, 2008.

[20]HAROLDSEN B, MILLS B, ARIIZUMI D, et al. Transpiring wall supercritical water oxidation reactor salt deposition studies [R]. United States: Sandia Labs. , Livermore, CA, 1996.

[21]VOISIN T, ERRIGUIBLE A, AUBERT G, et al. Aggregation of Na_2SO_4 nanocrystals in supercritical water[J]. Industrial & Engineering Chemistry Research, 2018, 57(6): 2376 - 2384.

[22]VOISIN T, ERRIGUIBLE A, BALLENGHIEN D, et al. Solubility of inorganic salts in sub - and supercritical hydrothermal environment: application to SCWO processes[J]. The Journal of Supercritical Fluids, 2017, 120: 18 - 31.

[23]KAWASAKI S I, OE T, ITOH S, et al. Flow characteristics of aqueous salt solutions for applications in supercritical water oxidation[J]. The Journal of Supercritical Fluids, 2007, 42(2): 241 - 254.

[24]VALYASHKO V. Phase equilibria in water - salt systems: some problems of solubility at elevated temperature and pressure[J]. High Temperature High Pressure Electrochemistry in Aqueous Solutions, 1976, 4: 153 - 157.

[25]VALYASHKO V M. Phase behavior in binary and ternary water - salt systems at high temperatures and pressures[J]. Pure and Applied Chemistry, 1997, 69(11): 2271 - 2280.

[26]VALYASHKO V. Phase equilibria of water - salt systems at high temperatures and pressures [M]. Aqueous Systems at Elevated Temperatures and Pressures, Elsevier, 2004: 597 - 641.

[27]VALYASHKO V M, ABDULAGATOV I M, LEVELT - SENGERS J M. Vapor - liquid - solid phase transitions in aqueous sodium sulfate and sodium carbonate from heat capacity measurements near the first critical end point. 2. phase boundaries[J]. Journal of Chemical & Engineering Data, 2000, 45(6): 1139 - 1149.

[28]ODU S O, VAN HAM A G, METZ S, et al. Design of a process for supercritical water desalination with zero liquid discharge[J]. Industrial & Engineering Chemistry Research, 2015, 54(20): 5527 - 5535.

[29]KHAN M S. Deposition of sodium carbonate and sodium sulfate in supercritical water oxidation systems and its mitigation [D]. University of British Columbia, 2005.

[30]SCHUBERT M, REGLER J W, VOGEL F. Continuous salt precipitation and separation from supercritical water. part 1: type 1 salts[J]. The Journal of Supercritical Fluids, 2010, 52(1): 99 - 112.

[31]SCHUBERT M, REGLER J W, VOGEL F. Continuous salt precipitation and separation from supercritical water. part 2. type 2 salts and mixtures of two salts[J]. The Journal of Supercritical Fluids, 2010, 52(1): 113 - 124.

[32]SCHUBERT M, AUBERT J, MI LLER J B, et al. Continuous salt precipitation and separation from supercritical water. part 3: interesting effects in processing type 2 salt mixtures[J]. The Journal of Supercritical Fluids, 2012, 61: 44 - 54.

[33]XU D H, WANG S Z, GONG Y M, et al. A novel concept reactor design for preventing salt deposition in

supercritical water[J]. Chemical Engineering Research and Design, 2010, 88(11): 1515 - 1522.

[34]TANG X Y, WANG S Z, REN M M, et al. Effect of phosphate and sulfate on the solubility of Na_2SO_4 in supercritical water [C]. Proceedings of the Applied Mechanics and Materials, 2014.

[35]XU D, HUANG C, WANG S, et al. Salt deposition problems in supercritical water oxidation[J]. Chemical Engineering Journal, 2015, 279: 1010 - 1022.

[36]TORRY L A, KAMINSKY R, KLEIN M T, et al. The effect of salts on hydrolysis in supercritical and near - critical water: reactivity and availability[J]. The Journal of Supercritical Fluids, 1992, 5 (3): 163 - 168.

[37]SUPPES G, ROY S, RUCKMAN J. Impact of common salts on oxidation of alcohols and chlorinated hydrocarbons[J]. AIChE Journal, 2001, 47(7): 1623 - 1631.

[38]KRITZER P. Corrosion in high - temperature and supercritical water and aqueous solutions: a review [J]. The Journal of Supercritical Fluids, 2004, 29(1 - 2): 1 - 29.

[39]KRITZER P, BOUKIS N, DINJUS E. Corrosion of alloy 625 in aqueous chloride and oxygen containing solutions[J]. Corrosion, 1998, 54(10): 824.

[40]OANA S, ISHIKAWA H. Sulfur isotopic fractionation between sulfur and sulfuric acid in the hydrothermal solution of sulfur dioxide[J]. Geochemical Journal, 1966, 1(1): 45 - 50.

[41]ELLIS A, GIGGENBACH W. Hydrogen sulphide ionization and sulphur hydrolysis in high temperature solution[J]. Geochimica et Cosmochimica Acta, 1971, 35(3): 247 - 260.

[42]MURRAY R C, CUBICCIOTTI D. Thermodynamics of aqueous sulfur species to 300℃ and potential - pH diagrams[J]. Journal of the Electrochemical Society, 1983, 130(4): 866.

[43]KRITZER P, BOUKIS N, DINJUS E. The corrosion of alloy 625 (NiCr22Mo9Nb; 2.4856) in high - temperature, high - pressure aqueous solutions of phosphoric acid and oxygen. Corrosion at sub - and supercritical temperatures[J]. Materials and Corrosion, 1998, 49(11): 831 - 839.

[44]ARMELLINI F J, TESTER J W, HONG G T. Precipitation of sodium chloride and sodium sulfate in water from sub - to supercritical conditions: 150 to 550 C, 100 to 300 bar[J]. The Journal of Supercritical Fluids, 1994, 7(3): 147 - 158.

[45]ARMELLINI F J. Phase equilibria and precipitation phenomena of sodium chloride and sodium sulfate in sub - and supercritical water[J]. Massachusetts Institute of Technology, 1993: 361 - 369.

[46]DIPIPPO M M, SAKO K, TESTER J W. Ternary phase equilibria for the sodium chloride - sodium sulfate - water system at 200 and 250 bar up to 400 C[J]. Fluid Phase Equilibria, 1999, 157(2): 229 - 255.

[47]ZHAO H K, LUO T L, REN B Z, et al. Phase diagram of the quaternary system sodium sulfate+ sodium chloride+ hydrogen peroxide+ water and its subsystems: experimental data[J]. Journal of Chemical & Engineering Data, 2003, 48(6): 1540 - 1543.

[48]VM V. Phase equilibria in binary - systems and in ternary - systems of type - I containing components of different degree of volatiliyt[J]. Geochemistry International USSR, 1971, 8(3): 324 - 329.

[49]VALYASHKO V. Hydrothermal properties of materials: experimental data on aqueous phase equilibria and solution properties at elevated temperatures and pressures [M]. John Wiley & Sons, 2008.

[50]HONG G, ARMELLINI F, TESTER J. The $NaCl - Na_2SO_4 - H_2O$ system in supercritical water oxidation[J]. Physical Chemistry of Aqueous Systems, 1995: 565 - 572.

[51]ARMELLINI F J, TESTE J W. Experimental methods for studying salt nucleation and growth from supercritical water[J]. The Journal of Supercritical Fluids, 1991, 4(4): 254 - 264.

[52]VALYASHKO V. Fluid phase diagrams of ternary systems with one volatile component and immisci-

bility in two of the constituent binary mixtures[J]. Physical Chemistry Chemical Physics, 2002, 4 (7): 1178 - 1189.

[53]GALOBARDES J F, VAN HARE D R, ROGERS L B. Solubility of sodium chloride in dry steam [J]. Journal of Chemical and Engineering Data, 1981, 26(4): 363 - 366.

[54]ARMELLINI F J, TESTER J W. Solubility of sodium chloride and sulfate in sub - and supercritical water vapor from 450 - 550 C and 100 - 250 bar[J]. Fluid Phase Equilibria, 1993, 84: 123 - 142.

[55]HIGASHI H, IWAI Y, MATSUMOTO K, et al. Measurement and correlation for solubilities of alkali metal chlorides in water vapor at high temperature and pressure[J]. Fluid Phase Equilibria, 2005, 228: 547 - 551.

[56]LEUSBROCK I, METZ S J, REXWINKEL G, et al. Quantitative approaches for the description of solubilities of inorganic compounds in near - critical and supercritical water[J]. The Journal of Supercritical Fluids, 2008, 47(2): 117 - 127.

[57]DING X, LEI Y, SHEN Z, et al. Experimental determination and modeling of the solubility of sodium chloride in subcritical water from (568 to 598) K and (10 to 25) MPa[J]. Journal of Chemical & Engineering Data, 2017, 62(10): 3374 - 3390.

[58]LEUSBROCK I, METZ S J, REXWINKEL G, et al. Solubility of 1: 1 alkali nitrates and chlorides in near - critical and supercritical water[J]. Journal of Chemical & Engineering Data, 2009, 54(12): 3215 - 3223.

[59]LEUSBROCK I, METZ S J, REXWINKEL G, et al. The solubility of magnesium chloride and calcium chloride in near - critical and supercritical water[J]. The Journal of Supercritical Fluids, 2010, 53 (1 - 3): 17 - 24.

[60]SMITS A, WUITE J. On the system water - natrium sulphate[C]. Proceedings of the KNAW, 1909.

[61]SCHROEDER W, GABRIEL A, PARTRIDGE E P. Solubility equilibria of sodium sulfate at temperatures of 150° to 350°. Ⅰ. effect of sodium hydroxide and sodium chloridel[J]. Journal of the American Chemical Society, 1935, 57(9): 1539 - 1546.

[62]BENRATH A. Uber die löslichkeit von salzen und salzgemischen bei temperaturen oberhalb von 100° [J]. Zeitschrift Für Anorganische Chemie, 1943, 252(1 - 2): 86 - 94.

[63]KEEVIL N. Vapor pressures of aqueous solutions at high temperaturesl[J]. Journal of the American Chemical Society, 1942, 64(4): 841 - 850.

[64]BOOTH H S, BIDWELL R M. Solubilities of salts in water at high temperaturesl[J]. Journal of the American Chemical Society, 1950, 72(6): 2567 - 2575.

[65]RAVICH M I, BOROVAYA F E, KETKOVICH V Y. Solubility and vapor pressure of saturated solutions in the system $NaCl - Na_2SO_4 - H_2O$ at high temperatures[J]. Izv Sekt Fiz - Khim Anal, 1953, 22: 240 - 254.

[66]MARSHALL W L, WRIGHT H W, SECOY C H. A phase - study apparatus for semimicro use above atmospheric pressure[J]. Journal of Chemical Education, 1954, 31(1): 34.

[67]ZDANOVSKY A, SOLOV'EVA E, EZROKHI L, et al. Data book on experimental data on solubility in water - salt systems. Ⅲ[M]. 1961.

[68]RAVICH M, BOROVAYA F. Phase equilibria in the sodium sulphate - water system at high temperatures and pressures[J]. Russian Journal of Inorganic Chemistry, 1964, 9(4): 520 - 532.

[69]KHAIBULLIN I K, NOVIKOV B. Thermodynamic study of aqueous and steam solutions of sodium sulfate at high temperatures[J]. High Temp(USSR)(Engl Transl), 1973, 11(2).

[70]KHAIBULLIN I K, NOVIKOV B. Experimental determination of the parameters of saturation of solutions at high temperatures by the gamma - ray method[J]. High Temp(USSR)(Engl Transl), 1972,10(4):805 - 807.

[71]HODES M, SMITH K, HURST W S, et al. Measurements and modeling of deposition rates from a near supercritical aqueous sodium sulfate solution to a heated cylinder [R]. Proceedings of the American Society of Mechanical Engineers 1997 Heat Transfer Conference, 1997.

[72]SHVEDOV D, TREMAINE P R. The solubility of sodium sulfate and the reduction of aqueous sulfate by magnetite under near - critical conditions[J]. Journal of Solution Chemistry, 2000, 29(10): 889 - 904.

[73]MESMER R, MARSHALL W, PALMER D, et al. Thermodynamics of aqueous association and ionization reactions at high temperatures and pressures[J]. Journal of Solution Chemistry, 1988, 17(8): 699 - 718.

[74]LI L, GLOYNA E F. Separation of ionic species under supercritical water conditions[J]. Separation science and technology, 1999, 34(6 - 7): 1463 - 1477.

[75]DING X, ZHANG T, ZHANG S, et al. Experimental determination and modelling of the solubilities of sodium sulfate and potassium sulfate in sub - and supercritical water[J]. Fluid Phase Equilibria, 2019, 483: 31 - 51.

[76]RAVICH M, BOROVAYA F. Phase equilibrium in system potassium sulfate - water at high temperatures and pressure[J]. Zh Neorg Khim, 1968, 13: 1418 - 1425.

[77]LEUSBROCK I, METZ S J, REXWINKEL G, et al. The solubilities of phosphate and sulfate salts in supercritical water[J]. The Journal of Supercritical Fluids, 2010, 54(1): 1 - 8.

[78]RINC N J, CAMARILLO R, MART N A. Solubility of aluminum sulfate in near - critical and supercritical water[J]. Journal of Chemical & Engineering Data, 2012, 57(7): 2084 - 2094.

[79]DELL'ORCO P, EATON H, REYNOLDS T, et al. The solubility of 1 : 1 nitrate electrolytes in supercritical water[J]. The Journal of Supercritical Fluids, 1995, 8(3): 217 - 227.

[80]LEMOINE G, TURC H A, LEYBROS A, et al. Na2CO3 and K3PO4 solubility measurements at 30 MPa in near - critical and supercritical water using conductimetry and high pressure calorimetry[J]. The Journal of Supercritical Fluids, 2017, 130: 91 - 96.

[81]LEUSBROCK I, METZ S J, REXWINKEL G, et al. The solubilities of phosphate and sulfate salts in supercritical water[J]. Journal of Supercritical Fluids, 2010, 54(1): 1 - 8.

[82]WOFFORD W T, GLOYNA E F. Solubility of potassium hydroxide and potassium phosphate in supercritical water[J]. Journal of Chemical and Engineering Data, 1995, 40(4): 968 - 973.

[83]HEARN B, HUNT M R, HAYWARD A. Solubility of cupric oxide in pure subcritical and supercritical water[J]. Journal of Chemical & Engineering Data, 1969, 14(4): 442 - 447.

[84]SUE K, HAKUTA Y, SMITH R L, et al. Solubility of lead (Ⅱ) oxide and copper (Ⅱ) oxide in subcritical and supercritical water[J]. Journal of Chemical & Engineering Data, 1999, 44(6): 1422 - 1426.

[85]ZHANG Y, WANG S, LI Y, et al. Inorganic salts in sub -/supercritical water—Part A: Behavior characteristics and mechanisms[J]. Desalination, 2020: 114674.

[86]REIMER J, VOGEL F. Influence of anions and cations on the phase behavior of ternary salt solutions stud ied by high pressure differential scanning calorimetry[J]. The Journal of Supercritical Fluids, 2016, 109: 141 - 147.

[87]SOURIRAJAN S, KENNEDY G. The system H_2O - NaCl at elevated temperatures and pressures

[J]. American Journal of Science, 1962, 260(2): 115 - 141.

[88]BOTT T R. Fouling of heat exchangers [M]. Elsevier, 1995.

[89]HEGDE U, HICKS M. Salt precipitation and transport in near - critical and super - critical water [C]. Proceedings of The 40th International Conference on Environmental Systems, 2010.

[90]DELL'ORCO P, FOY B, WILMANNS E, et al. Hydrothermal oxidation of organic compounds by nitrate and nitrite [M]. ACS Publications, 1995.

[91]SAVAGE P E. Organic chemical reactions in supercritical water[J]. Chemical Reviews, 1999, 99(2) 603 - 622.

[92]BRöLL D, KAUL C, KRAMMER A, et al. Chemistry in supercritical water[J]. Angewandte Chemie International Edition, 1999, 38(20): 2998 - 3014.

[93]ZHANG J L, HE Z H, HAN Y, et al. Nucleation and growth of Na_2CO_3 clusters in supercritical water using molecular dynamics simulation[J]. Acta Physico - Chimica Sinica, 2012, 28(7): 1691 - 1700.

[94]HOVLAND M, RUESLÅTTEN H G, JOHNSEN H K, et al. Salt formation associated with sub - surface boiling and supercritical water[J]. Marine and Petroleum Geology, 2006, 23(8): 855 - 869.

[95]FANG Z, MINOWA T, FANG C, et al. Catalytic hydrothermal gasification of cellulose and glucose [J]. International Journal of Hydrogen Energy, 2008, 33(3): 981 - 990.

[96]崔宝臣，崔福义，刘淑芝，等．碱对含油污泥超临界水氧化的影响研究[J]．安全与环境学报，2009 (4): 48 - 50.

[97]WAN Y, WANG X, HU W, et al. Raman Spectroscopic Observations of the Ion Association between Mg^{2+} and SO_4^{2-} in $MgSO_4$ Saturated Droplets at Temperatures of≤ 380℃[J]. The Journal of Physical Chemistry A, 2015, 119(34): 9027 - 9036.

[98]WANG X, CHOU I M, HU W, et al. In situ observations of liquid - liquid phase separation in aqueous $MgSO_4$ solutions: Geological and geochemical implications[J]. Geochimica et Cosmochimica Acta, 2013, 103: 1 - 10.

[99]WANG X, WAN Y, HU W, et al. Visual and in situ Raman spectroscopic observations of the liquid - liquid immiscibility in aqueous uranyl sulfate solutions at temperatures up to 420 ℃[J]. The Journal of Supercritical Fluids, 2016, 112: 95 - 102.

[100]WAN Y, WANG X, HU W, et al. In situ optical and Raman spectroscopic observations of the effects of pressure and fluid composition on liquid - liquid phase separation in aqueous cadmium sulfate solutions (≤ 400℃, 50 MPa) with geological and geochemical implications[J]. Geochimica et Cosmochimica Acta, 2017, 211: 133 - 152.

[101]WANG X, WANG X, CHOU I M, et al. Properties of lithium under hydrothermal conditions revealed by in situ Raman spectroscopic characterization of Li_2O - SO_3 - $H_2O(D_2O)$ systems at temperatures up to 420 ℃[J]. Chemical Geology, 2017, 451: 104 - 115.

[102]WANG X, WAN Y, HU W, et al. In situ observations of liquid - liquid phase separation in aqueous $ZnSO_4$ solutions at temperatures up to 400 ℃: Implications for Zn^{2+} - SO_4^{2-} association and evolution of submarine hydrothermal fluids[J]. Geochimica et Cosmochimica Acta, 2016, 181: 126 - 143.

[103]MCBRAYER JR R N, SWAN J G, BARBER J S. Method and apparatus for reacting oxidizable matter with a salt [Z]. Google Patents, 1998.

[104]HAZLEBECK D A. Hydrothermal processing with phosphate additive [Z]. Google Patents, 2001.

[105]VOISIN T, ERRIGUIBLE A, AYMONIER C. A new solvent system: hydrothermal molten salt [J]. Science Advances, 2020, 6(17): eaaz7770.

[106]ZHANG Y, WANG S, GAO Z, et al. Hydrothermal molten salt: a hydrothermal fluid in SCWO treatment of hypersaline wastewater[J]. Chemical Engineering Journal, 2021, 421: 129589.

[107]BRUNNER G. Near and supercritical water. part Ⅱ: oxidative processes[J]. The Journal of Supercritical Fluids, 2009, 47(3): 382-390.

[108]COHEN L S, JENSEN D, LEE G, et al. Hydrothermal oxidation of Navy excess hazardous materials[J]. Waste Management, 1998, 18(6-8): 539-546.

[109]BERMEJO M, COCERO M. Supercritical water oxidation: a technical review[J]. AIChE Journal, 2006, 52(11): 3933-3951.

[110]BERMEJO M D, FDEZ-POLANCO F, COCERO M J. Effect of the transpiring wall on the behavior of a supercritical water oxidation reactor: modeling and experimental results[J]. Industrial & Engineering Chemistry Research, 2006, 45(10): 3438-3446.

[111]ZHANG F, CHEN S, XU C, et al. Research progress of supercritical water oxidation based on transpiring wall reactor[J]. Chem Ind Eng Prog, 2011, 30: 1643-1650.

[112]GONG W J, LI F, XI D L. Supercritical water oxidation of acrylic acid production wastewater in transpiring wall reactor[J]. Environmental Engineering Science, 2009, 26(1): 131-136.

[113]BERMEJO M, CABEZA P, QUEIROZ J, et al. Analysis of the scale up of a transpiring wall reactor with a hydrothermal flame as a heat source for the supercritical water oxidation[J]. The Journal of Supercritical Fluids, 2011, 56(1): 21-32.

[114]ZHANG F, CHEN S, XU C, et al. Experimental studies on supercritical water oxidation of glucose with a transpiring wall reactor[C]. Proceedings of The 2011 Asia-Pacific Power and Energy Engineering Conference, 2011.

[115]WELLIG B, LIEBALL K, VON ROHR P R. Operating characteristics of a transpiring-wall SCWO reactor with a hydrothermal flame as internal heat source[J]. Journal of Supercritical Fluids, 2005, 34(1): 35-50.

[116]XU D, WANG S, TANG X, et al. Design of the first pilot scale plant of China for supercritical water oxidation of sewage sludge[J]. Chemical Engineering Research and Design, 2012, 90(2): 288-297.

[117]BAUR S, SCHMIDT H, KRAMER A, et al. The destruction of industrial aqueous waste containing biocides in supercritical water—development of the SUWOX process for the technical application[J]. The Journal of Supercritical Fluids, 2005, 33(2): 149-157.

[118]DEATON J E, ELLER J M, MCBRAYER J R. Turbulent flow cold-wall reactor: 5552039[P]. USPatent, 1996.

[119]REID A F, HALFF A H. Method for separation and removal of impurities from liquids [Z]. Google Patents, 1995.

[120]LEE S H, PARK K C, MAHIKO T, et al. Supercritical water oxidation of polychlorinated biphenyls based on the redox reactions promoted by nitrate and nitrite salts[J]. The Journal of Supercritical Fluids, 2006, 39(1): 54-62.

[121]BANSAL B, MÜLLER-STEINHAGEN H, CHEN X D. Effect of suspended particles on crystallization fouling in plate heat exchangers[J]. Journal of Heat Transfer, 1997, 119(3): 568-574.

[122]MORI H, NAKAMURA M, TOYAMA S. Crystallization fouling of calcium sulfate dihydrate on heat-transfer surfaces[J]. Journal of chemical engineering of Japan, 1996, 29(1): 166-173.

[123]WHITING P, MEHTA A H. Supercritical water oxidation of organics using a mobile surface [Z]. Google Patents, 1996.

[124]费祥俊. 浆体与粒状物料输送水力学 [M]. 北京:清华大学出版社，1994.

[125]MODELL M, KUHARICH E F, ROONEY M R. Supercritical water oxidation process and apparatus of organics with inorganics [Z]. Google Patents, 2001.

[126]MODELL M. Design of suspension flow reactors for SCWO[C]. Proceedings of The Second International Conference on Solvothermal Reactions, 1996.

[127]MODELL M, KUHARICH E F, ROONEY M R. Supercritical water oxidation process of organics with inorganics [Z]. Google Patents, 1993.

[128]PERRY ROBERT H, GREEN DON W, MALONEY JAMES O. Perry's chemical engineers' handbook[J]. Mc Graw - Hills New York, 1997: 56 - 64.

[129]HONG G. Supercritical water partial oxidation phase Ⅰ - pilot - scale testing/feasibilty sudies final report[R]. General Atomics, 2005.

[130]WOFFORD W T, GRIFFITH J W, HUMPHRIES R W, et al. Apparatus and method for applying an oxidant in a hydrothermal oxidation process: AU2593102[P]. 2002 - 05 - 27.

[131]HERZ A, MALAYERI M, M LLER - STEINHAGEN H. Fouling of roughened stainless steel surfaces during convective heat transfer to aqueous solutions[J]. Energy conversion and management, 2008, 49(11): 3381 - 3386.

[132]宁佳. 强化换热表面盐水污垢特性的研究[D]. 大连:大连理工大学，2009.

[133]MULLER - STEINHAGEN H. Fouling: the ultimate challenge for heat exchanger design[C]. Proceedings of The Sixth International Symposium on Transport Phenomena in Thermal Engineering, 1993.

[134]杨传芳，徐敦颀，沈自求. $CaCO_3$ 结垢诱导期的理论分析与实验研究[J]. 化工学报，1994，45(2): 199 - 205.

[135]MULLER - STEINHAGEN H, ZHAO Q. Investigation of low fouling surface alloys made by ion implantation technology[J]. Chemical Engineering Science, 1997, 52(19): 3321 - 3332.

[136]YANG Q, DING J, SHEN Z. Investigation on fouling behaviors of low - energy surface and fouling fractal characteristics[J]. Chemical Engineering Science, 2000, 55(4): 797 - 805.

[137]NICKELSEN M G, COOPER W J, KURUCZ C N, et al. Removal of benzene and selected alkyl - substituted benzenes from aqueous solution utilizing continuous high - energy electron irradiation [J]. Environmental Science & Technology, 1992, 26(1): 144 - 152.

[138]HAGFELDT A, GRAETZEL M. Light - induced redox reactions in nanocrystalline systems[J]. Chemical Reviews, 1995, 95(1): 49 - 68.

[139]FAND R M. The formation of calcium - sulfate scale on a heated cylinder in crossflow and its removal by acoustically induced cavitation[J]. Journal of Heat Transfer, 1969,91:111.

[140]FR HNER K R, PANAHANDEH H. An advanced seeding process in saline water conversion[J]. Desalination, 1975, 16(3): 261 - 269.

[141]FOY B, DELL'ORCO P, BRESHEARS D, et al. Hydrothermal kinetics of organic and nitrate/nitrite destruction for Hanford waste simulant[J]. Los Alamos Unclassified Report LA - UR - 94, 1994: 3174.

[142]FOY B R, WALDTHAUSEN K, SEDILLO M A, et al. Hydrothermal processing of chlorinated hydrocarbons in a titanium reactor[J]. Environmental Science & Technology, 1996, 30(9): 2790 - 2799.

[143]SCHMIDT H, BAUR S, CASAL V. The SCWO - destruction of organic compounds in the presence of salt in leachates from dump sites in the SUWOX - facility[C]. Proceedings of The GVC - Meet-

ing: High Pressure Chemical Engineering Germany: Forschungszentrum Karlsruhe, 1999.

[144]HASSON D, SHEMER H, SHER A. State of the art of friendly "green" scale control inhibitors: a review article[J]. Industrial & Engineering Chemistry Research, 2011, 50(12): 7601 - 7607.

[145]POWELL P, SINGLETON M A, SORBIE K S. Combined scale inhibitor and water control treatments [Z]. Google Patents, 2005.

[146]TESTER J W, CLINE J A. Hydrolysis and oxidation in subcritical and supercritical water: connecting process engineering science to molecular interactions[J]. Corrosion, 1999, 55(11): 1088 - 1100.

[147]HUANG C Y. Apparatus and method for supercritical water oxidation [Z]. Google Patents. 1992.

[148]ROCHE H L L, WEBER M, TREPP C. Design rules for the wallcooled hydrothermal burner (WHB) [J]. Chemical Engineering & Technology: Industrial Chemistry - Plant Equipment - Process Engineering - Biotechnology, 1997, 20(3): 208 - 211.

[149]ELLIOTT J, HAZLEBECK D, ORDWAY D, et al. Update on hydrothermal oxidation developments on DARPA/ONR and air force projects at General Atomic[C]. Proceedings of the International Conference on Incineration and Thermal Treatment Technologies, 2000.

[150]NAUFLETT G W, FARNCOMB R E, KUMAR M L. Supercritical water oxidation reactor with a corrosion - resistant lining [Z]. Google Patents, 1995.

[151]BOND L D, MILLS C C, WHITING P, et al. Method to remove inorganic scale from a supercritical water oxidation reactor [Z]. Google Patents, 1996.

[152]BOND L D, MILLS C C, WHITING P, et al. Apparatus to remove inorganic scale from a supercritical water oxidation reactor [Z]. Google Patents, 1996.

[153]BOND L D, MILLS C C, WHITING P, et al. Method and apparatus to remove inorganic scale from a supercritical water oxidation reactor [Z]. Google Patents, 2000.